设施种植技术

韩春梅　杨欣伦　赖运平　主编

中国农业大学出版社
· 北京 ·

内容简介

《设施种植技术》是成都农业科技职业学院优质校建设教材之一。本教材包括十二个项目，主要介绍了设施及调控技术、无土栽培技术、设施机械化技术、病虫害防治技术，以及蔬菜、花卉、果树、食用菌的设施栽培技术等。全书力求反映设施农业的科学性、先进性和实用性，涵盖面广。本教材深入浅出，内容翔实易懂，各项目配有知识扩展和复习思考题，适合作为高等职业院校农林专业相关课程教材，也可供设施种植从业人员、爱好者学习参考。

图书在版编目(CIP)数据

设施种植技术/韩春梅，杨欣伦，赖运平主编 —北京：中国农业大学出版社，2020.6(2024.6 重印)

ISBN 978-7-5655-2361-8

Ⅰ.①设… Ⅱ.①韩…②杨…③赖… Ⅲ.①作物-栽培技术-高等职业教育-教材 Ⅳ.①S31

中国版本图书馆 CIP 数据核字(2020)第 095275 号

书　　名　设施种植技术

作　　者　韩春梅　杨欣伦　赖运平　主编

策划编辑　康昊婷　　**责任编辑**　郭建鑫

封面设计　郑　川　李尘工作室

出版发行　中国农业大学出版社

社　　址　北京市海淀区圆明园西路 2 号　　**邮政编码**　100193

电　　话　发行部 010-62733489，1190　　读者服务部 010-62732336

编辑部 010-62732617，2618　　出　版　部 010-62733440

网　　址　http://www.caupress.cn　　**E-mail** cbsszs@cau.edu.cn

经　　销　新华书店

印　　刷　北京时代华都印刷有限公司

版　　次　2020 年 7 月第 1 版　2024 年 6 月第 2 次印刷

规　　格　787×1 092　16 开本　24.5 印张　610 千字　彩插 1

定　　价　65.00 元

编写人员

主　编　韩春梅（成都农业科技职业学院）
杨欣伦（成都农业科技职业学院）
赖运平（成都农业科技职业学院）

副主编　李春龙（成都农业科技职业学院）
岳　进（成都农业科技职业学院）
袁小琴（宜宾职业技术学院）

参　编　黄纯倩（成都农业科技职业学院）
禹　婷（成都农业科技职业学院）
脱飞飞（成都农业科技职业学院）
张咏虹（四川万德科技有限公司）
左玉山（科迪华农业科技有限公司）
杨　争（科迪华农业科技有限公司）
张　意（深圳市德华肥料有限公司）
贾倩文（成都高米低豆农业科技有限公司）

前言
PREFACE

党的二十大报告提出，实施科教兴国战略，强化现代化建设人才支撑。教材在人才培养中发挥着重要作用。本教材的编写大纲是在编写人员的反复讨论、修改后拟订的，全书力求反映设施农业的科学性、先进性和实用性。主要内容包括设施的类型、结构和性能，设施的覆盖材料，设施环境及其调控，设施机械，常见病虫害防治，无土栽培技术，设施蔬菜、花卉、果树种植技术，以及设施农业实验实训指导。各项目附有知识拓展和复习思考题。

本教材共分十二个项目，项目一课程导入由韩春梅、杨争、左玉山、张意老师编写；项目二设施的类型、结构与性能由李春龙、张咏虹老师编写；项目三设施覆盖材料由杨欣伦老师编写；项目四设施环境及其调控由袁小琴老师编写；项目五无土栽培技术由赖运平老师编写；项目六设施机械化技术由杨欣伦老师编写；项目七设施农业病虫害由黄纯倩老师编写；项目八蔬菜设施栽培技术由袁小琴老师；项目九特种蔬菜设施栽培技术由脱飞飞老师编写；项目十花卉设施栽培技术由禹婷老师编写；项目十一果树设施栽培技术、项目十二食用菌设施栽培技术均由岳进、贾倩文老师编写。韩春梅负责全书统稿，杨欣伦老师负责本书图片制作。

在编写过程中，我们始终坚持把实用性放在第一位，强调理论联系实际，力求通俗易懂。由于设施农业是一门新兴的学科，涵盖面广，涉及学科较多，因此编写难度较大，虽经几次易稿，但书中难免有错误和不妥之处。我们将这本教材奉献给广大读者，并恳请各位专家、学者及广大师生提出宝贵意见，以便再版时修订。

本书在编写过程中参考了相关书籍和资料，在此一并向作者表示感谢。

编　者

2024 年 5 月

目录 CONTENTS

Project 1

项目一

课程导入

任务一　设施农业及其地位
任务二　国内外设施农业发展现状与趋势
任务三　课程内容与学习要求

任务一　设施农业及其地位

一、设施农业的概念、类型与应用

(一)设施农业的概念

“设施农业”一词由“设施园艺”(protected cultivation, cultivation undercover)发展而来,而设施园艺是从日语中翻译过来的,西方国家没有明确对应的名词。目前所提出的环境调控农业(environment controlled agriculture, ECA)在含义上与之比较接近,而温室(greenhouse)、植物工厂(plant factory)都是设施农业中的一部分,在我国也有称之为“工厂化农业”的。由于“设施园艺”“设施畜牧业”“设施水产业”“设施栽培”等相继沿用,作为一种新的农业生产类型,产生了设施农业。

所谓设施农业是运用工程技术,营造局部范围改善或创造出适宜的保护性空间,为动植物生长发育提供良好的环境条件(光照、温度、湿度、营养、土壤等)而进行有效生产的农业。凡是在保护性环境空间内进行生产的农、林、牧、渔业,统称设施农业。具体地说,设施农业就是利用人工建造的设施,为种植业、养殖业等提供较适宜的环境条件,以期将农业生物的遗传潜力变为现实的巨大生产力,获得高产、优质、高效的农、畜、水产品。由于设施农业集成了现代生物技术和工程技术,涵盖了建筑、材料、机械、环境、自动控制、品种、栽培管理、市场经营等多学科和系统,因此科技含量高,已成为当今世界各国大力发展的高新技术产业。

(二)设施农业的类型

设施农业按主体不同,可以分为设施养殖和设施栽培两大类。设施养殖主要是养殖畜、禽、水产和特种动物,设施包括各类温室、遮阴棚舍、现代化集约饲养畜禽舍和配套设备。

设施栽培是在不适宜作物生长发育的环境条件下,通过建立设施,在充分利用自然环境条件的基础上,人为地创造作物生长发育的环境条件,实现高产、高效的现代化生产方式。设施栽培是自然环境与人工环境互相协调的生产方式。

目前设施栽培主要应用在蔬菜、花卉和果树等园艺植物上,其主要设施有各类温室、塑料棚和人工气候室以及配套设备等。由于生产的季节往往是在露地环境下难以生产的时节,又称“不时栽培”或“反季节栽培”“错季栽培”。蔬菜的设施栽培,在我国长期以来也被称为“保护地栽培”。

(三)设施农业的应用

1. 育苗手段

利用温室、大棚为露地及设施栽培育苗(图 1-1,图 1-2),以便供应春提前、秋延后、越冬栽培等用苗,特别是工厂化育苗的实现,会有力地促进农业生产的发展。

2. 早熟栽培

利用设施进行防寒保温,提早定植,以获得早熟产品,如大棚蔬菜早熟栽培可提早 30~50 d。

图 1-1　玉米育苗

图 1-2　水稻育秧

3. 延后栽培

夏秋季节利用温室、塑料拱棚栽植果菜类、叶菜类等蔬菜，前期进行通风、防雨，秋季后期进行保温或加温，以延长蔬菜的生育期及供应期，塑料拱棚栽培可比露地栽培延长收获 30 d。

4. 越冬栽培

利用风障、塑料拱棚等设施，于冬前栽培耐寒性蔬菜，在保护设施下越冬，早春提早收获。如风障根茬菠菜，韭菜，大、中棚芹菜，油菜等。

5. 炎夏栽培

高温、多雨季节利用荫障、大棚及防雨棚等进行遮阴、降温、防雨等栽培，或在晚春、早夏期间采用的设施栽培。

6. 促成栽培

寒冷季节利用温室进行加温，栽培喜温性蔬菜，以使产品促成。

7. 软化栽培

利用软化室、软化窖或其他软化方式为已形成的鳞茎、根、植株或种子创造条件，促使其在遮光的条件下生长，生产青韭、韭黄、青蒜、蒜黄、黄葱(羊角葱)、豌豆苗、豆芽菜、芹菜、香椿芽等。

8. 无公害栽培

利用塑料拱棚、温室等设施进行无土栽培，生产无公害、无污染或有害物质残留量低的蔬菜和果品。

9. 假植栽培

秋冬期间利用保护设施将在露地已长成或半长成的蔬菜连根掘起，密集囤栽在阳畦或小棚中，使其继续生长，如油菜、芹菜、莴笋、甘蓝、小萝卜、花椰菜等。经假植后于冬、春供应新鲜蔬菜。

10. 无土栽培

利用温室、大棚等设施也可对蔬菜进行无土栽培，如基质栽培和营养液栽培。

上述设施栽培方式主要应用于蔬菜和花卉，尤其是草本花卉的周年生产，果树则主要应用早熟栽培或促成栽培。

二、发展设施农业的作用

(一)设施农业对社会经济发展的作用

首先,设施农业使人类社会物质生活更加丰富多彩,增强了人类克服自然灾害、适应自然环境变化的能力。设施农业突出了对环境条件的控制能力和为作物的生长发育提供最适宜环境条件的特点,它综合采用现代科学技术,持续大幅度地提高单位面积的作物产量,不仅使产品数量和质量得到了提高,而且在北方寒冷地区也实现了周年生产与周年供应上市,使人民的物质生活更加丰富多彩。受气候条件的限制,世界上许多国家的农产品常常只能在一个季节进行生产,而不能做到周年供应,此外,干旱、盐渍、风沙、寒冷、冰雹等自然环境灾害越来越严重,也给农业带来巨大的压力。因此,提高单位面积产量和周年生产已成为21世纪农业的基本要求。设施农业为解决这一问题提供了有效途径。目前,荷兰拥有现代化玻璃温室约1.5万 hm^2,占世界玻璃温室的1/4,其每年在蔬菜、花卉等高档农产品方面的出口总额达450亿美元。以色列拥有各类温室3 000多 hm^2,年产鲜花10亿支以上,花卉出口量居世界前列。现在,这些国家的工厂设施农业均已形成了完整的技术体系,其现代化温室已达到能根据植物对环境的不同需要,由计算机对设施内的温度、光照、水分、气体、肥料等因子进行自动监测和调控。同时,部分蔬菜和花卉品种还实现了从育苗、定植、采收到包装上市的专业化生产和流水线作业;其设施畜禽生产系统,专业分工明确,从育种、孵化、育雏、育成到产蛋(育肥)等环节均可在专业车间内进行,畜禽可以在完全密封且环节可控的条件下进行生产,并通过人工补光、自动供料、乳头饮水、皮带式粪便输送、自动捡蛋以及屠宰加工等专业化设备的使用,实现畜禽生产的规模化和自动化作业。

其次,使人类社会的精神生活更加丰富多彩。第一,设施农业科技的发展与产业化使人类从繁重的传统农业劳动中解放出来。日本一所大学建立的植物工厂,利用四台机器人进行蔬菜生产,完成育苗、定植、生长期管理、采收及包装等一系列工作,不需要人参与劳动。第二,设施农业科技的应用使人们的劳动环境、劳动条件、劳动的趣味性有了极大的改进和提高。劳动不再是一种又脏又累又无味的工作,而是一种环境优美、积极有趣的工作,比真正的工厂劳动条件好得多。因为该环境中无噪声、无异味、无灰尘等,所以设施农业将会吸引更多的人员去参加,提高农业劳动者的社会地位。第三,设施农业能够大幅度减少劳动者人数,能够解放出更多的劳动力,从事其他劳动,全面提高全社会的生活质量。

近几年,中国的设施农业得到了快速发展,单位面积产量大幅度提高,产品质量进一步优化,人均蔬菜占有量超过了世界平均水平,大中城市基本实现了蔬菜的周年供应;中国设施畜牧业的发展,使肉蛋产品保持了十几年的持续高速增长,人均肉、蛋占有量自1990年以来已连续9年高于世界平均水平。随着水产养殖的设施化水平不断提高,设施农业已经成为中国大、中城市菜篮子工程不可缺少的重要组成部分。

(二)设施农业在农业生产中的作用

1.发展农村经济的主要生产方式

设施农业生产的经济效益高,是发展农村经济的主要生产方式之一。尤其在北方地区,由于无霜期短,冬春季节寒冷,无法从事正常的种植业和养殖业,而温室等保护地设施在人工控制条件下使作物或牲畜能正常生长和发育，从而获得显著的经济效益。

2. 设施农业具有连续性和多样性

冬季和早春是保护地生产最主要的季节，也是经济效益最好的时节，但是在炎热的夏季，结合遮阳网的覆盖，同样可以进行蔬菜的生产，从而达到保护地的周年种植。随着市场经济的发展，有些农户根据市场的需求，利用棚室生产草莓、中草药和花卉等经济作物，或养猪、养鸡和养鱼等，不但提高了棚室的利用率，而且活跃了市场，明显增加了经济收入。

3. 有利于发展庭院经济

我国北方农村都有比较大的庭院，随着市场经济的发展，农村庭院已由单纯的生活场所或自给性生产向商品性生产转化，特别是利用房前屋后及庭院发展棚室生产，其经济收入十分可观，使许多农民脱贫致富。农村的庭院一般地势较高，背风向阳，温度上升较快，四周又有住房作屏障，风速小，早春地温回升快，可使棚室节省燃料，降低生产成本，使棚室蔬菜提早上市，增加农户收入。同时，肥水充足，管理方便，又能充分利用剩余劳动力进行精耕细作，提高产品竞争力，创造出比较高的经济效益。

4. 可选择优良品种和先进的栽培管理方法

选择适合温室大棚等设施农业生产的品种，正如农业上常说的"良种结合良方"，则更能充分发挥设施农业经济效益高的优越性。

1996—1999 年，在天津市滨海新区节能温室生产中大力推广西红柿新品种 L-402，该品种具有抗盐碱、耐低温、耐弱光、抗灰霉病、果形整齐一致、耐运输、产值产量高等优良性状。该品种极适合在温室、大棚等保护地中进行生产。四年间，滨海新区西红柿种植总面积为 409.37 hm^2，其中，L-402 推广面积 222.57 hm^2，占全区种植面积的 54%，提高单位面积、产量 473.02 kg，提高产值 756.8 万元。上述实践证明，设施农业生产结合优良的品种和适宜的栽培管理方法，能创造出更好的经济效益。

5. 可与农业高新技术相结合

设施农业与农业高新技术相结合，增加科技对农业的贡献率，对促进农业现代化的早日实现具有重要意义。在科技不断发展的现代社会，科学技术在人们日常生活中占据着越来越重要的地位，在农业生产中也不例外。在国外，科学技术对农业生产的贡献率已达到 70%～80%，而我国仅为 40%左右。这说明我国与国外发达国家的农业发展还存在着一定的差距，同时也说明我国的农业生产还具有相当大的发展潜力。随着国民经济的发展和农业科技含量的不断提高，设施农业与高新技术结合是今后农业发展的必然趋势。

我国的农业生产在这方面也有一些成功的典范，如深圳的长岭村实行设施农业与"深池浮板种菜"新技术相结合的生产方式，获得了巨大的成功。此技术不用土地而利用浮板在水池种菜，用电脑控制水温、氧气、光照和养分，菜的密度高、生长快、不怕风雨、不怕害虫。蔬菜年产量为 225 万 kg/hm^2，是普通温室的 20 倍。这项高科技农业技术被誉为"21 世纪农业生产的超前之作"。

（三）设施农业在农业可持续发展中的作用

农业可持续发展是我国社会经济可持续发展的重要组成部分，也是我国 21 世纪农业发展的必然选择。所谓可持续农业（sustainable agriculture），就是在满足其发展需要的条件下，采用消耗资源少或不危害环境的生产方式，实行技术变革和机制性改革，减少农业生产对环境的破坏，维护土地、水资源和动植物遗传环境不退化，是一项技术运用适当、经济上能生存以及社会可接受的农业发展战略。要保持农业的可持续发展，必须处理好我国农业发展中存在的问题。

目前，我国农业发展面临着人口增长、人均占有资源数量减少、资源利用率低下、农业环境恶化和农民收入下降等问题，同时又面临着加入WTO(world trade organization)后给我国农业带来的新的机遇与挑战。因此，要以农业的高产、优质、高效和安全为发展方向，解决好农业发展中存在的问题。

设施农业是利用人工建筑的设施以可调控的技术手段，实施生产要素的全方位调控，为农业生物生长提供良好的环境条件，实施高产与高效的现代农业生产方式。它便于与计算机和自动控制技术结合，为农业持续发展提供良好的环境条件，从而为解决我国农业发展所面临的问题指明了方向。设施农业在我国的兴起及其发展已展示出巨大成效，将成为我国农业可持续发展的重要途径。

1. 实现了动植物生活要素的全方位调控

在传统生产条件下，对植物生活要素的调控局限于对“土地因素”的调控，难以实施对“宇宙因素”的调控。作为反传统的生产方式，设施农业依托农业工程技术和生物技术的进步，以可控的技术手段，将部分或全部环境条件置于人为调控之下，依照生物生活要素的同等重要与不可替代性的法则，不间断地克服限制因素，全面满足植物生长对光、热、水、气和营养物质的需要，使动植物生活要素的全方位调控成为可能。对于植物来讲，以可控的技术手段，尽可能使植物生产要素处于最佳的组合状态，是植物生产力逐步逼近最大光合生产力的技术关键。

2. 显著提高资源利用率

农业的发展在于不停地克服植物生活要素中的限制因素，持续增进有限资源的生产潜力，并使有限资源的潜在生产力转化为现实生产力。设施农业可控的工程技术措施尽可能地使植物生活要素处于最佳的组合状态，既能持续增进资源生产潜力，又有利于充分发挥农业生物内在的生产潜力。广泛用于大田生产的地膜覆盖，可以在很大范围内使土壤水分无谓的物理蒸发转化为有效的植物蒸腾，以提高水分利用效率。同时，由于地膜覆盖下的耕层土壤水热状况有了改善，根际微生物得以活化，增强了根系的吸收能力，提高了肥料利用效率。此外，地膜覆盖还具有一定的增温效果，可以相当程度地抗御低温冷害，争得有效积温，促进作物的生长发育。塑料大棚和大型连栋温室由于覆盖材料的阻隔，将田间传统生产条件下的大范围“三水循环”约束于设施内的小范围，水分利用效率显著提高。由于设施范围的水热状况好，在矿质营养不成为限制因素的条件下，光合时间长、光合效率高，极大地提高了土地生产能力。农业设施形成的“温室效应”使反季节栽培、多熟种植、周年生产成为可能，从而提高了土地利用效率。

3. 能够满足社会增长的需要

人口多、耕地少和水资源短缺是我国的基本国情。要实现“中国人自己养活自己”的宏伟目标，一方面，必须保持好现有的自然资源，改善农业生态环境，促进农业资源的可持续利用，实现农业持续增产；另一方面，要进一步发展科技含量高、产品附加值高、土地生产率高和劳动生产率高的现代设施农业。设施农业从简单的地膜覆盖到大型连栋温室，在一定程度上克服了传统农业难以解决的限制因素，使作物在露地不能生长的寒冷冬季和环境中正常生长，土地生产能力是传统生产条件下的几倍、十几倍乃至几十倍，可以缓解粮食作物与经济作物、蔬菜及其他特种植物之间的争地矛盾，持续满足人口增长对粮食和蔬菜等农产品的需求。

4. 带动了农民观念的更新

过去，我国北方地区农民一年只种一茬粮食作物，效益极低，而日光节能温室的周年生产改变了农民传统的种植方式，使农民得到了实惠，其思想观念也发生了彻底的改变。农民开始从过去的政府动员发展温室变成主动修建温室，走上了高效农业的发展之路。

5. 大幅度增加农牧民收入

设施农业既是一项高投入的产业，又是一项高效益的产业，使农业生产由单一的粮油种植向多样化和高效益转变。有分析表明，设施农业效益是传统农牧业的几倍甚至十几倍，是农牧户增加收入的最有效途径。

6. 解决了部分农村剩余劳动力的出路问题

设施农牧业的发展带动了加工、运输与销售等第三产业的兴旺，创造了大量的就业机会，缓解了农民进城务工带来的就业压力。同时，可以从整体上提高浅山地区的农业主营水平。设施农业是现代农业的重要组成部分，不仅可以直接增加技术密集生产在农业生产中的比重，提高农业科技含量，而且可以有效地培养农民精耕细作的生产习惯，激发他们学科技和学技术的积极性，扭转长期以来在露地耕作生产中形成的粗放生产习惯和经营观念，全面提升农业生产的科技含量和经营水平。

三、设施农业在农业生产中的意义

(一)调节市场供应，增加产品种类

设施栽培使北方地区冬春季新鲜果品、蔬菜、花卉当地供应成为现实，也使南方地区在炎热的季节生产出露地无法生产的园艺产品，使近年全国南北市场出现了淡季不淡的园艺产品供应新景象，为丰富城乡人民的菜篮子和美化环境做出了重要贡献。比如北方地区塑料薄膜温室中栽培油桃，3 月下旬果实成熟上市；葡萄 4 月下旬开始采收上市，比露地栽培提前 60～100 d；利用日光温室生产喜温性蔬菜，基本达到了周年生产和周年供应；保护地花卉栽培实现了花卉在不适宜其生态要求的北方地区进行生产，丰富了北方地区的花卉种类。

(二)提高产量，增加产值

由于设施农业是在人工控制的环境条件下进行生产的，在一定范围内能够充分满足园艺作物生长发育对环境条件的要求，因此比一般露地栽培产量有很大的提高。比如利用温室栽培番茄，最高产量可达 75 kg/m^2，而露地栽培最高产量只有 25 kg/m^2。

设施农业生产的产品供应期比大田露地大量生产产品上市推迟或提前，市场供应较少，经济效益高。比如陕西杨凌 1998 年温室果树栽培的收入为 2 万～8 万元/亩（1 亩≈667 m^2），蔬菜栽培收入为 2 万～4 万元/亩，甚至更高，花卉栽培收入为 10 万元/亩左右，比露地栽培经济效益提高 50%以上。因此，设施农业可利用较少的土地资源生产出更多的园艺产品，并取得更大的经济效益。

(三)提高土地利用率

设施农业是现代农业的重要组成部分,是实现农业集约规模经营的重要途径。露地蔬菜、花卉和果树生产受气候、季节影响较大,而设施内环境条件可以进行综合调控,可种植多种不同生态型的园艺作物,并利用不同园艺作物生物学特性的互补作用,进行间种、套种、复种,充分利用时间差,实现多茬种植,立体生产。比如利用大棚种植一茬耐低温的速生叶菜,收后种植黄瓜,瓜蔓搭架后,架内套种食用菌,黄瓜为食用菌遮光,创造一个高温、高湿、弱光的条件,有利于食用菌生长,食用菌能释放大量二氧化碳,又有利于黄瓜进行光合作用,秋后延后栽培其他蔬菜,一个生长季节能种植 4 茬以上,收入可高达 30 万元/hm^2 左右。

(四)实现无公害生产,保障产品质量和食品安全

由于设施是密闭或半密闭空间,能充分发挥生物防治、生态防治、物理防治、农业综合防治等优势,减少化学农药和化肥污染,是实现生态农业、有机农业的理想场所。

通过对作物生长环境的控制,使作物按照预定要求生长,并经过产后作业保证上市产品的质量。

(五)发展庭院经济,使农民尽快致富

我国北方广大农村均有较大的庭院,充分利用庭院内良好的小气候条件和管理方便等特点,修建各种设施,种植经济价值较高的蔬菜、中草药、经济作物或从事养殖业,使小小庭院四季进财。比如黑龙江省五常市、宾县等地推广庭院大棚、温室蔬菜生产技术,年均收入达 32.5 元/m^2,是种植粮豆薯收入的 41 倍。仅五常市 1991 年庭院大棚、温室蔬菜种植面积达 170 km^2,纯收入 1 690 万元,使有些村屯提前跨入小康水平。

(六)传统农业向现代农业过渡的重要途径

设施农业利用了一系列高新科技及高水平的现代管理技术,并能微机控制,实现了省力节能、高效生产的目的,是农业现代化的必然方式。所以,设施农业不仅具有明显的社会经济效益,而且其前景广阔、意义深远。

(七)推动农产品出口贸易的发展

高质量的设施农业产品对改变我国农产品在国际市场上“低质低价”的现状,促进我国农产品适应日益追求质量的国际竞争具有重要意义。

(八)增加就业,提高农民的素质,提高农业现代化水平

设施农业具有劳动密集和使用均匀的特点,对解决农村劳动力就业和改变农民的生产生活状态具有重要作用。

设施农业不仅向农民展示推广现代技术,还能向农民灌输现代市场经济观念,对提高农民技术素质、经营素质、质量观念和诚信意识等都有积极推动作用。

通过农业技术前沿化、设施设备机械化、设施农业生产标准化改变传统农业生产随意性大的状况,提高了我国农业现代化水平。

四、设施农业的特征

设施农业是一种高科技的高效集约型农业,要求应用现代化的栽培管理和经营管理技术,才能实现高投入、高产出的目标,其主要特征如下:

(一)设施生产已成为一些地区的主导产业

随着产业结构的调整和农民增收的需求，各地把发展设施栽培作为当地的主导产业之一，在许多省、市、自治区蔬菜产加销、贸工农一体化的产业化经营体系已初步形成。比如山东省 2002 年全省蔬菜龙头企业发展到 491 家，加工量达到 160 万 t；工厂化育苗场 38 家，年育苗 7 500 万株；国家定点批发市场 16 家，蔬菜加工出口企业 100 多个，出口量 18.75 万 t，出口额 7 500 万美元，蔬菜专业合作经济组织 1 400 多个，带动农户近 200 万户，带动农民增收 31 亿多元。市场体系不断完善，为蔬菜产业的发展创造了良好的流通条件，除供应国内的一些大、中城市外，还销售到俄罗斯、日本、韩国、中国香港等十多个国家和地区。

(二)设施农业属于高投入高产出、技术和劳动密集型的集约型产业

设施生产的投入与常规生产的投入相比相对较高，不仅要投资修建设施，而且要通过提高产量或在淡季上市提高产值来取得高的产出。因此，适宜品种的选择、相应的栽培技术及茬口搭配等十分重要。此外，由于设施栽培季节长，复种指数高，长年避雨和冬季长期保温加温，设施土壤的水分管理、通风换气、冬季加温保温、夏季防止热蓄积等环境调控和产期调节等均需要精细集约的管理技术和大量劳动力。

(三)设施农业易实现优质高产

除防雨棚外，一般实行半封闭式或封闭式的环境调控，有利于创造作物地上部和地下部最适宜的环境条件，实现优质高产。在封闭式的环境调控条件下，易于利用天敌等生物防治病虫技术，实现无药或少药栽培。

(四)设施农业需要市场的推动

良好的市场体系是设施农业发展的前提。设施农业是具有一定规模的专业化生产，产品只有进入市场流通，才能不断发展，取得规模效益。如山东寿光的设施农业之所以规模不断扩大，就是因为建立了有序的市场。

综上所述，耕地面积的减少、人口数量的增加、农副产品(蔬菜、水果和花卉是与人民生活关系密切，产品附加值高，经济效益显著，占有重要位置的农副产品)供需矛盾的日益突出，这些矛盾均可通过发展设施农业来解决。发展设施农业是脱贫致富、逐步实现农业现代化的有效途径。许多发达国家的经验证明，发展设施农业是实现农业现代化的必由之路。

知识拓展

世界设施农业发展历史

公元 14—37 年，罗马帝国最早在冬季应用云母作覆盖，利用太阳光热进行黄瓜生产。

法国于 17 世纪初利用木箱种植豌豆，亨利四世(1553—1610 年)建造了向阳的拱形房屋种植豌豆，路易十四世(1638—1715 年)建成了有简单玻璃屋顶的温室，这也是法国最早的温室。

德国于 1619 年用木板组装成 85.34 m×9.75 m 的临时性双屋面温室，是德国最早的温室。

英国 18 世纪初开始建造与德国相似的玻璃温室，把温室全部装上玻璃，成了英国的玻璃温室；1815 年，英国开始建成半圆形弯曲屋顶的温室。

美国的温室从 16 世纪以来随着移民而引入。18 世纪初开始建造比欧洲粗糙的温室；19

世纪初在美国各地推广改进温室;19 世纪中期,美国各地成立温室建筑业,1972 年建成圆屋顶式的温室,并在各地推广;其后在芝加哥市建成铁架温室,是美国西部最早出现的铁架温室。

日本江户时代,庆长年间(1596—1615 年)已采用草框油纸窗温床;1868 年引入欧美的玻璃温室;1889 年建成小型温室;1892 年开始建造正式的温室。

荷兰温室记载始于公元 1750 年。Willian 一世初期,Miller 用栎木建造加温温室,种植柑橘和凤梨;1832 年荷兰全国各地选用木框温床和温室进行甜瓜、葡萄早熟和促成栽培;1903 年荷兰建成第一栋玻璃温室(又名明亮温室),该温室结构简洁坚固,透光量大,环境调控能力强,管理方便,造价相对低廉,在全世界各国推广应用效果良好,至今仍为连栋温室的主流类型。

以色列的蔬菜种植已成为一种艺术,它是建立在选择新的杂交品种、使用最佳施肥和灌溉方法、温室覆盖设计和采后处理技术之上的。蔬菜占以色列农业生产总量的 17%以上,先进的技术和方法(包括安装有可控气候系统的温室无土栽培)在蔬菜生产中起着主导作用,如生长在大田里的番茄,每公顷产量为 80 t,而安装有可控气候系统的温室里的番茄每公顷产量可达 200～300 t。近年来,新品种,特别是沙漠中能够用盐水灌溉的番茄和瓜类新品种的出现,使以色列沙漠农业成为名副其实的“沙漠甜园”。

任务二　国内外设施农业发展现状与趋势

一、国外设施农业现状与发展趋势

以荷兰、美国、日本、法国、以色列等先进国家为代表,其设施农业明显的特征是结构多样化、生产管理自动化、生产操作机械化、生产方式集约化,以现代工业装备农业、现代科技武装农业、现代管理经营农业。

(一)设施面积较大,发展程度不同

世界设施农业比较发达的国家有:北美的加拿大和美国;西欧的英国、法国、荷兰、意大利和西班牙;中东的以色列、土耳其;亚洲、大洋洲的日本、韩国、澳大利亚等国家。据不完全统计,世界上温室和大棚的面积大约有 1 645 840 hm^2(表 1-1),其中西北欧国家或地区由于常年天气较冷,夏季短、气温低,以玻璃温室为主,而亚洲、南欧、北美以塑料温室为主。

从世界上现代园艺设施发展情况来看,都以大型连栋温室为主,其中塑料薄膜面积为 60 hm^2,主要集中在亚洲。除中国外,日本、韩国等都以大型连栋温室为主,日本面积最大。美国温室面积约 1.9 万 hm^2,美国温室面积虽不大,但设备先进,生产水平一流,多数为玻璃温室,少数为充气温室。近年又在发展最先进的 PC 板材温室,全世界这种温室目前约有 1 万 hm^2。目前全世界最高水平的园艺设施是植物工厂,生产为全封闭方式,环境控制技术较准确先进,生产过程从播种到采收高度自动化、流水化作业,全年全天候连续生产,完全摆脱自然条件限制,如同工厂产品生产一样。

表 1-1　世界各国温室和大棚面积

国家	面积/hm^2	国家	面积/hm^2
中国	1 396 000	比利时	2 000
日本	100 000	智利	1 600
西班牙	35 000	保加利亚	1 350
韩国	22 000	德国	1 300
荷兰	17 000	突尼斯	1 100
土耳其	9 800	埃及	1 000
波兰	6 500	捷克	800
法国	6 000	丹麦	750
俄罗斯	6 000	澳大利亚	600
阿尔及利亚	5 000	约旦	500
匈牙利	5 500	南斯拉夫	500
美国	4 500	塞浦路斯	300
希腊	4 240	瑞典	200
以色列	3 000	瑞士	200
罗马尼亚	3 000	南非	200
哥伦比亚	2 600	摩洛哥	200
葡萄牙	2 500	哥斯达黎加	200
英国	2 300	合计	1 645 840
加拿大	2 100		

(二)设施结构与建筑材料多样化

1. 设施结构的多样化

(1)小拱棚　用支撑物托住塑料薄膜，高度在 1 m 左右，两侧薄膜埋入土中，方法简便。

(2)塑料大棚　外形有篷形、屋顶形，以塑料薄膜为覆盖物，内部设施较少，主要用于春、夏、秋季生产。

(3)温室　通常有 3 个等级：①初级温室，指一般小型温室，不具备调温、通风等设备。②现代化温室，指连栋大型温室，可以实行耕种机械化，管理自动化。③工厂化温室，它是一座比较完善的工厂，其中有各种工序所需要的厂房、车间，按工序进行流水作业，即每天按同一规格和一定数量进行播种、育苗、促其生长和收获，不一定需要土壤，作物也不一定固定生长，而是可以随机械转动进行移动生长，它的栽培是高度密集化的、操作是高度机械化的、经营是高度集约化的，作物生长时间短、采收时间长，年产量比露天作物高 10 倍，比现有的塑料大棚、普通温室高 5 倍。

(4)植物工厂　是继温室栽培之后发展的一种高度专业化、现代化的设施农业。它与温室生产不同点在于其完全摆脱了大田生产条件下自然条件和气候的制约，应用现代先进设备，完全由人工控制环境条件，可全年均衡供应农产品。目前，高效益的植物工厂在某些发达国家发展迅速，初步实现了工厂化生产蔬菜、食用菌和名贵花木等。美国正在研究利用“植物工厂”种植小麦、水稻以及进行植物组织培养和快繁、脱毒。由于这种植物工厂的作物生产环境不受外界气候等条件的影响，蔬菜如生菜种苗移栽 2 周后即可收获，全年可收 20 茬以上，蔬菜年产量是露地栽培的数十倍，是温室栽培的 10 倍以上。

2. 建筑材料的多样化

在建筑材料上，国外温室建筑与工业材料的发展密切相关，是随着建筑材料发展而变化的。比如美国温室建筑材料大体可分为 3 个阶段。

第一阶段(1950—1969 年)：当时建筑的温室以木结构为主，覆盖材料几乎全部用玻璃，温室的数量不少，但面积很少有超过 1.5 hm^2 的，有加温设备和自然通风，室内以土壤栽培为主，自动化设备很少应用。

第二阶段(1970—1989 年)：金属骨架温室逐步增加，20 世纪 80 年代以后建的温室，几乎全部用镀锌钢、镀锌管和铝合金的屋顶，覆盖材料除了玻璃以外，出现了玻璃钢、FRP 板和双层充气薄膜温室，这样可以减轻屋架的重量，降低建筑成本。20 世纪 80 年代中期，二氧化碳施肥技术、应用计算机控制温室环境、滴灌技术及无土栽培技术已普遍应用，温室降温采用电扇强力通风，冷水墙加强力通风的技术也比较普及。

第三阶段(1990 年至今)：聚碳酸酯板(PC 板)已进入实用阶段，该板透光与保温性能好，耐用，不易破损，防火性能强，可制成 3 层的中空板，保温性能更佳。另外，光谱选择薄膜发展很快，比如在塑料薄膜中加入类似硫酸铜的染料，就可降低远红外光的透射率，使温室内温度降低。

3. 温室管理向电子化、机械化、专业化发展，基本实现自动化管理

温室管理采用了电子计算机控制环境和无土栽培技术，使植物在最佳小气候条件和根系环境中生长，产量水平实现突破。荷兰的温室面积中的 70%以上已采用无土栽培，其中绝大部分采用岩棉栽培，微电脑控制温室生产的达 90%以上，使作物栽培向自动化、工厂化发展。加拿大 50%以上的温室采用无土栽培，20 世纪 90 年代与 80 年代相比，户均经营面积增加了 70%，产值增加了 144%，总雇工减少了 10.9%，总能源消耗减少 35%，双层充气塑料温室面积增加了 66%，番茄产量平均达到了 48～50 kg/m^2，黄瓜达到 50～70 kg/m^2。

计算机在温室中调控的环境因子除了空气温度、相对湿度、二氧化碳和光照外，还有定时定量灌水以及营养液的精确注入、空气流速等。以加拿大不列颠哥伦比亚省制作的 Argus 软件系列为例，其由 IBM 兼容，可以从 16 个不同的方面考虑同一因子的控制。比如降温，首先控制冷热水交换阀，减少热水进入温室的流量，减少锅炉燃料供应量，若温度仍高，再启动天窗、遮阳、喷雾或水帘等降温设施。所有程序按照顺序运行，如果阴天光照极弱，温度极低，可覆盖保温幕保温并开灯补光，以节约燃料能源，因此，节能效果极好。日本在温室内安装计算机控制系统，把工程技术作为一个专家系统(咨询系统)已引入设施栽培中，温室控制的管理规则正在向可以通过一系列的正规控制指令来实现的方向发展。

4. 温室的科研成果不断转化，推动着生产力迅速发展

研究目的明确，新技术、新成果推广应用迅速，并且相关产业的发展也得到了应有的重视。包括温室的结构建造、病虫害综合防治技术、节能技术和品种的改良也对温室的高产优质管理起到重要作用。

日本对温室的科学研究一直比较重视，据《日本农业新闻》报道，一种利用气压支撑的塑

料大棚温室，目前在日本农村已经广为使用。这种气压式塑料大棚，比传统的和钢架支撑的塑料大棚价格便宜，而且透光性好，可控制温度，因此深受欢迎。对温室的废旧塑料的处理方法也已研制成功。

美国在温室研究中推出了以下新技术：

(1)太阳能水墙温室　美国东北部已开发成功一种能独立解决能源问题的太阳能温室，该温室分两层，第一层为骨架结构，面积约 370 m^2，第二层是温床，面积为 167 m^2，温室东西北 3 面墙上均装有 15 cm 厚的带玻璃罩的太阳能聚酯电池板，该装置的绝热性能相当于 4 块玻璃，它的光通量比 2 块玻璃还高，能将热储存在两边可容纳 13 626 L 水的水墙里，使水温上升到 15～27℃，然后再用太阳能驱动抽水喷灌。

(2)无土栽培　美国温室的无土栽培蔬菜主要为番茄、黄瓜和生菜，其他叶菜也占一定比重，甜瓜所占比重不大，大多数温室用于种花。20 世纪 50 年代到 70 年代，无土栽培的方式以水培为主，以石砾、沙等固定根系，营养液循环利用，这种方式成本高，此后应用逐渐减少。20 世纪 80 年代开始用营养液膜系统、袋培系统，基质为草炭、蛭石、珍珠岩和各种泡沫塑料的废脚料，同时也从欧洲引进少数岩棉栽培系统。20 世纪 90 年代以来，岩棉系统占绝大多数，不用基质的水培系统已经很难见到了。美国宇航中心采用最先进的无土栽培技术，生产人类在太空中生活必需的食物，已获得成功，最新技术可种小麦 1 万株/m^2，1.2 m^2 的小麦就可满足一个人食用；玉米株高仅 40～50 cm 就成熟了，番茄种 100～120 株/m^2，此外还有绿豆、菜豆和马铃薯等作物均已试验成功。目前在太空中吃的东西包括麦、薯、豆、菜等，每人只需 6 m^2 就够了，这些作物从种到收一般为 50～60 d。

(3)二氧化碳的应用　近 20 年来，美国温室内已普及增施二氧化碳的技术，增施的浓度达到空气中二氧化碳的 3 倍，主要是采用燃烧碳氢化合物的方法。

(4)熊蜂授粉　美国普遍应用熊蜂授粉技术。熊蜂比普通蜜蜂个头大，身体强壮，而且不伤人。一般采用熊蜂授粉较均匀，还可使作物产量提高 20%左右。熊蜂的工作时间是日出授粉，日落休息。熊蜂由专业户饲养，可以租用，每个蜂箱 80 只蜂，能授 1 500 m^2，租金很便宜。

(5)机器人移苗　现在蔬菜、花卉和苗木生产数量不断增加，美国南北各地，都有许多专门生产蔬菜、花卉和观赏植物的苗木农场，穴盘育苗在全国各地普遍应用。播种时先播在小苗孔的穴盘上，过一段时间再移栽到大苗孔的穴盘上。由于育苗中移苗工作需要很多人工，因此，应用机器人移苗技术就应运而生。所谓机器人，实际上是一个机械手，前面有两个类似大头钉的触角传感器，将小苗孔的育苗盘里的圣女果幼苗，移到大苗孔的苗盘上，平均 1.2 s 就能移一株，移栽几十万株幼苗的繁重劳动，对机器人来说是很容易的事。机器人还能辨别苗的好坏，把不好的苗抛到一边，只移栽好苗。

(6)基质消毒　现在正在研究太阳能消毒法，不仅可以节约能源，还可以大大减轻病虫的传播，虽然不能百分之百地把病虫害杀死，但消毒效果良好。如今蒸汽消毒过于昂贵，化学消毒污染环境，经济安全的太阳能消毒法是比较理想的发展方向。

5.温室生产产业化体系已完整运行

许多国家很重视温室产业化生产和发挥农业的总体效益。如美国的蔬菜产业化主要是产前的服务体系，产中的规模化、机械化生产体系和产后的销售与加工体系相配套，发挥了整体作用。

(1)产前的种苗和肥料农药公司　在美国，早在 40 年前就已实现了种苗商品化。目前，所有移栽的蔬菜苗，都是由专业育苗公司提供。有世界最大的年产10亿株的种植者育苗公司及年产1 000万～2 000万株商品苗的山本种苗场和SANTAFE NURSERY种苗公司。主要育苗蔬菜有芹菜、生菜、韭葱、青花菜等，同时还有花卉、烟草等，各种苗公司育苗生产的共同特点是苗生长整齐、成本低、育苗科技含量高。

(2)产中的机械化生产体系　美国的菜田机械化从20世纪40年代即已开始，此后菜田机械持续增加，机械功率增长快于台数的增长，显示了机械大型化的发展趋势。蔬菜生产中整地施肥、起垄做畦、移栽(或直播)、中耕、打药、除草、收获等作业都有配套机械。目前，绿菜花、芹菜、生菜等移栽作业正从半机械化移栽发展到使用全自动蔬菜移栽机田间作业。

(3)产后的销售与加工体系　美国蔬菜大部分在超级市场销售，但也有定期开放的农贸市场(一般每周1～2次)。经过预冷的蔬菜，按固定的销售渠道运往批发市场或直接运到超级市场，超级市场零售蔬菜均有冷气柜台。美国零售市场90%以上的蔬菜不包装，为了防止失水，有的超级市场蔬菜冷柜还设有喷雾装置，美国蔬菜生产成本占1/3，收获、包装、预冷成本占1/3，流通利润与损耗占1/3。

荷兰作为一个人多地少的国家，种植粮食在经济上是不合算的，因此就集中力量发展经济价值相对较高的鲜花和蔬菜生产。目前，荷兰已建成1.1万 hm^2 的玻璃温室(约占全国土地面积的0.5%，占全世界玻璃温室面积的1/4)，专门用于种植蔬菜和鲜花，生产率极高。无土栽培的辣椒高3 m，单产为30 kg/m^2；番茄秧长30 m，单产达60～70 kg/m^2。同时，由于实行专业化、集约化生产，花卉品种不断增多，质量不断提高，竞争力不断增强。目前，荷兰共有7 000多家农户从事花卉栽培，培育出近1亿个品种，每天向全世界出口1 700万枝鲜花和1 700万盆花。荷兰鲜花在世界鲜花市场的占有率已达60%以上，仅此一项全国每年获得的收益达112.5亿美元，成为该国的支柱产业之一，所创造的产值占全国农业总产值的35%左右。1985—1990年，荷兰人均净创汇由1.8万美元上升到5.7万美元，而美国同期仅由2 310美元上升到6 310美元。荷兰每个农业劳动力可供养112人，高于美国的60～70人，为英国、法国和德国的10倍。

知识拓展

世界最大的花卉拍卖市场
——荷兰阿尔斯梅尔花卉拍卖市场

荷兰被誉为欧洲的花园、鲜花之国，拥有世界最大的花卉拍卖市场——阿尔斯梅尔联合花卉拍卖市场(Aalsmeer Flower Auction)。该市场是由两家花卉和苗木的拍卖公司“布罗门路斯特”(Bloemenlust)和“阿尔斯梅尔”(Aalsmeer)合并起来的。1968年，这两家拍卖公司合并组建了一个全新的、大型的拍卖组织“阿尔斯梅尔花卉拍卖市场”。此后，他们开始建设一个具有当代水平的、有足够规模的、能容纳相当多的花卉和苗木的交易场所(图1-3)。1972年，市场初步建成，当时该交易所占地面积8.8万 m^2，由于花卉、苗木及盆景产品的需求不断增长，该交易所也不得不进行多次扩建，目前它的占地面积已达到71.5万 m^2。阿尔斯梅尔联合花卉拍卖市场已成为世界上最大的花卉拍卖中心，同时又是世界上最大的商业建筑物。

(1)会员制　阿尔斯梅尔花卉拍卖市场是由花卉、苗木种植业者组成的联合组织，会员包括约 5 000 个来自全国各地的花卉、苗木的生产者。这些种植业者对拍卖市场有共同的所有权。作为会员，他们有权通过该拍卖组织销售其产品，但在进场交易时仍需支付利润的5%～6%的费用。

(2)建筑结构　主要分为两大部分即产品贮放大厅(主要用于存送产品，拍卖前，产品存放于冷库或输送大厅，然后被送到拍卖间参加拍卖，成交后送到分类厅)和买主租赁场地(约有 350 个买主、出口商或批发商租赁的场地，主要用途是对成交后的产品进行包装、分类)。

(3)产品的输运　一般花卉必须在拍卖前一个晚上，盆栽花卉或园艺花卉则可以在拍卖前的一天由花农自己或请运输公司送到市场，之后通过电动车运到大型冷库。所有产品都必须在贮藏厅或冷库由拍卖市场组织的检验员对每一支花的质量进行检验，然后由检验员将检验结果记录于一个带有销售者资料的对应每一束花的文件表格中，每一束花都有自己的编号。在完成了以上程序后产品即可进入市场参加拍卖。

(4)拍卖与结算　拍卖场共有 5 个大的拍卖厅，其中 4 个是设有 2～3 个电脑拍卖钟的剪花厅，另一个是设有 4 个拍卖钟的苗木厅(图 1-4)。5 个厅总共有 13 个电脑拍卖钟，每一个拍卖钟每小时约可以撮合成交 1 500 宗。拍卖时间是一个星期 5 天，每天从早晨 6:30 开始，一直到全部产品拍卖成交。设有 2 个拍卖钟的拍卖厅有 300 个席位，3 个拍卖钟的有 500 个席位，4 个拍卖钟的有 600 个席位。产品以荷兰货币即荷兰盾结算，以 100 为单位开始，然后价格指针往下摆动。当指针摆至某一买主认为适合自己价位时，发出指令，指针停止，拍卖成交。一般来说，数字显示的是每一支花或苗木的价格。谁先发出指令谁就成为该产品的真正买主。成交的产品通过电动推车将产品送到分类厅的买主租赁的电动推车上。在拍卖厅的外面，与电脑联网的打字机立即打印出每一宗交易的分类资料以及账单，然后买主即可在市场的收银处付款，或者通过银行进行信用证结算。

图 1-3　花卉拍卖现场

图 1-4　电脑拍卖钟

(5)运输与出口　荷兰的花卉和苗木在世界上非常畅销。此拍卖市场的产品有 80%用于出口(图 1-5)。由于花卉和苗木很容易枯萎，所以要求尽可能快地进行包装和运输。买主按国内外客户的要求进行分类、包装后将产品装进条板箱，送至快速运输中心的空调车后运至欧洲各国。在快速运输中心，有许多专业运输公司都设有自己的办事处、客户服务部以及植物服务部等。如果产品的目的地是在海外，如美国或远东，快速运输中心会把产品尽快送至机场空运。早晨成交的产品可以在当天晚上或第二天早晨在欧洲、美洲和世界其他地方的花店销售。

(6)综合数据　每天约有 1 400 万支(即每年 35 亿支)鲜花和 150 万支(即每年 3.7 亿支)苗木在此成交;该拍卖市场本身共雇佣员工 1 800 人,若包含各部门的员工如出口商和相关公司等则达 1 万人之多;拍卖市场顶部设有两个停车场,可容纳 3 500 部汽车;得益于先进的计算机技术,每天可以撮合成 5 万宗交易;场内设有 3 万 m^2 的冷库可以使用;平均每天有 2 000 部大货车载着成交的花卉从这里开出到世界各地;在荷兰 7 大花卉拍卖市场中,该市场总共占有份额为 43%,是最大的一间;荷兰花卉和苗木出口值达 50 亿荷兰盾(约合 25 亿美元);每年有来自世界各地的 22 万参观者参观该市场;在该拍卖市场最重要的产品见表 1-2 及图 1-6。

表 1-2　荷兰阿尔斯梅尔花卉拍卖市场的产品种类

花卉种类	出口值/亿美元	花卉种类	出口值/亿美元
玫瑰(200 个品种)	13.00	郁金香	3.85
康乃馨	2.85	菊花	2.45
鸢尾科	1.65	大丁草	1.51

图 1-5　花卉运输现场

图 1-6　拍卖的花卉种类

二、国内设施农业发展概况与趋势

(一)基本情况

我国蔬菜的温室生产在一个相当长的时间内是初级的纸窗温室,新中国成立后,将纸窗温室改为玻璃温室,即北京式温室。1966 年有了塑料大棚,20 世纪 70 年代温室种菜迅速在全国发展。从 20 世纪 80 年代初,北京、天津等地都开始引进或自建若干现代化自动控制的大型连栋温室,拟采取国外的生产技术方式解决北方冬季蔬菜供应问题,但主要由于“三高一低”(高投资、高能耗、高成本、效益低)的原因,除用于科研外,绝大部分相继停止运行。我国蔬菜生产在北方采用传统的加温温室,由于煤炭费用太高,产量效益相对低下,这在能源短缺的我国,无法大面积发展,节能型日光温室便应运而生了。1985 年,辽宁省在海城地区采用塑料日光温室,冬季不加温生产黄瓜取得成功,并且由第一代节能型日光温室发展到第二代节能型日光温室。1987—1989 年农业部(现农业农村部)组织北方地区进行适应性开发研究，在日光温室种植番茄、茄子、辣椒等喜温果菜和多种叶菜均获得成功，并取得高产，面积发展到 1 000 hm^2。1990 年，财政部、科技部、农业农村部立项开发推广，成立了“日光温室高效节能蔬菜栽培技术开发协作网”，使此项技术迅速推广应用。据统计，1994 年我国节能型塑料日光温室的面积为 4 300 hm^2，比 1989 年扩大了 39 倍，占同年设施蔬菜栽培面积的 12.7%，占塑料温室面积的 56.3%，主要分布在山东、河北、辽宁、河南等省，平均产量达 8 000 kg/亩，平均产值超万元。至 1997 年，各种温室拱棚已发展到 86.67 万 hm^2，成为世界上设施栽培面积最大的国家，其中温室面积 22.67 万 hm^2，大棚面积 23.33 万 hm^2，中小棚面积 40.67 万 hm^2。1999 年全国设施栽培面积达 139.6 万 hm^2，其中，温室面积 36.7 万 hm^2，大棚面积 45.66 万 hm^2，中小棚面积 57.24 万 hm^2（表 1-3、表 1-4）。20 世纪 80 年代末至 90 年代初又迅速发展遮阳网覆盖栽培，至 1997 年达到 6 万 hm^2（主要在南方）。至 1997 年年底全国无土栽培面积达到 165.7 hm^2。

表 1-3　全国设施农业种类面积　　万 hm^2

年份	温室	大棚	中小棚	合计
1978	0.527		1.057	1.594
1985	0.958	0.747	2.586	4.291
1990	2.547	2.799	8.579	13.925
1995	14.206	11.688	31.061	56.955
1997	22.670	23.330	40.670	86.670
1999	36.70	45.66	57.24	139.6

表 1-4　全国主要地区的设施农业状况　　万 hm^2

地区	设施总面积	日光温室	大棚	中小棚	分布点
山东	40.00	12.00	6.67	21.33	寿光、临淄、苍山、聊城、菏泽等
辽宁	9.87	6.00	1.33	2.53	辽西、辽南
江苏	8.20	0.53	2.80	4.87	淮河
河南	10.67	2.00	2.00	6.67	陇海沿线、驻马店、周口
新疆	8.00	0.80	2.67	4.53	
陕西	4.00	0.80	0.87	2.33	西安、咸阳、渭南、延安、榆林、宝鸡
黑龙江	1.47	0.33	0.80	0.33	
北京	1.05	0.29	0.26	0.50	
上海	0.17	0.002	0.13	0.03	

据各地统计资料显示，高效节能日光温室栽培技术示范点 1990—1995 年年产值在 9 386.6～17 656.8 元/亩，一般在 11 000～12 000 元，纯收入在 2 593.5～6 991.4 元，高低相差一倍多，一般在 3 000～4 000 元；塑料大棚年收入在 4 000～11 000 元/亩，年纯收入在

1 000～3 000 元；中小棚的年收入在北京郊区春秋两茬相加也可达到近 10 000 元。北京市的资料还表明，该市设施蔬菜栽培面积，占蔬菜栽培总面积的 24%，而收入占整个菜田收入的 60%，露地蔬菜和设施蔬菜的纯收入比为 1∶5，设施桃栽培纯收入达 30 000 元/亩，与露地桃收益比为 10∶1，可见设施栽培的比较效益是很高的。

各种设施的效益与其设施状况、所处地理位置、该地区市场发育水平、种植作物种类以及栽培者技术水平和生产中投入，都有很大的相关性。

(1)温室结构和性能与效益的关系　在北京顺义大孙各庄乡大塘村，同是种冬春茬黄瓜，因温室始建年份不同而技术参数不同。两栋 333 m^2 的日光温室，1997—1998 年的冬春茬黄瓜收入分别是：1994 年建的温室为 9 000 元，1997 年建的温室为 13 000 元。造成该差异的主要原因是温室的技术参数不同，两栋温室透光保温性不同，而后者产量高，上市时间早，获得了较高的经济价值。

(2)种植种类与效益的关系　如河南荥阳市，日光温室种植黄瓜、番茄等蔬菜，平均年纯收入 4 000 元/亩，高的 8 000～10 000 元/亩；种植盆、切花的，年纯收入 40 000～50 000 元/亩，种植油桃、樱桃、葡萄的年纯收入 20 000～30 000 元/亩。在山东，日光温室黄瓜最高产值可达 4 万元，日光温室种植香椿最高的年产值达 10 万元(投入 5 万元)。

(3)茬口安排与效益的关系　茬口安排不合理，致使上市时间不对，效益就不高。河南荥阳市王村镇一户农民，黄瓜 12 月中旬育苗，3 月份才上市，黄瓜仅能卖到 0.4～0.6 元/kg，而如果在元旦、春节上市，黄瓜售价均在 2 元/kg 以上。

(4)地理位置与效益的关系　不同的地理位置对产品售价影响很大。如城市郊区与边远地区相比，同类产品价格就不大一样。同在山东省，寿光地区的市场发育良好，其蔬菜设施的生产效益就比其他地区好得多，号称在寿光市场上，没有卖不出去的菜，也没有买不到的菜。但在有些市场发育不成熟，栽培技术不过关的地区，盲目发展成片的日光温室及大棚，致使旺季时产品滞销，烂菜严重，很多棚的产出不能保本。

(二)高效设施农业产业示范园区已初步建成

为推动我国蔬菜工厂化农业生产的发展步伐，科技部把工厂化农业技术研究和示范项目列入“九五”农业科技攻关重点课题，在上海、北京、沈阳、浙江、广东等地建立了蔬菜和苗木工厂化高效生产示范区。

1.上海蔬菜高科技推广中心

上海蔬菜高科技推广中心占地约 85.3 hm^2，其中包括从荷兰引进的智能型温室两栋，每栋占地 1 000 m^2，费用 1 200 万元/hm^2，智能温室主要可控因素有温度、湿度、光照、水、肥。该中心的其余设施为大棚，每个大棚占地约 667 m^2，费用为 1.5 万元，大棚的用膜是从以色列引进的，架子为镀锌的。由于上海所处纬度低，平均日照时间和温度条件比北方优越，所以冬季棚内不用加温，即可保障生产。温室内使用的微型机械可用于翻地、开沟、施肥、打药、松土、覆膜、运输等，这套系列机械是将欧美地区用得较多的设备引进后通过多次改进形成的。

2.沈阳市蔬菜科技示范区

沈阳市蔬菜科技示范区占地约 3.3 hm^2，共建成 22 栋日光温室，每栋占地 400～467 m^2，温室结构采用的是鞍山型的二代温室，砖墙式结构，跨度 6 m，高度 2 m，原种蔬菜，现改种花卉，并在温室内加有暖气片，内有无土栽培设备，每栋造价约 4.5 万元。现在正在新建 1 栋占地 667 m^2 的新型智能温室，是由清华大学设计的全铝合金半地下的玻璃型温室，后墙带操作间，总造价约 150 万元，用于种植花卉，可自动调控的因素有湿度、温度、光照、水、肥等。

3. 北京蔬菜高科技示范园

近年来，京郊蔬菜生产基地由近郊向远郊转移，急需解决基地建设水平低和新菜农技水平低的问题。1995 年由北京市农业局提议，顺义、平谷、通州、大兴各建一个“蔬菜高科技示范园区”，于 1999 年实施，现均已按规划建成并投入生产。按规划设计，每个示范区占地 26.7 hm^2，建标准日光温室 100 栋，大棚 50 栋，并设有试验区和加工区。总投资 2 700 万元(每个区 675 万元)，其中北京市无偿投入 1 600 万元，占 60%；贴息贷款 800 万元，占 30%；乡自筹 300 万元，占 10%。每栋日光温室设计造价 4.7 万元，大棚设计造价 1.7 万元。示范区建设的总体目标要达到国内先进水平，具体体现在 6 个方面：①保护地设施结构技术先进；②综合配套最新的栽培技术；③科学布局、设施配套、环境良好；④集科技、试验、示范与生产、加工、销售于一体；⑤周年生产供应，高产、优质、高效；⑥科技示范交流，体现京郊蔬菜生产水平。

顺义区沿河乡“蔬菜高科技示范园区”占地 30 hm^2，计划投资 1 200 万元，已投入 1 000 万元，其中北京市投入 480 万元，日光温室生产上采用 6 项新技术：特种蔬菜品种(4 个系列 100 个品种)，温室生产农机配套设备(20 台/套)，工厂化育苗，滴灌，遮阳网，立体栽培。现已实现日光温室年产值 1.5 万元/亩，利润 0.6 万元，大棚年产值 1 万元，利润 0.4 万元。示范园区经营管理采取以下 7 项措施：园区由乡多种经营公司领导，建立园区管委会；各温室、大棚集体经营，个人承包；菜农来自本乡，用期 1～2 年；园区列为农业部绿色蔬菜特供基地；蔬菜注册商标“沿特”“京沿”；产品直销饭店、超市；园区每年投入生产保险金 5 万元。

最近，北京锦绣大地农业公司投资 1.2 亿元建成了现代化农业示范园区，包括无土栽培、现代养殖、观光农业等内容，展示了 21 世纪现代农业的发展模式。

此外，陕西省在杨凌投资 3 000 万元建立了现代农业示范园，主要展示现代化温室生产技术和进行人才培训。

(三)我国设施栽培面临的问题及对策

1. 数量较大，质量较差

全国设施栽培面积已达 139.6 万 hm^2，如按城乡人均占有面积来看，现人均达到 10.7 m^2，比 20 世纪 80 年代中期的人均 0.36 m^2 增长了 29.7 倍，若以当前产量 20 kg/m^2 计算，则人均占有蔬菜 143.4 kg，如加上露地蔬菜，人均占有蔬菜约 250 kg，比 20 世纪 80 年代末增长了 106.5 倍，这样每人每日可吃到 0.68 kg 蔬菜，已完全满足国人日常蔬菜需求。因此，设施面积较大，蔬菜产需总量已基本平衡，但大宗蔬菜出现了季节性、区域性的相对过剩，价位下跌，效益下降。所以要稳定面积，提高质量，增加科技含量，优化生产布局与茬口种类布局，提高单位面积产量与效益。

从设施水平上看，温室和大棚 80%以上是结构简易类型，以竹木、水泥杆为骨架，厚厚的土墙降低了土地利用率(仅 40%～50%)；作业空间小，立柱多，不便于机械操作，只能靠手工作业，更谈不上自动化管理；保温、采光性能差，强度弱，难以抵御雨雪冲击，年年维修、年年冲垮。对于农户而言，一家一户还能随时补修，只不过增加维修费；对于企业来说，大规模专业化生产，年年维修是很不协调的，所以要搞好设施农业产业化就必须重视提高设施水平和管理水平。具体来说，要改造普通型温室，逐步升为提高型温室。要改土墙为砖墙，改竹木水泥为钢材骨架，改草帘麦草为保温被覆盖，改手工操作为小型农机操作，改单纯温室骨架为内部装备调节环境功能的设备，逐步向现代化、自动化方向发展。

2. 设施种类齐全，内部功能较差

设施农业也被称为环境调控农业，即人工控制环境因素来满足蔬菜最佳生长条件，从而取得最大经济效益。空气、根系温度、光照、水、相对湿度、二氧化碳和植物营养等因素，都可以实行人工控制。从我国设施农业来看，虽然有温室、大棚、中小棚、遮阳棚、阳畦等种类齐全的设施，但内部控制环境的设备较少。如调节室内温度高低仍靠人工打开窗户、拉开薄膜进行自然通风散热；灌溉仍然按照露地那样大水漫灌，而不是喷滴灌；施肥仍是盲目追施化肥，而不是定量定时施用。因此，可以说我国的设施农业水平还是比较落后的，生产中耗费的能源、材料、人工是较大的，必须逐步改善，才能提高水平。

3. 种植种类较多，栽培技术不规范

我国蔬菜种类繁多，品种齐全，常年栽培的品种有 40～50 种，但普遍存在产量低，产值差的现象。如我国温室番茄高产水平为 16 kg/m^2，而荷兰可达 30～35 kg/m^2，相差甚远。究其原因，一是品种不同，二是栽培技术落后、管理粗放。如荷兰的温室面积中的 70%以上已采用无土栽培，微电脑控制温室生产的达 90%以上，作物栽培向自动化、工厂化发展。而我国大多数农户仍沿用传统的管理方法种植，难以提高单产。因此，必须选择耐低温弱光的优质高产良种，加以推广。同时，研究推广日光温室深冬栽培配套技术标准，增施有机肥和二氧化碳气肥以提高品质和产量，并进行变温管理和病虫害综合防治，以达到稳产高效。

4. 生产面积较大，社会化服务体系与市场发育不健全

据统计，1996 年全国蔬菜播种面积为 1 046.7 万 hm^2，其中反季节、超时令蔬菜的总产量达 2 700 多万 t。我国最大的蔬菜生产与销售地山东省，1995 年蔬菜产量 3 695 万 t，有 2 000 万 t 销往省外或国外，年产值 200 多亿元。如此庞大的销售量，需要依靠市场良性循环，而我国小生产与大市场、大流通的矛盾突出，分散性的经营格局、随意性的种植制度、不确定的品种数量和质量，小生产很难与蔬菜大市场、大流通对接。因此，在发展设施生产的同时，必须建立市场流通场所及配套的社会化服务体系。要宏观管理，及时收集和发布市场信息，指导农民及时调整种植计划，减少盲目性，以稳定农民的收入。同时抓好市场管理，寻找销路，完善社会服务体系，包括生产资料市场、产品市场、产品采后处理、运销等，提高整体生产效益。

5. 生产发展迅猛，科技先导作用发挥不够

现代农业的显著特点是科学技术领先、知识水平高，但现实生产中往往出现科学研究落后于生产发展的现象，其原因是主管部门向科研投入资金不足，研究工作不够深入，科研成果转化较慢，科技的先导作用难以发挥。因此，必须尽快抓好科研和培训，不仅要提高管理者的水平，也要提高劳动者素质，使新技术、新成果尽快应用于设施栽培之中，保证大面积生产稳定发展。

(四)设施栽培的发展趋势

面对我国设施栽培发展的大好形势，今后一段时间的发展重点应该是，大力发展以高效节能型日光温室为龙头的设施栽培，制定各种类型的设施标准，建立低成本、低能耗的设施设备成套技术体系、高效设施栽培管理体系和设施生产产业化体系，从机械化、电气化、专业

化着手，提高设施结构和设备档次，进一步发展为工厂化高效农业。要集成国内外农业高新技术，以市场为导向、以科技为先导，大幅度提高单位面积产量与效益，走出一条适合我国国情的，并与世界先进农业生产方式接轨的农业新兴产业之路。

1. 开发新型温室结构，制定设施标准体系

我国今后设施结构发展应抓住两个重点：一是设施结构类型，以塑料棚为主；二是高效节能。虽然玻璃温室在西欧等国家较普遍，但是有两个原因不适合在我国发展：一是气候条件不同，像荷兰、西班牙等西欧国家，属于温带海洋性气候，夏季凉爽，气温多在25℃左右，超过30℃的天气极少，冬季温和，多雨雾，所以设施以建设玻璃温室为主。而我国北方地区大多数属于温带大陆性气候，夏季高温干燥，冬季寒冷风大，所以，温室要具备夏季降温、冬季保温的性能，以建设塑料温室为主。二是国情不同，西欧诸国属于发达国家，经济条件好，人们购买能力强，对产品要求质量越高越好，所以，设施栽培可以实现高投入、高产出、高效益。而我国属于发展中国家，经济基础还不强大，人们生活水平相对较低，购买能力较弱，所以，要考虑低成本、低消耗、高效益的问题。

近些年，我国在塑料大棚、日光温室的结构优化方面都做了不少研究工作，而且取得了许多成果。但是，目前只有钢管装配式塑料大棚和玻璃温室结构有国家标准，而节能型日光温室及配套设备仍无统一标准，需要进一步制定。另外，面对21世纪农业，需要开发新型墙体材料、保温材料和骨架材料，要设计出大阔度、高空间、透光保温好和便于机械化操作的新型温室结构，以提高结构性能。

2. 开发设施内环境控制技术与设备

21世纪农业明显的特征是高科技的工厂化高效农业。工厂农业是指在相对可控的环境条件下采用工业化生产，实现集约高效及可持续发展的现代化生产方式。针对我国设施可控水平低、机械不配套的现状，应尽快提高环境控制能力，促进改变靠天吃饭的农业生产现状，缩小与发达国家的差距。因此，应重点研究温室环境指标（包括温度、湿度、光照等）和自动化控制技术，对加温、降温、灌溉、通风、排湿、补光、二氧化碳施肥等环境调节技术实行优化组合，便于应用。此外，还要注重信息技术和专家系统的应用研究。

3. 新品种引进与配套栽培技术研究

优良的温室品种与成熟的管理技术是获得高产高效的优质产品的根本保证，所以，要开展新品种及配套高产栽培技术的研究。要采用抗病、高产、优质的良种，立体栽培及营养液栽培新技术，植物生长调节技术，以生物措施为主的病虫综合防治技术和产品产后处理技术，建立从品种选择、栽培管理到采收包装一整套完整的、规范化的技术体系。

4. 开发与应用设施生产机械作业技术

主要是开发研制一系列温室小型农机具，并能够进行温室内耕翻、定植、铺膜、消毒、嫁接、做埂、开沟、施肥、打药、清洗、包装等机械作业，使人们从繁重的劳动作业中解放出来，走农业机械化道路。可以把引进和开发研制结合起来，吸收国外先进的小型农机具和设施资料，开发实用的小型机械与农具。

5. 开展设施生产产业化体系及经营管理模式研究

作为产业化体系应包括设备设施与环境工程、种子工程、产后处理工程、蔬菜工厂化种植工艺工程等部分，是设计、制造、生产、销售一条龙，农科贸一体化的系统。所以，要实行企业化经营管理，走公司加农户道路，形成求实高效的运行管理体制。为顺利运转整体系统，

还需要建立社会服务体系、人才培训体系、信息收集与分析体系等，这样庞大的系统需要人才、技术、资金、管理等方面的集成优势，统一协调、统筹发展，最后形成强大的产业集团，走向市场，走向世界。

6. 开展无公害蔬菜生产技术的研究

设施栽培中最容易发生的问题是连作障碍，这是由于土壤连茬栽培后积累了大量盐类物质和病虫害。同时，大量农药和有害物质积累严重污染蔬菜，人们食用后造成中毒，危害人们身体健康。另外，由于连作障碍影响温室生产，限制了设施农业的发展。因此，防止连作障碍，减少农药化肥污染，生产无公害蔬菜已是今后设施栽培的重点研究内容之一。特别是加入 WTO 后，创汇农业也要求生产无污染产品。

7. 培养设施农业管理的专门人才

我国设施农业与世界先进国家的差距，其本质上是人才的差距。所以，政府应重视人才工程，大力培养专门人才，提高管理者和生产者素质，才能尽快赶上世界水平。

当今，设施栽培发展异常迅速，为了及时了解其发展动态，无论在学习本课程期间，还是在学完本课程之后，仍需要经常阅读国内外有关文献，积极参与实践，不断提高自己的技术水平，为实现农业现代化和标准化而奋斗。

任务三　课程内容与学习要求

一、设施农业的主要内容

设施农业是一门多学科交叉的学科，涉及的内容主要有三个方面：生物科学、环境科学和工程科学。

生物科学主要包括生产对象即蔬菜、花卉和果树。这三大类园艺作物又各自包含了许多种类和品种，如蔬菜按农业生物学可分为白菜类、直根类、茄果类、瓜类、豆类、葱蒜类、绿叶菜类、薯芋类、水生蔬菜和多年生蔬菜大类。花卉分为一二年生花卉、球根花卉、宿根花卉、多浆及仙人掌类、室内观叶植物、兰科花卉、水生花卉和木本花卉八类。果树按农业生物学分类可分为落叶果树、常绿果树两大类，落叶果树包括仁果类、坚果类、浆果类、柿枣类；常绿果树包含柑果类、浆果类、荔枝类、核果类、坚果类、荚果类、聚复果类、草本类和藤本类九类。这充分反映了设施农业生物学科内容之丰富。我国现有设施栽培主要有设施蔬菜、设施花卉、设施果树、设施药用植物、设施种苗和设施食用菌栽培等。

环境科学包括了光照、温度、湿度、气体、土壤 5 个方面。首先应了解每个环境因子对园艺作物生长发育的影响及生理机制；其次，要掌握设施的 5 个环境因子的特点，与露地栽培有何不同；最后也是最重要的，就是根据栽培作物的生物学特性，如何进行环境调节控制。既要了解作物与环境间的定性、定量关系，还要掌握各种调控手段、调控设备的运用，以及现代化的自动控制技术，计算机管理等。以便作物与环境达到最理想、最完美、和谐的统一，以实现高产、优质、高效的生产目的。

工程科学主要包括设计和建造出能够满足作物对光照、温度、湿度、气体、土壤 5 个环境因子需要的设施类型，为作物提供最优的生长发育空间。这就需要有科学合理的总体规划设计、设施选型、结构优化设计及环境调控设计（如采暖、保温、降温、加湿与降湿，灌溉与施肥，通风换气，CO_2 气体施肥等）、建筑材料的选择和计算、建造施工技术等。

二、设施农业的特点

设施农业应用不同设施、设备和采用一些措施对园艺作物进行保护而生产，所使用的设施类型繁多，栽培设施各异，并在不同季节内栽培。因此，设施栽培与露地栽培相比具有以下特点：

（一）设施类型众多

我国现今使用的园艺设施可分为：大型设施如塑料薄膜大棚、单栋和连栋温室、大棚等；中小型设施如中小棚、改良阳畦、改良温室、栽培窖等；简易设施如风障、阳畦、冷床、温床、简易覆盖、地膜覆盖等。各种设施在生产中都能发挥较大的作用，但因设施的性能不同，各自的作用也有所不同，生产者应根据当地的自然条件、市场需求、栽培季节、栽培目的、资金状况以及技术含量等加以选择应用。

（二）要求较高的生产技术水平

发展设施农业必须要有较高的生产技术措施相配套，如科学安排茬口，选择品种，适当间作、套种，根据市场需求扩大设施园艺作物种类，增加花色品种，调整并延长产品的供应期等，以提高设施生产的经济效益。在某一种园艺作物的设施生产过程中，应把重点放在温度管理、通风排湿、施肥灌溉、植株调整、病虫害综合防治等方面。

（三）设施栽培类型和规格具有地域性

我国各个地区虽然条件不同，但都能进行设施栽培。在设施栽培中，应根据当地的自然条件，因地制宜，采用相适宜的园艺设施进行设施栽培。如华北地区以大棚、温室、阳畦和风障为主，东北地区以温床、温室和塑料拱棚为主，西北地区以塑料拱棚和日光温室为主，而南方地区则以塑料拱棚和夏季保护设施如防雨棚、遮阳网等为主。

（四）生产专业化、多样化

随着设施农业的发展，农业设施面积逐年扩大，设施内基本达到了全年生产。但要进行产业化生产，必须建立专业组织，进行专业化生产，如专门进行育苗、种植、养殖等，提高栽培管理技术水平，从而取得更高的经济效益。

设施栽培最初主要是进行设施蔬菜生产，但随着改革开放，人民生活水平的不断提高，从而对设施栽培提出了新的要求，除供应新鲜蔬菜外，还要提供花卉等观赏植物，甜瓜、西瓜、草莓、葡萄等新鲜水果，以及食用菌、林业苗木与果树育苗、水稻育秧、药用植物栽培等，形成了设施栽培多样化的格局。

（五）设施管理现代化

设施栽培较露地栽培需要更严格、更复杂的管理技术，首先必须了解不同园艺作物在不同的生长发育阶段对外界环境条件的要求，并掌握设施的性能及变化规律，协调好二者之间的关系，从而创造适宜作物生长发育的环境条件。设施农业涉及多学科知识，所以要求生产者素质高，知识全面，不但懂得生产技术，还要善于经营管理，有市场意识。

三、学习本课程的任务与要求

设施农业是作物生产技术专业、园艺技术专业和园林技术专业的必修课程。本课程的主要学习任务是使学生能够较为全面、系统地掌握园艺设施的类型、结构特点及性能、设施覆盖材料种类及性能、设施环境调控技术、设施机械化、常见设施栽培的主要病虫害及防治、无土栽培及主要园艺作物的设施栽培技术等内容，能够在设施农业生产实践中初步运用所学知识解决一些相关问题。

设施农业是一门实践性、应用性很强的技术学科。要求学生在学习植物与植物生理、植物生产环境、农业基础化学、植物保护、电子计算机等课程的基础上，注重理论联系实际，既要认真学习设施农业的基本理论知识，又要联系当地的生产实际，通过实际观察和操作，掌握不同园艺作物的设施栽培技术等基本技能操作。设施栽培的过程中，作物经常会遭遇逆境如低温、寡照或高温、高湿等，所以除掌握一般的植物与植物生理学知识外，还应特别注意学习掌握逆境生理的相关理论，使环境调控做到有的放矢，保证园艺作物的正常生产。同时应经常查阅相关资料，了解设施农业学科的新发展、新技术、新动向，不断提高自己的专业技术水平。此外，还可以利用超星学习通全国作物生产技术职业教学资源库的内容进行线上学习。

复习思考题

1. 简述设施农业的概念及类型。
2. 设施农业具有哪些特征和作用？
3. 简述国外设施农业发展现状与趋势。
4. 我国设施栽培存在哪些问题？

Project 2

项目二

设施的类型、结构与性能

任务一　简易园艺设施
任务二　夏季保护设施
任务三　塑料薄膜拱棚
任务四　温室
任务五　植物工厂
实验实训

任务一　简易园艺设施

简易园艺设施主要包括地面简易覆盖和近地面覆盖两大类。其中，地面简易覆盖包括砂田覆盖、秸秆覆盖、地膜覆盖等类型；近地面覆盖包括风障畦、阳畦、温床等类型。这些简单园艺设施虽多，且都属于较原始的园艺作物保护栽培设施类型，但由于其具有取材容易、覆盖简单、建造成本低、效益高于露地生产等优点，目前仍在许多地区应用。

一、地面简易覆盖

（一）砂田覆盖

砂田覆盖栽培起源于我国甘肃省中部地区，至今已有四五百年的历史。目前主要分布于我国西北的甘肃、青海、宁夏、陕西、新疆等省及自治区。

砂田覆盖是用大小不等的卵石和粗砂分层覆盖在土壤表面而成。在铺砂前要进行土壤翻耕，并施足底肥、压实，铺砂后土壤不再进行翻耕。

1. 砂田覆盖的方式

砂田覆盖可分为旱砂田覆盖和水砂田覆盖 2 种类型。旱砂田覆盖主要分布于高原和沟谷中，以种植粮食作物为主。水砂田覆盖分布于水源充足的地方，以种植蔬菜和瓜果为主。旱砂田的铺砂厚度一般为 10～16 cm，其使用年限可达 40～60 年。水砂田的铺砂厚度一般为 5～7 cm，使用年限为 4～5 年。

2. 砂田覆盖的性能

（1）保水性能显著　因砂粒空隙大，降雨后雨水立即渗入地下，减少了地表径流，增加了土壤含水量；同时因为砂粒空隙大，不能与土壤的毛细管连接，阻止土壤水分向外蒸发，具有保墒作用。

（2）增加土壤温度　因砂石凹凸不平，太阳照射后的受热面积远大于一般地表面；还因砂石松散，其内部有大量的空气，因此白天砂石增温较快，并使其热量不断地传导到土层中，加快了土壤增温速度。据测定，3 月份砂田平均土壤温度为 8.5℃，土田则为 5.3℃，增加了 3.2℃。

（3）具有保肥作用　砂田覆盖的地表径流很少，肥料被冲刷的也少，又因砂田很少翻耕，有机质分解较慢，因此具有一定的保肥作用。

此外，砂田覆盖后，也具有减少杂草的作用。

3. 砂田覆盖的优缺点

砂田覆盖区别于地膜覆盖，其优点是下雨之后水分能很快地渗入地下，在地表不形成径流，减少水分的淤积。其缺点是费工，浪费资源。

4. 砂田覆盖的应用

低温干旱地区可以用水砂田栽培喜温果菜类蔬菜。西北地区多栽培甜瓜、白兰瓜和西瓜等瓜果类作物。

(二)秸秆覆盖

秸秆覆盖是在畦面上或垄沟及垄台上铺一层4～5 cm厚的农作物如水稻、玉米等的秸秆。根据覆盖时期的不同可将秸秆覆盖分为生育期覆盖、休闲期覆盖和周年覆盖3种。

1.秸秆覆盖的性能

(1)可保持土壤水分稳定,减少浇水次数。

(2)保持土壤温度稳定,因稻草疏松,热导率低,因此在南方地区高温季节可减少太阳辐射能向土壤中传导,故可适当降低土壤温度;而北方地区低温季节可减少土壤中的热量向外传导,从而保持土壤有较高的温度。

(3)可防止土壤板结和杂草丛生。

(4)可防止土传性病害的侵染,因覆盖稻草后,减少了降雨时土壤溅到植株上造成土传病害侵染的机会,从而减轻了病害的发生。

(5)降低土壤水分蒸发,降低空气湿度,也可起到减轻病害发生的作用。

2.秸秆覆盖的应用

秸秆覆盖主要应用于我国南方地区的夏季蔬菜生产中;北方地区主要应用于浅播的小粒种子如芹菜、芫荽、韭菜、葱等的播种,其作用是防止播种后土壤干裂以及越冬蔬菜发生冻害。

(三)草粪覆盖

草粪覆盖是初冬大地封冻前,一般在外界气温降至−5～−4℃,在畦面上盖一层4～5 cm厚的碎草或土粪,一般以马粪为宜。初春夜间气温升到−5～−4℃时,即可撤除覆盖物。

1.草粪覆盖的性能

(1)减轻表层土壤冻结程度,保护越冬蔬菜不受冻害而安全越冬。

(2)使土壤提前解冻,使植株早萌发生长,达到早收、丰产的目的。

(3)减少土壤水分蒸发,保持土壤墒情,避免春季温度回升时因土壤缺水而造成越冬植株枯死。

(4)覆盖草粪后,通过微生物活动分解释放CO_2,CO_2被释放后首先经过作物的基部,被叶片吸收,增加气肥。

(5)有时候可以起到遮阴的作用,比如韭菜收割后撒一层肥料以利于后茬的生长。

2.草粪覆盖的应用

草粪覆盖主要应用于我国北方越冬蔬菜栽培中。

(四)瓦盆和泥盆覆盖

瓦盆和泥盆覆盖是在早春夜间将瓦盆或泥盆扣在已定植的幼苗上,傍晚扣上,早晨揭开。

水罩覆盖(水围墙):利用双层的塑料薄膜充满水,做成钟罩状,每罩扣一株苗,作用似瓦盆。但因其透光,故可昼夜覆盖。

1.瓦盆和泥盆覆盖的性能

具有防风、防霜、防冻、减少地面辐射、提高温度的作用。

2.瓦盆和泥盆覆盖的应用

瓦盆和泥盆主要应用于我国西北地区一些地方,在中原地区也常用,霜冻之前盖上泥瓦盆起到保温作用,防止作物被冻;水罩覆盖在国外应用较多。

(五)浮动覆盖

浮动覆盖也叫直接覆盖、飘浮覆盖,是指不用任何骨架材料,将透明覆盖材料直接覆盖在作物表面,周围用绳索或土壤固定的一种保温栽培方法。

1.浮动覆盖的覆盖材料

浮动覆盖常用的覆盖材料主要有无纺布、遮阳网等。覆盖材料的面积要大于覆盖畦的实际面积,给作物生长留有余地。在大型落叶果树上应用时,可将覆盖物罩在树冠上,在基部用绳索固定在树干上。

2.浮动覆盖的性能

浮动覆盖可提高气温 1～3℃,在露地春秋应用可使耐寒和半耐寒蔬菜栽培提早或延迟 20～30 d,喜温蔬菜提早或延迟 10～15 d,果树提早 10～15 d。夏季利用遮阳网进行浮动覆盖还有降低地温、保墒、促进出苗的作用。

3.浮动覆盖的应用

花卉栽培应用遮阳网进行遮阴;蔬菜栽培应用无纺布、塑料膜等防止早春霜冻;果树栽培中罩网或寒冷纱主要防鸟、防冰雹、防霜冻。

(六)地膜覆盖

地膜覆盖栽培技术最早于 20 世纪 50 年代应用于美国夏威夷,1978 年从日本传入我国。地膜覆盖是塑料薄膜地面覆盖的简称,主要保护作物根系,又称护根栽培。它是用很薄的塑料薄膜紧贴在地面上进行覆盖的一种栽培方式,是现代一项新兴的用人工方法改善农作物生长环境的设施栽培技术。地膜种类较多,应用最广的是聚乙烯地膜,厚度多为 0.005～0.015 mm。

1.地膜覆盖的方式

(1)平畦覆盖　在原栽培平畦的表面覆盖一层地膜。平畦覆盖可以是播种时的临时性覆盖,出苗后揭去地膜;也可以是全生育期的覆盖。平畦规格和普通露地生产用畦的规格相同,畦宽 1.2～1.65 m,一般为单畦覆盖,也可以连畦覆盖(图 2-1)。平畦覆盖便于灌水,初期增温效果较好,但后期由于随灌水带入的泥土盖在薄膜上面,而影响阳光射入畦面,降低增温效果。

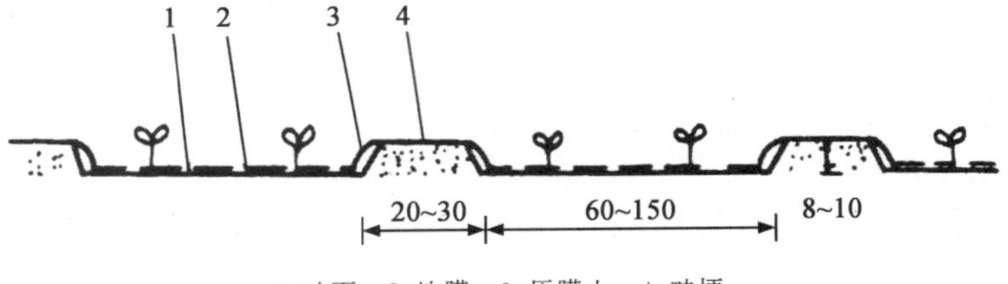

1.畦面　2.地膜　3.压膜土　4.畦埂

图 2-1　平畦地膜覆盖栽培横剖面示意图(cm)

(2)高垄覆盖　在菜田整地施肥后,按 45～60 cm 宽、10 cm 高起垄,每一垄或两垄覆盖一条地膜,每垄栽培 1～2 行作物。高垄覆盖增温效果一般比平畦覆盖高 1～2℃(图 2-2)。

(3)高畦覆盖　在菜田整地施肥后,将其做成底宽 1～1.1 m,高 10～12 cm,畦面宽 65～70 cm,灌溉沟宽 30 cm 以上的高畦,然后每畦上覆盖地膜(图 2-3)。

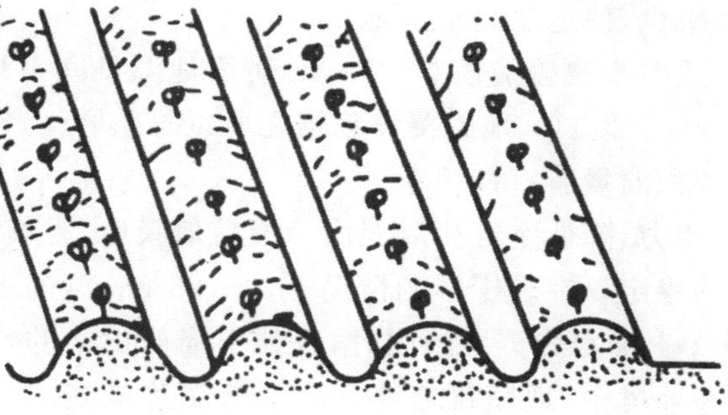

图 2-2 高垄地膜覆盖示意图

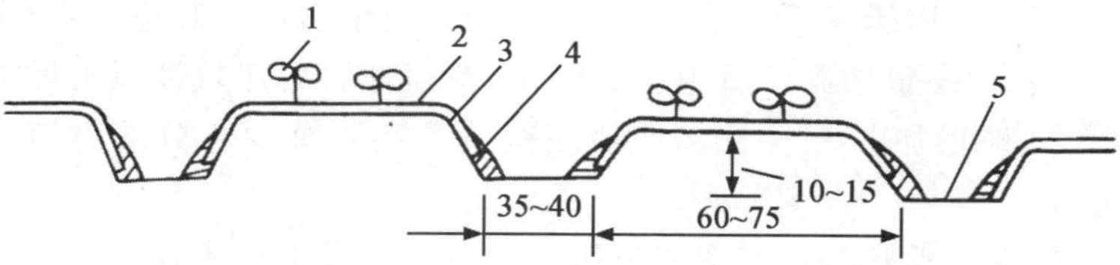

1.幼苗 2.地膜 3.畦面 4.压膜土 5.灌水沟

图 2-3 高畦地膜覆盖示意图(cm)

(4)沟畦覆盖 又称改良式高畦地膜覆盖，俗称天膜，即把栽培畦做成沟，在沟内栽苗，然后覆盖地膜。当幼苗长至将要接触地膜时，把地膜割成十字孔将苗引出，使沟上地膜落到沟内地面上。故将此种覆盖方式称“先盖天，后盖地”。采用沟畦覆盖既能提高地温，也能提高沟内空间的气温，使幼苗在沟内避霜、避风，这种方式兼具地膜与简易棚(地龙)的双重作用。可比普通高畦覆盖提早定植 5～10 d，早熟 7 d 左右，同时也便于向沟内直接追肥、灌水。沟畦覆盖主要有宽沟畦、窄沟畦和朝阳沟畦等覆盖形式(图 2-4)。

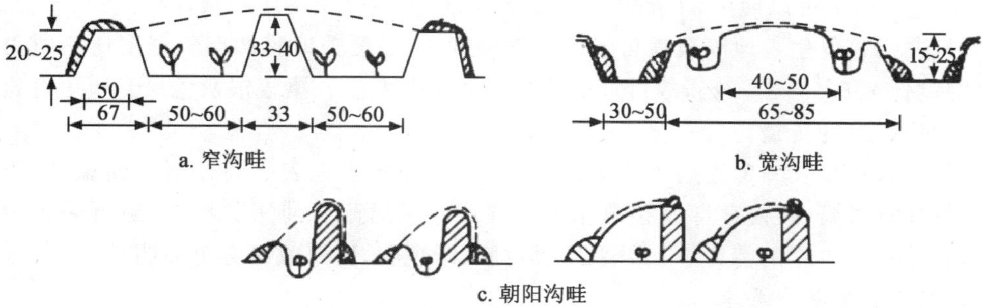

图 2-4 沟畦地膜覆盖示意图(cm)

(5)蔸部覆盖 对于栽培株行距很大的蔬菜作物，为节省地膜，可采用蔸部覆盖法，即只盖蔸部四周的小块地面。通常把幅度 1 m 的地膜裁成正方形，盖于蔸部，拉紧后，四周压入土中。适于种植莲藕和南瓜等。

2. 地膜覆盖的作用

(1)提高地温 透明地膜覆盖白天可使地温迅速升高，并不断向下传导而使下层土壤增温,夜间可使土壤放热减少,使地温高于露地。

据观测,一般无色透明膜覆盖能使 0～20 cm 耕层地温日间平均增加 3～6℃,作物生育期内的有效积温增加 200～300℃,地膜覆盖栽培之所以早熟和高产,与有效积温增多提前满足了作物生育期所需的积温量有直接关系。

(2)提高土壤保水能力、降低空气相对湿度　覆盖地膜后,土壤水分蒸发量减少,故可较长时间保持土壤水分的稳定。在较干旱的情况下,0～25 cm 深的土层中土壤含水量一般比裸地高 50%以上。减少土壤水分蒸发的同时,有利于降低田间的空气湿度,特别是在大棚、温室等相对密闭的设施环境中,地膜覆盖结合膜下暗灌等措施,在多雨潮湿的季节,能显著地降低田间小气候的相对湿度,对多种茎、叶和果实上的侵染性病害有明显的抑制作用,有利于减轻病害。

(3)提高土壤肥力　由于膜下土壤中温湿度适宜,微生物活动旺盛,养分分解快,因而速效氮、磷、钾等营养元素含量均高于露地。据测定,覆盖地膜后速效性氮可增加 30%～50%,钾增加 10%～20%,磷增加 20%～30%。地膜覆盖后还可减少养分的淋溶、流失、挥发,可提高养分的利用率。

(4)改善土壤的理化性状　地膜覆盖土壤可避免和减轻土壤表面风吹、雨淋的冲击以及中耕、除草、施肥、浇水等人工和机械操作的践踏而造成的土壤板结,可减少中耕的劳力,并能使土壤疏松,通透性好。能增加土壤的总孔隙度,降低土壤容重,增加土壤的稳性团粒,使土壤中的肥、水、气、热条件协调。

(5)防止地表盐分集聚　地膜覆盖切断了水分与大气交换的通道,大大减少了土壤水分的蒸发量,从而减少了随水分带到土壤表面的盐分,能防止土壤返盐。辽宁省营口市在轻、中、重盐碱地上覆盖地膜生产芹菜、甘蓝、黄瓜、茄子、辣椒等,均获得早熟增产的效果。

(6)增加近地面光照　因地膜具有反光作用,地膜覆盖后,中午可使植株中、下部叶片多得到 12%～14%的反射光,比裸地增加 3～4 倍的光量,因而可以使树干下部的苹果着色好,花卉的花朵鲜艳,烟叶的成色好。番茄的光合作用强度可增加 13.5%～46.8%,叶绿素的含量增加 5%左右,更可以使中、下部叶片的衰老期推迟,促进干物质积累,故可提高产量。

(7)抑制病害发生　地膜覆盖可降低空气湿度,一般覆盖地膜的空气湿度比不覆盖地膜的空气湿度低 2.6%～21.7%,故可抑制或减轻病害的发生。覆盖银灰色反光膜更有避蚜作用,可减少病毒病的传播。

(8)抑制杂草生长　覆盖后地膜紧贴在地面上,地膜与地表之间在晴天高温时,经常出现 50℃左右的高温,致使草芽及杂草枯死。在覆膜前后配合使用除草剂,更可防止杂草丛生,可减去除草所占用的劳力。如果采用黑色膜、绿色膜,防草效果会更加明显。

3.地膜覆盖的技术要求

地膜覆盖的整地、施肥、做畦、盖膜要连续作业,及时进行,以保持土壤水分,提高地温。在整地时,要深翻细耙,打碎坷垃,保证盖膜质量。畦面要平整细碎,以便使地膜能紧贴畦面,不漏风,四周压土充分而牢固。灌水沟不可过窄,以利于灌水。做畦时要施足有机肥和必要的化肥,增施磷、钾肥,以防因氮肥过多而造成果菜类蔬菜徒长。同时,后期要适当追肥,以防后期作物缺肥早衰。在膜下软管滴灌或微喷灌的条件下,畦面可稍宽、稍高;若采用沟灌,则灌水沟要稍宽。地膜覆盖虽然比露地减少灌水约 1/3,但每次灌水量要充足,不宜小水勤灌。

为了彻底防除杂草，盖膜前 3 d 可根据作物种类的不同选择敌草胺、拉索、都尔、氟乐灵等除草剂喷洒畦面。然后视土壤干湿状况，把握时机适时覆膜，南方春季雨水多，覆膜时土壤宜偏干；秋季干旱少雨，覆膜时土壤宜湿润；而土壤过湿或过干时，均不宜覆膜。

覆膜的方法有人工覆膜和机械覆膜 2 种，目前国内仍以人工覆膜为主。盖膜的质量是地膜覆盖栽培的关键。覆膜时要选无风天气，最好三人一组，先将膜平放土面，用土将一头压实固定，然后由一人在前边铺膜，二人分别在畦的两侧培土，固定薄膜。盖膜时必须将膜拉紧、铺平，四周都用土压严、压实，不留空隙，以防止漏气和被大风吹掉，同时有利于土壤升温和抑制杂草的生长。

一般情况下，地膜要一直覆盖到作物拉秧，但如遇后期高温或土壤干旱而无灌溉条件，影响作物生长发育及产量时，应及时揭膜或划破，以充分利用降雨，确保后期产量。残存土壤中的旧膜会对环境造成污染，影响下茬作物的耕作和生长，因此应及时用人工或机械清除干净。

4. 地膜覆盖的应用

(1)露地地膜覆盖栽培　地膜覆盖可用于果菜类、叶菜类、瓜果类、草莓或果树等的早熟栽培。

(2)设施内地膜覆盖栽培　地膜覆盖还可用于大棚、温室中果菜类、花卉和果树等多种作物的栽培，可提高地温和降低空气湿度，一般在秋、冬、春季栽培中应用较多。

(3)园艺作物地膜覆盖播种育苗　地膜覆盖还可用于各种园艺作物的播种育苗，尤其是南方春季蔬菜的育苗栽培，可提高播种后的土壤温度和保持土壤湿度。

二、近地面覆盖

(一)风障畦

1. 风障畦的结构

风障由篱笆、披风和土背三部分构成，按照篱笆高度的不同可将其分为小风障和大风障 2 种，大风障又分为完全风障和简易风障畦 2 种。风障畦结构见图 2-5。

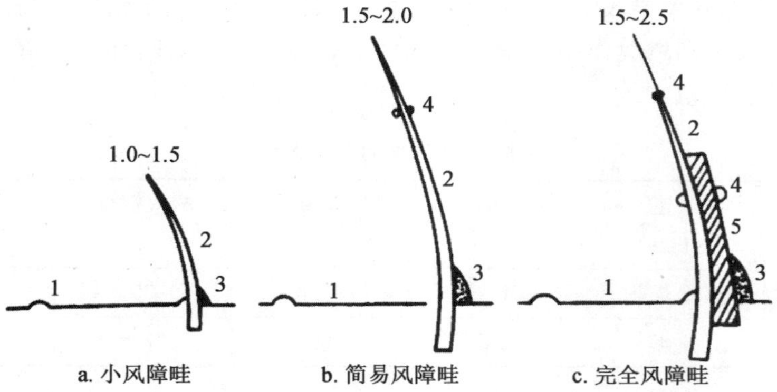

1. 栽培畦　2. 篱笆　3. 土背　4. 横腰　5. 披风

图 2-5　风障畦示意图(m)

项目二　设施的类型、结构与性能

小风障结构简单，篱笆是将较矮的作物秸秆如稻草、谷草或玉米秸秆用竹竿或芦苇夹设而成，高 1～1.5 m。其防风效果较弱，在春季，每排风障只能保护相当于风障高度的 2～3 倍距离范围内的栽培畦。

简易风障又称迎风风障，只设置一排高度为 1.5～2.0 m 的篱笆，不设披风，篱笆密度也较稀，防风效果较完全风障差。

完全风障由篱笆、披风和土背 3 部分构成，高 1.5～2.5 m，篱笆由玉米秸、高粱秸、芦苇或竹竿等夹设而成，用稻草、谷草、草包片、苇席或旧塑料薄膜等作披风，防风效果明显优于小风障和简易风障。

2. 风障畦的性能

(1)防风效应　风障畦具有减弱风速、稳定畦面气流的作用。风障一般可减弱风速 10%～50%，有效防风距离为风障高度的 5～8 倍，最有效的防风范围是风障高度的 1.5～2 倍，其防风效果主要与风障类型、风障与季风气流的角度、设置的风障排数等因素有关(表 2-1)。

表 2-1　各排风障障前不同位置风速比较

排数	与风障的距离/m					障外风速/(m/s)
	1	2	3	4	5	
第一排障风速/(m/s)	0.61	0.91	1.18	1.30	1.67	3.83
第二排障风速/(m/s)	0.30	0.64	1.00	0.84	0.40	
第三排障风速/(m/s)	0.00	0.13	0.43	0.38	0.20	
第四排障风速/(m/s)	0.00	0.00	0.07	0.23	0.00	

(2)增温效应　风障的增温能力主要取决于其防风能力和风障面对太阳辐射的反射作用，风障的防风能力越强，障面的反射作用也越强，增温效果就越明显，一般增温效果以有风晴天最显著，无风阴天不显著，距离风障越近增温效果越好。

风障可提高气温、地温 2～3℃，减少水分蒸发，保持一定湿度，能营造作物生长发育的适宜环境条件，使露地春菜早收 7～10 d，增产 10%～80%，多者达 1 倍以上(表 2-2)。

由于风障的防风和增温作用，冬季风障前的冻土层较露地浅，而且入春后可提早解冻，因而可提早播种和定植。

表 2-2　防风区与露地区比较

位置	风速/(m/s)	气温/℃	地表温度/℃	相对湿度/%	蒸发量/g
防风区	2.4	27.1	31.4	75	69.8
露地区	6.4	22.5	19.4	77.9	72.6

(3)减少冻土层深度　风障的防风和增温效应，决定了障前冻土层的深度比露地浅，距风障越远冻土层越深。入春后当露地开始解冻 7～12 cm 时，风障前 3 m 内已完全解冻，比露地提早约 20 d，畦温比露地高 6℃左右，因而可提早播种或定植。

3. 风障畦的设置及应用

(1)风障畦的设置

①风障的方位和角度　风障设置方向应与当地的季候风方向垂直,此时防风效果最好。华北地区冬春季以西北季风为主,北风占 50%,故风障方向以东西延长,正南北或偏东南 5°为好。

风障夹设的角度,冬、春以 70°～75°为好,入夏后为防止遮阴,以 90°(垂直)为好。即冬季角度小,以增强受光、保温;夏季角度大,以避免遮阴。简易风障多采用垂直设立。

②风障的距离　应根据风障的类型、生产季节而定。一般完全风障主要在冬春季使用,每排风障的距离为 5～7 m;简易风障主要用于春季及初夏,每排之间距离为 8～14 m;小风障的距离为 1.5～3.3 m。大、小风障可配合使用。

③风障的长度和排数　设置时应根据防风效果和地块的实际情况而定,一般长排风障较短排风障的防风效果好,多排风障较少排风障的防风效果好。

(2)风障畦的应用　风障畦多用于我国北方晴天多及风多地方的蔬菜栽培,少量用于花卉栽培。如用于秋、冬季菠菜、韭菜、青蒜、小葱等耐寒蔬菜越冬根茬栽培;与薄膜覆盖结合进行根茬菜早熟栽培;小葱、洋葱等幼苗防寒越冬;早春提早播种叶菜类及提早定植果菜类等;也可用于一些宿根花卉的越冬栽培等。

(二)阳畦

阳畦是由风障畦发展而来的,北方叫阳畦,南方叫冷床,能利用太阳光热来保持畦温。将风障畦的畦埂增高加厚成阳畦的畦框,在上部加玻璃、薄膜和草苫而成为阳畦,其保温防寒性能优于风障畦,可在冬季保护耐寒性蔬菜幼苗越冬。阳畦可分为槽子畦、抢阳畦和改良阳畦(或称立壕子、小暖窖)等 3 种类型,目前生产上多用抢阳畦和改良阳畦。

1. 阳畦的结构

(1)阳畦结构　由风障、畦框及覆盖物组成(图 2-6)。

①风障　由篱笆、披风草和土背 3 部分组成,篱笆高 2 m,后边夹设披风草,土背高 40 cm,底宽 80 cm,上宽 20 cm,高出阳畦北框 10 cm,固定风障和披风草,加强防寒和保温作用。

②畦框　北框高 35～60 cm,南框高 25～45 cm,东西两框,北高南低,与南北框密接,畦内可接受阳光照射,故称抢阳畦,每个阳畦实际栽培面积为 1.66 m × 5.6 m。

③覆盖物　玻璃、塑料农膜以及草苫、蒲席等。

阳畦的温度分布状况为南侧温度最低、中间最高、北侧较低。

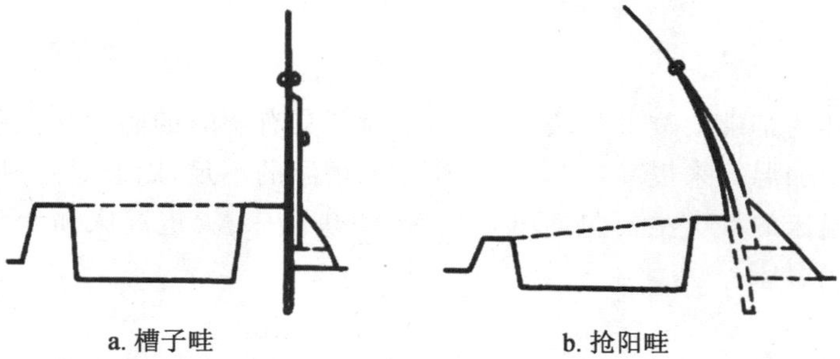

a. 槽子畦　　b. 抢阳畦

图 2-6　阳畦的类型

（2）改良阳畦的结构　改良阳畦由土墙、立柱、拱杆、薄膜、草苫组成，或者由土墙、风障、后屋面、立柱、拱杆及玻璃、薄膜、草苫等组成（图 2-7）。

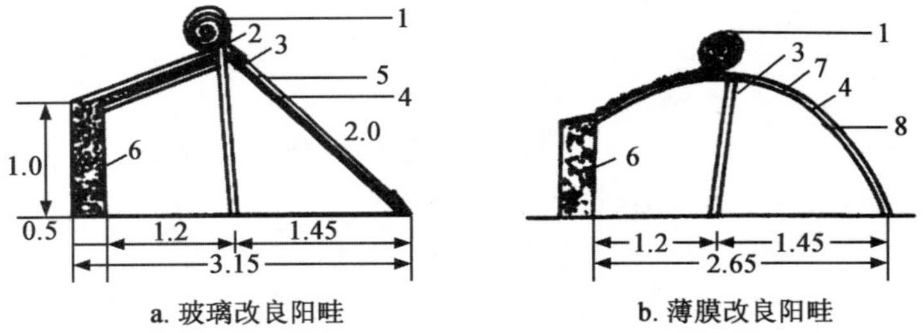

1. 草苫　2. 土顶　3. 柁、檩、柱　4. 薄膜　5. 窗框　6. 土墙　7. 拱杆　8. 横杆

图 2-7　改良阳畦结构示意图(m)

一般土墙高 100 cm，厚 50 cm，山墙最高点 150～170 cm，棚内宽度 3～4 m，后屋面由芦苇、秸秆做底，上盖土约 10 cm 厚，再用草泥封顶。前边多为玻璃立窗或由细竹竿搭设的拱架直接架设在后墙上，上盖薄膜、草苫。

2. 阳畦的性能

（1）阳畦性能　风障阳畦有减弱风速、稳定气流的作用，白天可吸收阳光贮热，夜间在畦框和覆盖物的保护下能保温、防寒、防冻。在 1—2 月份的寒冷季节里，抢阳畦内，旬平均最低气温较露地高，最高温达 20℃左右，最低温为 2～3℃。

（2）改良阳畦性能　玻璃窗的角度大，冬季进光量多，加之有墙及后屋面蓄热保温，其性能强于普通阳畦，可以进入里边进行管理作业，较阳畦作业条件有所改善。改良阳畦气温、地温比普通阳畦高 4～7℃，低于 5℃的时间缩短，而高于 10～20℃的时间加长。低温期可栽培油菜、芹菜、小萝卜等耐寒蔬菜，早春可提早定植瓜类、茄果类、豆类等，进行早熟栽培。

3. 阳畦的应用

（1）普通阳畦的应用　除主要用于蔬菜、花卉等作物育苗外，还可用于蔬菜的秋延后、春提早及假植栽培。在华北及山东、河南、江苏等一些较温暖的地区还可用于耐寒叶菜如芹菜、韭菜等的越冬栽培。

（2）改良阳畦的应用　主要用于耐寒蔬菜如葱蒜类、甘蓝类、芹菜、油菜、小萝卜等的越冬栽培，还可用于喜温果菜的秋延后和春提早栽培，也可用于蔬菜、花卉、部分果树的育苗。华北地区（南部）可用于栽培草莓。由于改良阳畦建造成本低、用途广、效益高，发展面积远远超过普通阳畦。

（三）温床

温床是在阳畦的基础上改进的园艺设施，它除了具有阳畦的防寒保温作用，还可以通过酿热加温或电热线加温等来提高地温，以补充日光增温的不足，因此是一种简单实用的园艺作物育苗设施。温床的种类主要包括电热温床、酿热温床、火道温床和太阳能温床，目前应用最普遍的是电热温床。

1. 电热温床

（1）电热温床的结构　电热温床是在阳畦内或小拱棚内以及大棚和温室内的苗床上铺设电加温线而成（图 2-8）。电加温线埋入土层深度一般为 10 cm 左右，但如果用育苗钵或营养土块育苗，则以埋入土层中 1～2 cm 为宜。铺线拐弯处用短竹棍隔开，以避免死弯。

电加温线铺设前，床面要求平整，没有坚硬的土块或碎石。

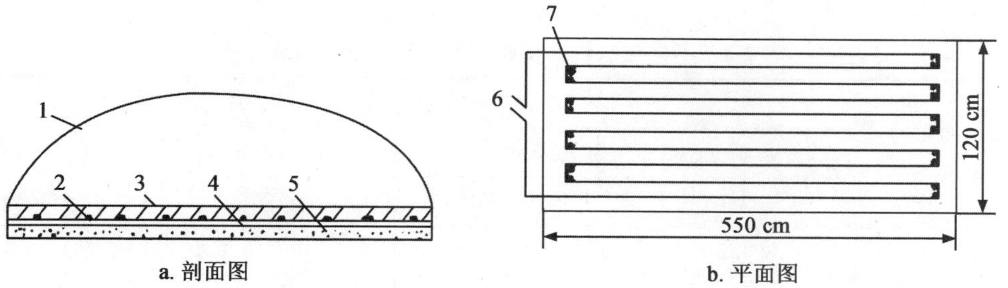

1. 薄膜　2. 电加温线　3. 床土　4. 细土层　5. 隔热层　6. 电加温线　7. 短竹棍

图 2-8　电热线的布线示意图

(2)电功率密度、总功率和电热线条数的确定　苗床或栽培床单位面积上需要铺设电热线的功率称为电功率密度。电功率密度的确定应根据作物对温度的需求所设定的地温(设定地温指在电热温床通电不设隔热层，日通电 8～10 h 时达到的地温)和应用季节的基础地温(基础地温指在铺设电热温床未加温时 5 cm 土层的地温)以及设施的保温能力来确定(表 2-3)。我国华北地区冬春季阳畦育苗，电加温功率密度以 90～120 W/m^2 为宜，温室内育苗时以 70～90 W/m^2 为宜；东北地区冬季室内育苗时 100～130 W/m^2 为宜。

表 2-3　电热温床功率密度选用参考值　W/m^2

设定地温/℃	基础地温/℃			
	9～11	12～14	15～16	17～18
18～19	110	95	80	—
20～21	120	105	90	80
22～23	130	115	100	90
24～25	140	125	110	100

总功率是指育苗床或栽培床需要电热加温的总功率。总功率可以用功率密度乘以面积来确定：

总功率(W)＝功率密度(W/m^2) × 苗床或栽培床总面积(m^2)

电热线条数可根据总功率和每根电热线的额定功率来计算：

电热线条数(根)＝总功率(W)/额定功率(W/根)

由于电热线不能剪断，因此计算出来的电热线条数必须取整数。

(3)布线方法　布线时，苗床两侧稍密，中间稍疏。布线时，先按所需的总功率的电热线总长，计算或参照表 2-4 找出布线的平均间距，按照间距在床的两端距床边 10 cm 远处插上短竹棍(靠床南侧及北侧的几根竹棍可比平均间距密些，中间的可稍稀些)，把电加温线贴地面绕好，电加温线两端的导线部分从床内伸出来，以备和电源及控温仪等连接。布线完毕，立即在上面铺好床土。电加温线不可相互交叉、重叠、打结；布线的行数最好为偶数，以便电热线的引线能在一侧，便于连接。若所用电加温线超过两根以上时，各条电加温线都必须并联使用而不能串联。

表 2-4　不同电热线规格和设定功率的平均布线间距 cm

设定功率 /(W/m²)	不同规格电热线的平均布线间距			
	每条 60 m 长	每条 80 m 长	每条 100 m 长	每条 120 m 长
	400 W	600 W	800 W	1 000 W
70	9.5	10.7	11.4	11.9
80	8.3	9.4	10.0	10.4
90	7.4	8.3	8.9	9.3
100	6.7	7.5	8.0	8.3
110	6.1	6.8	7.3	7.6
120	5.6	6.3	6.7	6.9
130	5.1	5.8	6.2	6.4
140	4.8	5.4	5.7	6.0

线布好后，接通电源，合上闸刀开关，通电 1～2 min。如电源线变软发热，说明工作正常，即可覆盖床土。如电源线不发热，说明线路不通，应检查线路，排除故障。

通电试验成功后，应在电热线上面覆盖 8～10 cm 厚的床土，即每平方米覆盖 100～125 kg 床土。盖土时应注意先用部分床土将电热线分段压住，以防填土时线走动，同时床土应顺着电热线延伸的方向铺盖。床土铺盖好后，将表面用木板刮平，以便播种育苗。

(4)电热加温的原理及设备

①电热加温的原理　电热加温是利用电流通过阻力大的导体将电能转变成热能，从而使床土(或空气)升温，并保持一定温度的加温方法。一般 1 kW·h 的电能可产生 3.6×10^6 J 的热量。电热温床由于用土壤电热线加温，因而具有升温快、地温高、温度均匀等特点，并通过控温仪实现床温的自动控制。

②电热加温的设备　电热加温的设备主要有电热加温线、控温仪、继电器(交流接触器)、电闸盒、配电盘(箱)等。其中，电热加温线和控温仪是主要设备。但如果电热温床面积大，电热线安装的功率超过控温仪的直接负载能力时(≥2 000 W)，则需要在控温仪和电热线中间安装继电器。这些设备的连接方法如图 2-9 所示。当前生产电热加温线(表 2-5)和控温仪(表 2-6)的厂家很多，型号各异，可根据实际需要选用。购买时注意生产厂家和合格证，拒绝使用三无产品。目前应用较多的是由上海农业机械研究所生产的电热线和 WKQ-1 型控温仪。

图 2-9a 为单相直接供电，即将电热线与电源通过开关直接连接。这种接法电源的启闭全靠人工控制，因此很难准确地控制温度，同时也费工时，目前很少应用。

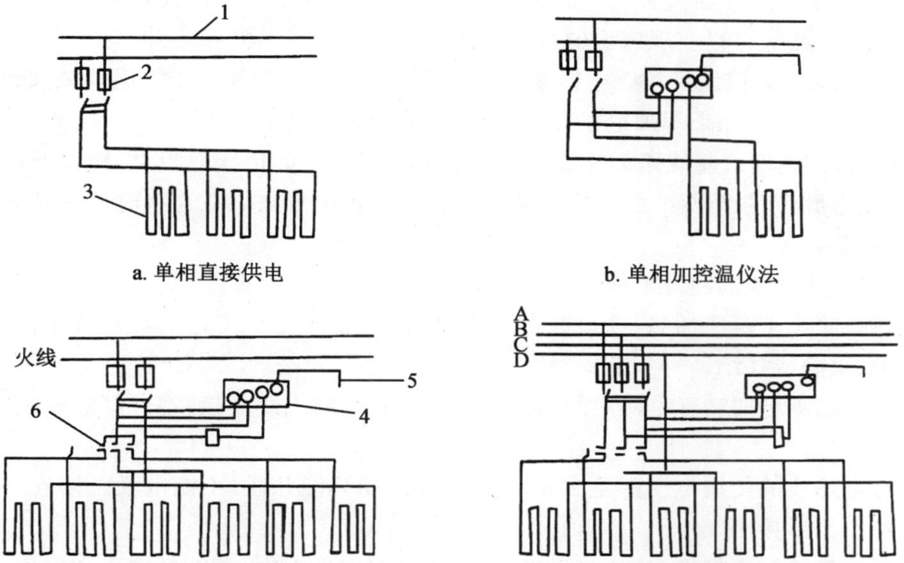

a. 单相直接供电　　b. 单相加控温仪法

c. 单相加控温仪和继电器连接法　　d. 三相四线制线路加控温仪和继电器连接法

1. 电源线　2. 电闸　3. 电加温线　4. 控温仪　5. 感温头(插入土中)　6. 交流接触器

图 2-9　电热线及控温仪的连接法

表 2-5　电加温线的主要参数(电压 220 V)

型号	功率/W	长度/m	型号	功率/W	长度/m
DV20406	400	60	DR208	800	100
DV20608	600	80	DP22530	250	30
DV20810	800	100	DP20810	800	100
DV21012	1 000	120	DP21012	1 000	120

表 2-6　控温仪的型号及参数

型号	控温范围/℃	负载电流/A	负载功率/kW	供电形式
BKW-5	10～50	5×2	2	单相
BKW	10～50	40×3	26	三相四线制
KWD	10～50	10	2	单相
WKQ-1	10～50	5×2	2	单相
WKQ-2	10～40	40×3	26	三相四线制
WK-1	0～50	5	1	单相
WK-2	0～50	5×2	2	单相
WK-10	0～50	15×3	10	三相四线制

图 2-9b 为单相加控温仪法。当电热线的总功率小于或等于控温仪最大允许负载时，可采用这种方法。此法可以实现床温的自动控制。

图 2-9c 为单相加控温仪和继电器连接法。当电热线的总功率大于控温仪最大允许负载时，可采用这种方法。如果不加继电器，则会烧坏控温仪。

图 2-9d 为三相四线制线路加控温仪和继电器连接法。如苗床面积大，铺设的电热线容量太大，单相电源容量难以满足时，需要用三相四线制供电方法。在连接时应注意三根火线与电热线均匀匹配。

(5)电热温床接线的注意事项

①电热线只用于苗床加温，可长期在土中使用，一般不允许成卷做通电试验使用；布线时不得交叉、重叠或扎结。

②电热线铭牌上的功率是额定的，无论是单线、双线或三线连接，都严禁截短使用，也不得接长使用。

③所有电热线的使用电压都是 220 V，多根线之间只能并联，不能串联。接入 380 V 三相电源时可用星形接法。

④使用地热线时应把整根线(包括接头)全部均匀埋入土中，不能暴露于空气中，线的两头应放在苗床的同侧。

⑤收地热线时不要硬拔、强拽或铲刨，以免损坏绝缘层。

⑥不用的地热线要擦拭干净放到阴凉处，妥善保管；旧电热线使用前应做绝缘检查；在铺设电热线的苗床上工作时，要切断电源。

⑦电热温床育苗时，要经常检查床温，防止夜间温度过高，导致幼苗营养缺乏或出现徒长。

⑧要综合考虑电力变压器的容量、供电母线的粗细及保险、开关的容量，不得超载使用。

⑨DV 系列加温线断裂后可用锡焊接，焊接处应加套 3 mm 孔径的聚乙烯套管；发现绝缘层破坏应及时用热熔胶修补；修复线、母线使用前应将接头浸入水中，让线端露出水面，用绝缘表检查绝缘效果正常才能投入使用。

(6)电热温床的应用　电热加温升温快，温度均匀，调节灵敏，同时又可自动控制加温温度，目前主要用于冬春果菜类蔬菜育苗，也可用于冬春季园艺作物的扦插繁殖。

2. 酿热温床

(1)酿热温床的酿热原理　酿热温床是在床底铺设酿热物，利用微生物分解酿热物时释放的热量进行加温(图 2-10)。酿热物的酿热原理如下：

$$碳水化合物＋氧气\xrightarrow{微生物}二氧化碳＋水＋热量\uparrow$$

用于酿热的材料称为酿热物。通常酿热物中含有多种细菌、真菌、放线菌等微生物，其中对发热起主要作用的是好气性细菌。酿热物发热的快慢、温度的高低和持续时间的长短，主要取决于好气性细菌的繁殖活动情况。好气性细菌繁殖得越快，酿热物发热越快、温度越高、持续时间越短。而好气性细菌繁殖活动的快慢又与酿热物中的碳、氮、氧气及水分含量密切相关，因为碳(C)是微生物分解活动的能源，氮(N)是微生物繁殖活动的营养来源，氧气是好气性微生物活动的必备条件，水分主要是对通气起调节作用。一般当酿热物中的碳氮比(C/N)为(20∶1)～(30∶1)，含水量为 70%左右，通气适度且温度在 10℃以上时，好气性

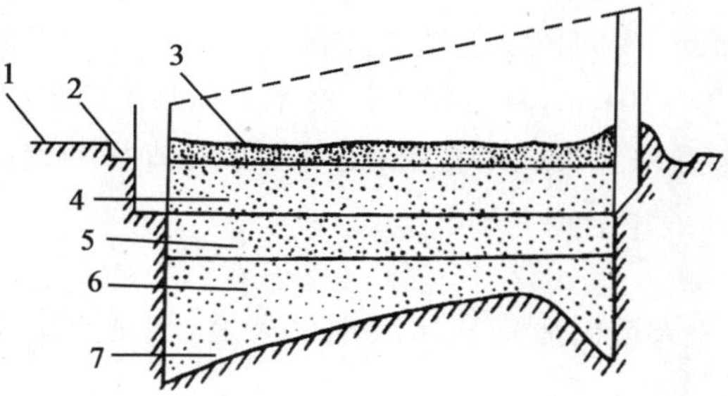

1.地平面　2.排水沟　3.床土　4.第3层酿热物　5.第2层酿热物　6.第1层酿热物　7.干草层

图 2-10　酿热温床的结构

微生物的繁殖活动旺盛，发热正常且持久；若 C/N 大于 30∶1，则发热温度低而持久；如果 C/N 小于 20∶1，则发热温度高，但不能持久。因此，可根据酿热原理，以 C/N、含水量及通气情况来调节发热温度的高低和持续时间。

根据酿热物温度的不同，分为高热酿热物和低热酿热物。高热酿热物有新鲜马粪、新鲜厩肥、各种饼肥等；低热酿热物有牛粪、猪粪、作物秸秆、锯末屑等。低热酿热物单独使用不易发热，应加入一定量的氮素化肥或同高热酿热物混合使用效果才好。各种有机物碳氮含量见表 2-7。

表 2-7　各种酿热物的碳氮含量及碳氮比

种类	C/%	N/%	C/N	种类	C/%	N/%	C/N
稻草	42.0	0.60	70.0	米糠	37.0	1.70	21.8
大麦秆	47.0	0.60	78.3	纺织屑	59.2	2.32	25.5
小麦秆	46.5	0.65	71.5	大豆饼	50.0	9.00	5.6
玉米秆	43.3	1.67	25.9	棉籽饼	16.0	5.00	3.2
新鲜厩肥	75.6	2.80	27.0	牛粪	18.0	0.84	21.4
速成堆肥	56.0	2.60	21.5	马粪	22.3	1.15	19.4
松落叶	42.0	1.42	29.6	猪粪	34.3	2.12	16.2
栎落叶	49.0	2.00	24.5	羊粪	28.9	2.34	12.4

(2)酿热温床的性能　一般酿热物发热分为 2 个阶段，一是迅速大量放热阶段，二是缓慢放出热量并逐渐减少阶段。以新鲜马粪为酿热材料为例，开始 8～13 d 迅速大量放热，温度可达 50～70℃，从第 15 天以后，放出的热量基本稳定，温度稳定在 15～20℃，酿热物经过 40 d 以后，发出的热量就很少了，对床温影响不大。

酿热温床虽具有发热容易、操作简单等优点，但是发热时间短，热量有限，温度前期高后期低，且不易调节，不能满足现在发展的要求，其使用正在逐渐减少。

(3)酿热温床的设置及应用　温床填入酿热物的数量、厚度应根据酿热物的种类、利用的地区和时间而定。填充前先将温床床底挖成中部高、四框周围低的凸形，这样可以避免平铺酿热物造成的床温分布不均匀。酿热物一般分层铺入，每铺入一层，稍微踩实并适量洒入热水。铺设厚度为20～30 cm，最薄不少于10 cm，最厚不多于60 cm。铺入酿热物后，将温床用玻璃窗或塑料薄膜密封，夜间覆盖上覆盖物保温。待床温上升到40～50℃时，将配好的营养土铺入温床，厚度为8～10 cm，踩实耙平后浇水，即可用于园艺作物的育苗或栽培。

酿热温床主要用于早春果菜类蔬菜育苗，也可用于花卉扦插或播种，或秋播草花或盆花的越冬，或日光温室内的冬季育苗。

3. 火道温床

(1)火道温床的原理　火道温床是在床底铺设火道，利用火炉燃烧煤炭、柴草等释放的热量进行床土加温。

(2)火道温床的性能　火道温床可以通过火炉点燃时间长短来调节床温，但必须掌握点火时间和床温的关系。火道温床比酿热温床的床温高、持续的时间长，床温可以人工控制。但由于火道温床修建和管理都比较费工费时，且需要一定的经验，现在火道温床的使用也正在逐渐减少。

(3)火道温床的设置及应用　火道温床设置时，先将床土挖出15～20 cm，将床底铲平，在距离南北和一端畦框10 cm处，挖一道贯通的宽20 cm、深25 cm的沟槽，火道上用砖盖好，并用泥封严，与火炉连接的一端挖得应深些，以形成一个坡面的爬火道，使烟火容易沿火道流动。设置火炉和烟囱的一端，应在畦框外侧距离温床40～50 cm处，挖一个长和宽各1 m、深1.4 m的坑，用于修建火炉和操作管理。火炉和烟囱可用砖砌成，烟囱的高度可根据炉火情况而定。火道、炉子和烟囱修建好后，应进行点火试火，如果炉火不旺，可将火道、烟囱以及炉子做适当调整，直到炉火燃烧正常为止。最后将挖出的床土填入10～12 cm，并耙平畦面。播种前浇底水时，注意控制浇水量，防止水量过大淤塞火道。

火道温床主要应用于北方早春蔬菜的育苗，也可用于日光温室内园艺作物的冬季育苗。

4. 太阳能温床

太阳能温床全靠太阳辐射热能，并借助贮热池、输热道、吸热层营养土等提高床内气温和土温，从而促进床内蔬菜、瓜果的生长发育。太阳能温床由贮热池、输热道、排气囱、酿热物、调温孔、营养土、围墙及覆盖塑料薄膜组成，具有结构合理、技术可靠、建造容易、管理方便、节约能源、增加产量等特点，是一项经济效益较高的实用性技术，很受群众欢迎。目前，已在江苏、山东、河南、安徽、辽宁、北京等省市推广运用。

(1)太阳能温床的升温原理　太阳能温床是利用透过塑料薄膜的太阳能辐射热能，提高床内空间温度，由于床土内外温差形成的热虹吸作用，热空气由贮热池流经输热道，从排气囱排出，热空气流经热道时，床内吸收并贮存大量热能，因而土温明显提高；同时床土下有输热道，热空气透入土层，促进微生物活动，加速酿热物分解，产生大量热能，进一步增加床土温度。这是一种充分利用太阳能、辅以生物能的新型温床。

(2)太阳能温床的建造

①床址　选择地下水位较低、背风向阳、前无遮阴、管理方便的地方。在地下水位高和土层薄的地区可筑成地上床。

②规格　温床的大小、长宽、高低可根据种植需要和地势等实际情况，因地制宜地建造，标准床东西长21 m、宽2 m。

③贮热池　在床面下挖长1 m、宽2 m(床面宽相同)、深1 m左右的贮热池。如床小、贮热池可相应缩小，池底填充一层酿热物。

④床面　贮热池两侧各为10 m长的床面。

⑤输热道　在床面下挖40 cm深，取平后依次挖5条加笼热道，道宽20 cm。两侧最边上的2条热道距离南北边沿各10 cm。热道间隔墙宽20 cm，两边道靠贮热池一端与贮热池相通，另一端向内弯，与第2条和第4条输热道相通。第2条和第4条输热道靠贮热池一端与最中间的输热道相通，直至墙外20 cm。输热口深度35 cm，每条顺势坡度为5/1 000。

⑥围墙　床北面及东西两端用泥土或砖筑墙，北墙高80 cm，两侧墙为连接南北两墙的斜墙，南墙高20 cm。墙内涂黑，以利吸热，墙上搭支架，再覆盖塑料薄膜。

⑦调温孔　南北墙横向中间各设7个等距离的调温孔，每个20 cm见方，用于通风输热。

⑧排气囱　床侧墙外各建一个排气囱，底口直径20 cm，上口直径15 cm，高1 m，底部与中间输热道相隔。

⑨铺床　输热道上铺箔或硬质作物秸秆，秸秆上撒一层草，防止漏土漏粪，草上铺10～15 cm厚的酿热物(牲畜粪、碎草、麦糠等)，最后铺20 cm厚的营养土。

⑩搭架覆膜　用木棍和竹竿搭起支架，上面用塑料薄膜和草苫覆盖，加强保温。

(3)太阳能温床的使用

①预热　使用前先预热，方法是盖好塑料薄膜，四周压严，堵死调温孔，晚上盖草苫保温，使床土吸收贮存热量。待床温达到20℃以上时即可种植作物。

②管理　每天上午8时左右掀起草苫，接受太阳辐射热能，待床内温度增高后，打开排气囱，使热空气输送到温床底部以提高地温。下午4时左右，先盖严排气囱，然后盖上草苫保温。如遇阴雨天，白天不掀开草苫以利于保温。

③调温　当床内温度超过作物需要的温度时，可打开调温孔调节温湿度。打开调温孔时要注意风向，南风开北孔，北风开南孔，以利于保温。

④注意事项　床内种植作物要加强肥水、病虫和温湿度的调节管理。用温床育苗的，移栽前要注意炼苗，方法是每天上午把塑料薄膜两头打开，由小到大逐步揭去，移栽前3～4 d夜间也可少盖或不盖薄膜。

(4)太阳能温床的应用

①春季育苗　早春用太阳能温床育甘薯苗，出苗早、齐、壮。一般下种11～13 d可齐苗，28～31 d即可剪栽，比普通温床早出苗8～12 d，早移栽15 d左右。所育苗栽到大田长势好，与“火坑”苗和普通温床苗相比，单株总茎增长，侧枝和叶片数增多，长势好，块根形成早、膨大快。

②冬季蔬菜栽培　冬季太阳能温床不仅可用来栽培低温蔬菜如韭菜、菠菜、芹菜等，也可栽培喜温蔬菜如番茄、黄瓜、辣椒等，还可培育蘑菇、平菇、猴头菇等食用菌。

(四)简易棚

简易棚俗称地龙。它是利用竹竿或树条支成50～60 cm宽、30～40 cm高的拱架，拱架上部覆盖地膜或棚膜制作而成。简易棚一般较长，棚内温度可比露地提高2～4℃。在东北南部和华北地区多用于早春果菜和叶菜类蔬菜以及草莓等的提早定植，可比露地栽培提早7～10 d。当作物长大或外界温度升高时即可撤棚。

任务二　夏季保护设施

一、遮阳网

遮阳网又称遮阴网、凉爽纱，国内产品多以聚乙烯、聚丙烯等为原料，是经加工制作编织而成的一种轻量化、高强度、耐老化、网状的新型农用塑料覆盖材料。

（一）遮阳网的作用

遮阳网是一种用于遮阳、降温的塑料网状覆盖材料，其主要作用有以下几个方面。

1. 遮强光、降高温

在热带、亚热带地区炎热的夏季和早秋，光照度常达到 8 万～12 万 lx，晴朗无云的中午甚至高达 15 万 lx，而最喜光的西瓜其光饱和点也只有 7 万 lx，一般蔬菜为 3 万～4 万 lx。光照过强，会使蔬菜植株的叶绿素被破坏、呼吸加剧、水分不足、蒸腾受阻、生理代谢失调、光合作用下降，影响作物生长。通过遮阳网覆盖，可减弱强光对蔬菜生长的不良影响。因此根据不同蔬菜的光饱和点分别选用适度遮光率的遮阳网，通过盖网，不仅调节了光强，也相应降低了温度，夏季晴天网内气温比露地低 4～6℃，土温比露地低 8～10℃，能有效地防止热害。

蔬菜生产中，常用遮光率为 45%～65%的遮阳网，其降低地面温度的作用也非常显著。

2. 防旱保墒、增加湿度

在夏秋高温干旱季节，遮阳网能大幅度减少地面辐射，减缓风速，增加网内湿度，有效地抑制地面蒸发、减轻作物蒸腾，提高田间的空气湿度，防止干旱，可减少抗旱浇水次数和 30%～40%的浇水量。

3. 防止灾害和土壤板结

遮阳网能拦截雨滴，使其变成毛毛细雨从网眼漏下，使暴雨对作物或土壤的冲击降低 50 倍，既能防止蔬菜植株受到机械损伤而出现倒苗及死苗现象，又能避免土壤板结，使土壤结构不受破坏，保持疏松状态。

同时，夏季覆盖也可起到防病、避鸟、避虫害的作用。秋冬及春末覆盖，还可起到防霜冻、保温的作用，在严寒的冬季或早春利用遮阳网覆盖在大棚或小拱棚上，可以防寒、防冻，一般夜晚覆盖，网内温度比露地高 2～3℃。

4. 其他作用

省工、省力、省种，能降低成本；促进苗齐、苗壮，提高成苗率；提高蔬菜品质，提前或延后上市。

（二）遮阳网的覆盖方式

遮阳网覆盖方式分为浮面覆盖、搭架覆盖和部位覆盖 3 大类（图 2-11）。

1. 浮面覆盖

浮面覆盖是指不用搭架，直接覆盖遮阳网。按覆盖形式又可分为地面浮面覆盖和植株浮面覆盖（图 2-12）。遮阳网覆盖方式灵活多样，生产上应根据不同的作物、不同的栽培目的、不同的气候，选用不同的覆盖方式。

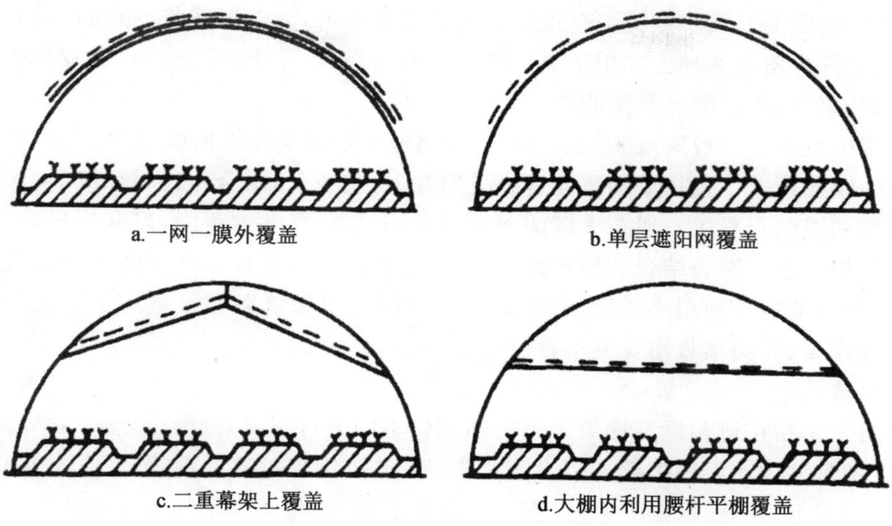

图 2-11 大棚遮阳网覆盖方式

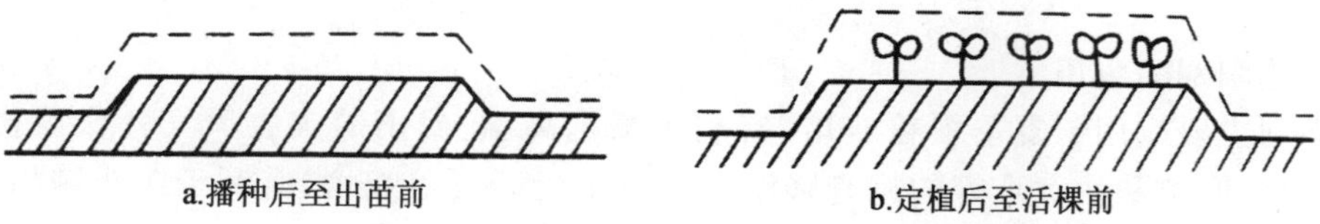

图 2-12 浮面覆盖示意图

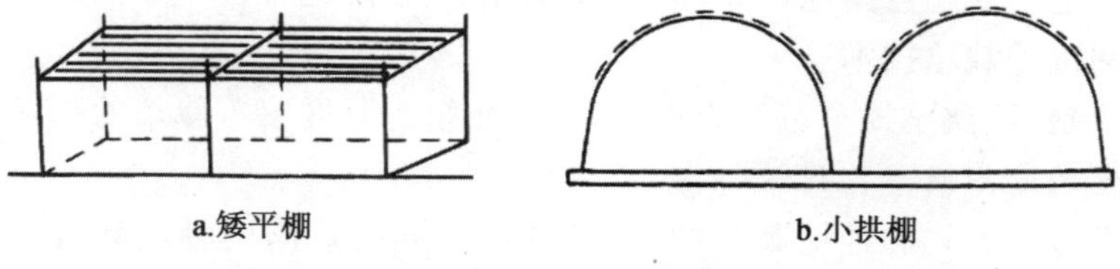

图 2-13 矮平棚、小拱棚覆盖示意图

（1）地面浮面覆盖　将遮阳网直接覆盖在地面上，无支撑物，四周用土块把网固定好，待齐苗或移栽苗活棵后揭网。多用于夏秋季蔬菜播种后的短期覆盖或定植前的土壤保墒，利于幼苗的出土或定植。

（2）植株浮面覆盖　将遮阳网直接覆盖在蔬菜顶部，多用于夏秋季光照不太强、气温不太高的情况。

2. 搭架覆盖

搭架覆盖是指将遮阳网覆盖在棚架上。按不同的棚架，又可以分为平棚覆盖、大中棚覆盖、小拱棚覆盖等。

（1）平棚覆盖　用竹竿、木棍、钢丝（条）等材料在畦面上建成高 1.0～1.5 m 的平架或斜面支架，在支架上覆盖遮阳网，可根据实际需要选择，一般低棚揭盖网方便，高棚则有利于在棚内进行生产操作。适用于速生菜、叶类蔬菜的生产及夏秋的幼苗假植。

(2)大中棚覆盖　大中棚覆盖是遮阳网覆盖的主要形式，根据覆盖方式的不同分为大棚内覆盖、大中棚外覆盖 2 种。多用于夏季或早秋的茄果类、豆类、瓜类的延后栽培和甘蓝类、白菜类、绿叶菜类、葱蒜类等蔬菜的提早栽培。

①大棚内覆盖　一般离地 1～1.5 m，直接将遮阳网覆盖在棚内的棚架上。

②大中棚外覆盖　包括单网覆盖、网膜（网在上、膜在下）结合覆盖、棚外四周覆盖几种。单网覆盖和网膜结合覆盖一般在大棚两侧离地 1 m 左右悬空不盖网，以利用早晚的光照及加强通风效果。由于网膜结合的形式既能避雨又能遮强光，故在生产中的使用效果良好。

(3)小拱棚覆盖　利用小拱棚的棚架，揭去薄膜后覆盖遮阳网。适用于豆类、瓜类的育苗、假植，速生菜、叶类菜栽培及夏季育苗等。

3. 部位覆盖

部位覆盖是指按遮阳网在棚架上覆盖的部位不同进行划分，分为全覆盖和半覆盖。

(1)全覆盖　用遮阳网把棚架完全覆盖起来（类似于春季薄膜覆盖）。这种覆盖在连晴高温、干旱情况下，降温、保温效果好，多用于连晴高温、干旱条件下的育苗或栽培。

(2)半覆盖　将遮阳网只覆盖在棚架顶部、上部，或棚架下部，四周留出 30～60 cm 不覆盖。这种覆盖不但遮阴，而且通风透气好，多用于高温雨后、阴晴相间气候条件下的蔬菜栽培。

(三)遮阳网的应用

遮阳网主要应用于夏季覆盖栽培（有利于抵抗高温、暴雨等灾害天气）、伏菜覆盖栽培（有利于速生叶菜和伏黄瓜等的遮光降温）、春夏菜延后覆盖栽培（有利于防止辣椒、茄子早衰）及秋季覆盖（有利于秋播蔬菜如白菜、秋黄瓜等的保苗）。

在采收前 5～7 d，提前将遮阳网取下，使覆盖作物得到炼苗与绿化处理，即可使各种营养成分含量迅速赶上或超过露地产品，同时，硝酸盐积累量也将迅速降低。

(四)遮阳网覆盖栽培技术

以大棚春菜延后、秋菜提早栽培为重点，简要介绍遮阳网覆盖栽培的技术要点。

1. 选用适宜的遮阳网覆盖材料

生产上应视栽培方式和种植菜类的不同，选用不同的遮阳网种类和规格。根据当地自然光照度，作物对光照要求，栽培季节、方式、目的、覆盖面积和时间，选用适当的遮阳网种类、覆盖方式和用网数量。

(1)选用遮阳网的颜色　对于喜弱光性蔬菜（如莴笋、芹菜和生姜等），可选购黑色遮阳网覆盖；对于要求较强光照的蔬菜（如瓜类、茄果类等），可选用白色遮阳网早春覆盖栽种或育苗；以防蚜虫为重点的（如芥菜），可选用银灰色或银灰色与黑色相间的遮阳网覆盖栽培或育苗。夏季光照强、气温高、暴雨多，可选遮光率较高的黑色遮阳网覆盖栽培或育苗。

(2)确定遮阳网的用网量　浮面覆盖和平棚覆盖用网量较小；拱棚覆盖，特别是大棚覆盖用网量较大；全覆盖用网量大于部分覆盖用网量。一般来说，大棚全覆盖遮阳网用量为 1 000 m^2/亩；平棚覆盖用网量为 650～700 m^2/亩。

2. 选用适宜遮阳网覆盖栽培的蔬菜品种

在夏、秋季节生产的蔬菜中，常常将大棚春菜如番茄、茄子、豇豆、菜豆和黄瓜等延迟到夏季用遮阳网覆盖栽培；将秋冬蔬菜如甘蓝、花菜、大白菜、莴笋、芹菜等，提早育苗在早秋栽培。栽培中应选择品质好、早熟、耐热、适应性广、抗病能力强、生长势强、商品性好、丰产稳产高产的品种。

3. 加强遮阳网覆盖的揭盖管理

遮阳网管理技术的总原则是“七盖七揭”，即晴天盖、阴天揭；光强时盖，光弱时揭；高温时盖，低温时揭，气温高于 30℃时，上午 9 时盖，下午 4 时揭，气温高于 35℃时，全天盖；暴雨前盖，小雨前揭；出苗前全天盖，苗齐后适时揭；盛夏时早盖晚揭；初夏早秋时晚盖早揭。利用遮阳网覆盖育苗必须在定植前 5～7 d 逐渐延长揭开遮阳网膜的时间炼苗，增强菜苗的抗逆性。切忌覆盖遮阳网后，不进行揭盖管理，以免发生病害，影响蔬菜的品质、产量和效益。

4. 加强田间管理

夏秋之际，光照、气温、雨量变化很大，采用遮阳网覆盖栽培后，改变了恶劣的气候条件，改善了蔬菜生长发育的田间小环境。但田间管理上仍需根据植株生长、发育情况，适时加强肥水管理和病虫害防治，促进作物生长发育、开花结果，提高蔬菜的品质和产量，增加经济效益。

二、防雨棚

防雨棚是利用塑料薄膜等覆盖材料，扣在大棚或小棚顶部，任其四周通风不扣棚或扣防虫网，使棚内蔬菜作物在雨季免受雨水直接淋洗的栽培设施。

(一)防雨棚的类型

1. 大棚型防雨棚

大棚顶上天幕不揭除，四周裙幕揭除，以利于通风，也可挂上 20～22 目的防虫网防虫，夏季高温还可加盖遮阳网，可用于各种蔬菜的夏季栽培。

2. 小拱棚型防雨棚

主要用于露地西瓜、甜瓜早熟栽培。小拱棚顶部扣膜，两侧通风，使西瓜、甜瓜开雌花部位不受雨淋，以利于授粉、受精，也可用来育苗。前期两侧用膜封闭，实行促成早熟栽培是一种常见的先促成、后避雨的栽培方式。

3. 温室型防雨棚

多台风、暴雨的南方地区应用较多，建立玻璃温室状的防雨棚，顶部设太子窗通风，四周玻璃可开启，顶部为玻璃屋面，可应用于夏菜育苗。

(二)防雨棚的作用

防止暴风雨直接冲击土壤，避免水、肥、土的流失和土壤板结，促进作物根系和植株的正常生长，防止作物倒伏。

与遮阳网相结合，可有效改善设施内的小气候条件，有效降低气温和地温，避免暴雨过后因土壤水分和空气湿度过大造成病害的发生和流行。

(三)防雨棚的应用

防雨棚主要应用于夏季蔬菜和果品的避雨栽培或育苗。

三、防虫网

防虫网是以高密度聚乙烯为主要原料，并添加抗紫外线、抗老化等化学助剂，经挤出拉丝编织而成的17～50目等规格的网纱。其具有耐拉强度大，抗热性强、耐水性、耐腐蚀、耐老化、抗紫外线、无毒、无味、废弃物易处理等特点。

防虫网覆盖在美国、日本等发达国家已应用多年，而我国自1995年才开始引进推广。

(一)防虫网的作用

1.防虫

夏秋季节是菜青虫、小菜蛾、斜纹夜蛾、甘蓝夜蛾、甜菜夜蛾、蚜虫、美洲斑潜蝇等害虫多发时期，覆盖防虫网后，由于防虫网网眼小，又是全生长期覆盖，害虫成虫飞(钻)不进，在田间形成一个人工屏障，可以有效地阻止幼虫进入棚内直接为害或成虫飞入棚内产卵为害，切断了害虫的传播途径，防效达95%以上。

2.防病毒病、软腐病

秋菜育苗多在6—7月份，育苗期间多高温天气，遇有连续干旱天气，蚜虫对菜秧的危害加剧，因而传播病毒病。采用防虫网覆盖育苗和栽培，可有效控制蚜虫对菜秧的危害，并使蔬菜病毒病的发生降低到最低程度。例如，秋大白菜栽培常因黄曲条跳甲为害，使软腐病传播到大白菜秧苗上，控制和杀灭黄曲条跳甲是防治大白菜软腐病发生的有效措施，可采用防虫网覆盖育苗，从而达到减轻大白菜软腐病发生的目的。

3.防暴雨、减风速

防虫网网眼小，机械强度高，因而防风、防暴雨冲刷效果好。生产上常因风力过大，冲毁架材、毁损蔬菜，用25目防虫网覆盖可以降低风速15%～20%，用30目的可降低风速20%～25%。夏日的冰雹和暴雨常对在田蔬菜造成机械性伤害，采用防虫网覆盖，可阻隔冰雹冲击蔬菜，还可以使暴雨的冲击强度减弱。暴雨过后，天气又突然暴晴，气温骤升，植株水分严重失调，常造成秧苗凋萎乃至烂秧，防虫网覆盖可避免棚内小气候的急剧变化，减缓暴雨暴晴天气的间接危害。

4.降温

夏季应用防虫网覆盖，棚内日平均温度较露地日平均气温增高0.6～1.9℃，地下10 cm土壤温度与露地相近，仅增高0.1℃。如应用银灰色防虫网覆盖，甚至还会出现地温较露地更低的效应。在晴热天气高温时段，揭除棚侧防虫网，加强通风，便可降低棚温。在高温时段，害虫成虫迁飞的活动能力也下降，因此也不会因揭盖管理而影响防虫效果。

5.保墒

防虫网保墒防旱效果与网的颜色、孔径大小有关，即深色遮光率高的、孔径小的防虫网，防旱保墒效果优于白色的、孔径大的防虫网，而且连续高温天气保墒能力更好。如栽培小白菜，露地全生育期(22 d)需浇水30次，而应用防虫网覆盖的因其保墒功能仅需浇水15次。

6.遮光增湿

防虫网的遮光率一般在25%～30%，遮光程度因网颜色、网目疏密的不同而有差异，一般黑色网遮光率高于银灰色，白色网的遮光率最低，网的目数越高，遮光率越大。另外，白色防虫网在光线通过时有散射光线的作用，使网内光线更加均匀，减弱了由于作物上部茎、叶阻挡而造成的下层叶片受光不足的现象，提高了光的利用率。

防虫网覆盖可增加相对空气湿度。这对炎热的夏季生长的蔬菜十分有利，可减少植株叶面蒸腾，同时减轻高温对植株果实的直接伤害。

7.防霜、防冻

早春3月下旬至4月上旬，防虫网覆盖棚内比露地气温高1～2℃，5 cm地温比露地高0.5～1℃，能有效防止霜冻。

8.保护天敌

防虫网构成的生活空间，为天敌的活动提供了较理想的生存环境，又不会使天敌逃逸到外围空间去，这为应用推广生物治虫技术创造了有利条件。

9.省工、省成本

防虫网遮光率低，应用蔬菜防虫网可以全程覆盖，不需前盖后揭、日盖夜揭、晴盖阴揭等农事操作，管理方便，省工，而且可以有效控制蔬菜害虫，不需喷农药，节省农药成本和喷药用工，一般每茬可节约农药成本80～100元/亩。

（二）防虫网的覆盖方式

1.浮面覆盖

浮面覆盖又称直接覆盖、飘浮覆盖或畦面覆盖。即在夏秋菜播种或定植后，把防虫网直接覆盖在畦面或作物上，待齐苗或定植苗移栽成活后即揭除。如防虫网内增覆地膜，同时在防虫网上面还增覆两层遮阳网，其防虫和抵御突发性自然灾害的效果更佳。

2.平棚覆盖

棚架高度一般为80～100 cm，多用架竹搭建，操作方便，高低可以调节。也可用水泥立柱作架材搭成大平棚架，棚高2 m。如遇台风、暴雨可临时降低到20～30 cm，以增强抗台风能力。防虫网覆盖棚架，四周用防虫网覆盖应压严，面积一般以2 000 m^2左右为宜，有的甚至达1 hm^2以上，全部用防虫网覆盖起来，这种覆盖方式节省防虫网和网架，操作方便，一般用于5—11月份种植小白菜，一年可种5～6茬，使用效果好。

3.小拱棚覆盖

小拱棚覆盖是目前应用较多的防虫网覆盖方式，高温季节网内温度较高是其不足之处，可通过增加淋水次数达到降温的目的，由于小拱棚下的空间较小，实际操作不方便，一些地方利用这种覆盖形式进行夏季育苗和小白菜的栽培，投资少，管理简单，特别适合在没有钢管大棚的地区推广，能同样起到防虫的作用。

小拱棚的宽度、高度依作物种类和畦的大小而异。通常棚宽不超过2 m，棚高为40～60 cm。可选择宽幅为1.2～1.5 m的防虫网，直接覆盖在拱架上，一边可以用泥土、砖块固定，另一边可自动揭盖，以利于生产操作。可采用全封闭的覆盖方式。

4.大棚覆盖

大棚覆盖是用防虫网全程全封闭覆盖栽培，是目前防虫网应用的主要方式，主要用于夏秋甘蓝、花菜等蔬菜的生产，其次可用于夏秋蔬菜的育苗，如秋番茄、秋黄瓜、秋莴苣等。大棚通常由跨度6 m、高2.5 m的镀锌钢管构成，将防虫网直接覆盖在大棚上，棚腰四周用卡条固定，再用压膜线“Z”形扣紧，只留大棚正门口可以揭盖，实行防虫网全封闭覆盖。但在高温时段，害虫成虫迁飞的活动能力下降，可揭开两侧，以利于通风降温，不会因为揭盖管理而影响防虫效果。

5.网膜覆盖

网膜覆盖是大棚顶部用塑料薄膜，四周裙边用防虫网的覆盖栽培。网膜覆盖提高了农膜利用率，节省成本，能降低棚内湿度，避免了雨水对土壤的冲刷，起到保护土壤结构、降低土壤湿度、避雨防虫的作用。在连续阴雨或暴雨天气，可降低棚内湿度，减轻软腐病的发生，适合在梅雨或多雨季节应用，也可在秋季瓜类(特别是甜瓜、西瓜、西洋南瓜、西葫芦等)蔬菜栽培上应用。其缺点是在晴热天气易引起棚内高温。网膜覆盖可利用前茬夏菜栽培的旧膜进行。

(三)防虫网的应用

1.夏季叶菜类栽培

小白菜、夏大白菜、夏秋甘蓝、菠菜、生菜、花椰菜、萝卜等，这些品种多具有生长快、周期短等特点，但露地生产虫害多、农药污染严重，且夏秋季又是突发性自然灾害的多发时期，产量极不稳定。使用防虫网覆盖栽培可实现无(少)污染、稳产高产、优质高效。目前，南方特别是长江中下游地区种植叶菜类普遍采用防虫网覆盖。

据测定，夏季结球大白菜覆盖防虫网，生育期比露地延长 3 d，开展度大于露地，球高、球茎、单球重均高于露地，净菜率高出 3.3%，亩产量比露地增产 128.65%，对菜青虫、小菜蛾、斜纹夜蛾具有较好的隔离作用，病毒病的发病率几乎为零。

2.伏菜栽培

伏萝卜、伏豇豆、早秋甘蓝、早秋大白菜、早秋花椰菜、早秋青花菜等品种，在夏秋季节生长受虫害和突发性自然灾害影响，产量极不稳定，应用防虫网覆盖栽培技术，为这些品种的夏秋栽培提供了优质、稳产的新措施。

3.茄果类、瓜类蔬菜栽培

这些蔬菜在夏秋季易发生病毒病，采用防虫网覆盖栽培技术，可切断蚜虫等昆虫的传毒途径，有利于减轻病毒病的为害，延长采收期或越夏栽培。同时隔离了棉铃虫、斜纹夜蛾、二十八星瓢虫、茄黄斑螟、瓜绢螟等，减少了烂果。既可满足淡季市场的需要，又促使菜农获得更高的产量和更佳的经济收入。

4.秋菜育苗

6—8 月份是秋冬蔬菜如甘蓝类、茄果类、榨菜等的育苗季节，也是虫害及高温干旱、台风暴雨等突发性自然灾害的多发性时期，育苗难度很大，难以育成无病虫感染的壮苗。采用钢管大棚顶部覆盖塑料薄膜，其上再覆盖封闭型的防虫网，可使秧苗免受暴雨袭击，减轻苗床土壤板结和肥料流失。可有效提高出苗率、成苗率和秧苗素质。特别是大白菜、秋辣椒、榨菜等易患病毒病的蔬菜品种，使用防虫网效果更好。

5.芥菜栽培

芥菜尤其是早芥菜易受病毒病为害，造成产量、质量严重下降。芥菜病毒病主要由蚜虫传染，尤其是有翅蚜。防治该病的关键是苗期及生长前期治蚜。传统的化学治蚜方法防病效果较差，使用防虫网隔蚜育苗加地膜覆盖栽培可有效控制芥菜病毒病的发生，据测定，防治效果高达 63.4%～87.3%，增产、增值效果十分显著。

6.豆类蔬菜栽培

据报道，防虫网对豇豆美洲斑潜蝇及豆野螟的防效均在 95%以上，能有效提高豇豆的质量与产量，网内豇豆叶片叶绿素含量比网外高 5.66%～34.6%，平均叶面积比网外高 77.37%，根系活力比网外高 12.96%，百株产量比网外高 5.96%，单荚重比网外高 20.65%。一般在 6 月上旬梅雨到来之前盖网，不能过迟，选用银灰色网纱，网目宜选用 18～22 目，盖网前需深翻晒垡，地面用 48%毒死蜱乳油 1 000 倍液喷洒，深沟高畦，施足基肥，较露地适当降低5%～10%的密度。

7. 育种繁种

防虫网不仅把害虫阻挡在网外，还可把益虫如传媒虫控制在网内。脱毒马铃薯原种扩繁和脱毒甘薯扩繁的关键技术就是利用防虫网来隔离蚜虫；利用防虫网内的熊蜂可进行小白菜雄性不育系制种；湖南园艺所在棚内架设防虫网育出“空中西瓜”；桂林地区采用塑料大棚＋防虫网的“封闭”保护栽培模式进行厚皮甜瓜的杂交制种。防虫网用于育种，由于隔离条件好，大幅减少了病虫为害，提高了种子纯度和质量。

(四)防虫网使用的注意事项

在播种或定植前，采用高温密闭棚室或低毒农药杀灭土壤中的寄生虫蛹和幼虫。栽植时，最好带药入棚，并挑选无虫害的、未被病毒传染的健壮植株。

夏季结合微喷降温。防虫网虽能降温，但当气温较高时，网内气温、地温较网外高1℃左右，会给蔬菜生产带来一定影响，因此，在6—8月份气温特别高时，应通过微喷系统，增加供水次数，保持网内湿度，以湿降温。

要经常检查防虫网有无裂口，尤其是使用年限较长的，一旦发现应及时修补，确保网室内无害虫侵入。

加强棚室日常管理，进出大棚要将棚门关闭严密，在进行农事操作前，要对有关器物进行消毒，防止病毒从植株伤口侵入，以确保防虫网使用效果。

任务三　塑料薄膜拱棚

塑料薄膜拱棚是指以塑料薄膜作为透明覆盖材料的拱形或屋脊形的棚。按照其规格尺寸（主要是棚的拱高和跨度），又分为塑料小拱棚、塑料中棚和塑料大棚。一般来说，小拱棚的拱高大多在1.0～1.5 m，跨度3 m左右，内部难以直立行走；中拱棚的拱高多在1.8～2.3 m，跨度4.5～6 m，就其覆盖面积和空间来说，介于小拱棚和大棚之间；大棚的拱高在2.5 m以上，跨度6～12 m。

由于塑料薄膜拱棚相对于温室结构简单、取材方便、易于建造、投资少、见效快，在我国应用面积很大，主要用于蔬菜和花卉生产，部分用于果树生产。

一、塑料小拱棚

(一)塑料小拱棚的结构和类型

1. 塑料小拱棚的结构

小拱棚的规格一般高为1.0～1.5 m，跨度1.5～3 m，长度10～30 m。拱架主要是用细竹竿、毛竹片、荆（树）条，以及直径6～8 mm的钢筋、轻型扁钢等能够弯曲成拱形的材料做成，上覆盖0.05～0.10 mm厚聚氯乙烯或聚乙烯薄膜，外用压杆或压膜线等固定薄膜而成，它具有结构简单、体型较小、负载轻、取材方便等优点。根据其覆盖的形式不同可分为7种类型（图2-14）。

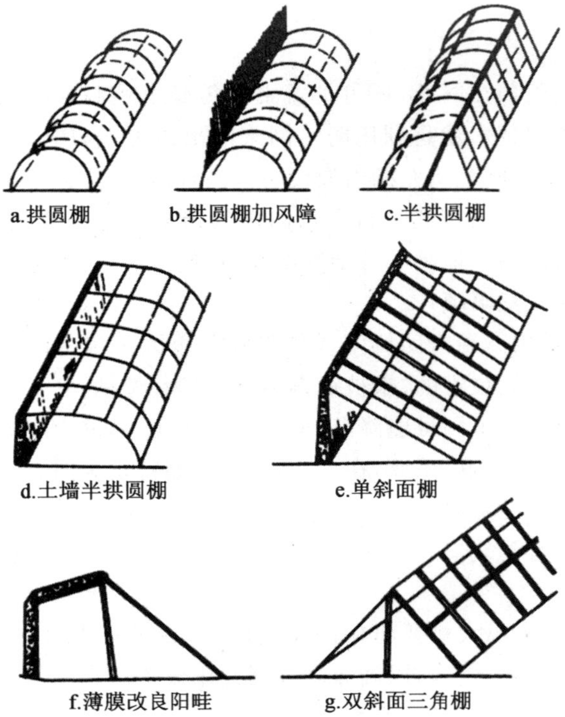

图 2-14　塑料小棚的覆盖类型

2. 塑料小拱棚的类型

(1)拱圆小棚　是生产上应用最多的类型，多用于北方。高 1 m 左右，宽 1.5～2.5 m，长度依地而定。因小棚多用于冬春生产，宜建成东西延长，可在北侧加设风障，而作为风障拱棚，棚面上也可在夜间加盖草苫保温。

(2)半拱圆小棚　北面筑 1 m 左右的土墙，南面成一面坡形覆盖或为半拱圆棚架，一般无立柱，跨度大时加设 1～2 排立柱，以支撑棚面及保温覆盖物。棚的方向以东西延长为好。

(3)双斜面小棚　棚面成屋脊形或三角形。棚向东西或南北延长均可，一般中央设一排立柱，柱顶拉紧一道 8 号铁丝，两边覆盖薄膜即成。因为双斜面不易积雨水，适用于风少雨多的南方地区。一般棚宽 2 m、棚高 1.5 m。

(4)单斜面小棚　结构简单、取材方便、容易建造，又由于薄膜可塑性强，用架材弯曲成一定形状的拱架即可覆盖成型，因此在生产中的应用形式多种多样。无论何种形式，其基本原则应是坚固抗风，具有一定空间和面积，适宜栽培。

(二)小拱棚的性能

1. 光照

塑料薄膜小拱棚的透光性能比较好，一般春季棚内的透光率不低于自然光照度的 50%，光照度达 50 000 lx 以上。光照差异较小，一般上层的光强高于下层的，距地面 10～40 cm 处差异较明显，近地面处差异不大。水平方向的受光，南面大于北面，相差 7%左右。小拱棚内的受光状况，与塑料薄膜的质量、新旧程度、附着水滴多少、是否吸尘以及棚型和棚的延长方向有关。新薄膜的透光率可达 80%以上，使用几个月后，由于各种原因其透光率减少到

40%～50%，污染严重时透光率还要更低。南北延长的圆拱形小棚光照比较均匀，但当作物长到一定高度时，不同部位作物的受光量具有明显的差异。

2. 温度

(1)气温　一般条件下，小拱棚的气温增温速度较快，最大增温能力可达 20℃左右，在高温季节容易造成高温危害；但降温速度也很快，有草苫覆盖的半圆形小拱棚的保温能力仅有 6～12℃(表 2-8)，特别是在阴天、低温或夜间没有草苫保温覆盖时，棚内外温差仅 1～3℃，遇到寒潮易发生冻害。

小拱棚内的热源来自太阳能，小拱棚空间小，缓冲能力差，容易受外界温度变化的影响。从季节变化来看，1 月上旬至 3 月上旬是冬季气温最低时期，棚内的最低温度有时降至 0℃以下，春季逐渐升高。如 1 月份外界最低气温为－18.1℃时，棚内最低温度为－0.2℃，内外相差可达 17.9℃(表 2-8)。

表 2-8　半拱圆形小拱棚内外气温比较　℃

日期	高温时期					低温时期				
	棚内平均	棚外平均	内外相差	棚外极值	棚内极值	棚内平均	棚外平均	内外相差	棚外极值	棚内极值
1 月 11 日至 30 日	16.2	0.9	15.3	5.7	27.1	3.5	－8.7	12.5	－18.1	－0.2
2 月	22.7	2.0	20.7	9.5	30.5	4.6	－6.3	10.9	－13.0	1.3
3 月	29.7	12.5	17.2	21.8	46.0	8.9	0.7	8.2	－3.5	0.0
4 月	32.2	20.9	11.3	27.8	44.5	14.4	8.4	6.0	－0.6	9.8
5 月 1 日至 7 日	29.0	23.7	5.3	26.9	36.6	12.4	11.0	1.4	6.5	8.8

从日变化看，小拱棚的日变化与外界基本相同，只是昼夜温差比露地大(图 2-15)。

此外，小拱棚内气温分布很不均匀，据安志信等的测定，在密闭的情况下，棚内中心部位的地表附近温度较高，两侧温度较低，水平温差可达 7～8℃(图 2-16)；而从棚的顶部放风后，棚内各部位的温差逐渐减小。

(2)地温　小拱棚内地温变化与气温变化相似，但不如气温剧烈。从日变化看，晴天大于阴雨天，土壤表层大于深层，一般棚内地温比露地高 5～6℃。从季节变化看，据北京地区测定，1—2 月份 10 cm 土层日平均地温为 4～5℃，3 月份为 10～11℃，3 月下旬达到 14～18℃，秋季地温有时高于气温。

3. 湿度

小拱棚覆盖薄膜后，因土壤蒸发、植株蒸腾造成棚内高湿，一般棚内空气相对湿度可达 70%～100%；白天通风时，棚内相对湿度可保持在 40%～60%，平均比外界高 20%；夜间密闭时可达到 90%以上。为避免通风造成温度剧烈变化，应在白天温度较高时段进行扒缝放风。

棚内相对湿度是随着外界天气的变化而变化的，晴天湿度低，阴雪天湿度升高；白天湿度低，夜间湿度高。

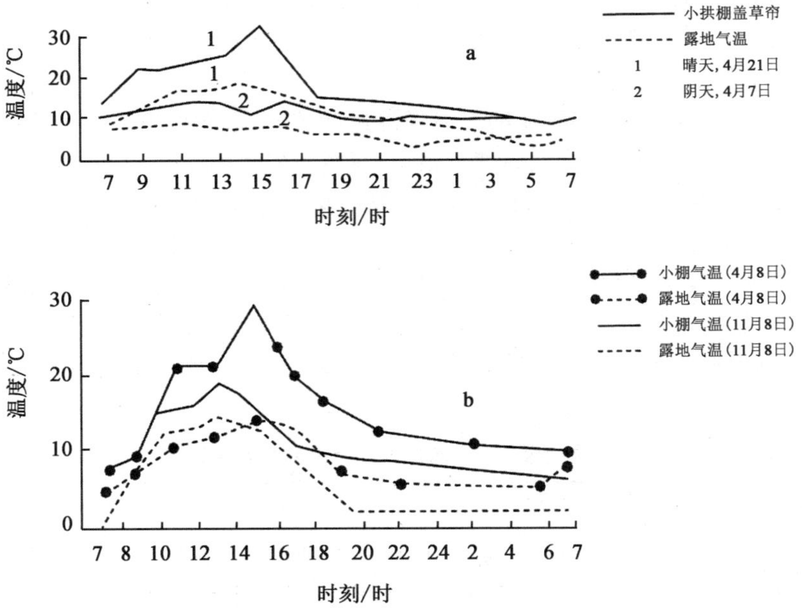

图 2-15 塑料小棚不同天气(a)、季节(b)温度比较

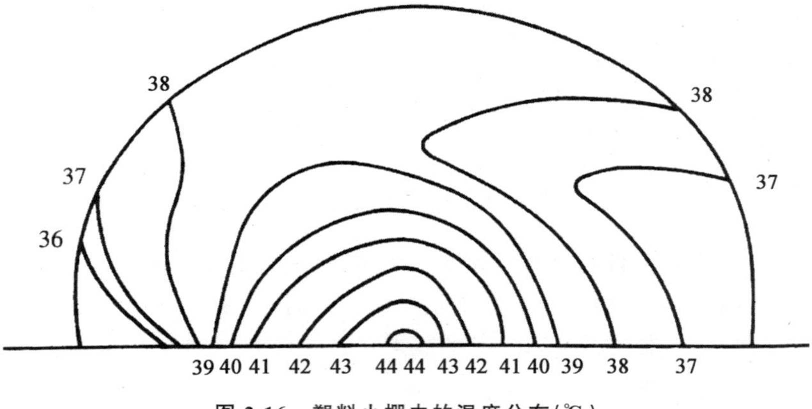

图 2-16 塑料小棚内的温度分布(℃)

(三)小拱棚的应用

塑料小拱棚在我国北方及中南部地区应用广泛,由于塑料小拱棚可以采用草苫覆盖防寒,因此在早春,其栽培期可早于塑料大棚。

小拱棚主要应用于耐寒性蔬菜(主要以耐寒的叶菜类蔬菜为主,如芹菜、青蒜、小白菜、油菜、香菜、菠菜、甘蓝等)的早春生产;喜温果菜类蔬菜如番茄、青椒、茄子、西葫芦、矮生菜豆等的提早定植;塑料薄膜大棚或露地栽培的春茬蔬菜、花卉、草莓、西瓜及甜瓜等的育苗。

二、塑料中棚

塑料中棚的面积和空间比塑料小拱棚大，是塑料小拱棚和塑料大棚的中间类型。常用的塑料中棚为拱圆形结构。

(一)塑料中棚的结构和类型

1. 拱圆形塑料中棚

一般跨度为3～6 m，在跨度为3 m时，以高度1.5 m、肩高0.8 m为宜；在跨度为4.5 m时，以高度1.7～1.8 m、肩高1.0 m为宜；在跨度为6 m时，以高度2.0～2.3 m、肩高1.1～1.5 m为宜，其长度可根据需要及地块长度来确定。另外，根据中棚跨度的大小和拱架材料的强度，确定是否设立柱。以竹木或钢筋做骨架时，需设立柱；而用钢管做拱架时则不需设立柱。按材料的不同，拱架可分为竹片结构、钢架结构、竹片与钢架混合结构3种类型。

2. 半拱圆形塑料中棚

棚向为东西方向延长，北面筑1.5 m左右高的土墙或砖墙，南面设立拱架，拱架的一端插入地中，另一端搭设在墙上，形成半拱圆形拱架，上面覆盖塑料薄膜。

(二)塑料中棚的性能

塑料中棚可加盖草苫防寒。由于塑料中棚较塑料小拱棚的空间大，较塑料大棚的空间小，因此其性能介于塑料小拱棚与塑料大棚之间。

(三)塑料中棚的应用

塑料中棚主要用于果菜类蔬菜、草莓、瓜果的春早熟和秋延后栽培，也可用于花卉的提早种植。

三、塑料大棚

塑料大棚是用塑料薄膜覆盖的一种大型拱棚。通常不用砖石结构围护，而以竹、木、水泥柱或钢材等做骨架，其上覆盖塑料薄膜的大型保护地栽培设施称为塑料大棚。与温室相比，塑料大棚具有结构简单、建造和拆装方便、一次性投资较少等特点；与塑料小拱棚、中棚相比，又具有坚固耐用、使用寿命长、棚体空间大、作业方便、利于作物生长和环境调控等优点。

(一)塑料大棚的结构

塑料大棚的骨架是由立柱、拱杆(拱架)、拉杆(纵梁)、压杆(压膜线)等部件组成，俗称“三杆一柱”(图2-17)。这是塑料薄膜大棚最基本的骨架构成，其他形式都是在此基础上演化而来。大棚骨架使用的材料比较简单，容易造型和建造，但大棚结构是由各部分构成的一个整体，因此选择材料要适当，施工要严格。另外，为便于出入，应在棚的一端或两端设立棚门。

(1)立柱　是塑料大棚的主要支柱，承受棚架、棚膜的重量以及雨、雪负荷和风压的作用。因此，立柱要垂直，或倾向于引力。立柱可采用竹竿、木柱、钢筋水泥混凝土柱等，使用的立柱不必太粗，但立柱的基部应设柱脚石，以防大棚下沉或被拔起。立柱埋置的深度要求在40～50 cm。

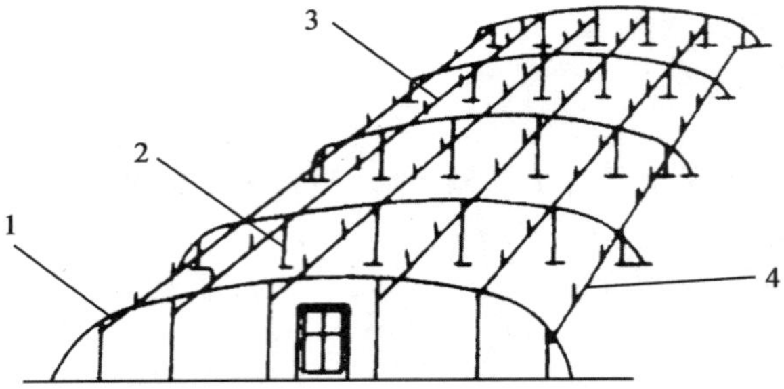

1.拱杆　2.立柱　3.拉杆　4.吊柱

图 2-17　塑料大棚骨架结构

(2)拱杆(拱架)　是支撑膜的部分，横向固定在立柱上，两端插入地下，呈自然拱形，作为大棚的骨架，决定大棚的形状和空间形成。拱杆的间距为 1.0～1.2 m。由竹片、竹竿或钢材、钢管等材料焊接而成。

(3)拉杆(纵梁)　纵向连接拱杆和立柱，固定压杆，使大棚骨架成为一个整体。用较粗的竹竿、木杆或钢材作为拉杆，距立柱顶端 30～40 cm，紧密固定在立柱上，拉杆长度与棚体长度一致。

(4)压杆(压膜线)　扣上棚膜后，于两根拱杆之间压 1 根压膜线，使棚膜绷平压紧，压膜线的两端固定在大棚两侧设的"地锚"上。

(5)棚膜　覆盖在棚架上的塑料薄膜。棚膜可采用 0.1～0.12 mm 厚的聚氯乙烯(PVC)或聚乙烯(PE)薄膜以及 0.08～0.1 mm 的醋酸乙烯(EVA)薄膜，这些专用于覆盖塑料薄膜大棚的棚膜，其耐候性及其他性能均与非棚膜有一定差别。除了普通聚氯乙烯和聚乙烯薄膜外，目前生产中多使用无滴膜、长寿膜、耐低温防老化膜等多功能膜作为覆盖材料。

(6)门窗　门设在大棚的两侧，作为出入口，门的大小应考虑作业方便，太小不利于进出，太大不利于保温。大棚顶部可设天窗，两侧设进气侧窗，作为通风口。

(7)接连卡具　大棚骨架的不同构件之间均需连接，除竹木大棚需线绳和铁丝连接外，装配式大棚均用专门预制的卡具连接，主要包括套管、卡槽、卡子、承插螺钉、接头、弹簧等。

(8)天沟　连栋大棚应在两栋大棚连接处设立天沟。主要用于排除雨雪水。天沟多用水泥或薄铁皮制成落水槽。

(二)塑料大棚的类型

目前，生产中应用的塑料大棚，按棚顶形状可分为拱圆形和屋脊形，我国绝大多数为拱圆形；按骨架材料则可分为竹木结构、钢架混凝土柱结构、钢架结构、钢竹混合结构等；按连接方式又可分为单栋大棚、双连栋大棚和多连栋大棚(图 2-18)。

1.单栋大棚

以竹木、混凝土构件、钢材及薄壁钢管等材料组成或焊接而成。一般棚高 2～3 m，宽 8～15 m，长 30～60 m，占地面积 667 m^2 左右。各地建造形式多种多样，有拱圆形和屋脊形两种，以拱圆形居多。根据骨架材料的不同，单栋大棚主要有以下几种：

(1)竹木结构大棚　是大棚初期的一种类型，目前在我国北方仍广为应用。一般跨度 8～12 m，长 40～60 m，中脊高 2.4～2.6 m，两侧肩高 1.1～1.3 m。有 4～6 排立柱，横向柱

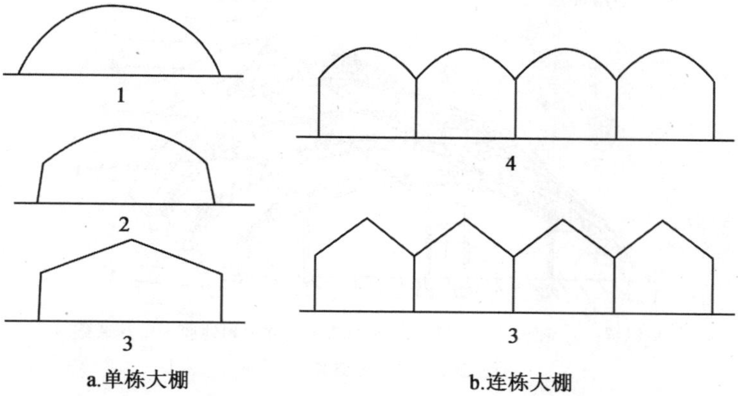

1.落地拱　2.柱支拱　3.尾脊拱　4.拱圆形

图 2-18　塑料大棚的类型

间距 2～3 m，柱顶用竹竿连成拱架；纵向间距为 1～1.2 m。其优点是取材方便，造价较低，且容易建造；缺点是棚内立柱多，遮光严重，作业不方便，立柱基部易朽，抗风雪能力较差等。为减少棚内立柱，开发了悬梁吊柱式竹木结构大棚，即在拉杆上设置小吊柱，用小吊柱代替部分立柱。小吊柱用长 20 cm、粗 4 cm 的木杆，两端钻孔，穿过细铁丝，下端拧在拉杆上，上端支撑拱杆。

(2)钢竹混合结构大棚　棚型与竹木结构大棚相同，使用的材料有竹木、钢材、水泥构件等。一般拱杆和拉杆多采用竹木材料，而立柱采用水泥柱。

钢竹混合结构大棚每隔 3 m 左右设一平面钢筋拱架，用钢筋或钢管作为纵向拉杆，每隔约 2 m 一道，将拱架连接在一起。在纵向拉杆上每隔 1.0～1.2 m 焊一短的立柱，在短立柱顶上架设竹拱杆，与钢拱架相间排列。其他如棚膜、压杆(压膜线)及门窗等均与竹木或钢筋结构大棚相同。

钢竹混合结构大棚用钢量少，棚内无柱，既可降低建造成本，又可改善作业条件，避免支柱的遮光，是一种较为实用的类型。

(3)钢架结构大棚　一般跨度 10～15 m，高 2.5～3.0 m，长 30～60 m，拱间距 1.0～1.2 m。拱架时用钢筋、钢管或两者结合焊接而成的弦形平面桁架。平面桁架上弦用 16 mm 或 25 mm 的钢管制成，下弦用 12 mm 钢筋，腹杆用 6～9 mm 钢筋，两弦间距 25 cm。制作时先按设计在平台上做成模具，然后在平台上将上、下弦按模具弯成所需的拱形，然后焊接中间的腹杆。拱架上覆盖塑料薄膜，拉紧后用压膜线固定。这种大棚造价较高，但无立柱或少立柱，室内宽敞，透光好，作业方便。现在已在生产上广泛推广应用(图 2-19)。

(4)装配式钢管结构大棚　由工厂按照标准规格生产的组装式大棚，材料多采用薄壁镀锌钢管。一般大棚跨度 6～10 m，高度 2.5～3.0 m，长 20～60 m。拱架和拉杆都采用薄壁镀锌钢管连接而成，拱架间距 50～60 cm，所有部件用承插、螺钉、卡槽或弹簧卡具连接。用镀锌卡槽和钢丝弹簧压固棚膜，用手摇卷膜器卷膜通风。这种大棚优点和钢架结构大棚相同(图 2-20)。

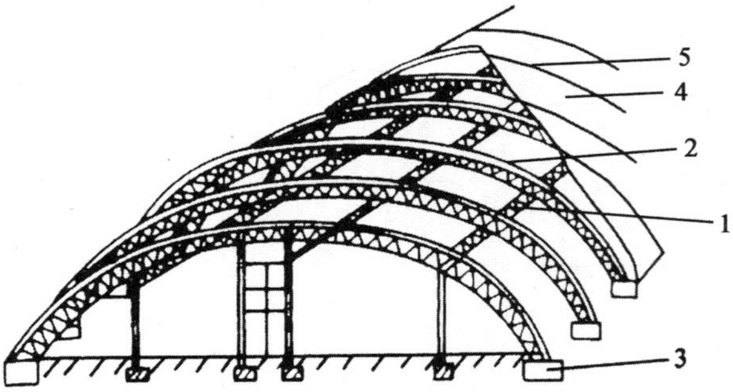

1. 纵梁　2. 钢筋桁架拱梁　3. 水泥基座　4. 塑料薄膜　5. 压膜线

图 2-19　钢架结构大棚图

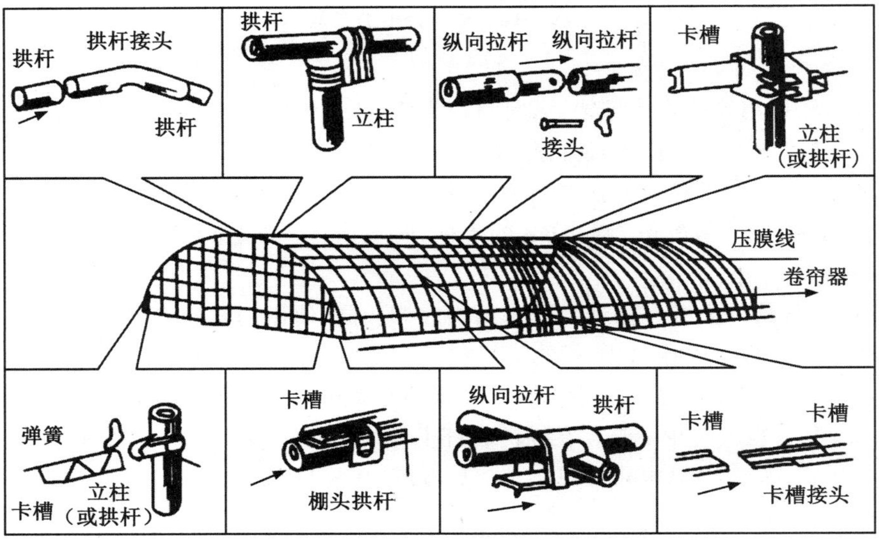

图 2-20　装配式钢管结构大棚

2. 连栋大棚

由两栋或两栋以上的拱圆形或屋脊形单栋大棚连接而成的大棚称为连栋大棚。

连栋大棚覆盖的面积大，土地利用率高，棚温高而稳定，但连栋大棚往往因通风条件不良，而产生高温多湿的条件。

(三)塑料大棚的性能

1. 光照

塑料大棚内光照状况与天气、季节、昼夜变化、方位、结构、建筑材料、覆盖方式、薄膜的洁净和老化程度等因素有关。

(1)光照的季节变化　不同季节太阳高度不同，塑料大棚内的光照度和透光率也有所不同。一般南北延长的大棚，其光照度由冬—春—夏的变化是不断增强，透光率也不断提高，而随着季节由夏至冬，其棚内光照度则不断减弱，透光率也不断降低(表 2-9)。

(2)棚内的光照分布　塑料大棚内光照存在着垂直变化和水平变化。从垂直方向看，越接近地面，光照度越弱；越接近棚面，光照度越强。据测定，距棚顶 30 cm 处的光照度为露地的 61%，中部距地面 1.5 m 处为 34.7%，近地面为 24.5%。从水平方向看，南北延长的大棚棚内的水平照度比较均匀，水平光差一般只有 1%左右。但是东西向延长的大棚，不如南北向延长的大棚光照均匀。南北延长的大棚同一高度观测，大棚两侧靠近侧壁处的光照较强，中部光照较弱，上午东侧光照较强，西侧光照较弱，午后则相反。

表 2-9　塑料大棚内地表光照的时间变化

项目	清明	谷雨	立夏	小满	芒种
绝对照度/lx	15 732	22 200	20 624	30 800	31 920
透光率/%	49.9	46.6	52.5	59.3	59.3

(3)大棚方位和结构对光照的影响　塑料大棚的方位不同，太阳直射光线的入射角也不同，因此透光率不同。一般东西延长、南北朝向(东西栋)的大棚比南北延长、东西朝向(南北栋)的大棚透光率要高(表 2-10)，但南北栋大棚比东西栋大棚的光照要均匀。据测定，南北栋大棚上午东侧光照强，西侧的光照弱，而下午西侧的光照强，东侧的光照弱，但如果将一天内 7 时、9 时、11 时、13 时、15 时、17 时距地面 0 cm、20 cm、50 cm、100 cm 高度所测的透光率平均来看，东侧为 29.1%、中部为 28.0%、西侧为 29.0%，南北差异不大。而东西栋大棚尽管东西两头的透光率相差不大，但南部透光率为 50.0%，中部和北部为 30.0%，南北相差 20.0%。

表 2-10　大棚不同方位与透光率间的关系

%

大棚方位	清明	谷雨	立夏	小满	芒种	夏至
东西栋大棚透光率	53.14	49.81	60.17	61.37	60.50	48.86
南北栋大棚透光率	49.94	46.64	52.48	59.34	59.33	43.76
差值	+3.20	+3.17	+7.69	+2.03	+1.17	+5.10

塑料大棚的结构不同，其骨架材料的截面积(粗细)不同，因此形成的阴影的遮光程度也不同，一般塑料大棚骨架的遮阴率可达 5%～8%。据测定，单栋钢材及硬塑料管材结构大棚的受光较好，其透光率仅比露地减少 28.0%，单栋竹木结构大棚则减少 37.5%(表 2-11)。从塑料大棚内光照来考虑，应尽量采用坚固而截面积小的材料做骨架，以尽可能减少遮光。

表 2-11　单栋塑料大棚不同结构的受光量

塑料大棚类型	光照度/klx	透光率/%
钢材结构	76.7	72.0
硬塑结构	76.5	71.9
竹木结构	66.5	62.5
露地对照	106.4	100.0

(4)透明覆盖材料对大棚光照的影响　不同透明覆盖材料其透光率也不同，而且由于不

同透明覆盖材料的耐老化性、无滴性、防尘性等不同，使用后的透光率也有很大差异。目前生产上应用的聚氯乙烯、聚乙烯、醋酸乙烯等薄膜干洁时可见光透光率均在 90%左右，但使用后透光率就会大大降低，尤其是聚氯乙烯薄膜。据测定，因薄膜老化可使透光率降低 20%～40%；因薄膜污染可降低 15%～20%，新的薄膜使用 2 d 后，因染尘可使透光率降低 14.3%，使用 10 d 后降低 25%，使用 15 d 后降低 28.3%；因水滴附着而减少透光率 20%；因太阳光的反射还可损失 10%～20%；这样塑料大棚的透光率一般仅有 50%左右，如果采用双层薄膜则透光率更低。

2. 温度

塑料大棚有明显的增温效果，这是由于地面接收太阳辐射，而地面有效辐射受到覆盖物阻隔而使气温升高，称为“温室效应”。同时，地面热量也向地中传导，使土壤储热。

(1)气温

①气温的日变化　大棚内气温的日变化规律与外界基本相同，即白天气温高，夜间气温低。每天日出后 1～2 h 棚温迅速升高，7—10 时气温回升最快，在不通风的情况下，平均每小时升温 5～8℃。每日最高温出现在 12—13 时。15 时前后棚温开始下降，平均每小时下降 5℃左右。夜间气温下降缓慢，平均每小时降温 1℃左右。大棚的增温能力在早春低温时期，通常棚温只比露地高 3～6℃，阴天时的增温值仅 2℃左右；一般增温值为 8～10℃；外界气温升高时增温值可达 20℃以上。说明塑料大棚内仍存在发生低温霜冻和高温危害的风险。例如，外界气温在－4～－2℃时棚内会出现轻霜冻；外界气温－8～－5℃或棚内出现－3～－2℃时会造成冻害；当外界气温在－14℃时，棚内气温会降至－6℃以下。

大棚内气温在一昼夜中的变化比外界气温剧烈(图 2-21)。塑料大棚内昼夜温差依天气情况而异。天气阴晴相差很大，例如北京地区 3 月中旬晴天的昼夜温差为 35.5℃，阴天为 15.0℃。晴天时棚内最低气温出现在日出前，比最低土温出现的时间早 2 h 左右。

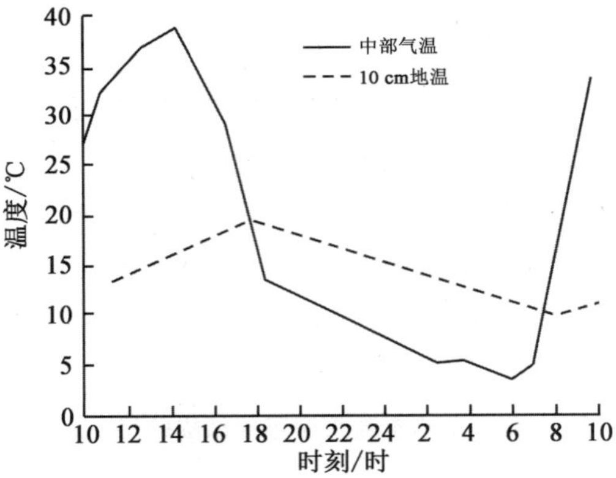

图 2-21　大棚温度日变化

使用聚氯乙烯或聚乙烯薄膜覆盖时，在 3—10 月份夜间往往出现“温度逆转”现象(简称“逆温”)，即棚内的气温低于露地。“逆温现象”是由于大气的“温室效应”所致。大气逆辐射使近地面的空气层增温，而大棚内由于塑料薄膜的阻隔，使大气逆辐射热无法进入棚内，而棚内热量却大量向外界散失，造成了棚温稍低于外界的温度的现象。这种现象多发生在晴天的夜晚，天上有薄云覆盖，薄膜外面凝聚少量的水珠时。

②气温的季节变化　塑料大棚内气温存在季节变化、昼夜变化和阴晴变化。在我国北方地区，塑料大棚内存在着明显的季节性变化。根据气象学上的规定，以候平均气温≤10℃，旬平均最高气温≤17℃，旬平均最低气温≤4℃作为冬季指标；以候平均气温≥22℃，旬平均最高气温≥28℃，旬平均最低气温≥15℃作为夏季指标；冬季和夏季之间作为春、秋季指标。塑料大棚的冬季天数可比露地缩短 30～40 d，春、秋季天数可比露地分别延长 15～20 d。因此，塑料大棚主要适于园艺作物的春提早和秋延后栽培。

根据对北京地区塑料大棚的测定，大棚一年中的温度变化可分为 4 个阶段(表 2-12)。第一阶段 11 月中旬至翌年 2 月中旬为低温期，月均温在 5℃以下。第二阶段 2 月下旬至 4 月上旬为温度回升期，温度逐渐回升，此时月均温在 10℃上下，耐寒蔬菜可以生长，在本期后段则生长迅速，但前期仍有 0℃的低温，因此果菜类蔬菜多在中期(3 月下旬至 4 月初)开始定植，但此时生长仍较慢。第三阶段 4 月中旬至 9 月中旬为生育适温期，此时棚内月均温在 20℃以上，是喜温的花、菜、果的生育适期，但要注意 7 月份可能出现的高温危害。第四阶段 9 月下旬至 11 月上旬为逐渐降温期，温度逐渐下降，此时月均温在 10℃上下，喜温的花、果、菜可延后栽培，但此阶段后期最低温度常出现 0℃以下，因此应注意避免发生冻害。以上所分四个时期及每一时期的温度状况，不同地区及不同结构的塑料大棚均有差异，要因地制宜安排生产。

表 2-12　北京地区塑料薄膜大棚的生产季节划分

类别	项目	春季	夏季	秋季	冬季
有保温覆盖塑料大棚	起止日期/(月/日)	2/26 至 4/2	4/21 至 10/10	10/11 至 11/30	12/1 至 2/25
	时间/d	54	173	51	87
无保温覆盖塑料大棚	起止日期/(月/日)	3/26 至 5/25	5/26 至 9/5	9/6 至 11/10	11/11 至 3/25
	时间/d	61	103	66	135
露地	起止日期/(月/日)	4/26 至 5/25	5/26 至 9/5	9/6 至 10/25	10/26 至 4/5
	时间/d	50	103	50	162

③塑料大棚内的温度分布　大棚内的不同部位由于受外界环境条件的影响不同，因此存在着一定的温差。每天上午日出后，大棚东侧首先接受太阳光的辐射，棚东侧的温度较西侧高；中午，太阳由棚顶部入射，高温区在棚的上部和南端；下午，主要是棚的西侧受光，高温区又出现在棚的西部。大棚内，垂直方向上的温度分布也不相同，白天棚顶部的温度高于底部 3～4℃；夜间则正相反，棚下部的温度高于上部 1～2℃。此外，大棚四周接近棚边缘位置的温度在一天之内均比中央部分要低。

(2)地温　塑料大棚内的地温虽然也存在着明显的日变化和季节变化，但与气温相比，地温比较稳定，且地温的变化滞后于气温。

①地温的日变化　晴天上午太阳出来后，地表温度迅速升高，14 时左右达到最高值，15 时后温度开始下降。随着土层深度的增加，日最高地温出现的时间逐渐延后，一般距地表 5 cm 深处的日最高地温出现在 15 时左右，距地表 10 cm 深处的日最高地温出现在 17 时左右，距地表 20 cm 深处的日最高地温出现在 18 时左右，距地表 20 cm 以下深层土壤温度变化很小。阴天大棚内地温的日变化较小，且日最高温度出现的时间较早。

②地温的季节变化　4月中下旬的增温效果最大，可比露地高3～8℃，最高可达10℃以上；夏、秋季因有作物遮光，棚内外地温基本相等或棚内地温稍低于露地1～3℃；秋、冬季节则棚内地温又略高于露地2～3℃(图2-22)。10月份土壤增温效果减小，仍可维持10～20℃的地温。11月上旬棚内浅层地温一般维持在3～5℃。由于外界气温降低，棚内气温及地温均已降至作物不能生长的低温界限。当棚温出现低温霜冻时，低温仍可维持在2～3℃，地温高于气温。到露地封冻时，密闭的大棚地温仍可维持在0～3℃。1月上旬至2月份是棚内土壤冻结时期，地温一般在－7～－3℃。

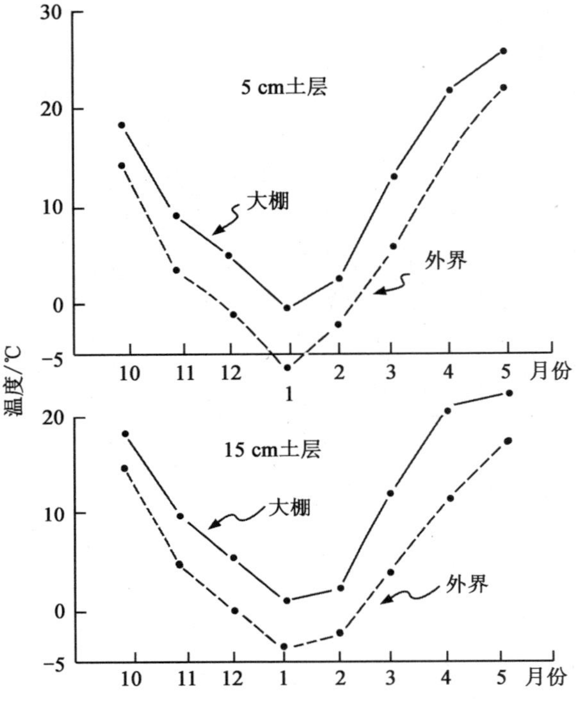

图2-22　大棚内外不同土层地温的季节变化

③棚内地温的分布　大棚周边的地温低于中部的地温，大棚地表的温度变化大于地中温度变化，随着土层深度增加，地温的变化越来越小。

3. 湿度

一般大棚内空气的绝对湿度和相对湿度(relative humidity，RH)均显著高于露地，这是塑料薄膜大棚的重要特性。通常大棚内的空气绝对湿度是随着棚内温度的升高而增加，随着温度的降低而减少；而相对湿度则是随着棚内温度的降低而升高，随着温度的升高而降低。空气湿度也存在着季节变化和日变化。

(1)大棚内空气湿度的日变化　早晨日出前大棚内相对湿度往往最高达100%，随着日出后棚内温度的升高，空气相对湿度逐渐下降，12—13时为一天内空气相对湿度最低的时刻，在密闭的大棚内达70%～80%，在通风条件下，可降到50%～60%；午后随着气温逐渐降低，空气相对湿度又逐渐增加，午夜后又可达到100%。大棚内的绝对湿度则是随着午前温度的逐渐升高、棚内蒸发和作物蒸腾的增大而逐渐增加，在密闭条件下，中午达到最大值，而后逐渐降低，早晨降至最低(表2-13)。

表 2-13　大棚内外的空气湿度日变化

时刻/时	绝对湿度/(g/m³)		相对湿度/%	
	露地	大棚	露地	大棚
2	4.5	8.2	87	99
4	4.3	7.5	100	100
6	4.3	6.7	100	94
8	2.7	8.8	41	99
10	2.0	18.5	15	89
12	1.6	22.3	10	71
14	3.7	19.8	27	90
16	2.6	19.0	19	94
18	5.7	13.7	55	95
20	4.7	11.1	66	96
22	4.7	10.5	71	100
24	4.5	8.8	77	96
日平均	3.8	12.9	55.7	93.7

(2)大棚内空气湿度的季节变化　一年中大棚内空气湿度以早春和晚秋的相对湿度最高,夏季由于温度高和通风换气,空气相对湿度较低。阴雨天棚内的相对湿度大于晴天。一般来说,大棚属于高湿环境,作物容易发生各种病害,生产上应采取放风排湿、升温降湿、抑制蒸发和蒸腾(地膜覆盖、控制灌水、滴灌、渗灌、使用蒸腾抑制剂等),采用透气性好的保温幕等措施,降低大棚内空气的相对湿度。

4. 大棚内的气体

大棚是半封闭系统,因此其内部的空气组成与外界有许多不同,其中最突出的不同点有两个方面:其一是作物光合作用重要原料的 CO_2 浓度的变化规律与棚外不同;其二是产生的有害气体(NH_3、NO_2、C_2H_4、Cl_2 等)多于棚外。

(1)CO_2　通常大气中的 CO_2 平均浓度约为 330 μL/L(0.65 g/m³ 空气),而白天植物光合作用吸收量为 4～5 g/(m² · h),因此,在无风或风力较小的情况下,作物群体内部的 CO_2 浓度常低于平均浓度。特别是在半封闭的大棚内,如果不进行通风换气或增施 CO_2,就会使作物处于长期的饥饿状态,从而严重地影响作物的光合作用和生长生育。

据测定,栽培黄瓜的大棚内早晨日出前的 CO_2 浓度最高,可达 600 μL/L,但在植株较大的情况下,日出后 30～60 min,CO_2 浓度就会降到 300 μL/L 以下,通风前则降到 200 μL/L 以下。此后由于通风,棚内 CO_2 浓度可基本保持在 300 μL/L 左右。日落后,CO_2 浓度又逐渐增加,直到第二天早晨又达最高值。大棚内的 CO_2 浓度日变化是较大的,露地 CO_2 浓度则无此变化。

大棚内 CO_2 浓度分布也不均匀,白天气体交换率低且光照强的部位 CO_2 浓度低。据测定,白天作物群体内 CO_2 浓度可比上层低 50～65 μL/L,但夜间或光照很弱的时刻,由于作物和土壤呼吸作用放出 CO_2，因此作物群体内部气体交换率低的区域 CO_2 浓度高。在没有人工增施 CO_2 的密闭大棚内，如果土壤和作物呼吸放出的 CO_2 量低于作物光合吸收的 CO_2 量，棚内的 CO_2 浓度就会逐渐降低；相反，如果土壤和作物呼吸放出的 CO_2 量高于作物光合吸收的 CO_2 量，棚内的 CO_2 浓度就会逐渐升高。

(2)有害气体　由于大棚是半封闭系统，因此如果施肥不当或应用的农用塑料制品不合格，就会积累有毒气体。大棚中常见的有害气体主要有 NH_3、NO_2、C_2H_4、Cl_2 等。在这些有毒气体中，NH_3、NO_2 气体的产生原因主要是一次性施用大量的有机肥、铵态氮肥或尿素，尤其是在土壤表面施用大量的未腐熟有机肥或尿素。C_2H_4、Cl_2 主要是不合格的农用塑料制品中挥发出来的。实际上，在露地条件下，有机肥和铵态氮肥施用过量，NH_3、NO_2 气体也同样会产生，但由于露地是非密闭的空间，NH_3、NO_2 气体很快在大气中流动，不至达到危害作物的浓度。

(四)塑料大棚的应用

塑料大棚在蔬菜生产上主要应用于果菜类的春早熟栽培和秋延后栽培、春季为茄果类、瓜类、豆类蔬菜的露地栽培育苗、秋冬季为耐寒性蔬菜如莴苣、菠菜、油菜、小白菜、青蒜等进行加茬栽培。

塑料大棚在花卉生产上主要应用于菊花、观叶植物和盆栽花卉的栽培；或进行大面积草花播种、落叶花木的冬季扦插以及菊花等一些花卉的延后栽培；在南方还可用来生产切花，或供亚热带花卉越冬使用。

塑料大棚在果树生产上主要应用于草莓、葡萄、桃、樱桃、无花果等的春提早栽培和秋延后栽培，同时也可用于多种果树的育苗。

四、荫棚

在南方，荫棚主要用于夏季的降温。

(一)荫棚的类型和结构

荫棚的种类和形式大致可为分临时性荫棚和永久性荫棚 2 种。

1. 临时性荫棚

除放置越夏的温室花卉外，还可用于露地繁殖床和紫菀、菊花等的切花栽培。北京黄土岗一带花农搭设临时性荫棚的方法是：于 5 月上中旬架设，秋凉时逐渐拆除。主架由木材、竹材等构成，上面铺设苇秆或苇帘，再用细竹材夹住，用麻绳及细铁丝捆扎。荫棚一般都采用东西向延长，高 2.5 m，宽 6～7 m，每隔 3 m 设一根立柱。为了避免上下午的阳光从东或西面照射到棚内，在东西两端还设遮阴帘，将竿子斜架于末端的柁上，覆以苇秆或苇帘，或将棚顶所盖的苇帘延长下来。注意遮阴帘下缘应距地 60 cm 左右，以利于通风。棚内地面要平整，最好铺些细煤渣，以利于排水，下雨时又可减少泥水溅污枝叶或花盆。放置花盆时，要注意通风良好，管理方便，植株高矮有序，略喜光者置于南北缘。于荫棚中，视跨度大小可沿东西向留一两条通道，路旁设若干水缸以供浇水(图 2-23)。

2. 永久性荫棚

用于温室花卉和兰花栽培，在江南地区还常用于杜鹃等喜阴性植物的栽培。形状与临时性荫棚相同，但骨架用铁管或水泥柱构成。铁管直径 3～5 cm，其基部固定于混凝土中，

图 2-23　荫棚的构造(南正面)

棚架上覆盖苇帘、竹帘或板条等遮阴材料。板条荫棚常用宽 5 cm、厚 1 cm 的木条,间距 5 cm,固定于棚架上,其遮阴程度约为 50%。有的地方采用葡萄、凌霄、蔷薇等攀缘植物作荫棚,颇为实用,但要经常进行疏剪以调整荫蔽程度。

(二)荫棚在花卉栽培中的作用

不少温室花卉种类属于半阴性的,如观叶植物、兰花等,不耐夏季温室内的高温,一般均于夏季移出室外,在遮阴条件下培养;夏季的嫩枝叶扦插及播种、上盆或分株的植物的缓苗,在栽培管理中均需要注意遮阴。因此,荫棚是花卉栽培必不可少的设备。荫棚下具有避免日光直射,降低温度,增加湿度,减少蒸发等特点,给夏季的花卉栽培管理创造了适宜的环境。

任务四　温室

温室(greenhouse)是农业设施中性能最为完善的类型,具有良好的采光、增温和保温性能。利用温室可以在寒冷的冬季进行蔬菜、果品和花卉的生产,对于园艺产品的淡季供应和周年生产具有重要意义。

我国近十几年来温室生产发展极快,尤其是塑料薄膜日光温室,由于其节能性好,成本低,效益高,在−20℃的北方寒冷地区,冬季也可不加温生产喜温果菜,这在温室生产上是一大突破。近 20 年,我国各地也引进了一些国外的大型现代化温室,并在消化吸收的基础上,初步研究开发出了我国自行设计制造的大型温室设施,促进了我国现代化设施农业的发展。

一、温室的类型

我国温室结构和类型的发展与近代科学技术和材料工业的紧张密切相关,经历了由低级、初级到高级,由小型、中型到大型,由简易到完善,由单栋温室到占地几公顷的连栋温室。结构形式多样,温室类型繁多。

(一)按覆盖材料分类

可分为玻璃温室、硬质塑料板材温室如聚碳酸酯板(PC 板)温室和塑料薄膜温室。其中玻璃温室和硬质塑料板材温室属于硬质覆盖材料温室,塑料薄膜温室属于软质覆盖材料温室。

(二)按温室透明屋面的形式分类

可分为单屋面温室、双屋面温室、拱圆屋面温室、连接屋面温室、多角屋面温室等。其中，单屋面温室又分为一面坡温室、立窗式温室、二折式温室、三折式温室、半拱圆形温室；双屋面温室又可分为等屋面温室、不等屋面温室（3/4 温室、马鞍形屋面温室）、拱圆屋面温室；连接屋面温室又分为等屋面连栋温室、不等屋面连栋温室、拱圆屋面连栋温室；多角屋面温室又分为四角形、六角形和八角形屋面温室等（表 2-14）。

表 2-14 按照温室透明屋面的形式划分的温室类型和形式

类型	形式	代表型	主要用途
单屋面	一面坡	鞍山日光温室	园艺作物生产、育苗
	立窗式	瓦房店日光温室	园艺作物生产、育苗
	二折式	北京改良温室	园艺作物生产、育苗
	三折式	天津无柱温室	园艺作物生产、育苗
	半拱圆式	鞍Ⅱ型日光温室	园艺作物生产、育苗
双屋面	等屋面	大型玻璃温室	园艺作物生产、育苗
	不等屋面	3/4 式温室	园艺作物生产、育苗
	马鞍屋面	试验用温室	科研
	拱圆式	塑料加温大棚	园艺作物生产、育苗
连接屋面	等屋面	荷兰温室	园艺作物生产、育苗
	不等屋面	坡地温室	园艺作物生产、育苗
	拱圆屋面	华北型温室	园艺作物生产、育苗
多角屋面	四角形屋面	各地植物园或公园	观赏植物展示
	六角形屋面	各地植物园或公园	观赏植物展示
	八角形屋面	各地植物园或公园	观赏植物展示

（三）按温室骨架的建筑材料分类

可分为竹木结构温室、钢筋混凝土结构温室、钢架结构温室、铝合金温室等。

（四）按温室能源分类

可分为日光温室和加温温室。加温温室又可分为地热能温室、工厂余热温室、人工能源加温温室等。

（五）按温室用途分类

可分为花卉温室、蔬菜温室、果树温室、育苗温室等。

（六）按温室类型的演化和发展分类

1. 原始型

主要包括土洞子、暖洞子、火室、暖窖、纸窗温室等。

2. 土温室型

主要代表：二折式玻璃温室，鞍山一面坡日光温室，主要应用于 20 世纪 50 年代以前。

3. 改良型

主要代表：北京改良式温室、鞍山日光温室、天津三折式无柱温室，主要应用于 20 世纪

50年代中期至70年代。

4.发展型

主要代表:塑料薄膜节能日光温室,主要应用于20世纪80年代至90年代。

5.现代型

主要代表:大型连栋温室,主要应用于20世纪90年代至今。

二、现代化温室

现代化温室(modern greenhouse)也叫连栋温室、智能温室,是目前园艺设施的最高级类型。大型现代化温室主要指大型的即覆盖面积多为1 hm^2、环境基本不受自然气候的影响、可自动化调控、能全天候进行园艺作物生产的连接屋面温室。

(一)现代化温室的类型

按屋面特点主要分为两类:一是屋脊形连接屋面温室,以玻璃作为透明覆盖材料,主要分布在欧洲,以荷兰面积最大,典型代表为荷兰芬洛(Venlo)型玻璃温室;二是拱圆形连接屋面温室,主要以塑料薄膜作为透明覆盖材料,主要在法国、以色列、美国、西班牙、韩国等广泛应用,我国自行设计的现代化温室也多为此类型,典型代表为法国的里歇尔型温室。

1.芬洛型玻璃温室

芬洛(Venlo)型温室是我国引进玻璃温室的主要形式,是荷兰研究开发后流行全世界的一种多脊连栋小屋面玻璃温室。温室单间跨度一般为3.2 m的倍数,如6.4 m、9.6 m、12.8 m,近年也有8 m跨度类型;开间距3 m、4 m或4.5 m,檐高3.5~5.0 m。每跨由2个或3个双屋面的小屋脊直接支撑在桁架上,小屋脊跨度3.2 m,矢高0.8 m。根据桁架的支撑能力,可组合成6.4 m、9.6 m、12.8 m的多脊连栋型大跨度温室。覆盖材料采用4 mm厚的园艺专用玻璃,透光率大于92%。开窗设置以屋脊为分界线,左右交错开窗,每窗长度1.5 m,一个开间(4 m)设置2扇窗,中间1 m不设窗,屋面开窗面积与地面积比率(通风比)为19%。若窗宽从传统的0.8 m加大到1.0 m,可使通风比增加到23.43%,但由于窗的开启度仅0.34~0.45 m,实际通风比仅为8.5%和10.5%(图2-24)。

芬洛型温室在我国尤其是我国南方应用的最大缺点是通风面积过小。由于其没有侧通风,且顶通风比仅为8.5%或10.5%,在我国南方地区往往通风量不足,夏季热蓄积严重,降温困难。近年来,我国针对亚热带地区气候特点对其结构参数加以改进、优化,加大了温室高度,檐高从传统的2.5 m增高到3.3 m,甚至4.5 m、5 m,小屋面跨度从3.2 m增加到4 m,间柱的距离从4 m增加到至4.5 m、5 m,并加强顶侧通风,设置外遮阳和湿帘降温系统,提高了在亚热带地区的应用效果。

(1)多脊连栋小屋面玻璃温室的框架结构

①基础　框架结构的组成首先是基础,它是连接结构与地基的构件,它将风荷载、雪荷载、作物吊重、构件自重等安全地传递到地基。基础由预埋件和混凝土浇筑而成,塑料薄膜温室基础比较简单,玻璃温室较复杂,且必须浇注边墙和端墙的地固梁。

②骨架　荷兰温室骨架一类是柱、梁或拱架都用矩形钢管、槽钢等制成,经过热浸镀锌防锈蚀处理,具有很好的防锈能力;另一类是门窗、屋顶等为铝合金型材,经抗氧化处理,轻便美观、不生锈、密封性好,且推拉开启省力。目前,大多数荷兰温室厂家都采用并安装铝合

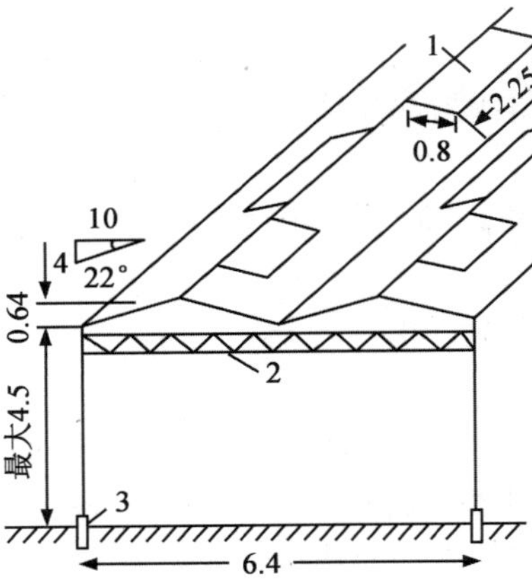

1. 天窗　2. 桁架　3. 基础

图 2-24　Venlo 型玻璃温室结构示意图(m)

金型材和固定玻璃。也有公司用薄壁型钢,但外层用镀锌、铝和硅添加剂组成的复合材料。该涂层的化学成分为 55%铝、43.4%锌、1.6%硅添加剂。该构件结合了铝合金型材耐腐蚀性强、钢镀锌件强度高的优点。

③排水槽　又叫"天沟",它的作用是将单栋温室连接成连栋温室,同时又起到收集和排放雨、雪水的作用。排水槽自温室中部向两端倾斜延伸,坡降多为 0.5%。连栋温室的排水槽在地面形成阴影,约占覆盖地面总面积的 5%,因此要求在保证结构强度和排水顺畅的前提下,排水槽结构形状对光照的影响尽可能最小。研究结果认为:按照排水槽结构设计的流体力学要求,当排水倾斜度为 0.5%,5 min 降雨强度为 300 L/(s·hm^2)时,排水槽的排水能力是其断面形状、坡度以及长度的函数,即在排水能力一定的情况下,每一种结构形式的排水槽都对应着一个最大的长度,这一参数也为温室的整体布局提供了设计依据。

为防止冬季寒冷夜晚覆盖物内表面形成冷凝水而滴到作物上或增加室内湿度,在排水槽下面还安装有半圆形的铝合金冷凝水回收槽,将冷凝水收集后排放到地面,或将该回收槽同雨水回收管相连接,直接排到室外或蓄水池。

(2)多脊连栋小屋面玻璃温室的覆盖材料　理想的覆盖材料应具有透光性、保温性好,坚固耐用,质地轻,便于安装,价格便宜等特点。屋脊型连栋温室的覆盖材料主要为平板玻璃(西欧、北欧、东欧玻璃温室比较多),塑料板材(FRA 板、PC 板等,美国、加拿大多用)和塑料薄膜(亚洲、以色列、西班牙等多用)。寒冷地区、光照条件差的地区,玻璃仍是较常用的覆盖材料,保温透光好,但其价格高,约是薄膜温室的 5 倍,且易损坏,维修不方便。玻璃重量大,要求温室框架材料强度高,也会增高投资。

塑料薄膜价格低廉,易于安装,质地轻,但不适于屋脊型屋面,且易污染老化,透光率差,故屋脊型连接屋面温室少用。近年来新研究开发的聚碳酸酯板材(PC 板),兼有玻璃和薄膜两种材料的优点,且坚固耐用不易污染,是理想的覆盖材料,只因其价格昂贵,还难以大面积推广。

2. 里歇尔型温室

里歇尔型温室是法国瑞奇温室公司研究开发的一种流行的塑料薄膜温室,在我国引进温室中所占比重最大。一般单栋跨度为 6.4 m、8.0 m，檐高 3.0～4.0 m，开间距 3.0～4.0 m。

其特点是固定于屋脊部的天窗能实现半边屋面（50%屋面）开启通风换气，也可以设侧窗卷膜通风。该温室的通风效果较好，且采用双层充气膜覆盖，可节能 30%～40%。构件比玻璃温室少，空间大，遮阳面少，根据不同地区风力强度大小和积雪厚度，可选择相应类型结构。但双层充气膜在南方冬季多阴雨雪的天气情况下，透光性要受到影响。

3. 卷膜式全开放型塑料温室

卷膜式全开放型塑料温室是一种拱圆形连栋塑料温室（图 2-25），这种温室除山墙外，顶侧屋面均可通过手动或电动卷膜机将覆盖薄膜由下而上卷起成为与露地相似的状态，以利于夏季高温季节栽培作物。由于通风口全部覆盖防虫网而有防虫效果，我国国产塑料温室多采用这种形式。

其特点是成本低，夏季接受雨水淋溶可防止土壤盐类积聚，简易、节能，利于夏季通风降温，例如上海市农机所研制的 GSW7430 型连栋温室和 GLZRW7.5 智能型温室等，均是一种顶高 5 m、冬夏两用、通气性能良好的开放型连栋塑料温室。

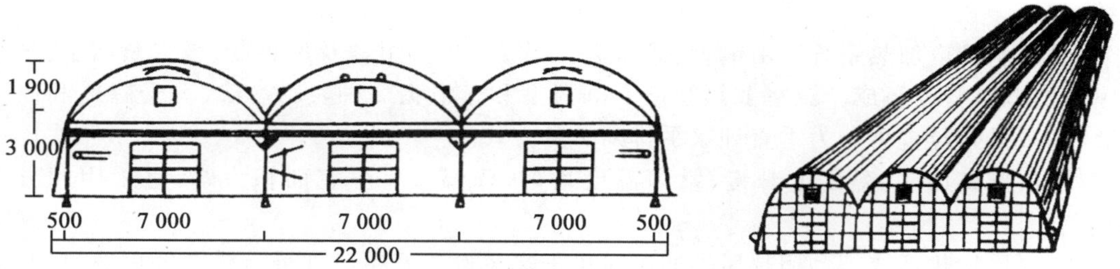

图 2-25　韩国双层薄膜覆盖三连栋温室示意图(mm)

4. 屋顶全开启型温室

屋顶全开启型温室（open-roof greenhouse）是最早由意大利的 Serre 公司研制的一种全开放型玻璃温室，近年在亚热带地区逐渐兴起。其基本结构与芬洛型相似。

其特点是以天沟檐部为支点，可以从屋脊部打开天窗，开启度可达到垂直程度，即整个屋面的开启度可从完全封闭直到全部开放状态。侧窗则用上下推拉方式开启，全开后达 1.5 m 宽。全开时可使室内外温度保持一致，中午温室内光强可超过温室外，便于夏季接受雨水淋洗，防止土壤盐类积聚，也可依室内温度、降水量和风速而通过电脑智能控制自动关闭窗。

（二）现代化温室的配套设备与应用

现代化温室除主体骨架外，还可根据情况配置各种配套设备以满足不同需求。

1. 自然通风系统

依靠自然通风系统是温室通风换气、调节室温的主要方式，一般分为顶窗通风、侧窗通风、顶侧窗通风 3 种类型。侧窗通风有转动式、卷帘式和移动式 3 种类型，玻璃温室多采用转动式和移动式，塑料薄膜温室多采用卷帘式。屋顶通风，其天窗的设置方式多种多样（图 2-26）。

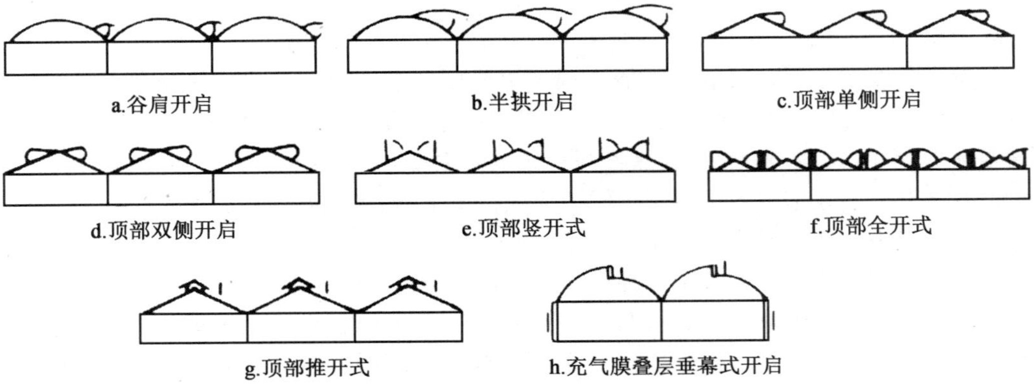

图 2-26 温室天窗位置设置的种类

2. 加热系统

目前冬季加热多采用集中供热、分区控制方式，主要有热水管道加热和热风加热 2 种系统。

(1)热水管道加热系统　由锅炉、锅炉房、调节组、连接附件及传感器、进水及回水主管，温室内的散热管等组成。温室散热管道有圆翼型和光滑型 2 种，设置方式有升降式和固定式 2 种，按排列位置可分为垂直和水平排列 2 种方式。

特点：燃煤加热、温度上升慢、室内温度均匀，降温慢。温室面积大时，宜采用此方式加热。

(2)热风加热系统　利用热风炉通过风机把热风送入温室各部分。该系统由热风炉、送气管道(一般用 PE 膜做成)、附件及传感器等组成。

荷兰目前多利用白天 CO_2 施肥时燃烧天然气或重油放出的热量将水加热，然后将热水贮存在地下蓄热罐中，晚间让热水通过管道循环，达到温室加温的目的。一个供热量 6.5 t 的蒸汽锅炉，每小时耗油量 300 kg/台、供热量 16 538×106 J，可满足外界最低气温在－15℃的地区 10 000 m^2 不加保温覆盖温室的供暖。

特点：燃油或燃气加热，温度上升快，停止加热后降温也快，加热效果不及热水管道加热系统，但设备和材料较热水管道节省，安装维修方便，占地面积小。适用于面积比较小、加温周期短、局部或临时加热需求大的连栋温室。

此外，温室的加温还可利用工厂余热、太阳能集热加温器、地下热交换等节能技术。

3. 帘幕系统

温室帘幕依安装位置的不同可分为内遮阳保温幕和外遮阳幕 2 种。

(1)内遮阳保温幕　采用铝箔条或镀铝膜与聚酯线条相间经特殊工艺编制而成的缀铝膜。按保温和遮阳不同要求，嵌入不同比例的铝箔条，具有保温节能、遮阳降温、防水滴、减少土壤蒸发和作物蒸腾从而节约灌溉用水的功效。著名产品为瑞典劳德维森公司 XLS 系列内遮阳保温幕。

(2)外遮阳幕　利用遮光率为 70％或 50％的透气黑色网幕或缀铝膜(铝箔条比例较少)覆盖于离温室屋顶以上 30～50 cm 处，比不覆盖的可降低室温 4～7℃，最多时可降 10℃，同时也可防止作物日灼伤，提高产品质量。

帘幕的开闭驱动系统有钢丝绳牵引式驱动系统和齿轮-齿条驱动机系统 2 种。前者传动速度快，成本低；后者传动平稳，可靠性强，但造价略高，两种都可自动控制或手动控制。

4. 降温系统

(1)微雾降温系统　使用普通水，经过微雾系统自身配备的两级微米级的过滤系统过滤后进入高压泵，经加压后的水通过管路输送到雾嘴，高压水流以高速撞击针式雾嘴的针，从而形成微米级的雾粒。形成的微雾在温室内迅速蒸发，大量吸收空气中的热量，然后将潮湿空气排出室外达到降温目的，如配合强制通风效果更好。其降温能力在 3～10℃，是一种最新降温技术，一般适用于长度超过 40 m 的温室。该系统还具有喷农药、施叶面肥和加湿等功能。

(2)湿帘降温系统　利用水的蒸发降温原理来实现降温的技术设备。通过水泵将水打至温室特制的疏水湿帘，湿帘通常安装在温室北墙上，以避免遮光影响作物生长。风扇则安装在南墙上，当需要降温时启动风扇将温室内的空气强制抽出并形成负压。室外空气在因负压被吸入室内的过程中以一定速度从湿帘缝隙穿过，与潮湿介质表面的水汽进行热交换，导致水分蒸发冷却，冷空气流经温室吸热后再经风扇排出达到降温的目的。在炎热晴天，尤其是中午温度高、相对湿度低时，降温效果最好，是一种简易有效的降温系统。

此外，降温还可以通过幕帘遮阳、顶屋面外侧喷水、强制通风等方式。

5. 补光系统

补光系统成本高，目前仅在效益高的工厂化育苗温室中使用，主要是弥补冬季或阴雨天光照的不足，提高育苗质量。采用的光源灯具要求有防潮专业设计，使用寿命长，发光效率高，光输出量比普通钠灯高 10%以上。人工补光一般使用白炽灯、日光灯、高压水银灯以及钠光灯等(表 2-15)。

表 2-15　常见灯源的能量输出

灯型	输入功率/W		输出功率/W			
	标注功率	总计	400～500 nm	500～600 nm	600～700 nm	总计
白炽灯	100	100	0.8	2.2	3.9	6.9
40 W 荧光灯(CW)	40	50	2.7	4.5	1.9	9.1
荧光灯(1.5 A,CW)	215	235	13.5	22.5	9.5	45.5
汞磷灯	400	425	11.6	28.4	18.3	58.3
金属卤灯	400	425	26.6	50.3	12.1	89.0
高压钠灯	400	425	10.3	55.3	39.6	105.2

6. 补气系统

(1)CO_2 施肥系统　CO_2 气源可直接使用储气罐或储液罐的工业用 CO_2，也可利用 CO_2 发生器将煤油或石油气等碳氢化合物通过充分燃烧而释放 CO_2，我国普通温室多使用强酸与碳酸盐反应释放 CO_2。

(2)环流风机　封闭的温室内，CO_2 通过管道分布到室内，均匀性较差，启动环流风机可提高 CO_2 浓度分布的均匀性，此外通过风机还可以促进温室内温度、相对湿度分布均匀，从而保证温室内作物生长的一致性，改善品质，并能将湿热空气排出，实现降温效果。直接输

送 CO_2 到温室中。

7. 灌溉和施肥系统

灌溉和施肥系统包括水源、储水池及供给设施、水处理设施、浇灌和施肥设施、田间管道系统、灌水器(如喷头、滴头)等。进行基质栽培时,可采用肥水回收装置,将多余的肥水收集起来,重复利用或排放到温室外面;在作物栽培时,应在作物根区土层下铺设暗管,以利于排水。水源和水质直接影响滴头或喷头的堵塞程度,除符合饮用水水质标准的水源外,其他水源都应经各种过滤器进行处理。现代温室采用雨水回收设施,可将降落到温室屋面的雨水全部收回,是一种理想的水源。整个灌溉施肥系统中,灌溉首部配置是保证系统功能完善程度和运行可靠性的一个重要部分(图 2-27)。

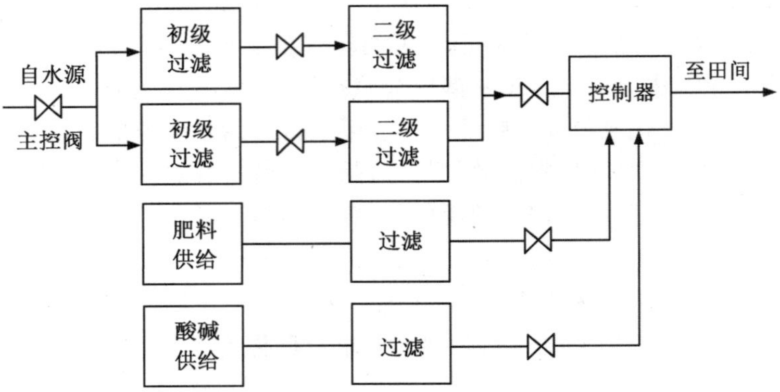

图 2-27　灌溉设施首部的典型布置图

常见的灌溉系统有适于土壤栽培的滴灌系统,适于基质袋培和盆栽的滴灌系统,适于温室矮生地栽作物喷嘴向上的喷灌系统或向下的倒悬式喷灌系统,以及适于工厂育苗的悬挂式可往复移动的喷灌机(行走式洒水车)。

在灌溉施肥系统中,将肥料与水均匀混合十分重要,目前多采用混合罐方式,即在灌溉水和肥料施到田间前,按系统的设定范围,首先在混合罐中将水和肥料均匀混合,同时进行检测,当 EC(electrical conductivity)值和 pH 未达到设定标准值时,至田间网络的阀门关闭,水肥重新回到罐中进行混合,同时为防止不同化学成分混合时发生沉淀,设 A(以钙盐为主)、B(以磷酸盐为主)、C(铁盐和微量元素)罐与酸碱液罐。在混合前有 2 次过滤,以防堵塞。在首部,肥料泵是非常重要的部分,依其工作原理分为文丘里式注肥器、水力驱动式肥料泵、无排液式水力驱动肥料泵和电动肥料泵等不同种类。

8. 计算机自动控制系统

自动控制是现代温室环境控制的核心技术,可自动测量温室的气候参数如温度、湿度、CO_2 浓度和光照等和土壤参数,并对温室内配置的所有设备都能实现优化运行和自动控制,如开窗、加温、降温、加湿、光照、补充 CO_2、灌溉施肥和环流空气等。该系统是基于专家系统的智能控制,完整的自动控制系统包括气象监测站、主控器、温湿度传感器、控制软件、微机、打印机等。针对不同的气候目标参数,宜采用不同的控制设备(表 2-16)。

控制设备多种多样,按控制原理可分为开关控制和比例或比例加积分控制 2 种类型(表 2-17)。

表 2-16　温室气候的目标参数及其控制设备

目标参数	控制设备
温度	加热系统、通风系统、帘幕系统、喷淋/喷雾系统
湿度	加热系统、通风系统、降湿系统、喷淋/喷雾系统
CO_2 浓度	通风系统
光照	帘幕系统、人工照明

表 2-17　控制设备及控制原理

控制设备	控制原理	控制设备	控制原理
喷淋/喷雾系统	开关控制	人工照明	开关控制
降湿系统	开关控制	强制通风系统	开关控制
CO_2 系统	开关控制	自然通风系统	比例或比例加积分控制
帘幕系统	开关控制	加热系统	比例或比例加积分控制

无论是开关控制还是比例或比例加积分控制，测量目标值和实际值之间都会有偏差，例如温室温度传感器的实测值，往往迟滞于温室内的实际温度值，所以国际上许多研究机构正在研究开发更加现代化的控制方法，如最优控制和适应式控制等。

(三)现代化温室的性能

1. 光照

现代化温室全部由透明覆盖物如塑料薄膜、玻璃或塑料板材(PC 板)构成，全面进光，采光好、透光率高、光照时间长，而且光照分布比较均匀。光照充足与否，直接影响着园艺作物生长的好坏、产量的高低和品质的优劣，所以这种全光型的大型温室，即使在最冷的日照时间最短的冬季，仍然能正常生长喜温瓜果、蔬菜和鲜花，且能获得很高的产量。在荷兰，温室黄瓜产量为 70 kg/m^2、番茄为 54 kg/m^2，我国上海孙桥园艺公司引进的荷兰温室，黄瓜产量也达到了 30 kg/m^2；北京中以示范农场引进的以色列温室生产切花月季，年产量高达 10 万支/亩，都比小型单屋面温室高几倍。

双层充气薄膜温室由于采用双层充气薄膜，因此透光率较低，北方地区冬季室内光照较弱，对喜光的园艺作物生长不利。有些国家在温室内配备了人工补光设备，在光照不足时进行人工光源补光，保证园艺作物，尤其是花卉的优质丰产。

2. 温度

现代化温室有热效率高的加温系统，在最寒冷的冬春季节，不论晴好天气还是阴雪天气，都能保证园艺作物正常生长发育所需的温度，12 月份至翌年 1 月份，夜间最低温不低于 15℃，上海孙桥荷兰温室的气温甚至达到 18℃，地温均能达到作物要求的适温范围和持续时间。炎热夏季，采用外遮阳系统和湿帘风机降温系统，保证温室内达到作物对温度的要求。北京顺义区台湾三益公司建造的现代化温室，在夏季室外温度高达 38℃时，室内温度不高于 28℃，蝴蝶兰生长良好，在北京花卉市场销售中始终处于领先地位。

采用热水管道加温或热风加温，加热管道可按作物生长区域合理布局，除固定的管道外，还有可移动升降的加温管道，因此温度分布均匀，作物生长整齐一致。此种加温方式清洁、安全、没有烟尘或有害气体，不仅对作物生长有利，也保证了生产管理人员的身体健康。因此，现代化温室可以完全摆脱自然气候的影响，一年四季全天候进行园艺作物生产，反季节栽培，高产、优质、高效。但温室加温能耗很大，燃料费昂贵，大大增加了成本。双层充气薄膜温室夜间保温能力优于玻璃温室，中空玻璃或中空聚碳酸酯板材(阳光板)导热系数最小，故保温能力最优，但价格也最高(表 2-18)。

表 2-18　不同温室覆盖材料性能比较

覆盖材料	普通农膜	多功能膜	多功能膜	玻璃	中空玻璃	聚碳酸酯板
规格	0.08 mm 厚	0.15 mm 厚	双层	4 mm 厚	3+6(空气层)+3 mm	中空
导热系数/[kJ/(m^2·℃·h)]	29 307.6～33 494.4	16 747.2～18 840.6	14 653.8～16 747.2	23 027.4～25 120.8	12 562.4～13 397.8	10 467.0～12 562.4
透光率/%	85～90	85～90	75～80	90～95	80～85	85～90

3. 湿度

塑料薄膜连栋温室，由于薄膜的气密性强，尤其双层充气结构，气密性更强，因此空气湿度和土壤湿度均比玻璃连栋温室高。连栋温室空间高大，作物生长势强，代谢旺盛，作物叶面积指数(leaf area index，LAI)高，通过蒸腾作用释放出大量水汽进入温室空间，在密闭情况下，水蒸气经常达到饱和。但现代化温室有完善的加温系统，加温可有效地降低空气湿度，比日光温室因高湿环境给园艺作物生长发育带来的负面影响小。

夏季炎热高温时，现代化温室内有湿帘风机降温系统，使温室内温度降低，而且还能保持适宜的空气湿度，为园艺作物尤其是一些高档名贵花卉，创造了良好的生态环境。

现代化温室越来越多地采用无土栽培技术，即使土壤栽培也都采用喷灌、滴灌、渗灌等先进技术，取代传统的平畦漫灌，不仅节水，还减少了温室的空气湿度和土壤湿度，防止作物表面，特别是叶片表面濡湿，对减轻病害有利。

4. 气体

现代化温室的 CO_2 浓度明显低于露地，不能满足园艺作物的需要，白天光合作用强时常发生 CO_2 亏缺(图 2-28)。据测定，上海引进的荷兰温室中，白天 10 时到 16 时 CO_2 浓度仅有 0.024%，不同种植区有所差别，但总的趋势一致，所以须补充 CO_2，进行 CO_2 气体施肥，显著地提高了作物产量。

5. 土壤

国内外现代化温室为解决温室土壤连作障碍、土壤酸化、土传病害等一系列问题，越来越普遍采用无土栽培技术，尤其是花卉生产，已少有土壤栽培。果菜类蔬菜和鲜切花生产多用基质栽培，水培主要生产叶菜，以生菜面积最大。无土栽培克服了土壤栽培的许多弊端，同时通过计算机自动控制，可以为不同作物、不同生长阶段，以及在不同天气状况下，准确地提供园艺作物所需的大量营养元素及微量元素，为园艺作物根系创造了良好的土壤营养及水分环境。国内外现代化温室的蔬菜或花卉高产样板，几乎均出自无土栽培技术。

(四)现代化温室的应用

现代化温室是最先进、最完善、最高级的园艺设施，机械化、自动化程度很高，劳动生产

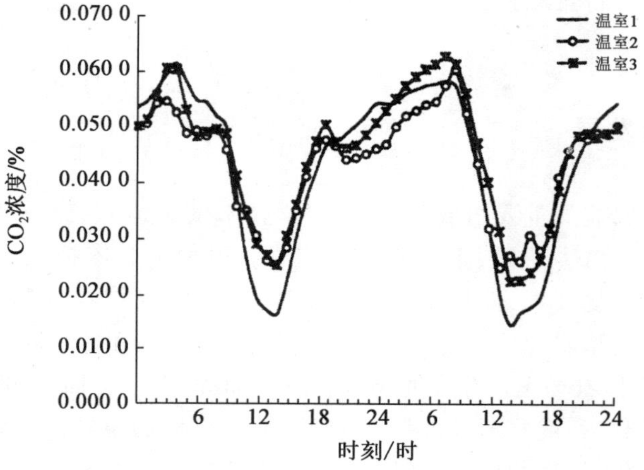

图 2-28　温室内 CO_2 浓度的日变化

率也很高。它是用工业化的生产方式进行园艺生产，也被称为工厂化农业（factory agriculture）。

目前，现代化温室主要应用于高附加值的园艺作物生产上，如喜温果类蔬菜、切花、盆栽观赏植物、果树、园林设计用的观赏树木的栽培及育苗等。在具有设施园艺王国之称的荷兰，其现代化温室的 60％用于花卉生产，40％用于蔬菜生产，而且蔬菜生产中又以生产番茄、黄瓜和青椒为主。在生产方式上，荷兰温室基本上全部实现了环境控制自动化，作物栽培无土化，生产工艺程序化和标准化，生产管理机械化、集约化。因此，荷兰温室黄瓜产量可达到 800 t/hm^2，番茄可达到 600 t/hm^2。不仅实现了高产，而且达到了优质，产品行销世界各地。设施园艺已成为荷兰国民经济的支柱产业。

我国引进和自行建造的现代化温室除少数用于培育林业上的苗木以外，绝大部分也用于园艺作物育苗和栽培，而且以种植花卉、瓜果和蔬菜为主。虽然个别温室已实现了工厂生产，如深圳青长蔬菜有限公司和北京顺鑫长青蔬菜有限公司等，引进加拿大 HYDRONOV 公司深池浮板种植技术，进行水培莴苣生产，已经实现了温室蔬菜生产的工业化。运用生物技术、工程技术和信息管理技术，以程序化、机械化、标准化、集约化的生产方式，采用流水线生产工艺，充分利用温室的空间，加速蔬菜的生长速度，使蔬菜产量比一般温室提高 10～20 倍，充分显示了现代化设施园艺的先进性和优越性。

任务五　植物工厂

一、植物工厂的概念

植物工厂（plant factory）的概念最早由日本提出，是通过设施内高精度环境控制实现农作物周年连续生产的系统，即是利用计算机对植物生长发育的温度、湿度、光照、CO_2 浓度以及营养液等环境条件进行自动控制，使设施内植物生长发育不受或很少受自然条件制约的省力型生产。

二、植物工厂的发展

植物工厂是现代农业的重要组成部分，是科学技术发展到一定阶段的必然产物，被誉为设施农业发展的最高(终极)阶段、垂直农场的前奏。植物工厂依托在设施农业、建筑工程、环境控制、材料科学、生物技术、信息学和计算机人工智能、模拟与控制等学科的基础上，是知识与技术密集的集约型农业生产方式。植物工厂诞生于 20 世纪 40 年代，最早源于欧洲，1957 年丹麦约克里斯顿农场里产生了世界上第一座植物工厂。1964 年奥地利开始试验一种塔式植物工厂，后推广到俄罗斯及北欧、中东国家。早期的植物工厂建设规模小，主要局限在实验室内，且种植作物品种单一，采用人工气候室进行控制，运行成本较高。

20 世纪 70 年代初至 80 年代中期，植物工厂开始发展起来，许多国家如美国、日本、英国、挪威、希腊、利比亚等的企业纷纷投入巨资，与科研机构联手研发关键技术。这时候的植物工厂应用范围比较广，自动化控制系统逐渐完善，示范效果开始显现。1971 年丹麦建成了叶菜工厂，快速生产独行菜、鸭儿芹、莴苣等。日本在植物工厂(尤其是人工光植物工厂)发展中起到重要作用，1974 年日本建成一座电子计算机调控的花卉蔬菜工厂，此后相关技术装备(环境控制生物学、环境控制技术、生产设施与执行机构等)得以快速全面发展。

进入 20 世纪 80 年代以后，植物工厂迅速发展，发达国家相继成立了植物工厂协会，推动植物工厂的普及。20 世纪 80 年代至 2000 年，日本在植物工厂生产蔬菜、小麦、水稻、植物组培苗等培育领域均获得成功，引领推进了产业的发展方向。同时，荷兰在太阳光植物工厂及 LED 补光领域发展较快，技术传播到世界各国。我国从 2000 年开始研发植物工厂技术，主要集中于人工光植物工厂。

截至 2015 年，日本已建成人工光型植物工厂 185 座，荷兰则建设了大量太阳光型植物工厂，韩国近十年内推出了 10 多个型号的植物工厂产品，中国通过引进吸收和自主创新等手段，近十年内也建设了 80 多座植物工厂。

2016 年 6 月，中国科学院植物研究所在我国福建省泉州市建设并投产了一座“太空蔬菜”生产工厂，即植物工厂。它的面积有 10 000 m^2，是全球栽培面积最大的全人工光型植物工厂。这座植物工厂有三层厂房，在每一层 3 m 高的厂房里，都放有 6 层植物栽培架，生菜、小白菜、冰菜等蔬菜在栽培架上茁壮成长，上方是带有蓝光、红光等不同光谱的 LED 光源，根系浸泡在清澈的营养液里。蔬菜从种子栽培一直到收获包装，全处在无菌无尘环境中，在该植物工厂车间里，每立方米空气中大于 5 μm 的颗粒不超过 10 万个，这个标准与高标准的制药企业一致。蔬菜在其生长周期内不需要喷洒任何农药，生产出来的蔬菜比自来水还干净，摆上餐桌即可食用。

三、发展植物工厂的原因

(一)全球人口快速增长，可用耕地不断减少

预计 2050 年全球人口达 95 亿，食物需求增长 70%～100%，人均耕地 0.22 hm^2；我国

2050 年人口预计达 16.4 亿，耕地 7 300 万 hm^2。如何利用有限的耕地满足人们日益增长的对食物的需求已经成为全球性难题。

(二)药残超标问题日益突出，食品安全越来越受到大众关注

随着城市化的快速发展和人们生活水平的不断提高，人们对洁净安全农产品的需求越来越迫切。

(三)农业从业人口老龄化，年轻人不愿意务农的现象日趋严重

目前，吸引年轻人务农已经成为全球面临的重大课题。

植物工厂恰恰提供了解决上述问题的可能途径，其主要优势包括：作物生产过程不受外界环境的影响，可实现周年按计划均衡生产，稳定供给；单位面积产量和资源利用率高，叶菜一年可收获 15～18 茬，而且可多层立体栽培，LED 植物工厂栽培层数可达 18 层以上，产量是露地栽培的 40 倍以上；机械化、自动化程度高，工作环境相对舒适；不施用农药，产品洁净安全无污染；可在非耕地上生产，不受或很少受土地的限制；建在城市周边或市区，就近生产，就近销售，大大缩短产地到市场的运输距离；减少物流成本和碳排放。

植物工厂上述这些特征为世界各国解决人口增长、资源紧缺、安全食品需求旺盛以及新时代劳动力不足等难题提供了有效的技术途径，因而受到广泛重视。

四、植物工厂的分类

(一)根据建设规模分类

根据植物工厂的建设规模可将其分为大型(1 000 m^2 以上)、中型(300～1 000 m^2)和小型(300 m^2 以下)3 种。

(二)根据生产功能分类

根据植物工厂的生产功能可将其分为植物苗工厂、叶菜工厂、果菜工厂、果树工厂、组培苗工厂、中药材工厂等。

(三)根据光能的利用方式分类

根据植物光能的利用方式不同可将其分为 3 种类型，即人工光植物工厂(完全利用人工照明的完全控制型植物工厂)、太阳光植物工厂(完全利用太阳辐射的太阳光利用型植物工厂)、综合型植物工厂(人工照明与太阳光并用型的植物工厂)。

(四)根据种植结构分类

根据种植结构可将植物工厂分为平面种植和立体种植。

(五)根据种植方式分类

根据种植方式可将植物工厂分为土培植物工厂、水培植物工厂和雾培植物工厂。

五、植物工厂的技术要求

植物工厂综合利用各项先进技术，实现了植物生理环境的人为可控，是科学、高效的植物生产方式。其技术要求主要包括环境监控技术、节能环境调控技术、人工光调控技术、蔬菜品质调控技术、营养液自动控制与循环技术、基于网络的智能化管控技术等。

(一)环境监控技术

随着现代物联网技术的发展,开发出了基于物联网技术的植物工厂环境监控技术。该系统包含植物生长环境的监测和产品的追踪溯源两个部分。生长环境监测系统通过 ZigBee 无线传感网络,监测环境的湿度、光照度、CO_2 浓度等信息,传输到网站。农户可通过分析上传的数据信息,对植物进行科学合理的栽培种植,从而达到调控生长环境的目的。提供良好的生长环境对植物至关重要,物联网将各操作系统连接起来,通过将搜集的信息传输到 PLC 上进行运算分析,从而完成对内部环境参数的采集和处理,实现人机界面,实时控制现场情况。产品的追踪溯源部分主要是农户事先录入产品的相关种植信息,在包装盒上生成二维码,消费者通过二维码能够查询到产品的详细信息。

(二)节能环境调控技术

环境调控的能源消耗约占植物工厂总体能耗的 30%以上。高效环保的环境调控技术是植物工厂技术研发的重点。为实现高效环保的环境调控,利用室外冷源空气协同空调进行植物工厂降温,既能发挥风机的优势,使风机低能耗高效率运行,又能在一定程度上提高空调的性能,使设备对植物工厂内部环境的降温和除湿效果得到同步提升。此项技术是在植物工厂原有设备的基础上,利用外界的低温条件,利用风机引进外界的低温空气与空调协同调控,将内部环境的空气温度控制在目标值,以低能耗的风机减少高功率空调的使用时间,以此减少降温导致的耗电量,达到节能效果。

除此之外,科学家们还研究出了科学有效的解决方案——湿帘降温系统。所谓湿帘降温系统,就是应用浸湿且多孔的通风物质,使水和空气进行充分接触并进行能量转换,从而达到温室降温的效果。这种降温方式在温室园艺中是经常运用的。其应用的原理是不断从循环水泵中抽出水,布水系统将水均匀地喷洒、淋湿整个降温湿帘墙,空气穿透湿帘介质时,与温润介质表面进行的水气交换将空气的显热转化为汽化潜热,实现对空气的增加湿度,降低温度的效果。

(三)人工光调控技术

植物工厂的生产核心是植物按照需求快速生长,获得优质农产品。光是环境信号和光合作用能量的唯一来源,是设施植物生长发育和产量品质形成所必须控制的环境要素。

光照时间、光照度和光质都与植物的生长发育和产量品质密切相关。自然界中太阳光的不确定性和多变性以及在恶劣天气、大气污染和浮尘使设施光环境不足,因此,需要对植物工厂进行人工补光以及人工光环境调控。除此之外,人工光源的电能消耗是植物工厂总体能耗的 50%以上,因此,节能光源技术一直是植物工厂研究的重点。

人工光环境调控应该从光强、光质和光周期等方面综合调控,主要应对弱光寡照和短日照危害,调控植物的光合作用和光周期,促进植物的生长发育和开花结果,提高植物工厂设施作物的产量和品质。设施农业高精度环境控制技术的发展以及发光二极管(light emitting diode,LED)的不断成熟和进步,有利于人工光环境的调控。按照植物光照需求,按需供光、分段管理、智能化管控,最大限度地提高了光环境调控的生物效益,为应对弱光寡照胁迫,调节植物生长发育和产量品质形成提供了新的有效手段。

LED 光源是植物工厂光环境调控的理想光源。其优势主要表现在以下几个方面。

(1)生物光效高　LED 光源能够按需进行光谱调制,按需用光,提高了生物光效。

(2)减少空间　LED 为冷光源,照射时能贴近植物,可减少空间,提高空间利用率。

(3)精准　LED 为直流电，可控性好，可精准调控光强、光质和光周期等，适宜工厂化生产。

(4)物理性好　节能、环保、寿命长、体积小、质量轻。

(5)种类多　装置多样，能够更好地满足设施农业各领域应用。

这些优势使得 LED 光源广泛应用于人工光植物工厂光环境调控和太阳光植物工厂人工补光方面。在光环境的调控上，光生物学的研究是人工调控光环境的基础。由此，光生物学也是植物工厂综合调控的重要研究领域。

(四)蔬菜品质调控技术

对于植物工厂而言，作物的长势是关键，因此，调控设施环境，提高蔬菜品质显得至关重要。关系蔬菜品质的主要因素有硝酸盐和维生素 C 的含量。因为蔬菜是人体摄入硝酸盐的主要来源，其贡献率达到 80% 以上，但硝酸盐进入人体后，随着其转化形成亚硝酸盐，不仅会导致高血红蛋白症的发生，还会诱发人体消化系统的癌变，严重危害人类健康。为此，蔬菜中硝酸盐的含量受到严格控制，以保障食品安全和人类健康。此外，蔬菜也是人体摄取维生素 C 的主要来源，研究表明，人类膳食中 90%以上的维生素 C 来自蔬菜和水果，影响中国居民的维生素 C 的摄入量的重要因素是蔬菜中维生素 C 的含量，富含维生素 C 的蔬菜产品对保证公众维生素 C 的充足摄取具有重要意义。

由此可见，植物工厂叶菜生产过程中，采用调控措施降低叶菜中硝酸盐含量，提高维生素 C 含量是提高其产品营养品质的重要内容。目前，降低植物工厂蔬菜硝酸盐含量、提高品质的方法主要包括采收前断氮处理技术和采收前连续光照处理技术。

断氮调控是指在叶菜收获前期，将营养液替换成氮浓度较低的溶液，通过几天处理后达到降低叶菜硝酸盐含量，提高营养品质的目的。断氮处理包括供应无氮营养液、供应清水、供应含渗调物质钼酸铵的水溶液 3 种方式。研究表明，采收前，3 种断氮方式均能有效降低水培生菜的硝态氮含量、提高维生素 C 和可溶性糖含量。

采收前连续光照处理技术指采收前进行 2～5 d 的连续光照处理，可显著降低硝酸盐含量，提升维生素 C 和可溶性糖含量。Samuoliene 等发现红光 LED 连续光照对维生素 C 的积累起到抑制作用。中国农业科学院农业环境与可持续发展研究所率先提出了利用 LED 短期连续光照调控植物工厂蔬菜品质的方法，即通过蓝光、红蓝光短期连续光照可显著提升叶菜的营养品质。相关研究表明，当 LED 的红蓝光比值(R/B)为 4∶1 时，连续光照 48 h 后生菜中的硝酸盐含量最低，与初始值相比，其叶片和叶柄中的硝酸盐浓度显著降低；同时可溶性糖含量最高，与初始值相比，叶片和叶柄中的可溶性糖含量分别提高了数倍。

(五)营养液自动控制与循环技术

植物工厂要实现植物的精准化生产，设施农业既要求优质高产又要求保护生态环境，为满足这些要求，必然采用无土栽培技术。无土栽培的最大特点是根据作物生长发育的要求合理地调剂水、肥、气、温等根际环境条件，摆脱自然条件的限制，实现农业的工厂化生产，获得高产优质的产品，同时又能有效控制病虫害传播。针对这一特点，实施营养液自动控制与循环技术，不仅提高了营养液消毒的效率和安全性，而且达到了营养液成分自动化和智能化管理的目的。

营养液循环再利用装备主要由 4 部分组成：供液系统、紫外线消毒系统、营养液自动检测系统及控制系统。主要的工作原理是营养液经过紫外线消毒系统进行消毒杀菌后供给植物工厂各个部分，当营养液缺失或所需营养物质不足时，自动检测系统能够检测后及时补充，通过控制系统进行灌溉、加液等工作。

该设备消毒主要依靠紫外线照射，多段式消毒处理，结合臭氧消毒技术，提高灭菌效率，净化营养液。检测系统由一系列传感器和计算机组成，通过互联网技术，计算机实时采集数据分析处理后，对控制系统发出命令并监控其完成。营养液的供给依靠控制系统来完成，控制系统主要控制营养液的罐液量、营养液的成分、EC 值和 pH。控制系统需要同时满足灌溉和施肥两个功能。灌溉部分包括定时灌溉、周期灌溉和手动灌溉。施肥部分是按一定频率，将肥液灌入，再与标准设定值进行检测比对后，控制营养液的增加或减少，来满足植物对肥料养分的需求。施肥频率是按照需要调整施肥阀的动作频率，来控制营养液进入管道的频率。

应用该套设备后，植物工厂里的营养液中菌落总数得到明显改善，不仅提高了营养液的利用率，也保障了植物工厂内蔬菜生产的安全。此外，营养液循环再利用装备满足了植物工厂智能化、自动化管理的要求，提高了植物工厂设施装备的现代化水平。随着现代设施农业对低碳化、节能化的要求越来越高，营养液循环再利用技术将会向着安全、节能、绿色和环保的方向发展。

(六)基于网络的智能化管控技术

基于网络的智能化管理是植物工厂近年来突破的重点。目前，植物工厂主要通过各种环境与营养液传感器将各种信息数据传输到计算机系统进行储存、显示，并经过控制软件进行分析判断后，通过执行机构发出指令完成对植物工厂各子系统的智能化控制。近年来，随着网络技术，尤其是物联网技术的快速发展，植物工厂正在实现通过网络平台进行远端访问、权限修改、程序更新和远程操作等功能，显著提升了植物工厂的智能化管控水平和远程管理能力。

六、植物工厂的优点

(一)植物工厂的产品安全度是市场盈利要点

健康产业是未来拉动消费增长的方向之一，植物工厂提供的蔬菜产品符合健康产业的需求，可通过植物工厂产品的深加工，进一步提升植物工厂产品价值。

(二)环境因素和食品安全是植物工厂的发展动力

城市化进程带来的城市人口增加，城市周边蔬菜种植土地不断减少，化肥的过量使用使农业生产造成的环境污染面积远大于工业污染，土地退化严重，农药的过量使用使我们日常食用的蔬菜外观漂亮无任何虫害迹象，但长期食用可能导致人体器官损害。

植物工厂种出来的蔬菜口感脆、水分足、微甜，确实比普通的蔬菜可口。经过第三方机构检测发现，植物工厂种植的蔬菜产品检测不到农药、重金属等有害物质，且维生素、膳食纤维、矿物质等营养成分比传统种植的蔬菜高出几倍。

(三)植物工厂从根本上改变了农业种植技术

植物工厂从根本上改变农业种植的概念，植物工厂被公认为安全食品顶尖产业，确立了农业产品工业化生产的模式。只有植物工厂才能够长期稳定地生产出安全型蔬菜，在市场上具有唯一性；植物工厂的种植环境是为植物生长设定的最佳环境，种植的工艺数据可以通过互联网支持，植物工厂的生产是以科学为基础且独立于经验和直觉的新型农业生产，生产者不需要掌握蔬菜种植的知识，农业种植的工业化生产模式使得农业种植通过植物工厂被提升为制造业。

（四）植物工厂是技术跨界的产物

在国外，非农产业的巨头纷纷涉及植物工厂，因为未来农业投资回报率远远大于工业，工业资本试图掌控农业产品的方向，植物工厂具备工业与农业双重产业的特性，植物工厂是工业与农业跨界的产品，跨界越长，产品爆发性越强。植物工厂是多种学科的技术融合，这些技术的组合从根本上改变了农业种植的概念，构建了农业种植的工业化生产方式。

（五）物联网是植物工厂普及应用的关键

植物工厂应用有两个重点：一是以科学为基础且独立于经验和直觉的新型农业生产；二是小型植物工厂的目标是向城市提供安全蔬菜，表明小型植物工厂将是以城市为中心进行布局的分布式蔬菜供应，这就决定了植物工厂种植工艺与技术支持必须通过互联网实现，植物工厂内部的环境参数检测传感器的数据需要通过物联网体现。

把植物工厂的产品设计方向设定为 PT 型植物工厂，就是实现种植工艺数据的空中授权、实时远程监控及环境参数的云端存储，用户只要从事蔬菜的育苗、定植、采收等简单的手工操作，整个种植过程完全由基于种植工艺数据库的专家系统支持完成。互联网与物联网在植物工厂应用过程中具有最关键的作用。

实现手机远程实时监控种植过程，开启了互联网 P2C 模式，消费者可以通过手机端或 PC 端了解自己需求的蔬菜供应信息，提前规划自己的饮食安排，消费者就像农场主一样享受植物工厂种植带来的健康快乐的生活。

（六）植物工厂带来企业转型与产品结构调整的机遇

小型植物工厂作为城市蔬菜供应产业，未来发展空间巨大，需要对植物工厂设备构件进行标准化与专业化配套生产，植物工厂属创新“蓝海市场”，这对于工业企业是个企业转型与产品结构调整的机遇，全球性的环境保护规划、我国政府的创新产业扶持、中央已经制定的农业现代化政策等都对植物工厂有强大的推动力。

知识拓展

家庭植物工厂和垂直农场

一、家庭植物工厂

随着社会经济的发展，人们开始有了对安全无公害蔬菜的需求和现代农业体验的向往，“家庭植物工厂”的概念应运而生。家庭植物工厂是一种适用于家庭使用、设计精巧美观、智能控制、远程监控的家用电器。

2010 年中国农业科学院推出了一款“低碳、智能的家庭植物工厂”，它包含三层立体栽培空间，所用光源为白光 LED。2012 年北京某公司研制了一种适合于楼宇、家庭使用的 JP-WZ-1 家庭植物工厂，实现了栽培区的温湿度环境的精准控制。2015 年中国农业科学院研制出了两种型号的家庭植物工厂。

家庭蔬菜工厂是由中国农科院设施农业研究中心与中环易达公司自主研发的现代家庭蔬菜生产系统，该生产模式具有环境智能可控、生产安全卫生、管理自动节能等特点，该套系统设计精巧、美观、灵活、便捷，是现代都市农业的重要标志，是现代及未来家庭蔬菜生产的最理想方式。

主体三层式隔热箱体结构，设有的增温、降温、加湿、光照、营养液循环和供给、气流循环等系统。在自动控制系统的统一调控下，可调节植物生长的温度、湿度、光照环境，并控制营养液的供给，保证植物生长的环境。

三层独立温区结构，使三层栽培箱有各自的增温、降温系统，这样做的好处是可以种植对环境要求不同的作物。在营养液回流管路系统的设计上，没有使营养液回流管路上下层串联在一起，而是三层分开，使三层的栽培情况互不影响，即使其中一层的栽培出现了病害等问题，也不至于通过营养液直接对别的栽培箱栽种的植物造成影响。此外，三层栽培箱均设有液面调节装置，每层栽培箱的营养液液面高度均能独立调节，利于同时种植不同品种植物或不同生长期的植物。

家庭蔬菜工厂的规格：三层独立生长空间，每层可种植 50 棵叶菜；独立育苗间，可同步育苗 70 棵；包含全方位的生长环境控制系统；可种植品种包括各类叶菜、果菜、苗芽菜和食用菌类。

家庭蔬菜工厂的功能：蔬菜生产自动化；环境因子智能调控；营养液自动循环；在线监测、远程监控；低碳、智能、高效；安全、洁净、健康。

此外，除了冰箱式家庭蔬菜植物工厂（图 2-29）外，也可设计出多功能家庭趣味植物生长装置，如台灯、鱼缸、电子钟等在兼顾“本职工作”外，也可成为“植物工厂”的一部分。

图 2-29　冰箱式家庭蔬菜植物工厂

家庭植物工厂可美化家居，将绿色带给身处钢筋混凝土丛林的现代人；因为不施任何农药，种植的蔬菜水果形态好、无污染、营养丰富，满足家庭对蔬菜安全、卫生、绿色的需求；能进行小规模的蔬菜生产，它的适应范围和区域比较广，只要是能提供稳定电力和一点洁净水源的地区，便可以应用，一般家庭也可以摆放。

家庭植物工厂美中不足之处在于其面对的用户往往是不具备栽培专业知识的人群，不同的栽培作物，其营养液的循环次数、光照明期暗期时段的搭配、营养液充氧量的调控等专业性较强的操作和设置往往会让用户无所适从。

二、垂直农场

垂直农业的耕作方法由来已久，南美土著人的垂直分层种植技术和东亚地区的水稻梯田就是最好的实例。“垂直农场”最早是1915年由美国地质学家吉尔伯特·艾利斯·贝利提出，但真正引起大家注意的是1999年美国哥伦比亚大学的迪克森·戴斯波米尔(Dickson Despommier)教授与他的学生一起对这个概念进行的详细阐述。2003年，迪克森·戴斯波米尔提出垂直农场的概念，即把城市中的摩天大楼变成自给自足的粮食生产中心，一座占地只有667 m^2、30层高的垂直农场，可以为50 000人提供1年的食物和饮用水。垂直农场被美国时代杂志评为2009年最佳发明之一，还被美国著名的《连线》杂志评为改造地球最疯狂的生态实验之一。

垂直农场具备农产品生产和城市有机废物废水资源化两大功能，其在高效利用有限空间的同时，通过回收有机废物废水，循环利用达到节约资源的目的，创造出一个可以持续发展的环境。由于垂直农场贴近城市消费人群，可大大减少运送食物的能源成本，减轻二氧化碳排放所造成的全球变暖现象。都市垂直农场不只是简单的食物生产方式，还是一个与城市垃圾处理系统、回收水系统、能源系统相关联的帮助城市实现可持续发展的有效方式。

芝加哥郊区的Farmed Here垂直农场是世界上现有最大的垂直农场，由Hardej创建，巧妙地在农业中融入水产，使用罗非鱼来清洁无土栽培用水，鱼的排泄物又可作为肥料。农场生产生菜、薄荷、菠菜等有机蔬菜，还提供了数百个工作机会。

位于美国纽约市中心的Farm. One农场被誉为隐藏在高楼里的“垂直农场”，在寸土寸金的曼哈顿，这家农场最神奇的是它是一家位于地下的农场，虽然占地只有140 m^2，而且是在地下的房屋中。但该农场可种植500多种植物，农场运用了“立体农业”的概念，通过垂直种植的方法，使得空间利用率极高，整间农场没有一丝浪费的空间。现在所有的食材都是当天采摘，通过员工的打包，骑自行车或坐地铁就可以送到餐厅的后厨，平均的送货时间不到35 min。甚至还可以订制植物，厨师需要什么农作物，选择叶子或花瓣的大小和送货的日期，Farm. one就可以准时送上。

复习思考题

1. 电热温床如何进行布线？
2. 地膜覆盖的技术要点主要有哪些？
3. 地膜覆盖的作用主要有哪些？
4. 小拱棚的应用主要有哪些？
5. 塑料大棚的结构及性能如何？
6. 发展植物工厂的原因主要有哪些？
7. 现代化温室主要有哪些类型？配备哪些主要设备？

实验实训

实验实训1　园艺设施类型的调查

一、实验实训目的

通过对几种常见园艺设施的实地调查和观看录像、幻灯片、多媒体等影像资料，了解我国的园艺设施类型，掌握当地主要园艺设施的结构特点、规格及在本地区的应用，并学会结构测量方法。

二、实验实训用具及设备

皮尺、钢卷尺、测角仪(坡度仪)、铅笔、直尺等，园艺设施类型影像资料等。

三、实验实训内容和方法

(1)实地调查测量　全班划分成若干个小组，每个小组(6～8 人)按下列实验实训内容要求到校内外实训场或附近生产单位，进行实地调查、访问，将测量结果和调查资料整理成报告。调查要点如下：

①调查当地大型温室、塑料大棚、小拱棚及夏季保护设施等几种园艺设施的特点，观察各种类型园艺设施的场地选择、设施方位和整体规划情况，分析各种类型园艺设施结构的异同、性能的优劣和节能的措施。

②测量并记载几种类型园艺设施的结构规格、配套型号及各自的特点。

A. 测量记载现代化温室的方位，长、宽、高尺寸，透明屋面及后屋面的角度、长度；墙体厚度和高度；门的位置和规格；建筑材料和覆盖材料的种类和规格；配套设施设备类型和配置方式等。

B. 测量记载塑料大棚(装配式钢管大棚、柱支拱桁架大棚、竹木大棚)的方位，长、宽、高规格，跨拱比和用材种类与规格等。

C. 测量记载塑料小拱棚的方位，长、宽、高规格，骨架材料和覆盖材料的种类和规格等。

D. 测量记载遮阳网、防虫网、防雨棚的结构类型，覆盖材料和覆盖方式等。

E. 调查记载各种类型园艺设施在本地区的主要栽培季节、栽培作物种类、周年利用情况。

(2)实验室内观看不同园艺设施的影像资料　观看地面简易园艺设施(简易覆盖、近地面覆盖)、地膜覆盖、小型园艺设施(小拱棚、中棚)、大型园艺设施(大棚、温室)等各种类型的园艺设施，以了解其结构性能特点和应用情况。

四、实验实训要求

(1)园艺设施的结构和规格决定其性能,也是各类型之间相互区别的依据,要想了解园艺设施的性能,必须首先掌握其结构和规格。然而由于我国园艺设施类型较多,不可能在一次实验实训课中全部掌握各种类型园艺设施的特点,因此,本课程应重点掌握温室、塑料大棚、塑料小拱棚、遮阳网等设施的结构、性能和应用,并对不同园艺设施所用的覆盖材料进行调查。

(2)我国幅员辽阔,各地自然环境各异,各种园艺设施调控环境的手段也不同,因此应根据不同地区的特点,了解遮光降温、防寒保温、充分利用太阳能、通风换气等环境调控措施在生产中的应用情况。

(3)掌握当地几种园艺设施种植的作物种类及栽培制度,每个种类选几种主要作物,由当地实际情况而定。

(4)了解当地园艺设施存在的问题及发展趋势。

(5)实验实训考核标准(表 2-19)。

表 2-19 实验实训考核标准

序号	考核内容	考核要点	最高得分
1	工具准备(10 分)	工具准备合理得当	5
		材料准备充分	5
2	设施类型(30 分)	类型认识清楚	10
		设施的基本作用	10
		设施的使用方面	10
3	基本参数测量(30 分)	工具使用正确	10
		测定方法合理	10
		参数结果正确	10
4	组间讨论(30 分)	设施类型认识合理	15
		设施作用分析清楚	15
合 计			100

注:每项具体得分教师可依据学生操作的实际结果确定,最多不超过最高得分数。

(6)实训成绩评价标准

①不及格:60 分以下,操作不规范,类型认识不清;

②合格:60～79 分,能在指导下完成操作,类型作用基本掌握;

③良好:80～89 分,操作基本规范,独立完成,了解基本参数;

④优秀:90～100 分,操作规范,质量标准,独立完成、熟悉各种设施的类型及作用。

五、实验报告

(1)从园艺设施类型、结构、性能及其应用的角度,完成调查报告。

(2)绘制出温室、塑料大棚、小拱棚等设施的纵断面示意图,并注明各部分构件名称和尺寸。

实验实训 2　地膜覆盖技术

一、实验实训目的

了解地膜的种类及规格,正确选择地膜,确定地膜使用和覆盖地膜方法,能够根据地膜覆盖面积正确计算地膜使用量。

二、实验实训材料和场地

(1)材料　各种类型的地膜,整地工具如耙子、镐头等。

(2)场地　充分耕翻的耕地,每组保证 50 m^2 以上。

三、实验实训内容与方法

(1)识别地膜　观察各种类型地膜的幅宽、颜色、透明程度;用手触摸,感觉其质地,拉伸了解其强度;阅读说明书,详细了解其生产原料、生产工艺、产品规格、主要特点、使用方法及寿命等相关信息,并对以上内容进行认真记录。

(2)选择地膜　根据国家标准,农用地膜的最低厚度标准不得低于 0.008 mm,目的主要是保证聚乙烯地膜达到一定的厚度,以保证其使用强度,便于揭膜、回收。以免土壤中日积月累的残膜逐渐形成阻隔层,影响作物的生长发育和对水肥的吸收,使农作物减产。

(3)地膜用量的确定　计算地膜用量的经验公式:

地膜用量(kg)=地膜的密度×地膜厚度×覆盖田面积×理论覆盖度

公式中地膜的密度是制造地膜时所使用的原料的密度,即聚乙烯树脂的密度,单位是 g/cm^3。高压低密度聚乙烯的密度一般为 0.922 g/cm^3,低压高密度聚乙烯的密度为 0.950 g/cm^3,线性低密度聚乙烯密度为 0.920 g/cm^3。覆盖田面积的单位为 m^2,地膜厚度的单位为 mm。理论覆盖度就是单位面积上所使用地膜的总面积与土地面积的比值。

(4)地膜覆盖技术

①施肥、整地、做畦　施足底肥,精细整地和做畦。要做到地面平整,不留坷垃、杂草以及残枝、枯蔓等,以利于地膜紧贴地面,并避免刺破、刮坏地膜,并保证底墒。

②喷除草剂　除草地膜以外的地膜都不含有除草剂,特别是覆膜质量较差时,易造成草荒,而且覆盖地膜后除草难,因此,在覆膜前可以根据需要喷除草剂。使用时按作物的种类

不同选择除草剂。除草剂的用量应少于露地的使用量，否则易造成药害。如土壤含水量过高，应先晾墒，待湿度适宜时再覆盖。

③覆盖方法　喷除草剂后应立即覆膜，人工覆膜时最少应 3 人 1 组，将地膜的一端先在垄或畦的一起始端埋好踩实后，一人铺展地膜，两人分别在畦两侧培土将地膜边缘压上，地膜应拉紧、铺正，并与垄面紧密接触，将边缘压紧封严。覆盖面积，即透明部分的宽度，应占垄（畦）面的 3/5，留出垄沟用于田间作业和灌水。

目前农机市场上有许多型号的覆膜农机具，地膜覆盖技能训练时也可以进行机械操作，提高效率。

四、作业与思考题

（1）作业　根据实验实训过程完成实验报告。

（2）思考题　简述地膜覆盖方法及注意事项。

实验实训 3　电热温床的铺设

一、实验实训目的和要求

电热温床育苗是园艺植物早春育苗普遍采用的方法，电热温床育苗是按照不同作物、不同生长阶段对温度的需求来控制地温、培育壮苗的新技术。电热温床育苗能取代传统的冷床育苗，配合塑料大棚，可进行人为控温，供热时间准确，地下温度分布均匀，不受自然环境条件制约，提高苗床利用率，节省人力、物力，改善作业条件，安全有效，能在较短的期间内育出大量合格幼苗，是园艺植物商品化育苗的一条新途径。

要求通过本实验掌握电热温床的设置方法及注意事项。

二、实验实训材料和用具

（1）材料　控温仪，农用电热线（可选用 800 W、1 000 W 及 1 100 W 等规格），交流接触器（设置在控温仪及加热线之间，以保护控温仪，调控电流），配套的电线、开关、插座、插头和保险丝等。

（2）用具　钳子、螺丝刀、电笔、万用电表等电工工具。

三、实验实训操作方法

（1）布线　做深 10 cm 左右的苗床，平整床面，在其上部排布电热线。为隔热保温，下部可放置发泡板材或作物秸秆。按园艺作物育苗对温度的要求计算功率密度，一般为 80～100 W/m^2。两线的距离 10～15 cm，苗床中部布线宜稀，边缘要密。铺设好后，上盖 10 cm 厚的培养土，既可灌水播种或分苗，也可在上面摆放穴盘进行穴盘育苗。

(2)电热线与电源的连接　如果育苗量小，电热温床可只用一根电热线，功率为1 000 W或1 100 W。不超过控温仪负荷时，可直接与220 V电源线连接，把控温仪串联在电路中即可。如果用两根电热线，电热线应并联，切不可串联，否则电阻加大，对升温不利。如用三根以上多组电热线，控温仪及电热线间应加上交流接触器，使用三相四线制的星形接法，电热线应并联，力求各项负荷均衡。

(3)控制温度　根据不同作物及育苗过程中不同生长阶段对地温的要求，调整土壤温度达到最适状态。温度控制应注意以下几点：

①黄瓜、番茄、辣椒、茄子的电热线育苗过程中不采用恒温，要求进行变温管理，昼夜温也要实行四段变温管理。

②花芽分化期要保持较高的地温，夜间低气温2～3℃，促进花芽分化。

③电热线育苗，浇水量要充足，要小水勤灌，控温不控水，否则缺水会影响幼苗生长。

(4)注意事项

①如果连接的电热线较多，电热温床的设计及安装最好由专业电工操作。

②电热线布线靠边缘要密，中间要稀，总量不变，使温床内温度均匀。

③用容器育苗可先在电热线上撒一层稻壳或铺一层稻草，然后直接摆放育苗钵或育苗盘(穴盘)。

④电热线不可重叠或交叉接触，不打死结。注意劳动工具不要损伤电热线。拉头要用胶布包好，防止漏电伤人。电热线用后，要清除盖在上面的土，轻轻提出，擦净泥土，卷好备用。控温仪及交流接触器应存于通风干燥处。

⑤选择一天中棚内温度最低的时间(主要是夜间)加温，并充分利用自然光能增温、保温。

⑥温床上作业时要切断电源，注意人身安全。

四、作业与思考题

(1)作业　撰写本次实验实训的实验报告，记录电热温床设置的过程、说明技术要点。

(2)思考题　如何进行电热温床育苗的温度管理?

实验实训4　塑料小拱棚的搭建

一、实验实训目的和要求

了解塑料小拱棚的性能：小拱棚的空间小，缓冲力弱，温度变化剧烈。增温能力一般只有3～6℃，晴天最大增温能力可达15～20℃，在阴天、傍晚或夜间没有光热时，棚内最低温度仅比露地提高1～3℃。小拱棚内湿度随气温的升高而降低，棚内低温时湿度高；晴天湿度低，阴天湿度高。小拱棚的透光率为50%～76.1%，光照比较均匀，但当作物长到一定高度时，不同部位作物的受光量具有明显的差异。

要求掌握塑料小拱棚搭建的技术要点。

二、实验实训材料和场地

(1)材料　塑料薄膜、竹竿、细绳、镐头等。
(2)场地　校内外生产基地。

三、实验实训方法步骤

(1)整地耙地　实验实训地弄细耙平,以便种植作物。
(2)种植　按照作物种植要求,将目标作物种植。
(3)搭建小拱棚　按照1.2 m宽,用竹竿搭建拱圆形的小拱棚,每间隔1 m左右搭建一根竹竿。
(4)覆膜　将塑料薄膜覆盖于搭建好的小拱棚上,两边用土压实薄膜,以减少水分蒸发。
(5)适时通风　在温度高时,一定要适时进行通风。

四、实验实训注意事项

(1)小拱棚的搭建宽度以及竹竿的间距。
(2)薄膜一定要压实。
(3)一定要适时通风。

五、作业与思考题

(1)作业　撰写本次实验实训的实验报告,并绘制实训中搭建的塑料小拱棚的结构图。
(2)思考题　简述塑料小拱棚搭建的技术要点。

实验实训5　塑料大棚结构、性能观察

一、实验实训目的

了解当地塑料大棚的主要类型,掌握其性能结构特点,完成对塑料大棚主要结构参数的测量;能够根据塑料大棚的结构、性能,因地制宜地选择适合当地生产实际的塑料大棚。

二、实验实训材料和场地

(1)材料　当地各类塑料大棚、皮尺、钢卷尺、记录本等。
(2)场地　校内外生产基地。

三、实验实训内容与方法

（1）塑料大棚结构观察　通过参观、访问等形式，观察了解当地各种类型塑料大棚，所用建筑材料，所在地的环境、整体规划等情况。

（2）塑料大棚性能观察　通过访问、实地测量等方式，了解当地塑料大棚的性能及在当地生产中的应用情况。

（3）塑料大棚的测量　对当地主要塑料大棚进行结构参数的实地测量并记录。

四、作业与思考题

（1）作业　书写本次实验实训的实验报告，并绘制所观察和测定大棚的结构图。

（2）思考题　对所观察的塑料大棚做出综合评价。

实验实训6　现代化温室结构、性能观察

一、实验实训目的

了解当地现代化温室的主要类型，掌握其性能结构特点，完成对现代化温室主要结构参数的测量；能够根据现代化温室的结构、性能，因地制宜地选择适合当地生产实际的现代化温室类型。

二、实验实训材料和场地

（1）材料　皮尺、钢卷尺、记录本等。

（2）场地　当地现代化温室、校内外生产基地。

三、实验实训内容与方法

（1）现代化温室结构观察　通过参观、访问等形式，观察了解当地各种类型现代化温室所用建筑材料、所在地的环境、整体规划等情况。

（2）现代化温室性能观察　通过访问、实地测量等方式，了解当地现代化温室的性能及在当地生产中的应用情况。

（3）现代化温室的测量　对当地主要现代化温室进行结构参数的实地测量并记录。

四、作业与思考题

（1）作业　撰写本次实验实训的实验报告，并绘制所观察现代化温室结构示意图。

（2）思考题　对所观察的现代化温室做综合评价。

Project 3

项目三

设施覆盖材料

- 任务一　设施覆盖材料的性能
- 任务二　透明覆盖材料
- 任务三　半透明覆盖材料
- 任务四　不透明覆盖材料
- 任务五　新型多功能覆盖材料
- 任务六　墙体材料

为了摆脱大自然的束缚，人类很早就开始利用保护设施来抵御恶劣的自然条件，进行超时令、反季节农作物的栽培实践。早在公元201—221年，就有“冬瓜种于骊山谷中温处，瓜实成”的史料记载。当时既无纸张，也没有玻璃和塑料薄膜，只能利用地形小气候和温泉条件，建造朝阳暖室，夜间用不透明的天然材料覆盖保温，这是世界上最原始的温室栽培。到了汉代，纸张的发明使温室栽培进入了以纸为透光覆盖材料的纸温室时代。玻璃问世后便取代纸成为温室覆盖材料，大大改善了温室的光照条件，增强了温室效应，促进了温室的发展。

现如今设施覆盖材料种类多样，性能特征各异，在设施农业生产中占有很重要的地位。随着塑料薄膜、遮阳网、防虫网等现代覆盖材料在设施生产上的广泛应用，覆盖材料的开发与研究也趋向于系统化和专用化。因此，认识和了解设施覆盖材料的种类、性能及用途，对科学应用覆盖材料具有重要的意义。

通过本项目的教学，使学生能够系统了解和掌握设施覆盖材料的种类及性能，明确不同透明覆盖材料、半透明与不透明覆盖材料的特性，掌握设施覆盖材料的基本用途和范围，并对设施覆盖材料的发展趋势有初步了解。

任务一　设施覆盖材料的性能

不同栽培方式与用途的园艺设施对覆盖材料的要求也有所不同，因此，正确使用覆盖材料，必须先了解其性能。反映设施覆盖材料性能质量的指标主要包括光特性、热特性、水特性、机械特性和耐候性等方面(表3-1)。

一、光特性

(一)透光率

透明覆盖材料的最主要功能是采光，要满足设施内作物对光量和光质的要求，理想的覆盖材料的透光率光谱曲线应如图3-1所示，即在波长350～3 000 nm的可见光、近红外线范围内透过率高，400～700 nm的光波是光合有效辐射(photosynthetic effective radiation，PAR)所在波段，而760～3 000 nm的光波有热效应，且透过率高，因而有利于作物的光合作用和室内的增温。光波中紫外线可以促进薄膜氧化，加速老化，并会诱导作物产生病害，例如，315 nm以下波长的紫外线，对大多数作物是有害的，345 nm以下波长的近紫外线可促进灰霉病分生孢子的形成，370 nm以下波长的近外线可诱发菌核病的发生。但紫外线对作物发育也有一定的积极作用，例如，315～380 nm波长的近紫外线能够参与某些植物花青素和维生素C、维生素D的合成，并有抑制作物徒长等形态建成作用。综合考虑，应在透明覆盖材料中，添加特定的紫外线阻隔、吸收剂或转光剂，将350 nm以下的紫外线阻隔掉，既延缓了薄膜的老化过程又满足了植物正常生长的需求。波长在3 000 nm以上的远红外线，是各种物质热辐射失热的主要波段，可添加红外线阻隔剂，降低其透过率，以提高园艺设施内的温度。

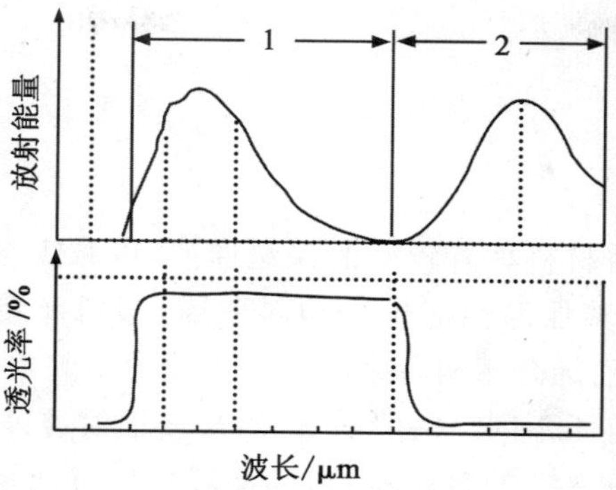

1. 到达地面的太阳光谱　2. 地面向大气的辐射光谱

图 3-1　太阳辐射光谱和理想透明覆盖材料透光率

(二)散射光率

透过覆盖材料的光，不完全是平行光，当光通过材质时形成散射光，且形成一定比率。散射光是各向同性的，且空间分布均匀，因此散射光率愈高，温室内的光照和温度分布产生不均一性的情况愈少。一般材质透明性越好，其散射光率越小。散射光也是可见光，可参与光合作用，所以采用散射光强的材料对作物生长是有利的。常见覆盖材料的散射光率：梨纹PVC的散射光率为60%，透明FRA的散射光率为28%，散光性FRA的散射光率为82%。

(三)遮光性

日光照射至覆盖材料表面，有一部分被反射，一部分被吸收，而两者之和与入射量的比率，称为遮光率。通常遮光率越强，降温效果越好，当遮光率为20%～40%时，能使设施内温度降低2～4℃。

表 3-1　不同覆盖材料的性能比较

材料	特点	商品种类	透光率/%	透热辐射/%	寿命/年
玻璃	透明度高	双层	88	3	25+
	重量大	隔热	71	<3	25+
	易碎	低铁	90～92	<3	25+
聚丙烯	重量轻	弹性玻璃	93	<5	20+
	高成本	双层	83	<3	20+
聚碳酸酯(PC板)	高效	单层	87～92	<3	7～10
	高成本	双层	80	<3	7～10
玻璃钢	低成本	FILON	88	<3	10～15
聚乙烯	寿命短	SUNSELE CTOR	85～90	<20	2～3
聚酯膜	幅宽小	MYLAR	85～88	30	7～10
PVF	高成本	TEDLAR	92	21	>10
PVC膜	很坚实	EREZ	80	10	4
编织PF膜	很坚实	PALRIG	78	20	4

二、热特性

(一)保温性

设施园艺生产要求覆盖材料具有较好的保温性能,以减少冬春能源消耗。各种覆盖材料保温性能是不同的,如玻璃保温性能优于塑料薄膜,塑料薄膜中聚氯乙烯保温性是最好的,聚乙烯最差,乙烯-醋酸乙烯介于两者之间。由于覆盖材料对长波辐射吸收性能的不同,导致覆盖材料的保温性也有所不同。一般而言,对长波辐射透过率高的覆盖材料,其保温性较差;相反,对长波辐射透过率低的覆盖材料,其保温性较好。覆盖材料保温性常用热传导率来衡量,热传导率是指由于温室内外表面的单位温度差异,而在单位时间、单位面积上自高温部分向低温部分的热量流量,通常以 kcal/(m^2·h·℃)为单位来表示,该数值越高,覆盖材料的保温性越差。因此,为了提高覆盖材料的保温性能,在生产塑料薄膜或塑料板材时,需添加红外阻隔剂,阻挡设施内向外界散失的热辐射,保持室内温度。

(二)隔热性

覆盖材料的保温性与隔热性是相关的。一般而言,保温性是防止热量由室内向室外逸散的性能,而隔热性是阻止热量由室外进入室内的性能。遮光材料的隔热性即是其对太阳辐射热量的隔断能力,所以太阳辐射热量吸收率较高的材料其隔热性较差。

(三)通气性

覆盖材料均有孔隙,因而都具有交换室内、室外空气的性质,即通气性。有通气性的材料应用在白天温度过高的环境中十分有效。

三、水特性

(一)防滴性

覆盖材料表面凝结的水,不会产生滴状而是成为薄膜状流去的性质,可称为无滴性、流滴性或防滴性;相反,如有滴状的凝结水形成则称为有滴性。如果覆盖材料表面的温度比温室内空气的温度低,则温室内的覆盖材料表面会有水蒸气凝结,水蒸气凝结量与空气和覆盖材料表面的绝对湿度成正比。一般玻璃本身就具有防滴性,而塑胶覆盖材料则没有,而必须靠界面活性剂的处理,使其具有亲水性,进而具有防滴性。通常情况下,软质塑胶膜在制造过程中添加界面活性剂,硬质板和硬质薄膜则在成形后增加界面活性剂,均可使其产生防滴性。

(二)防雾性

园艺设施内经常为高湿环境,当温度降到露点温度以下时,就有可能在室内生产雾,或在覆盖材料的内表面上生成露。雾气弥漫或表面被水滴沾满,将大大降低覆盖材料的透光率,可降低5%~10%,并影响室内的增温。同时雾滴和露滴容易使作物的茎叶濡湿,诱导病害的发生和蔓延。为了克服这一缺点,需在生产覆盖材料时,添加防雾剂,可抑制温室内雾的产生,使水蒸气在覆盖材料表面凝结成水滴并迅速除去,有效防止雾的形成。

从设施园艺生产的角度看,要求防雾、防滴功能持续时间长,而且防雾与防滴同步,目前我国使用的农膜在这方面与发达国家的差距比较大,不仅防雾、防滴的持续期短,而且往往防滴不防雾。发达国家的塑料薄膜防雾、防滴持效期可达1～3年，甚至能达到5年以上，基本与防老化寿命同步。而我国的塑料薄膜持效期一般不足4个月，最好的也仅为6～8个月。

(三)透湿性

水蒸气从覆盖材料的一面通过到另一面的性质称为透湿性。透湿性可用透湿系数表示，它是指在覆盖材料两面的空气水蒸气压力差下，单位时间、单位面积所能通过的水蒸气的量。

四、机械特性

(一)延展性

延展性能反映覆盖材料在安装作业过程中的难易程度。覆盖材料的延展性与其搬运性、加工性、黏着性有关，黏着性是指覆盖材料重叠在一起时互相密着难以剥离的性质。一般PVC比PE、EVA黏着性高，尤其在高温时更加显著。

(二)开闭性

开闭性反映可动式覆盖材料开闭的难易程度。覆盖材料开闭的效率与其黏着性、伸缩性、防滴性、贮藏性有关。隧道式温室所使用的覆盖材料(塑胶膜)打开进行换气时较容易，但关闭时就与其材料黏着性有很大的关系。另外，较易受外力伸缩的材料，其开闭性也较差。防滴性的覆盖材料在开闭时落下的水滴较少，对温室内的环境影响不大。

(三)伸缩性

伸缩性以由外力(如温度、湿度、张力等)所引起覆盖材料的伸长量与原来长度的百分比表示。其中，PVC薄膜伸缩率为230％以上，EVA薄膜为430％以上，PE膜为250％以上，但值得注意的是，PE薄膜和EVA薄膜在伸张过长时就会产生永久的变形。此外，硬质板也会因受热膨胀而产生一定的伸长量。

(四)强度

覆盖材料常年暴露在大自然中，因此必须结实耐用，经得起风吹雨打、日晒冰雹的冲击和积雪压力，同时还应经得起运输、安装过程中受到的拉伸挤压。覆盖材料的构成分子间在受到外力时会产生分子间距离的改变，同时分子间也会产生内力来恢复其原来的平衡态，此内力即为应力。当应力超过某一定值时，材料会被破坏，这时的应力称为材料强度。

覆盖材料主要受以下几种力：①冲击力，如下落的冰雹、刮风引起风沙磨损；②积雪对覆盖物施加的稳定而持久横向负载；③安装时受到的拉伸力；④园艺设施中不光滑的骨架对覆盖材料的磨损等。当然，其中有些外力，如在运输、安装时的外力，小心操作是可以减轻甚至避免的，但有些则在研制覆盖材料时必须加以考虑，必须使覆盖材料达到一定的强度。例如，对于塑料薄膜，必须要求其有一定的纵向和横向的拉伸强度，即纵向和横向的断裂伸长率(％)；对硬质塑料板也要求有一定的抗冲击强度。覆盖材料中玻璃的强度较优，但直角方向的抗冲击强度较弱是其缺点。硬纸板比玻璃轻，强度较优，且耐冲击。

五、耐候性

耐候性是指防止覆盖材料老化的性能，这一性能与覆盖材料的使用寿命有关。覆盖材料的老化至少应当包括两方面的含义：一是覆盖材料在强光和高温作用下，变脆弱而自动撕裂；二是透光性衰减，随覆盖材料使用时间的增长，透光率变低，以至于不能满足设施生产的需要，失去使用价值。覆盖材料变脆的主要原因是受到阳光中的紫外线作用，发生氧化；覆盖材料又被紧绷在支架上，白天支架表面的温度高，尤其是夏季晴日常常达到 50～60℃，加速了氧化的过程。如覆盖材料为塑料薄膜，其紧贴支架的部分先变灰，而后变棕色，最终变脆、撕裂。如覆盖材料为硬质塑胶板，由于表面的氧化作用，其颜色逐渐变黄（黄化），表面出现裂缝，露出纤维（开花），甚至在裂缝中滋生微生物。此外，高温会导致板材膨胀，冷却时又会收缩，板材面临的温差会导致其破碎。

覆盖材料的耐用年限因材质不同而异，例如，玻璃的使用年限最长达 40 年，硬质塑胶板可达 10 年以上，硬质塑胶膜为 5～10 年，软质塑胶膜为 2～5 年，塑胶布为 1～2 年。为了延长覆盖材料的使用寿命，需要在生产塑料薄膜、塑料板材等覆盖材料时添加光稳定剂、热稳定剂、抗氧化剂和紫外线吸收剂等助剂，使其成为具有防老化功能、耐候性强的覆盖材料。

任务二　透明覆盖材料

一、农用塑料薄膜

塑料薄膜具有质地轻、价格较低、性能优良、使用和运输方便等优点，因而，成为我国目前设施农业中使用面积最大的覆盖材料。农用塑料薄膜按母料构成可分为聚氯乙烯（PVC）薄膜、聚乙烯（PE）薄膜和乙烯-醋酸乙烯（EVA）多功能复合薄膜 3 大类型。

（一）聚氯乙烯（PVC）薄膜

聚氯乙烯薄膜是以聚氯乙烯树脂为主原料，加入增塑剂经高温压延而成的薄膜。该类型薄膜厚度为 0.1～0.12 mm，其优点主要包括柔软易造型、轻便、保温性能好，夜间能提高最低温度 3～4℃；短波透过率高，长波透过率低，仅为 5%～8%；耐酸耐碱；强度大，抗拉伸力为 165～180 kg/cm^2；伸张力大，为 200%。适合作为温室、大棚及中小棚的外覆盖材料。其缺点为密度大、成本较高、耐候性差、低温下变硬脆化、高温下易软化松弛、膜面吸尘（使用 50 d 后透光率下降 50%）、使用时间长影响透光（使用 30 d 后透光率下降 30%）、0℃以下或 30℃以上容易老化，只能使用一个季度。当温度高于 30℃时，可释放出氯气或乙烯气体，对作物造成危害、残膜不可降解和燃烧处理等不足。

目前，生产上普遍使用的聚氯乙烯薄膜大都通过添加光稳定剂、紫外线吸收剂以提高其耐候性，通过添加表面活性剂等措施以提高其防尘和防雾滴的效果。另外，最近兴起的转光膜也是通过在聚氯乙烯原料中添加紫外线吸收剂以改变紫外线的透过率，能有效地促进植物的生长，同时也可减少叶霉病和菌核病以及虫害的发生。

（二）聚乙烯（PE）薄膜

聚乙烯薄膜是由低密度聚乙烯（LDPE）树脂或线型低密度聚乙烯（LDPE）树脂吹制而成的薄膜，该薄膜除作为地膜使用外，也被广泛用作外覆盖和保温多重覆盖材料。与聚氯乙烯薄膜相比，聚乙烯薄膜具有耐酸、耐碱、耐盐、可拉伸100%～150%、比重轻、幅度大和覆盖比较容易的优点。另外，聚乙烯薄膜还具有吸尘少、无增塑剂释放，使用一段时间后的透光率下降程度比聚氯乙烯薄膜要低的特点。但聚乙烯薄膜对紫外线的吸收率较聚氯乙烯薄膜要高，容易引起聚合物的光氧化而加速薄膜的老化，因此，大多数聚乙烯薄膜的使用寿命要比聚氯乙烯薄膜短。该膜长波透过率达到90%以上，保温性能差。有风时，该膜不容易固定，铺在屋顶上缺乏安全性；低于0℃或高于30℃时容易老化，一般使用寿命为7个月。

(三)乙烯-醋酸乙烯(EVA)多功能复合薄膜

乙烯-醋酸乙烯多功能复合膜是以乙烯-醋酸乙烯共聚物为主原料，添加紫外线吸收剂、保温剂和防雾滴助剂等制造而成的多层复合薄膜。其外表层一般以线性低密度聚乙烯(LLDPE)、低密度聚乙烯(LDPE)或乙烯-醋酸乙烯(EVA)树脂为主，添加耐候、防尘等助剂，使其具有较强的耐候性，并可阻止防雾滴剂等其他组分的渗出，在中层和内层以不同的VA含量的乙烯-醋酸乙烯(EVA)为主，添加保温和防雾滴剂以提高其保温性能和防雾滴性能。乙烯-醋酸乙烯复合膜具有质轻，使用寿命长(3～5年)、透明度高、防雾滴剂渗出率低等特点。同时，由于乙烯-醋酸乙烯(EVA)多功能复合膜在红外线区域的透过率介于聚氯乙烯薄膜和聚乙烯薄膜之间，故保温性显著高于聚乙烯薄膜，夜间的温度一般要比普通聚乙烯薄膜高出2～3℃，对光合有效辐射的透过率也高于聚乙烯薄膜和聚氯乙烯薄膜。因此，乙烯-醋酸乙烯复合膜既克服了聚乙烯薄膜无滴持效期短和保温性差的缺点，也克服了聚氯乙烯薄膜密度大、幅窄、易吸尘和耐候性差的缺点，有良好的应用前景。

二、地膜

地膜具有提高土壤温度，保持土壤水分，改善土壤物理性状和养分供应，改善近地面的光照状况，促进作物根系生长，增强根系吸收能力，增加叶面积指数(leaf area index，LAI)，促进作物光合作用，从而增加作物产量，提高作物品质的作用。为了确保地膜的质量和应用效果，地膜质量规格要符合以下标准：

(1)强度高，纵横向拉力均衡，使用寿命长，便于“一膜多用”和回收加工利用。

(2)在保证强度的条件下，实行薄型化，以节约成本，节省能源。

(3)厚度均匀，无断头、破口，无明显折叠或扭曲。

(4)全部双剖单幅收卷、卷紧、卷实，每卷重10～15 kg，不超过20 kg。目前，生产上常用的地膜有普通地膜、有色地膜、功能性地膜和降解地膜等类型。

(一)普通地膜

常用的普通地膜有高压低密度聚乙烯地膜、低压高密度聚乙烯地膜和线型低密度聚乙烯地膜3种。

1. 高压低密度聚乙烯地膜

高压低密度聚乙烯地膜是以低密度聚乙烯树脂(LDPE)为基础树脂吹制而成的地膜。其外观无色透明，厚度(0.014 ± 0.002)mm，宽度40～200 cm，透明度好，增温保墒性能强，适用于各生态区、各种作物，不仅可覆盖各种垄形地面，也可用于各种小沟和低矮小拱垄栽培。

2. 低压高密度聚乙烯地膜

低压高密度聚乙烯地膜是以高密度聚乙烯树脂(HDPE)为基础树脂吹制而成的地膜。该膜强度高、光滑,但柔软性差、不易黏着土壤,故不适于沙土地覆盖,其增温保水效果与LDPE基本相同,但透明性及耐候性稍差。

3. 线型低密度聚乙烯地膜

线型低密度聚乙烯(LLDPE)地膜(简称线型膜)由LLDPE树脂经挤出吹塑成型制得。其特点除了具有LDPE的特性外,机械性能良好,拉伸强度比低密度聚乙烯树脂(LDPE)提高50%～75%,伸长率提高50%以上,耐冲强度、穿刺强度、撕裂强度均较高。其耐候性、透明性均好,但易粘黏。

(二)有色地膜

有色地膜是在聚乙烯树脂中加入有色物质,制得具有不同颜色的地膜,由于它们具有不同的光学特性,对太阳辐射光谱的透射、反射和吸收的性能不同,对杂草、病虫害、地温变化、近地面光照具有不同的影响,因此可根据情况选用。

1. 黑色地膜

黑色地膜是在聚乙烯树脂中加入一定比例的炭黑制成的地膜。厚0.015～0.025 mm,不透光,可防除杂草,地温比透明膜低,而保墒性能则比透明膜好,适合高温条件下栽培喜低温的作物,如白菜、萝卜、莴苣等。黑色膜本身能吸收大量热量,而又很少向土壤中传递,表面温度可达50～60℃,因此耐候性差,聚乙烯融化、破碎现象严重。为此,除增加薄膜厚度外,正在改用线型聚乙烯作为原料,并加入适量的安定剂。

2. 绿色地膜

绿色地膜是在聚乙烯树脂中加入绿色原料制成的地膜。厚0.015～0.020 mm,覆盖后能阻止对光合作用有促进作用的蓝光、红光通过,使不利于光合作用的绿色光线增加,降低膜下植物的光合作用,抑制杂草生长。但绿膜增温效果差,加之绿色颜料昂贵,尚未进入生产应用阶段,仅在草莓、瓜类等经济价值较高的作物上试用。

3. 银色地膜

银色地膜有镀铝、三层结构和掺铝型三种。银色膜能反光,对紫外线反射作用强,可驱除有翅蚜,故又叫驱蚜膜。还可减轻病毒病、黄守瓜等病虫为害。适用于番茄、辣椒、甜瓜、萝卜、白菜、莴苣等作物。另外,银色膜不透光,会导致地温低,促成栽培时不宜使用。其反光作用对果实着色有利,已用于苹果、桃、樱桃的栽培,并作为日光温室内的镜面反光幕,提高室内光照度。

4. 银黑两面地膜

银黑两面地膜的一面为银灰色,另一面为黑色。夏秋高温时使用银黑两面地膜,覆膜时银灰面朝上,黑面贴地,银灰面有驱蚜防毒作用,黑面可阻止阳光透射,降温除草。又由于能反射更多的紫外光,因而银黑两面地膜具有抑制蔬菜徒长的作用,在叶菜类促成栽培时不宜使用。

5. 黑白两面地膜

夏季高温时使用黑白两面地膜的降温除草效果比黑色地膜更好。黑白两面地膜一面为乳白色,另一面为黑色,覆膜时白色面朝上、黑色面贴地,白面增加光反射、黑面阻止阳光透射，因而白天降温效果比黑色地膜要好。

6. 乳白地膜

乳白地膜的热辐射率接近透明地膜的，可达80%～90%，但其透光率只有40%，对杂草有一定抑制作用。乳白地膜主要用于平铺覆盖，可较好地解决透明地膜覆盖时草害严重的问题。

(三)功能性地膜

1. 除草地膜

除草地膜是在聚乙烯树脂中加入适量除草剂吹塑而成的地膜，厚度一般为0.015 mm，有化学除草地膜和物理除草地膜2种类型。

化学除草地膜是在地膜中添加活性高、持效期长、水溶性好的化学除草剂，可以长时间贮存。除草剂在地膜覆盖3～10 d后随凝聚在膜上的水滴释放到土壤表面，进行芽前除草，达到除草的目的。广谱杀草，可有效防止马唐、稗草、狗尾草、早熟禾、马齿苋、灰菜、苋菜等多种杂草。该地膜适用于玉米、棉花、大蒜等作物及多种蔬菜的栽培。

物理除草地膜是通过地膜的颜色，达到杀灭杂草的作用，物理除草地膜无药害，适于种植全期除草，可使作物根系发达，有利于改善作物品质。

2. 无滴地膜

无滴地膜除具有普通地膜的增温、保墒、防病虫害作用外，可比普通地膜透光率提高10%左右。因含有保温剂，该薄膜的红外线透过率较低，可提高薄膜保温性能，促进作物苗期茁壮生长。该膜适用于瓜果和其他作物育苗覆盖，流滴持效期在20 d左右。

3. 有孔膜

有孔膜是在地膜加工成型后，根据作物对株行距的要求，在膜上打上大小、形状不同的孔，铺膜后不用再打孔，即可播种或定植，既省工、又标准。当前，打孔的形式有切孔膜，即在膜上按一定幅度作断续条状切口，将适宜撒播或条播的作物，如胡萝卜、白菜等播种后，幼苗可自然地从切口处生长，不会发生烤苗现象，但增温、保墒效果差。另一种是适宜点播用的有孔膜，播种孔的直径为3.5～4.5 cm。还有专供移栽定植大苗用的，孔径为10～15 cm。其他形式的地膜，生产厂可根据用户的需要加工。

4. 浮膜

浮膜是一种直接覆盖在蔬菜群体上的专用地膜。厚0.02 mm，宽1.5～2 m，膜上均匀分布着大量小孔，有利于膜内外水、气、热的交换，实现自然调节。这样，既可防御低温、霜冻，又可避免高温烧苗及高湿引起的病害。浮膜用法简单，只要将其直接宽松地搭在畦内作物上，四周用土压牢即可。这种覆盖方式盛行于欧美，我国早春菠菜、芹菜、茼蒿、水萝卜、苋菜、细香葱等蔬菜生产中也已使用。

5. 水枕膜

水枕膜是为了充分利用太阳能而使用的一种贮热薄膜，即在半径为30 cm的聚乙烯圆筒形膜袋内装入水，铺在棚室行间地面上。白天吸热、晚上散热，可以稳定和提高棚室的温度。有黑、白两种颜色，常用的为黑色，从应用上来说有很大的发展空间。

6. 生物全降解液体地膜

生物全降解液体地膜以农作物秸秆为原料，由木质素、胶原蛋白、表面活性剂、土壤保水剂等天然高分子物质经特殊加工形成的高分子材料。使用时可将除草剂混入其中，兑入2～3倍的水，直接喷洒在农田表面，即可在表层形成能看得见的黑色的膜，该膜能100%降解。这层膜可起到保持土壤水分、使5～15 cm土层温度上升1～6℃的作用。

三、塑料板材

(一)硬质塑料板材

硬质塑料板材是指厚度在0.2 mm以上的塑料材料，常见的硬质塑料板材有玻璃纤维增强聚酯树脂板(FRP板)、玻璃纤维增强聚丙烯树脂板(FRA板)、聚碳酸树脂板(PC板)和聚氯乙烯板(PVC板)等。

1. 玻璃纤维增强聚酯树脂板(FRP板)

FRP板是指用不饱和聚酯树脂浸渍玻璃纤维毡、玻璃纤维织物或短切纤维，然后凝胶固化而制得的制品，优质板材的透光度可达85%以上，可阻隔阳光中90%的紫外线辐射。在-40～120℃温度范围内保持性能稳定，不会出现高温软化、高寒脆化现象。同时具有轻质、高强、抗冲击性能好等特点，特别是具有独特的透光性，用于温室采光效果显著，而且具有优良的耐腐蚀、耐大气老化性，可简化设计，安装、拆换简单，又可根据需要选择颜色。

2. 玻璃纤维增强聚丙烯树脂板(FRA板)

FRA板是以聚丙烯树脂为主体，加入玻纤维增强而成，厚度0.7～0.8 mm，波幅32 mm。由于紫外线对FRA板的作用限于表面，所以FRA板耐老化，使用寿命可达15年，但耐火性差。FRA板比玻璃轻，冲击强度强的波形板也具有较大的弯曲强度，施工容易，但安装时施予较大的强制变形将缩短该板的寿命。其光线透过率佳，在紫外光及红外光区域皆比玻璃容易透过，而与保温性关系密切的6 000 nm以上波长的光线却无法通过。

3. 丙烯树脂板(PMMA板)

PMMA板以丙烯酸树脂为母料，厚度1.3～1.7 mm，相对较厚，波幅63 mm或130 mm。PMMA板透光率高、保温性能强、污染少、透光率衰减缓慢，但热线性膨胀系数大、耐热性能差、价格贵。虽然PMMA板比玻璃轻，难切割，但光线透过率亦与玻璃同等或稍优，机械性质和光线透过率的历时变化也小，呈安定状态。

4. 聚碳酸树脂板(PC板)

PC板质轻且强韧又透明，其全光线透过率为90%，属于紫外线不透过型，其耐热性、耐低温性以及保温性良好，其热传导率为0.16 kcal/(m^2·h·℃)。PC板吸水性小，耐水、耐弱酸，耐冲击性极强，比强化玻璃高250倍，比PMMA板高150倍。其对光线照射极为稳定，耐候性良好，一般可以耐用10年左右。PC板在日光下暴露5年，其透光率仅会降低15%，但该板施工较难，成本较高。

5. 聚氯乙烯板(PVC板)

PVC板材质地强韧且表面光滑，无特殊异味，透光率为80%，热稳定性比软质PVC差，具耐燃性，不自燃、能自熄，耐光性良好。紫外线透过量少，兼具紫外线透过型与紫外线不透过型特点。耐低温性及耐寒性较差，随使用添加剂而引起的变化很大，施工容易，成本较低，在设施园艺上常用厚度为0.8～1.3 mm、宽度为1.8～2.4 m的PVC板。

(二)半硬质膜

半硬质膜主要有半硬质聚酯膜(PET)和氟素膜(ETFE),半硬质膜的厚度为 0.150～0.165 mm,其表面经耐候性处理,具有 4～10 年的使用寿命。不同产品对紫外线的透过率明显不同,防雾滴效果同 PVC 薄膜相似。

1. 半硬质聚酯膜(PET 膜)

PET 膜无毒、无臭、质轻且表面光滑透明,全光线透过率为 90%。耐寒性(－70℃)与耐热性(150℃)均优;保温性良好,热传导率为 0.09 kcal/(m^2 · h · ℃);其吸水性小,但耐热水;PET 膜耐油、耐溶剂但不耐弱酸;PET 膜经热处理后,抗拉强度、撕裂强度、耐折度比硬质 PVC 薄膜大,耐候性也优,其纵向、横向强度显著提高,可使用 5～10 年。但 PET 膜施工较难,成本较高。

2. 氟素膜(ETFE 膜)

ETFE 膜以乙烯-四氟乙烯树脂为母料制作而成,对可见光和紫外线均具有较强的透过率,经数年使用后可见光透过率仍保持较高水平。ETFE 膜的使用寿命一般为 10～15 年,其间每隔数年需进行防雾滴剂喷涂处理,以保持防雾滴效果。该类型薄膜由于燃烧时会产生有害气体,回收后须由厂家进行专业处理。

(三)玻璃

玻璃是薄膜普及之前使用最多的覆盖材料,普通玻璃的可见光透过率为 90%左右,对 2 500 nm 以内的近红外线具有较强的透过率,对 330～380 nm 的近紫外线有 80%左右的透过率,而对 300 nm 以下的紫外线则有阻隔作用。由于玻璃可吸收几乎所有的红外线,夜间的长波辐射所引起的热损失很少。另外,玻璃具有使用寿命长(20 年以上)、耐候性好、防尘和防腐蚀性好等优点,因此,玻璃是一种良好的覆盖材料。但由于玻璃的密度大(2.5 g/cm^3),对支架的坚固性要求较高,而且易破损,因而限制了其推广应用。近年来,荷兰等国家开发了一些高强度的玻璃,以减少支架的用量,此外,国外一些厂家还开发出热射线吸收玻璃、热射线反射玻璃以及热敏和光敏玻璃等多功能玻璃。热射线吸收玻璃是在玻璃原料中加入铁和钾等金属氧化物,以吸收太阳光中的近红外线,由于目前此类产品大多为蓝、灰和棕色等,因此,可见光透过率比普通玻璃要低。热射线反射玻璃采用双层玻璃并在两层玻璃之间填充热吸收物质,以达到降低栽培环境温度的目的,但由于该玻璃在一定程度上吸收了可见光,因此还很难在设施中应用。根据温度或光线强度变化而发生颜色变化的热敏和光敏玻璃,虽然在设施上也有一定的应用前景,但由于性能和价格上的原因,目前还未能在生产上应用。

任务三　半透明覆盖材料

一、无纺布

无纺布是以聚酯为原料经熔融纺丝,堆积布网,热压黏合,最后干燥定型成棉布状的材料,由于制品没有明显的经纬线,所以称为“无纺布”。无纺布质地轻柔,透光率为 20%～

100%，材质是聚酯复层纤维。无纺布遮光率为20%～50%，黑色无纺布遮光率为75%～100%，属紫外线透过型。其透湿性、防雾性、展开性皆良好；在多湿环境下有防止水滴落下的吸湿性；在高温时，热气、温度、水分散逸容易。其具有防霜、防风、防虫、促进发芽等作用，施工容易，成本较低，通用宽度0.8～2.7 m。

根据纤维的长短，可将无纺布分为长纤维无纺布和短纤维无纺布2种，短纤维无纺布强度差，不宜在设施农业生产上应用，设施农业生产中主要应用的是长纤维无纺布。根据无纺布每平方米的重量，也可将无纺布分为薄型无纺布和厚型无纺布2种。无纺布的透光率随其重增加而减少，但保温性则随其重增加而增加。由于无纺布是由纤维组成，所以其覆盖散射光的比例大。无纺布的基础原料是聚酯，聚酯对热辐射有较强的吸收作用。另外，无纺布纤维间隙常常会挂上一层水珠形成水膜，可抑制在其覆盖下作物和土壤的热辐射，减弱冷空气的渗透，所以无纺布具有一定的保温性能。

二、遮光网

遮光网是以聚乙烯、聚丙烯和聚酯胺等为原料，经加工编织而成的一种网状材料，质轻、柔软、遮光率为50%～95%，通气性、耐候性、强度等均良好。遮光网具有调节光量与抑制温度上升和调节日照的功能。如果黑、白、银三种颜色遮光网的间隙率和厚度参数均相同时，黑色和银色的遮光率最高，白色最低。一般遮光网常用的宽度为1～8 m，长度为30～50 m。

目前，常用的遮光网可分为网织扁纱网及针织网，其中扁纱材质能将从阳光吸收的能量转变为本身内能，针织网热累积不严重。该种材料重量轻、强度高、耐老化、柔软、便于铺卷；同时，可以通过控制网眼大小和疏密程度，使其具有不同的遮光、通风特性，供用户选择用，遮光率高的遮光网还可抑制杂草。

三、防虫网

防虫网是以高密度聚乙烯等为主要原料，经挤出拉丝编织而成的20～40目（每2.54 cm长度的孔数）等规格的网。防虫网质软、轻便、透光性良好，光透过率达90%。具有耐拉强度大，抗紫外线、抗热、耐水、耐腐蚀、耐老化、无毒、无味等特点。目前防虫网按目数分为20、24、30、40目，按宽度有100、120、150 cm，按丝径有0.14～0.18 mm等数种规格。使用寿命约为3～4年，色泽有白色、银灰色等，以20、24目最为常用。由于防虫网覆盖能简易、有效地防止害虫对夏季作物等的危害，所以在南方地区作为无（少）农药蔬菜栽培的有效措施而得到推广。

四、发泡布

发泡布质地轻柔，密度为0.03～0.05 g/cm^3，透光率为50%～57%，属于半透光材料。防水性、耐药性、耐寒性、耐热性、保温性皆佳，热传导率为0.035～0.039 $kcal/(m^2 \cdot h \cdot ℃)$，最常用于设施农业生产上的发泡布厚度为 2 mm，宽度为 0.9～1.2 m，长度为 2～130 m。发泡布具有施工容易、成本较低的优点。

任务四　不透明覆盖材料

一、草苫(帘)

目前，生产上使用最多的草苫是稻草苫，其次是蒲草、谷草、蒲草加芦苇以及其他山草编制的蒲草苫。稻草苫一般宽度 1.5～1.7 m，长度为采光屋面长再加上 1.5～2 m，厚度为 4～6 cm，大经绳在 6 道以上。蒲草苫强度较大，卷放容易，常用宽度为 2.2～2.5 m。

草苫的特点是保温效果好、取材方便。但草苫的编制比较费工，耐用性不太理想，一般只能使用 3 年左右。遇到雨、雪吸水后重量会增大，即使是平时的卷放也很费时费力。另外，草苫对塑料薄膜的损伤较大。但是目前尚缺少其他保温更好、更实用的材料取代草苫，草苫的保温效果一般为 5～6℃，但实际保温效果则因草苫厚度、疏密、干湿程度的不同有很大差异，同时也受室内温差及天气状况的影响。

二、纸被

在严寒季节，为了弥补草苫保温能力的不足，可以在草苫下面加盖纸被。纸被是用 4 层旧水泥袋纸或 4～6 层新的牛皮纸缝制成的和草苫大小相仿的一种保温覆盖材料，纸被弥补了草苫缝隙，能显著减少缝隙散热。近年来纸被来源减少，而且纸被容易被雨水、雪水淋湿，寿命也短，不少地区逐步用旧塑料薄膜替代纸被，有些则将旧塑料薄膜覆盖在草苫上，既保温又防止雨雪。

除草苫和纸被外，生产上也有采用棉布(或包装用布)和棉絮(可用等外花或短绒棉)缝制而成的棉被作为保温材料，保温性能好，其保温能力在干燥高寒地区约为 10℃，高于草苫、纸被的保温能力。但棉被的造价高，一次性投资大，防水性差，保温能力尚不够高。

三、保温被

为寻找可替代草苫的外覆盖材料，近几年，价格适中、保温性能优良、适于电动卷被的保温被已被广泛应用。一般来说，这种保温被由 3～5 层不同材料组成，由外层向内层依次为防水布、无纺布、棉毯、镀铝转光膜等，几种材料用一定工艺缝制而成，具有重量轻、保温效果好、防水、阻隔红外线辐射、使用年限长等优点，预计规模生产后，将会降低成本。这种保温被非常适于电动操作，能显著提高劳动效率，并可延长使用年限。

任务五　新型多功能覆盖材料

一、转光膜

转光膜是一类可转换光波波长的功能膜，是在具有保温、防寒、避风、挡雨作用的聚乙烯、聚氯乙烯等棚膜的基础上，通过添加光能转换剂将太阳光中对植物有害无用的紫外光转换成作物所需要的蓝紫光或红橙光，将被叶片反射掉的绿光转换成红橙光，增加红光和蓝光照射强度，以改善棚膜透过光质，促进大棚作物的光合作用，已成为最有前途的功能性农用薄膜，也是我国功能性农用薄膜的主要发展品种。

（一）转光剂

转光剂是指能够将日光中近紫外光和（或）绿光转变成蓝光和（或）红光的农用薄膜助剂。根据国内外对转光剂的研究，转光剂的分类方法主要有以下 3 种：

（1）按转光性质分　绿转红（GTR）、紫外转红（UVTR）、紫外转蓝（UVTB）。

（2）按发光性质分　红光剂（R）、蓝光剂（B）、红蓝复合剂（双能转光剂）（RB）。

（3）按材料性质分　稀土无机化合物（I）、稀土有机配合物（O）、荧光染料（D）。

对于转光剂的性能，必须标明其转光区域、发光性质、材料类别和主要化学组成，以便使用者选择和检测。转光剂性能标注的方法：在材料类别和主要化学组成之间加一条横线，主要化学组成用缩写表示。例如，CaS 是一种能将紫外光和绿光转换成红光的稀土无机材料，则记为 UV&GTRI-CaS；EuC 是一种能将紫外光转换成红光的稀土有机配合物，则记为 UVTRO-EuC。

（二）转光膜的性能

1. 透光性

在农用薄膜中引进转光剂的目的是改善透过光的质量，但不能降低透光率。一些荧光染料和稀土有机配合物型转光剂容易导致前期透光率较好，但在使用一段时间后透光率大幅度下降。对有机转光剂进行凝胶化处理或对无机转光剂进行超微细化处理，可有效避免转光膜透光率下降的问题。

2. 光谱匹配性

转光剂荧光发射光谱与植物光合作用光谱相匹配是优选转光剂的重要依据，筛选转光剂时，需要遵循以下原则：①转光剂的发射光谱要与植物最佳生长作用光谱相匹配；②转光剂的激发光谱要与叶绿素的反射光谱相匹配；③转光剂的被激发光谱与激发光谱的距离尽量大，以保证转光的高效能；④荧光衰减性小，以保证转光剂的释放稳定性；⑤成本要低，污染性要小。

3. 转光的抗衰减性

转光的抗衰减性是衡量转光膜应用性能优劣的重要指标。在风吹日晒的自然条件下，转光膜的荧光发射易快速衰减，很难实现通过透过光质的改善而促进光合作用的效果。

二、可降解膜

可降解膜是指在特定环境下，其化学结构发生变化，并用标准的测试方法能测定其物质性能变化的材料。可降解膜按照降解机理可分为光降解膜、生物降解膜和光-生物降解膜 3 大类。

(一)光降解膜

该膜主要是指利用紫外光引起光化学反应而分解的塑料膜，即塑料膜吸收紫外光后发生光引发作用，使键能减弱，分裂成较低分子量的碎片，较低分子量的碎片在空气中进一步氧化，产生自由基断链反应，进一步降解为能被生物分解的低分子量化合物，最后成为二氧化碳和水。这类对光敏感的塑料膜称为光降解膜。根据其制备方法可分为共聚型和添加型 2 种类型。

1. 共聚型光降解膜

该膜主要通过共聚反应在高分子主链引入羰基型感光基团而赋予其光降解特性，并通过调节羰基基团含量控制光降解活性。通常采用光敏单体 CO 或烯酮类(如甲基乙烯酮、甲基丙烯酮)与烯烃类单体共聚，可合成含羰基结构的光降解型 PE、PP、PS、PVC、PET 和 PA 等。目前已实现工业化的光降解性聚合物有乙烯-CO 共聚物和乙烯-乙烯酮共聚物。

2. 添加型光降解膜

该膜是在聚合物中添加少量的光引发剂或光敏剂和其他助剂。由于光敏剂被紫外光诱导后可离解成具有活性的自由基，当它添加到塑料膜中时能引发并加速塑料的光氧化，在塑料高分子链上产生了能吸收波长为 280～321 nm 紫外光的羰基，从而实现塑料的可控光降解。通用的光敏剂有过渡金属络合物、硬脂酸盐、卤化物、羧基化合物(如蒽醌)、酮类化合物、多核芳香化合物及某些光敏聚合物和合成型光降解聚合物等。

(二)生物降解膜

生物降解膜指的是在土壤微生物和酶的作用下能降解的塑料膜。具体地讲，就是指在一定条件下，能在细菌、霉菌、藻类等自然界的微生物作用下，导致生物降解的高分子材料。理想的生物降解膜在微生物作用下，能完全分解为 CO_2 和 H_2O。生物降解膜按其降解特性可分为完全生物降解塑料膜和生物破坏性塑料膜。按其来源可分为天然高分子材料、微生物合成材料、化学合成材料、掺混型材料等。目前已研究开发的生物降解聚合物主要有天然高分子、微生物合成高分子和人工合成高分子 3 大类。

1. 天然可降解聚合物

天然可降解聚合物属于天然高分子型，是利用淀粉、纤维素、甲壳质、蛋白质等天然高分子材料制备的生物降解材料。这类物质来源丰富，可完全生物降解，而且产物安全无毒性，因而日益受到重视。其中淀粉及其衍生物因生物降解性好、价格低廉而被作为填充塑料的重点研究对象。

2. 人工合成可降解聚合物

人工合成型是在分子结构中引入某一易被微生物或酶分解的基团而制备的生物降解材料，大多数引入的是酯基结构。现在研究开发较多的生物降解高分子材料有脂肪族聚酯类、聚乙烯醇、聚酰胺、聚酰胺酯及氨基酸等。其中产量最大、用途最广的是脂肪族聚酯类，如聚乳酸(聚丙交酯)、聚羟基丁酸、聚羟基戊酸等。这类聚酯由于酯键易水解，而主链又柔，易被自然界中的微生物或动植物体内的酶分解或代谢，最后变成 CO_2 和 H_2O。

3. 微生物合成可降解聚合物

微生物合成高分子聚合物是由生物发酵方法制得的一类材料，主要包括微生物聚酯和微生物多糖，其中微生物聚酯研究的较多，这类产品有较高的生物分解性，且热塑性好，易成型加工，但在耐热和机械强度等性能上还存在问题，而且其成本太高，目前还未获得良好的应用。

(三)光-生物降解膜

光-生物降解膜是结合光和生物的降解作用，达到较完全降解目的的可降解塑料。它兼具光和生物双重降解功能，是目前的开发应用的热点之一。目前，其制备方法是采用在通用高分子材料(如聚烯烃)中同时添加光敏剂、自动氧化剂和作为微生物培养基的生物降解助剂的添加型技术途径。

光-生物降解膜可分为淀粉型和非淀粉型，其中采用天然高分子淀粉作为生物降解助剂的技术应用较为普遍。如在高压聚乙烯膜中填充 5%～12%淀粉和 0.1%～0.3%的光敏剂，在自然暴露条件下可控制高压聚乙烯膜的使用寿命。该膜在光敏剂作用下首先出现明显的光氧化降解，一段时间后，其表面出现裂纹、裸露出填充的淀粉细粒，然后产生生物侵蚀，达到光-生物降解的双重效果。非淀粉型光-生物降解膜则采用高压聚乙烯、线性聚乙烯、高密度聚乙烯等作为基础原料，并添加含有光敏剂、光氧稳定剂等组成的光降解体系和含有氮、磷、钾等多种化学物质作为生物降解体系的浓缩母料，形成了非淀粉型光-生物降解体系，挤出吹塑可制成可控降解地膜。该降解地膜不仅具备普通地膜的保温和力学性能，而且可控性好，诱导期稳定，在暴晒的条件下，当年可基本降解为粉末状，在无光照(如埋于土壤中)的条件下，也可促进生物繁殖生长。

三、蓬勃发展中的几种新型覆盖材料

(一)PO 膜

PO 农膜是以 PE、EVA 优良树脂为基础原料，加入保温强化剂、防雾剂、光稳定剂、抗老化剂、爽滑剂等系列高质量适宜助剂，通过 2～3 层共挤工艺路线生产的多层复合功能膜，使用寿命 3～5 年。

(二)新型铝箔反光遮阴保温材料

新型铝箔反光遮阴保温材料是由瑞典劳德维森公司研制开发的 LS 反光遮阳保温膜和长寿强化外覆盖膜，具有高效节能和遮阳降温的特性，产品性能多样化，达 50 余种，在欧美国家及日本发展很快，在设施农业发达的国家推广应用。LS 反光遮阳保温材料是经特殊设计制造的一种反光遮阳保温膜，它具有反光、遮阳、降温、保温节能与控制湿度、防雨、防强光、调控光照时间等多种功能。有温室遮阳膜和温室外遮光膜 2 种类型。

(三)温敏膜

温敏薄膜是利用高分子感温化合物在不同温度下的变浊原理，以减少设施中的光照度，降低设施中的温度。温敏薄膜是解决夏季高温替代遮阳网等材料的重要技术，因此，许多国家正在积极研究开发。

(四)防病驱虫膜

防病驱虫膜除了通过改变紫外线透过率及改变光反射和光扩散来改变光环境外，还可通过在母料中加入或在薄膜表面粘涂杀虫剂和昆虫性激素，从而达到令病虫害忌避的目的。

（五）F-Clean 薄膜

F-Clean 薄膜是由日本旭硝子公司开发研制生产的以氟素树脂为原料，兼具多种优异特性的高性能薄膜，是现代化设施农业中的绿色环保覆盖材料。该薄膜作为一种高透光性、高耐候性的新型塑料温室覆盖材料，在建造超大跨度和超高温室时，较玻璃具有更大的优势。以 F-Clean 薄膜和玻璃两种温室覆盖材料的光线入射性能的比较为例，在光线的入射角度为 10°时 F-Clean 薄膜光线的透过率为 55%，玻璃的光线透过率为 35%。在光线的入射角度为 90°时，F-Clean 薄膜光线的透过率为 90%，玻璃的光线透过率为 83%。F-Clean 薄膜强度高，能够持久使用不易变色，160 μm 厚度薄膜可使用 20 年以上，具有很好的耐候性和抗污性。F-Clean 薄膜与 PE 薄膜、PO 薄膜、PVC 薄膜等覆盖材料相比，强度更高，特别是拉伸强度优势更明显。目前，F-Clean 薄膜主要有自然光品种、折射光品种和防紫外线品种。

1. 自然光品种

自然光品种的 F-Clean 薄膜能够透过 90%以上的自然光，能够透过大量的紫外线，可以在温室内创造出和露天栽培条件一样的光照条件。薄膜厚度不同，其使用期限也略有不同，例如，160 μm 厚度的品种使用期一般为 20～25 年；100 μm 厚度的品种使用期一般为 15～20 年；80 μm 厚度的品种使用时间一般为 12～17 年；60 μm 厚度的品种使用时间一般为 10～15 年；50 μm 厚度的品种使用时间一般为 8～10 年。

2. 折射光品种

折射光品种的 F-Clean 薄膜是通过对薄膜的内表面进行磨砂处理，使其呈“毛玻璃”状，可以使温室内光线均匀分散，使温室内部光照环境和谐，不易受温室骨架的影响，可以使温室内的作物生长均一。

3. 防紫外线品种

防紫外线品种的 F-Clean 薄膜根据紫外线的通过率可分为 GR、GR80 和 GRU 3 种型号。其中，GR 型号，轻度防紫外线，可使紫外线减弱 50%；GR80 型号，中度防紫外线，可使紫外线减弱 80%；GRU 型号，重度防紫外线，可使紫外线减弱 90%。适当的阻止紫外线透过可以减缓温室内部材料的老化。

F-Clean 薄膜的用途广泛，除了在花卉、蔬菜、水果栽培方面应用外，它也可应用在畜牧方面、养殖方面、运动场所等。另外，生产 F-Clean 薄膜的原材料 ETFE 还被应用到非农业用途的大型建筑上面。例如，2008 年北京奥林匹克运动会的主会场鸟巢和游泳馆水立方，以及 2001 年 3 月建设的英国伊甸园植物园一期、2006 年德国世界杯体育场都使用了 F-Clean 薄膜的原材料。

任务六　墙体材料

一、建筑结构材料

（一）钢材

用于温室建筑结构构件的钢材一般是 ST37，含硅低。为防止腐蚀，最终的产品需要在表面镀锌,不同的部件应采用不同的镀锌方法。

1.电镀锌方法

这种方法镀锌的钢构件具有非常光滑的表面,常用于那些直接与柔性覆盖材料接触的构件,例如屋顶的圆拱与檩条。这种材料的缺点是全部加工制造过程如弯曲、钻孔或焊接等都要在镀锌材料上进行,易破坏镀锌层,影响使用寿命。

2.热浸镀锌

这种处理是在普通钢材上加上一厚层锌保护层。进行热浸镀锌时,构件是在弯曲、钻孔或焊接等都完成以后进行的,以便保护以后的构件可以直接安装螺栓。为确保较长的使用寿命,包括直接与聚乙烯膜接触的所有构件都应用热浸镀锌法。圆拱与檩条不用热浸镀锌件,因为与电镀法相比,热浸镀锌构件的表面很粗糙,可能撕破覆盖的薄膜。

(二)铝材

铝材的抗锈蚀性能好、重量轻,易于加工成任何一种所期望的断面形状,但铝的强度不如钢,且比钢材贵很多。在温室建筑上使用的许多构件都是由铝制成的,如与通风系统有关的所有构件,包括屋脊檩条;用于玻璃覆盖的所有椽子;用于固定塑料薄膜的各种构件;用于小跨度玻璃温室的天沟。

(三)塑料

用于温室的塑料材料有聚氯乙烯(PVC)、高密度聚乙烯(HDPE)、聚丙烯和聚碳酸酯(PC)。其他一些 PVC 部件常用于代替铝构件或配件领域,如用于卷幕机的连接部件、保温与遮光幕、格架系统等。

(四)光伏材料

1.非晶硅薄膜

非晶硅薄膜是太阳能电池核心原材料之一,也称微晶硅。按照材料的不同,当前硅太阳能电池可分为三类,即单晶硅太阳能电池、多晶硅薄膜太阳能电池和非晶硅薄膜太阳能电池。近年来,非晶硅薄膜太阳能电池逐渐从各种类型的太阳能电池中脱颖而出,在全球范围内掀起了一股投资热潮。大尺寸玻璃基板薄膜太阳能电池投入市场,必将极大地加速光伏建筑一体化、屋顶并网发电系统以及光伏电站等的推广和普及。

非晶硅薄膜在农业上应用的优势主要有以下几个方面:

(1)清洁能源电力

①非晶硅薄膜光伏模板的发电特性和它的透光效应(只吸收蓝光)决定了其应用于农业大棚的优势。

②根据设计要求,非晶硅薄膜光伏模板每亩地装机容量可达 30 kW,每天按发电 5 h 计算,每亩地每天可发电 150 kW·h;按此推算,2 000 hm^2 土地装机容量可达 100 万 kW,相当于 1/5 的三峡电站装机容量。

③投资光伏农业大棚的成本可根据大棚结构不同和种植作物不同来设计,一般光伏农业大棚投资在 50 万~80 万元/亩。

④光伏农业大棚由于土地性质没有改变(上面发电,下面种植),所以解决了光伏发展的土地使用瓶颈问题。

⑤光伏白天提供电力的特性,可有效解决白天的电力不足。

⑥只要大棚种植蔬菜就可发电,所以在发达地区同样适用。

⑦全部为绿色能源，不但解决了电力供应不足的问题，还可通过植物降解技术和生物有机肥来改良土壤，使荒地、废地和盐碱地改造成为农业用地或优良耕地。

(2)有利于农业现代化

①由于非晶硅薄膜光伏农业大棚生产的电力回收(国家发改委已立项"金太阳工程"，享受太阳能发电补贴和设施农业补助)，使光伏大棚的成本大大降低，因此非晶硅薄膜光伏农业项目在农业领域的应用非常广泛，农业设施成本几乎为零。

②节约了农用薄膜(每两年需更换)和石油资源。

③消灭了农用薄膜对环境的污染。

④光伏大棚遮盖下，可实现农业的工业化种植。

⑤根据地区、气候不同，光伏大棚的应用可提高农作物产量3～5倍。

⑥由于产能提高，可节约土地使用面积，从而增加粮食耕地面积，并且可在荒地、沙漠地进行无土栽培，提高土地利用率，阻挡风沙，在西部地区有明显的优势。

⑦根据大棚投入不同，可种植不同的经济作物，提高经济利益。

⑧利用大棚建设种苗工厂，可保证植物基因稳定和农业工业化。

⑨生产的农产品可控制在无公害级别。

2. 光伏温室

光伏温室系统使用光伏组件作为温室主要建筑材料(半透明光电薄膜电池模板)，光伏发电系统为加热降温、调光遮光设备提供能源，使其具有较灵活的调节控制温室内光照、空气和土壤的温湿度、二氧化碳浓度的功能，即使在寒冷的季节，只依靠太阳光也可维持室内一定的温度水平，以满足农作物生长的需要。

光伏温室结构主体采用热浸镀锌钢制骨架，顶部覆盖材料为1 245 mm×635 mm×6 mm薄膜光伏组件，其余采用聚碳酸酯板(PC板)。聚碳酸酯中空板是以高性能的工程塑料及聚碳酸酯(PC)树脂加工而成，具有透明度高、质轻、抗冲击、隔音隔热、阻燃、抗老化等特点，是一种高科技、综合性能极其卓越的节能环保型塑料板材，是目前国际上普遍采用的塑料建筑材料。

二、发展趋势

设施覆盖材料主要是塑料薄膜和夜间保温覆盖材料，研发的趋势是高透光、高保温多功能覆盖材料，以便大幅度提高覆盖材料的透光率，增加太阳能的入射量，如对温室覆盖材料的内侧进行镀膜处理，以阻止长波向外辐射，减少热损耗；研发保温技术与材料设备，提高设施夜间保温能力。保温材料可研发墙体和后坡面使用的蓄热性能好、隔热性强的复合或相变材料等，进行便于机械化操作的多层覆盖技术、合理通风等量化节能管理技术，提高节能效果。

研发热能的多用途利用和余热回收技术，开发浅层地能的利用，利用土壤作为蓄热源，夏季把低温冷源抽到地上，用于温室降温，把经过热交换的热量打到地下，冬季把高温热源抽上来，在热泵的作用下，升温至45～50℃，只需要稍许加温就可以用于温室采暖，节能幅度达60%以上。

研究提高单位能量的作物产出率相关技术，重点研究设施逆境管理技术、作物防衰老技术等，提高单位面积作物产量，主要是低温、弱光、高湿、高温、强光等亚适宜环境作物响应机理与代谢调控技术，特别是散射光利用技术的研究。通过配套机械工程和微电子技术，使设施内温度、湿度、光照、水分、营养、CO_2 浓度等综合环境自动调控到作物生长所需的最佳状态，生产作业高度自动化和机械化，达到科学配置利用资源、能源，提高土地利用率、劳动生产率和优质农产品产出率，大幅度提高作物单产水平。荷兰通过综合高新技术应用，温室番茄年平均产量可达 40～50 kg/m^2，黄瓜年产 60 kg/m^2 以上，商品率高达 90%，降低了温室蔬菜单位产量的耗能率。

目前，随着我国设施栽培技术体系的发展和设施农作物经营格局的形成，设施栽培在种植业中的比较效益仍将保持较高的水平。在效益驱动下，我国的设施栽培面积将保持快速发展势头。高科技含量的设施覆盖材料，将在我国设施农业中发挥重要作用。如 F-Clean 薄膜作为一种高透光性、高耐候性的新型塑料温室覆盖材料，在建造超大跨度和超高温室时，较玻璃具有更大的优势。又如，太阳能发电型覆盖材料将太阳能光伏发电材料夹在玻璃中或贴在软质的塑料膜上，可以通过太阳辐射吸收热量发电供应温室的运用，非常符合当今发展低碳经济的需求。

复习思考题

1. 简述农用塑料薄膜的基本特性。
2. 简述有色地膜的特点。
3. 简述防虫网的特点。
4. 简述生物降解膜的特性。
5. 结合当地的生产条件，论述如何才能选好适合设施生产的覆盖材料。
6. 搜集并归纳用于设施农业生产的新材料的现状及发展趋势。

Project 4

项目四

设施环境及其调控

任务一　设施光环境及其调控
任务二　设施温度环境及其调控
任务三　设施湿度环境及其调控
任务四　设施气体环境及其调控
任务五　设施土壤环境及其调控
任务六　设施环境的综合调控
实验实训

设施环境是人们根据适合植物正常生长发育的环境要求而创造出来的局部气候环境。设施内的环境因子有光照、温度、水分、气体、土壤及营养元素等，这些环境因子一方面受外界环境条件的影响，另一方面在一定程度上是可以人工调控的。为此，了解设施内的环境因子特点，掌握环境因子的人工调控方法，对实现设施园艺作物的高产优质高效栽培，具有重要意义。

任务一　设施光环境及其调控

光是影响作物正常生长发育最重要的环境因子，也是植物进行光合作用的必要条件之一。光照直接影响植物的光合作用、光周期反应和器官的形态建成，在设施农业生产中，尤其对喜温作物的优质高产栽培具有决定性的影响。

一、设施内的太阳辐射

太阳辐射能集中于短波波段，故将太阳辐射称为短波辐射。设施内的光照来源，除少数地区和温室进行补光育苗或栽培时利用人工光源外，主要依靠太阳光能。用表示太阳辐射能状况的辐射通量密度或光量子通量密度来表示光强，能更客观地反映光能对植物的生理作用(图 4-1)。同时温室作物生产中光环境功能的表达，也不仅依赖占太阳总辐射能 5％的可见光部分，还包括分别占太阳总辐射能量 43％和 7％的红外线辐射和紫外线辐射。

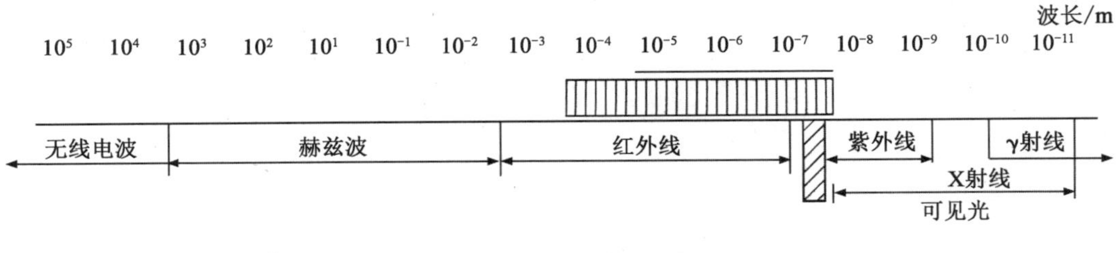

图 4-1　电磁波谱的波长分布

国际单位制(SI)常用辐射通量密度(radiant flux density，RFD)表示太阳光辐射总量，即单位时间内通过单位面积的辐射能量，其中光合有效波长域内能被植物叶绿素吸收并参与光化学反应的太阳辐射称为光合有效辐射(photosynthetically active radiation，PAR)。RFD 和 PAR 的单位均为 W/m^2 或 $J/(m^2 \cdot min)$或 $kJ/(cm^2 \cdot min)$，$1\ W/m^2 = 3.60\ kJ/(cm^2 \cdot min) = 0.86\ kcal/(cm^2 \cdot min)$，PAR 也可用 $\mu mol/(m^2 \cdot s)$表示，太阳辐射下 $1\ W/m^2 \approx 4.56\ \mu mol/(m^2 \cdot s)$，$PAR(W/m^2) \approx 0.45\ RFD$。当涉及与植物生理中光合作用有关的光能物理量时，则采用光通量密度(photon flux density，PFD，又称光量子通量密度)，即单位时间内通过单位面积的入射光量子，以摩尔数表示，或以光合有效波长范围内的光量子通量密度，即光合有效光量子通量密度(PPFD)来表示，它们的单位均为 $\mu mol/(m^2 \cdot s)$，可见光波长域内 lx 与 W/m^2 的换算系数为 $1\ W/m^2 \approx 250\ lx$。

二、设施内的光环境特征

温室内的光照条件是受温室方位、骨架结构、透光屋面形状、大小和角度、覆盖材料特性及其洁净程度等多种因素的影响。温室内的光照环境除了从光照度、光照时数、光的组成(光质)等方面影响园艺作物生长发育之外,还要考虑光的分布均匀性对其生长发育的影响。太阳辐射到达温室表面产生反射、吸收和透射而形成室内光环境,其主要影响因子是覆盖材料的透光性与温室结构材料。温室光环境包括光强、光质、光照时数和光的分布 4 个方面,它们分别给予温室作物的生长发育不同的影响。

(一)光照度

设施内的光照度明显比露地的弱,这是因为当自然光透过设施覆盖材料时,覆盖材料对自然光的吸收、反射,加上附着在覆盖材料表面结露的水珠折射、吸收等,致使透光率下降。自然光透过覆盖材料后,尤其在寒冷的冬春季节或阴雪天,设施内的透光率通常只有自然光的 50%~70%,如果透明覆盖材料染尘而不清洁、使用时间长而老化,透光率甚至会降到自然光强的 50%以下,这往往成为冬季喜光果菜类作物生产的主要限制因子。

设施内的光强日变化和季节变化均与外界环境光照度变化趋势一致。晴天时,设施内光照度随着太阳高度角的增加而逐渐增加,到中午 12:00—13:00 达到最大值,然后随着太阳高度角的减少而逐渐下降。

另外,不同天气条件下光照强度的日变化也不一样,见图 4-2 和图 4-3。从晴天与多云天气结果的对比分析可以看出,晴天连栋温室内光照度明显比多云天气条件下高,而且晴天的曲线变化比阴天明显。由于阴天外界的光环境中漫反射成分比重比晴天高,而晴天进入设施的光线以太阳直射光为主,因此阴天连栋温室内的整体透光率水平要高于晴天。

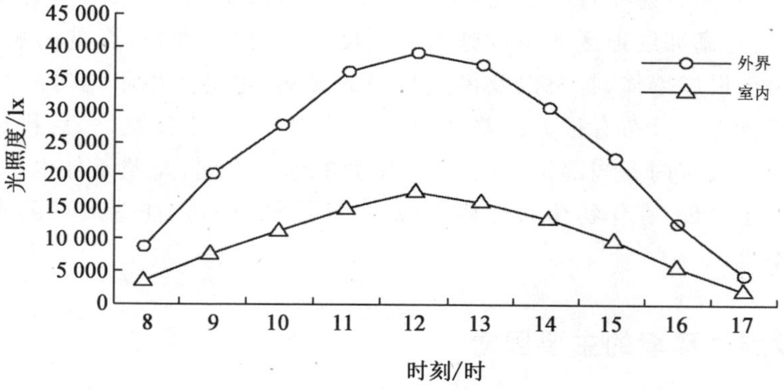

图 4-2 晴天连栋温室光照分布图

(二)光照时数

设施内接受光照的时间的长短,因设施的类型而不同。设施内的光照时数受不同地区所处的纬度、一年四季不同的季节、每天的天气情况以及防寒保温等因素的影响。塑料大棚为全透明,棚面上没有任何覆盖物,设施内的光照时数与露地基本一致,不需调节设施内光照时数。而日光温室在寒冷的冬季覆盖蒲席、草苫等不透明覆盖材料来保温防寒,故人为缩

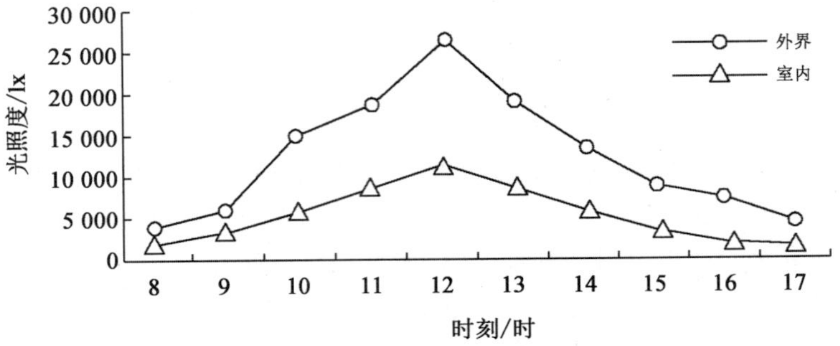

图 4-3 多云天气连栋温室光照分布图

短了光照时数。在严冬或早春，一般日出后开始揭开防寒覆盖材料，日落时盖上防寒覆盖材料。每天作物的受光时间很短，只有 7～8 h，而高纬度地区冬季甚至不足 6 h。

(三)光质

设施内的光谱组成(光质)与露地差异较大，这是由于透光覆盖材料对光辐射不同波长的透过率不同，主要影响的是 380 nm 以下紫外光的透光率，虽然有一些塑料膜可以透过 310～380 nm 的紫外光，但大多数覆盖材料不能透过波长 310 nm 以下的紫外光。当太阳短波辐射进入设施内并被作物和土壤等吸收后，又以长波的形式向外辐射时，大多被覆盖的玻璃或薄膜所阻隔，很少透过覆盖物，从而使整个设施内的红外光长波辐射增多，这也是设施具有保温作用的重要原因。此外，覆盖材料还可以影响红光和远红光的比例。

(四)光的分布

自然光在露地是分布均匀的，而在设施内光照分布在时间和空间上极不均匀。设施内的太阳辐射量，特别是直射光日总量，在温室的不同部位、不同方位、不同时间和季节，分布都极不均匀，尤其是高纬度地区冬季设施内光照度弱、光照时间短，严重影响温室作物的生长发育。同时由于设施墙体、骨架以及覆盖材料的影响，也会产生不均匀的光分布，温室栽培床的前、中、后排光照分布有很大的差异，前排光照条件好、中排次之、后排最低，反映了光照分布的不均匀。温室内不同部位的地面，距屋面的远近不同，光照条件也不同。一般靠近顶部光照条件优于底部，在作物生长旺盛阶段，由于植株遮阴往往造成下部光照不足，导致作物生长发育不良。

三、影响设施光环境的主要因素

设施的透光率是指设施内的光照度与外界自然的光照度之比。透光率的高低反映了设施采光能力的好坏，透光率越高，说明设施的采光能力越强，设施内的光照条件越好。设施透光率受许多因素影响主要有覆盖材料的透光特性、设施结构等。

1. 覆盖材料的透光特性

主要包括覆盖材料对光的吸收率、透射率和反射率。当阳光照射到覆盖材料的表面上时，一部分太阳辐射能量被材料吸收，一部分被反射回空中，剩下的部分才透过覆盖材料进入设施内，三者的关系表示为：

$$吸收率+透射率+反射率=1$$

透光特性与覆盖材料的种类、状态有关，不同覆盖材料以及不同使用状态下的透光特性见表 4-1。

表 4-1　不同覆盖材料种类及使用状态下的透光特性

名称	透光量 /klx	透光率 /%	吸收及反射率 /%	露地光照 /klx
透明新膜-1	14.9	93.1	6.9	16.0
透明新膜-2	14.4	90.0	10.0	16.0
稍污旧膜(使用 1 年后)	14.1	88.1	11.9	16.0
沾尘新膜	13.3	83.1	16.9	16.0
半透明膜	12.7	79.4	20.6	16.0
有滴新膜	7.5	73.5	26.5	16.0
洁净玻璃	14.5	90.6	19.4	16.0
沾尘玻璃	13.0	81.3	18.7	16.0

由表 4-1 可知，落尘和附着水滴均能降低透明覆盖材料的透光率。落尘一般可使透光率降低 15%～20%。附着水滴除了对太阳红外光部分有强烈的吸收作用外，还能增加反射光量，水滴越大，对覆盖材料的透光率影响越明显(表 4-2)，一般由于附着水滴可使覆盖材料的透光率下降 20%～30%。落尘与附着水滴两者合计可使覆盖材料的透光率下降 50%左右。同时，覆盖材料老化也会降低透光率，一般薄膜老化可使透光率下降 10%左右。

表 4-2　水滴大小对太阳辐射透光率的影响

覆盖方式	露地	无滴膜	普通薄膜	
			1～2 mm 水滴	2～3 mm 水滴
透光率/%	100	90	62	57

2.设施结构对透光率的影响

设施结构对透光率的影响很大，主要包括设施的屋面角度、类型、方位、设施间距、作物群体结构等对透光率的影响。

(1)设施的屋面角度　屋面角度主要影响太阳直射光在屋面上的入射角大小，太阳直射光入射角是指直射光照射到水平透明覆盖物与法线所形成的夹角。入射角越小，透光率越大，入射角为 0 时，光线垂直照射到透明覆盖物上，此时反射率为 0。图 4-4 表示入射角的大小与透光率和反射率的关系。透光率随入射角的增大而减小，入射角为 0 时透光率约为 83%，入射角为 40°～45°，透光率明显减少，若入射角超过 60°的话，反射率迅速增加，而透光率急剧下降。此外，透光率与入射角的关系还因覆盖材料种类的不同而异，例如硬质覆盖材料中的波形板的透光率高于平面板材。

(2)设施的类型　设施的透明覆盖层次越多，透光量越低，双层薄膜大棚的透光量一

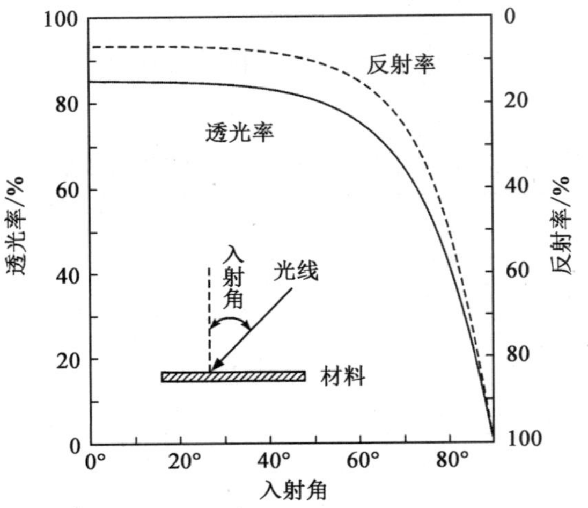

图 4-4　玻璃的太阳入射角与透光率和反射率的关系

般较单层大棚减少 50%左右。单栋温室和大棚的骨架遮阴面积较连栋温室和大棚的小，透光率比连栋温室和大棚的高；竹木结构温室和大棚的骨架材料用量大并且材料的规格也比较大，遮阴面积大，透光量少，钢架结构温室和大棚的骨架材料规格小，用量也少，遮阴面积小，透光量一般较竹木结构的增加 10%左右。不同设施类型的透光性能比较见表 4-3。

表 4-3　不同设施类型的透光性能比较

	透光量/klx	与对照的差值/klx	透光率/%	与对照的差值/%
单栋竹拱结构大棚	66.5	−39.9	62.5	−37.5
单栋钢拱结构大棚	76.7	−29.7	72.0	−28.0
单栋硬质塑料结构大棚	76.5	−29.9	71.9	−28.1
连栋钢材结构大棚	59.9	−46.5	56.3	−43.7
对照(露地)	106.4		100.0	

(3)设施的方位　设施的方位不同，其在一天中的采光量也不相同。图 4-5 表示冬至时北纬 30°的单栋和连栋温室内床面日平均透光率与设施方位的关系。由图 4-5 可以看出，冬至时节温室的透光率随着方位偏离正南而降低。

不同方位塑料大棚的采光量也不相同，不同方位塑料大棚四季的采光量比较见表 4-4。

表 4-4　不同方位塑料大棚内的照度比较　　%

项目	清明	谷雨	立夏	小满	芒种	夏至
东西延长	53.14	49.81	60.17	61.37	60.50	48.86
南北延长	49.94	46.64	52.48	59.34	59.33	43.76
比较值	+3.20	+3.17	+7.69	+2.03	+1.17	+5.10

(4)设施间距　为保证相邻设施内有充足的光照、不被南面的设施遮阴，相邻设施间应该保持一定的距离。相邻设施间的距离主要考虑设施的脊高加上草帘卷起来的高度，相邻设施南北间的距离不小于上述两者相加高度的2.0～2.5倍，以保证在太阳高度角最低的冬至前后，设施内也有充足的光照。南北延长的设施前后两栋间的距离为脊高的1倍左右。

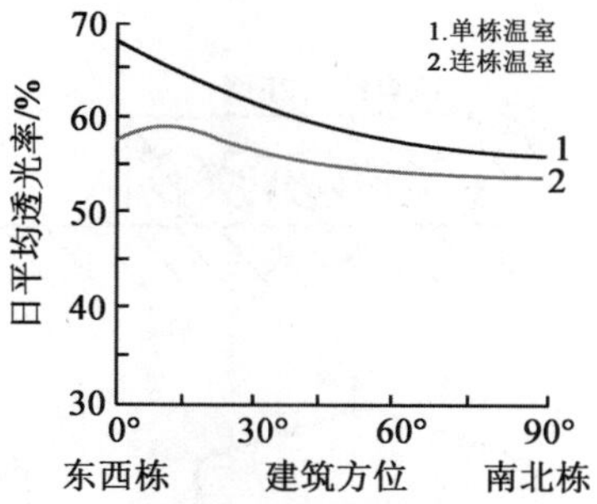

图4-5　温室方位与床面日平均透光率的关系

(5)作物群体结构　作物自然生长状态下，群体各器官的立体分布，称为作物群体结构。作物群体结构与作物群体内部的透光率和光的分布关系密切。

作物群体各器官的立体分布与植株大小、植株高度、植株密度、植株的生物学特性以及作物的栽培方式有关。作物群体结构对其内部的光照分布影响很大，例如，茄子植株(高60 cm)自群体顶部向下20 cm处的光照较其顶部下降了50%～60%。若在行距相对较小的情况下，南北向畦栽培较东西向畦栽培其作物群体内部的光分布更均匀，作物生长良好，产量高，品质好。

四、设施内光环境调控

(一)光照度的调控

1.遮光

设施蔬菜软化栽培、芽苗菜、观叶植物、花卉和茶叶等进行设施栽培或育苗时，往往需要通过遮光措施来抑制气温、土温和叶温的上升，以促进作物生长发育，改善品质。另外进行短日照处理，也要利用遮光来调控光照时数或光强，遮光程度因作物种类而有所差异。

遮光材料根据覆盖位置可分为外覆盖和内覆盖2大类，也有在玻璃温室表面涂白进行遮光降温的，见图4-6。外覆盖的遮光降温效果好，但易受风害等外界环境的影响；内覆盖受外界环境影响小，但易吸热再放出，抑制升温的效果不如外覆盖。

遮光材料中，遮阳网(凉爽纱)依原料不同有维纶、聚酯等编制而成白色、黑色、银灰和灰色等，强度和耐候性均强。但以维尼纶为原料的遮阳网，干燥时收缩率达2%～6%，覆盖时不能拉得太紧。PE网以PE为材料编压成网，通气性、强度、耐候性均佳。PVA纤维网以聚乙烯醇为原料，有黑色和银灰色两种，以维尼纶为原料的与凉爽纱相似，会收缩3%～4%，但通气性好。无纺布光滑柔软，不易与作物发生缠绕牵挂。软质塑料膜以PE涂黑或涂铝箔，适于内覆盖(表4-5)。从遮光效果来看，遮光的目的是降温或抑制升温，遮光率越大，抑制升温效果越大，在内覆盖方式下，银灰色较黑色网抑制升温的效果好。

2.人工补光

光照不足会影响作物的光合作用，从而严重影响作物的生长。人工补光是根据作物对光照的需求，采用人工光源改善温室的光照条件，调节对作物的光照。

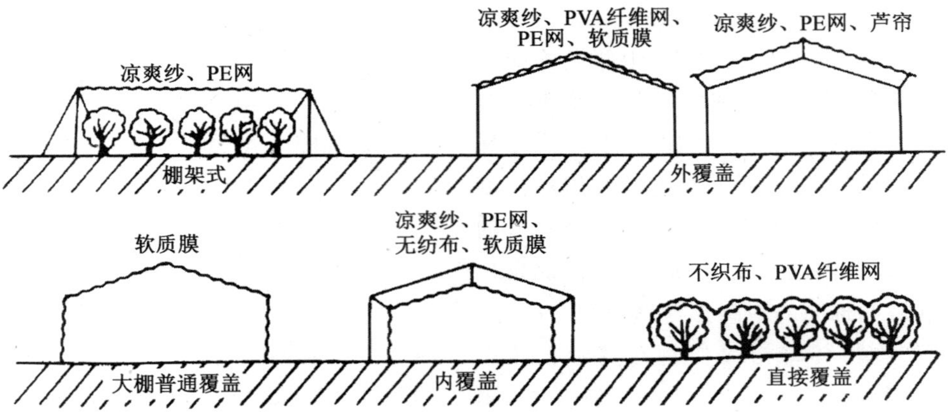

图 4-6　各种遮光材料的覆盖方式与覆盖位置

表 4-5　遮光材料的特性比较

种类	颜色	用途		适宜的覆盖方式							性能					
		降温	日常处理	搭遮阴棚	外部遮阴	外覆盖	内覆盖	隧道式覆盖	贴面覆盖	遮光率/%	通气性	被覆性能	开闭性能	伸皱性能	强度	耐候性
遮阴纱	白	○	×	○	○	×	○	○	○	18～29	○	○	○	△	◎	◎
	黑	○	×	○	○	×	○	○	○	35～72	○	○	○	△	◎	◎
	灰	○	×	○	○	×	○	○	○	66	○	○	○	△	◎	◎
	银	○	×	○	○	×	○	○	○	40～50	○	○	△	△	◎	◎
聚乙烯网	黑	○	×	○	○	×	△	○	○	45～95	○	○	△	○	◎	◎
	银	○	×	○	○	×	△	○	○	40～80	○	○	○	○	◎	◎
PVA 撕裂纤维膜	黑	○	×	△	○	×	○	○	○	50～70	○	○	○	△	○	○
	银	○	×	△	○	×	○	○	○	30～50	○	○	○	△	○	○
无纺布	白	○	×	△	○	△	○	○	○	20～50	△	◎	◎	○	○	○
	黑	○	×	△	○	△	○	○	○	75～90	△	◎	◎	○	○	○
PVC 软质膜	黑	×	○	×	△	○	○	○	×	100	×	◎	◎	○	○	
	白	△	○	×	△	○	○	○	×	100	×	◎	◎	○	○	○
	半透光银	○	×	×	△	○	○	○	×	30～50	×	◎	◎	○	○	○
PE 软质膜	银	△	○	×	△	△	○	○	×	100	×	◎	◎	○	△	×
	半透光银	○	×	×	△	△	○	○	×	30	×	◎	◎	○	△	×
PP 等铝箔膜		○	×	×	△	△	○	○	×	55～92	×	◎	◎	○	○	△
苇帘		○	×	×	○	×	×	△	×	70～90	○	△	△	○	○	△

注:◎优秀、○良好、△较差、×差

采用人工补光可以弥补温室栽培的光照不足,促进作物生长。人工补光的效果除取决于光照度外,还取决于补光光源的生理辐射特性。生理辐射是指在辐射光谱中,能被植物叶片吸收光能而进行光合作用的那部分辐射。不同的补光光源,其生理辐射特性不同。在光源的可见光光谱(380～760 nm)中,植物吸收的光能占生理辐射光能的60%～65%。其中,主要是波长为610～720 mm的红、橙光辐射,植物吸收的光能占生理辐射光能的55%左右。红、橙光的光合作用最强,具有最大的光谱活性,用富含红、橙光的光源进行人工补光,在适宜的光照时数下,会使植物的发育显著加速,引起植物较早开花、结实。采用红、橙光的光源进行人工补光,可促使植物体内干物质的积累,促使鳞茎、块根、叶球以及其他植物器官的形成。其次是波长为400～510 nm的蓝、紫光辐射,植物吸收的光能占生理辐射光能的8%左右。蓝、紫光具有特殊的生理作用,对于植物的化学成分有较强的影响,用富于蓝、紫光的光源进行人工补光,可延迟植物开花,使以获取营养器官为目的的植物充分生长。而植物对波长为 510～610 nm的黄、绿光辐射,吸收的光能很少。所以,通常把波长范围在610～720 nm和400～510 nm两波段的辐射能称为有效生理辐射能,而不同波段有效生理辐射能占可见光波段总辐射能的比例则称为有效生理辐射比率,可以有效生理辐射效能来表征输入光源的电能转化为光合有效辐射能的程度,并通过这些指标来评价人工补光的效果。

(1)人工补光光源及其生理辐射特性　用于温室人工补光的光源,必须具备设施作物必需的光谱成分(光质)和一定的功率(光量),且应经济耐用、使用方便。目前,用于温室人工补光的光源根据其使用及性能,大致可分为以下3大类:

①普通光源　常用的有白炽灯和荧光灯。白炽灯依靠高温钨丝发射连续光谱,辐射光谱大部分是红外线,红外辐射的能量可达总能量的80%～90%,而红、橙光部分仅占总辐射量的10%～20%,蓝、紫光部分所占比例很少,几乎不含紫外线。因此,白炽灯的生理辐射量很少,能被植物吸收进行光合作用的光能更少,仅占全部辐射光能的10%左右。而白炽灯所辐射的大量红外线转化为热能,会使温室内的温度和植物的体温升高。

荧光灯的灯管内壁覆盖了一层荧光物质,由紫外线激发荧光物质而发光。根据荧光物质的不同,有蓝光荧光灯、绿光荧光灯、红光荧光灯、白光荧光灯、日光荧光灯以及卤素粉荧光灯和稀土元素粉荧光灯等。可根据栽培植物所需的光质选择相应的荧光灯。荧光灯的光谱成分中无红外线,其光谱能量分布:红、橙光占44%～45%,绿、黄光占39%,蓝、紫光占16%。生理辐射量所占比例较大,能被植物吸收的光能约占辐射光能的75%～80%,是较适于植物补充光照的人工补光光源,目前使用较为普遍。

②新型光源　目前用于人工补光的新型光源有钠灯、镝灯、氖灯、氦灯以及微波灯和发光二极管等。其中,高压钠灯和日色镝灯是发光效率和有效光合成效率较高的光源,目前在温室人工补光中应用较多。

高压钠灯光谱能量分布:红、橙光占39%～40%,绿、黄光占51%～52%,蓝、紫光占9%。因含有较多的红、橙光,补光效率较高,适宜于温室叶菜类作物的补光。

日色镝灯又称生物效应灯,是新型的金属卤化物放电灯。其光谱能量分布:红、橙光占22%～23%,绿、黄光占38%～39%,蓝、紫光占38%～39%。日色镝灯虽蓝、紫光比红、橙光强,但光谱能量分布近似日光,具有光效高、显色性好、寿命长等特点,是较理想的人工补光光源。

氖灯和氦灯均属于气体放电灯。氖灯的辐射主要是红、橙光,其光谱能量分布主要集中在 600～700 nm 的波长范围内，最具有光生物学的光谱活性。氪灯主要辐射红、橙光和紫光，各占总辐射的 50%左右，叶片内色素可吸收的辐射能占总辐射能的 90%，其中 80%为叶绿素所吸收，这对植物生理过程的正常进行极为有利。

除了这些常用的灯光外，还有一些新型的有广阔应用前景的灯，一种是微波灯，它是用波长 10 mm 至 1 m 的微波（微波炉所用）照射封入真空管的物质，促使其发光，可以获得很高的照度。用现有的生物灯，即使多盏灯并用，在其下 2 m 位置平面的光合有效光量子密度（PPFD）最大也不过 500 μmol/（m^2 · s），而微波灯即使开启一盏，下方 2 m 的平面也可以有 1 200 μmol/（m^2 · s）的 PPFD，这个强度相当于上海夏天早晨 10 时的光强值。微波灯的特征除了强度大外，其光谱能量分布与太阳辐射相近，但光合有效辐射比例高达 85%，比太阳辐射还高，而且辐射强度可以连续控制，寿命也长，是今后最具推广价值的新光源（图 4-7）。

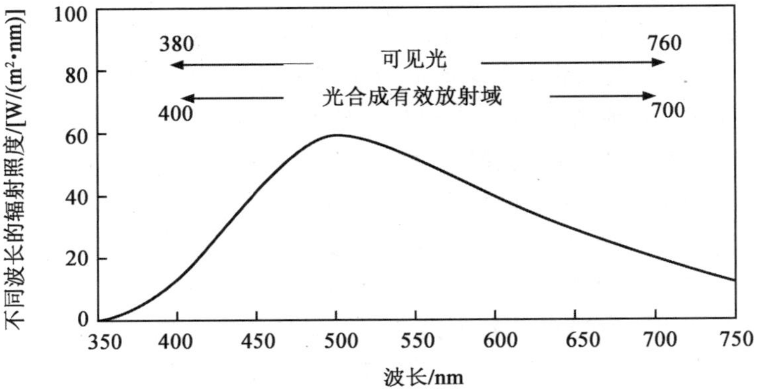

图 4-7　微波灯（3.5 kW）照射面的光强分布（350～750 nm 波长）

近年来受到关注的另一光源是发光二极管（LED），LED 的特征是光谱单纯，即可以获得单峰光谱。红光光谱与光合有效光谱接近，从光合的角度看是效率最好的光源，但仅有红光的栽培会引起植株形态异常。为此，需要和蓝光 LED 或荧光灯同时并用。LED 本身发热少，光谱中不含光合作用不需要的红外光，近距离照射植物也不会改变植物的温度。单个 LED 发射的光强弱，将整个 LED 安装在板上，近距离照射，效果好。虽然开发了从蓝光到红外光的各种光谱 LED，但红光 LED 以外的 LED 价格仍然高。LED 抗机械冲击力强，寿命长。

③专用光源　这类光源是专门为植物光照而开发的。其生理辐射能的分布和配比较合理，红、橙光的有效生理辐射能占 58%，蓝、紫光的有效生理辐射能占 32%，有效生理辐射能比率高达 90%。由于其光谱能量分布曲线和植物叶绿素光合作用的光谱特性曲线很相似，所以该灯的光能利用率和光合效应均较高。

（2）人工光源的选择　选择人工光源时，首先必须满足光谱能量分布和光照度的要求。光谱能量分布应符合植物的需要；而光照度方面，当要求的光照度很大时，希望其体积小、功率大，以减少灯遮挡自然光面积。此外，还应选择有较强的发光效率，较长的使用寿命，价格比较合理的人工光源。补光栽培中应用的各种光源发光效率的比较见表 4-6。单用人工照明进行栽培时，必须考虑光谱分布的影响。例如，金属钠灯的光谱分布在橙黄色波长处出现峰值，红光和蓝光少。

表 4-6　补光栽培中应用的各种光源发光效率的比较

	发光效率/(lm/W)	光合效率/W(相对值)	寿命/khr	稳定器	光合效率/单灯价格(相对值)	垂直投影面积(m^2/kW)
白炽灯：						
300 W 反射型	5.2	1.0	2	无	100	0.048
荧光灯：40 W						
普通型、白光	55*	5.8	10	无	45	3.73
普通型、昼光色	48*	4.9	10	无	38	3.73
植物用、BR 型	17*	4.7	10	无	31	3.73
高压水银灯：						
400 W 反射型	33	3.9	12	有	130	0.064
金属卤化物灯：						
"阳光灯"400 W 反射型	24	3.6	6	有	36	0.057
"BOC 灯" 400 W 反射型	40	6.0	6	有	53	0.064
高压钠灯：						
普通 400 W 反射型	68	7.8	12	有	92	0.064
色调改良型 400 W 反射型**	57	8.2	12	有	98	0.073

注：* 使用反射伞罩时的推定值；** 根据普通型推测的估计值。

(二)光照长度的调控

为了控制作物光周期反应，诱导成花、打破休眠或延缓花芽分化，要进行长日照处理和短日照处理，短日照处理的遮光栽培一般叫黑暗处理，遮光率必须达到 100%，在菊花和草莓栽培中应用，如菊花遮光处理可促进提早开花。

进行长日照处理的补光栽培一般叫电照栽培，同样在菊花、草莓等植物的栽培中广泛应用。如菊花电照处理可延长秋菊开花期至冬季"三大节日"期间开花，实现反季节栽培，增加淡季菊花供应，提高效益；草莓电照栽培可阻止休眠或打破休眠，提早上市。补光强度、方法依作物种类而异。一般长日照处理时，照度几十勒克斯即可满足要求，光源多为 5～10 W/m^2 的白炽灯。如是栽培补光，弱光时采用 100～400 W/m^2，以高压气体放电灯、荧光灯或以荧光灯加 10%～30%白炽灯为宜。

一般照光方法有以下几种。

(1)彻夜照明法　从日落到日出连续照明。

(2)日长延长法　日落后连续照明 4～8 h。

(3)黑暗中断法　在夜间连续照明 2～5 h。

(4)间歇照明法　在夜间 4～5 h 内交替进行开灯和关灯，一般 1 h 内开灯数分钟到 20 min，电力消耗少，但需要安装反复开关电源的定时器，并会影响灯泡的寿命。

(三)光质的调控

植物的光合作用、形态建成等与光质(即光谱)关系密切，因此了解各波长的光的作用，配置适当光谱比例的光非常重要。光照处理与红光和远红光关系很大，通常利用的白炽灯就富含这两种光波。温室利用自然光的场合，由于覆材料的不同，各种光波域的透过率也不同。以聚丙烯树脂为原料的薄膜中混入能遮断红光和远红光的色素制成的转光膜，可调节室内 600～700 nm 的红光(R)和 700～800 nm 的远红光(FR)的光量子比(R/FR)，控制茎节的伸长。

光波中另一重要波长域为紫外线，紫外线和茄子、葡萄、花卉等园艺作物的着色关系密切，对蜜蜂等昆虫的活动也非常重要。例如，紫茄子温室栽培若无紫外线就着色不好，月季花的着色与紫外线也有关系。温室草莓、甜瓜栽培如放蜂传粉的话，用除去紫外线的薄膜覆盖会影响蜜蜂传粉，但是能抑制蚜虫的发生，并促进茎叶的伸长。

不同覆盖材料的透光率如图 4-8 所示。FRP、PC 板、PET 不能透过紫外线，但玻璃、PVC、FRA、mmA、PE 可以透过紫外线。当然，即使能够透过紫外线的 PVC、mmA、FRA 等材料在合成时添加紫外线吸收材料等辅料后，也不能透过紫外线。

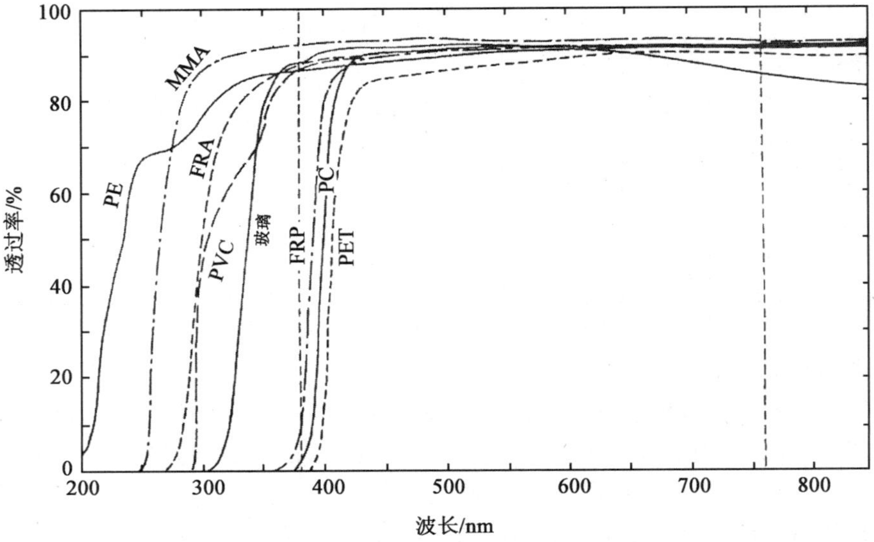

图 4-8 各种覆盖材料对不同波长光的透过率

任务二　设施温度环境及其调控

温度是作物设施栽培的首要环境条件，因为任何作物的生长发育和维持生命活动都要求一定的温度范围，温度对植物的生存和生长发育有着重要的影响，尤其是最高温度、最低温度、最适温度即“温度三基点”对植物的影响。植物种子从萌发到成熟的整个生长周期，体内发生的一系列的生理生化变化，都受“温度三基点”的影响。当温度超过植物生长发育的最高或最低界限，则生长发育停止，如再超过维持生命的最高或最低界限，就会死亡。

所有作物对温度环境的要求都是对原产地生态环境条件长期适应的结果，原产热带、亚热带的植物多为喜温作物，不耐低温，甚至短期霜冻就会造成极大危害；而原产温带气候条件下的则多为喜凉作物，耐寒性较强。即使同一种作物，在其生长发育的不同时期，对温度的要求也不同。在同一天中，也要求白天温度高、夜间温度低，昼夜要求有一定的温差，这就是“温周期”现象。特别是地温，与作物根系吸收水分和养分、促进土壤微生物的活动密切相关。作物栽培中特别重视地温的调节，在气温过高或过低时，地温如果适宜，可显著增加作物的耐热或耐寒性，夏季高温条件下喜温蔬菜如能保持根系 15～25℃的适温，则可显著提高产量和品质。

一、设施内温度的特点

太阳辐射是地球表层能量的主要来源，由于太阳辐射波长较地面和大气辐射波长（3～120 μm）小得多，所以通常又称太阳辐射为短波辐射，称地面和大气辐射为长波辐射。在无加温条件下，设施内热量的来源主要是太阳的直接辐射和散射辐射，辐射能透过透明覆盖物照射到地面，提高室内气温和土温，而地面反射出来的是长波辐射，其能量较小，大多数被玻璃、薄膜等覆盖材料阻挡，所以温室内进入的太阳能多，反射出去的少，再加上覆盖材料阻挡了外界风的作用，室内的温度自然比外界高，这就是所谓的“温室效应”。温室的温度随外界温度的变化而变化，它不仅有季节性变化也有日变化，不仅昼夜温差大，而且也有局部温差。

（一）温室温度的季节变化

太阳辐射在大气上界的分布是由地球的天文位置决定的，称之为天文辐射。由天文辐射决定的气候称为天文气候，天文气候反映了全球气候的空间分布和时间变化的基本轮廓。太阳辐射随时间呈现有规律的变化，形成了四季。因此，在北方地区，保护设施内同样存在着明显的四季变化。按气象学规定，以候平均气温≤10℃，旬平均最高气温≤ 17℃，旬平均最低气温≤ 4℃作为冬季指标；以候平均气温≥ 22℃，旬平均最高气温≥28℃，旬平均最低气温≥ 15℃作为夏季指标；冬季夏季之间作为春、秋季指标，则日光温室内的冬季天数可比露地缩短 3～5 个月，夏天可延长 2～3 个月，春秋季也可延长 20～30 d，所以北纬 41°以南至北纬 33°以北地区，高效节能日光温室（室内外温差保持 30℃左右）可四季生产喜温果菜。而大棚冬季只比露地缩短 50 d 左右，春秋比露地只增加 20 d 左右，夏季时间增加很少，所以果菜只能进行春提前、秋延后栽培，只有多重覆盖下，才有可能进行冬春季果菜生产。

（二）温室温度的日变化

在不同天气条件下，温室内外气温的日变化趋势比较一致，呈昼高夜低（图 4-9）。晴天时，温室内外气温的最低值相同，均出现在 5:00；最高气温均出现在 14:00，温室内偏高 4.2℃。气温日较差，温室内为 15.7℃，温室外为 11.5℃。11:00—16:00 温室内的气温常常高达 31～33℃。气温超过 30℃，易造成高温热害，抑制作物的正常生长。午夜前后，温室外气温比温室内要高 0.1～0.3℃。主要原因是晴天的夜里，温室外可以通过土壤白天储备的热量来散热以及空气的垂直乱流和平流由上层空气来补给热量，而温室内的辐射冷却，使气温更低。

多云天气条件下，温室内外最低气温也出现在 5:00，温室内偏高 0.7℃；最高气温出现在 13:00，温室内偏高 4.0℃。气温日较差，温室内为 12.0℃，温室外为 8.5℃。多云天气全天温室内气温均高于温室外，白天偏高 1.8～4.8℃，夜间偏高 0.7～1.2℃。

阴雨天气条件下，温室内外最低气温同样出现在 5:00，温室内偏高 1.1℃；最高气温出现在 14:00，温室内偏高 3.6℃。温室内气温日较差为 6.5℃，温室外为 3.8℃。阴雨天气，温室内气温与温室外相比，白天偏高 2.1～3.7℃，夜间偏高 0.8～1.4℃。

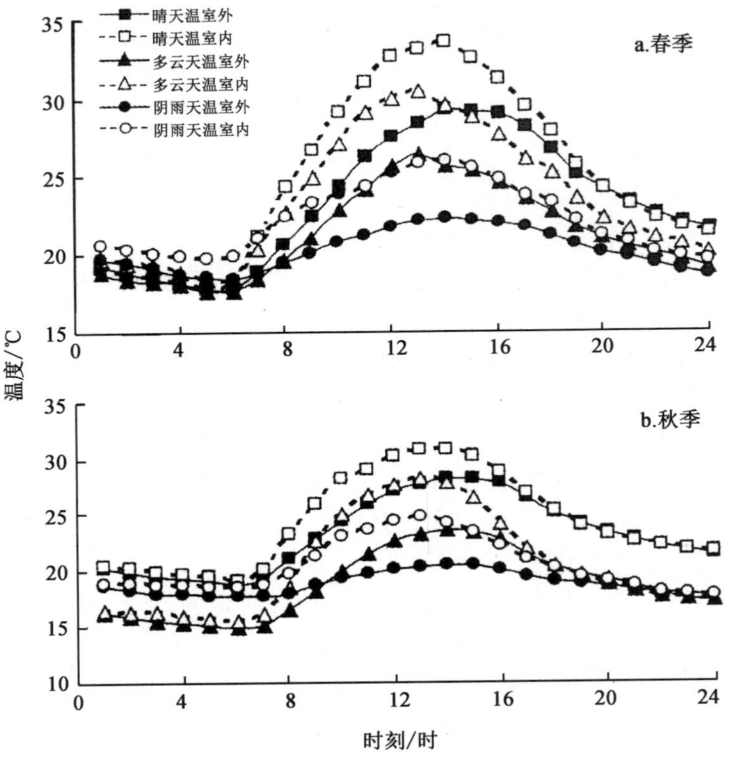

图 4-9　不同天气下温室内外气温的日变化

(三)设施内气温的分布

设施内气温分布严重不均匀，一般设施内的上部高于下部，中部高于四周。在保温条件下，垂直温差可达 4～6℃，水平温差较小。中国北方日光温室夜间北侧高于南侧，保护设施面积越小，低温区比例越大，分布也越不均匀。而地温的变化，不论季节变化还是日变化，均比气温变化小得多。

(四)设施内“逆温”现象

通常温室内温度都高于外界，但在无多重覆盖的塑料拱棚或玻璃温室中，日落后的降温速度往往比露地快，如再遇冷空气入侵，特别是有较大北风后的第一个晴朗微风夜晚，温室大棚夜晚通过覆盖材料向外辐射放热更剧烈，室内因覆盖材料阻挡得不到热量补充，常常出现室内气温反而低于室外气温 1～2℃的逆温现象。逆温现象一般出现在凌晨，从 10 月份至翌年 3 月份都有可能出现，尤以春季逆温的危害最大。

二、设施内热平衡原理

设施从外界得到的热量与自身向外界散失的热量的收支状态称为设施的热量平衡。在不加温条件下，一方面，温室表面主要从太阳的直接辐射和散射辐射中获得能量，也从周围物体的长波辐射中获得少量的热量；另一方面，温室的覆盖物表面向外界以长波辐射散热，并通过与周围空气对流交换散热。

(一)设施内的热收支

以温室为例，设施环境是一个半封闭系统，它不断地与外界进行物质与能量交换，根据能量守恒原理，蓄积于温室内的热量 ΔQ=进入温室内的热量(Q_{in})-散失的热量(Q_{out})。当 $Q_{in}>Q_{out}$ 时，温室蓄热升温；当 $Q_{in}<Q_{out}$ 时，温室失热而降温；当 $Q_{in}=Q_{out}$ 时，温室热收支达到平衡，此时温度不发生变化。不过，平衡是相对、暂时和有条件的，不平衡是经常的、绝对的。根据热平衡原理，人们采取增温、保温、加温和降温措施来调控温室内的温度。

(二)设施的热量平衡方程

热量平衡是设施小气候形成的物理基础，也是设施建造设计和栽培管理的依据。实际上，设施内的热交换是极为复杂的。其原因是：首先，因为热量的表现形式和传递方式本身就是多种多样的，比如有光和热转换、有潜热交换、也有显热交换；有辐射传热、传导传热，还有对流传热。其次，设施是一个半封闭的系统，其内部的土壤、墙体、骨架、水分、植物、薄膜等各种物体之间，无时无刻不在进行着复杂的热交换。再次，设施的热状况因地理位置、海拔高度、季节、时刻和天气状况的不同而有很大的差异。最后，设施的热量收支还受设施结构、管理技术等的影响，从而使热平衡变得更为复杂。

设施环境作为一个整体系统，各种传热方式往往是同时发生的，有时彼此是连贯的，是某种放热过程的不同阶段。图 4-10 为温室热量收支模式图，图中箭头到达的方向表示热流的正方向。

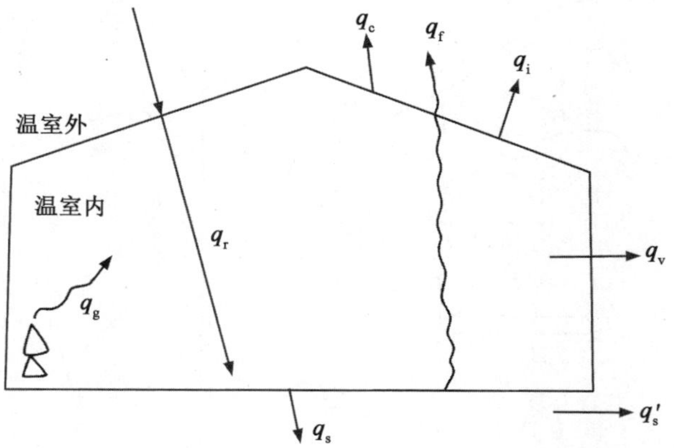

q_r：太阳总辐射能量　q_f：有效辐射能量　q_g：人工加热量　q_c：对流传导失热量(显热部分)　q_i：潜热失热量
q_s：土壤传导失热　q'_s：土壤横向失热　q_v：通风换气失热量(包括显热和潜热两部分)

图 4-10　温室热量收支模式图

设施内的热量的来源(Q_{in})：一部分是太阳总辐射，包括直射光与散射光，以 q_r 表示，另一部分是人工加热量，用 q_g 表示，即 $Q_{in}=q_r+q_g$；而热量的支出(Q_{out})则包括以下几个方面：①地面、覆盖材料、作物表面有效辐射失热，用 q_f 表示；②以对流方式，温室内土壤表面与空气之间、空气与覆盖材料之间热量交换，并通过覆盖材料表面失热，用 q_c 表示；③温室内土壤覆盖表面蒸发、作物蒸腾、覆盖材料表面蒸发，以潜热形式失热，用 q_i 表示；④通过排气将显热和潜热排出，用 q_v 表示；⑤土壤传导失热，用 q_s 表示。综上，在忽略室内灯具的加热量，作物生理活动的加热或耗热，覆盖材料、空气和构架材料的热容等的条件下，温室的热量平衡方程式可概括如下：

$$q_r + q_g = q_f + q_c + q_i + q_v + q_s$$

(三)设施热支出的各种途径

1. 贯流放热

透过覆盖材料或围护结构的热量叫作设施表面的贯流传热量(Q_t)。设施贯流传热量的大小与设施内外气温差、覆盖材料及围护结构面积、覆盖材料及围护结构材料的热贯流系数成正比。贯流系数是指每平方米的覆盖材料或围护结构表面积,在设施环境内外温差为1℃的情况下每小时放出的热量,它是一项和建筑材料的热导率及材料厚度等有关的数值。

贯流传热是几种传热方式同时发生的,如图4-11所示,它的传热过程主要分为3个阶段:首先温室的内表面A吸收了从其他方面来的辐射热和空气中来的对流热,在覆盖物内表面A与外表面B之间形成温差;然后,通过传导方式,将上述A面的热量传至B面;最后,在设施外表面B,又以对流辐射方式将热量传至空气之中。贯流传热量的表达式如下:

$$Q_t = A_w h_t (t_r - t_o)$$

式中:Q_t 表示贯流传热量(kJ/h);A_w 表示温室表面积(m^2);h_t 表示热贯流率[kJ/(m^2·h·℃)];t_r 表示温室内气温(℃);t_o 表示温室外气温(℃)。

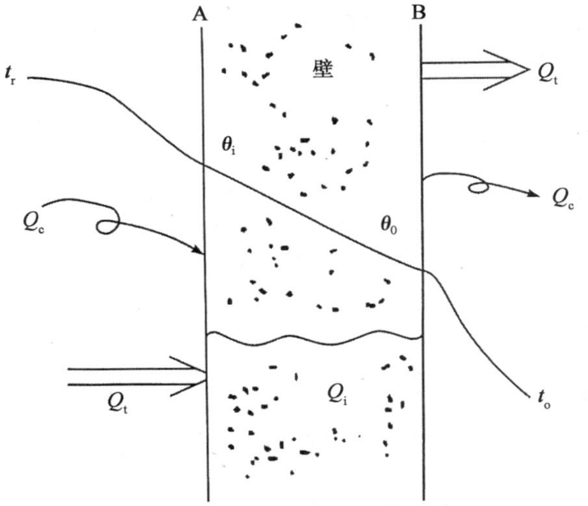

图4-11 热贯流传热模式图

热贯流率的大小,除了与物质的热导率λ(即导热系数)、对流传热率和辐射传热率有关外,还受室外风速大小的影响。风能吹散覆盖材料外表面的空气层,刮走热空气,使室内的热量不断向外贯流。风速为1 m/s时,热贯流率为33.47 [kJ/(m^2·h·℃)],风速为7 m/s时,热贯流率约为100.41 [kJ/(m^2·h·℃)],增加了3倍。一般贯流放热在无风情况下是辐射放热的1/10,风速增加到7 m/s时放热增加到1/3,所以保护设施外围的防风设备对保温很重要。表4-7列出了若干物质的热贯流率。

贯流放热在设施的全部放热量中占绝大部分,它是设施放热的主要途径,占总散热量的60%~70%,高时可达90%。减少贯流放热的有效途径是降低覆盖材料及维护结构的导热系数,如采用导热系数低的建筑材料,采取异质复合型建筑结构做墙体和后屋面,前屋面用草苫、纸被、保温被，室内张挂保温幕等，都可以取得良好的保温效果。

表 4-7　各种物质的热贯流率　　kJ/(m² · h · ℃)

种类	规格/mm	热贯流率	种类	规格/mm	热贯流率
玻璃	2.5	20.92	木条	厚 8	3.77
玻璃	3～3.5	20.08	砖墙(面抹灰)	厚 38	5.77
聚氯乙烯	单层	23.01	钢管	—	47.84～53.97
聚氯乙烯	双层	12.55	土墙	厚 50	4.18
聚乙烯	单层	24.29	草苫	厚 40～50	12.55
合成树脂板	FRP、FRA、mmA	20.92	钢筋混凝土	厚 5	18.41
合成树脂板	双层	14.64	钢筋混凝土	厚 10	15.90

2. 换气放热

设施内的热量通过覆盖材料及围护结构的缝隙，如门窗、墙体裂缝、放风口等，以对流的方式将热量传至室外，这种放热称为换气放热或缝隙放热。温室内通风换气散失热量，包括显热失热和潜热失热两部分，其表达式如下：

$$Q_v = R \cdot V \cdot F(t_r - t_0)$$

式中：Q_v 表示整个设施单位时间的换气失热量；R 表示每小时换气次数；F 表示空气比热，为 1.3 kJ/(m³ · ℃)；V 表示设施的体积(m³)。

由于换气方式或缝隙大小不同，引起的换气放热差异很大，在设施密闭情况下，换气放热只有贯流放热量的 10%左右。在温室建造和生产管理中，应尽量减少缝隙放热，建造中注意温室门的朝向，避免将门设置在与季风方向垂直的方向，如华北地区冬春季多刮西北风，一般将温室的门设置在东部，设置在西部时需要加盖缓冲间。覆盖薄膜时应密封塑料薄膜与墙体、后屋面、前屋面地角的连接处，并保持薄膜完好无损。风口设置处，两块薄膜搭接不宜过窄，以便把缝隙放热减少到最低限度。

换气失热量与换气次数有关。因此缝隙大小不同，其传热量差异很大，表 4-8 列出了温室、塑料棚密闭不通风时，仅因结构不严而引起的每小时换气次数。

表 4-8　温室密闭时每小时换气次数

保护地类型	覆盖形式	平均换气次数/(次/h)
玻璃温室	单层	1.5
玻璃温室	双层	1.0
塑料大棚	单层	2.0
塑料大棚	双层	1.1

此外，换气传热量还与室外风速有关，风速增大时换气失热量增大。因此应尽量减少缝隙，注意防风。由于通风时必有一部分水汽自室内流向室外，所以通风换气时除有显热失热以外，还有潜热失热。通常在实际计算时，往往将潜热失热忽略不计。普通设施不通风时，

因结构不严由间隙逸出的热量仅为辐射放热的10%～20%，占总热量的5%～6%。

3. 土壤传导失热

白天透入设施内的太阳辐射能，除了一部分用于长波辐射和传导，使室内的空气升温外，大部分热量是纵向传入地下的，成为土壤贮热。这部分补充到土壤中的热量，加上原来贮存在土壤中的热量通过纵向和横向向四周传导。冬季夜间，温室土壤是一个"热岛"，它向四周、土壤下部、温室空间等温度低的地方传热，这种热量在土壤中的横向和纵向传导的方式称为土壤传热。土壤传导失热包括土壤上下层之间的传热和土壤横向传热。无论是垂直方向还是在水平方向上传热，都比较复杂(图4-12)。土壤在水平方向上的横向传热，是保护设施的一个特殊问题。在露地，由于面积很大，土壤温度的水平差异小，不存在横向传热；温室则不然，由于室内外土壤温差大，横向传热便不可忽视，土壤横向传热占温室总失热的5%～10%。

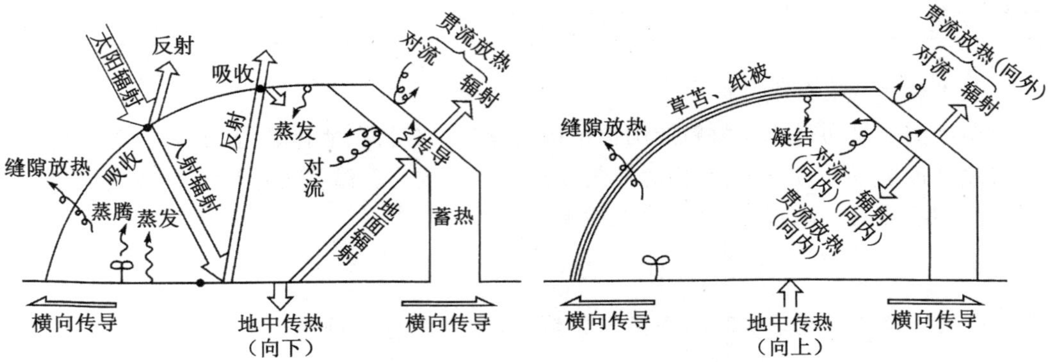

a.白天　　　b.夜间

图4-12　日光温室内热收支平衡示意图

减少土壤传热消耗是设施保温的重要方面，设置防寒沟是减少土壤中热量横向传导损失的有效方法；适时提早覆盖温室薄膜是增加土壤贮热、减少土壤热量纵向传导损失的积极措施。

三、设施内温度环境的调控

(一)设施保温措施

设施保温措施主要应从减少贯流放热、换气放热和土壤传导失热3个方面来考虑，在白天应采取各种措施尽量增加室内土壤以及墙体等对太阳辐射的吸收率。

1. 减少贯流放热

(1)采用多层覆盖，减少贯流放热量

多层覆盖是最经济、有效的保温措施(图4-13)。多层覆盖材料主要有塑料薄膜、草苫、纸被、无纺布、保温被等，多重覆盖的保温效果，如表4-9所示。

- 保温覆盖
  - 固定双重覆盖
    - 双重中空板
    - 充气膜塑料棚
    - 固定式双重覆盖
  - 保温帘
    - 一层保温帘
    - 两层保温帘
  - 保温被
    - 草苫
    - 塑料泡沫保温被
  - 其他
    - 小拱棚
    - 浮覆盖

图4-13　多层保温覆盖的种类

表 4-9 无加温温室不同条件下的覆盖室内外温差

<table>
<tr><th colspan="2">层数</th><th>平均/℃</th><th>标准差</th><th>最小/℃</th><th>最大/℃</th><th>注</th></tr>
<tr><td colspan="2">单层覆盖</td><td>+2.3</td><td>±1.1</td><td>−1.7</td><td>+4.5</td><td rowspan="5">大部分设施第一层覆盖为小棚膜</td></tr>
<tr><td colspan="2">双层覆盖</td><td>+4.8</td><td>±1.4</td><td>+1.7</td><td>+7.0</td></tr>
<tr><td rowspan="2">三层覆盖</td><td>无小棚</td><td>+6.3</td><td>±1.4</td><td>+4.1</td><td>+7.6</td></tr>
<tr><td>第一层为小棚</td><td>+9.0</td><td>± 0.7</td><td></td><td></td></tr>
<tr><td colspan="2">四层覆盖</td><td>+9.0</td><td>± 0.7</td><td>+8.0</td><td>+9.0</td></tr>
</table>

目前生产上使用最多的草苫是稻草苫，其次是蒲草、谷草加芦苇以及其他山草编制的草苫。草苫最好用稻草苫，一般宽 1.5～1.7 cm，长度为采光面之长再加上 1.5～2.0 m，厚度在 5 cm 以上，大经绳在 6 道以上。草苫的特点是保温效果好，取材方便。但草苫的编制比较费工，耐用性不是很理想，一般只能使用 3 年左右，遇到雨雪吸水后重量加大，即使是平时的卷放也很费时费力。但是目前尚缺少其他保温效果更好、更为实用的材料取代草苫。草苫的保温效果一般为 5～6℃，但实际保温效果则因草苫厚薄、疏密、干湿程度的不同而有很大差异，同时也受室内外温差及天气状况的影响。

保温被早期多采用棉布（或包装用布）和棉絮（可用等外棉花或短绒棉）缝制而成。保温性能好，其保温能力在高寒地区为 10℃，高于草苫、纸被的保温能力。但棉被造价高，一次性投资大，防水性差，保温能力尚不够高。近几年，各地有关部门为寻找可替代草苫的外覆盖材料作了多方面的探索，已经研制出一些造价适中，保温性能优良，适于电动卷放的保温被。这种保温被一般由 3～5 层不同材料组成，由外层向内层依次为防雨布、无纺布、棉毯、镀铝转光膜、防雨布等，几种材料用一定工艺缝制而成，具有重量轻、保温效果好、防水、阻隔红外线辐射、使用年限长等优点，预计规模生产后，会将成本降低。这种保温被非常适于电动操作，能显著提高劳动效率，并可延长使用年限。

连栋温室的保温多是通过内覆盖实现的，如日本和韩国的温室等，在温室内部均设置了自动或半自动内覆盖装置，覆盖材料为塑料薄膜、无纺布、遮阳网等。温室内设置保温幕容易实现自动化操作，不损伤薄膜，但保温效果低于草苫。由于连栋温室实际生产中难以实现草苫覆盖，因此连栋温室或塑料大棚为了提早或延后生产以及减少人工加温的热消耗，在秋冬季或冬春季都应该增设内覆盖。内覆盖往往是 2～3 层，采用不同性质的材料，以提高保温效果，减少热损失。

目前，我国的日光温室主要是以外覆盖材料和保温被来保温的，内覆盖保温采用的很少，开发前景广阔。如果内外覆盖结合进行，会取得较好的保温效果。日光温室内覆盖材料可以用旧薄膜、无纺布等。

我国长江流域一带的塑料温室（大棚）近年推广“三棚五幕”多重覆盖保温方式，这是利用大棚＋中棚＋小棚，再加地膜以及小拱棚外面覆盖一层幕帘或厚无纺布。使该地区高温果菜从原来只有春提早和秋延后栽培，发展到能进行冬春茬栽培，显著提高了大棚利用率和经济效益。我国北方高效节能日光温室，不仅采光性、密封性好，由于采用外覆盖保温被、草帘等方式，使保温性显著提高，在北方可以基本不加温而在深冬生产出喜温果菜。高效节能日光温室内的多种覆盖，可使室温度在原有的基础上再提高 3～5℃，节能 30%～40%(图 4-14)。

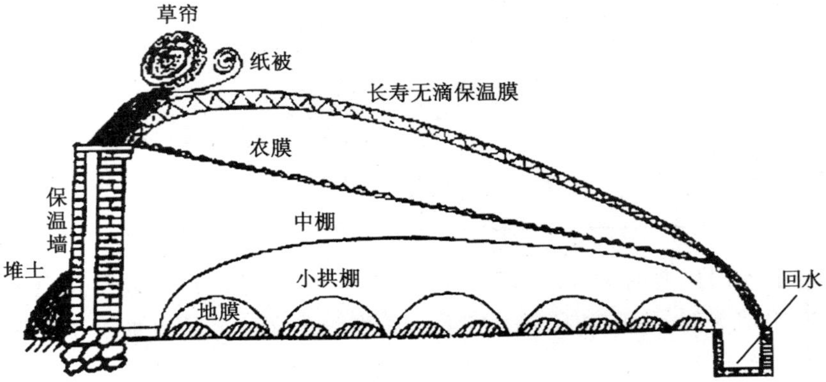

图 4-14　日光温室二重幕与多层覆盖

(2)增大保温比　保温比是指土地面积与保护设施覆盖及围护材料表面积之比，即保护设施越高，保温比越小，保温效果越差；反之保温比越大，保温效果越好。但日光温室由于后墙和后坡较厚(类似土地)，因此增加日光温室的高度对保温比的影响较小。而且，在一定范围内，适当增加日光温室的高度，反而有利于调整屋面角度，改善透光，增加室内太阳辐射，起到增温的作用。

(3)增加墙体保温材料　日光温室的墙体和后屋面则要求既能承重、隔热，又能载热，即白天蓄热、夜间放热。与普通日光温室相比，高效节能日光温室在提高温室前屋面采光性能的同时，加强了墙体和后屋面的保温蓄热性能，白天得到的热量，只有一小部分透过墙体和后屋面散失到室外，大部分热量则蓄积在土壤、墙体和后屋面，夜间再传递到室内，使室内外最低温度的差值可达到 25～30℃。为增加墙体和后屋面的保温蓄热能力，一是需设计异质复合墙体，内层要选择蓄热系数大的建筑材料，外层要选择热导率小的建筑材料，在温室砖墙体内部填充相变材料和炉渣、秸秆等保温材料；二是要加大厚度，厚度视建材和外界温度状况以及作物需要的适温而定。

(4)改变墙体建筑材料形状与结构　通过利用空心炉渣砖和凹凸不平的内墙砖面建造温室可以大大增强墙体白天对太阳光能的吸收，加大墙体热量贮存能力，可提高室温 2～3℃。

2. 减少换气放热

设施密封要严实，薄膜破孔以及墙体的裂缝等要及时粘补和堵塞严实。通风口和门关闭要严，门的内外两侧应张挂保温帘。

3. 减少土壤传导失热

(1)设置防寒沟，防止地中横向传热　在设施周围设置防寒沟，以切断室内土壤与外界的联系，减少地中热量横向散出。防寒沟的规格可根据当地冻土层深度来设置，一般宽 30 cm、深 50 cm 即可，沟内填充蒿草、稻壳等导热率低的材料。据测定，防寒沟可使温室内 5 cm 地温提高 4℃左右。

(2)增大温室透光率　选择科学合理的设施建造方位和场地，选用高透光率、无滴、防雾、防尘的透明覆盖材料，经常清洁覆盖材料，尽量争取获得最大的透光率，使室内土壤积累更多热能。

（二）设施加温措施

加温技术是现代设施园艺最基本的环控技术。由于投入的设备费和运营费用大，要求采用高效、节能、实用的加温技术。设施常用的采暖方式有热风、热水、蒸汽采暖、电热采暖、辐射采暖、火炉采暖等，其采暖效果、控制性能、维修管理等见表 4-10。

表 4-10　采暖方式的种类与特点

项目	采暖方式					
	热风采暖	热水采暖	蒸汽采暖	电热采暖	辐射采暖	火炉采暖
方式要点	直接加热空气	用 60～80℃ 热水循环，或由热水变换成热气吹入室内	用 100～110℃ 蒸汽采暖，可转换为热水和热风采暖	用电热温床线和电暖风加热采暖器	用液化石油气红外燃烧取暖炉	用地炉或火炉，烧煤，用烟囱散热取暖
采暖效果	停机后缺少保温性，温度不稳定	水暖加热温度低，加热暖和，余热多，停机后保温性好	余热少，停机后缺少保温性	停机后缺少保温性	停机后缺少保温性，可升高植物体温	封火后仍有一定保温性，有辐射加热效果
控制性能	预热时间短，升温快	预热时间长，可根据负荷的变动改变热水温度	预热时间短，自动控制稍难	预热时间短，控制性最好	预热时间短，控制容易	预热时间长，烧火费劳力，不易控制
维修管理	因不用水，容易操作	对锅炉要求比蒸汽采暖低，水质处理较容易	对锅炉要求高，水质处理不严格时，输水管容易被腐蚀	操作最容易	使用方便容易	较容易维护，但操作费工
设备费用	比热水采暖便宜	需用配管和散热器，成本较高	比热水采暖成本高	设施费用最低	设施费用低	设施费用低
适用对象	各种温室	大型温室	大型温室群，在高差大的地形上建造的温室	小型育苗温室，土壤加温辅助采暖	用于临时辅助采暖	土温室
其他	不用配管和散热器，作业性好，燃气由室内补充时，必须通风换气	在寒冷地方管道怕冻，须充分保护	可用作土壤消毒，散热管较难配置适当，容易产生局部高温	耗电多，生产用不经济	耗气多，大量使用不经济，有二氧化碳施肥效果	必须注意通风，防止煤气中毒

1. 热风采暖

从设备费用看，热风采暖是最低的，按设备折旧计算的每年费用大约只有水暖配管采暖费用的 1/5，对于小型温室，其差额就更大。如果把热风炉设置在温室内，直接向温室内吹出热风，这种系统的热利用率一般可达 70%～80%，国外的燃油热风机，有的热利用率可达 90%。热风采暖系统有热风炉直接加热空气及蒸汽热交换加热空气两种。后者适用于有集中供暖设备的温室。热风加热系统的供热风管安装在顶部时，应在下侧开两排通风孔，热风管道安装在地面时，应在上侧开两排通风孔。热风管越远离热风机，孔距应越短，以使供热温度均匀。一般由风机通过热交换器对供热管道正压通风。供热管道除通过其外表产生对流、辐射散热外，主要通过通风孔直接吹出热空气进行加热。

热风炉设置在温室内时，要注意室内新鲜空气的补充。单层覆盖的温室缝隙漏风换气量是每小时 1～2 m^3/m^2，新鲜空气补充是足够的。但是，日光温室密闭性较强或采用多层覆盖保温时，冷风渗入量很少，温室内就容易发生缺氧或逆火倒烟、煤气中毒等危险。因此，这种温室需要在热风炉处安装补充新鲜空气用的硬质通风管道。

2. 热水采暖

热水采暖系统是由热水锅炉、供热管道和散热设备 3 个基本部分组成。

热水采暖的热稳定性好，温度分布均匀、波动小，生产安全可靠，供热负荷大，适合于大中型连栋温室补温或日光温室群短时间补温。热水采暖中热水的循环有自然循环和机械循环 2 种。自然循环热水采暖系统要求锅炉位置低于散热管道散热器位置，提高供水温度，降低回水温度，以提高自然循环系统的作用压力，可用于管路不太长的日光温室。当温室规模较大，系统管路过长，增加管径又不经济时应采用机械循环。

散热器是热水采暖系统中重要的散热设备。其种类很多，有光管散热器、铸铁柱形散热器、铸铁圆翼散热器、热浸镀锌钢制圆翼散热器，温室中多采用光管散热器和铸铁散热器。

对于温室等设施来讲，其热水采暖系统的形式大多为单层布置散热器，同程式采暖居多。布置该种系统管路时，可根据温室、大棚的实际情况来布置管路。例如，在日光温室中，拱角部分散热量较大，可将系统回水管道布置在拱角部位，以弥补热量散失，提高温室内空气温度的均匀性。

热水采暖系统运行稳定可靠，是目前最常用的采暖方式。其优点是温室内温度稳定、均匀，系统热惰性大，节能；温室采暖系统发生紧急故障，临时停止供暖时，2 h 内不会对作物造成大的影响。其缺点是系统复杂、设备多、造价高，设备一次性投资较大。

3. 炉火加温

目前农村常用的日光温室加温设备多为“一条龙”式的火炉，也可采用火墙、土暖气。火炉的数量应依温室的长度和各地气候的寒冷程度而定。温室较长时，中部火炉的间距可大些，两端的宜小些，目的是尽量使温室内温度均匀，各个火炉的烟流方向应一致，一般不搞两炉共用一个烟道。烟道常用不带釉的瓦管或瓷管相接而成，也可用砖砌成，但要稍离开后墙，室内烟道还要有一定的倾斜度。

“一条龙”式的火炉用煤作燃料，以地面烟道作放热器，其加温系统包括炉坑、火炉、出火口、烟道及烟筒 5 个部分。

4. 土壤加温

设施冬季生产地温低是影响园艺作物正常生长发育的主要障碍。常见的提高地温的方法有酿热物加温、电热加温和水暖加温 3 种。

(1)酿热物加温　是将马粪、厩肥和稻草落叶等加入栽培床内，用水分控制其发酵过程中产生的热量的加温方式，其产热时间短，不易控制。

(2)电热加温　目前采用得较多的加温方法，需要使用专用的地热线，采用控温仪容易实现对地温的精确控制，对于用电方便的地区或冬季温度较低的地区，苗床使用效果良好。

(3)水暖加温　一般在温室内地下 20～35 cm 深处埋设塑料管道，用 40～50℃温水循环，对提高地温有明显效果，由于可以相应降低室内空气加温温度，可以节省燃料。

(三)设施降温措施

我国大部分地区尤其是华南地区夏季由于太阳辐射强烈、温室效应明显，设施内气温往往超过 40～50℃，远远超出设施作物生长适温，容易造成高温胁迫，导致作物生长发育不良。依靠自然通风不能满足作物的生长发育要求，必须进行人工降温。因此设施栽培夏季降温是迫切需要解决的问题。从温室热收支平衡原理而言，设施降温一般可从增大温室的通风换气量、减少进入温室的太阳辐射能和增加温室的潜热消耗 3 个方面入手。

1.遮阴降温

遮阴降温就是利用不透光或透光率低的材料遮住阳光，阻止多余的太阳辐射能量进入温室，保证作物能够正常生长，又降低了温室内的空气温度。由于遮阴的材料不同和安装方式的差异，一般可降低温室温度 3～10℃。遮阴方法有室内遮阴、室外遮阴和屋面喷白降温。遮阴材料有苇帘、黑色遮阳网、银色遮阳网、镀铝条遮阳网、镀铝膜遮阳网、石灰水等。

(1)室外遮阴降温系统　室外遮阴是在温室骨架外另外安装一遮阴骨架，将遮阳网安装在骨架上，遮阳网可以用拉幕机构或卷膜机构带动，自由开闭。驱动装置可以手动或电动，使用时可根据需要进行手动控制、电动控制或与计算机控制系统连接进行自动控制。

遮阳网室外安装的优点是降温效果好，直接将太阳能阻隔在温室外，各种遮阳网降温效果差别不大，都可以使用。其缺点是室外遮阴骨架需要耗费一定的钢材；室外气候恶劣时，对遮阳网的强度要求较高；各种驱动设备在露天使用，要求设备对环境的适应能力较强，机构性能优良。

(2)室内遮阴系统　室内遮阴系统是将遮阳网安装在温室内，在温室骨架上拉接一些金属或塑料的网线作为支撑系统，将遮阳网安装在支撑系统上，整个系统简单轻巧，不用另制金属支架，造价较室外遮阴低。室内遮阳网一般采用电动控制，或电动控制与手动控制相结合。

室内遮阴系统在降温原理上比室外遮阴系统复杂。室外遮阴时，太阳照射在室外的遮阳网上，被网吸收或反射，都是发生在温室外，由于这部分能量没有进入温室，因此不会对温室的温度产生影响。而室内遮阴则是在阳光进入温室后进行遮挡，这时遮阳网要反射部分阳光，因反射光波长不变，部分能量又回到室外，另外的一部分则被遮阳网吸收，升高了遮阳网的温度，然后再传给温室内的空气，使温室内的空气温度升高。室内遮阴的效果主要取决于遮阳网的反射能力，不同材料制成的遮阳网使用效果差别很大，以缀铝条的遮阳网效果最好。

另外，室内遮阴系统一般还与室内保温幕系统共设，夏天使用遮阳网，降低室温，到冬季将遮阳网换成保温幕，夜间使用，可以节约能耗 20%以上。

(3)屋面喷白降温　屋面喷白降温是温室特有的降温方法，尤其是玻璃温室，即在夏天将白色涂料喷在温室的外表面，阻止太阳辐射进入温室内。其遮阴率最高可达 85%，可以通过人工喷涂的疏密来调节其透光率，到冬天再将其清洗掉。屋面喷白降温的优点是不需要制造支撑系统，因此造价低、施工方便；缺点是难以调节控制，对作物的生长有影响。

2. 自然通风降温

采用自然通风降温，主要考虑当地的室外温度、顶窗和侧窗的位置及数量。自然通风降温最好的降温效果可达到室内外温差3～5℃。采用自然通风降温的设施主要以单栋小型为主，它是利用设施内外的气温差产生的重力达到换气的目的，效果比较明显。连栋温室的通风效果与连栋数有关，连栋数越多，通风效果越差，一般自然通风降温主要有以下几种方式：

(1)底窗通风型　从门和边窗进入的气流沿着地面流动，大量冷空气随之进入室内，形成室内不稳定气层，把室内原有的热空气顶向设施的上部，在顶部就形成了一个高温区。这种通风类型在夏季对作物的生长没多大的影响，但如果是寒冷的冬天，就会对作物造成危害。因为在棚四周或温室的底部和门口附近的秧苗会受到“扫地风”的影响，在初春，要避免底窗、门通风。必须通风时，应在门下部50 cm高处用塑料薄膜挡住，日光温室和塑料大棚进行底窗与侧窗通风时，多用扒缝方式，通风口不开到底，多在肩部开缝即肩部通风。

(2)天窗通风型　天窗通风包括开天窗和顶部扒缝，天窗面积是固定的，通风效果有限，不如扒缝效果好。天窗的通风效果与当时的风向有关，顺风开启时效果好；逆风开启时增加进风量，排气的效果就差。天窗的主要作用就是排气，所以最好采用双向启闭的风窗，尽量保持顺风开窗的位置，才有利于排气。扒缝通风的面积可随室温和湿度高低调节，调节控制效果好。

(3)底窗(侧窗)结合天窗通风型　天窗主要起排气作用，底窗或扒缝主要是进气，从侧面进风，冷气流进入室内，将热空气向上顶，所以排气效果明显。一般进入设施内的风速会迅速衰减一半，并且继续削弱，春季通风时间极短或不通风，通风面积控制在2%～5%。随季节和外温的变化，开窗时间、面积要随之加长、加大。在5月中旬以后，最高气温可以达到40℃左右，此时开窗或扒缝面积要占到围护结构总面积的25%～30%。

(4)屋面全开启式通风型　全开启式新型温室打破了传统的温室顶部固定的方式，采用以温室天沟为固定轴，整个屋面能够绕天沟旋转，使温室顶部可以全部打开，给作物的生长提供全部的自然光照，满足作物生长所需要的多种光谱能量的需求。屋面全开启连栋温室顶部大角度张开，使温室内外完全相通，通风效果良好，通风效率近100%，与传统的温室相比，极大地降低了温室的运行成本。白天当温室温度偏高时，顶窗开启后，配合内遮阴的遮阴效果和温室侧开窗的通风，使温室在温度高时转变为遮阴棚，达到有效降温的目的；当晚上温度偏低时，将温室顶部关闭，在配合内保温遮阴系统，又能达到高档温室的保温效果。

3. 强制通风降温

强制通风降温也称机械通风降温，一般只用于连栋温室。在通风的出口和入口处增设动力扇，吸气口对面装排风扇，或排气口对面装送风扇，使室内外产生压力差，形成冷热空气的对流，从而达到通风换气的目的。强制通风一般有温度自控调节器，它与继电器相配合，排风扇可以根据室内温度变化情况自动开关。通过温度自动控制器，当室温超过设定温度时即进行通风。强制通风存在耗电高的缺点。一般强制通风的方式大致可以分为以下3种：

(1)低吸高排型　低吸高排型即吸气口在温室的下部，排风扇在上部。这种通风方式风速较大，通风快，但温度分布不均匀，在顶部及边角常出现高温区。

(2)高吸高排型　高吸高排型即吸气口和排风扇都在温室上部，这种配置方式往往使下部热空气不易排出，常在下部存在一个高温区域，对作物生长不利。

(3)高吸低排型　高吸低排型即吸气口在上部，排风扇位于下部。室内温度分布较均匀，只有顶部小范围内的高温区。强制通风降温是由控温仪按照作物生长需要的温度及实际室内温度高低发出信号，排风扇自动开关，高温、高湿及有害气体随时排除，其效果比自然通风降温好。

4. 屋面喷淋降温法

屋面喷淋降温法在屋脊的顶端设置水管、喷头，利用微喷系统将水直接喷洒在温室屋顶，流水层可吸收投射到屋面的太阳辐射8%左右，并能利用水分蒸发带走潜热，降低屋顶温度，室温可降低3～4℃。此种方法在Venlo型的玻璃温室结构中应用较多，但需要考虑安装费和清除玻璃表面的水垢污染问题，且水质硬的地区需对水进行软化处理后再使用。

5. 雾帘降温法

雾帘降温法是相对于屋面喷淋法而言的，屋面降温法是在温室屋顶喷淋冷却水，利用水的传导冷却、水吸收红外辐射和水的汽化蒸发达到温室内降温的效果，而雾帘降温法是在温室内距屋面一定距离铺设一层水膜材料，在其上用水喷淋，依靠水的蒸发吸热以及空气和水膜之间的热对流交换来降温。实验证明，与屋面喷淋相比，室内水膜的降温效果更好，温室内水膜下方的平均气温可以降低到比外界气温低2℃左右。

6. 湿帘—风机降温系统

这种降温措施是现代化大型温室内的通用设备，主要利用水的蒸发吸热原理达到降温的目的。该系统的核心是能让水均匀地淋湿湿帘墙，当空气穿透湿帘介质时，与湿润介质表面进行水气交换，将空气的显热转化为汽化潜热，从而实现对空气的加湿与降温。一般是湿帘安装在温室的北侧一端，风机安装在温室的南侧一端，当需要降温时，通过控制系统的指令启动风机，将室内的空气强行抽出，造成负压，同时水泵将水打在对面的湿帘上，室外空气被负压吸入室内时，以一定的速度从湿帘的缝隙穿过，导致水分蒸发、降温，冷空气流经温室，吸收室内热量后，经风机排出，从而达到循环降温的目的。在湿帘风机降温系统的设计中，温室通风量的确定要考虑温室所在地的海拔高度、室内太阳辐射强度、温室气流从湿帘到风机的允许温度升高值和湿帘与风机之间的距离等因素的影响，美国温室制造业协会制定的《温室设计标准》中指出，适度遮阳的温室，当温室所处地理位置的海拔高度小于300 m，室内最大太阳辐射强度为50 000 lx，温室气流从湿帘到风机的允许温度升高值为4℃，风机湿帘之间的最大距离大于或等于30 m时，温室通风量达到2.5 $m^3/(min \cdot m^2)$即可满足温室夏季降温的要求。湿帘风机降温法是目前最为经济有效的降温方法，适用于我国各地。但是应注意，使用风机湿帘系统时，要求温室的密封性好，否则会由于热风渗透而影响湿帘的降温效果，而且对水质的要求比较高，硬水要经过处理后才能使用，以免在湿帘缝隙中结垢堵塞湿帘，且存在耗电高的问题。

7. 室内喷雾降温法

喷雾降温是利用加压的水通过喷头后形成细小的雾滴，飘散在温室内的空气中并与空气发生热湿交换，达到蒸发降温的效果。喷雾降温分为低压喷雾降温（<0.7 MPa）、中压喷雾降温（0.7～3.5 MPa）和高压喷雾降温（3.5～7.0 MPa）。由于低压喷雾装置从喷头喷出的雾滴还不够细，当喷雾进行后，室内的湿度增大，蒸发速度减弱，雾滴会落到植物的叶面和

地面上，也会落到室内生产者的身上，因此很少单独采用。高压喷雾降温法也称为冷雾降温，是目前温室中应用的较先进的降温方法。其基本原理是普通的水经过系统自身配备的过滤系统后，进入高压泵，水在很高的压力(4 MPa 以上)下，通过管路，流过孔径非常小的喷嘴(直径为 15 μm)，形成直径为 20 μm 以下的细雾滴，雾滴弥漫整个温室与空气混合，从而达到降温的目的。冷雾滴的直径很小，悬浮在空气中，迅速蒸发，不浸湿地面。高压喷雾降温由于压力高，需要专门的增压设备(如旋涡泵)和增压后的输送高压铜管，成本较高，难以推广。

8. 集中雾化蒸发降温系统

马承伟等研究开发了一种用于农业建筑的集中雾化蒸发降温系统，并进行了实际生产条件下的夏季降温试验。降温装置内部为过风断面，其为由下而上逐渐扩大的漏斗状，形成风速下高上低的变风速场，以延长雾滴与气流的接触时间，在较小的喷雾量下维持较高的雾滴密度分布。在装置内平均气流速度为 1.1～2.8 m/s、喷雾压力 0.06～0.16 MPa、水气比 0.08～0.5 的条件下进行了试验，结果表明，该装置在 0.1～0.2 的较低水气比时，其降温效率可达 80%以上，室内平均气温低于室外气温 2～5.5℃，比单纯采用机械通风低 4～7.5℃。室内相对湿度为 70%～95%，通风总压力损失为 40.3 Pa。其降温效果与湿帘风机相比相差不多，湿度稍高，但同样存在温室内温度不均匀，风机耗电高的问题。

9. 其他新型降温技术

随着温室业的发展，新的降温技术已引起了研究者们的密切关注。

(1)太阳能降温技术　在美国的东北部已成功开发出一种能够独立解决能源问题的太阳能温室。温室的东、西、北三面墙上均装有 15 cm 厚的带玻璃罩的太阳能聚酯电池板，能将热贮存在两边可容纳 136 261 L 水的水墙里，并使水温上升 15～27℃，从而使温室达到高温时能降温、低温时能增温的效果。国内刘群生、王春彦等已研制出集热调温被动式温室，并对利用太阳能在夏季温室内降温进行了有益的尝试。

(2)温室地热降温系统　考虑将室内的热空气抽入地中的热交换器，使其与周围温度较低的土壤进行热交换，待热空气降温后再从地下抽入室内，以达到降温目的。

任务三　设施湿度环境及其调控

水是植物体的主要组成部分，一般植物的含水量占总重的 80%～95%。设施作物的一切生命活动如光合作用、呼吸作用及蒸腾作用等均在水的参与下进行。空气湿度和土壤湿度共同构成设施作物的水分环境，影响设施作物的生长发育。

一、设施内湿度环境特征

由于农业设施是一种封闭或半封闭的系统，空间相对较小，气流相对稳定，使得内部的空气湿度和土壤湿度有着与露地不同的特性。

(一)设施内空气湿度的形成

空气湿度常用相对湿度或绝对湿度来表示。绝对湿度是指单位体积空气内水汽的质量,以每立方米空气中水汽克数(g/m^3)表示。水蒸气含量多,空气的绝对湿度高。空气中的含水量是有一定限度的,达到最大容量时,称为饱和水蒸气含量。当空气的温度升高时,饱和水蒸气含量也相应增加;温度降低,则空气的饱和水蒸气含量也相应降低。因此,冷空气的绝对湿度比热空气低,秧苗或植株遭受冷空气时容易失水和因冷胁迫而发生干瘪现象。

相对湿度(relative humidity,RH)是在一定温度条件下空气中水汽压与该温度下饱和水汽压之比,用百分比表示。干燥空气的 RH 为 0%,饱和水汽下 RH 为 100%,当空气温度上升,饱和水汽压增大,相对湿度下降。目前测定空气相对湿度主要采用的方法是干湿球湿度计测量法。

在一定温度下,空气中水汽压与该温度下饱和水汽压之差称为饱和差,以 kPa 表示。饱和差越大,空气越干燥,土壤蒸发量越大。当空气中气压不变时,水汽达到饱和状态时的温度称为露点温度。此时,相对湿度为 100%,饱和差为 0。

常用露点温度表及干湿表等仪器测量空气湿度,在温室环境中,一般用干湿表测量空气中的温度和湿度。还可直接使用湿敏元件进行湿度测定,如半导体湿敏元件(硅湿敏元件)、湿敏电阻等。

空气的相对湿度取决于空气的含水量和温度,在空气含水量不变的情况下,随着温度增加,空气的相对湿度降低;当温度降低时,空气的相对湿度增加。在设施内,夜间蒸发量下降,但空气湿度反而增高,这主要是由于夜间温度降低。

设施内的空气湿度是由土壤水分的蒸发和植物体内水分的蒸腾在设施密闭情况下形成的。设施内作物由于长势强,代谢旺盛,作物叶面积指数(leaf area index,LAI)高,通过蒸腾作用释放出大量水蒸气,在密闭情况下会使棚室内水蒸气很快达到饱和,空气相对湿度比露地栽培高得多。高湿是设施湿度环境的突出特点。在白天通风换气时,水分移动的主要途径是土壤—作物—室内空气—外界空气。早晨或傍晚温室密闭时,外界气温低,引起室内空气骤冷而形成"雾"。如果作物蒸腾速度比吸水速度快,作物体内缺水,气孔开度缩小,使蒸腾速度下降。白天通风换气时,室内空气饱和差上升,作物容易发生暂时缺水。如果不进行通风换气,则室内蓄积蒸腾的水蒸气,空气饱和差下降,作物不致缺水。因此,室内湿度条件与作物蒸腾、土壤表面和室内壁面的蒸发强度密切相关。

(二)设施内空气湿度特点

1. 空气湿度相对较大

一般情况下,设施内相对湿度和绝对湿度均高于露地,平均相对湿度一般在 90%左右,经常出现 100%的饱和状态。对于日光温室及大、中、小棚,由于设施内空间相对较小,冬春季节为保温又很少通风,空气湿度经常达到 100%。

2. 季节变化和日变化明显

设施内湿度环境的另一个特点是季节变化和日变化明显。季节变化一般是低温季节相对湿度高,高温季节相对湿度低,如在长江中下游地区,冬季(1—2 月份)各旬平均空气相对湿度都在 90%以上,比露地高 20%左右;春季(3—5 月份)则由于温度上升,设施内空气相对湿度有所下降,一般在 80%左右,仅比露地高 10%左右。因此,日光温室和塑料大棚在冬春季节生产，作物多处于高湿环境，对其生长发育是不利的。

昼夜变化表现为夜晚湿度高，白天湿度低，白天的中午前后湿度最低。设施空间越小，这种变化越明显。一般在春季，白天温度高、光照好，可进行通风，相对湿度较低；夜间温度下降，不能进行通风，相对湿度迅速上升。由于湿度过高，当局部温度低于露点温度时，会导致结露现象的发生。

设施内的空气湿度随天气情况不同也发生变化，一般晴天白天，设施内的空气相对湿度较低，一般为 70%～80%；而阴天，特别是雨天，设施内空气相对湿度较高，可达 80%～90%，甚至 100%。

3. 湿度分布不均匀

由于设施内温度分布存在差异，导致相对湿度分布也存在差异。一般情况下，温度较低的区域，相对湿度较高，而且经常因局部低温而产生结露现象，对设施环境及植物生长发育造成不利影响。

(三)设施内空气湿度的影响因素

在非灌溉条件下，设施内部空气中水分来源主要有 3 个方面：土壤水分的蒸发、植物叶面蒸腾和设施围护结构及栽培作物表面的结露。影响设施内空气湿度变化的主要因素是设施的密闭性和设施内温度状况。

1. 设施的密闭性

在相同条件下，设施环境密闭性越好，空气中的水分越不易排出，内部空气湿度越高。因此，在设施作物生产的冬春季节，由于通风不足，常常导致空气湿度过高，病虫害发生严重。

2. 设施内温度状况

温度对设施内湿度的影响：一方面温度升高使土壤水分蒸发量和植物蒸腾量升高，从而使室内空气中的水汽含量增加，相对湿度相应增加；另一方面，由于叶面温度影响空气中的饱和含水量，温度越高，空气饱和含水量越高。因而在空气水汽质量相等的情况下，温度升高，空气相对湿度下降，反之空气相对湿度升高。所以在光照充足的白天，虽然设施内温度升高会导致土壤蒸发量和植物蒸腾量增加，但由于温度升高使空气饱和水汽压增加更大，总体上空气相对湿度仍然下降。在夜间或温度低的时候，虽然蒸发和蒸腾量减小甚至完全消失，但由于空气中饱和水汽压大幅度下降，仍会导致空气湿度明显升高。

(四)设施土壤湿度

设施内的土壤湿度与灌溉量、土壤毛细管上升水量、土壤蒸发量、作物蒸腾及空气湿度有关。与露地相比，由于设施内空气湿度高于室外，土壤蒸发量和作物蒸腾量均小于室外，因而设施土壤相对较湿润。

(五)设施内水分收支

设施内由于降水被阻截，空气交换受到抑制，设施内的水分收支与露地不同。其收支关系可用下式表示：

$$I_r + G + C = ET$$

式中：I_r 表示灌水量；G 表示地下水补给量；C 表示凝结水量；ET 表示蒸散量。

一般而言，设施内的蒸腾量与蒸发量均为露地的70%左右，甚至更小。据测定，太阳辐射较强时，设施内平均日蒸腾散量为2～3 mm，可见设施农业是一种节水型农业生产方式。设施内的水分收支状况决定了土壤湿度，而土壤湿度直接影响到作物根系对水分、养分的吸收，进而影响到作物的生长、产量和品质。设施内水分移动途径如图4-15所示。

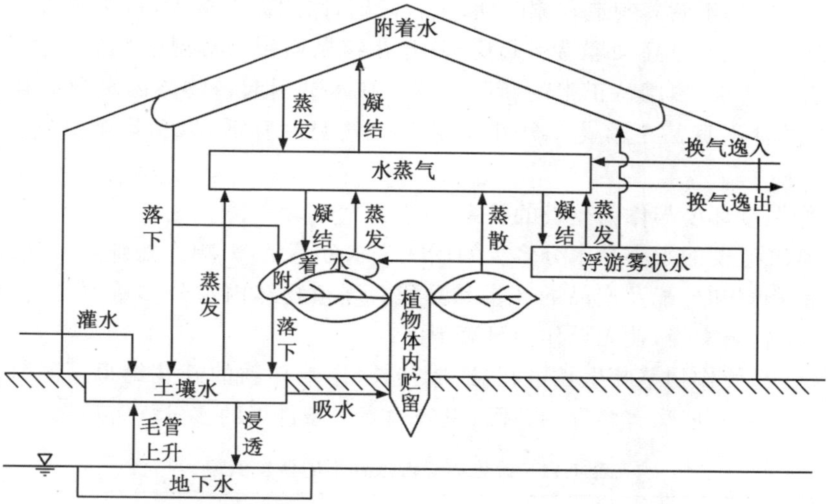

图 4-15　温室内水分运移模式图

二、湿度环境对设施作物生长的影响

(一)设施作物不同生长期对水分的要求

水分在植物体中的作用涉及细胞的分裂、伸长、膨大，以及生理代谢和生化反应等诸多过程，最终影响植株生长、发育和形态建成。设施条件下进行作物高效生产，由于栽植密度高、作物生长旺盛，消耗水分比露地更多。不同作物都有一个最适宜的空气湿度和土壤水分范围，湿度过高或不足都会干扰作物生理代谢过程，给生长发育带来不利影响，导致产量和品质下降。为适应环境的湿度条件，作物在形态结构和生理机能上形成了各自的特性。

设施内湿度对作物生长发育的影响表现在空气湿度和土壤水分2个方面。空气中水分主要影响作物的气孔开闭和叶片蒸腾作用。空气湿度过低，则蒸腾速度提高，作物失水也相应增加。如果土壤水分充足，根系吸水正常，作物体内水分平衡得以维持，则有利于作物生长发育。反之，会造成叶片气孔开度减少，蒸腾速率下降，直接影响光合效率和水分的吸收、运输，严重时，植株会失水萎蔫甚至叶片失水干枯。

空气湿度还直接影响作物生长发育，如果空气湿度过低，将导致植株叶片过小、过厚，机械组织增多，开花坐果差，果实膨大速度慢。在一定的温度条件下，作物生长发育都存在一个最适宜的空气相对湿度。湿度过高极易造成作物徒长，茎叶生长过旺，开花结实变差，生理功能减弱，抗性减弱。湿度过高还会导致番茄、黄瓜等蔬菜作物叶片缺钙、缺镁，造成叶片失绿，光合性能下降，使产量和品质受到影响。一般情况下，大多数蔬菜作物生长发育适宜的空气相对湿度为50%～85%。

同一作物在不同生长期对水分的要求也是不同的。种子发芽期需要大量的水分以便原生质的活动和种子中贮藏物质的转化与运转，以及胚根抽出并向种胚供给水分。如果水分不足，种子虽能萌发，但胚轴不能伸长成苗；幼苗生长期因为根系弱小，抗旱能力较弱，因此土壤要经常保持湿润，但过高的土壤湿度往往会造成幼苗徒长或烂根；营养生长期作物抗旱能力增强，但由于处于营养制造积累时期，生长旺盛，因此需水量大，对土壤含水量和空气湿度要求高。不过，湿度过高又容易引起病害；开花结果期作物对湿度要求比较严格，对土壤湿度仍有一定的要求，以维持正常的新陈代谢。缺水会引起植物体内水分从其他部位向叶面流动，导致发育不良甚至落花。开花结果期空气湿度宜低，以免影响开花、授粉和种子成熟。

(二)设施湿度环境与作物生长的关系

设施内空气湿度的大小是水分多少的反映。水分不足，影响作物细胞分裂或伸长，进而影响干物质的积累和分配及产品的产量和品质。当植物体内水分严重不足时，可导致气孔关闭，妨碍二氧化碳交换，使光合作用显著下降。

湿度过大，易使作物茎叶生长过旺，造成徒长，影响作物的开花结果。同时，高湿(90%以上)或结露，常是一些病害多发的原因，设施内高湿条件下的多发病害见表4-11。

表4-11　设施内高湿条件下的多发病害

蔬菜名称	多发病害
黄瓜	菌核病、灰霉病、霜霉病、疫病等
番茄	菌核病、灰霉病、条腐病、叶霉病等
茄子	灰霉病、菌核病、花叶病等
青椒	灰霉病、菌核病、花叶病等
草莓	芽枯病等

通常，多数蔬菜作物光合作用的适宜空气相对湿度为60%～85%，低于40%或高于90%时，光合作用会受到阻碍，从而使生长发育受到不良影响。不同蔬菜种类或品种以及不同生育期对湿度要求不尽相同，但其基本要求大体如表4-12所列。

表4-12　蔬菜作物对空气湿度的基本要求

类型	蔬菜种类	适宜相对湿度/%
较高湿型	黄瓜、白菜类、绿叶菜类、水生菜	85～90
中等湿型	马铃薯、豌豆、蚕豆、根菜类(胡萝卜除外)	70～80
较低湿型	茄果类(豌豆、蚕豆除外)	55～65
较干型	西瓜、甜瓜、胡萝卜、葱蒜类、南瓜	15～55

(三)设施内湿度环境与病虫害发生的关系

多数病害发生要求高湿条件。因此，当设施环境处于高湿状态时(RH>90%)常导致病害发生严重。尤其在高湿低温条件下，水汽发生凝结，不论是直接在植株上结露，还是在覆盖材料上结露滴到植株上，都会加剧病害发生和传播。在高湿条件下易发生的蔬菜病害有黄瓜霜霉病，甜椒和番茄的灰霉病、菌核病、疫病等。有些病害在低湿条件，特别是高温干旱条件下容易发生，如各种作物的病毒病。干旱条件还容易导致蚜虫、红蜘蛛等虫害发生。几种主要蔬菜的病害发生与湿度的关系见表 4-13。

表 4-13　几种主要蔬菜病虫害与湿度的关系

蔬菜种类	病虫害种类	相对湿度/%
黄瓜	炭疽病、疫病、细菌性病害等	>95
	枯萎病、黑星病、灰霉病、细菌性角斑病	>90
	霜霉病	>85
	白粉病	25～85
	病毒性花叶病	干燥(旱)
	瓜蚜	干燥(旱)
番茄	绵疫病、软腐病等	>95
	炭疽病、灰霉病等	>90
	晚疫病	>85
	叶霉病	>80
	早疫病	>60
	枯萎病	土壤潮湿
	病毒性花叶病、病毒性蕨叶病	干燥(旱)
茄子	褐纹病	>80
	枯萎病、黄萎病	土壤潮湿
	红蜘蛛	干燥(旱)
辣椒	疫病、炭疽病	>95
	细菌性疮痂病	>95
	病毒病	干燥(旱)
韭菜、芹菜	疫病	>95
	灰霉病	>90
	斑点病、斑枯病	高温

因此，从创造植株生长发育的适宜条件、控制病害发生、节约能源、提高产量和品质、增加经济效益等方面综合考虑，设施内空气湿度应控制在 80%～85%为宜。

三、设施内湿度环境的调控

设施的湿度调控包括空气湿度调控和土壤含水量调控。

(一)设施内空气湿度的调控

空气湿度的调控涉及除湿和增湿等方面的问题。一般在设施栽培条件下，经常发生的是空气湿度过高，因此，降低空气湿度即除湿，是设施内湿度调控的主要内容。

1. 除湿

(1)除湿目的　尽管除湿目的多种多样，但从环境调控的观点上讲，主要是防止作物沾湿和降低空气湿度，最终目的是抑制病害发生和调整植株生理状态。设施环境除湿目的见表 4-14。

表 4-14　设湿内除湿的目的

直接目的		发生时间	最终目的
防止作物沾湿	(1)防止作物结露	早晨、夜间	防止病害
	(2)防止屋面、保温幕上水滴下降	全天	防止病害
	(3)防止发生水雾	早晨、傍晚	防止病害
	(4)防止溢液残留	夜间	防止病害
调控空气湿度	(1)调控饱和差(叶温与空气饱和差)	全天	促进蒸发蒸腾、防止徒长、增加着花率、防止裂果、促进养分吸收、防止生理障碍
	(2)调控相对湿度	全天	促进蒸发蒸腾、防止徒长、改善植株生长势、防止病害发生
	(3)调控露点温度、绝对湿度	全天	防止结露
	(4)调控湿度、温度、焓(潜热与显热之和)	白天	调控叶温

(2)除湿方法　空气除湿方法可分为被动除湿和主动除湿 2 大类，其划分标准是看除湿过程是否使用动力(如电力能源)，如果使用，则为主动除湿，否则为被动除湿。

①被动除湿　指不需要人工动力的除湿方法，被动除湿方法很多，目前较常使用的有以下几种。

A. 自然通风　通过打开通风窗、揭薄膜、扒缝等方式通风，达到降低设施内湿度的目的。目前亚热带地区使用一种无动力自动涡轮状排风扇安置于大棚温室顶部，靠棚内热气流作用使风扇转动。

B. 覆盖地膜　可以减少地表水分蒸发，从而减少设施内部空气中的水分含量，降低相对湿度。没有地膜覆盖，温室大棚内夜间相对湿度高达 95%～100%，覆盖地膜后则可降至 75%～80%。

C. 科学灌溉　采用滴灌、渗灌、地中灌溉，特别是膜下滴灌，可有效降低空气湿度。减少土壤灌水量，限制土壤水分过分蒸发，也可降低空气湿度。

D. 采用吸湿材料　覆盖材料选用无滴长寿膜，在设施内张挂或铺设有良好吸湿性的材料，用以吸收空气中的湿气或者承接薄膜滴落的水滴，可有效防止空气湿度过高和作物沾湿，特别是可防止水滴直接滴落到植物上。如大型温室和连栋大棚内部顶端设置的具有良好透湿和吸湿性能的保温幕，普通钢管大棚或竹木结构大棚内部张挂的无纺布幕，也可以在地面覆盖稻草、稻壳、麦秸等吸湿性材料，以达到自然吸湿、降湿的作用。

E. 农业技术措施　适时中耕，通过切断土壤毛细管阻止地下水分通过毛细管上升到地表，蒸发到设施空间。通过植株调整、去掉多余侧枝、摘除老叶，可以提高株行间的通风透光、减少蒸腾量、降低湿度。

②主动除湿　主要靠加热升温和通风换气来降低室内湿度，包括普通换气、热交换型除湿换气、强制空气流动、冷却除湿以及强制除湿等方法。其中热交换型除湿换气是用通风换气的方法来降低湿度，主要目的是在日出后1～2 h将作物体上结露吹干，当换气扇运转时，使室内得到高温低湿的空气，同时排出高温高湿的空气，还可以从室外空气中补充CO_2。

设施环境湿度过高，常导致作物表面结水，即形成沾湿，设施除湿和防止作物沾湿的方法见表4-15。

表4-15　防止温室作物沾湿的方法

方　　法		效　　果
设施资材防湿法（被动）	地膜覆盖	防止土壤水分蒸发
	秸秆覆盖	防止土壤水分蒸发、吸湿
	提高透光率	室内保持干燥
	内覆盖透湿性保温幕	防止屋顶水滴落下
	防雾滴膜的使用	通过薄膜内面结露除湿
	围护部使用隔热性强的材料	防止作物直接结露
除湿操作（主动）	控制灌水	减少蒸发、蒸腾
	通风换气	降低相对湿度
	加温供暖	降低相对湿度、促进除去覆盖面结露
	室内空气流动	促进作物植株表面干燥
	冷冻机、热泵	冷却部结露除湿
	吸湿性材料的利用	吸湿（可再生利用）

2. 增湿

作物的正常生长发育需要一定的水分，水分过高对作物不利，但过低同样不利。所以，当设施湿度过低时，应补充水分。另外，在秧苗假植或定植后的3～5 d，由于其根系尚未恢复生长，对水分的吸收能力弱，而叶子仍然进行蒸腾而消耗水分，这时需要保持一定的湿度。园艺设施在进行周年生产时，到了高温季节还会遇到高温、干燥、空气湿度不够的问题，当栽培要求空气湿度高的作物如黄瓜和某些花卉时，还需要提高空气湿度。

加湿方法常见的有喷雾加湿、湿帘加温、喷灌等。

3. 设施土壤含水量调控

设施土壤含水量调控一般是指设施灌溉。目前，我国温室等设施已开始普及推广以管道输水灌溉为基础的各种灌溉方式，包括直接利用管道进行的管道输水灌溉，以及具有节水、省工等优点的滴灌、微喷灌、渗灌等先进的灌溉方式。

(1)设施灌溉系统的组成　采用灌溉设备对温室进行灌溉就是将灌溉用水从水源提取，经适当的加压、净化、过滤等处理后，由输水管道送入田间灌溉设备，最后由温室田间灌溉设备对作物实施灌溉。如图4-16所示，一套完整的温室灌溉系统通常包括水源、首部枢纽、供水管网、田间灌溉系统、自动控制设备等5部分，当然，简单的温室灌溉系统也可以由其中某些部分组成。

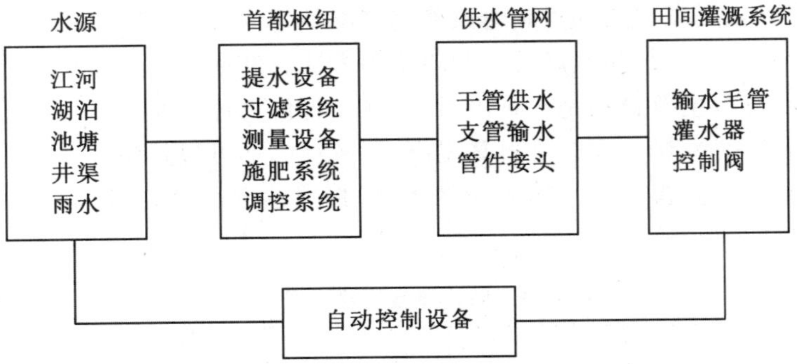

图 4-16　温室灌溉系统组成

①水源　江河湖泊、井渠沟塘等地表水源或地下水源，只要符合农田灌溉水质要求，并能够提供充足的灌溉用水量，均可以作为温室灌溉系统的水源。如有多处水源可供选择时，应尽量选择杂质少、位置近的水源，以降低灌溉系统中净化处理设备和输配水设备的投资。水源条件较差时，可考虑通过修建引水、蓄水等工程来满足温室灌溉用水的要求。含沙量大的水源，如果采用滴灌、微喷灌等对水质要求高的灌溉系统时，应考虑修建沉淀池，去除水中的沙粒等固体杂质，以防止堵塞灌溉系统。

温室供水可在灌溉时直接从水源提取，但更多的是在温室内、温室周围或温室操作间修建蓄水池(罐)，以备随时使用，也可防止由于水源短暂的意外中断而影响温室的正常生产。

②首部枢纽　温室灌溉系统中的首部枢纽由多种水处理设备组成，用于将水源中的水处理成符合田间灌溉系统要求的灌溉用水，并将这些灌溉用水送入供水管网中，以便实施田间灌溉。

完整的首部枢纽设备包括水泵与动力机、净化过滤设备、施肥(加药)设备、测量和保护设备、控制阀门等，有些温室灌溉还需要配置水软化设备或加温设备等。

③供水管网　一般由干管、支管两级管道组成，干管是与首部枢纽直接相连的总供水管，支管与干管相连，为各温室灌溉单元供水，一般干管和支管应埋入地面以下一定深度以方便田间作业。温室灌溉系统中的干管和支管通常采用硬质聚氯乙烯(PVC)、软质聚乙烯(PE)等农用塑料管。

④田间灌溉系统　由灌水器和田间供水管道组成，有时还包括田间施肥设备、田间过滤器、控制阀门等田间首部枢纽设备。

灌水器是直接向作物浇水的设备，如灌水管、滴头、微喷头等。根据温室田间灌溉系统中所用灌水器的不同，温室中常用的灌溉系统有管道灌溉系统、滴灌系统、微喷灌系统、喷雾灌溉系统、潮汐灌溉系统和水培灌溉系统等多种。

⑤自动控制设备　现代温室灌溉系统中已开始普及应用各种自动控制设备，如利用压力罐自动供水系统或变频恒压供水系统控制水泵的运行状态；采用时间控制器配合电动阀或电磁阀，控制温室内的各灌溉单元按照预先设定的程序自动定时定量地进行灌溉；利用土壤湿度计配合电动阀或电磁阀及其控制器，根据土壤含水情况进行实时灌溉。目前，先进的自动灌溉施肥机不仅能够按照预先设定的灌溉程序自动定时定量地进行灌溉，还能够按照

预先设定的施肥配方自动配肥并进行施肥作业。

采用计算机综合控制技术，能够将温室环境控制和灌溉控制相结合，根据温室内的温度、湿度、CO_2 浓度和光照水平等环境因素以及植物生长的不同阶段对营养的需要，即时调整营养液配方和灌溉量。自动控制设备极大地提高了温室灌溉系统的工作效率和管理水平，已逐渐成为温室系统中的基本配套设备。

(2)设施主要灌溉系统　设施中使用的灌溉系统有多种，可依据温室灌溉系统中所用灌水器的形式进行区分。每种灌溉系统有自身的性能和特点，只有全面了解和掌握温室各种灌溉系统的性质和特点，才能根据温室生产的需要合理选择使用。以下简要介绍温室中主要使用的灌溉系统。

①管道灌溉系统　即直接在田间供水管道上安装一定数量的控制阀门和灌水软管(图4-17)，手动打开阀门用灌水软管进行灌溉的系统。这是目前温室中最常用的灌溉方法之一，如土壤栽培温室中的沟灌和其他温室栽培中的人工灌溉，操作人员手持灌水软管直接向灌溉目标灌溉。多数情况下，一根灌水软管可以在几个控制阀门之间移动使用以节约投资。灌水软管一般采用软质塑料管或橡胶管、软管、橡胶软管、涂塑软管等。如果需要，还可以在软管末端加上喷洒器或喷水枪以获得特殊的喷洒灌溉效果。

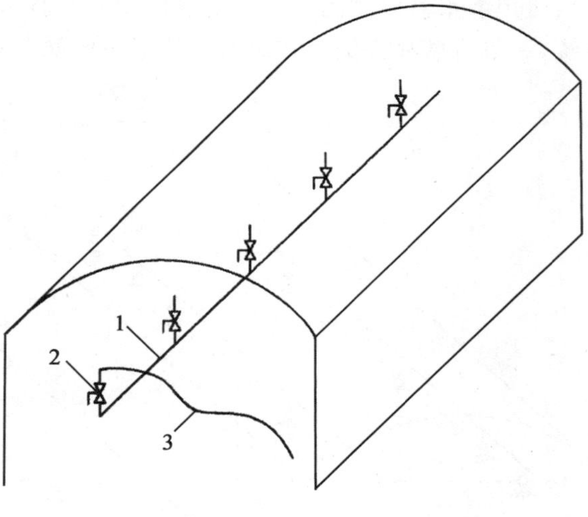

1. 供水管　2. 控制阀门　3. 灌水软管

图 4-17　温室管道灌溉系统

管道灌溉系统具有适应性强、安装使用简单、管理方便、投资低等突出优点，而且几乎不存在灌溉系统堵塞问题，只需要采用简单的净化过滤措施即可，对水源的物理水质要求不高，因此在温室中被广泛采用。但单纯依靠管道灌溉系统进行灌溉，存在着劳动强度大、灌溉效率低、难以准确控制灌水量、无法随灌溉施肥和加药等不足，因此温室生产中常将管道灌溉与滴灌等其他灌溉系统结合使用，以获得更好的灌溉效果。

②滴灌系统　指所用灌水器以点滴状或连续细小水流等滴灌形式出流浇灌作物的灌溉系统(图4-18)。滴灌系统常见的灌水器有滴头、滴箭、发丝管、滴灌管、滴灌带、多孔管等。温室生产中，宜将滴灌系统与微喷灌或管道灌溉结合使用，低温季节采用滴灌系统进行灌

溉，高温干燥季节结合微喷灌或管道灌溉进行降温加湿、调节温室田间气候，才能获得更好的效果。

a. 采用滴灌的盆栽花卉生产

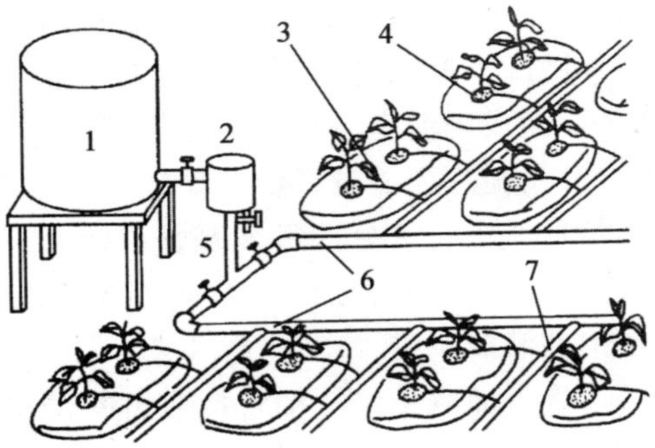

b. 采用滴灌的袋培果菜生产

1. 营养液罐　2. 过滤器　3. 水阴管

4. 滴头　5. 主管　6. 支管　7. 毛管

图 4-18　温室灌溉系统

③微喷灌系统　是指所用灌水器以喷洒水流状浇灌作物的灌溉系统（图 4-19）。温室中采用微喷头的微喷灌系统，一般将微喷头倒挂在温室骨架上实施灌溉，以避免微喷灌系统对田间其他作业的影响。

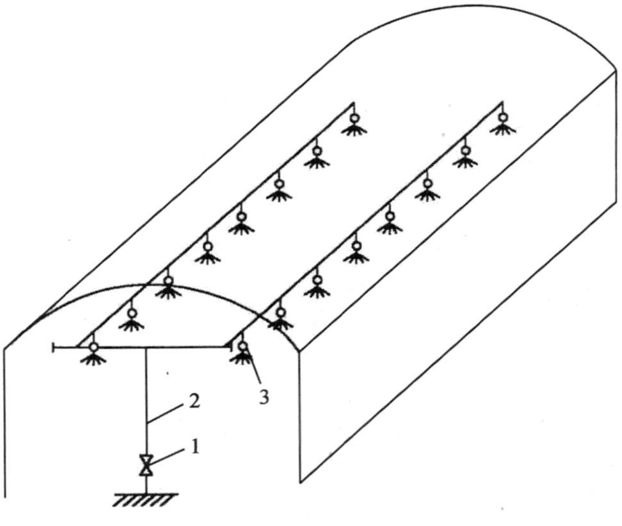

1. 控制阀门　2. 供水管　3. 微喷头

图 4-19　温室微喷灌系统

④自行走式喷灌机　温室用自行走式喷灌机实质上也是一种微喷灌系统，但自行走式喷灌机是一种灌水均匀度很高、可移动使用的微喷灌系统。工作时，自行走式喷灌机沿悬挂在温室骨架的行走轨道上运行，通过安装在喷灌机两侧喷灌管上的多个微喷头实施灌溉作业（图 4-20）。

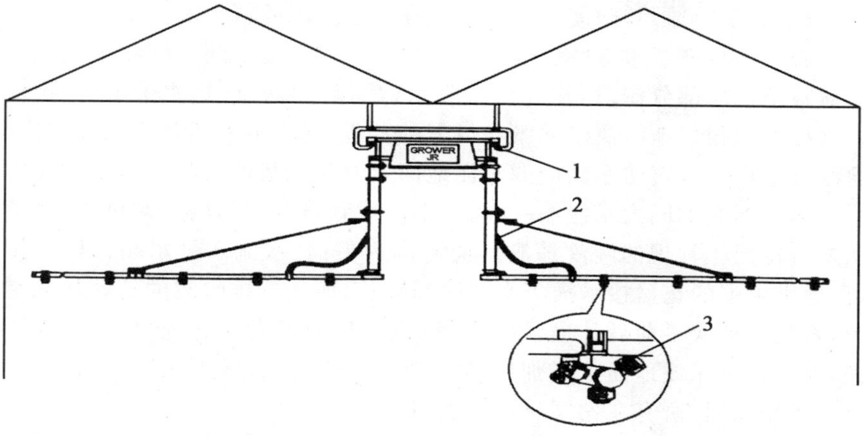

1. 喷灌机行走轨道　2. 喷灌机主机　3. 三喷嘴微喷头

图 4-20　温室自行走式喷灌机

温室自行走式喷灌机通常还配有施肥或加药设备，以便利用其对作物进行施肥或喷药作业；同时采用可更换喷嘴的微喷头，可根据作物或喷洒目的不同选择合适的喷嘴进行喷洒作业。此外，喷灌机上所用喷头也必须有防滴器。

由于投资较高，温室自行走式喷灌机多用于穴盘育苗、观叶性花卉栽培等有特殊灌水要求的温室生产中。

⑤微喷带微灌系统　即采用薄壁多孔管作为灌水器的灌溉系统。多孔管是一种直接在可压扁的薄壁塑料软管上加工出水小孔进行灌溉的灌水器。这种微灌技术的特点之一是可用作滴灌，也可用作微喷灌。将其覆盖在地膜下，利用地膜对水流折射可以使多孔管出水形成类似滴灌的效果；将其直接铺设在地面，多孔管出水可形成类似细雨的微喷灌效果。温室中，低温季节将其覆盖在地膜下作为滴灌用，高温季节揭开地膜就可作为微喷灌用，是一种经济实用的温室灌溉设备，尤其适合在塑料大棚、日光温室等对灌溉要求不高的生产性温室中。微喷带微灌系统的优点是抗堵塞性能好，不需用很精细的水源净化过滤设备，能滴能喷，投资低等；缺点是其灌水均匀度较低，使用年限短。

⑥渗灌　是利用埋在地下的渗水管，将压力水通过渗水管管壁上肉眼看不见的微孔，像出汗一样渗流出来湿润其周围土壤的灌溉方法。渗灌与温室滴灌系统的滴灌带灌溉相近，只是灌水器由滴灌带换成了渗灌管，由此在灌水器的布置上也发生了变化：滴灌带一般布置在地面，而渗灌管则是埋入地下。灌溉时，水流通过输水管进入埋设在地下的渗水管，经管壁上密布的微孔隙缓缓流出渗入附近的土壤，再借助土壤（基质）的毛细管作用将水分扩散到整个根系层供作物吸收利用。由于不破坏土壤结构，保持了作物根系层内疏松通透的生长环境条件，且减少了地面蒸发损失，因而具有明显的节水增产效益。此外，田间输水管道埋入地下后便于农田耕作和作物的栽培管理，同时，管材抗老化性也大大增强。

渗灌系统全部采用管道输水，灌溉水通过渗灌管直接供给作物根部，地表及作物叶面均保持干燥，作物棵间蒸发减至最小，计划湿润层土壤含水率均低于饱和含水率，因此，渗灌技术水的利用率理论上是目前所有灌溉技术中最高的。

温室采用渗灌系统具有省工、节水、易于实现自动控制、田间作业方便、设备使用年限长等优点，但因种植作物必须准确地与地下灌溉系统相对应，且灌溉均匀度低、系统抗堵塞能力差、检查和维护困难等原因，限制了这一系统在温室灌溉领域内的应用。

⑦潮汐灌溉　是将灌溉水像“潮起潮落”一样循环往复地不断向作物根系供水的一种方法。“潮起”时栽培基质部分淹没，作物根系吸水，“潮落”时栽培基质排水，作物根系更多地吸收空气。这种方法很好地解决了灌溉与供氧的矛盾，基本不破坏基质的“三相”构成。

潮汐灌溉可适用于具有防水功能的水泥地面上的盆花栽培或具有防水功能的栽培床或栽培槽栽培。潮汐灌溉如同大水漫灌一样，在地面或栽培床(槽)的一端供水，水流经过整个栽培面后从末端排出。常规的潮汐灌溉水面基本为平面，水流从供水端开始向排水端流动的过程中，靠近供水端的花盆接触灌溉水的时间较长，而接近排水端的花盆接触灌溉水的时间相对较短，客观上形成了前后花盆灌溉水量的不同，为了克服这一缺点，工程师们对栽培床做了改进，即在栽培床或地面上增加纵横交错的凹槽，使灌溉水先进入凹槽中流动，待所有凹槽都充满灌溉水后，所有花盆同时接受灌溉。

此外，设施灌溉还有水培灌溉(即水培栽培)和喷雾灌溉(即雾培)等。

任务四　设施气体环境及其调控

设施内的气体通常分为对作物有益的气体和有害的气体 2 种。有益气体主要是 CO_2，CO_2 是作物进行光合作用的必需原料，O_2 则是作物有氧呼吸的前提，在设施栽培条件下，设施内与外界的空气流通受到限制，在没有人为补充 CO_2 的情况下，容易造成温室内 CO_2 的缺乏，限制作物光合效率的提高。大气中 CO_2 和 O_2 含量发生变化，将影响到作物的生长发育、生理生化特性等一系列生命过程。与此同时，空气中的有害气体虽然含量甚微，但它们的存在仍有可能对农作物造成不可逆的副作用，必须了解并掌握这些有害气体的减除方法。

一、设施内的空气流动与调控

在田间自然条件下，由于空气的流动，作物群体冠层风速一般可达 1 m/s 以上，从而促进田间作物群体内水蒸气、CO_2 和热量等的扩散。在设施条件下，尤其是冬季温室密闭状态下，室内气流速度较低。为了促进设施内气温分布均匀，缓解群体内的低 CO_2 浓度和高相对湿度，必须促进室内空气的流动，以实现温室作物的优质高产。

(一)空气流动速度与作物的生长发育

空气流动达到作物的叶片表面时，气流与叶片摩擦产生黏滞切应力，形成一个气流速度较低的边界层，称为叶面边界层。由于进行光合作用的 CO_2 和水汽分子进出叶面时，都要穿过这一边界层，因而其厚度、阻力和气流，都对叶片的光合、蒸腾作用构成重要影响，从而影响作物的生长发育。研究表明，叶面边界层厚度和阻力的大小与气流速度的大小密切相关，当气流速度在 0.5 m/s 以下时，叶面边界层阻力和厚度均增大；而在 0.5～1 m/s 的微风条件下，叶面边界层阻力厚度显著降低，有利于 CO_2 和水汽分子进入气孔，促进光合作用，这是设施作物生长的最适气流速度。但风速过大时，叶面气孔开度变小，光合强度受抑制，如能增加空气湿度，则光合强度还能增强一些；但在低相对湿度、高光强和高气流速度下，都会使光合强度下降。

(二)换气与室内气流

为调控温室内气温、湿度和CO_2而进行换气时，温室内就会产生气流。研究表明，温室内栽培番茄，温室面积200 m^2，番茄LAI=3.5，开启天窗进行自然通风换气时，室内绝大部分部位的气流速度都在0.1 m/s以下，开启排风扇进行强制通风(105 m^3/min排风量)时，室内气流速度虽比自然通风高，但是也不超过0.3 m/s的风速，群体内大部分低于0.1 m/s。可见靠这些换气方式，都达不到温室番茄最适的室内气流速度0.5～1 m/s的要求。

(三)气流环境的调节

通常在温室内设置排风扇进行强制通风，以使室内环境条件均一化，提高净光合速率和蒸腾强度，促进温室作物的生长发育。但在冬季密闭状态下，引起室内相对湿度上升，CO_2浓度低下，因此通风换气必须与CO_2施肥相结合。为促进温室内空气流动，将环流风扇安装在室内，冬季温室密闭时启动，搅拌空气使其流动，可使室内大部分部位的气流速度达到0.5～1 m/s，为温室作物生长提供最适的气流速度。

二、设施内的CO_2环境及其调控

全球大气CO_2浓度已从工业革命前的280 μmol/mol上升到2018年的407 μmol/mol。随着世界人口和经济活动的增加，预计至21世纪末，大气CO_2浓度将增加一倍。同时CO_2也是由人类活动引起浓度升高的最重要的温室气体之一。

(一)CO_2浓度升高对植物的影响

1. CO_2浓度升高对植物生长发育和产量的影响

CO_2是作物光合作用的原料，CO_2浓度增加及其温室效应引起的气候变化，对植物的生长发育会产生显著影响。高CO_2浓度能够促进植物地上部与根系(包括根重、根长及根表面积)的生长，提高生物量及产量，缩短植物的生育期，使植物开花期提早。高浓度CO_2能部分地抑制呼吸作用，减少呼吸消耗，同时CO_2作为光合作用的原料，其浓度升高能增强光合作用。

2. CO_2浓度升高对植物叶片形态结构的影响

CO_2浓度倍增可使C_3植物叶片近轴面气孔密度有减少的趋势，叶片厚度普遍增加，表皮细胞密度下降，叶绿体超微结构呈现出明显的差异，最典型的特征是淀粉粒积累增多，基粒和基粒类囊体膜发育良好，而且其数目均增多。

3. CO_2浓度升高对植物光合生理生态特性的影响

大气CO_2升高带来的全球气候变化对生态系统最直接、最重要的影响是其引起的光合作用变化。CO_2浓度升高不仅能够显著提高植物的碳同化速率，同时还能通过扩大光源利用范围来促进植物的光合作用。C_3植物的光合作用受CO_2浓度倍增促进显著高于C_4植物，提高的程度随土壤含水量的减少而增加。在CO_2浓度日益升高的环境条件中，C_3植物将具有更高的潜在光合能力和更强的竞争优势。

大量研究表明，大气中CO_2浓度增加，短期内会使植物光合作用速率上升，但经过较长一段时间后，光合作用速率将逐渐下降，植物适应后出现光合下调现象，即光合作用恢复到原来的水平甚至下降。CO_2浓度增加对作物光反应过程的影响因作物种类和品种不同以及短期响应和长期适应均存在明显差异。

4. CO_2 浓度升高对植物蒸腾作用及水分利用效率的影响

气孔是协调 CO_2 气体交换和水分散失的最主要的门户，是调控植物资源有效利用的关键因子。无论任何环境胁迫时，高 CO_2 浓度对 C_3 植物的生理生态指标产生的负效应中，气孔导度最为显著。环境中 CO_2 浓度升高会导致植物气孔的关闭，从而使气孔导度降低。大量研究表明，从叶片水平而言，随着空气中 CO_2 浓度增加，植物叶片净光合速率增加，蒸腾速率降低，因而使叶片的水分利用效率大大增加。从群体水平来说，由于植物在整个生育期内的耗水随空气中 CO_2 浓度增加变化不大，而其生物量积累和籽粒产量增加幅度相对较大，从该角度来说其水分利用效率还是提高了，且 C_3 植物比 C_4 植物提高更为明显。

5. CO_2 浓度升高对植物抗氧化能力的影响

植物抗氧化能力既由遗传基因类型决定，又受气候、环境等外界因素影响，表现出品种间差异及种内基因型差异。研究表明，高浓度 CO_2 条件下两种基因型大豆的抗氧化酶 CAT、GR、SOD、POD、APX、GPX 活性都下降，这可能是因为叶绿体中 CO_2 的分压提高、O_2 的分压降低，增强了 CO_2 的同化能力，体内过剩激发能减少，同时氧作为电子受体形成活性氧的机会下降。高 CO_2 浓度下，水稻叶片 MDA 含量、POD 活性和可溶性蛋白质含量下降。

（二）设施内 CO_2 浓度特点

以塑料薄膜、玻璃等覆盖的保护设施处于相对封闭状态，内部 CO_2 浓度日变化幅度远远高于外界，而且 CO_2 浓度垂直分布也呈明显的日变化（图 4-21）。设施内夜间，由于植物呼吸、土壤微生物活动和有机质分解，室内 CO_2 不断积累，早晨揭苫之前浓度最高，超过 1 000 μL/L。揭苫之后，随光照、温度条件改善，植物光合作用不断增强，二氧化碳浓度迅速降低，揭苫后约 2 h CO_2 浓度开始低于外界，通风前 CO_2 浓度降至一日中的最低值。通风后，外界 CO_2 进入室内，浓度有所上升，但由于通风量不足，补充 CO_2 数量有限，因此，一直到 16:00 左右，室内 CO_2 浓度低于外界。16:00 以后，随着光照减弱和温度降低，植物光合作用随之减弱，CO_2 浓度开始回升。盖苫后及前半夜的室内温度较高，植物和土壤呼吸旺盛，释放出的 CO_2 多，因此 CO_2 浓度升高很快。第二天早晨揭苫之前，CO_2 浓度又达到一日

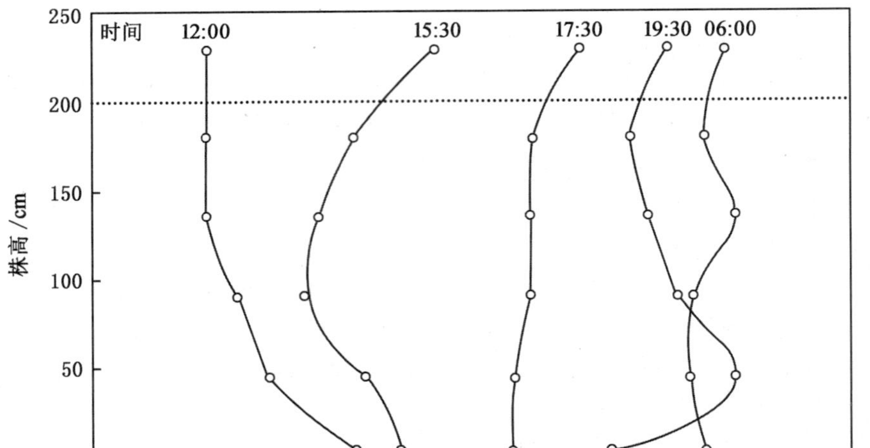

图 4-21　温室内砾培番茄二氧化碳浓度垂直分布日变化

中的最高值。若在晴天的下午通风口过早关闭，由于植物仍具有较高的光合作用，温室 CO_2 浓度会再度降低。

由于设施类型、空间面积大小、通风状况以及栽培的作物种类、生育阶段和栽培床条件等不同，设施内部 CO_2 浓度会有很大差异。设施土壤条件对 CO_2 浓度有明显影响，增加厩肥或其他有机物质的施用量，可以提高设施内部的 CO_2 浓度，无土栽培设施内，土壤散发的 CO_2 极少，特别是在换气量极少的冬季，CO_2 亏缺更加严重。

设施内不同部位的 CO_2 浓度分布并不均匀。从中午 CO_2 浓度分布来看，群体生产层上部以及靠近通道和地表面的空气中 CO_2 浓度较高，生产层内部浓度较低。由此可见，CO_2 供应源主要来自土壤和外界空气。但是即使 CO_2 浓度较高的部位也只有 220 μL/L 左右，最低部位甚至只有 135 μL/L。在夜间，靠近地表面的 CO_2 浓度往往相当高，生产层内 CO_2 浓度较高，而上层浓度较低。设施内部 CO_2 浓度分布不均匀，会造成作物光合强度的差异，从而使各部位的产量和质量不一致。

(三)设施 CO_2 施肥的生理作用

1. 形态和结构的变化

有研究表明，CO_2 施肥可使蔬菜株高、茎粗、叶片数、叶面积、分枝数、开花数、坐果率增加，生长速度加快。CO_2 施肥促进侧枝发育可能与对顶端优势的抑制有关，而对开花数的影响，一方面是由于施肥对花芽诱导和分化、发育与败育的直接效应；另一方面分枝数的增加和茎部伸长增加了单株花数。CO_2 施肥促进生长和花芽分化的原因，除了光合速率增加为细胞生长提供更丰富的糖源外，施肥还可诱导细胞生长，即 CO_2 溶于水提高细胞壁环境 H^+ 浓度，激活软化细胞壁的酶类，解除细胞壁中多聚物联结，使之软化松弛，膨压下降，从而促进细胞吸水膨大。

CO_2 施肥蔬菜比叶重上升，比叶重与淀粉含量均呈线性相关。但是比叶重升高不完全归因于淀粉含量的增加，因为大多数情况下叶片厚度也同时增加，反映了施肥条件下同化产物在叶片中的优先积累特性或者叶片输出同化产物的能力相对不足，其中库容限制可能是重要因素之一。施肥黄瓜叶片厚度减少，但栅栏组织在叶片总厚度中的比值上升。

2. 光合作用和呼吸作用的响应

相同条件下，提高大气中 CO_2 浓度，黄瓜叶片光合速率明显上升，原因在于增加了 Rubisco 羧化酶活性，降低了加氧酶活性，从而加速碳同化过程。而且，CO_2 加速降低光补偿点，增加光合量子产额，提高叶绿体 PSⅡ活性，提高蔬菜利用弱光能力。另外，生长于 CO_2 倍增条件下的黄瓜叶片，PSⅡ捕光叶绿体 a/b-蛋白质复合物的聚合体态的量增加，单体态量减少。这种变化既是植物光合机构对长期高 CO_2 浓度的一种适应，同时也提高了对光能的吸收、传递和转换效率，以提供充足的 ATP 和 NADPH 保证高效的光合同化作用。

3. 生长异常现象

高浓度 CO_2 引起多种蔬菜生长异常，表现为叶片失绿黄化、卷曲畸形和坏死等症状。高 CO_2 浓度造成气孔正常调节功能的紊乱是引起生长异常的重要原因。

(四)提高设施内 CO_2 浓度的方法

1. 通风换气

当设施内 CO_2 浓度低于外界大气水平时，采用强制或自然通风可迅速补充 CO_2。此法简单易行，但 CO_2 浓度的升高有限。

2. 增加土壤有机质

增施有机肥不仅能提供作物生长必需的营养物质、改善土壤理化性质，而且可释放出大量的CO_2，但是有机质释放CO_2的持续时间短，产气速度受外界环境和微生物活动影响较大，不易调控，而且未腐熟厩肥在分解过程中还可能产生氨气、二氧化硫、二氧化氮等有害气体。

3. 生物生态法

将作物和食用菌套作，在菌料发酵、食用菌呼吸过程中释放出CO_2，或者在大棚温室内发展种养一体，利用畜禽新陈代谢产生的CO_2，此法属被动施肥，易相互污染，无法控制CO_2释放量。

4. CO_2施肥

在温室内施用CO_2，始于瑞典、丹麦、荷兰等国家，20世纪60年代，英国、日本、德国、美国相继开展CO_2施肥试验，目前已成为设施栽培中的一项重要管理措施。我国在该领域的研究和应用起步虽晚，但由于日光温室在北方地区大面积推广普及，冬季温室密闭严、通气少，室内CO_2亏缺严重，目前已普遍推广使用CO_2施肥技术，效果十分显著。一般黄瓜、番茄、辣椒等果菜类施用CO_2气肥的比不施的平均增产20%～30%，并能促进开花，增加果数和果重，提高品质；叶菜类、萝卜等根菜类的增产效果大；鲜切花施用CO_2可增加花数，促进开花，增加和增粗侧枝，提高花的质量。

（1）CO_2施肥方法

①固体CO_2施肥法　固体CO_2施用较简单，买来配好的固体CO_2气肥或CO_2颗粒剂，按说明使用即可。将固体CO_2气肥按2穴/m^2、每穴10 g施入土壤表层，并与土混匀，保持土层疏松。施用时勿靠近根部，也可将固体气肥施在水淹不到的地方，使用后不要用大水漫灌，以免影响CO_2气体的释放。

②CO_2发生器施肥法　采用CO_2发生器于棚内施用CO_2气肥（表4-16），放气量和放气时间可根据面积、天气、作物叶面系数等调节。反应物主要有碳酸氢铵加硫酸、小苏打加硫酸、石灰石加盐酸等。

表4-16　每667 m^2标准棚（1 300 m^3）内施用CO_2气肥用料对照表

反应物	单位	数量				
CO_2增加量	%	0.010	0.025	0.055	0.075	0.100
CO_2达到量	%	0.040	0.055	0.085	0.105	0.130
液态CO_2	kg	0.240	0.600	1.300	1.790	2.400
浓硫酸	kg	0.275	0.685	1.480	2.040	2.750
碳酸氢铵	kg	0.465	1.165	2.515	3.470	4.650
浓硫酸	kg	0.275	0.690	1.495	2.060	2.760
碳酸氢钠	kg	0.465	1.160	2.515	3.455	4.650
浓盐酸	kg	1.075	2.690	5.825	8.020	10.750
90%碳酸钙	kg	0.605	0.520	1.860	4.530	6.050

一般使用硫酸和碳酸氢铵发生化学反应产生 CO_2，通常 667 m^2 用量标准为：每天称取 3.6 kg 碳酸氢铵＋2.25 kg 浓硫酸（1∶3 稀释），均匀放入 30 个容器内进行反应（常用塑料桶，挂高 1.5 m），晴天日出后 0.5～1 h 使用，通风前 30 min 停用，使棚室内 CO_2 浓度达到 1 000 mg/kg 左右（黄瓜 CO_2 适宜浓度为 800～1 000 mg/kg，番茄为 1 000～1 500 mg/kg），一般连施 30 d 以上，阴雨天不施。在实际操作过程中，可一次配 2～3 d 的硫酸量，每天上午只需向挂桶内定量撒碳酸氢铵即可。施用一般从植株的初花期开始到盛果期结束，施用时关闭温室，反应后废液（主要成分为硫酸铵和水）加 10 倍水稀释作土壤追肥。

③燃料燃烧法　在欧美、日本等国家，常利用低硫燃料如天然气、白煤油、石蜡、丙烷等燃料释放 CO_2，应用方便，易于控制。我国主要将燃煤炉具改造，增加对烟道尾气的净化处理装置，滤除其中的二氧化氮、二氧化硫、粉尘、煤焦油等有害成分，输出纯净的 CO_2 进入设施内部。

配合生态型日光温室建设，利用沼气来进行 CO_2 施肥，这是目前大棚蔬菜最值得推广的 CO_2 施肥技术。具体方法：选用燃烧比较完全的沼气灯或沼气炉作为施气器具，大棚内每 50 m^2 设置一盏沼气灯，或每 100 m^2 设置一台沼气灶。每天日出后燃放，燃烧 1 m^3 沼气可获得大约 0.9 m^3 CO_2，一般棚内沼气池寒冷季节产沼气量为 0.5～1.0 m^3/d，它可使 333 m^2 大棚（容积为 600 m^3）内的 CO_2 浓度达到 0.1%～0.16%。在棚内 CO_2 浓度到 0.1%～0.12%时停燃，并关闭大棚 1.5～2 h，棚温升至 30℃时，开棚降温。施放 CO_2 后，水肥管理必须及时跟上。

④液态 CO_2（气瓶）　液态 CO_2 是酒精工业的副产品，也是制氧工业、化肥工业的副产品，经压缩装在钢瓶内，可直接在棚内释放，常应用于大型温室。具体方法：根据气瓶的压力不同确定释放时间长短，最好配合 CO_2 测定仪及时了解室内 CO_2 浓度状态，达测定量浓度就可以停止施用。根据经验，一般 333 m^2 的日光温室需要释放 0.5 h 左右。

（2）CO_2 增施时间　CO_2 施肥应在作物一生中光合作用最旺盛的时期和一日中光照条件最好的时间进行。苗期 CO_2 施肥利于缩短苗龄、培育壮苗、提早花芽分化、提高早期产量，苗期施肥应及早进行。定植后的 CO_2 施肥时间取决于作物种类、栽培季节、设施状况和肥源类型。以蔬菜为例，果菜类定植后到开花前一般不施肥，待开花坐果后开始施肥。主要是防止营养生长过旺和植株徒长；叶菜类则在定植后立即施肥。在日本，黄瓜越冬栽培的 CO_2 施肥在开始收获前进行，促成栽培则在定植后开始。在荷兰，利用锅炉燃气，CO_2 施肥常常贯穿作物全生育期。

一天中，CO_2 施肥时间应根据设施 CO_2 变化规律和植物的光合特点安排。在中国和日本，CO_2 施肥多从日出或日出后 0.5～1 h 开始，通风换气之前结束。严寒季节或阴天不通风时，中午停止施肥。在北欧、荷兰等国家，CO_2 施肥则全天候进行，中午通风开窗至一定 CO_2 浓度时自动停止。此外，国外曾有夏季温室通风期 CO_2 施肥的报道，CO_2 浓度近于或略高于大气水平，既减少温室内外 CO_2 浓度差，降低渗漏损失，又能取得明显的增产效果。

（3）CO_2 施用期间的栽培管理　CO_2 施肥必然改变温室的环境条件，必须全面保证和调节各种条件，才能有效地发挥 CO_2 施肥的作用。

①光照管理　当光照度一定时，增加 CO_2 浓度会增加光合量。当 CO_2 浓度一定时，增加光照度，也会增加光合量。CO_2 施肥可以提高光能利用率，弥补弱光的损失。研究表明，温室作物在大气 CO_2 浓度下的光能转换效率为 5～8 μg/J，光能利用率 6%～10%；CO_2 浓

度为1 200 μL/L时，光能转化效率为7～10 μg/J，光能利用率12%～13%。通常，强光下增加CO_2浓度对提高作物的光合速率更加有利，因此，CO_2施肥的同时应注意改善群体受光条件。

②温度管理　在CO_2施肥的同时，提高管理温度是必要的。一般将CO_2施肥条件下的通风温度提高2～4℃，同时将夜间温度降低1～2℃，加大昼夜温差，以保证植株健壮生长，防止徒长。

③湿度管理　各种作物要求不同的空气相对湿度，只有相对湿度适宜，CO_2施肥才能充分发挥作用。如黄瓜适宜的相对湿度为80%，辣椒为85%，番茄为45%～50%。

④灌水和施肥管理　CO_2施肥促进作物生长发育，因此也增加了作物对水分、矿质营养的需求。因此，在CO_2施肥的同时，必须增加水分和营养的供给，满足作物生理代谢需要，但又要注意避免肥水过大而造成徒长。在施肥管理上，应当重视氮肥的施用。

(4)CO_2施肥浓度　从光合作用的角度，接近饱和点的CO_2浓度为最适施肥浓度，但是，CO_2饱和点受作物、环境等多因素制约，实际操作中很难掌握，而且，施用饱和点浓度的CO_2，在经济方面也不一定合算。通常800～1 500 μL/L可作为多数作物的推荐CO_2施肥浓度，具体浓度依作物种类、生育期、光照及温度等条件而定，如晴天和春秋季节光照强时施肥浓度宜高，阴天和冬季低温弱光季节施肥浓度宜低。近年来，依据温室内的气象条件和作物生长状况，以作物生长模型和温室物理模型为基础，通过计算机动态模拟优化，将投入与产出相比较确定瞬时CO_2施肥最佳浓度的研究取得了较大进展。

三、设施内有害气体及其排除

随着设施瓜菜种植面积的扩大，时常会出现一些由于有害气体浓度过大造成的类似病害的症状，但是这些症状既没有真菌病害常见的霉状物，也没有细菌病害的腐烂状，一般通风换气后即可抑制病斑扩展。

(一)设施常见有害气体及其危害症状

1.氨气

对氨气敏感的蔬菜有黄瓜、番茄、辣椒等。当温室内氨气浓度达到5 g/m³时，生长旺盛的中部叶片就会不同程度地受害，叶肉组织白化、变褐，最后枯死，通风换气排除氨气后，新发生的叶片可正常生长。当氨气浓度达到40 g/m³时，经过24 h，几乎各种蔬菜都会受害而枯死。

2.二氧化氮

对二氧化氮敏感的蔬菜有茄子、番茄、辣椒、芹菜、莴苣等。当温室内二氧化氮的浓度达到2 g/m³时，叶片的叶缘和叶脉间形成白灰色或褐色坏死的小斑点，严重时整叶凋萎枯死。

3.二氧化硫

对二氧化硫敏感的蔬菜有黄瓜、番茄、辣椒、茄子、西葫芦等。当浓度超过1 g/m³时，在叶片上就会出现界限分明的点状或块状水渍斑。

4.邻苯二甲酸二丁酯

该物质是塑料薄膜增塑剂，使用掺有该增塑剂的薄膜，当温室内白天温度高于30℃时，邻苯二甲酸二丁酯便不断地游离出来，在不注意通风换气的情况下，积累到一定浓度便会对瓜菜造成危害。受害症状：在心叶和叶尖的幼嫩部位，沿着叶脉两侧的叶肉褪绿、变白、生长受阻。

5. 乙烯

对乙烯敏感的作物有黄瓜、番茄。温室前屋面覆盖的聚氯乙烯薄膜，覆盖后如不能及时通风，薄膜中释放出的乙烯浓度达到 0.1 g/m^3 时，敏感作物便开始出现叶片下垂弯曲，严重时叶片枯死、植株畸形。

(二)有害气体的生成原因

1. 氨气

氨气为害通常是由于施肥不当直接造成的，如直接在密闭的温室地面撒施碳铵、尿素、鸡粪、饼肥，或在温室内发酵鸡粪及饼肥等，都会直接或间接释放氨气。

2. 二氧化氮

二氧化氮为害常见于连作 3 年以上的温室。经测定，其生产原因一是土壤呈酸性(pH＜5)，二是氮肥施用量过大，在土壤硝酸细菌的作用下，使土壤酸化，造成亚硝酸态氮的转化强烈受阻，而铵态氮向亚硝酸态的转化受影响较小，由于转化的不平衡，使亚硝酸在土壤中大量积累。在土壤强酸性条件下，亚硝酸变得不稳定而气化。土壤中铵态氮越多，发生的亚硝酸气体越多，导致二氧化氮气体积累也越多。

3. 二氧化硫

二氧化硫为害多见于温室生产过程中用硫黄粉熏蒸消毒，或深冬季节用燃煤加热升温不当，引起二氧化硫在温室内聚积过量。

此外，邻苯二甲酸二丁酯和乙烯等有害气体主要是由于塑料薄膜在太阳暴晒下产生的。

(三)预防措施

1. 施用充分腐熟的有机肥料

一般在有机肥施入前 2～3 个月，将其加水拌湿堆积后，盖严薄膜，经充分发酵后再施用，每亩施入量在 15 000 kg 左右也不会产生氨气和二氧化氮等有害气体。

2. 合理使用化肥

温室内使用化肥应注意以下几点：①温室内不施氨气、碳铵、硝铵等易挥发的肥料；②用尿素、三元复合肥等不易挥发的化肥作基肥时，要与过磷酸钙和部分腐熟的有机肥混合后沟施或翻耕深埋；③用尿素、硫酸钾三元复合肥等追肥时，一定要随追施随埋严，追施后及时浇水，严禁在温室追施或冲施未经发酵的人粪尿。

此外，应该注意设施内不得堆放陈旧塑料制品及农药、化肥等。

3. 通风换气排除温室内有害气体

根据温室内温度高低及外界天气情况，每天中午前后，可适当通风换气，避免有害气体大量积累。用硫黄消毒要在温室生产前进行，待充分排除二氧化硫气体后再栽植作物。深冬加温时要选用优质煤，并架设烟道排烟。

4. 选用适宜的塑料薄膜

使用的地膜、防水膜和前屋面膜都必须安全无毒，不要用再生塑料薄膜。

四、设施内土壤气体条件及其调控

(一)设施内土壤气体环境

土壤气体中 O_2 的减少和 CO_2 的增多,能影响蔬菜种子的发芽、根的生长和根对养分的吸收。一般蔬菜种子的发芽需要土壤中有10%～50%的 O_2。黄瓜和蒜较耐低氧浓度,在氧浓度为1%时发芽率为20%,2%时发芽率增加到50%;芹菜和萝卜等在氧浓度5%以下时,几乎不能发芽。

(二)设施内土壤气体的调节

一般施用腐熟的有机肥或用作物秸秆改进土壤的透气性;对设施内的土壤进行中耕,经常保持土壤疏松通气状态;采用地下灌溉方法灌水,以保护土壤良好的团粒结构。

任务五　设施土壤环境及其调控

土壤是作物赖以生存的基础,作物生长发育所需要的养分与水分,都需从土壤中获得,“根深才能叶茂”,所以设施内的土壤营养状况直接关系作物的产量和品质,是十分重要的环境条件。

栽培设施内温度高、空气湿度大、气体流动性差、光照较弱,且设施内作物复种指数高、生长期长、施肥量大、根系残留也较多,再加上多年连作造成设施内养分不平衡,使得设施内土壤环境与露地土壤有很大的区别。

一、设施土壤特征

设施栽培倒茬困难,病虫害和土壤次生盐渍化等连作障碍问题不断加剧,且连作容易造成病虫害猖獗、元素缺乏、根系分泌的有机酸及有毒物不易消除和土壤pH改变较大。连作障碍已成为制约蔬菜生产可持续发展的瓶颈问题。引起作物连作障碍的原因是复杂的,是土壤—作物系统内部诸多因素综合作用的外在表现,最终导致设施土壤不同于露地。

(一)设施土壤养分含量相对较高,并且出现表聚现象

由于设施内土壤有机质矿化率高,氮肥用量大,淋溶又少,所以残留量高。设施内土壤全磷的转化率比露地高2倍,对磷吸附和解吸附量也明显高于露地,磷大量富集,而钾的含量相对不足,氮钾比例失衡,这些都不利于作物生长发育。

设施内土壤有机质含量是露地菜田的1～3倍,腐殖质和胡敏酸比例高。随着温室棚龄的增加,温室土壤有机质含量有升高的趋势,并明显高于露地,3年、5年和8年棚龄的土壤有机质含量分别为3.43%、4.55%、6.34%,明显高于露地的3.12%,8年温室有机质含量最高,比露地增加了103%。

(二)土壤酸化

土壤中盐基离子被淋失而氢离子增加、酸度增高的过程称为土壤酸化。设施内土壤的pH随着种植年限的增加而呈降低的趋势,称为土壤酸化(图4-22)。引起设施栽培土壤酸化的原因，一是施用酸性和生理酸性肥料，如氯化钾、过磷酸钙、硝酸铵等；二是大量施用氮肥，土壤的缓冲能力和离子平衡能力遭到破坏而导致土壤 pH 下降，从而出现化学逆境。土壤 pH 的变化将会影响到土壤养分的有效性。对于石灰性土壤，pH 的降低能够活化铁、锰、铜、锌等微量元素以及磷的有效性，但对于酸性土壤，pH 的降低会加重 H^+、铝、锰的毒害作用，磷、钙、镁、锌、钼等元素也容易缺乏。

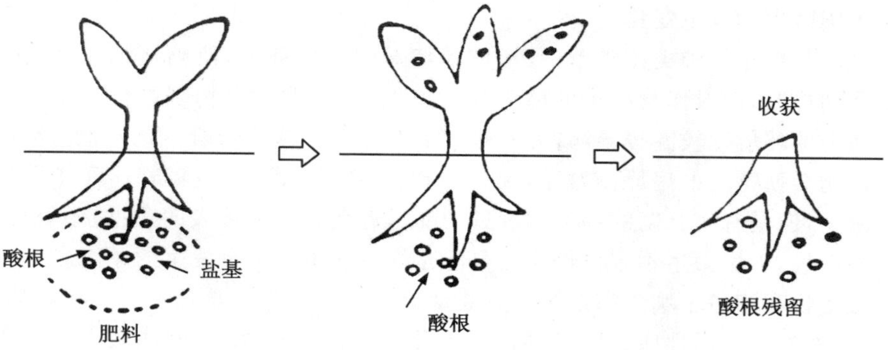

图 4-22 土壤酸化示意图

(三)土壤次生盐渍化

土壤次生盐渍化是指土壤中可溶性盐类随水向表层运移而累积，含量超过 0.1% 或 0.2% 的过程。设施内施肥量大，并且长年或季节性覆盖，土壤得不到雨水的充分淋洗，加之设施中由下到上的水分运动形式，致使盐分在土壤表层聚集。土壤盐类积累后，造成土壤溶液浓度增加使土壤的渗透势加大，作物种子的发芽，根系的吸水、吸肥均不能正常进行。而且由于土壤溶液浓度过高，营养元素之间的拮抗作用常影响到作物对某些元素的吸收，从而出现缺素症状，最终使作物生长受阻，产量及品质下降。同时，随着盐浓度的升高，土壤微生物活动受到抑制，铵态氮向硝态氮的转化速度下降，导致作物被迫吸收铵态氮，叶色变深，发育不良。造成设施土壤盐分积累的主要原因如下：

(1)化肥用量过高　温室积盐的主要原因是氮素化肥施用过量，其利用率不足 10%，其余 90% 以上被积累在土壤中或进入地下水。也就是说，过量施用肥料和偏施氮肥是引起温室土壤次生盐渍化的直接原因。

(2)设施内土壤水分与盐分运移方向与露地不同　设施内土壤水分在耕层内的运移方向，除灌水后 1 d 左右的时间外，都是向着地表的方向。灌溉虽创造了水分由上而下移动的条件，但其中大部分甚至全部仍会通过蒸腾和蒸发而逸散，故大棚内水分由下而上移动是主流。由于地面蒸发强烈，土体水分沿着毛细管向上运行，形成的上升水流使盐分向表土积聚。

(3)缺少雨水淋溶　土壤中可溶性盐分随地下水的上升，水逸盐留，由于设施的封闭特性以及特殊的覆盖结构，使得土壤盐分得不到雨水冲洗，造成盐分逐年积累，加之设施土壤的积温显著高于露地，土壤的矿化作用明显加剧，土壤自身矿化的离子和人为施入的肥料结合起来使土壤盐分浓度在短短 2～3 年内就会明显上升。因此缺少降雨淋溶和土壤高矿化度是引起温室土壤次生盐渍化的主要原因。

（四）土壤物理性状不良

保护地土壤与露地土壤相比，随着种植年限增加，土壤结构性得到明显改善，水稳性团粒（0.25～2 mm）增加，土壤毛细管空隙发达，持水性好；但非活性孔隙比例相对下降，土壤通气透水性差，物理性状不良。连作引起的盐类积累会使土壤板结，通透性变差，需氧微生物的活性下降，土壤熟化慢。

（五）土壤微生物发生变化

由于设施栽培作物种类比较单一，形成了特殊的土壤环境，使硝化细菌、氨化细菌等有益微生物受到抑制，而对作物有害的微生物大量发展，土壤微生物区系发生了很大变化，而且由于设施内的环境比较温暖湿润，为一些病虫害提供了越冬场所。此外，连续种植同一作物或同源作物会使特定的病原菌繁殖，而使土传病害、虫害严重。随着连作年限的增加，真菌的总量减少，但是有害真菌的种类和数量增加。近期研究结果表明，设施土壤微生物多样性有降低的趋势，土壤微生物多样性降低可能是导致病虫害大量发生的原因之一。

土壤微生物和酶是土壤生态系统的重要动力。微生物和酶既是土壤有机物质矿化的执行者，又是植物养分的活性库。同一种作物连作后，可以使某些特定的微生物群得到富集，特别是植物病原真菌，这不利于土壤中微生物种群的平衡，而有利于植物根部病害的发生，使作物产量逐年降低。

（六）设施土壤易发生植物自毒作用

自毒作用是指一些植物可通过地上部淋溶、根系分泌物和植株残茬等途径来释放一些物质对同茬或下茬同种或同科植物生长产生抑制作用的现象。自毒作用是一种发生在种内的生长抑制作用，连作条件下土壤生态环境对植物生长有很大的影响，尤其是植物残体与病原微生物的代谢产物对植物有致毒作用，并连同植物根系分泌物分泌的自毒物质一起影响植株代谢，最后导致自毒作用的发生。番茄、茄子、西瓜、甜瓜和黄瓜等作物极易产生自毒作用，而与西瓜同科的丝瓜、南瓜、瓠瓜和黑籽南瓜则不易产生自毒作用，其生长有时反而被其他瓜类的根系分泌物所促进。

二、设施土壤环境的调节与控制

过量施肥是设施土壤盐分的主要来源，目前我国在设施栽培尤其是蔬菜栽培上盲目施肥现象非常严重，化肥的施用量一般都超过蔬菜需要量的1倍以上，大量的剩余养分和副成分积累在土壤中使土壤溶液的盐分浓度逐年升高，土壤发生次生盐渍化，生理病害加重。因此，非常有必要对设施土壤的理化性质和肥力等进行科学合理的调控。

（一）增施有机肥

设施内宜使用有机肥，因为其肥效缓慢，腐熟的有机肥不易引起盐类浓度上升，还可改进土壤的理化性状，疏松透气，提高含氧量，提高地温，还能向棚室内放出大量的CO_2气体，减轻或防止土壤盐类浓度过高。设施内土壤的次生盐渍化与一般土壤盐渍化的主要区别在于盐分组成，设施内土壤次生盐渍化的盐分以硝态氮为主，硝态氮占到阴离子总量的50%以上。因此，降低设施土壤硝态氮含量是改良次生盐渍化土壤的关键。

使用作物秸秆是改良土壤次生盐渍化的有效措施，除豆科作物的秸秆外，其他禾本科作物秸秆的碳氮比都较高，施入土壤以后，在被微生物分解过程中，能够同化土壤中的氮素。

使用秸秆不仅可以防止土壤次生盐渍化，而且还能平衡土壤养分，增加土壤有机质含量，促进土壤微生物活动，降低病原菌的数量，减少病害。

（二）换土、轮作和无土栽培

换土是解决土壤次生盐渍化的有效措施之一，但是劳动强度大，不易被接受，只适合小面积应用。轮作或休闲也可以减轻土壤的次生盐渍化程度，达到改良土壤的目的，如蔬菜保护设施连续使用几年以后，种一季露地蔬菜或一茬水稻，对恢复地力、减少生理病害和病菌引起的病害都有显著作用。

当设施内的土壤障碍发生严重，或土传病害泛滥成灾时，可采用无土栽培技术，使得土壤栽培存在的问题得到解决。近年来山东农业大学园艺科学与工程学院研究的槽式有机基质无土栽培在防治设施蔬菜枯萎病、根结线虫以及提高产量和品质方面取得了显著的效果。

（三）平衡配方施肥

设施蔬菜配方施肥是在施用有机肥的基础上，根据蔬菜的需肥规律、土壤的供肥特性和肥料效应，提出氮、磷、钾和微量元素肥料的适宜用量以及相应的施用技术。该项技术可减少土壤中的盐分积累，是防止设施土壤次生盐渍化的有效途径，也是设施生产的关键技术之一。

（四）合理灌溉

合理灌溉、降低土壤水分蒸发量，有利于防止土壤表层盐分积聚。设施栽培土壤出现次生盐渍化并不是整个土体的盐分含量高，而是土壤表层的盐分含量超出了作物生长的适宜范围。土壤水分的上升运动和通过表层蒸发是使土壤盐分积聚在土壤表层的主要原因。

灌溉的方式和质量是影响土壤水分蒸发的主要因素，漫灌和沟灌都将加速土壤水分的蒸发，易使土壤盐分向表层积聚。目前设施内的灌溉方法主要有膜下沟灌、喷灌、膜下滴灌、渗灌和涌泉灌等，其中滴灌和渗灌是最经济的灌溉方式，同时又可防止土壤下层盐分向表层积聚，是较好的灌溉措施。

（五）土壤消毒

土壤中既有病原菌、害虫等有害生物和微生物，又有硝酸细菌、亚硝酸细菌、固氮菌等有益生物。正常情况下这些微生物在土壤中保持一定的平衡，但连作时由于作物根系分泌物质的不同或病株的残留，引起土壤中生物条件的变化，打破了平衡状况，并造成危害。由于设施栽培有一定空间范围，为了消灭病原菌和害虫等有害生物，可以进行土壤消毒。

1. 药剂消毒

进行消毒时，根据药剂的性质，有的需灌入土壤中，也有的洒在土壤表面。使用时应注意药品的特性，目前生产上常用药剂有甲醛、硫黄粉、氯化苦等，在施用时都需提高室内温度，使土壤温度达到15℃以上，10℃以下药剂不易气化，效果较差。采用药剂消毒时，可使用土壤消毒机，土壤消毒机可使液体药剂直接注入土壤一定深度，并使其气化和扩散。温室面积较大时需采用动力式消毒机，按照运作方式有犁式、凿刀式、旋转式和注入棒式4种类型，其中凿刀式消毒机，由悬挂刀轮式拖拉机牵引作业，作业时凿刀插入土壤并向前移动，在凿刀后部有药液注入管将药液注入土壤之中，而后以压土封板镇压覆盖。与线状注入药液的机械不同，注入棒式土壤消海机利用回转运动使注入棒上下运转，以点状方式注入药液。

另外，还可以用甲霜灵、福美双、多菌灵等4～5 kg/亩进行土壤药剂消毒。

2. 蒸汽消毒

蒸汽消毒是土壤热处理消毒中最有效的方法，它是以杀灭土壤中有害微生物为目的。大多数土壤病原菌用60℃蒸汽消毒30 min即可杀死，但对TMV(烟草花叶病毒)等病毒，需要用90℃蒸汽消毒10 min。多数杂草种子，需要80℃左右的蒸汽消毒10 min才能杀死。土壤中除病原菌之外，还存在很多氨化细菌和硝化细菌等有益微生物，若消毒方法不当，也会引起作物生长发育障碍，必须掌握好消毒时间和温度。

在土壤或基质消毒前，需要将待消毒的土壤或基质疏松好，用帆布或耐高温的厚塑料布覆盖在待消毒的土壤或基质表面上，四周要密封，并将高温蒸汽输送管放置到覆盖物之下。每次消毒的面积与消毒机锅炉的能力有关，要达到较好的消毒效果，每平方米土壤每小时需50 kg的高温蒸汽。

3. 太阳能消毒

在炎热的夏季，利用设施的休闲期进行太阳能消毒，消毒效果较好。先把土壤翻松然后灌水，用塑料薄膜覆盖，使设施封闭15～20 d，能起到高温消毒的作用。

(六)施用微生物菌肥

微生物菌肥对改良设施土壤有良好的作用。研究表明，在棚室中每亩施6 000 kg腐熟有机肥的基础上，施用生物复合菌肥6 kg、磷酸二铵10 kg、硫酸钾20 kg，可明显增加土壤肥力的持效性，至生育后期土壤中速效钾为单施有机肥的117.6%，速效磷含量增加21.2%，碱解氮含量增加24.5%；能改善土壤微生物区系；能提高植株抗病能力，尤其是土传病害如菌核病、枯萎病发生率比单纯施化肥明显降低，而且土壤盐分浓度降低，对调节设施内土壤生态系统具有重要作用。

另外，近年来的研究结果表明，微生物可以缓解自毒物质对作物生长发育的抑制作用，从而改善设施土壤状况，提高作物对水分和养分的吸收能力，促进根际微生物活力，增加有益菌群。

(七)利用化学他感作用

许多植物和微生物可释放一些化学物质来促进或抑制同种或异种植物及微生物生长，这种现象称为化学他感作用。研究表明，利用农作物间的化学他感作用进行有益组合，不仅可有效提高作物产量，还能在减少根部病害方面取得令人满意的效果。例如，一些十字花科作物分解过程中会产生含硫化合物，因此向土壤中施入这种作物的残渣能减少下茬作物根部病害的发生。生产上，由于许多葱蒜类蔬菜的根系分泌物对多种细菌和真菌具有较强的抑制作用，而常被用于间作或套种。

(八)改进灌溉技术

利用自然降雨淋溶与合理的灌溉技术，以水化盐。

(九)增施有机改良剂

用壳质粗粉、植物残体、蚯蚓粪、绿肥、饼肥、稻草、堆肥和粪肥等有机改良剂处理土壤后，能改良土壤结构，改善土壤微生物的营养条件，提高土壤微生物多样性，降解产生挥发性物质，从而抑制病原菌的生长。

(十)采用嫁接和无土栽培技术克服作物的自毒作用

嫁接对砧木的要求是具有强大的根系，没有或少有土传性病害。利用营养液或基质栽培的无土栽培技术也可有效避免土壤性病害的发生，有效克服作物的自毒作用。

任务六 设施环境的综合调控

设施农业是集生物工程、农业工程、环境工程为一体的跨部门、多学科的系统工程，是在外界环境不适的季节通过设施及环境调节，为作物生长提供适宜的生长环境，使其在最经济的生长空间内，获得最高的产量、品质和经济效益的一种高效农业。在实际生产中，设施内的光照、温度、湿度、养分、CO_2 等环境因子互相影响、相互制约、相互协调，形成综合动态环境，共同作用于作物生长发育及生理生化等生命活动过程。因此，要实现设施栽培的高产、优质、高效生产，就不能只考虑单一因子，而应考虑多种环境因子的综合影响，采用综合环境调控措施，把多种环境因子都维持在一个相对最佳的组合下，并以最低限度的环控设备，实现节能、省工省力，实现设施农业的可持续发展。

随着科学技术的发展和信息时代的到来，设施调控技术的发展已逐步由单因子调控向综合调控及高层次的自动化、智能化和现代化的方向发展，即形成所谓的智能温室，使设施内温度、湿度、光照、水分、CO_2 浓度、营养液浓度等因子自动调控到作物生长所需的最佳状态，实现由传统农业向现代化集约型农业的转变。

一、设施环境综合调控的目的和意义

实际生产中，光、温、湿、气、土等环境因子是同时存在的，综合影响作物的生长发育，具有同等重要性和不可替代性，缺一不可又相辅相成，当其中某一个因子起变化时，其他因子也会受到影响而随之变化。例如，温室内光照充足时，温度也会升高，土壤水分蒸发和植物蒸腾加速，使得空气湿度也加大，此时若开窗通风，各个环境因子则会出现一系列的改变，生产者在进行管理时要有全局观念，不能只偏重于某一个方面。设施内环境要素与作物体、外界气象条件以及人为的环境调节措施之间，相互发生着密切的作用，环境要素的时间、空间变化都很复杂。

所谓综合环境调控，就是以实现作物的增产、稳产为目标，把关系到作物生长的多种环境要素（如室温、湿度、CO_2 浓度、气流速度、光照等）都维持在适于作物生长的水平，而且要求使用最少量的环境调节装置（通风、保温、加温、灌水、使用二氧化碳、遮光、利用太阳能等各种装置），既省工又节能，便于生产人员管理的一种环境控制方法。这种环境控制方法的前提条件是，对于各种环境要素的控制目标值（设定值），必须依据作物的生长发育状态、外界的气象条件以及环境调节措施的成本等情况综合考虑，通过对环境状况和调控设备运行状况的实时监测，设定控制目标值，配置各种数据资料的记录分析，根据效益分析来进行有效的综合环境调控。

设施内不同作物以及同一作物的不同生长发育阶段对环境因子的要求不同，所以在设施生产中，要结合实际的栽培作物来合理控制环境条件，促进作物的生长及光合作用。例如，日光温室黄瓜生产环境因子调控可以采取如下措施：冬季清晨，温度较低，而 CO_2 浓度较高，此时低温就成为黄瓜叶片光合作用的限制因子，如果将 12℃或者是更低的温度提高到 15℃，黄瓜叶片的净光合速率会明显提高（表 4-17），加温的成本却比较低，因此适当加温是比较经济的方法。光合作用在适合的温度条件时，虽然未放风，但室内 CO_2 浓度通过植株的光合作用已有消耗，此时可人工增施 CO_2 至 1 500 μL/L，但没有必要再升高 CO_2 浓度。冬春季节温度较低的时间里，可以尽量缩短放风时间，保持较高的 CO_2 浓度来促进黄瓜叶片的光合作用，有利于提高黄瓜的产量。

表 4-17　黄瓜叶片光合速率的最适环境因子组合

温度/℃	CO_2 浓度 /(μL/L)	光量子通量密度 /[μmol/(m²·s)]	净光合速率 /[μmol/(m²·s)]
12	1 000～1 200	100～400	6.29～13.22
15	1 200～1 500	200～600	13.22～21.39
20	1 500	400～800	14.45～27.26
25	1 500	600～800	30.93～34.43
30	1 500	600～1 000	29.56～38.06
33	300	800～1 200	17.92～20.72
35	300	800～1 200	17.41～21.23

二、设施环境综合调控的方式

设施环境综合调控有 3 个不同的层次，即人工控制、自动控制和智能控制，这 3 种控制方法在我国设施农业生产中均有应用，其中自动控制在现代化温室环境调控制应用最多。

(一)人工控制

单纯依靠生产者的经验和头脑进行的综合管理，是温室环境调控的初级阶段，也是采用计算机进行综合环境管理的基础。有经验的菜农非常善于把多种环境要素综合起来考虑，进行温室大棚的环境调节，并根据生产资料成本、产品市场价格、劳力、资金等情况统筹计划、安排茬口、调节上市期和上市量，为争取高产、优质和高效益进行综合环境管理，并积累了丰富的经验。

生产能手对温室内环境的管理，多少都带有综合环境管理的色彩。比如采用年前耕翻、晾垡晒土，多次翻土、晒土提高地温，多施有机肥提高地力，选用良种、营养土提早育苗，用大温差育苗法培育成龄壮苗，看天、看地、看苗掌握放风量和时间，浇水要和光温配合等，都综合考虑了温室内多个环境要素的相互作用及其对作物生长的影响。

依靠经验进行的设施环境综合调控，要求管理人员具备丰富的知识，善于并勤于观察情况，随时掌握情况变化，善于分析思考，能根据情况做出正确的判断，让作业人员准确无误地完成所应采取的措施。

(二)自动控制

所谓自动控制，是指在没有人直接参与的情况下，利用控制装置或控制器，使机器设备或生产过程的某个工作状态或参数自动地按照预定的规律运行。例如温室内浇灌系统自动适时地给作物灌溉补水等，这一切都是以自动控制技术为前提的。

1. 自动控制的基本原理和方式

自动控制系统的结构和用途各不相同，自动控制的基本方式有开环控制、反馈控制和复合控制。近几十年来，以现代数学为基础，引入电子计算机的新控制方式也有了很大发展，例如最优控制、极值控制、自适应控制、模糊控制等，其中反馈控制是自动控制系统最基本的控制方式，反馈控制系统也是应用最广泛的一种控制系统。

（1）开环控制方式　指控制装置与被控对象之间只有顺向作用而没有反向联系的控制过程，按这种方式组成的系统成为开环控制系统，其特点是系统的输出量不会对系统的控制作用发生影响，开环控制系统可以按给定量控制方式组成，也可以按扰动控制方式组成。

（2）反馈控制方式　是一种把系统的被控量反馈到它的输入端，并与参考输入相比较的控制方式。在反馈控制系统中控制装置对被控对象施加的控制作用，是取自被控量的反馈信息，用来不断修正被控量的偏差，从而实现对被控对象进行控制的任务，这就是反馈控制的原理。反馈控制就是采用负反馈并利用偏差进行控制的过程，其特点是不论什么原因使被控量偏离期望值而出现偏差时，必定会产生一个相应的控制作用去减小或消除这个偏差，使被控量与期望值趋于一致。可以说，按反馈控制方式组成的反馈控制系统，具有抑制任何内、外扰动对被控量产生影响的能力，有较高的控制精度。

（3）复合控制方式　是将按偏差控制和按扰动控制相结合的控制方式，按扰动控制方式在技术上较按偏差控制方式简单，但它只适用于扰动是可测量的场合，而且一个补偿装置只能补偿一个扰动装置，对其余扰动均不起补偿作用。因此，比较合理的一种控制方式是把按偏差控制与按扰动控制结合起来，对于主要扰动采用适当的补偿装置实现按扰动控制，同时再组成反馈控制系统实现按偏差控制，以消除其余扰动产生的偏差。这样，系统的主要扰动已被补偿，反馈控制系统就比较容易设计，控制效果也较好。

2. 自动控制系统的分类

自动控制系统可以从不同的角度进行分类。为了全面反映自动控制系统的特点，常常将各种分类方法组合应用。

（1）线性控制系统和非线性控制系统　若组成控制系统的元件都具有线性特性，则称这种系统为线性控制系统。这种系统的输入与输出间的关系一般用微分方程、传递函数来描述，也可以用状态空间表达式来表示。线性系统的主要特点是具有齐次性和适用叠加原理。如果线性系统中的参数不随时间而变化，则称为线性定常系统；反之，则称为线性时变系统。

在控制系统中，如有一个以上的元件具有非线性，则称该系统为非线性控制系统。这时要用非线性微分（或差分）方程来描述其特性。非线性控制系统一般不具有齐次性也不适用叠加原理，而且它的输出响应和稳定性与其初始状态有很大的关系。

严格地说，绝对的线性控制系统（或元件）是不存在的，因为所有的物理系统和元件在不同的程度上都具有非线性特性。例如，放大器和电磁元件的饱和特性运动部件的死区、间隙和摩擦特性等。为了简化对系统的分析和设计，在一定的条件下，对于非线性程度不太严重的元部件，可采用在一定范围内线性化处理的方法，这样非线性系统就近似为线性系统，从而可以用分析线性系统的理论和方法对它进行研究。

（2）恒值控制系统、随动系统和程序控制系统　恒值控制系统的参考输入是一个常值，要求被控量也等于一个常值。但由于扰动的影响，被控量会偏离参变量而出现偏差，控制系统便根据偏差产生控制作用，以克服扰动的影响，使被控量恢复到给定的常值。在恒值控制系统中，参据量可以随生产条件的变化而改变，但是一经调整后，被控量就应与调整好的参据量保持一致。

随动控制系统的参据量是预先未知的随时间任意变化的函数，要求被控量以尽可能小的误差跟随参据量的变化。在随动系统中，扰动的影响是次要的，系统分析、设计的重点是研究被控量跟随的快速性和准确性。

程序控制系统的参据量是按照预定规律随时间变化的函数，要求被控量迅速、准确地复现。机械加工使用的数字程序控制机床便是一例。程序控制系统和随动系统的参量都是时间函数，不同之处在于前者是已知的时间函数，后者则是未知的任意时间函数，而恒值控制系统也可视为程序控制系统的特例。

(3)连续控制系统和离散控制系统　若控制系统中各部分的信号都是时间的连续函数，则称这类系统为连续控制系统。在控制系统各部分的信号中只要有一个是时间的离散信号，则称这种系统为离散控制系统。显然，脉冲和数码都属于离散信号。计算机控制系统是一种常见的离散控制系统。

3.对自动控制系统的基本要求

自动控制理论是研究自动控制共同规律的一门学科。尽管自动控制系统有不同的类型，对每个系统也都有特殊的要求，但对于各类系统来说，在已知系统的结构和参数时，人们感兴趣的都是系统在某种典型信号输入下，其被控量变化的全过程，例如，对恒值控制系统是研究扰动作用引起被控量变化的全过程，对随动系统是研究被控量如何克服扰动并跟随参据量的变化过程，但是，对每一类系统被控量变化全过程提出的共同基本要求都是一样的，且可以归结为稳定性、快速性和准确性，即稳、准、快的要求。

(1)稳定性　稳定性是保证控制系统正常工作的先决条件，一个稳定的控制系统，其被控量偏离期望值的初始偏差应随时间的增长逐渐减小或趋于零，具体来说，对于稳定的恒值控制系统，被控量因扰动而偏离期望值后，经过一个过渡过程后，被控量应恢复到原来的期望值状态；对于稳定的随动系统，被控量应能始终跟踪参据量的变化。反之，不稳定的控制系统，其被控量偏离期望值的初始偏差将随时间的增长而发散。因此，不稳定的控制系统无法实现预定的控制任务。

(2)快速性　为了很好地完成控制任务，控制系统仅仅满足稳定性要求是不够的，还必须对其过渡过程的形式和快慢提出要求，一般称为动态性能，例如，对用于稳定的高射炮射角随动系统，虽然炮身最终能跟踪目标，但如果目标变动迅速，而炮身跟踪目标所需过渡过程时间过长，就不可能击中目标；对用于稳定的自动驾驶仪系统，当飞机受阵风扰动而偏离预定航线时，具有自动使飞机恢复预定航线的能力，但在恢复过程中，如果机身摇晃幅度过大，或恢复速度过快，就会使乘员感到不适；函数记录仪记录输入电压时，如果记录笔移动很慢或摆动幅度过大，不仅使记录曲线失真，而且还会损坏记录笔，或使电器元件承受过高电压。因此，对控制系统过渡过程的时间(即快速性)和最大振荡幅度(即超调量)一般都有具体要求。

(3)准确性　理想情况下，当过渡过程结束后，被控量达到的稳态值(即平衡状态)应与期望值一致，但实际上，由于系统结构、外作用形式以及摩擦、间隙等非线性因素的影响，被控量的稳态值与期望值之间会有误差存在，称为稳态误差，稳态误差是衡量控制系统控制精度的重要标志，在技术指标中一般都有具体要求。

（三）智能调控

1. 智能控制技术概况

近年来，智能控制技术在很多领域得到了广泛应用，如制造业、工业工程、能源工程、生物医学工程、汽车、飞行器以及室内设施装备等，智能控制是一种直接控制模式，它建立在启发、经验和专家知识等基础上，应用人工智能、控制论、运筹学和信息论等学科相关理论，驱动控制系统执行机构实现预期控制目标。

智能控制具有处理非线性、时变和不确定信息等优点。理想的智能控制系统除了满足一般控制系统的性能要求外，还应具有自学习、自适应、自组织和自结构等功能。自学习是系统对一个未知控制环境提供的信息进行识别、记忆和学习，并利用积累的经验进一步改善自身性能的能力；自适应是系统适应受控对象的动力学特性变化、环境变化和运行条件变化等的能力，其实质是不依赖于模型的自适应估计；自组织是控制系统对于复杂任务和分散的传感信息具有的自组织和自协调功能，从而使控制系统具有主动性和灵活性，可以在任务要求的范围内自行决策并主动采取行动；自结构是控制系统具有的参数自调整与结构自构建的能力，它通过引入学习机制，根据给定的学习数据集，运用少量的规则解释控制系统内知识，在系统运行的初始阶段，系统内没有规则，规则通过在线学习建立和调整，同时对数学模型的结构和参数进行确认。

为了实现预期的控制要求，使控制系统具有更高的智能，目前普遍采用的智能控制方法包括专家控制、模糊控制、神经网络控制和混合控制等。其中，混合控制将基于知识和经验的专家系统、基于模糊逻辑推理的模糊控制和基于人工神经网络的神经网络控制等方法交叉融合，优势互补，使智能控制系统性能更理想，已成为当今智能控制方面的研究热点之一。近年来，基于混合控制理论的方法在智能控制方面的应用研究非常活跃，取得了令人鼓舞的成果，并形成了模糊神经网络控制和专家模糊控制等多个研究方向。

2. 设施环境的智能化的主要表现

（1）作物生长评估系统的建立及其知识表达　设施农业的发展使得对作物生长影响因子的研究，从局限于对单因子作用转化到对作物综合影响因素、影响因子之间的互动性研究，从而建立更为严密的作物生长评估体系。反过来，根据作物评估体系建立机电控制数据模型，从而达到环境控制系统的智能化，在设施农业中，作物评估体系和环境控制系统的关系十分密切，事实上，作物评估体系也是计算机环境控制系统的有机组成部分。研究作物评估系统逐步成为设施环境调控研究的一个方向。

（2）模糊控制理论在设施环境调控中的应用　针对温室生物环境控制的复杂性，利用模糊理论可以对任意精度逼近一个非线性函数的能力，目前很多的专家已经开始研究模糊理论在设施环境调控方面的应用。

（3）设施生产环境自动化、智能化控制　设施蔬菜生产要实现产业化和现代化，必须将现代科学技术引入设施蔬菜生产中，特别是将发展最快的计算机技术应用到设施蔬菜生产的环境控制上，使环境控制实现自动化。

3. 智能控制技术在现代温室环境控制的应用

现代设施环境智能控制系统是一个非线性、大滞后，多输入和多输出的复杂系统，其问题可以描述为：给定温室内动植物在某一时刻生长发育所需的信息，该信息与控制系统感官部件所检测的信息比较，在控制器一定控制算法的决策下，各执行机构合理动作，创造出温室内动植物最适宜的生长发育环境，实现优质、高产（或适产）、低成本和低能耗的目标。温室环境智能控制系统的拓扑结构如图 4-23 所示，智能控制系统通过传感器采集温室内环境和室内作物生长发育状况等信息，采用一定的控制算法，由智能控制器根据采集到的信息和作物生长模型等比较，决策各执行机构的动作，从而实现对温室内环境智能控制的目的。

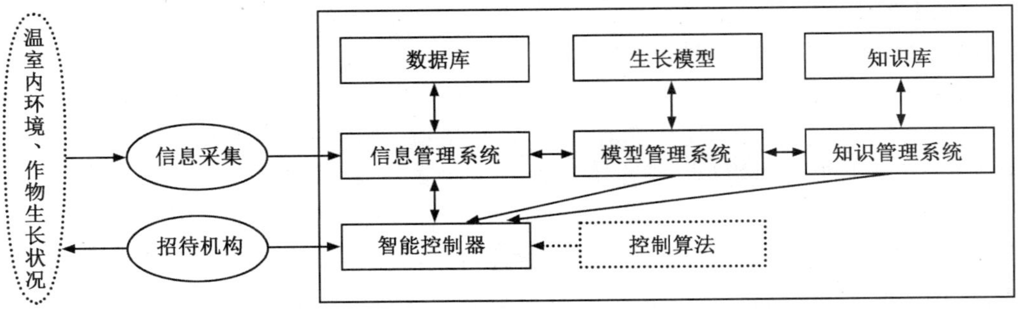

图 4-23　温室环境智能控制系统的拓扑结构

（1）温室环境智能控制硬件结构　温室环境控制是在充分利用自然资源的基础上，通过改变温室内的环境因子（温度、湿度、光照、CO_2 和施肥等）来获得作物最适宜的生长发育环境，其控制涉及硬件结构和控制算法等方面。

现代温室环境智能控制多采用分布式控制系统结构。整个控制系统不存在中心处理系统，由许多分布在各温室中（或实现温室环境控制的不同控制功能）的可编程控制器或子处理器组成，每一控制器连接到中心监控计算机或主处理器上。各子处理器处理所采集的数据，并完成实时控制功能，主处理器存储和显示子处理器传送来的数据，并向各子处理器发送控制设定值和其他控制参数。分布式控制系统有系统网络、现场控制站、操作员站和工程师站等 4 个基本组成部分，能完成数据采集、控制和管理等特定功能。这些特定功能模块通过网络连接，组成完整的控制系统，实现分时控制、集中管理和集中监视的功能。

在分布式温室环境智能控制硬件系统框架下，可以采用单片机（MCP）、可编程控制器（PLC）或工业控制机（IPC）等来完成现场控制站（器）的功能，并各具特点，基于 MCP 的温室环境智能控制系统，从信息采集到控制算法等所有性能都由单片机完成，一旦单片机出现故障，系统将会失控。但由于其操作简单和价格低廉，在一定时期内仍有一定的应用前景。

基于 PLC 的温室环境智能控制系统利用 PLC 复杂的逻辑控制功能和强运算能力，通过总线技术可以实现多站点的网络化分布式控制。现场控制器可以独立于中心监控机或主处理器工作，具有高可靠性、丰富的内置集成功能，较强的通信能力和丰富的扩展功能，非常适于现代化温室的控制要求。基于 IPC 的温室环境智能控制系统的现场控制功能由工业控制机完成。由于 IPC 配备了各种接口板及标准通信接口，具有硬件开发量少和软件组态方便等特点，为温室群控和网络化的实现提供了方便。控制系统的系统网络可以采用 CAN 总线、现场总线（field bus）和工业以太网等多种形式。

（2）温室环境智能控制算法　温室环境智能控制系统是在系统硬件的支持下执行软件（包括控制算法）的过程，控制算法在很大程度上决定了智能控制系统的性能。近年来，对温室环境智能控制系统控制算法的研究方兴未艾。

PID控制算法在温室环境控制中应用最早。它根据输入的偏差值，按比例、积分和微分的函数关系运算，将其结果用以输出控制。常规PID控制器的参数不易在线调整，容易产生超调，抗干扰能力差，不能满足现代化温室环境智能控制的要求。在温室控制实际应用中，为了提高控制系统的动态调节品质和控制精度，通常需要对常规的PID控制算法进行改进。

模糊控制算法将温室内环境和作物生长状况等参数综合起来分析考虑，借助模糊数学和模糊控制相关理论，实现温室环境的智能控制。模糊控制算法不需要被控对象的精确数学模型，根据实验结果和经验总结出模糊控制规则，经过模糊控制器的模糊化、模糊推理和去模糊化等过程，使被控环境因子参数相互影响耦合到最适宜状态。模糊控制具有响应速度快、超调小和过渡时间短等优点，但当系统输入、输出数目和模糊语言变量划分等级增大时，模糊规则数目以幂级数增加，导致控制系统的性能降低。

神经网络是由许多神经元按照一定的拓扑结构相互连接的网络结构。它具有多种模型，如反向传播BP模型(back propagation)，自适应线性元件ADALine模型(adaptive linear element)和汉明网络模型(hamming network)等，根据Kolmogorov定理，3层BP神经网络可以逼近任一连续函数，能实现任意复杂非线性映射问题。神经网络算法不需要精确的数学模型，其网络结构具有自组织、自学习和非线性动态处理能力，适于温室环境智能控制的要求。但在BP算法中，如果权值的初值选择不当，会出现收敛速度很慢甚至不收敛的现象，使得其稳定性分析相当困难。因此，在实际应用中多将神经网络算法与其他控制算法结合，以达到最优的控制效果。

由于现代化温室环境智能控制系统是一个非线性大滞后、多输入和多输出的复杂系统，单一的控制算法很难满足现代化温室环境智能控制的要求，将多种控制算法交叉与融合的混合控制算法在温室环境智能控制方面的应用和研究异常活跃。

(3)温室内生物信息获取方法　为了使温室环境智能控制系统能精细调控温室内各环境因子，给室内生物(动物或植物)创造最适宜的生长发育环境，研究温室内生物信息获取方法和技术十分必要，国内外许多学者和研究人员对温室内生物信息获取方法开展了研究工作。早在1989年，日本学者Hashimoto就提出了SPA(speaking plant approach)的控制思想，其核心是利用图像传感器对温室内植物进行无损检测，通过采集植物的实时生长信息并反馈给控制器，结合人工智能的方法实现温室环境的智能控制，美国Rutgers大学K. C. Ting教授和北京农业信息化工程技术研究中心赵春江、西南大学谢守勇等开展了计算机视觉对植物生长信息获取的课题研究，以实现对温室内植物生长发育信息的无损检测。中国农业大学王忠义和陈瑞生等以植物电信号为生理反馈信息，利用神经网络建立了植物电位与环境因子的定量关系，为实现温室内植物生理指标的智能控制提供了理论依据。

探索新型的设施内环境和室内生物信息获取方法，建立作物生长发育状况与设施内环境因子之间的数学模型，开展设施内小气候模拟研究，建立以设施外气候条件和设施内配套条件为驱动变量的设施小气候模拟模型，进行设施内环境的数字仿真和试验研究，能进一步为实现设施内作物生理指标的智能控制、智能控制系统硬件配置及结构优化提供理论依据。

4.设施环境智能控制系统

当前，随着国民经济的迅速增长，计算机技术作为高新技术的重要手段之一，已经广泛地应用于现代农业领域。传统的设施管理采用模拟控制仪表和人工管理方式，其落后的管理方式已不能适应当前农业技术的发展，要改变这种情况，将计算机技术引入农业设施，实现农业设施的计算机智能控制，是最有效的途径之一。

设施环境智能控制系统将成为现代农业发展的重要手段和措施。它的功能在于以先进的技术和现代化设施人为控制作物的环境条件，使作物生长不受自然气候的影响，做到常年工厂化，并进行高效率、高产值和高效益生产。

(1)系统组成　为实现对温室环境因子(温度、湿度、光照、CO_2、土壤水势等)的有效控制，本系统采取数据采集和实时控制的硬件结构。该系统可以独立地完成温室环境信息的采集、处理和显示，如图 4-24 所示，该系统设计由 A/D、D/A 的多功能数据采集板、上位机、下位机、继电器驱动板及电磁阀、接触器等执行元件组成。这些执行元件形成测量模块、控制输出模块及中心控制模块 3 部分。

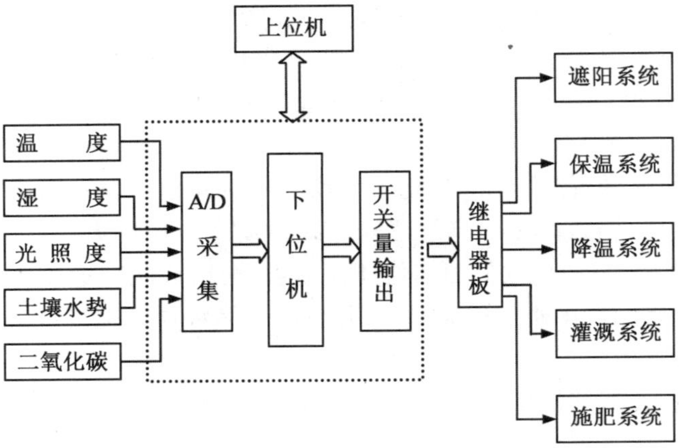

图 4-24　系统结构框图

测量模块是由传感器把作物生长的有关参量采集过来，经过变送器变换成标准的电压信号送入 A/D 采集板，供计算机进行数据采集。传感器包括温度传感器、湿度传感器、土壤水分传感器、光照传感器以及 CO_2 传感器等。

控制输出模块实现了对温室各环境参数的控制，采用计算机实现环境参数的巡回检测，依据四季连续工况设置受控环境参数，对环境参数进行分析，通过控制通风、遮阳、保温、降温、灌溉、施肥设备等，根据温室某环境因子超出设置的适宜参数范围时，自动打开或关闭控制设备，调节相应的环境因子。

中心控制模块以下位机为控制机，检测现场参数并可直接控制现场调节设备，下位机也有人机对话界面以便于单机独立使用。上位机为管理机，针对地区性差异、季节性差异，种植类差异，负责控制模型的调度和设置，使整个系统更具有灵活性和适应性。同时，上位机还具远程现场监测、远程数据抄录以及远程现场控制的功能，令上位机操作者有身临现场的感觉。另外，上位机还有数据库、知识库，用于对植物生长周期内综合生长环境的跟踪记录、查询、分析和打印报表，以及供种植人员的技术咨询。

(2)系统工作原理　植物生长发育要求有适宜的温度、湿度、土壤含水量、光照度和 CO_2 浓度，所以本系统的任务就是有效地调节上述环境因子，使其在要求的范围内变化，环境因子调节的控制手段有暖气阀门、东/西侧窗、排风扇、气泵、水帘、遮阴帘、水泵阀门等。根据不同季节的气候特点，环境因子调节的手段不同，因此控制模式也不同。

设施环境因子参考模型的建立以温度控制为核心，根据设施作物在不同生长阶段对温度的不同要求分期调节。同时，要随作物一天中生理活动中心的转移进行温度调节。调节温度以使作物在白天通过光合作用能制造更多的碳水化合物，在夜间减少呼吸对营养物质的消耗为目的。调节的原则是以白天适温上限作为上午和中午增进光合作用时间带的适宜温度，下限作为下午的控制温度，傍晚 4～5 h 内比夜间适宜温度的上限提高 1～2℃，以促进运转。其后以下限为通夜控制温度，最低界限作为后半夜抑制呼吸消耗时间带的目标温度，调节方法：将 1 天分成 4 个时间带，不同时间带控制不同温度，这也叫变温控制，如图 4-25 所示。

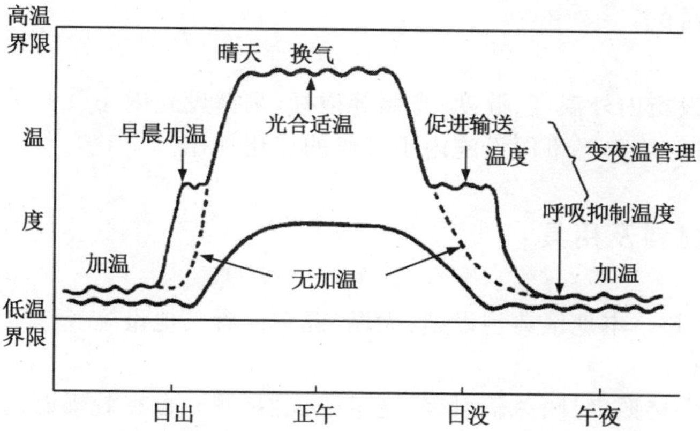

图 4-25　复合环境调控的变温管理模式

(3)系统设计原则　通过对我国温室产业的发展现状和国外先进监控系统的分析研究，并考虑到我国温室产业的特殊性和我国的国情，日光温室环境控制系统的设计应遵循简单、灵活、实用、价廉的原则。

简单指结构和操作简单，系统的现场安装简单，用户使用方便，且具有一定的智能化程度，能通过对室内环境参数的测量进行自动控制。

灵活指系统可以随时根据季节的变化和农作物种类的改变进行重新配置和参数设定，以满足不同用户生产的需求。

实用指所设计的系统应充分考虑我国农业生产的实际情况，特别是我国东北的寒冷地区，保证对环境的适应性强、工作可靠、测量准确、控制及时。

价廉指为便于在我国的日光温室中应用及推广，研制的系统的成本应保持在一般农户可以接受的水平内。

复习思考题

1. 设施内的光环境如何进行调控？
2. 设施内的温度如何进行调控？
3. 设施内的湿度如何进行调控？
4. 设施内的气体如何进行调控？
5. 设施内的土壤环境如何进行调控？

实验实训

设施内小气候观测

一、实验实训目的

通过观测不同设施内外温度、湿度、光照等指标，掌握设施内小气候的观测方法，学会使用相关测定仪器，进一步熟悉不同设施内小气候的变化规律。

二、实验实训材料及用具

(1)实验实训材料　本地区典型设施：大棚、温室或者其他设施。

(2)实验实训用具

①光照测定　手持照度计、总辐射表、光量子仪器(测光合有效辐射)。

②空气温湿度测定　干湿球湿度计、通风干湿表、最高最低温度表(最好用自动记录的温湿度表)。

③土温测定　曲管地温表(5、10、15、20 cm)或热敏电阻地温表。

④气流速度测定　热球或电动风速表。

⑤二氧化碳浓度测定　便携式红外二氧化碳分析仪。

三、实验实训内容和方法

首先将全班同学按照每组 6～8 人划分为若干小组，然后按照下列实验实训内容及方法到实训场地的设施内外，进行实地观测、记录、统计数据。

实验实训内容和方法如下：

(1)观测点布置　水平观测点分布如下图所示。左边为设施内，一般布置 9 个观测点，其中 5 号点位于设施中央，其余各点以 5 号点为中心在四周均匀分布；右边为设施外，它与 5 号点相对应。

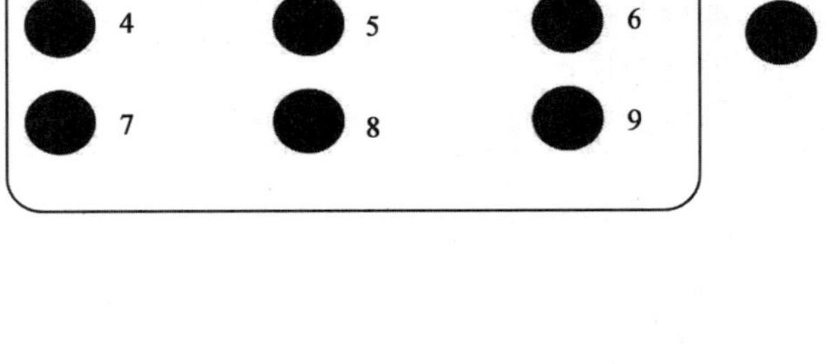

垂直观测点根据植物生长状况、设施高度和测定项目而定。有作物时，可设作物冠层上 20 cm 和作物层内 1～3 个高度，室外为 150 cm 高度，土壤中设 10、15、20 cm 等深度；无作物时，可设定 20、50、150 cm 3 个高度。

(2)观测时间　一天中每隔 2 h 测一次温度(气温和地温)、空气湿度、气流速度和二氧化碳浓度，分别在 20:00、22:00、0:00、2:00、4:00、6:00、8:00、12:00、14:00、16:00、18:00 共测定 11 次，且设施揭盖前后最好各加测一次。光合有效辐射、总辐射、光照度在盖帘之前、揭帘以后时段内每隔 1 h 测 1 次，总辐射和光合有效辐射要在正午时再加测 1 次。

(3)观测值　读取每组观测值，按每个水平测点、垂直测点顺序往返两次，同一点自上而下、自下而上也往返两次，取两次观测平均值。

(4)仪器使用方法和步骤

①手持照度计的测量方法

A. 打开电源；

B. 选择适合的测量挡位；

C. 打开光检测器盖子，并将光检测器水平正面对准欲测光源；

D. 读取测量值时，如果最高位数显示“1”即表示过量，需要按下量程键(⑧键)，调整测量倍数，应立刻选择较高挡位测量；

E. 照度计开始工作，并在显示屏上显示照度值；

F. 显示屏上显示数据不断地变动，当显示数据比较稳定时，按下“HOLD”键，锁定数据；

G. 读取并记录读数器中显示的观测值。观测值等于读数器中显示数字与量程值的乘积，比如屏幕上显示“500”，右下角显示状态为“×2 000”，照度测量值为 1 000 000 lx，即(500×2 000)；

H. 再按一下锁定开关，取消读值锁定功能；

I. 每一次观测时，连续读数三次并记录；

J. 每一次测量工作完成后，按下电源开关键，切断电源；

K. 盖上光检测器盖子，并放回盒里。

②转盘式的湿度计使用方法　分别读取干球温度和湿球温度，将两者的温度转盘对齐，箭头所指位置即环境的湿度。

③TES-1360A 数字温湿度计

A. 将电源开关推至 ON 位置。

B. 将温度单位选择开关推至需要测量单位为℃或℉，此单位可随时变更选择。

C. 将温度(TEMP)、湿度(%RH)及露点温度(DEW)开关推至 TEMP 位置，则主显示区显示测量温度值，第二显示区显示湿度值。将开关推至“%RH”位置，则主显示区显示测量湿度值，第二显示区显示温度值。将开关推至“DEW”位置，则主显示区显示计算的露点温度值，第二显示区显示湿度值。

D. 当测试环境湿度改变时，其示数会改变，需要待数分钟，就能读取稳定的湿度值。

E. 将电源开关推至“HOLD”位置，“HOLD”符号出现，目前测量值被锁定，这时可将温度、湿度和露点温度开关扳至所需读取位置，也可使用温度单位选择开关改变测量单位。

F. 关机时自动出现关机符号“P”，当开关及按键未操作约 30 min 时，将会自动关机以省电。

④地温表的使用方法　直接用相应深度的地温表，插入土层即可。

⑤红外二氧化碳分析仪的使用方法

A.启动　交流电供电时，将稳压电源插头插在仪器侧面板“外接”插孔处，按下“POWER”健（电源开关），红灯亮，将“TEST”（检查）开关向上扳动，仪器表头指示为电源电压，外接电源时要大于6 V。电池工作时要大于5.8 V，否则要给仪器充电。如果电源正常，则将“TEST”开关扳下，预热5～10 min。

B.校零点　将仪器侧面板上的圆形切换阀旋钮沿顺时针方向拧到“零点”位置，（圆点对准“零点”，要拧到低）。打开“PUMP”（泵）开关，黄色指示灯亮，并可听到泵的声音，说明泵在工作，大约15 s后，若表头指示值不是“0”，应转动前面板“ZERO”（零点）电位器，将指示值调为“0”。

C.调终点　仪器随机附带有一低压铝合金小瓶标气，可以使用100次以上。使用时，需将泵开关关闭并将切换阀逆时针方向旋转到“测量”位置（一定要拧到底），然后将铝合金小气瓶嘴对准仪器“IN”（入口），轻轻一顶气瓶底部，可听到“嘶”的一声，时间0.5～1 s（切不可时间太长，那样不仅浪费气还容易将内部气管冲开）。约20 s后，指示稳定，如标称浓度为小气瓶气的数值，可不必调整。差异较大时，用随机附带的钟表改锥调整“SPAN”（终点）电位器，将指示值调整在标气有效范围之内即可。

D.测量　将取样器接在仪器入口，打开泵开关，便可将被测环境的气体抽入仪器内，从显示器上直接读取被测的CO_2浓度值。测量下一个数据时，不必回零，将取样器杆指向被测处，即可读出被测值。一般情况下，工作1 h后，应该检查零点。当零点漂移较大时，需旋转零点电位器进行调整，若变化不大，则不必进行校正。

E.充电　电池电压在5.8 V时，就应对仪器进行充电。充电时，将稳压电源一端插在220 V交流电源插座上，另一端的3.5 mm挡插头插在仪器侧面板的“电源”处，并且将切换开关打到充电挡，电源和泵开关都处于“关”的状态，“检查”开关向上扳。当想观察充电情况时，可按下“POWER”开关，看显示器的显示，然后再关上显示器继续充电。可充电12～16 h，要保证充电时间，一般能充到6.2 V左右。

F.注意事项　炎热夏季或长时间不用时应经常检查电池电压，电压低于5.5 V时应充电；不使用时，应将切换阀置于“调零”位置，这样可将仪器内部气路封闭以保护气路和过滤剂不失效。

四、实验实训要求

（1）测定前先准备好数据记录表。

（2）测量仪器要远离加温设备放置。

（3）在正式测定数据以前，需要将仪器安装并后进行校正后预测一次。

（4）按照气象观测要求进行测定，如光照仪必须保持水平，不能与太阳光垂直，温度、湿度表一定要有防辐射罩，要避免水滴直接掉落到测量仪器上等。

（5）测完后一定要校对数据，若发现错误应及时更正。

（6）实验实训考核标准如表4-18所列。

表 4-18　实验实训考核标准

序号	考核内容	考 核 要 点	最高得数
1	仪器准备(10 分)	仪器的准备	5
		数据记录表的准备	5
2	仪器操作(30 分)	正确识别相关仪器	10
		掌握每种仪器的相关功能	10
		正确使用相关仪器	10
3	基本参数测量(30 分)	观测点正确	10
		观测时间正确	10
		观测值记录准确	10
4	组间讨论(30 分)	设施揭盖前后各测一次相关指标	30
合　计			100

注:每项具体得分教师可依据学生操作的实际结果确定,最多不超过最高得分数。

(7)实训成绩评价标准

①不及格　60 分以下,仪器操作不规范,且测量的位置和时间点均不正确。

②合格　60～79 分,能在指导下完成操作,测量的位置及时间点基本正确。

③良好　80～89 分,仪器操作基本规范,独立完成,能记录相关测量数据。

④优秀　90～100 分,仪器操作规范,独立完成,测量的位置、选择的时间点正确,测量后数据记录准确。

五、实验报告

撰写实验报告,并根据观测数据绘出设施内外温度、湿度、光照度的日变化曲线图。

Project 5

项目五

无土栽培技术

任务一 无土栽培概述

任务二 营养液的配制与管理

任务三 固体基质的选用与处理

任务四 工厂化育苗技术

实验实训

任务一　无土栽培概述

无土栽培是以人工制造的作物根系生长环境取代天然土壤环境，可有效解决传统土壤栽培中难以解决的水分、空气、养分的供应矛盾，使作物根系处于最适宜的环境条件，从而促进作物更好地生长。目前，世界上应用无土栽培技术的国家和地区已达100多个，主要应用于蔬菜、花卉、果蔬和药用植物方面，由于其栽培技术的逐渐成熟和发展，应用范围和栽培面积不断扩大，经营与技术管理水平空前提高，实现了集约化、工厂化生产，达到了优质、高产、高效和低耗的目的。

一、无土栽培的概念及分类

（一）无土栽培的概念

无土栽培（soilless culture，SC）是指用营养液或者固体基质代替天然土壤进行作物栽培的方法。国际无土栽培学会（International Society of Soiless Culture，ISOSC）认为，凡是用天然土壤之外的基质（或仅育苗时使用土壤基质，定植后不再使用基质）创造能为作物提供水分、养分、氧气环境的栽培方式均可称为无土栽培。换言之，作物不是栽培在土壤中，而是种植在溶有矿物质的水溶液（营养液）里，或在某种栽培基质中，用营养液进行作物栽培。只要有一定的栽培设备和有一定的管理措施，作物就能正常生长，并获得较高产量，能为市场提供无污染、高质量的园艺产品。日本、欧洲等国家学者认为无土栽培主要是指营养液栽培，所以无土栽培有时又称为营养液栽培（nutrient solution culture）、溶液培养（solution culture）、水培（hydroponics）、水耕等。

目前，无土栽培已在世界各地广泛应用，并已成为设施农业和太空农业的主要组成部分。

（二）无土栽培的分类

无土栽培从早期的实验研究至今已有近170年的历史，栽培的方式很多，分类方法也不相同，但基本上可分为固体基质栽培和非固体基质栽培2大类。目前比较常用的分类方式可总结如下（图5-1）。

- 无土栽培
  - 非固体基质培
    - 水培
      - 营养液膜技术 (NFT)
      - 深液流技术 (DFT)、浮板毛管技术 (FCH)
    - 雾培
      - 喷雾培
      - 半喷雾培
  - 固体基质培
    - 无机基质培：砂培、砾培、珍珠岩培、陶粒培、岩棉培、蛭石培、熏炭培等
    - 有机基质培：泥炭培、锯木屑培、树皮培、菇渣培、塑料泡沫培、椰糠培、碳化稻壳培、水苔培等
    - 有机－无机混合基质培：泥炭－珍珠岩培、泥炭－蛭石培、泥炭－珍珠岩－蛭石培、泥炭－树皮－珍珠岩－蛭石培等

图5-1　无土栽培的分类

1. 固体基质栽培

固体基质栽培是指栽培作物的根系由基质固定，根系在基质中吸收氧气和营养液的栽培方法。固体基质栽培的类型和方法很多，根据固体基质的性质不同可分为有机基质、无机基质和有机-无机混合基质3大类。固体基质栽培的优点是可以通过基质选择与人工混配，使水、肥、气三者协调，且基质供应充分，设备投资较低，便于就地取材，生产性能优良而稳定，缺点是基质需要占用部分资金，体积较大，填充、消毒工序烦琐，费工较多。

2. 非固体基质栽培

非固体基质栽培的特点是，栽培作物没有固定根系的基质，根系直接与营养液接触。非固体基质栽培又分为水培(hydroponics)和雾培(aeroponics)2类。

(1)水培　凡营养液直接与植物全部或大部分根系接触，不用基质固定根系的栽培方法都叫作水培。水培营养液的深度不一，但都必须不断流动，循环供应，以解决营养液中气体供应的问题。就水培的方法而论，种类很多，我国常用的有营养液膜技术、深液流技术和浮板毛管技术3大类。

①营养液膜技术(nutrient film technique，NFT)　是用0.5～1 cm的浅水营养液流不断循环流经作物根系，既保证供给作物水分和养分，又不断供给根系O_2，流动的营养液很薄，像一层水膜，因此称为营养液膜技术。

②深液流技术(deep flow technique，DFT)　是指植株根系生长在较为深厚(5～10 cm)并且可流动的营养液层的一种水培技术。植株部分根系浸泡在营养液中，根系的通气靠向营养液中加氧来解决。

③浮板毛管技术(floating capillary hydroponics，FCH)　是指应用分根法使部分根系伸向液面的一条铺有湿毡的泡沫浮板上，生长于湿气中的根吸收氧气，另一部分根则伸入深水营养液中吸收水肥，这种栽培方式称之为浮板毛管栽培技术。

(2)雾培　也称为气培，其特点是在装置内部安装喷头，利用水泵、喷头将营养液雾化，直接喷到作物的根系上。此方法使营养液与空气都能充足供应，调和了水气矛盾，根系穿过聚丙乙烯泡沫塑料板伸向容器内部，在根系下方安装自动定时喷雾装置，每隔2～3 min，喷液几秒钟，营养液可循环使用(图5-2)。这一方法虽然同时解决了根系吸收氧气和养分的需要，但它对喷雾质量要求很严格，设备工艺要求很高。此外，根系温度受气温影响较大，一般需要控温设备，这使它在生产上的应用受到了限制。

图5-2　辣椒、空心菜雾培

二、无土栽培的优点及应用

(一)无土栽培的优点

1.避免土壤连作障碍,有效降低土壤病虫害的传播

由于无土栽培不使用土壤,切断了土传病害的传播途径,彻底避免了土壤连作障碍,生产场地清洁卫生,有效降低了农药的施用,一般可节省农药费用50%～80%,对于实现蔬菜无公害生产具有重要意义。

2.提高作物产量和品质

荷兰的温室黄瓜和番茄每年产量分别达到72 kg/m^2和54 kg/m^2,是露地产量的5～10倍,加拿大采用“深池浮板”技术生产的叶用莴苣,每平方米产量可达500棵/年,是露地生产效率的15倍以上,产品商品性高,品质优良。

无土栽培的作物,不仅产量高,而且产品品质好。例如,无土栽培的番茄,果形端正,风味好,从各种营养物质的含量看,维生素A、维生素C均有所增加,各种矿物质养分也有所增加;无土栽培的花卉,如香石竹的香味变得浓郁、花期长、开花数多,进入盛花期早。无土栽培,由于水的蒸发能保持空气的适当湿度,对于某些夏季生长的花卉还有抗高温的作用。

3.节约肥水

无土栽培的营养液可回收再利用,或采用流动培养,避免土壤栽培时肥水的流失,所以能节约肥水,研究表明,无土栽培比土壤栽培可节约用水50%～70%。同时,无土栽培可避免水溶性养分被土壤固定,提高了养分的有效性,因而省肥。

4.节省劳力,工作环境较舒适

生产的机械化、自动化程度高,减轻了劳动强度,由于生产多在环境调控能力强的现代化温室进行,有别于传统农业的生产环境,工作环境舒适,日本已将无土栽培作为吸引年轻人从事蔬菜生产的重要手段。

5.产品卫生健康,栽培不受地点限制,可扩大农业生产空间

无土栽培不使用粪肥,可减少寄生虫卵及公害污染,营养液的配制既科学又卫生,所生产的产品往往能达到无公害绿色食品的要求。

由于栽培不需土壤,摆脱了土壤对农业的束缚,可在沙漠、盐碱地严重地区和海岛荒滩上实施,也可利用楼顶、阳台进行蔬菜、花卉的种植。

(二)无土栽培的应用

尽管无土栽培具有上述优点,但无土栽培需要一定的设施,投入较高,栽培的技术含量也较高,生产人员必须经过专门培训。无土栽培应当考虑当地的经济发展状况和生产技术条件,做到因地制宜,量力而行。目前,无土栽培主要应用在以下几个方面:

1.蔬菜作物生产

无土栽培的基质栽培系统多用于果菜类蔬菜,如番茄、黄瓜、厚皮甜瓜、西瓜、茄子、辣椒等,水培系统多用于栽培绿叶蔬菜如叶用莴苣、菠菜、芹菜、蕹菜等。

2.花卉植物生产

无土栽培多用于栽培切花、盆花用的草本或木本花卉,主栽作物有月季、菊花、香石竹、郁金香、唐菖蒲及观叶植物等。

3. 试管苗的繁殖生产

无土栽培用于试管苗繁殖后的生产，具有成苗快、易管理的优点，如马蹄莲、蝴蝶兰的生产。

4. 药用植物栽培

主要用于草本药用植物的栽培，具有提高产量、促进生育进程的作用，如铁皮石斛、薄荷等药用植物的生产。

5. 航天农业

为了保障太空中人类食物的供给，美国宇航中心采用无土栽培技术，生产人类在太空中生活必需的食物，已获得成功。

三、无土栽培的发展概况

(一)国外无土栽培的发展概况

无土栽培正在改变着传统种植方式，成为飞速发展的新兴学科。实践证明，无土栽培具有节水、节能、省工、省肥、减少环境污染、防止连作障碍、产品无污染及高产高效等一系列特点。由于无土栽培在世界范围内的不断发展，1955 年 9 月，在第 14 届国际园艺会议上成立了国际无土栽培工作组，成员 12 人。而到了 1980 年召开第五届国际无土栽培会议时，出席人成员已多达 175 人，并在会议上决定把“无土栽培工作组”改成为“国际无土栽培学会”。目前，世界上已有 100 多个国家和地区掌握了无土栽培技术。

1. 美国

美国是世界上最早进行无土栽培商业化生产的国家，而且由于军需，也是世界范围内广泛传播和推广无土栽培技术的国家。相对于其国土面积和人口，美国的无土栽培面积不算大，早期主要集中在干旱、沙漠等自然条件差的地区，主要栽培作物有黄瓜、番茄等蔬菜。但其无土栽培技术和研究水平相当先进，据统计，美国有几百万个家庭在庭院中搞无土栽培。目前，美国无土栽培技术的研究重点已转向太空农业，无土栽培可能是太空中进行绿色植物生产的唯一方法，美国宇航中心已成功地采用无土栽培技术生产人类在太空中生活必需的食物。在美国采用岩棉栽培黄瓜，已获得了 100 kg/m^2 的高产，表明其无土栽培的技术已达世界先进水平。

2. 荷兰

荷兰是世界上温室园艺最发达的国家之一，也是无土栽培集约化和规模化经营最为成功的国家之一，近 10 年来，其无土栽培面积稳定在 1.1 万 hm^2 左右，有 64%的温室都采用无土栽培技术。国际无土栽培学会(ISOSC)总部设在荷兰，极大地促进了欧洲和荷兰的无土栽培发展速度，荷兰的无土栽培主要种植番茄、黄瓜、甜椒和花卉，其中花卉(主要是切花)无土栽培的面积占荷兰无土栽培总面积的 50%以上。

3. 日本

日本也是无土栽培较发达的国家，截至 2001 年，其无土栽培面积已达 1 000 hm^2。日本的营养液栽培有其特点，深液流技术(DFT)即是由日本首先发展起来的，而且形式多样，如协和式、神园式和 M 式等。

目前，世界上的无土栽培技术发展有 2 种趋势：

(1)高投资、高技术、高效益类型，如荷兰、日本、美国、英国、法国、以色列及丹麦等发达国家，无土栽培生产实现了高度机械化。其温室环境、营养液调配、生产程序控制完全由计算机调控，实现一条龙的工厂化生产，实现了产品周年供应，产值高、经济效益显著。

(2)以发展中国家为主，尤其是以中国为代表，根据本国的国情和经济技术条件，就地取材，手工操作，采用简易的设备。这些国家发展无土栽培的目的是改造环境、节约水和土地资源，解决人民的基本生活需要。

(二)我国无土栽培的发展现状

我国无土栽培的历史悠久，如生豆芽、水上菜园、水仙栽培、水生蒜苗栽培、各种芽菜栽培等都是原始的无土栽培。

我国的现代无土栽培研究工作起步比较晚，20 世纪 70 年代末，山东农业大学首先开始无土栽培生产试验，并取得了成功，80 年代中期，从国外引进温室及无土栽培设施相继投产。80 年代初，胜利油田建成我国第一个蔬菜无土栽培基地，并具有较大规模(6 699 m^2)。80 年代末至 90 年代初，"七五"和"八五"期间农业部将蔬菜作物的栽培列入重点攻关项目，中国农业大学、南京农业大学、北京蔬菜研究中心等多所科研院校均开展了相关研究工作，并取得了一批有代表性的研究成果。"九五"以后，科技部在设施园艺领域，均把无土栽培作为重点研究内容之一，包括适宜都市农业的栽培方式研究、代替草炭基质研究等，使我国的无土栽培技术应用得到了迅速发展。

随着改革开放，人们的生活水平不断提高，蔬菜生产已经从过去的单纯追求高产向高产、优质方向发展，人们需求无公害蔬菜、绿色食品的呼声越来越高，在此形势下无土栽培在全国各地蓬勃兴起，迅速从研究阶段进入生产阶段。据统计，1985 年全国无土栽培的面积少于 10 hm^2，1990 年增长到 15 hm^2。1995 年全国无土栽培的面积发展到 100 hm^2，2000 年全国无土栽培的面积达 500 hm^2 左右，2001 年增长到 865 hm^2，2004 年达 1 070 hm^2，2006 年我国无土栽培的总面积约为 2 000 hm^2，2008 年超过 10 000 hm^2。近几年，我国无土栽培进入迅速发展阶段，无土栽培的面积和栽培技术水平都得到空前的提高。

从栽培形式来看，各地在多年栽培经验的基础上，努力探索适合本地经济水平、市场状况和资源条件的无土栽培系统和方式。尤其对非可耕地利用方面，积累了丰富的经验，无土栽培面积迅速扩大。目前，基质栽培面积占我国无土栽培面积的 90%以上，水培技术主要集中在东南沿海、长江流域及苏浙沪一带水质较软地区的都市观光农业和绿叶蔬菜工厂化生产领域中应用。

(三)无土栽培的发展前景

从农业发展角度看，无土栽培技术的发展，使人类对作物生长的整个环境(地上和地下)进行精准控制成为可能，从而使农业生产有可能彻底摆脱自然条件的限制，按照人类的愿望，向着空间化、机械化、自动化和工厂化的方向发展，这将会使农作物的生产潜力充分发掘，产量得以大幅度提高，因此无土栽培具有十分诱人的广阔前景。

从资源的角度看，耕地是一种极为宝贵和有限的资源。无土栽培可以将传统的"土壤栽培"无法利用的土地加以开发利用，使耕地资源得到扩展和补充，对于缓解地球上日益严重的耕地短缺问题，有着深远的意义。

从水资源利用角度看，日益严重的水资源短缺和利用问题正严重威胁着人类的生存和发展。无土栽培可避免水分的渗漏和流失，废弃营养液可回收处理后排放等优势，是控制农业节水和环境污染的重要途径之一。

总之，随着无土栽培技术的飞速发展和成本不断降低，预计无土栽培将会出现蓬勃发展的新局面。无土栽培的兴起和发展，将使农业、园艺、林业、花卉生产及开发等进入一个新的发展阶段。

(四)对我国无土栽培发展的思考

1. 无土栽培技术的发展和应用要因地制宜

由于自然资源、生产技术、市场环境等因素千差万别，各地不能照搬国外或其他地区的生产方式和管理方法。如栽培基质的选择，应在试验的基础上大胆尝试利用本地资源；营养液配方因各地水质、化肥种类等的不同，应做出灵活调整；根据各地区消费习惯及气候特点，选择无土栽培的作物种类。总体看，南方以广东为代表，以深液流水培为主；东南沿海长江流域以苏浙沪地区为代表，以浮板毛管、营养液膜技术为主；北方广大地区由于水质硬度大，水培难度较大，以基质栽培为主；无土栽培面积最大的新疆戈壁滩，主要推广鲁 SC 型改良而成的砂培技术。各地应根据当地的具体情况，建立适合本地区特点的无土栽培技术体系。

2. 加强发展立体栽培模式

我国人口占世界总人口的比重大，但耕地面积占世界总耕地面积的比重小，人均耕地面积远低于世界平均水平。而且我国是水资源相当贫乏的国家，被列为世界上 13 个贫水国之一，全国人均水资源占有量仅为世界人均水平的 1/4，农业每年缺水约 300 亿 m^3。要使我国经济保持可持续发展，不断提高人民生活水平，必须不断提高有限土地面积的生产效率，拓展农业生产空间。据研究，立体栽培能充分利用空间和太阳能，提高土地利用率 3～5 倍，提高单位面积产量 2～3 倍。为节约土地资源和水资源、提高土地利用率和生产效益，我国要加强立体栽培方面的研究，大力发展立体栽培技术。

3. 简化技术，循序渐进

无土栽培作为一项现代农业生产技术，涉及包括作物栽培、肥料、病虫害控制、农业工程及自动化控制等多个学科，其技术难度、管理的复杂性均高于土壤栽培，不易被农民所掌握，推广起来有一定难度，这就需要各地农技推广或科研部门把特定的无土栽培技术总结、制定成简便易行的操作步骤，而农民只需按此操作即可。如需配制适宜当地某种作物的某种无土栽培方式所需的营养液，农民只需购回特定的专用复合式完全化肥，加入一定比例的水中便可使用，在一定时间后，再加入要求量的部分或全部营养物质即可。先试验性探索，再大规模投入生产应用，使无土栽培技术的管理和操作均有类似的“指导”可循。同时还要对农民进行相关的技术培训，提高其现代农业技能和水平。

4. 降低成本，增加效益

无土栽培技术在发达国家和地区多使用专用设施和设备，如成型的各种栽培槽、商品化基质、营养液的自动监控及管理系统等，这些设施设备费用约为 170 元/m^2，这在我国许多地区是不现实的。在发展无土栽培时应考虑成本的投入、技术力量及其他社会条件。因此，通过诸多方法和技术避开高投入问题是推广无土栽培技术的关键。无土栽培的类型和方式多种多样，各地可根据实际情况就地取材，筛选出各种无土栽培设施替代品或采用人工、半人工管理的方式进行尝试，增强无土栽培技术的实用性。如用炉渣、锯末、菌糠代替蛭石、草炭基质，用各种水泥、砖、土槽代替泡沫、塑料栽培槽等，均能降低成本、增加效益。

5. 发展有机生态型无土栽培技术

鉴于目前我国大部分地区采用的无土栽培方式仍以无机耗能型为主，不仅耗能高、污染环境，而且生产的食品硝酸盐含量超标。因此，应大力推广有机生态型无土栽培技术，其具有成本低、用工少、易操作等优点，能够生产出高产优质产品。该技术在生产过程中全部使用有机肥，以固体肥料施入，灌溉用清水，耗能低，灌溉排出液对环境无污染。有机生态型无土栽培的优点是以有机固态肥取代传统营养液，操作管理简单，大幅度降低无土栽培设施系统的一次性投资，大量节省生产费用，对环境无污染，产品质量优。目前，全国有机生态型无土栽培的推广面积超过无土栽培总面积的60%。有机生态型无土栽培能适应当前生态农业及绿色食品发展的需要，只有大力推广有机生态型无土栽培，才能实现传统农业向现代化农业的转变。

知识拓展

我国常用的水培技术

一、营养液膜技术

营养液膜技术简称为NFT(nutrient film technique)，又称营养液膜水培，是指将植物种植在浅层流动营养液中的水培方法。该技术由英国温室作物研究所艾伦·库柏(Allen. J. Cooper)教授在1973年发明，最初强调作物根系应当生长在浅层营养液中以保证根系氧气充足。经过多年的改进发展，该技术在1979年以后因其造价低廉、控制自动化、管理方便等优点迅速在世界范围内推广应用。因循环流动的营养液呈极浅如膜的液流状，故该技术称为营养液膜技术。

(一)营养液膜技术的优缺点

1. 优点

(1)设施投资少，施工容易、方便　NFT的种植槽是用轻质的塑料薄膜制成或用波纹瓦拼接而成，设施结构轻便、简单，安装容易，便于拆卸，投资成本低。

(2)液层浅且流动　营养液液层较浅，作物根系部分浸在浅层营养液中，部分暴露于种植槽内的湿气中，并且浅层的营养液循环流动，可以较好地解决根系呼吸对氧的需求。

(3)易于实现生产过程的自动化管理。

(4)封闭循环系统可以减少水分蒸发损失，连续循环供液方式可以降低作物根系水分亏缺。

(5)营养液的供应量小，且容易更换。

2. 缺点

(1)NFT的设施虽然投资少，施工容易，但由于其耐用性差，后续的投资和维修工作频繁。

(2)NFT液层浅和间歇供液，较好地解决了根系需氧问题，但根际环境稳定性差，对管理人员的技术水平和设备的性能要求较高。

(3)要使管理工作既精细又不繁重，势必要采用自动控制装置，因此需增加设备和投资，推广面受到限制。

(4)NFT为封闭的循环系统，一旦发生根系病害，较容易在整个系统中传播、蔓延。因此，在使用前对设施的清洗和消毒的要求较高。

(二)营养液膜水培的设施结构

NFT 的设施主要由种植槽、贮液池、营养液循环流动装置三个部分组成(图 5-3)。其中,营养液循环流动包括水泵、供液管道、回流管道和营养液 pH、EC 和水量调控装置。此外,还可以根据生产实际和资金的可能性,选择配置一些其他的辅助设施,如浓缩营养液贮备罐及自动投放装置、营养液加温、冷却装置等。

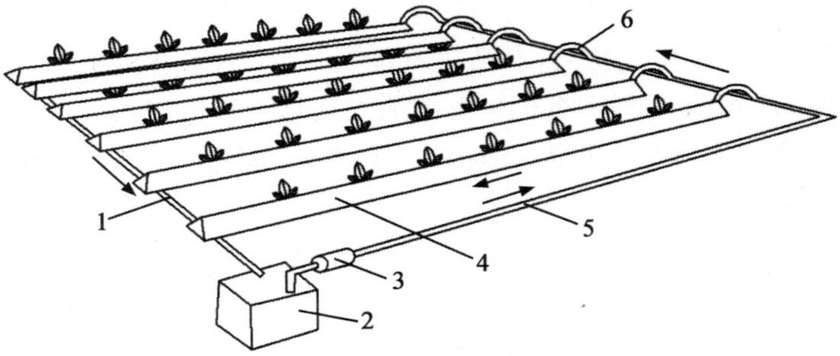

a. 全系统示意图

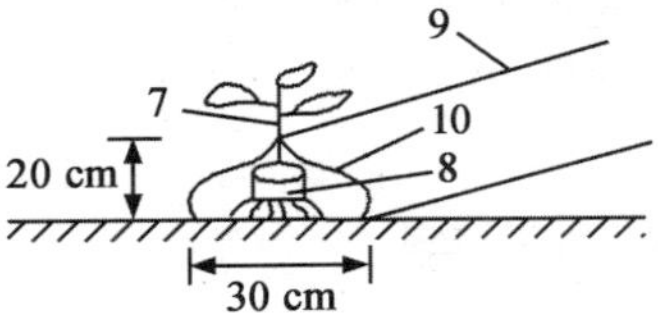

b. 种植槽剖视图

1. 回流管　2. 贮液池　3. 泵　4. 种植槽　5. 供液主管　6. 供液支管　7. 苗　8. 育苗钵　9. 夹子　10. 聚乙烯薄膜

图 5-3　营养液膜水培设施组成示意图

(1)种植槽　根据栽培作物株型大小,NFT 种植槽可分为 2 大类:一类适用于大株型作物(如黄瓜、番茄、甜椒等果类蔬菜)的种植,另一类适用于小株型作物(如叶用莴苣、小白菜、芹菜等叶类蔬菜)的种植。

栽培大株型作物用的种植槽是用 0.1～0.2 mm 厚的面白底黑的聚乙烯薄膜围合起来的等腰三角形槽,槽长 10～25 m,槽底宽 25～30 cm,槽高 20 cm,槽底坡降 1∶75。营养液要从高端流向低端,故槽底下的地面不能有坑洼,以免槽内积水。用硬板(木材或塑料)垫槽,可调整坡降,坡降以营养液能在槽内流动畅顺即可。为满足绝大部分作物对水肥的需求,种植槽长度一般控制 10～15 m。如果过长,一方面因其坡降不容易控制,另一方面容易造成营养液流动更新缓慢,近营养液回流口端作物水肥供应不足。为改善作物的吸水和通气状况,可在槽内底部铺垫一层无纺布,它可以吸水并使水扩散,而根系又不能穿过,然后将植株定植于无纺布上。

栽培小株型作物用的种植槽是用玻璃钢或水泥制成的波纹瓦作槽底。波纹瓦的谷深 2.5～5.0 cm,峰距 10～15 cm,宽度为 100～120 cm,可种 6～8 行。全槽长 20～30 m,坡降 1∶75。波纹瓦接连时,叠口要有足够深度而吻合,以防营养液渗漏。

(2)贮液池　对于大株型作物而言,贮液池一般设在地面以下。对于小株型作物而言,若种植槽直接建在地面上,则贮液池设在地面以下;若种植槽架在离地面有一定高度的架子上,则可把贮液池设在地面上,但须保证营养液可顺利回流至贮液池中。

(3)营养液循环流动装置　由水泵、管道及流量调节阀门组成。将经水泵提取的营养液分流再返回贮液池中,以再次使用。

(4)辅助设施　包括供液定时器、电导率自控装置、pH 自控装置、营养液的温度控制装置等设施。主要控制营养液的供应时间、流量、pH 和液温等。

(三)栽培管理技术要点

1.定植前的准备工作

种植前,需检查栽培槽。新制作的栽培槽要求槽底平顺,塑料薄膜无破损渗漏。换茬后重新使用的槽在使用前要注意检查有无渗漏并要彻底清洗和消毒。除种植槽外,应对整个种植系统进行检查,防止出现循环管道破损漏液及管道或供液小孔堵塞等现象。

2.作物种类和品种的选择

在实际生产中,既要考虑作物栽培的难易程度,更应考虑经济效益,一般可以栽培经济效益高的番茄、甜瓜、黄瓜,以及速生的叶菜如叶用莴苣等。初次种植尽量选择易于水培成功的作物。一般应选择抗病、高产品种。

3.育苗与定植

对于大株型种植槽的育苗与定植,因 NFT 的营养液层很浅,定植时作物的根系都置于槽底,故定植的苗需要带有固体基质或有多孔的塑料钵以锚定植株。育苗时就应考虑用固体基质块或多孔塑料钵,定植时连苗带钵(块)一起置于槽底。因种植槽的三角形槽体封闭较高,故苗应有足够的高度才能定植,以便置于槽内时苗的茎叶能伸出三角形槽顶。

对于小株型种植槽的育苗与定植,可用岩棉块或海绵块育苗。也可用无纺布卷成或岩棉切成方条块育苗。在育苗条块的上端切一小缝,将催芽的种子置于其中,密集育成 2~3 叶的苗。然后移入板盖的定植孔中。定植后要使育苗条块触及槽底而幼叶伸出板面之上。

4.营养液的配制与管理

(1)营养液配方的选择　由于 NFT 系统营养液的浓度和组成变化较快,因此要选择稳定性较好的营养液配方。同时,在种植过程中根据作物的养分吸收规律、当地的水质和气候特点进行适度调整,切实可行之后方可进行大面积应用。

(2)营养液的管理　要对营养液的浓度、酸碱度、溶存氧含量、液温等进行合理调节。换茬时还需对营养液进行更换。

(3)供液方式　NFT 的供液方式有连续供液法和间歇供液法 2 种。连续供液是定植后整个生育期以 2~4 L/min 流速向栽培槽连续供给营养液。栽培槽超过 30 m,栽培密度较大时,根垫形成前采用连续供液,根垫形成后采取间歇供液的方法。如在槽底垫有无纺布的条件下种植番茄,夏季可采用供液 15 min,停供 45 min;冬季可采用供液 15 min,停供 105 min,如此反复日夜供液。具体供液与停液时间要结合作物生长季节和当地条件实际测试,停止供液的时间太短,如小于 35 min,则无法起到补充氧气的作用,停供时间太长,又会使作物缺水萎蔫。

二、深液流技术

深液流技术简称为 DFT (deep flow technique),是指植株根系生长在较为深厚并且是流动的营养液层的一种水培技术。1929 年,美国加利福尼亚大学首先采用深水培商业化生产番茄获得成功。1964 年,日本园艺研究所采用营养液循环流动无基质水培技术栽培番茄、黄瓜和甜椒等作物获得成功,并将该水培类型命名为驱动循环式。1976 年,美国亚利桑那大学采用改进的营养液循环流动的深水培技术栽培叶用莴苣和其他叶类蔬菜获得巨大成功，并将该技术命名为深液流水培。我国从1984年开始开展该栽培技术的研究和应用工作。

(一)深液流技术的优缺点

1. 优点

(1)根际环境相对稳定　营养液总量较多，组成和浓度较稳定，根际环境的缓冲能力强，短期的停水停电或设备故障对作物生长影响较小。管理较为方便。

(2)根系水、气较协调　根系部分裸露在空气中，部分浸没在营养液层中，可较好地解决水气矛盾。

(3)适宜种植的作物种类广泛　除了块根、块茎作物之外，几乎所有的作物均可在深液流水培中良好生长。

(4)养分利用率高，环境污染小　养分利用率可达90%以上，营养液封闭式循环利用，不会或很少对周围的环境造成污染。

(5)作物自毒作用小　一些作物根系的代谢产物和分泌物对其自身具有毒害作用。该技术下，营养液流动可降低或消除根系代谢产物和分泌物的局部积累，从而降低或消除植物的自毒作用。

2. 缺点

(1)环境相对封闭，营养液不断循环利用，一旦根系病害发生，易造成蔓延。

(2)设施投资较大、耗电多、生产成本高。如上海市农业科学院园艺研究所研究表明，深液流水培设施的投资成本约为营养液膜技术的5倍，基质栽培的20倍。

(3)栽培管理技术要求高。在悬挂定植时，应让植物根茎离开液面而不被浸没于营养液，否则易引起根茎腐烂，但又不能离液面太远，否则根系无法接触营养液，导致根系吸收水分困难。

(二)深液流技术的设施结构

深液流水培设施包括种植槽、定植板或定植网框、贮液池、营养液循环流动系统。图5-4是水泥砖结构深液流水培种植系统纵切面示意图。

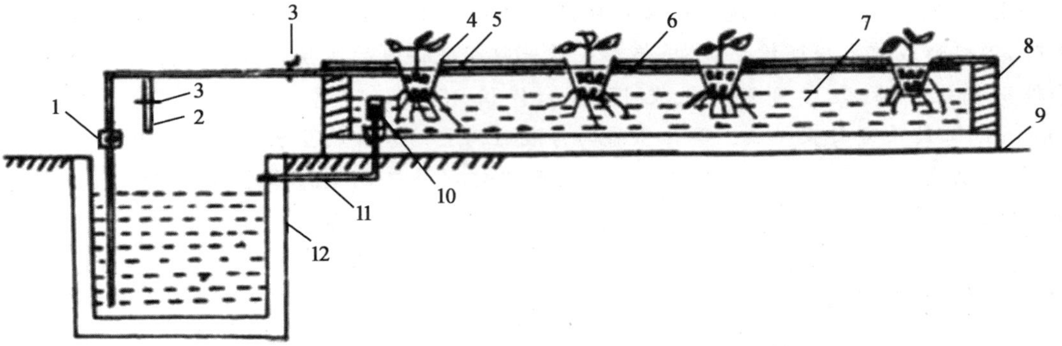

1. 水泵　2. 增氧及回流管　3. 阀门　4. 定植杯　5. 定植板　6. 供液管　7. 营养液
8. 种植槽　9. 地面　10. 液位控制装置　11. 回流管　12. 地下贮液池

图5-4　水泥砖结构深液流水培种植系统纵切面示意图

(1)种植槽　宽度一般为100～150 cm，这一方面易于操作，另一方面能防止定植板或定植网框产生弯曲变形或折断。槽深控制在12～15 cm，槽长10～20 m。

一般而言，建造种植槽的原材料需具有良好的抗拉强度、抗压强度、耐水性、耐热性、抗冻性和耐久性，如硬质塑料板、钢板、水泥板、木板和砖块等。近年来，聚苯乙烯泡沫塑料被广泛应用于种植槽的材料制造，其具有质量轻、易成型、耐水、保温、抗震、价格低等特点。建造种植槽的地基必须坚实，否则会因地基下沉而造成种植槽断裂，进而造成营养液的渗漏。

(2)定植板或定植网框

①定植板　一般用密度较高，板体较坚硬的白色聚苯乙烯制成，板厚为2～3 cm，在板面上打若干个定植孔，定植孔的孔径为5～6 cm。定植孔数量可根据种植作物的种类和种植槽的宽度而定，种植大株型作物的孔密度小一些，小株型的孔密度大一些。

②定植网框　美国加州大学格里克教授于1929年最早开发的水培生产设施。定植网框宽与种植槽外沿宽度一致，而长度因材料强度而定，一般为50～80 cm。网框定植的优点是幼苗首先在基质中生长，而此时如果基质中混有肥料或用营养液浇灌，作物生长仍较为整齐，可防止"大小苗"现象。其缺点是投资较大，基质用量较多，每种一茬需换一次。

(3)贮液池　通常情况下，贮液池的容量根据植株数量来计算，大株型植株为15～20 L/株，小型植株3 L/株即可，将溶液总量的1/2贮存于贮液池，另外1/2存于种植槽。一般1 000 m^2的温室需设20～30 m^2的贮液池。贮液池的建造以不渗漏为原则，建筑材料应选用耐酸、抗腐蚀性好的水泥为原料，池壁砌砖，池底为水泥混凝土结构，池面要比地面高出10～20 cm且应有盖，防止雨水或其他杂物落入池中，保持池内黑暗以防藻类滋生。

(4)营养液循环系统　该系统由供液系统和回流系统2大部分组成，供液系统包括供液管道、水泵和调节流量的阀门等部分。回流系统包括回流管道、种植槽中的液位调节装置2部分。

供液系统指从地下贮液池经由水泵然后通向各个种植槽的各级管道。营养液循环系统启动时，水泵将营养液抽起后，进入两个支管，由阀门控制进入两个支管的流量，一条支管将营养液转回贮液池上方，喷回池中以增氧；另一条支管接总供液管，总供液管道分出多条分支，每个分支与种植槽内供液管相连，槽内供液管隔一定距离有喷液小孔，喷射营养液增氧。

回流管道设在槽底，管口与槽底面持平，管埋于地下外接总回流管。为使营养液在槽内保持一定深度而不至全部回流，回流管道接槽内液面控制管。

(三)深液流水培技术要点

1.定植前的准备工作

种植前需检查种植槽是否平顺，其对营养液的循环流动、作物生长以及种植槽的稳定性有十分重要的作用。除种植槽外，应对整个种植系统进行检查，防止出现循环管道破损漏液及管道或供液小孔堵塞等现象。

新建的种植槽和贮液池，在浸水之后会溶解出一些碱性物质，pH可高达11，因此使用前要对种植槽和贮液池进行处理。先用清水浸泡种植设施2～3 d，洗刷浸泡出来的碱性物质，抽去浸泡液，然后再放清水浸泡2～3 d，再清掉，如此反复数次，直至加入清水后pH稳定在6.5～7.5即可使用。

换茬时的清洗与消毒：把定植杯连同残留在杯中的残根一起取出，将杯中的残根和小石砾倒出，把残根从石砾中清掉，用水冲洗石砾和定植杯，尽量将细碎的根系和其他杂质冲走，然后把石砾和定植杯分别放在容器中进行消毒。消毒时可用含有0.3%～0.5%有效氯的次氯酸钠或次氯酸钙溶液或0.4%的甲醛(福尔马林)溶液浸泡24 h,再用清水冲洗即可。对于种植槽、贮液池和循环管道,用清水冲洗干净,然后用上述的消毒液开启水泵循环消毒。循环消毒时在种植槽中不需要保留液层,直接让消毒液从供液管中流到种植槽再经回流管道流回贮液池,以节省消毒液用量。

2. 作物种类和品种的选择

一般而言,根据当地的栽培历史、种植习惯和气候特点,选择适宜的栽培季节和适合的栽培品种,比较容易成功,如种植喜温蔬菜选择春提前栽培茬口、种植喜凉蔬菜选择秋延迟或越冬生产等。

3. 育苗与定植

深液流水培过程中最好选用水培育苗,如选用基质育苗,建议采用岩棉、聚氨酯泡沫基质,不鼓励采用草炭、蛭石复合基质进行水培蔬菜育苗。

若采用水培育苗技术,可将幼苗装入定植杯后直接进行定植;若采用基质育苗,定植前则需要用清水对根系进行清洗,然后装入定植杯定植。

4. 营养液的配制与管理

营养液的配方种类繁多,有通用型和单一作物专用型。一般而言,若待种植的作物已有专用营养液配方,则直接使用;若没有,则应在通用型配方的基础上进行调整。

为了满足作物最适生长要求,要对营养液的浓度、酸碱度、溶存氧、液温等进行合理调节,换茬时还需对营养液进行更换。刚定植作物后,应保持液面浸没定植杯杯底1～2 cm,当根系大量伸出定植杯后,应使液面离开定植杯杯底,当植株很大、根系非常发达时,只需在种植槽中保持3～4 cm的液层即可。

三、浮板毛管水培技术

浮板毛管水培技术简称FCH(floating capillary hydroponics),是由浙江省农业科院和南京农业大学于1991年参考日本的浮根法改良研制的新型无土栽培系统。

(一)浮板毛管水培技术特点

1. 改善根系供氧条件

该技术可以解决营养液中的水气矛盾,提高植物根际供氧水平。该系统主要通过两个途径解决水气矛盾:一是在供液口安装空气混合器,使种植槽中营养液的溶氧量达到接近饱和水平;二是部分根系浮在槽内浮板湿毡(无纺布)上,比较粗短,可吸收空气中的氧气。部分根系生长在营养液中,比较细长,主要起吸收养分和水分的作用。从而克服了DFT系统根际环境易缺氧的问题。

2. 营养液供给稳定,不怕短期停电

种植槽营养液一般可保持3～6 cm,相当于番茄、黄瓜等蔬菜作物最大日耗液量的3～6倍。所以在栽培过程中发生临时停水、停电或水泵故障,造成不能正常供液的情况下,对植株的正常生长影响较小。

3. 根际环境稳定

该系统是采用全封闭营养液循环和隔热性能好的聚苯乙烯泡沫板制作的种植槽,槽内空间受外界环境影响较小;槽内液温稳定,即使在夏季高温季节,液温不超过33℃,比最高气温低6～9℃。因此，在南方最炎热的夏季，采用FCH系统设施栽培甜瓜、黄瓜等耐热作物，仍能获得好的收成。

4. 设备投资少，运行能耗较低

FCH系统设备比国产的改良型NFT系统设备投资降低50%以上。FCH系统设施的营养液循环与NFT系统一样，采用间歇供液循环方式，但间歇的时间更长，水泵运转时间为NFT系统的1/4，从而节省了能源消耗。

（二）浮板毛管水培主要设施

浮板毛管水培设施包括种植槽、贮液池、循环管道和控制系统4部分。除种植槽以外，其他3部分设施基本与NFT相同。

种植槽由聚苯乙烯板做成长1 m的凹形槽，然后连接成长15～20 m的长槽，其宽40～50 cm，高10 cm，槽内铺0.3～0.8 cm厚的聚乙烯薄膜。营养液深度为3～6 cm，液面漂浮1.25 cm厚、宽10～20 cm的聚苯乙烯泡沫板，板上覆盖一层亲水性无纺布，两侧延伸入营养液内，通过毛细管作用，使浮板保持湿润。秧苗栽入定植杯内，然后悬挂在定植板的定植孔中，正好把槽内的浮板夹在中间，根系从定植杯的孔中伸出后，一部分根爬伸生长到浮板上，产生根毛吸收氧气，另一部分根伸到营养液内吸收水分和营养（图5-5）。

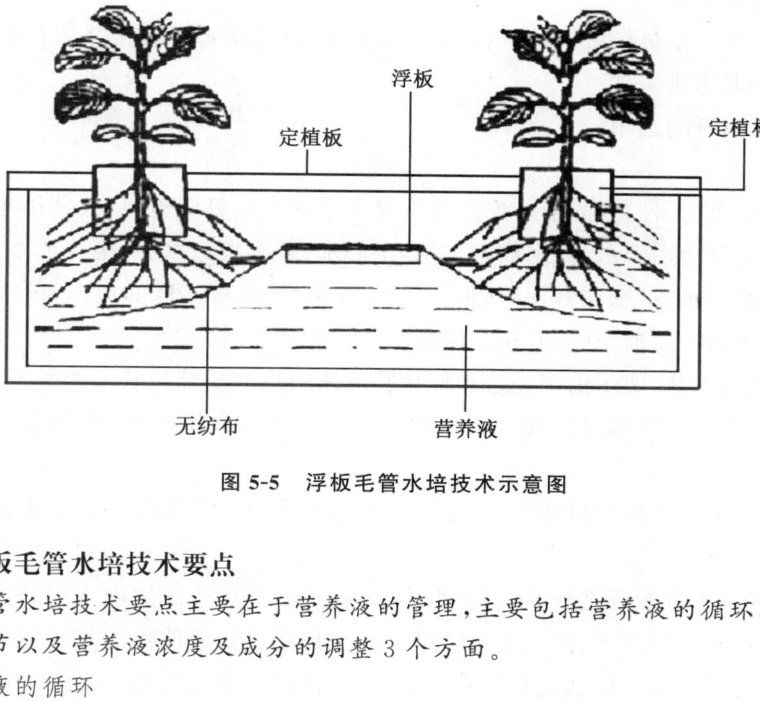

图5-5　浮板毛管水培技术示意图

（三）浮板毛管水培技术要点

浮板毛管水培技术要点主要在于营养液的管理，主要包括营养液的循环、种植槽内营养液的液位调节以及营养液浓度及成分的调整3个方面。

1. 营养液的循环

苗期植株养分和水分消耗少，一般可不循环。定植10 d后，开始营养液循环，一般水泵工作10～20 min，停止1～2 h。

2. 种植槽内营养液位调节

刚定植后，由于根系短，液位要高一些，随着植株根量增加，可逐渐降低营养液位，使定植板与浮板之间有2～3 cm的空隙。

3. 营养液浓度及成分的调整

果菜类蔬菜在苗期，EC 可控制在 1.4～1.6 mS/cm，结果期可升至 2.0～2.4 mS/cm；叶菜类蔬菜在苗期，EC 可控制在 1.0～1.2 mS/cm，生长中后期可升至 1.4～1.5 mS/cm。

任务二 营养液的配制与管理

营养液是指将含有各种植物所有必需营养元素的化合物溶解于水中配制而成的溶液。营养液配制与管理是无土栽培的核心，要真正掌握无土栽培技术，必须了解营养液的组成、配制及使用过程中的变化规律与调控技术。

一、营养液的原料及其选用要求

（一）营养液的原料

营养液的原料主要包括溶解化合物的水、提供各种营养元素的化合物及提高某些营养元素有效性的辅助物质。

（二）营养液原料的选用

1. 水的选用要求

（1）水源的要求　研究营养液新配方及营养元素缺乏症等试验时，须使用蒸馏水或去离子水；在生产中则可使用雨水、井水或自来水，以雨水、井水作为水源，生产成本低，但以软质水为宜，以自来水为水源，水质有保障，但生产成本高；对水质不良的地方，雨水是十分重要的水源，收集雨水时一般前 10～20 min 的雨水不要收集。

无论采用何种水源，使用前要经过水质化验或从当地水质部门获取相关资料，以确定水质是否适宜，必要时可经过处理，使之与饮用水相当。流经农田的水、未经净化的海水和工业污染水不能作为水源。

（2）水质的要求　水质的好坏，对无土栽培的影响很大，营养液对水质的要求主要有以下几个指标：

①水的硬度　水有软硬之分，主要是根据水中含钙、镁离子的浓度来划分。水的硬度又称为总硬度，是指水中钙离子、镁离子总浓度。我国目前最普通使用的水的硬度表示方法是将所测定的钙、镁离子换算成氧化钙的质量，用单位体积水中氧化钙含量来表示硬度。含氧化钙 0～40 mg/L（0～4 度）的称为极软水、40～80 mg/L（4～8 度）的称为软水、80～160 mg/L（8～16 度）的称为中硬水、160～300 mg/L（16～30 度）的称为硬水、300 mg/L（大于 30 度）以上的称为极硬水。

15 度以下的水可直接用于配制营养液。15 度以上的水由于含钙离子、镁离子较多，若按照常规营养液配方配制营养液，常会导致营养液中的钙、镁元素含量过高。因此，用此类水配制营养液时，需对配方进行调整。

②水的酸碱度　要求范围较广，pH 5.5～8.5 的水均可使用，配成营养液后，可通过加酸（0.1 mol/L 的盐酸）或加碱（0.1 mol/L 的氢氧化钠）再次对营养液的 pH 进行调整。

③氯化钠　水中氯化钠最好不超过 2.0 mol/L，含量超过 50 mg/L，植物生长会受到严重影响，甚至枯死。城市的自来水含有一定量的氯气，对植物根系有害，配制营养液前，要放置半天再用，残余氯含量应小于 0.01%。

④重金属及有毒有害物质　不可超标，其含量标准见表 5-1。

表 5-1　无土栽培水中重金属及有毒物质含量标准

名称	标准/(mg/L)	名称	标准/(mg/L)
汞(Hg)	≤0.005	铜(Cu)	≤0.10
砷(As)	≤0.01	锌(Zn)	≤0.20
镉(Cd)	≤0.01	铁(Fe)	≤0.50
硒(Se)	≤0.01	氟(F)	≤1.00
铅(Pb)	≤0.005	DDT	≤0.02
铬(Cr)	≤0.005	大肠杆菌	≤1 000 个/L

（5）溶解氧　对溶解氧无严格要求，使用前的溶解氧最好接近饱和，即 O_2 的含量为 4～5 mg/L。

（6）悬浮物　所用水的悬浮物含量应小于 10 mg/L，在使用河水、湖水、水库水、雨水等配制营养液时，使用前要进行澄清、过滤处理。

2. 营养元素化合物的选用要求

营养液必须含有植物生长所必需的 17 种营养元素，包括碳、氢、氧、氮、磷、钾、钙、镁、硫等 9 种大量元素和铁、锰、锌、铜、硼、钼、氯、镍等 8 种微量元素。其中碳、氧主要来自大气中的二氧化碳和氧气，氢和部分氧由水提供，另外生产用水都含有足够植物生长需要的氯和镍，所以只剩 12 种营养元素需要配制营养液的化合物来提供，具体见表 5-2。一般配制营养液选用化合物时会考虑以下几个方面：

（1）根据栽培目的选用化合物　当研究营养液新配方或探索营养元素缺乏症等精确试验时，需要使用化学纯以上的化学试剂以外，一般无土栽培生产上，除微量元素用化学纯试剂或医药用品以外，大量元素多采用成本最低的农业用化合物，在没有合格的农业原料时才选用工业用化合物代替。

（2）优先选择能提供多种营养元素的化合物　能提供某种营养元素的化合物形态可能有很多种，但为了减少某些盐类伴随离子的影响及控制总盐分浓度，一般会选用能够同时提供两种植物必需营养元素且没有多余伴随离子的化合物，或者选用元素含量高的化合物，这样可以减少化合物的种类，降低总盐分浓度。

（3）根据作物的特殊需要选择化合物　如铵态氮（NH_4^+）、硝态氮（NO_3^-）都是作物生长发育良好的氮源，但是由于其盐类伴随离子的酸碱性质的不同及植物对它们的吸收利用程度和喜好的差别，使之出现了“喜铵植物”和“喜硝植物”之分，应针对植物的特殊需要选择合适的化合物。

(4)选择溶解度大的化合物　如硝酸钙的溶解度大于过磷酸钙、硫酸钙等，使用效果好，配制方便，多被选用。

(5)选择纯度高的化合物　劣质原料中含有大量惰性物质，使用过程中易产生沉淀堵塞管道，影响根系对养分的吸收；另外原料中本物以外的营养元素都应视为杂质，如磷酸二氢钾中含有的铁、锰等，虽然铁、锰也是植物所需的，但也要控制在一定的范围内，否则会干扰营养液的平衡。营养液配方中的标量是指纯品，称量时需按实际纯度折算原料用量。

(6)有毒物质不超标，取材方便，价格低廉　选用化合物时，在保证原料中本物符合纯度要求以外，同时要求有毒物质不超标，且应购买方便、价格便宜。

表 5-2　无土栽培常用化合物的种类

营养元素种类	常用化合物种类
氮源	硝酸钙、硝酸钾、硝酸铵、硫酸铵、磷酸二氢铵等
磷源	磷酸二氢钾、磷酸二氢铵等
钾源	硝酸钾、硫酸钾、磷酸二氢钾、氯化钾等
镁源	硫酸镁
钙源	硝酸钙等
铁源	硫酸亚铁、螯合铁等
其他微量元素	硼酸、硼砂、硫酸锰、硫酸锌、硫酸铜、钼酸铵等

3. 辅助物质的选用要求

营养液配制中常用的辅助物质是螯合剂，它与某些多价金属离子结合可形成螯合物。配制营养液的螯合剂选用时主要有以下要求：

(1)被螯合剂络合的阳离子不易被其他多价阳离子所置换和沉淀，又必须能被植物的根表所吸收和在体内运输与转移。

(2)要求易溶于水，又必须具抗水解的稳定性。

(3)治疗缺素症的浓度以不损伤植物为宜。常见的螯合剂有乙二胺四乙酸(EDTA)、二乙酸三胺五乙酸(DTPA)、1,2-环已二胺四乙酸(CDTA)等，目前无土栽培中最常用的是铁与 EDTA-2Na 形成的乙二胺四乙酸二钠铁(Na_2Fe-EDTA)，可有效解决营养液中铁源的沉淀或氧化失效问题。

(二)营养液的组成及配方

1. 营养液的组成

营养液配方的组成涉及各种营养元素的离子浓度、比例、总盐量、pH 和渗透压等多种理化性质，将直接影响到植物对养分的吸收和生长发育状况。生产中需根据植物种类、水源、肥源和气候条件等具体情况，有针对性地确定和调整营养液的组成成分，使之更加有效地发挥营养液的功能。

营养液的组成应遵循以下原则：

（1）必须含有植物生长所必需的全部营养元素　无土栽培植物除有些微量元素因植物需要量很少，可由水源、固体基质或肥料提供以外，其他主要是由营养液提供，所以要求其含营养元素必须齐全。

（2）各种营养元素必须保持根系可吸收的状态　为保证植物吸收营养元素的有效，要求化合物在水中要有较大的溶解度，一般多为无机盐类，例如植物能吸收的氮主要是铵态氮和硝态氮。有时为了保持某些元素的有效性，也使用有机螯合物，如用螯合铁代替硫酸亚铁。

（3）各种营养元素要均衡　各营养元素的数量和比例要符合植物生长发育的要求，达到生理均衡，以保证植物的平衡吸收和各元素有效性的充分发挥。在保证营养元素齐全的前提下，尽量减少化合物的种类，以防止带入植物不需要的有害杂质或引起离子过剩。

（4）各种营养元素能保持较长时间的有效性　要求各营养元素在栽培过程中能较长时间保持其有效状态，有效性不易因氧化、根系的选择性吸收或离子间的相互作用而在短时间内降低。

（5）总盐浓度要适宜　营养液的总盐浓度通常用电导率（EC）来表示，用电导率仪测定，常用单位为 mS/cm。在一定浓度范围内，溶液的含盐量与电导率成正比，含盐量越高，电导率越大。研究表明，营养液中总盐浓度的电导率 0.88～4.2 mS/cm 不会影响植物的正常生长，但 2.5 mS/cm 最适宜。营养液中总盐浓度应适宜植物正常的生长，不能因浓度太低而缺肥或浓度太高引发盐害。

（6）酸碱度要适宜　在无土栽培中，营养液的酸碱度也很重要，不同作物的 pH 要求也不同，西瓜、南瓜、马铃薯要求略低，为 5.5～6.0；而甘蓝、胡萝卜、芹菜、菜花适宜的 pH 为 6.5～7.5；多数植物适宜的 pH 为 5.5～6.5。

各种营养液配方的主要差异是氮、磷的选择。作物生长发育期间，对营养液氮素反应最大，常用的含氮无机盐主要有铵盐和硝酸盐 2 种。随着作物对养分的吸收，硝酸盐呈生理碱性反应，使营养液的 pH 升高，铵盐呈生理酸性反应，使 pH 下降，引起酸化反应，适当调节铵态氮和硝态氮的比例，使溶液的 pH 稳定。

2. 营养液的配方

营养液配方指在一定体积的营养液中，规定含有各种必需营养元素盐类的数量。目前世界上已研制出很多营养液配方，但以美国营养学家霍格兰氏（Hoagland D. R.）研究的营养液配方最为有名，为世界各地广泛使用（表 5-3）。日本兴津园艺试验场研制的“园试配方”（表 5-4），作为一种均衡营养液，目前也被广泛使用。

表 5-3 Hoagland's(霍格兰氏)及改良霍格兰氏营养液配方(pH 6.0)

类别	霍格兰氏配方		改良霍格兰氏配方	
	化合物名称	化合物用量/(mg/L)	化合物名称	化合物用量/(mg/L)
大量元素	$Ca(NO_3)_2 \cdot 4H_2O$	945	$Ca(NO_3)_2 \cdot 4H_2O$	945
	KNO_3	607	KNO_3	506
	$NH_4H_2PO_4$	115	NH_4NO_3	80
	$MgSO_4 \cdot 7H_2O$	493	KH_2PO_4	136
			$MgSO_4 \cdot 7H_2O$	493
铁盐溶液	$FeSO_4 \cdot 7H_2O$	13.9	$FeSO_4 \cdot 7H_2O$	13.9
	EDTA-2Na	9.32	EDTA-2Na	9.32
微量元素	H_3BO_3	2.86	KI	0.83
	$MnCl_2 \cdot 4H_2O$	1.81	H_3BO_3	6.2
	$CuSO_4 \cdot 5H_2O$	0.08	$MnSO_4 \cdot 4H_2O$	22.3
	$ZnSO_4 \cdot 7H_2O$	0.22	$ZnSO_4 \cdot 7H_2O$	8.6
	$(NH_4)_6Mo_7O_{24} \cdot 4H_2O$	0.02	Na_2MoO_4	0.25
			$CuSO_4 \cdot 5H_2O$	0.025
			CoCl	0.025

表 5-4 日本"园试配方"

类别	化合物名称	化合物用量/(mg/L)
大量元素	$Ca(NO_3)_2 \cdot 4H_2O$	945
	KNO_3	809
	$NH_4H_2PO_4$	153
	$MgSO_4 \cdot 7H_2O$	493
微量元素	H_3BO_3	2.86
	$MnSO_4 \cdot 4H_2O$	2.13
	$CuSO_4 \cdot 5H_2O$	0.08
	$ZnSO_4 \cdot 7H_2O$	0.22
	$(NH_4)_6Mo_7O_{24} \cdot 4H_2O$	0.02
铁盐溶液	Na_2Fe-EDTA	20

(三)营养液的配制

1. 营养液的配制原则

营养液配制的总原则是确保营养液在配制后和使用时都不会产生难溶性化合物的沉淀。但是每一种营养液配方都潜伏着产生难溶性物质沉淀的可能性,如 Ca^{2+}、Fe^{3+}、Mg^{2+}

等与 PO_4^{3-}、SO_4^{2-}、OH^- 等在高浓度时都会产生沉淀，实践中多运用难溶性物质溶度积法则做指导，对容易产生沉淀的盐类化合物实行分别配制、分罐保存，使用前再稀释、混合或对营养液进行酸化保存。

2. 营养液配制前的准备工作

(1)根据植物种类、生育期、当地水质、气候条件、肥料纯度、栽培方式以及成本大小正确选用和调整营养液配方，在小范围试验其可行性之后再大面积应用。

(2)选择溶解度高、纯度高、杂质少、价格低的肥料。

(3)在配制营养液之前，先仔细阅读有关肥料或化学品的说明书或包装说明，注意盐类的分子式、含有的结晶水、纯度等。

(4)选择合适的水源并进行水质化验，以供参考。

(5)准备好 2～3 个贮液罐及其他必要物件。

3. 营养液的配制方法

(1)浓缩液(母液)稀释法　配制程序大致为：分类—计算—称量—溶解—保存—稀释—调整—记录。

①分类并确定浓缩倍数　首先将化合物分类，把相互之间不产生沉淀的化合物放在一起，一般分为 3 类：A 母液以钙盐为中心，即凡不与钙作用产生沉淀的化合物均可放置在一起溶解；B 母液以磷酸盐为中心，凡不与磷酸根作用产生沉淀的化合物均可放置在一起溶解；C 母液主要是铁盐和微量元素。其次确定浓缩倍数，大量元素一般浓缩 100～200 倍；微量元素可浓缩至 1 000～3 000 倍。

②计算、称量和溶解　按照所选配方、所配体积、浓缩倍数及化合物的纯度等计算各化合物需称量的量，经反复核对后称量并溶解定容。需要注意的是，在配制 C 母液时，需用两个塑料容器各装 1/3 的清水，分别溶解 $FeSO_4 \cdot 7H_2O$ 和 EDTA-2Na，然后将溶解的 $FeSO_4 \cdot 7H_2O$ 溶液缓慢倒入 EDTA-2Na 溶液中，边倒边搅拌，其他各种微量元素化合物分别溶解后再缓慢加入此混合液中，边加边搅拌，最后加清水定容至所需体积，搅拌均匀即可。

③保存　为防止母液在长期贮存时产生沉淀，可加入 1 mmol/L 的 H_2SO_4 或 HNO_3 调节其 pH 至 3～4，然后置于阴凉避光处保存，其中 C 母液最好用深色容器贮存。

④稀释　在贮液池中加入 1/2～2/3 的清水，量取 A 母液倒入其中搅拌均匀，然后用较大量清水稀释 B 母液后再缓慢倒入贮液池，边倒边搅拌，最后量取 C 母液按照 B 母液的方法加入贮液池中，加水定容至最终体积，搅拌均匀。

⑤调整　检测营养液的 pH 和 EC 值，如果测定结果不符配方和作物要求，应及时调整，pH 可用稀酸溶液如 H_2SO_4、HNO_3 或稀碱溶液如 KOH、NaOH 调整。调整完毕的营养液，在使用前先静置一会，然后在种植床上循环 5～10 min，再测一次 pH，直至与要求相符。

⑥记录　做好营养液配制的详细记录，以备查验。

(2)直接称量配制法　大规模生产中营养液一次性用量大，为节约空间，减少操作步骤，大量营养元素也可用直接称量法配制，微量元素同 C 母液的配制方法。即先在贮液池中加入 1/2～2/3 的清水，然后称取相当于 A 母液的各种化合物，溶解后倒入贮液池中搅拌均匀，并开启水泵循环 30 min 以上，再称取相当于 B 母液的化合物溶解并用大量清水稀释后缓慢加入贮液池，边加边搅拌，最后量取 C 母液稀释后缓慢加入，定容并搅拌均匀即可。

(3)注意事项　在制备营养液的许多盐类中，硝酸盐最易与其他化合物发生反应，如硝酸钙和硫酸钾混合在一起，易产生硫酸钙沉淀，硝酸钙与浓磷酸盐发生磷酸钙沉淀。因此在配制营养液时，硝酸钙要单独溶解，并单独放在一个容器中，稀释后才能和其他的盐类混合。

除硝酸钙外，其他大量元素和微量元素的盐类，可混合加入一个容器中，如母液长期贮存，就将其酸化(一般可用硝酸把 pH 调到 3～4)，以防止产生沉淀。

4.营养液配制的操作规程

为保证营养液配制的过程中不出差错，需建立一套严格的操作规程，主要内容如下：

(1)仔细阅读有关肥料和化学试剂的说明书或复核包装上的标签说明，注意分子式、含量、纯度等指标，检查原料名称与实物是否相符，准备好盛装贮备液的容器，贴上标识。

(2)原料的计算过程和最后结果要经过多次核对，确保准确无误

(3)各种原料分别称好后，一起放到配制场地规定的位置上，最后核查无遗漏，再动手配制。切勿在用料及配制用具未到齐的情况下匆忙动手操作。

(4)建立严格的记录档案，以备查验。

(5)按照规定量制备好的营养液，须测试 pH。如有必要，可用硫酸或氢氧化钾溶液进行 pH 调整。

二、营养液的管理

无土栽培中营养液的管理是一个十分重要的环节。特别是在自动化、标准化程度不高的情况下，营养液的管理更为重要，如果管理不当，则直接影响作物的生长发育。

营养液的管理主要指循环供液系统中营养液的管理，主要包括营养液浓度、溶存氧、酸碱度、液温、供液时间与次数等方面的管理。

(一)营养液浓度的调整

由于作物在生长过程中会不断吸收养分和水分，加上营养液水分的蒸发，导致营养液的浓度、组分在不断地发生变化，因此，需要对营养液的养分和水分进行监测和补充。

1.水分的补充

水分的补充应每天进行，补充量的多少和补充次数则视作物长势、每株占液量和耗水多少而定。短期内可做如下简易管理，即在不影响营养液的正常循环流动的前提下，水泵启动前在贮液池内划上刻度，启动一段时间后关闭水泵，让过多的营养液全部回流到贮液池中，如其水位在刻度线以下，则需加水至原来的水位。

2.养分的补充

养分的补充应根据浓度的下降程度而定。浓度的高低通常由总盐分浓度反映，用电导率表示。生产上，一般不必做个别营养元素的测定，也不必做个别营养元素的单独补充，要补充就做全面的补充。营养液需要做补充的浓度界限，应根据所用的营养液配方不同和栽培技术要求的不同而灵活制定。一般来说，总盐分浓度较高的营养液配方，以总盐分浓度降低到不低于 1/2 个剂量时为补充界限，可以每隔一段时间定期补充至原浓度；总盐分浓度较低的营养液配方，应使总盐分浓度经常处于 1 个剂量的水平，要求每天补充至原浓度。几种常见蔬菜营养液浓度管理指标见表 5-5。

表 5-5　几种常见蔬菜营养液浓度(EC)管理指标

蔬菜种类	营养液浓度/(mS/cm)		蔬菜种类	营养液浓度/(mS/cm)	
	生育前期	生育后期		生育前期	生育后期
生菜	2.0	2.0～2.5	芥蓝	2.0～2.5	2.5～3.0
油菜	2.0	2.0	番茄	2.0	2.5
菜心	2.0	2.0	黄瓜	2.0	2.5～3.0

(二)营养液中溶存氧的调整

无土栽培尤其是水培,植物根系呼吸所用的氧气绝大部分依靠根系对营养液中溶存氧的吸收,只有一小部分来自输导组织从地上部分向根系输送的氧气,而且只有沼泽植物和少数旱生耐淹植物具有此功能,所以解决好营养液中溶存氧的问题才能保证植物根系的正常呼吸和营养吸收。

溶存氧是指在一定温度、一定大气压下单位体积营养液中溶解氧气的量,常用 mg/L 表示,有时也可用氧气占饱和空气的百分数表示,其数值可用溶氧仪测得,此法简便、快捷;也可用化学滴定的方法来测定,但操作手续烦琐。营养液温度越高,大气压力越小,溶解氧含量就越低,反之就越高,所以在夏季高温季节水培植物根系容易发生缺氧现象。当然,不同作物种类对营养液中溶存氧浓度要求不一样,如瓜类、茄果类耗氧量较大,叶类耗氧量较小,一般不耐淹作物水培时,当溶存氧浓度保持在 4～5 mg/L 以上(即相当于 15～27℃饱和溶解度的 50%左右)即能够正常生长。

营养液中溶存氧的补充可通过自然扩散或人工增氧的方法进行,其中自然扩散增氧速度很慢且数量很少,只适宜在耗氧量较小的苗期使用;人工增氧则可利用机械或物理的方法来增加营养液与空气的接触机会,如搅拌营养液、喷雾、通入压缩空气、循环流动、间歇供液、使用化学增氧器等,从而提高营养液中氧气的含量。

(三)营养液酸碱度的控制

营养液的酸碱度过高或过低时,一是直接伤害植物根系,一般能产生明显伤害的 pH 在 4～9 之外,少数特别耐酸或耐碱的植物可在此范围以外正常生长,如蕹菜在 pH 为 3 时仍生长良好;二是间接影响营养液中营养元素的有效性,如 pH 高于 7.0 会引起 Fe、Mn、Cu、Zn、Ca、Mg 等营养元素的有效性降低,尤其对 Fe 影响最大,pH 低于 5.0 则会对 Ca^{2+} 产生明显的拮抗作用,易引起植物缺钙症。

营养液的 pH 变化主要受营养液配方中生理酸性盐和生理碱性盐的用量和比例、栽培作物种类、每株植物占有营养液体积的大小、营养液的更换频率等多种因素的影响。生产上选用生理酸碱平稳的营养液配方,可减少调节 pH 的次数,是营养液酸碱度控制最根本的方法。当营养液 pH 升高时,可用 1～3 mol/L 的 HNO_3 或 H_2SO_4 中和,这两种酸应交替使用,防止酸化或氮营养过多。加入酸时,不能一次加得过多,要边加边搅拌。当营养液的 pH 下降时,可用 1～3 mol/L 的 NaOH 或 KOH 进行中和,Na^+ 不是营养元素,会使溶液的盐浓度升高,K^+ 则要好得多,但价格较贵,应灵活选用。

(四)光照与营养液温度管理

1.光照管理

营养液应避光保存,一是因阳光照射后铁元素容易氧化,其有效性降低;二是见光易使营养液表面产生藻类，与作物竞争养分和氧气。

2. 营养液温度管理

营养液温度会直接影响植物根系的呼吸、对养分的吸收以及微生物的活动、溶存氧的多少等。稳定的液温可提高植物对不适气温的抵抗能力，例如种植番茄的营养液温度保持16℃，即便气温低于10℃，其果实的发育也不会受到影响。一般夏季营养液的温度不高于28℃，冬季不低于18℃即可。

(五)供液时间与供液次数

营养液的供液时间与供液次数应因时因地灵活掌握，但总的原则是保证营养供应及时、充分又经济、节约。具体实施则主要依据栽培形式、作物长势、环境条件而定。如NFT水培供液次数多，基质培供液次数少；作物生长盛期供液多，其他时期供液少；白天、晴天供液多，夜间、阴天供液少。

(六)营养液的更换

循环使用的营养液在使用一段时间以后，需要适时更换，决定是否更换可通过化学测定，当电导率居高不降，而氮、磷、钾含量又很低时，即可进行更换；当营养液中积累有大量病菌而致作物发病，且病害难以用农药控制或营养液混浊时，均需进行更换；无检测仪器时，也可根据经验来确定是否更换。一般来说，用软质水配制的营养液大约3个月更换一次，生长期较长作物可在中期更换一次，生长期短的作物可2～3茬更换一次，而不必每收获一茬都更换营养液。如果用硬质水配制的营养液，常需进行酸碱中和的，则需每月更换一次，如水的硬度很高，更换的时间则要求更短。当发现营养液中有污染或出现藻类时，则要尽快全部更换。

(七)废液处理与再利用

无土栽培系统中排出的废液，并非含有大量的有毒物质而不能排放，而是因为排出的废液容易引起水体的富营养化和土壤盐渍化，对农业的可持续发展构成威胁。因此，对废液进行处理后重复循环再利用或回收作肥料等将是未来发展的必然趋势。经过有效处理(如紫外线照射、高温加热、沙石过滤器过滤、引入拮抗微生物抑制病原菌、药剂杀菌等)的废液常用作土壤栽培的肥料，或用于其他作物的栽培。

任务三　固体基质的选用与处理

一、固体基质的选用

(一)固体基质的作用

无土栽培生产中，固体基质是被用来代替土壤，为植物提供良好的水、肥、气、热等生长条件的物质，因此它需具备土壤的多项功能，其中支撑固定植物、持水、透气作用是所有固体基质必须具备的3大功能，部分基质还同时拥有良好的缓冲作用和提供部分营养的作用。近年来，随着科学技术的发展，对基质的研究日益增多，由于生产上工厂化育苗技术的推广，开发出具有良好性能的新型基质，在西欧和北美出现了以各种基质栽培取代利用溶液循环的营养液栽培的现象，这是因为基质栽培具有性能稳定、设备简单、投资较少、管理比较容易等特点。

固体基质的主要作用可归纳如下：

(1)支持固定植物的作用　无土栽培使用固体基质最主要的目的就是用它支撑固定植物，保持植物直立而不倾倒，为植物根系提供一个良好的生长环境。

(2)持水作用　任何固体基质都有保持一定水分的能力，这样就可在两次灌溉间隙为植物根系提供水分，但是不同基质持水能力的差别很大。如颗粒较大的石砾只能吸持相当于其体积的10％～15％的水分；而泥炭则可吸持其自身重量10倍以上的水分。

(3)透气作用　固体基质另一个重要作用就是透气，即利用基质空隙中的空气为植物根系呼吸过程提供充足的氧气。基质的持水性和透气性都依赖于基质空隙，因此它们之间存在对立统一的关系，良好的基质必须能够较好地协调二者之间的关系，才能让植物生长良好。

(4)缓冲作用　是指基质能够给植物根系的生长提供一个较为稳定的环境的能力，即当根系生长过程中产生的一些有害物质或外加物质可能会危害到植物正常生长时，基质能利用本身的理化性质将这些危害减轻甚至化解。并非所有基质都具有缓冲作用，当然无土栽培基质也并不要求必须具备缓冲作用。没有物理化学吸收能力的基质如河沙、石砾、岩棉等不具备缓冲能力，而许多具有物理化学吸收能力的基质如泥炭、蛭石等具备较强的缓冲作用。

(5)提供部分营养的作用　一些植物性的有机基质如泥炭、树皮、木屑、椰糠等在具备以上作用外，同时还能为作物提供一定量的矿质元素。

(二)固体基质的分类

用于无土栽培的基质种类很多。可根据基质的来源、组成、性质、组分等对其进行划分。

1.根据基质的来源划分

根据基质的来源可分为天然基质和人工合成基质2大类。如沙、石砾等为天然基质，岩棉、陶粒、泡沫塑料等为人工合成基质。

2.根据基质的组成划分

根据基质的组成可分为有机基质、无机基质、有机-无机混合基质。如珍珠岩、沙、岩棉、蛭石等为无机基质；泥炭、树皮、椰糠、菇渣等为有机基质；而把有机基质、无机基质按一定比例混合制成的就为有机-无机混合基质。生产实践中，以这种分类方法应用最广泛。

3.根据基质的性质划分

根据基质的性质可分为活性基质和惰性基质。活性基质是指基质具有阳离子代换量，可吸附阳离子或基质本身能够供应养分的基质，如泥炭、草炭、蛭石、蔗渣等；惰性基质是指基质本身不起供应养分的作用或不具有阳离子代换量、难以吸附阳离子的基质，如岩棉、石砾、泡沫塑料等。

4.根据基质的组分划分

根据基质的组分可分为单一基质和复合基质。单一基质是指使用一种基质作为植物生长的基质，如砂培、砾培、岩棉培中所用的都是单一基质；复合基质是指由两种或两种以上的单一基质按一定比例混合制成的基质，如泥炭-珍珠岩-蛭石混合使用。

(三)固体基质的选用标准

固体基质的选用是以基质的适用性为主要标准,同时还要考虑经济因素、市场需求和环境要求等问题。选用固体基质的总体要求:①基质不含有不利于植物生长发育的有毒、有害物质;②能为植物根系提供良好的水、肥、气、热、pH 等生长条件;③能适应现代化生产和管理条件,易于操作及标准化管理。

基质的具体选用标准可从以下这些方面考虑:①能适合多种植物、不同生长阶段的种植;②容重轻、便于搬运;③总孔隙度大,达到饱和吸水量还能保持大量通气空隙;④吸水率大,持水力强;⑤具有一定的弹性和伸长性;⑥浇水少时不会开裂,多时不黏结成团;⑦绝热性好,不会因夏季过热或冬季过冷而损伤根系;⑧本身不携带病虫草害;⑨耐高温、冷冻、熏蒸不易变形变质,以便重复利用;⑩没有难闻的气味、难看的色彩,不会招诱昆虫和鸟兽;⑪pH 容易调节;⑫不污染土壤;⑬容易清洗;⑭不受地区性资源限制,便于工厂化批量生产;⑮日常管理简便且价格不高。

二、常用固体基质的理化性质及利用

(一)无机基质

1. 沙

来源广泛,大量分布在河流、大海、湖泊岸边、沙漠等地,不同来源的沙,其组成成分差异很大,一般含 SiO_2 在 50%以上,不具有阳离子交换量,容重为 1.5～1.8 g/cm^3,pH 为 6.5～7.8,总孔隙度 30%左右,使用时选用粒径 0.5～3 mm 的沙为宜,具体粒径组成可参考如下数据:粒径>4.7 mm 的占 1%,2.4～4.7 mm 的占 10%,1.2～2.4 mm 的占 26%,0.6～1.2 mm 的占 20%,0.3～0.6 mm 的占 25%,0.1～0.3 mm 的占 15%,0.07～0.12 mm 的占 2%,0.01 mm 的占 1%。

用作无土栽培的沙应确保不含有毒物质。如海沙含有较多的氯化钠,使用前应用清水冲洗;石灰性地区的沙一般含有较多石灰质,只有碳酸钙的含量低于 20%的沙才可使用,否则需用过磷酸钙溶液进行处理,将 2 kg 重过磷酸钙溶于 1 000 L 水中,用其浸泡沙 30 min,如果溶液中磷含量降低很快,可再加入重过磷酸钙,直至液体中的磷含量稳定在 10 mg/L 以上时再将液体排掉,然后清水稍做清洗即可。

沙的优点是来源广泛、价格低廉、通透性强、排水良好,至今仍被世界各国尤其是干旱地区广泛使用,如美国伊利诺伊州的 Urbana、中东地区、中国的广东等地。但沙的容重大,搬运、消毒、更换时较费工。在生产中,禁止采用石灰岩质的沙粒,以免影响营养液的 pH,使部分养分失效。沙一般用于有机基质培或仙人掌类盆栽。

2. 石砾

主要来源于河边石子或石矿场岩石碎屑,其化学组成因来源不同而差异很大。一般选用非石灰性的石砾(如花岗岩等发育形成的)为好,否则也需用重过磷酸钙处理。粒径宜选 1.6～20 mm 范围内的,且最好一半以上的直径为 13 mm 左右。因石砾较为坚硬,不易破碎,使用时最好选用棱角不太锋利的石砾,特别是在露天风大的地方种植株型高大的植物时,更应注意,否则易划伤植物茎部。

石砾本身不具有阳离子代换量,通气排水性能良好,在早期无土栽培生产上起过重要作用，当今深液流水培时也还常用作定植杯中的填充物。但石砾持水能力较差，容重大，为 1.5～1.8 g/cm^3，搬运、清理和消毒等日常管理困难，而且所建栽培槽需特别坚固（一般用水泥建成），这些缺点使得石砾培在现代无土栽培中用得越来越少。特别是近 20 年来，石砾、沙已经逐步被一些质轻的人工基质如岩棉、多孔陶粒等代替。

3. 岩棉

岩棉是一种人造矿物纤维，农用岩棉是由辉绿石、石灰石和焦炭按 3∶1∶1 的比例，在 1 500～2 000℃高温炉中熔化后喷成 5～8 μm 的纤维，再将其压成容重为 80～100 kg/m^3 的片，冷却至 200℃左右时，再加入酚醛树脂减小表面张力以利岩棉较好地吸水，最后按需要固定成型。岩棉对人体无害，在酸性和中性环境下稳定，在强碱性条件下会被溶解。

岩棉外观为白色或浅绿色丝状体，总孔隙度可达 96%，吸水后依厚度不同，含水量从下至上递减，空气含量则自下而上递增。具体分布情况见表 5-6。

表 5-6　岩棉块中水分和空气的垂直分布状况

高度/cm	干物容积/%	孔隙容积/%	持水容积/%	空气容积/%
1.0	3.8	96	92	4
5.0	3.8	96	85	11
7.5	3.8	96	78	18
10.0	3.8	96	74	22
15.0	3.8	96	54	42

岩棉化学性质稳定，其主要成分多数不能被植物吸收利用，属于惰性基质，物理性状优良，新岩棉 pH 较高，可在使用前加适量酸进行调整，1～2 d 后即可降低，经过高温消毒，不携带任何病原菌，目前在全世界的无土栽培面积中，岩棉培居第一位，如西欧的荷兰、英国、比利时等国都有大面积的岩棉栽培。目前，岩棉不仅在蔬菜、花卉栽培上广泛使用，而且在组织培养、试管育苗的繁殖上也有使用。

现在世界上使用最广泛的岩棉是丹麦格罗丹（Grodania）公司生产的，商品名为格罗丹（Groden），主要有格罗丹蓝（其空隙的 95%可为空气占据）和格罗丹绿（其空隙的 95%可为水分所占据）2 种，使用时只要调整两种岩棉的混合比例就可得到所需的最佳气水比。岩棉应用面积最大的是荷兰，其蔬菜栽培 80%均采用岩棉作为栽培基质。

4. 蛭石

蛭石是由云母类次生矿物加热至 800～1 100℃高温膨胀形成的海绵状片层物质，容重小，为 0.09～0.16 g/cm^3，总孔隙度可达 95%，气水比 1∶4.34，具有良好的通透性和保水性；阳离子代换量很高，达 100 mmol/100 g，具有较强的保肥能力和缓冲能力，含有较多的钾、钙、镁、铁等营养元素，且能被植物吸收利用；pH 6.5～9.0，因产地不同而稍有差异，一般为中性至微碱性，宜与酸性基质混合使用。

无土栽培用的蛭石粒径应在 3 mm 以上，育苗用的可稍细些（0.75～1.0 mm）。因其使用一段时间后易破碎，结构遭到破坏，孔隙减少，影响透气排水，一般使用 1～2 次就需重新更换。

5. 珍珠岩

珍珠岩又称膨胀珍珠岩或海绵岩石，是将灰色火山岩(硅铝酸盐)破碎成颗粒后，瞬间加热至1 000℃以上膨胀而成，为灰白色多孔性核状颗粒。

无土栽培上常用的珍珠岩粒径为2～4 mm，容重很小，为0.03～0.16 g/cm^3，浇水后常浮于表层(多与草炭等有机基质混合使用)，吸水量可达自身总量的3～4倍，孔隙度约为93%，其中通气孔隙占53%，持水孔隙占40%，中性或偏酸性，适合种植南方喜酸性花卉和扦插育苗，化学稳定性好，能抗各种理化因子的作用，阳离子代换量<1.5 mmol/100 g，其养分大多数不能被植物吸收利用。珍珠岩受压后极易破碎，从而影响其通气性，另外其粉尘污染较大，使用前最好先用水喷湿，以免粉尘纷飞。

6. 多孔陶粒

多孔陶粒又称海氏砾石、轻质陶粒或膨胀陶粒，是用团粒状陶土经1 100℃高温陶窖加热制成，粉红色或赤色，内部为蜂窝状的空隙构造，排水通气性好，容重为0.5～1.0 g/cm^3，pH为4.9～9.0，有一定的阳离子代换量，为6～21 mmol/100 g，坚硬不易破碎。可单独使用也可与其他基质混合使用。反复使用多次后，颗粒内部和表面会吸附盐分，甚至滋生病菌，且难以用水清洗干净，从而造成通气、养分供应及消毒上的困难。

7. 泡沫塑料

现在使用的泡沫塑料主要是聚苯乙烯、尿甲醛和聚甲基甲酸酯，尤以聚苯乙烯最多，即塑料包装材料的下脚料，其容重小、不吸水、抗压强度大，是优良的无土栽培下部的排水层材料，多用于屋顶绿化以及作物生产底层。

8. 炉渣

炉渣是煤燃烧后的残渣，来源广泛，容重为0.78 g/cm^3，通透性好。炉渣不宜单独作为栽培基质，在混合基质中比例一般不超过60%，使用前要过筛，选择适宜的颗粒。

(二)有机基质

1. 泥炭

泥炭又称为草炭，是由植物残体在水淹、缺氧、低温、泥沙掺入等条件下不断积累转化形成的天然有机矿产资源，是世界普遍公认的最好的无土栽培基质之一。其以北方地区分布较多，质量较好。不同产地的泥炭理化性状有很大差异，一般容重为0.2～0.6 g/cm^3，总孔隙度为77%～94%，持水量为50～55%，电导率为1.1 mS/cm，pH为3.0～6.5，阳离子代换量属中等偏高，C/N比中等偏低，干物质中有机质含量40.2%～68.5%。

根据泥炭形成的地理条件、植物种类和分解程度的不同，可将泥炭分为低位泥炭、高位泥炭和中位泥炭3大类。

泥炭用途广泛，如扦插、移植、盆栽植物、育种等均可使用，尤其是现代大规模工厂化无土育苗，大多以泥炭为主要基质，用量可占到总体积的20%～75%，再配合其他基质如蛭石、珍珠岩、浮石等按不同比例混合使用，以增加容量、改善结构，效果良好，具体配比及用途见表5-7。

表 5-7　常用泥炭作为基质的组成比例及用途

组成	比例	用途
泥炭、珍珠岩、沙	2∶2∶1	盆栽植物
泥炭、珍珠岩	1∶1	盆栽蓍、菜及插条繁殖
泥炭、沙	1∶1	盆栽蓍、菜及插条繁殖
泥炭、蛭石	1∶1	袋栽蓍、菜、花卉插条
泥炭、浮石、沙	2∶2∶1	盆栽植物

2. 碳化稻壳

碳化稻壳又称砻糠灰或碳化砻糠，是将稻壳(稻米加工的副产品)进行碳化处理形成的。容重为 0.15 g/cm^3，总孔隙度为 82.5%，其中大孔隙为 57.5%、小孔隙为 25%，pH 为 6.9～7.7，电导率为 0.36 mS/cm。

碳化稻壳经高温碳化，如不受污染，则不带病菌，且富含营养元素、价格低廉、通透性良好，但持水孔隙度小，持水能力差，使用时需经常浇水。同时碳化过程形成的碳酸钾会使其 pH 上升至 9.0 以上，使用前需用水冲洗。作盆栽基质使用时，应加入适量的氮，以调节其过高的碳氮比，但加入氮的体积不超过总体积的 25%。

3. 树皮

树皮是木材加工过程中的副产品，在盛产木材的地方(如加拿大、美国等地)常用来代替泥炭作为无土栽培的基质。松树皮和硬木树皮具有良好的物理性质，容重 0.40～0.53 g/cm^3，通常与其他基质混合使用，用量占总体积的 25%～75%，栽培兰科植物时也可单独使用。

树皮的化学组成因树种不同而差异很大，有些树皮含有较多的酚类物质，不利于植物生长，而且树皮的 C/N 一般比较高，直接使用会引起微生物对氮素的竞争作用。为解决这些问题，必须将新鲜的树皮堆沤 1 个月以上，以降低 C/N，分解有毒的酚类物质，增加树皮的离子代换量，杀灭树皮原有的病原菌、线虫和杂草种子等。

树皮作为栽培基质时，其缺点是新鲜树皮的分解速度快。当树皮中氯化物的含量超过 0.25%，锰的含量超过 200 mg/kg 时，不宜作栽培基质。

4. 椰糠

椰糠是椰子果实外壳加工过程中产生的废料，无土栽培上应用的多为短纤维，其长度短于 2 mm，颗粒比较粗，粒径在 0.2～20 mm、总孔隙度高达 94%，透气排水性较好，保水持肥能力较强，pH 约为 6.0，容重为 0.08 g/cm^3，C/N 为 117，阳离子代换量 32～95 mmol/100 g。可单独使用，也可与珍珠岩、火山岩等配成盆栽基质。

椰糠在我国海南等地资源丰富，具有很好的开发利用前景。

5. 水苔

水苔也叫白藓，属苔藓植物，一般呈白绿色或鲜绿色，是栽培兰科植物(尤其是国兰和洋兰)或珍贵花木的理想基质，对肉质根的花草具有很好的养护作用。水苔的 pH 为 4.3～4.7，电导率为 0.35～0.45 mS/cm，通气孔隙度 70%～99%，持水量为自身重量的 2～4 倍，容重为 0.9～1.6 g/m^3，使用年限可达 3～5 年。干燥的水苔使用前需充分浸泡待其吸水后方可用于栽培，一般栽培适合用浇水的方式，而不适合用浸水法，因浸水会使水苔过度潮湿而影响植物生长，且水苔易长绿藻，加速水苔腐败。水苔除作盆栽基质外，还可用于盆栽表面覆盖、玻璃瓶插鲜花等。

6. 甘蔗渣

甘蔗渣是制糖业的副产品，在我国南方地区如广东、海南、福建、广西等地原料丰富，新鲜蔗渣由于C/N高达170左右，不能直接作为栽培基质使用，必须经过3～6个月的堆沤，即将蔗渣淋水至含水量70%～80%(以手握蔗渣刚有水渗出为宜)后堆成堆即可；如能同时加入蔗渣干重的0.5%～1.0%的尿素，可以加速蔗渣的分解，加快C/N的降低。一般育苗用蔗渣较细，最大粒径小于5 mm；袋培或槽培用蔗渣粒径也不宜超过15 mm。

7. 沼渣

沼渣是由植物体生产沼气过程中经过厌氧发酵后产生的副产物，富含有机质(36.0%～49.9%)、腐殖酸(10.1%～24.6%)、全氮(0.8%～1.5%)、全磷(0.39%～0.71%)、全钾(0.61%～1.30%)，还有一些富含矿物质的灰分，作栽培基质时占基质总体积的20%～30%。

8. 锯末屑

锯末屑又称锯末，是木材加工的副产品。其特点是质轻，C/N高，保水通透性较好，可连续使用2～6茬，每茬使用前应进行消毒。使用时其体积不超过总体积的30%。

锯末屑的树脂、丹宁和松节油等有害物含量较高，在使用前一定要堆沤，堆沤时可加入一定的氮素，堆沤时间至少需3个月以上。

9. 刨花

刨花与锯末屑在组成成分上类似，体积较锯末屑大，通气性良好，C/N高，但持水量和阳离子交换量低，可与其他基质混合使用，其体积一般占总体积的50%左右。

10. 菇渣

菇渣是指种植草菇、平菇等食用菌后废弃的以棉籽壳为主要成分的培养料，可作无土栽培基质用。使用前，需将菇渣加水至含水量为70%左右，堆成一堆，盖上塑料薄膜，堆沤3～4个月，去除薄膜风干，然后打碎，过5 mm筛。因菇渣容易染菌，故使用前必须消毒。

11. 秸秆

农作物的秸秆均是较好的基质材料，如玉米秸秆、葵花秆、小麦秆、水稻秆等粉碎腐熟后与其他基质混合使用。优点是取材广泛、价格低廉，可对大量废弃的秸秆进行再利用。

12. 芦苇末

芦苇末为造纸厂废弃的下脚料添加一定比例的鸡粪等辅料经微生物发酵而成的基质，已广泛运用于无土栽培中，容重为0.104 g/cm^3，孔隙度为91.5%，EC值为1.83 mS/cm，pH为7.87。该基质有较强的酸碱缓冲能力，含有较多的矿质元素，含量基本接近泥炭。

(三)其他基质

除上述介绍的一些传统基质和目前广泛应用的基质外，还有很多目前应用较少、新开发的优良基质也可用于园艺无土栽培，如火山岩(赤玉土、鹿沼土、浮石等)、沸石、彩砂、麦饭石等无机类型的基质和硅胶、脲醛泡沫塑料、树脂、水晶泥、竹炭等有机类型的基质。

三、基质的配置

(一)基质的混合要求

基质的种类繁多,有些可单独使用,有些则需要与其他基质按一定的比例混合使用,在作物育苗或栽培中,理想的基质应满足以下要求:质地轻、具有一定的保水保肥能力、排水透气性好、富含一定的营养元素、适用于多种作物栽培。

基质混合使用时,并不是种类越多越好,一般以2～3种混合为宜。

(二)常用基质配方

1. 国内常用基质配方

国内无土栽培中常用的一些复合基质配方:①草炭∶蛭石体积比为1∶1;②草炭∶蛭石∶珍珠岩体积比为1∶1∶1;③草炭∶炉渣体积比为1∶1;④秸秆(小麦或玉米)∶风化煤体积比为1∶1;⑤沙∶椰子壳体积比为1∶1;⑥葵花秆∶炉渣∶锯末体积比为5∶2∶3;⑦菇渣∶沙体积比为1∶1;⑧沼渣∶炉渣体积比为1∶1。

2. 国外常用基质配方

国外无土栽培中常用的一些复合基质配方:①草炭∶树皮体积比为1∶1;②草炭∶树皮∶刨花体积比为2∶1∶1;③草炭∶珍珠岩体积比为3∶1;④草炭∶珍珠岩∶树皮体积比为1∶1∶1;⑤草炭∶蛭石∶珍珠岩体积比为2∶1∶1;⑥草炭∶珍珠岩∶沙体积比为2∶2∶3;⑦草炭∶珍珠岩体积比为1∶1;⑧草炭∶沙体积比为1∶1或1∶3或3∶1;⑨草炭∶火山岩∶沙体积比为2∶2∶1;⑩刨花∶炉渣体积比为1∶1。

四、固体基质的处理

(一)固体基质使用前的处理

有些固体基质在使用前可能会含有一些杂质,甚至携带一些病菌或害虫等,所以必须经过筛选、去杂质、清洗或必要的粉碎、浸泡、堆沤、消毒等前期处理,以利后续的使用。如过筛可去掉各种尖锐棱角的颗粒或碎玻璃等;用清水冲洗可去掉各种可溶性矿物质或过量的酸或碱等;腐熟、堆沤可降低C/N,杀死寄生虫卵等。

(二)固体基质的再生处理方法

经过一个生长季或更多生长季使用后的固体基质,会吸附较多的盐类或聚集病菌和虫卵,尤其在连作条件下,更易发生病虫害,因此必须经过适当的再生处理才能继续使用,也可彻底更换。固体基质的再生处理方法主要包括洗盐处理、氧化处理和消毒处理。

1. 洗盐处理

为去掉基质内所含的盐分,可用清水反复冲洗以除去其多余的盐分,洗盐效果可通过分析处理液的电导率来监控。此法只适合盐离子交换量较低的基质如沙子、石砾等,对盐离子交换量较高的基质如泥炭、蛭石等处理效果并不好。

2. 氧化处理

有些固体基质如沙、石砾等在使用一段时间后表面会发黑,这是由于环境缺氧引起硫化反应的结果,这种基质在重新使用时可将其暴露在空气中通风,空气中的游离氧会与黑色的硫化物发生反应，从而使基质恢复原貌，或者也可用过氧化氢对其进行处理。

3.消毒处理

(1)蒸汽处理　将80～90℃的高温蒸汽通入基质中杀灭病原菌的方法。消毒的基质量少时(1～2 m^3)可装入专门的消毒橱中，通入高温蒸汽密闭20～30 min，即可杀灭大多数病原菌和虫卵。如消毒的基质量大，可将其堆成20 cm高的基质堆，盖上防水耐高温的布，再通入80～90℃的蒸汽1 h，即可达到较好的灭菌效果。须注意的是，每次消毒的基质不可过多，否则可能导致内部的基质达不到所要求的高温，病原菌不能被完全杀灭；同时消毒时的基质不可过干或过湿，含水量应控制在35%～45%，灭菌效果好。蒸汽消毒简便易行、安全可靠，但需要专门的设备，成本高，在大规模生产中消毒过程较麻烦。

(2)化学药剂处理　利用一些对病原菌和虫卵有杀灭作用的化学药剂来进行基质消毒的方法。此方法消毒的效果不及蒸汽消毒，而且容易对操作人员身体产生不利影响，但因其操作简单，成本低，特别适合大规模生产中使用。目前常用的化学药剂有以下几种。

①40%甲醛　俗称福尔马林，是良好的杀菌剂，但杀虫效果较差。进行基质消毒时先将厚度10 cm左右的基质铺在塑料薄膜上，用稀释50～100倍后的甲醛溶液(20～40 L/m^2)将其喷湿，湿基质上面可再平铺基质继续喷洒，然后用塑料薄膜覆盖密封24 h以上，使用前将基质摊开风干2周左右或暴晒2 d以上，直至基质中没有甲醛味方可使用。利用甲醛消毒时操作人员必须戴上口罩，做好防护工作。

②溴甲烷　对大多数线虫等害虫、杂草种子和一些真菌有很好的杀灭效果，对人有很强的毒害作用，使用时一定要遵守操作规程，注意安全。

槽式基质栽培可将基质稍加翻动，挑除植物残根，然后在基质表面铺上管壁开孔的塑料管(也可直接利用原滴灌管)，盖上塑料薄膜并将四周密闭，通入溴甲烷100～200 g/m^3，密闭3～5 d后打开塑料薄膜晾晒4～5 d至溴甲烷全部挥发后方可使用。袋式基质培需将基质倒出堆成一堆，然后在堆体不同高度施入溴甲烷并立即用塑料薄膜覆盖，其他步骤同前。使用溴甲烷进行消毒时基质的湿度要求控制在30%～40%，过干或过湿都将影响消毒效果。

③氯化苦　为液态，可用注射器施用，能有效防治线虫、昆虫、轮枝菌和对其他消毒剂有抗性的真菌。消毒时先将基质堆成约30 cm厚，在基质上每隔30～40 cm的距离打10～15 cm深的小孔，每孔注入氯化苦溶液5 mL，并立即用基质将注射孔堵上，如此逐层堆放3～4层后用塑料薄膜将基质盖好，熏蒸7～10 d后，揭去薄膜将基质摊开晾晒4～7 d后方可使用。

④高锰酸钾　为强氧化剂，只能用于石砾、粗沙等没有吸附能力且较容易用清水清洗干净的惰性基质的消毒，不能用于草炭、木屑、岩棉、陶粒等有较大吸附能力的活性基质或难以用清水冲洗干净的基质。因为吸附在基质中的高锰酸钾可能会造成植物锰中毒或高锰酸钾直接伤害植物。使用时用0.2‰的高锰酸钾溶液浸泡基质10～30 min后，将高锰酸钾溶液排掉，用大量清水反复冲洗干净即可。其他易清洗的无土栽培设施、设备(如种植槽、管道、定植板和定植杯等)也可用此方法消毒。切记浓度不可过高或过低，否则消毒效果不好，且浸泡时间不能过长(一般不超过1 h)，否则会在消毒物品上产生锰的沉淀物，这些沉淀物经营养液浸泡之后会逐渐溶解出来而影响植物生长。

⑤漂白剂　主要有次氯酸钠或次氯酸钙，可利用它们溶解在水中时产生的氯气来杀灭病菌，特别适合吸附能力弱又容易冲洗的基质如沙、石砾等或其他水培设施和设备的消毒。

配制有效氯含量为0.3%～1.0%的溶液浸泡基质30 min以上，然后用清水冲洗干净即可。另外次氯酸钙也可用于种子消毒，注意浸泡时间不要超过20 min。

(3)太阳能消毒　太阳能以其廉价、安全、简单、实用的优势成为温室栽培中使用较普遍的土壤、基质消毒方式。夏季高温季节，在温室或大棚中将基质堆20～25 cm厚，浇水喷湿使基质含水量达80%，然后用塑料薄膜覆盖；若是槽培可直接给槽里基质浇水后覆盖薄膜，最后密闭温室或大棚，暴晒10～15 d即可达到良好的消毒效果。

(三)基质的更换

当固体基质使用1～2年后，各种病菌、根系分泌物和烂根等大量积累，特别是某些有机基质，由于微生物的分解，使得有机残体的纤维断裂，通气性下降，保水性过高，从而影响作物生长，因此需要更换基质。

即使使用基质进行无土栽培，也最好实行轮作，如前茬种番茄，后茬可改种瓜类蔬菜，因为有时基质消毒不能保证彻底杀灭所有病菌和虫卵，轮作或更换基质会更保险。更换掉的旧基质要妥善处理以防对环境产生二次污染。如难以分解的基质(岩棉、陶粒等)可进行填埋处理，而较易分解的基质(如泥炭、蔗渣、木屑等)可消毒后添加一些新基质重复使用，或施到农田中改良土壤。

任务四　工厂化育苗技术

一、工厂化育苗技术概况

(一)工厂化育苗的概念

工厂化育苗是利用先进的育苗设施、设备，在人工控制的最佳环境条件下，充分利用自然资源，采用科学化、规范化的技术措施，运用机械化、自动化的手段，实现种苗快速、优质、高效、成批而又稳定的规模化生产和企业化经营的一种现代育苗方式(图5-6)。

图5-6　山葵工厂化育苗

工厂化育苗是美国自 20 世纪 60 年代推广应用开来的，目前已被越来越多的国家接受并应用，尤其在经济发达国家，工厂化育苗更是其秧苗的主要生产方式。

(二)工厂化育苗的特点

1. 育苗设施现代化，设备智能化

工厂化育苗配备有育苗温室、播种车间、催芽室、计算机管理控制室等现代化的育苗设施；控温、调湿、调光照、补充二氧化碳等环境监测控制系统；种子处理、精量播种、基质消毒、灌溉施肥等生产设备；种苗转移机、分离机、嫁接机器人等辅助设备，这些都为实现工厂化育苗的现代化和智能化提供了强大的“硬件”保障。

2. 生产技术标准化，工艺流程化

工厂化育苗生产时，通常是在结合秧苗生长发育规律及生理生态因子的基础上，先制定出各技术环节的具体指标，然后建立整个育苗技术体系，最后通过标准的工艺流程(种子处理—穴盘、基质消毒—播种—催芽—绿化—炼苗—销售)最终实现生产技术的标准化，这是工厂化育苗的核心“软件”部分。

3. 生产管理科学化，经营企业化

工厂化育苗另一显著特点就是引入了科学化的生产管理理念和企业化的经营管理方式。对上述提到的“软件”“硬件”进行协调管理，保证生产的同时还注重秧苗的经营与销售，实现有计划、有组织、科学有序地现代化企业管理。

4. 穴盘育苗市场需求量和供应量大

美国、意大利、法国、西班牙、荷兰等国都发展有相当规模的穴盘育苗，其中美国的商品苗生产居世界第一，如美国拥有世界上最大的两个育苗公司 Speedling Transplanting 和 Green Heart Farms 公司，商品苗年产量均可达 10 亿株以上，其他公司如 Grower Transplanting、Plantel Nursery、Graven Transplant 等商品苗产量也可达到 2 亿～8 亿株不等。如今美国 100％的芹菜、鲜食番茄、抱子甘蓝，90％的青椒，75％的花椰菜、青花菜，70％的冬春生菜，30％的甘蓝、加工番茄都是采用穴盘育苗移栽。

5. 宜地育苗，分散供苗，种苗生产的专业化程度高

发达国家注重农业的规模化经营，其中种苗的供应就是由大型的种苗公司选择在适宜的地区集中生产，然后分散供应。如美国加利福尼亚州的商品苗产量就占全美国市场需求量的 2/3。

(三)工厂化育苗的优点

1. 节约种子、节省能源与资材、占地少

工厂化育苗节约种子，一般 1 穴 1 粒，如西芹穴盘育苗用种量为 5 g/亩，是常规育苗用种量的 1/10；基质用量少，穴盘苗 50 g/株左右，钵苗则需 500～700 g/株；占地少，营养钵育苗 100 株/m^2，穴盘育苗可达 500～1 000 株/m^2。另外，规模化育苗较传统分散育苗可节省电能 2/3 以上，在北方冬季育苗可节约能源 70％以上。

2. 种苗生产效率高，秧苗质量好

利用精量播种生产线，每小时可播种 700～1 000 盘，同时采用精准环境控制，基质消毒、施肥灌溉等先进技术，可实现标准化生产，种苗出苗整齐、苗龄短、生长健壮、病虫害少，一次成苗不伤根，移植成活率高，缓苗快。

3. 有利于长距离运输和商品化供应

工厂化育苗多采用轻型基质穴盘育苗，成苗后幼苗质量轻，便于操作、搬运和长距离运输，且已有和不同规格穴盘相适应的嫁接机、移栽机等，对实现种苗的集约化生产和商品化经营十分有利。

4. 有利于优良品种的推广

工厂化育苗的种子来源渠道明确，能保证品种纯度，有助于良种的繁育推广，有利于品种区域化种植。

（四）工厂化育苗的方式

1. 穴盘育苗

穴盘育苗是一种以草炭、珍珠岩、蛭石等为基质，以不同规格穴盘为容器，用机械化自动精量播种生产线完成基质填装、压穴、播种、覆土、镇压、浇水等过程，然后在催芽室和温室等设施内进行有效管理和培育，一次成苗的现代化育苗体系。

2. 容器育苗

容器育苗是指将种子直接播入装有固体基质的容器内，培育成半成苗或成龄苗的方法。

3. 水培育苗

水培育苗又称营养液育苗，是利用成型的膨化聚苯乙烯格盘或泡沫为载体，利用泡沫块、海绵块等介质直接在营养液内培育秧苗的方式。

4. 岩棉育苗

岩棉育苗利用能镶嵌的大小岩棉块为载体，前期利用小岩棉块播种，待幼苗出现一片真叶时，将小岩棉块嵌入大岩棉块中，并利用岩棉块底部毛细管作用为种苗供水、供肥的一种育苗方式

5. 扦插育苗

扦插育苗是取植物体的部分营养器官插入基质中，在适宜环境下使其生根，然后培育成苗的技术。包括叶插、枝插和根插等。

6. 试管育苗

试管育苗是在人工控制条件下，将植物组织如茎、叶、花药等放在无菌的人工培养基上进行离体培养，形成具有根、茎、叶的幼苗后经驯化成苗的一种育苗方式。

二、工厂化育苗的设施与设备

（一）工厂化育苗的设施

1. 基质处理车间

工厂化育苗一般为批量生产，基质用量较大，且多使用混合基质，所以需要建设一个能通风、避雨的车间用以摆放基质消毒机、搅拌机等，以及能存放一定量的基质，避免基质被日晒雨淋，保证消毒后的基质不被再次污染，同时还需留有作业空间，以利于搬运。

2. 播种车间

播种车间内的主要设备是播种生产线，为了提高空间利用率，实际生产中通常把成品种苗包装、运输，温室的灌溉设备和储水罐等也安排在播种车间内，因此设计时要注意有供水来源，通风，空间分区合理，以使播种、催芽、包装、搬运等操作互不影响，且便于运输车辆的

进出。

3. 催芽室

种子播种后需把穴盘一同放进催芽室内催芽，穴盘采用垂直多层码放，催芽室的体积可根据每一批的育苗总数来计算。为降低加温能耗，在寒冷地区可将催芽室建在育苗用的温室或大棚内，多用密闭性、保温隔热性能良好的材料建造，且为方便不同种类、批次的种子催芽，可将催芽室设计为小单元多室配置，每个单元 20 m^2 左右。为种子发芽提供适宜温度、湿度、氧气、光照等条件，则需在催芽室内配备加温系统、加湿系统、通风系统和补光系统以及微电脑自动控制器等。

4. 绿化、驯化、幼苗培育设施

种子完成催芽后需立即转入有光并能保持一定温湿度的设施内进行绿化或驯化，直至炼苗、起苗、包装后进入运输环节，即幼苗生长发育的绝大多数时间是在此绿化室或称幼苗培育设施内度过的。为了满足种苗生长发育所需要的温度、湿度、光照、水肥等条件，工厂化育苗的设施设备的配置要求比普通栽培温室要高。如环境条件能调控的玻璃温室或加温塑料大棚，除配置通风、帘幕、加温、降温等系统外，还装备苗床、补光、水肥灌溉、自动控制系统等。目前我国的一些规模化育苗或经济实力较差的情况下，也使用结构性能较好的日光温室，利用电热线加温代替水暖加温、安装固定式喷灌代替自走式灌溉系统等，以降低设备投资和运行成本。当然，这样就会导致育苗环境控制能力弱、操作管理技术要求高、种苗质量不稳定的现象发生。

5. 组织培养室

组织培养室是试管育苗法的必备设施，植物组织如茎、叶、花药等在无菌的超净工作台上接种至人工培养基上后，就需进入环境可控的组织培养室中离体培养，一般为充分利用空间都会设置多层层架，每层架下都安装有补光灯管，建设规模需根据具体情况确定。

(二)工厂化育苗的设备

工厂化育苗的关键设备主要有育苗生产设备和育苗温室环境控制系统，以及一些辅助设备。育苗生产设备主要包括种子处理设备、基质消毒机、自动精量播种生产线、种苗储运设备等；温室环境控制系统则由加温系统、降温系统、保温系统、灌溉施肥系统、二氧化碳补充系统、补光系统、计算机控制与管理系统等组成；另外一些辅助设备有育苗穴盘、苗床、嫁接机等相关设备。

1. 生产设备

(1)种子处理设备　工厂化育苗为了满足机械播种或其他农艺要求，经常需采用生物、物理化学或机械的方法处理种子以提高种子的发芽率和出苗率，促进幼苗生长，减少病虫害。常用的种子处理设备包括种子拌药机、种子表面处理机械、种子单粒化机械和种子包衣机等，以及用 γ 射线、紫外线、超声波等物理方法处理种子的设备。

(2)基质消毒机　国外工厂化育苗采用的都是基质生产厂消毒好了的基质。目前，我国这类基质生产厂还很少，多数育苗工厂都是根据自己需要，结合当地资源选择和配制基质，因此需要配置基质消毒设备，特别是掺入了有机肥或其他来源不卫生的基质时，为防止育苗基质中带有致病微生物或线虫等，都须消毒后再用。一般多用高温蒸汽消毒。

(3)自动精量播种生产线　自动精量播种生产线是工厂化育苗的一组核心设备，一般由搅拌机，育苗穴盘(钵)摆放机，送料、装盘机，压穴、精播机，覆土机，喷淋机等组成整个流水生产线，基质的搅拌、装盘、压穴、播种、覆盖、喷水等多道工序可一次完成，且生产线的各组成部分可拆开单独使用。

①基质搅拌机　为了保证混合基质各成分分布均匀，防止结块基质影响装盘质量，一般基质在送往送料机、装盘机之前，会用基质搅拌机进行充分混匀，如果基质过于干燥，还应加水进行调节。

②育苗穴盘摆放机　将穴盘成摞装在穴盘摆放机上，机器可按照设定的速度把穴盘一个一个放在传送带上，传送带会将穴盘运送到装盘机处。

③送料、装盘机　当穴盘到达装盘机下时，育苗基质会由送料装置从下方的基质槽中运到上方的基质箱中，控制机关再自动把基质撒下来，同时传送带上的穴盘也在振动，使基质能均匀地装满每个小穴，然后在传送的过程中有一装置可将多余的基质刮掉。

④压穴、精播机　装满基质的育苗穴盘在送到精播机下前，会有一装置将每一小穴中间压出深度一致的播种穴，然后送到精播机下，精播机利用真空吸放原理，将种子从种子盒中吸起，然后移到穴盘上方后再放气，让种子自然落进播种穴。

⑤覆土机　播种完的穴盘在运到覆土机下方时，覆土机的刮土轮会将基质箱中基质均匀地覆盖在播种后的小穴上。由于播种穴深度一致，覆土厚度一致，能保证种子出苗整齐。

⑥喷淋机　覆土后的穴盘运到喷淋机下时，喷淋机会按照设计的水量，在穴盘行走过程中(或稍停留时)将水均匀地喷淋到穴盘上，完成整个播种过程的穴盘会被送到催芽室催芽。

2. 育苗设施环境控制系统

(1)加温系统　种苗生产温室内的平均气温白天应不低于 20℃，夜间最低气温不低于15℃，但是我国大多地区冬季温度低于 0℃，所以冬季育苗需配置加温设备以创造种苗生长发育的适宜温度条件，保证获得优质种苗。一般在我国北方，大型连栋温室多采用水暖集中供暖方式加温或少量使用热风供暖方式；节能日光温室多采用炉灶煤火加温或水暖锅炉加温；塑料大棚有时会用热风炉短期加温。

(2)降温系统　当育苗设施内温度过高，用自然通风不能满足作物需求时，就需依靠降温设备进行人工降温。一般常用的人工降温方法有湿帘降温、遮光降温、蒸发冷却和强制通风等。这就需要育苗温室内配置有遮阳网、湿帘、高压喷头、风机等降温设备。

(3)保温系统　育苗温室需要达到种苗生育适宜的温度，且经常需要维持在一定水平，因此育苗温室配备一些保温设施是十分必要的。保温主要是在不加温的情况下，夜间利用地表辐射增加设施内热量，同时减少各种热量损失。常见的保温措施有：采用多层覆盖，如安装活动保温幕、双层充气膜或双层聚乙烯板、草苫、保温被等；选用隔热性能好的覆盖材料；增加设施的气密性，减少缝隙放热等。

(4)灌溉施肥系统　绿化室或幼苗培育温室内为保证幼苗的肥水供应，都应配备灌溉施肥系统。该系统通常包括水处理设备，如抽水泵、沉淀池、过滤器、加酸配比机等；灌溉管道、贮水及供给系统，如 U-PVC 管道、集水池、电磁阀等；灌溉施肥设备则主要有喷灌和潮汐灌溉，喷灌有固定式喷灌和自走式喷灌，该系统也可用来喷灌液肥和喷施农药，另外还有自动肥料配比机可按设定的肥料配比值进行全自动化施肥。

(5)二氧化碳补充系统　在相对密闭的育苗设施内，种苗光合作用会消耗大量的 CO_2，白天室内 CO_2 浓度会低于外界，出现 CO_2 亏缺、种苗"饥饿"现象，因此工厂化育苗设施内需配备 CO_2 补充系统。目前用得较多的有燃烧法产生 CO_2、化学反应法生成 CO_2 和直接施用

液态 CO_2 等。一般育苗温室适宜的 CO_2 浓度为 400～600 μL/L，可安装 CO_2 传感器对其浓度进行监测。

(6)补光系统　工厂化育苗在冬春季节经常会遇到阴雨天气，自然光照较弱，不能满足幼苗对光照的需求，因此育苗温室一般需要配置人工补光系统，在有效日照时数小于 4.5 h/d 时就需启动人工补光，目前采用较多的光源是高压钠灯。

(7)计算机控制与管理系统　现代工厂化育苗生产与管理是一个复杂的体系，各个子系统间的运作与协调、环境的控制与管理，依靠一般的生产管理人员有时很难做出准确的综合判断，这就需要借助计算机系统来实现复杂的控制和优化的管理目标。如育苗过程中的复杂环境控制、各种数据的采集与分析处理、涵盖采购、管理、销售等各个环节的一体化管理决策系统，都可通过计算机控制与管理系统来实现。

3. 辅助设备

(1)育苗穴盘　是工厂化育苗必备的育苗容器，是按照一定规格制成的带有许多小型钵状穴室的塑料盘。用于机械化播种的穴盘规格是按自动播种生产线的要求制作的，一般长 55 cm，宽 27.5 cm，每张盘上有 32、50、72、128、200、288、392、512 等数量的孔穴，孔穴形状有方口和圆口两种，孔穴深度 3～10 cm 不等，使用寿命为 2～3 年，具体可依据用途和作物种类选择相应的穴盘。

(2)苗床　为便于操作和给幼苗创造更好的环境，催芽后的穴盘一般都会放在育苗温室的苗床上进行绿化和培育。苗床可分为固定式和移动式两种，一般固定式苗床作业方便，但温室利用率低，苗床面积约为温室总面积的 50%～65%；移动式苗床温室利用率可达 90% 以上，但对材料强度和制作工艺等要求高。

(3)嫁接机　采用嫁接技术可以有效增强种苗的抗病性、抗逆性和肥水吸收性能等，尤其对瓜类、茄果类蔬菜，嫁接苗已成为其克服土壤连作障碍的主要手段，如日本 100% 的西瓜、90% 的黄瓜、96% 的茄子等都用嫁接栽培。但是传统的人工嫁接会因操作人员掌握的技术水平、熟练程度的不同而难以保证高的嫁接质量和成活率，难以短时间内提供大批量的整齐一致的嫁接种苗。为此，日本、中国、韩国等都相继研制出了自己的嫁接机器人，虽然具有很广阔的应用前景，但由于各方面技术还有待成熟，目前推广应用还不是很广泛。如日本的嫁接机自动化水平较高，但技术复杂、体积庞大且价格昂贵；韩国的则嫁接效率比较低，自动化程度低，成活率也相对较低；我国的自动嫁接机则需要人工提供砧木、接穗固定夹等，劳动强度大，自动化水平低。

三、工厂化育苗的管理技术

工厂化育苗在确立了育苗种类后，接下来就是一系列具体的生产管理工作，主要包括选种及种子处理、适宜穴盘的选择、苗龄的控制、育苗基质的选择、营养液的管理、育苗温室环境的调控及苗期病虫害的防治等。

(一)种子处理

种子是育苗时最常用的播种材料，要快速育成高质量的幼苗，就必须保证有高质量的种子，一般要求种子在“真、纯、净、壮、饱、健、干”方面都符合种子质量检验的标准。

工厂化育苗用种质量的好坏，应从以下几方面衡量：种子的外形是否适于精播机械；适宜条件下发芽率的高低，低于85%的不适于精量播种；适宜条件下发芽快慢及整齐度；不适条件下发芽快慢及整齐度；出芽及幼株发育状况；有无病虫害。

生产上为保持并进一步提高种子质量，满足工厂化育苗的用种需要，播种前常会采取各种方式对种子进行处理，以达到提高种子活力，减轻、防治病虫害，打破种子休眠，促进种子发芽和生长，适于机械化精播等目的。常用的种子处理技术：超干贮藏保持种子活力；用种子引发剂如KNO_3、$Ca(NO_3)_2$、NaCl、$CaCl_2$、PEG、PVA、SPP等预浸处理，促进种子发芽，提高出苗的一致性；种子消毒如温汤浸种、药剂处理等，防治病虫害；进行催芽如浸种催芽、层积催芽、药剂浸种催芽等提高种子发芽率。

（二）穴盘的选择与苗龄的控制

工厂化育苗是种苗的集约化生产，为提高单位面积的育苗数量，又要保证幼苗质量不受影响，生产中就必须根据苗龄大小选择不同孔穴的穴盘或根据营养面积确定苗龄。穴盘的规格很多，我国常用于蔬菜育苗的为72孔、128孔、288孔的方口穴盘，培育的秧苗以中小苗为主。我国工厂化育苗的主要作物是蔬菜，表5-8列举了常见种类蔬菜在培育不同苗龄的幼苗时应配套选用的相应规格的穴盘，以供参考。

表5-8　不同蔬菜适宜穴盘及苗龄的选择

季节	蔬菜种类	穴盘孔数/个	种苗大小(真叶数)
冬、春季	番茄、茄子	72	6～7
		128	4～5
		288	2叶1心
	辣椒	128	8～10
		288	2叶1心
	黄瓜	72	3～4
	花椰菜、甘蓝	72	3～4
		128	5～6
		392	2叶1心
夏、秋季	番茄、茄子	128	5～6
		288	3叶1心
	芹菜	128	5～6
		288	4～5
	花椰菜、甘蓝	128	4～5
	生菜	128	4～5
	黄瓜	128	2叶1心

（三）基质的选择与营养液的管理

基质在工厂化育苗中是被用来代替土壤的，选用适宜的基质是工厂化育苗的重要环节和培育壮苗的基础，因此要求基质不仅能固定秧苗、保持水分和营养、为植物根系提供良好环境条件，而且还要可以改善和提高管理措施，方便操作。基质的选择应考虑以下几个方面：①利于植物根系的伸展和附着；②能为植物根系提供良好的水、肥、气、热、pH 等条件；③不含对植物生长发育有毒有害的物质；④适应现代化的生产要求，易于操作及标准化。

工厂化育苗常用的基质种类很多，有些可单独使用，多数情况是由几种基质按一定比例混合使用，这样可以实现优势互补，达到更好的育苗效果。具体选用时，为降低育苗成本，应注重因地制宜、就地取材，充分利用当地资源。如日本工厂化育苗多用碳化稻壳、赤土、沙、蛭石、珍珠岩等；美国常用蛭石、珍珠岩、树皮等；我国多用草炭、蛭石、珍珠岩、炉渣灰以及大量有机废弃物等。

工厂化育苗中的养分供应除部分由混配在基质中的肥料供给外，主要还是通过定期浇灌的营养液提供。育苗营养液可使用无土栽培的配方，只不过使用的浓度需相应减少，如1/3～1/2 日本园式配方或山崎配方等，也可使用育苗专用配方。

选择好适宜的营养液配方后，还需对营养液的供液时间、供液次数、供液量等进行科学管理。一般在幼苗出土进入绿化室后即可开始浇灌或喷施营养液，每天 1 次或两天 1 次；供液后保持容器底部 0.5～1.0 cm 深的液层为宜。供应营养液的同时也应注意供水，通常可浇 1～2 次营养液后浇 1 次清水。当然，营养液的管理还和选用的基质的理化性质、幼苗的生长状态、天气状况等有密切联系，如采用草炭、有机肥和复合肥合成的专用基质可只浇清水或适当补充些大量元素即可；小苗少浇、大苗多浇；夏季高温多浇（每天喷水 2～3 次）、冬季气温低少浇（2～3 d 喷 1 次），喷水施肥交替进行等。

（四）育苗温室环境的调控

1. 温度调控

在幼苗生育的环境因素中，温度是最重要的影响因子之一。幼苗对温度的适应性既敏感又严格。温度的高低直接影响种子发芽和幼苗的生长速度以及秧苗的发育进程。特别是冬春季培育喜温性作物秧苗，温度不足就是其常见的突出问题，另外南方地区的夏季降温也是值得注意的重要问题。总体来说，播种后、出苗前及移植后、缓苗前温度应高，出苗后、缓苗后、炼苗阶段温度应低；生长前期温度高，中期以后温度渐低；嫁接以后、成活之前也应维持较高温度。具体温度调控方法参照前面“育苗设施环境控制系统”的内容。

2. 光照调控

光照除影响秧苗的生长量外，对秧苗花芽分化的影响也很大。冬春季工厂化育苗自然光照时间短、强度弱特别是在设施内，设施本身的光照损失就不可避免，阴天时温室内光照强度就更弱，因而苗期的光照管理就是设法提高光能利用率。可通过选择合理的营养面积、确定合理的育苗密度；选用透光率高的覆盖材料或直接进行人工补光（一般 50～150 W/m^2）等措施增加光照强度、延长光照时间。在夏季育苗时，自然光照强度超过了作物光饱和点，易形成过高温度，可利用遮阳网遮阴，达到避光、降温、防病的效果。

3. 水分调控

水分是影响幼苗物质积累和培育壮苗的重要因子，大多数幼苗生长基质含水量在60%～80%较为适宜，播种后出苗前水分要求较高，保持 80%～90%为宜，定植前 7～10 d 应适当控制水分。基质水分过多，遇上低温弱光极易发生病害或沤根；遇上高温弱光则幼苗极易徒长。基质水分过少，幼苗生长受抑制，时间长了易出现僵化苗。空气湿度白天保持60%～80%、夜间 90%为好。出苗之前和分苗初期空气湿度可适当提高。

工厂化育苗水分管理的总体要求是保证适宜的基质含水量，适当降低空气湿度，根据实际情况灵活调整。灌水方式上以喷雾灌溉为好，且最好选择在晴天的上午进行，低温季节浇水或营养液最好加温后进行。蔬菜不同生育阶段基质水分含量见表5-9。

表 5-9 不同生育阶段基质水分含量(相当于最大持水量的百分率)

蔬菜种类	播种至出苗/%	子叶展开至2叶1心/%	3叶1心至成苗/%
茄子	85～90	70～75	65～70
辣(甜)椒	85～90	70～75	65～70
番茄	75～85	65～70	60～65
黄瓜	85～90	75～80	75
芹菜	85～90	75～80	70～75
生菜	85～90	75～80	70～75
甘蓝	75～85	70～75	55～60

4. 气体调控

工厂化育苗中，对幼苗生长发育影响较大的气体主要有CO_2、O_2和各种有害气体。生产中最常用的气体调控方式是通风换气，补充新鲜空气，当然为了提高设施内CO_2浓度，促进光合作用和增加光合产物，也常采用补充CO_2气肥的措施。特别是在冬春季节育苗，外界气温低，通风少或不通风，内部CO_2明显不足，补充CO_2最为有效，施用浓度通常控制在800～1 000 μL/L，施用时间以晴天上午日出后0.5～1 h开始，持续约3 h即可达到显著促进幼苗生长的效果。

对有毒有害气体则主要是分析其来源后做好防范工作，如选用无毒无害的塑料薄膜、水管；加温时燃料要充分燃烧，烟囱的密封性要好；不施用未腐熟的有机肥等。

(五)苗期病虫害防治

工厂化育苗是集约化生产模式，病虫害发生和传播迅速，但由于管理集中，又利于病虫害防治。苗期的病虫害与成株期病虫害有一定的共性，又有一定的差异性，目前生产中常见的苗期病虫害种类及防治方法归纳如下：

(1)生理性病害　主要有沤根、老化、徒长、烧根、寒害、冻害、热害、旱害以及有害气体毒害、药害等。此类病害主要是由环境因素引起的，不传染，防治时应以防为主，严格检查，加强苗期温、湿、光、水、肥的管理，保证各项管理措施到位。

(2)病理性病害　主要有猝倒病、立枯病、病毒病、白粉病、霜霉病、灰霉病、菌核病、疫病等。此类病害主要是由于种子或基质带有病菌，后期管理当中遇上适宜的发病环境条件就易发病。防治时也应以预防为主，及时调整并杜绝各种传染途径，做好穴盘、器具、基质、种子和温室环境的消毒工作，发现病害症状及时进行适当的化学药剂防治。

(3)虫害　育苗期间常见的虫害有蚜虫、红蜘蛛、茶黄螨、白粉虱等。虫害的防治主要是切断其栖息场所和中间寄主、防止害虫的迁飞等。应及时清除育苗温室内和温室周围的残株和杂草；育苗温室与栽培温室间隔一定的距离；在通风口加设防虫网防止外来虫源进入等。同时要注意经常检查，发现虫害立即采取措施，也可用药防治。

四、种苗的经营与营销

工厂化育苗具有规模化生产和企业化经营的特征，是育苗技术发展到目前的最高形式，是种苗商品性生产的最高阶段，现今已从植物栽培体系中分化出来成为独立的产业。一个产业要发展，就必须在生产原材料的选择处理、产品的生产计划与管理、生产过程的质量保证及检验、运输销售及效益核算等方面都形成与该产业特色相适应的产业化体系。

(一)种苗厂的规划与设计

种苗厂的规划与设计是指根据市场需求和当地的具体情况(气候、土质、市场、劳力等)科学安排植物种苗生产的设施、设备，生产种苗的种类、数量，品种布局，以及水、电、路、房屋等配套设施的设置。设计时要充分考虑当前利益又要兼顾长远发展，注意专业生产和全面发展相结合，规划设计要在充分调查研究的基础上进行，然后确定发展的规模、区域，育苗的种类及方式，最后才按规划施工。

(二)种苗厂生产计划及制订原则

作为育苗企业，合理制订生产计划，是优化的育苗技术体系及先进的育苗设施、设备能充分发挥作用的关键。

1.种苗厂生产计划

(1)生产任务计划　生产任务计划是在进行广泛市场调研的基础上，主要依据订购合同、市场需求及企业的生产能力确定的。其内容应明确育苗的种类、品种、各地或用户需要的时间、数量、品名及质量要求等。

(2)落实生产任务计划　生产任务确定后，还必须将任务落实到全年各个时期，此时主要考虑设施设备的充分利用和生产潜力的挖掘，并且还可据此对生产任务计划做进一步调整。具体落实时可进一步将任务分解细化，如制订生产资料购买计划、育苗播种计划、技术保障计划、用工计划、制种计划、农机具购买计划、设施利用计划、灾害防止计划、资金筹措计划、销售计划等，这样执行起来更加有据可依。

(3)财务计划　即从经济核算角度预测当年生产任务完成后的经济效益以及经济效果，其中包括产品成本、经济效益及投入产出比的计算，以此进一步判断生产任务确定的合理性，如效益达不到预定的目标，可对生产任务计划做局部调整。

2.生产计划制订原则

(1)制订育苗生产计划应留有余地　特别是完成合同任务时，应有较大的安全系数，一般应达到15%～20%，以预防因气候、病虫害、人为操作管理失误等影响种苗的数量与质量，这对维护企业的信誉十分重要。

(2)为获得更大的经济效益，制订计划时应考虑生产潜力的挖掘　尽可能节约能源、物资等投入，同时提高现有设施设备的利用率，如改进技术或设施、技术的合理组合等。

(3)提高经济效益和市场知名度　在完成订单要求的生产任务的同时，还应充分发挥企业自身的资源优势或技术优势，生产优势产品提高市场知名度。

(4)育苗企业任务的确定　以一季为主，全年开发；一类苗为主，多类苗并存；以育苗为主，还可兼顾其他产业，以争取更大的效益。

(三)种苗生产成本核算

种苗厂的建设与生产是高投入高产出的集约化生产，为了实现经济生产、节能降耗、准确定价，就必须对种苗生产成本进行核算。构成生产成本的要素很多，一般可分为直接生产成本、间接成本和其他成本。

1. 直接生产成本

直接生产成本主要是指生产资料费用(如种子、农药、化肥、基质、农膜、水电等费用)、加温费用、生产用工费用及包装、运销费用等。其中加温、补光等能源成本所占比例较大，在我国北方地区一般会占到运行费用的35%～40%，运销成本为种苗成本的10%～15%，水电及税金占8%～12%。

2. 间接成本

间接成本主要是指设施设备的折旧费用，如温室及辅助设施、设备的折旧，农机具、水利设施的折旧，土地使用费等，这些将占到整个生产成本的40%以上。

3. 其他成本

其他成本主要包括贷款利息、广告费用和人员培训等费用。

种苗厂的直接经济收入主要是通过销售种子和秧苗获得的，也可通过技术培训、农业观光等获得一部分收入。

(四)种苗的营销

园艺植物种苗的营销是以园艺植物生产为中心，为用户提供种苗等一系列活动。营销过程主要包括：首先，在充分调研的基础上，对市场进行分析并确立目标市场；其次，根据目前市场和潜在市场确立投资的方向、规模、经营的范围并进行市场的拓展；再次，根据市场需求确定育苗作物的种类，根据市场承受能力和生产成本定价，通过流通和建立分销网点扩张市场领域，通过技术指导、培训、示范、调价等进行促销；最后，通过对营销活动及用户反馈意见的分析，调整生产和经营活动，形成一个有效的良性循环发展体系。

(五)种苗的运输

国外工厂化生产的商品种苗多数为异地销售，如荷兰的贝卡康普种苗公司，年生产蔬菜种苗2.5亿株，其中60%用于出口，剩下40%用于国内生产，因为异地育苗运输销售可以利用海拔、纬度或地区间的小气候差异，节约育苗能耗、提高育苗质量、降低育苗成本；可以充分利用地区资源及技术优势培育高质量、低成本的秧苗；同时异地运销还有利于较大范围内形成较完善的种苗产业体系等。

植物秧苗是活的幼嫩个体，因此对运输的条件、方法与技术等都有一定的要求，具体操作时应注意做好运输前的准备工作、采用合适的包装容器、选择适宜的运输工具等。

1. 运输前的准备工作

做好运输计划，包括运输的数量、种类、时间、工具及方法等并通知栽培方做好定植前的准备工作；注意天气预报，确定具体起程日期，注意做好秧苗防寒、防冻或防高温的准备；长距离运输时，可提前对秧苗进行锻炼(如逐渐降温锻炼、控水锻炼等)或利用保鲜药剂(如乙烯利、富丽酸等)处理，增强其对外界环境的抗性。

2. 采用合适的包装容器

为尽量减少秧苗的搬运次数，方便装卸，降低运输中的损失，选用合适的包装容器十分重要。一般多用纸箱、木箱、塑料箱等将秧苗排放整齐；用穴盘或其他容器育苗的，一般是连同容器一起运输。包装的材料和设计应注意为秧苗提供保湿、保温、通气的条件。

3.选择适宜的运输工具

运输秧苗用的交通工具主要有卡车、箱式运输车、飞机、火车等。一般短距离运输采用平板车或拖拉机就可以;中、长距离运输的秧苗采用可调控温湿度的汽车或专用火车车厢运输较好;国际间的苗木运输多采用航空运输方式。

4.运输秧苗的温湿度管理

秧苗运输过程中保持适当的温湿度,对防止秧苗遭受冻害或发生病害十分关键。一般夏季高温时注意通风降温,冬季低温时注意防冻;长距离运输时为抑制秧苗生理活性、减少呼吸消耗,以保持低温为宜。湿度一般要求维持在85%～90%为宜,过高易诱发病害,过低易引起秧苗萎蔫。

5.秧苗的卸载及处理

经过长距离运输的秧苗在到达目的地后,应尽快打开包装,使秧苗见光并逐渐增温,提早定植。

复习思考题

1.无土栽培的种类主要有哪些?

2.无土栽培中固体基质有哪些种类?各有什么优缺点?

3.无土栽培中营养液如何进行配制?

4.工厂化育苗的关键技术主要有哪些?

实验实训

实验实训1　栽培基质的混合与消毒

一、实验实训目的

每种基质的特点不一,如pH偏高或偏低、分解有快有慢等。混合基质由于各种基质之间能够优势互补,因此基质的各种性能指标都比较理想。本实验实训要求学生掌握栽培基质的混合原则与方法,掌握基质消毒的常用方法。

二、实验实训材料和用具

栽培基质(珍珠岩、园土)、0.1%～1%高锰酸钾溶液、40%的甲醛50倍液、塑料盆、塑料薄膜。

三、实验实训内容与方法

(1)栽培基质的混合　将园土倒在塑料盆中，去除杂质、杂物，使土壤颗粒大小均一、纯度和净度高。将珍珠岩与沙按照1∶3的体积比进行混合，注意一定要混合均匀。

(2)栽培基质的消毒　以预先配置好的0.1%～1%高锰酸钾溶液和40%的甲醛50倍液作为消毒液。将基质置于铺有塑料薄膜的水泥平地上，边混拌边用喷壶向基质喷洒消毒液。采用高锰酸钾消毒时，喷完消毒液后用薄膜覆盖20～30 min后可直接使用；采用甲醛消毒时，将40%的甲醛稀释50倍，按20～40 L/m^{3}的用量将药液均匀喷洒入基质，然后用塑料薄膜覆盖12～24 h，再风干2周或暴晒2 d后使用。

四、实验实训注意事项

(1)消毒时间一定要够，不然消毒不彻底。

(2)基质混合时一定要混匀。

五、作业与思考题

(1)作业　撰写本次实验报告。

(2)思考题　为什么生产上经常采用复合基质？基质消毒不彻底可能会带来什么后果？

实验实训2　穴盘育苗技术

一、实验实训目的

通过进行蔬菜的穴盘育苗操作，掌握穴盘育苗技术的工艺流程，了解穴盘育苗所必需的设施。

二、实验实训材料和用具

育苗穴盘、育苗基质、肥料、标签、育苗苗床、方形水盆或水池、南瓜种子、黄瓜种子。

三、实验实训方法与步骤

(1)认识穴盘和育苗基质　比较各种规格的穴盘在结构上的差异，比较各种育苗基质和土壤的差异，了解穴盘育苗的基本工艺流程和所需要的育苗设施，比较其与传统育苗方法的区别。

穴盘的穴格及形状与幼苗根系的生长息息相关，穴格体积大，基质容量大，其水分、养分蓄积量大，对供给幼苗水分的调节能力也大；另外，相对地还可以提高通透性，对根系的发育也较为有利。但穴格越大，穴盘单位面积内的穴格数目越少，影响单位面积的产量，价格或成本会增加。穴盘的规格有288目、200目、128目和50目等，主要视育苗时间的长短、根系深浅和商品苗(移植苗)的规格来选用。对使用过的穴盘，再次使用前必须消毒，常用方法是用600倍液多菌灵，800～1 000倍液杀灭尔等杀菌剂洗刷或喷洒，之后用清水冲洗2～3次。

基质的种类很多，为适应不同花卉育苗的需要，基质的配比也有所区别。一般原则是种子越小，需要的基质越细。基质的主要组成有草炭土(CSP)、椰糠、珍珠岩、蛭石、泥炭等。基质的基本要求是无菌、无虫卵、无杂物及杂草种子，有良好的保水性和透气性，pH为5.5～6.5，EC值低于0.75 mS/cm。

(2)育苗基质的混配　育苗基质原则上是新基质，不使用旧的材料，即使如此，在播种前最好也用600～1 000倍液的多菌灵或百菌清消一次毒。生产中常将草炭和珍珠岩(或蛭石)以(3～3.5)∶1的比例混合，或将泥炭、蛭石和珍珠岩按照1∶1∶1的比例进行配制，按照每立方米基质添加3 kg复合肥，将育苗基质和肥料混合后装盘。

装穴盘可机械操作，也可人工填装。注意尽量使每个穴孔填装均匀，并轻轻镇压，使基质中间略低于四周。基质不可填装过满，应略低于穴盘孔的高度，使每个穴孔的轮廓清晰可见。播种前一天应淋湿基质，达到刚好浇透的程度，即穴孔底部有水渗出的程度。淋湿的方法采用自动间歇喷水或手工多遍喷水的方式，让水分缓慢渗透基质。

(3)播种　穴盘育苗一般是每个穴孔放一粒种子，无论是机械播种还是人工播种都要力求种子落在穴孔正中。播种后较大粒种子要覆一层基质(蛭石等)，小粒种子可不覆土。

(4)浇水　播种覆盖后贴好标签，进行浸水处理，将育苗盘放在苗床上，有条件可以机械喷水。

(5)育苗管理　穴盘育苗的生育期分为四个阶段，即胚根的生长(第一阶段)、根系的形成和子叶的出现(第二阶段)、真叶的生长和发育(第三阶段)、准备移植(第四阶段)。这四个阶段的生长状态与所需要的温度、湿度(相对湿度)、光照、肥料等环境和管理条件各有区别。具体要点如下：

①温度　当温室的温度低于发芽温度时需要进行加热，加热方式有空气加热和基质加热，空气加热如燃油暖风机加热、水暖管道加热等；基质加热如地热线加热等。如温室内温度太高，可选湿帘风机降温系统进行降温，如果温度差别在2～3℃范围内可使用温室的遮阴、通风、喷雾等系统和装置帮助降温，这样可以节约生产成本。根据季节的变化合理安排生产。

②湿度　合理的湿度和适当的喷淋措施是培育壮苗的关键，从相对湿度接近100%的第一阶段，到基质见干见湿、只要不出现萎蔫现象就尽量少浇水的第四阶段，表明湿度和水分的管理是一个复杂的过程。正确地把握幼苗生产的四个阶段并逐步减少基质的含水量是一项重要的管理内容，及时调整自动喷淋(雾)的次数和时间就能控制湿度和水分。蒸发量小、空气湿度大时少喷水，相反的，就要多喷水，下午喷最后一遍水时要保证夜间叶面无水珠。

③光照　掌握喜光种子和嫌光种子。第二阶段以后必须见光，结合温度的情况，可以适当遮阴，遮阴程度从40%～60%不等。随着各阶段的递进，需要的光照逐步增强。

④施肥　一般种子从第三阶段就一定要施肥，但有些种子从第二阶段就必须施肥，否则就会大大延长育苗的时间，通常是第二阶段时间较长的种子需要施肥。其施肥的量是从低浓度向高浓度逐渐增加的。以氮肥浓度为标准可从100 mg/kg开始，每周增加50～100 mg/kg，视蔬菜幼苗的长势和叶色来判断幼苗对肥料的需要量。使用穴盘育苗最好使

用液体肥料，这样比较容易控制其浓度，也可以使用缓效控施肥，切忌使用带有挥发性的氮肥，以免对幼苗造成伤害。

育苗后定期浇水，注意育苗温室内的温度和湿度控制。

四、实验实训注意事项

每位同学独立进行穴盘育苗操作，并挂上标签牌。

五、作业与思考题

(1)作业　育苗期间加强管理，育苗后3周进行现场考核，统计出苗率和成活率等指标，撰写实验报告。

(2)思考题　穴盘育苗的质量主要受哪些因素影响，怎样改进穴盘育苗有利于蔬菜幼苗根系生长?

实验实训3　蔬菜嫁接育苗技术

一、实验实训目的

蔬菜嫁接育苗可以有效防止土传病害侵染，增强蔬菜抗逆境能力和肥水吸收能力，促进生长发育，提早收获，提高产量等，是现代设施园艺的一项主要技术，在设施瓜类和茄果类栽培中广泛使用。本实验通过对黄瓜苗的嫁接操作和嫁接苗的培育，了解嫁接技术在蔬菜作物上的应用及嫁接苗成活率的影响因素，掌握瓜类蔬菜常用的嫁接方法。

二、实验实训材料与用具

(1)材料　培育好的黄瓜接穗幼苗和砧木幼苗。

(2)用具　刀片、竹签、纱布或酒精棉、塑料夹、小喷雾器、嫁接台等。嫁接场所要求没有阳光直射、空气湿度80%以上。

三、实验实训方法步骤

(1)嫁接前的准备

①接穗和砧木苗的准备　黄瓜嫁接苗一般以黑籽南瓜为砧木。不同的嫁接方法，接穗和砧木苗的播种期有差别，插接法砧木比接穗早播3～5 d，靠接法砧木比接穗迟播3～5 d，种子处理的方法、播种方法和管理等与常规做法一样，待幼苗长至第一片真叶展开前后可进行嫁接，插接法嫁接砧木要求下胚轴粗壮，接穗在第一片真叶展开前较适宜；靠接法嫁接接穗比砧木的下胚轴要稍长。

②嫁接苗床准备　采用保湿、保温性能较好的温床或小棚，嫁接前一天浇足底水备用。

(2)嫁接方法　嫁接步骤：砧木处理—接穗处理—砧木与接穗结合（靠接法要用嫁接夹固定）—栽于营养钵内并用小喷雾器对子叶进行喷雾—马上放于嫁接苗床内。每种嫁接方法在砧木处理和接穗处理上有如下差别。

①插接法

砧木处理：去生长点和真叶，用竹签从子叶一侧斜插向另一侧，深达 0.5～0.6 cm。注意不要插穿胚轴表皮。

接穗处理：在子叶下 0.5 cm 处宽面（两子叶正下方是窄面，另外两侧是宽面）向下斜切，把胚轴切断，刀口长 0.5～0.6 cm。

②靠接法

砧木处理：去生长点和真叶，在子叶下 0.5 cm 处宽面下刀，向下斜切，深达胚轴横径 1/2 左右（不超 2/3），刀口长 0.7～1.0 cm。

接穗处理：在子叶下 1.5～2.0 cm 处窄面下刀，向上斜切，深达胚轴横径 3/5～2/3 处，刀口长 0.7～1.0 cm。

(3)嫁接后的管理　嫁接后砧木与接穗形成的愈伤组织成活期间，需要温暖、湿润和弱光条件。嫁接后 3 d 内苗床不通风，苗床内的温度白天保持在 26～28℃；夜间保持 18～20℃。湿度保持在 90%～95%。

四、实验实训注意事项

(1)嫁接苗的四片子叶必须呈“十”字交叉。

(2)靠接苗不能栽得过深，以防嫁接口长根，靠接苗定植时，使砧木根系处于营养钵中心，栽好后再把接穗根系置于边上并稍加覆土即可。

(3)手和嫁接工具注意经常消毒。

五、作业与思考题

(1)作业　撰写实验报告，记载嫁接苗嫁接及管理要点，统计嫁接苗成活率。

(2)思考题　蔬菜嫁接技术还有哪些方法，比较它们的优缺点。

实验实训 4　无土栽培营养液的配制

一、实验实训目的

营养液管理是无土栽培的关键性环节，而营养液的配置是基础。以日本园试通用配方为例，通过配制无土栽培所需的营养液，了解营养液的组成原理，掌握营养液母液和工作液的配制方法。

二、实验实训材料和用具

(1)材料　以日本园试通用配方为例,包括下列大量元素和微量元素化合物。

①大量元素化合物:$Ca(NO_3)_2 \cdot 4H_2O$、KNO_3、$NH_4H_2PO_4$、$MgSO_4 \cdot 7H_2O$。

②微量元素化合物:乙二胺四乙酸钠(Na_2Fe-EDTA)、H_3BO_3、$MnSO_4 \cdot 4H_2O$、$ZnSO_4 \cdot 7H_2O$、$CuSO_4 \cdot 5H_2O$、$(NH_4)_6Mo_7O_{24} \cdot 4H_2O$。

(2)用具　塑料容器、电子天平、烧杯、玻璃棒、电炉、玻璃棒、棕色贮液瓶、记号笔、标签纸。

三、实验实训操作方法

(1)浓缩母液的配制

①母液种类　分成A、B、C三个母液,A液包括$Ca(NO_3)_2 \cdot 4H_2O$和KNO_3,浓缩200倍;B液包括$NH_4H_2PO_4$和$MgSO_4 \cdot 7H_2O$,浓缩200倍;C液包括Na_2Fe-EDTA和各种微量元素,浓缩1 000倍。

②各母液化合物用量　按园试配方要求配置1 000 mL母液,计算各化合物用量。

A液:$Ca(NO_3)_2 \cdot 4H_2O$ 189.00 g和$KNO_3$161.80 g;

B液:$NH_4H_2PO_4$ 30.60 g和$MgSO_4 \cdot 7H_2O$ 98.60 g;

C液:Na_2Fe-EDTA 20.00 g、H_3BO_3 2.86 g、$MnSO_4 \cdot 4H_2O$ 2.13 g、$ZnSO_4 \cdot 7H_2O$ 0.22 g、$CuSO_4 \cdot 5H_2O$ 0.08 g、$(NH_4)_6Mo_7O_{24} \cdot 4H_2O$ 0.02 g。

③母液的配置　按照上述计算结果,准确称取各种化学肥料或化合物,按照母液配方分别溶解,并定容至1 000 mL,然后装入棕色瓶,并贴上标签,注明A、B、C母液,标明其组成与浓度。

注意事项:浓缩母液的浓缩倍数不能太高,否则可能会使化合物过饱和而析出,而且在浓缩倍数太高时,溶解也较慢。

(2)工作营养液的配制　用上述母液配置100 L的工作营养液。分别量取A母液和B母液各0.5 L,C母液0.1 L。配制方法如下:

①在储液池中放入需要配制工作营养液体积的40%的水(即40 L),将A母液倒入其中,开启水泵循环流动或搅拌器使其扩散均匀。

②将B母液缓慢倒入贮液池中的清水入口处,让水源冲稀B母液后带入贮液池中,开启水泵将其循环或搅拌均匀,至达到总液量的80%为止。

③按照B母液的加入方法,将C母液加入贮液池中,经水泵循环流动或搅拌均匀即完成工作营养液的配制。

(3)建立严格的记录档案　将配制的各种原料用量、配制日期和配制人员详细记录下来,以备查验。

四、实验实训注意事项

(1)为了防止母液产生沉淀，在长时间贮存时，一般可加硝酸或硫酸将其酸化至 pH 为 3～4，同时应将配制好的浓缩母液置于阴凉避光处保存，C 母液最好用深色容器贮存。

(2)在直接称量营养元素化合物并配制工作营养液时，在贮液池中加入钙盐及不与钙盐产生沉淀的盐类之后，不要立即加入磷酸盐及不与磷酸盐产生沉淀的其他化合物，而应在水泵循环大约 30 min 或更长时间之后再加入。加入微量元素化合物时也要注意，不应在加入大量营养元素之后立即加入。

(3)在配制工作营养液时，如果发现有少量的沉淀产生，就应延长水泵循环流动的时间以使产生的沉淀溶解。如果发现由于配制过程中加入化合物的速度过快，因局部浓度过高而出现大量沉淀，并且通过较长时间开启水泵循环之后仍不能使这些沉淀溶解时，应重新配制营养液，否则在种植作物的过程中可能会由于某些营养元素沉淀而失效，最终出现营养液中营养元素的缺乏或不平衡而表现出生理失调症状。例如微量元素铁被沉淀之后出现的作物缺铁失绿症状。

五、作业与思考题

(1)作业　撰写实验报告，详细记录营养液配置过程。

(2)思考题　母液配制的目的是什么？

Project 6

项目六

设施机械化技术

任务一　土壤处理与耕作机械

在农业技术飞速发展的前提下,设施农业的形式也在不断改进和完善,设施农业的形式是否合理有效,将直接影响农业经济的发展。因此,设施农业作为农业现代化的重要代表之一,只有在设施农业中充分发挥农业机械的作用,才可以更好地发挥出设施农业的优势。

现阶段设施农业的主要形式包括温室、塑料大棚、工厂化栽培等,其中,塑料大棚和温室大棚的应用较为广泛,当然,也有少量采用先进的大型温室、智能温室的农业设施,这是一种先进技术的体现,代表着设施农业的智能化。为了实现设施农业的生产现代化,必须要了解设施农业机械或装备及其作用,在生产作业和栽培的过程中,需要用到耕地、播种、地膜覆盖、育苗等机械。这几种农业机械分别承担着不同的责任,从耕种到打药,再到余下的工作,从而完成整个生产和栽培过程。比如设施农业中常用的卷帘机械设备,该设备主要运用在作物的采光中,农作物的健康生长需要光合作用,但温室栽培中,会铺上很多保温的材料,如果用人力拉卷就会耗费很多时间和劳动力,卷帘机械的作用就是节约时间、节省精力、提高生产效率。从实际角度分析,设施农业的发展必须要有农业机械的支持,需要根据不同的设施农业形式应用相应的农业机械,将农业机械的作用充分发挥出来,促进设施农业的稳定发展,进而推动农业技术的飞速发展。

一、土壤处理机械

(一)碎土筛土机械

在设施种植的育苗过程中,需要将苗床或者制钵用的土壤破碎、过筛,图 6-1 中均为由旋转碎土刀与振动筛配合的组合式碎土筛土机械。

图 6-1　碎土筛土机械

碎土筛土机械的发动机经过皮带传动，使碎土滚筒旋转，同时通过曲柄摆杆机构带动筛子摆动。土壤经过喂料斗进入碎土室，在高速旋转的滚筒碎土刀打击下，经过碎土刀与凹板的挤搓作用后，抛向碎土板上撞击破碎。破碎的土壤再通过振动筛振动分离，细碎的土壤通过筛网落在滑土板上滑出机外，而未被破碎的大土块，则经筛面从大杂质出口送出机外。

筛土机是用来对土进行筛选的振动筛，能除去土(包括带黏性的土)中石块、碎石块、腐叶烂叶等杂质以及对土进行分级，筛选出粒径更小的细土。对于有黏性的土，可加大振动频率，可选机型有直线振动筛(图 6-2)，处理量特别大的可选用圆振动筛(图 6-3)。

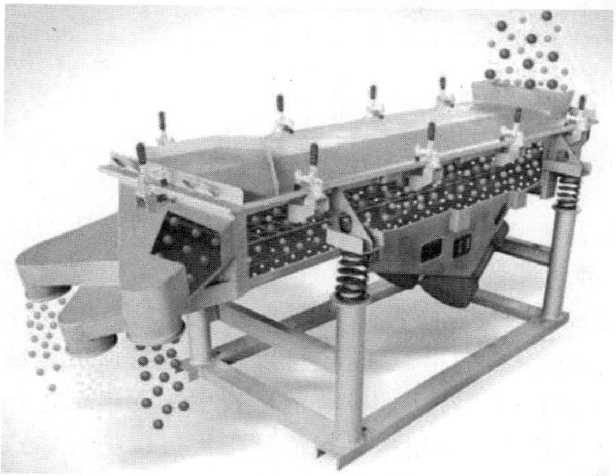

图 6-2　直线振动筛结构图

图 6-3　圆振动筛结构图

直线振动筛利用振动电机激振作为振动动力来源，使物料在筛网上被抛起，同时向前做直线运动，物料从给料机均匀地进入筛分机的进料口，通过多层筛网产生数种规格的筛上物、筛下物，分别从各自的出口排出。其具有耗能低、产量高、结构简单、易维修、全封闭结构、无粉尘溢散、自动排料等特点，更适合于流水线作业。

圆振动筛的电动机经三角带使激振器的偏心块产生高速旋转，激发筛箱产生一定振幅的圆运动，筛上物料在倾斜的筛面上受到筛箱传给的冲量而产生连续的抛掷运动，物料与筛面相遇的过程中使小于筛孔的颗粒透筛，从而实现分级。

使用筛土机械时所选用的土壤以菜地和稻田熟土为佳，适宜含水率约 20%的土壤，含水率过高时应翻晒后再使用。同时，要清除土壤中的金属块、石块、砖块、树根等杂物，以避免造成刀具和机器损坏。

(二)土壤肥料搅拌机械

土壤肥料搅拌机(图 6-4)用于将土壤和肥料搅拌均匀。工作过程中，电动机通过传动箱内的皮带带动搅拌滚筒回转，搅拌滚筒轴上装有一定数量交错排列的钩形刀，滚筒在料斗内回转时，可进一步松碎土壤和肥料并进行搅拌，混合均匀后，转动料斗将土壤和肥料的混合体倒出料斗外。

图 6-4　土壤肥料搅拌机

(三)土壤消毒机械

土壤是土传病虫害传播的主要媒介,也是其繁殖的主要场所。近年来,设施农业生产面积不断增加,但由于多年重茬连作,土壤中各种病原菌和害虫逐年累积,导致土壤出现连作障碍,严重时作物甚至会绝收。土传病虫害已成为困扰设施农业可持续发展的瓶颈。

土壤消毒是解决设施农业重茬连作障碍比较有效的措施,不仅可以解决高附加值作物的连年种植问题,还可以大幅度提高作物产量和品质。常见的土壤消毒技术主要包括物理消毒技术和化学药剂消毒技术。目前,化学药剂消毒所采用的土壤消毒机械可以把液体药液注入土壤达一定深度,并使其气化扩散,常见土壤消毒机械的动力方式主要是人力和机动 2 种,其中人力土壤消毒机械由活塞、药液箱、吸排液阀、注入针、喷头等组成,适用于小面积作业;机动土壤消毒机械主要分为注入棒式和凿刀条注入式 2 种。

注入棒式土壤消毒机械安装在手扶拖拉机上,由药液箱、液泵、注入棒、压封滚轮等组成(图 6-5)。通过手扶拖拉机上的汽油机带动注入棒打入土壤至一定深度(15 cm 左右)再点注药液。左右相邻的注入点相距 30 cm 的 2 根注入棒交替工作,以减少机体振动。注入棒达到最大深度时,喷头喷出药液,其后以滚轮压封土壤表面,减少气化药液的泄露,该机型工作效率相对较高。

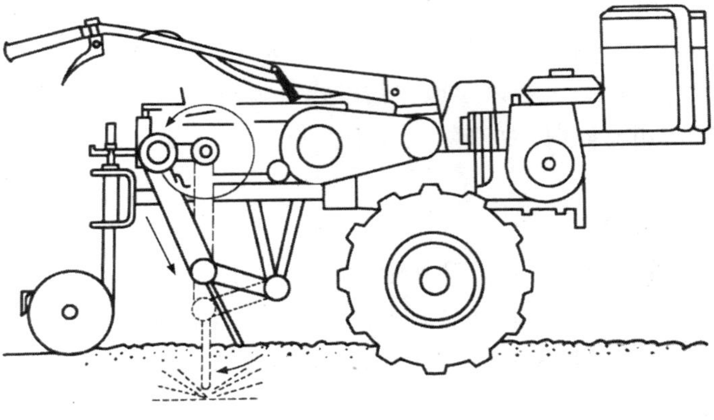

图 6-5　注入棒式土壤消毒机械

二、耕作机械

出于高产和田间管理的需要，目前我国 80% 以上的大棚（温室）都是垄作（高畦）栽培。大棚垄作移栽是典型的精耕细作的方式，生产环节多，作业质量要求高，劳动强度大。设施栽培中与土壤耕整地直接相关的作业环节有施肥、翻地、松地、起垄、覆膜、移栽、中耕等。目前，在设施农业整地环节使用较多的机械主要是微耕机、低地隙拖拉机和小型遥控拖拉机 3 种。

（一）微耕机及其配套作业机具

微耕机又名微型耕耘机、耕耘机、田园管理机、园艺机等，常用于空间比较小的普通日光温室或大棚，也可用于平原、山区、丘陵的旱地、水田、果园等。一般具有旋耕、起垄、播种、施肥、覆膜、喷药等功能（图 6-6）。微耕机的配套动力为 4.5～7.5 kW 的小型柴油机或汽油机，具有重量轻、体积小、结构简单、操作方便等特点。如配上相应机具，微耕机还可以进行抽水、发电、喷药、喷淋等作业，也可以牵引拖挂车进行短途运输。另外，微耕机可以在田间自由行驶，便于用户使用和存放，避免了大型农用机械无法进入设施大棚的问题，是低矮型中小棚作业的最佳选择，配上相应机具可实现十大功能：旱地旋耕、水田旋耕、抽水、运输、脱粒、开沟、喷淋、喷药、收割、发电。其可广泛满足丘陵、山区、大棚、果园、水田等不同地域的多种农艺需求。

图 6-6　微耕机

20 世纪 90 年代，我国的一些企业从欧洲一些国家及日本、韩国引进微耕机，逐渐摸索和发展适合我国使用的微耕机械。目前，国内微耕机整机生产企业已达数百家，重庆、山东、江苏等地已成为我国重要的微耕机生产基地。表 6-1 列出了我国一些微耕机的技术参数。

微耕机的基本工作原理：发动机通过传动部分将动力传入齿轮箱，齿轮箱通过齿轮啮合将动力进一步传动到驱动轮轴，驱动轮轴直接驱动工作部件进行各种作业。微耕机的主要类型有以下几种：

1. 按地域分类

一般将国内厂家生产的多功能微耕机分为南方型和北方型 2 种。

（1）南方型　机型结构形式以参照欧洲的机型为主，而旋耕刀具的结构又吸取了日本产品的特点，初期以水田作业为主，逐步发展成为水旱兼用。

（2）北方型　机型以参照韩国和我国台湾的机型为主，代表机型有山东华兴机械集团生产的 TG 系列多功能田园管理机和北京多利多公司生产的 DWG 系列微耕机。

表 6-1　国内常见微耕机主要技术参数

项目	主要技术参数
微耕机重量	70～150 kg
微耕机长度	1 500～1 800 mm
手柄调节机构	双位销轴式、磨盘齿式
离合器形式	张紧轮式、摩擦片式、牙嵌离合、离心离合
传动箱末级传动方式	链条传动、锥齿传动、直齿传动
发动机启动方式	手摇启动、手拉启动、电启动
发动机到传动箱的传动方式	三角皮带传动、直联传动
旋耕刀空载最高转速	120～180 r/min
旋耕刀回转半径	140～200 mm
工作幅宽	60～135 cm
工作行走机构	旋耕刀驱动行走
转移行走机构	胶轮行走
作业速度	0.1～0.5 m/s
左、右轮轮距	300～550 mm
最小离地间隙	80～120 mm
旋耕刀安装方式	前置、后置
额定生产率	400～800 m^2/h

2. 按性能和功能分类

一般分为简易型和标准型 2 种。

(1)简易型　配套动力小于 3.7 kW,可配套机具少,功能也少。该类管理机存在手把不能调节、无转向离合器、前进和后退挡位少等问题,操作不够方便,但是其价格相对较低,销售量呈逐年增加的趋势。

(2)标准型　配套动力大于 3.7 kW,可配套机具多,功能也相应较多,使用可靠性高,操作方便,但是其售价相对较高,约是简易型的 2 倍。

3. 微耕机的选择及使用

在购买微耕机前,用户应对当地的土质、地形、植被等环境条件进行了解,根据不同的环境条件选择相应的微耕机。如果地形较平、沙壤土质、植被较少时,可选择配套汽油机的微耕机;地形较陡、黏质土质、植被较多时,应该选择配备过载能力强的柴油机的微耕机。

使用购回的新微耕机前,要详细阅读产品使用说明、功能介绍,了解各部分的安装与调试方法,正确安装完微耕机后,加足燃料、润滑油、冷却液,同时还必须进行初期的磨合,使各零件间达到良好的配合。新微耕机要进行 50 h 以上的空载磨合,变速箱的各挡位也要分别进行磨合。磨合完毕后,放掉润滑油,清洗并换入干净润滑油后方可逐步增加工作负载。

微耕机在投入工作前，要注意再次检查燃油、润滑油、冷却液是否足量。若足量，启动机器预热后方可投入工作。微耕机工作完毕后，要注意检查、清洁或更换“三滤”(空气滤清器、燃油滤清器、机油滤清器)，滤芯要认真检查、清洁、紧固、调整并润滑活动部分，排除故障，消除隐患。要定时或按使用情况更换润滑油和“三滤”。遇到不能排除的故障要及时与专业维修人员联系，切不可盲目拆机。微耕机平时不使用时，要注意定期启动，润滑各部件，使其处于良好的待机状态。

(二)低地隙拖拉机

低地隙拖拉机(“大棚王”四轮拖拉机)专为设施温室种植及园林管理而设计，其特点是体积小，结构紧凑，转弯半径小。一般采用双缸或三缸柴油机、直联式两轮或四轮驱动，装有牙嵌式差速锁，单边制动系统和标准单、双速动力输出。行驶速度有六挡或八挡可选(图 6-7)。

图 6-7 低地隙四轮拖拉机

低地隙拖拉机的动力一般为 25、30、35 马力，配套双铧犁、旋耕机、开沟机和复式作业机具，具有转弯掉头灵活、操作方便、马力大、作业效率高、旋耕深度深等优点，适合在 8 m 以上的钢架大棚的设施内作业。有的拖拉机特别设计了单边制动，尽量减少转弯半径。单边制动就是把一个轮子锁住，另一个轮子转弯，所以它的转弯半径更小，可以达到 2.4 m，而普通型号拖拉机的转弯半径为 2.9～3 m。

以江苏盐城悦达拖拉机有限公司研制的“大棚王”四轮拖拉机为例，其行驶速度为 1.37～26.40 km/h，外形尺寸 2 447 mm×1 240 mm×1 050 mm，轮距 970～980 mm，轴距 1 475 mm，其他具体技术参数如表 6-2 所列。具有体积小，结构紧凑，转弯半径小的特点。另外，“大棚王”四轮拖拉机采用全齿轮传动，传动效率高，耗油少。

表 6-2 低地隙拖拉机主要技术参数

项目	技 术 参 数
机型	HHJM-300D/304D/350D/354D
配套动力	JD2102/TY3100 柴油发动机
额定功率/kW	18.4/22.1/25.7
整机外形高度/mm	1 150/1 200
变速箱	(4+1)×2 滑动齿轮换挡
速度范围/(km/h)	1.40～26.5
可选配置	两驱/四驱;机械转向/液压转向;单速 PTO/双速 PTO

近几年，农业农村部南京农业机械化研究所与有关单位合作开发了一种“大棚王”四轮拖拉机配套作业的设施多功能作业机械，该机械可进行深松、施肥、旋耕、起垄等功能的任意组合复式作业，可有效保证作业质量、减少作业成本、提高作业效率(表 6-3 和图 6-8)。

表 6-3 IGVF-125/140 型设施多功能作业机主要参数

项目	IGVF-125	IGVF-140
配套动力/kW	18.4	22.1～25.8
传动方式	中间传动	中间传动
工作幅宽/mm	125	140
旋耕刀数量	左右各 12 把加 1 把起垄刀	左右各 12 把加 1 把起垄刀
刀轴转速/(r/min)	228	228
起垄数	1	1 或 2
垄沟距/mm	110～130	单垄 60～70;双垄 130～150
作业速度/(km/h)	1.0～1.5	1.0～1.5
整机重量/kg	320	335
外形尺寸(长×宽×高)/mm	1 400×1 100×1 200	1 600×1 100×1 250

图 6-8 旋耕、施肥作业

(三)小型遥控拖拉机

图 6-9 小型遥控履带式拖拉机

随着科学技术的发展与进步,目前世界范围内在无人机项目上有了重大的突破。遥控拖拉机作为无人机的一种,在妥善执行任务方面得到了广大设施农业及果树种植工作人员的认可,在解放劳动力、增加经济效益等方面也取得了重大的成果。目前的小型遥控拖拉机(图 6-9)具有很大的机身灵活性,并且可以集开沟机、旋耕机、打药机等多种机器的功能于一体,实现功能上的最大化。操作人员可以在 100 多米远的距离对它进行遥控操作,甚至能够操控其完成诸如转弯、掉头等工作任务。为避免农作物的枝叶遮挡影响遥控信号的接收,以及各种其他因素对拖拉机工作造成影响,因此遥控拖拉机的机身一般都十分矮小,有利于拖拉机的精准控制及运行,并且在工作过程中实现更高的工作效率。这种机身矮小的构造特点,成为遥控拖拉机在设施农业及果树种植中应用的独特优势,给生产工作带来了很大的便利。

知识拓展

常见的土壤消毒技术

一、物理消毒技术

物理消毒技术主要包括太阳能加热消毒技术、蒸汽消毒技术、热水消毒技术和电处理消毒技术等，其基本原理是利用各种热源使土壤的温度升高到50℃以上，达到消除土壤中绝大多数病虫害的目的。

(一)太阳能消毒技术

太阳能消毒是指在高温季节，长时间对土壤覆盖塑料薄膜，通过温室效应吸收太阳能辐射热来提高土壤温度，以杀死土壤中包括病原菌在内的多种有害生物。具体措施是在土壤表面覆盖塑料薄膜，封闭温室或塑料大棚15～20 d，7月份气温高达35℃以上时，土壤温度升至50～60℃，可杀死土壤中各种病菌。

利用太阳能对土壤进行消毒，可减少不必要的能源消耗，减少化学药剂投入，提高农产品品质，同时还能促进土壤中有机质的分解转化，提高土壤肥力。此方法对环境安全有益，且对病虫害的防治具有广谱性。例如，太阳能消毒在草莓保护地的应用研究结果表明，太阳能消毒土壤后，草莓黄萎病、枯萎病和根腐病的感病率均为零，虫害也明显降低；还有研究表明，施用石灰氮或生鸡粪后再进行太阳能消毒，对细菌、真菌和放线菌的杀菌率分别为95.5%、94.7%和93.5%，对黄瓜土传病害具有明显的防治效果。

在实际生产中，太阳能消毒的效果受气候的影响较大，在一年中最热的季节里，太阳能处理6～8周对大多数土传病虫害均有防治效果，但温度较低时，需用3个月左右的时间才能达到一定的防治效果。由于该方法操作简单、经济实用、对生态友好，以及土壤中有益微生物死亡少，因此其研究和应用日益受到人们的重视。在大棚温室中，利用夏季高温农闲时间进行消毒是非常可行的，如果和其他病虫害防治方法有机结合，优点更明显。

(二)蒸汽消毒技术

蒸汽消毒技术是通过导管把高压蒸汽锅炉产生的高温蒸汽(80℃以上)送到覆盖有塑料薄膜的土壤中，使土壤温度升高，以达到消除土壤中病虫害的目的。蒸汽消毒具有以下优点：

(1)消毒效率高、效果好　只需用高压蒸汽持续处理土壤，使土壤温度保持在70℃，30 min即可杀灭土壤中病原菌、线虫、病毒、害虫和杂草，冷却后即可栽种，这对提高土地利用率、减少土地闲置时间具有积极意义。研究表明，蒸汽消毒15 min的基质灭菌率可达99.9%以上，且基质的通透性和持水保肥能力提高。

(2)无残留药害，保证农产品品质　蒸汽消毒不施用任何化学药剂，不会危害附近的居民和家畜，对人畜安全，可以在居民区附近安全使用。

(3)不产生抗药性问题　当长期使用同一种化学药剂时，有害生物通常会产生抗药性，而蒸汽消毒则无此问题。

蒸汽消毒技术的缺点是蒸汽不易到达土壤深层，对20 cm以下土层消毒不彻底。另外，蒸汽消毒需要昂贵的蒸汽发生器及其配套设施，成本较高，适合在一些现代化智能温室和小范围苗床中应用。总体来说，蒸汽消毒技术是一种较好的溴甲烷替代技术，在欧美已得到广泛应用。

(三)热水消毒技术

热水消毒技术是将普通常压热水锅炉产生的80～95℃热水直接注入土壤深层，使土壤温度升高，从而达到消毒的目的。为增加保温效果，可在土壤表面覆盖薄膜，效果更佳。高温热水可渗透至50 cm以下，对30 cm以内的耕作层消毒效果尤为显著。由于水的热容量大于蒸汽，因此应用该技术使土壤保持高温的时间越长，深层土壤消毒效果越好。热水消毒方法最大的优势是不使用化学药剂和杀虫剂，对环境友好，避免了传统化学药剂消毒造成的环境污染。由于该消毒技术改变了土壤的理化性质，如脱盐和氮的矿化作用，可使作物的产量增加30%左右。

高温热水土壤消毒机便于移动，操作简单，用途广泛，可用于土壤消毒、基质消毒，且不受季节制约，随时可以进行消毒作业。该技术在日本和韩国广泛使用，但是该法成本较高，热水土壤消毒机设备单台在10万元以上，需要专业人员操作，作业费用需9 000元/hm^2以上。此外该技术耗水量较大，需水量100～200 L/m^2，不适宜在水资源短缺的地区使用。

(四)电处理消毒技术

电处理消毒技术是对埋设在土壤深处的电极板施加脉冲电流，使土壤及电极板发生一系列电化学反应和电击杀效应，达到土壤消毒的目的。该技术常用的设备是土壤电处理消毒机，使用时，需要将处理机电极部分埋入土壤15～50 cm处，为了获得良好的处理效果，土壤含水率应保持在35%～70%，处理电压应达到最大值，处理时间保持在5 min以上。电处理消毒技术操作简单、成本低，但是采用不锈钢电极会将铬、镍等重金属带入土壤中。有研究表明，电处理后N、P、K、Mg等营养元素在土壤中的含量增加，在一定程度上提升了土壤肥力；含水率在30%时，土壤营养元素有显著变化，含水率在50%～60%时，变化极显著；电压越高，消毒效果越好。

(五)微波消毒技术

微波是指频率在300 MHz至300 GHz范围内的具有穿透性的电磁波，波长1 mm至1 m。当应用微波消毒时，土壤中微生物体内的水、蛋白质和核酸等由于微波的高频特性会剧烈振荡，相互摩擦产生热，使微生物体温度升高，体内的蛋白质和核酸等分子结构变性或失活，从而导致微生物体受到损害而死亡。

由于微波消毒兼具有热效应和生物效应，因此其消毒效果优于常规热消毒。研究人员通过对比不同功率的微波辐射消毒和常规加热消毒，发现微波辐射消毒杀菌率明显高于常规加热消毒，微波功率越高杀菌效果越好。微波消毒具有不污染环境、消毒效率高和消毒效果好等优点，但操作相对复杂，需要专业技术人员操作，且设备造价及运行成本较高，不适合棚室使用。

(六)远红外消毒技术

远红外线消毒是以远红外线作为热源产生的高温进行灭菌消毒，即采用电热管产生的高温来对土壤基质进行灭菌消毒。远红外线作为一种磁波，它以辐射方式向外传播，易被微生物体如各种病菌吸收，且速度快、穿透力强和加热效率高，可在短时间内达到120℃左右的高温，生物体吸收热能超过其承受极限就会丧失活性或死亡，从而达到灭菌消毒的目的。

二、化学药剂消毒

化学药剂消毒是指利用各种化学药剂通过喷淋、浇灌(注入)、混土和熏蒸等方式对土壤进行消毒。目前,联合国甲基溴技术选择委员会(MBTOC)推荐的甲基溴替代化学药剂是氯化苦、二甲基二硫、碘甲烷、碘甲烷/氯化苦混剂及异硫氰酸甲酯(MITC)产生物如棉隆和威百亩等。这些甲基溴的替代品均具有杀线虫、杀菌和除草的效果,其中氯化苦、威百亩和棉隆在中国已获得农药登记。

任务二　精密播种、移栽机械

设施农业中种植环节通常采用条播机、单体播种机和移栽机械完成。目前,播种、移栽机械正向着精密种植的方向发展,各种气动播种机的应用日渐增多。由于蔬菜、花卉的种子多为不规则形状,为了保证精密播种,通常用包衣材料把蔬菜种子处理成丸粒,还有将种子制成饼片状的。为了播种发芽缓慢的小粒蔬菜种子,英国发明了液体播种催芽种子的新方法,已有相应的成套设备。我国研制了一些蔬菜播种机,可以播种白菜、萝卜、菠菜、油菜和豆类等,且能够满足农业技术要求。

一、精密播种机

设施内蔬菜、花卉的精密播种可以节省种子,减少间苗用工量,出苗齐,群体结构合理,成熟期一致,便于一次性收获,提高蔬菜或花卉的产量和质量。目前,国外实现精密播种的有莴苣、番茄、洋葱、圆白菜、花椰菜、芹菜、大白菜、萝卜和黄瓜等。蔬菜和花卉的种子尺寸差别大、重量轻、形状复杂,有些种子如胡萝卜、番茄等,表面粗糙,带有茸毛,要精确地分成单粒比较困难;有些种子存在高温休眠和低温休眠的问题,要求在理想条件下发芽后才能播种。为此,精密播种前需要将种子预先进行清选、分级、包衣等处理。清选分级处理多用于球形种子和丸粒化种子,其目的在于提高种子纯度并使其尺寸一致,以便于播种。

(一)饼片播种机

包衣处理的种子可以分为球形丸粒种子和圆片形饼片种子等。一般包衣材料与种子的重量比为50∶1,微量包衣为10∶1。种子包衣后粒度可达到2.5～4.5 mm,形成有利于机械化播种的形状。饼状种是将种子压在包衣材料中间,呈现扁平圆柱状,直径19 mm、厚度6 mm。因播种后饼片直立于土壤中,上边缘裸露于地表,故播深比较容易控制,还可以防止地表板结对出苗率的影响。

饼片播种机结构见图6-10,其定向锥由2个截锥体及槽底组成。槽底与左侧锥体组装成一体,靠地轮转动,其转速为右侧锥体的2倍。工作时,种子箱底部提供的饼片靠这种转速差扭转而平行于种槽,进而被带动落入单排的饼片滑道中。播种轮由播种盘和限深环组成,播种轮转动,饼片由滑道落入播种盘的缺口内,倾斜的限深环挤压土壤使饼片保持在压入的位置上。

(二)冲穴播种机

另外还有一种饼片播种机,如图6-11所示,叫作冲穴播种机。在排种轮的圆周上开有用于捡拾种子的缺口，当缺口通过种子箱时，便会拾起一粒种子。圆柱形冲头装在冲穴轮上，冲穴轮紧靠排种轮安装在传动轴上，利用偏心盘使冲头与地面保持垂直。当冲头运动到带有一粒种子的排种轮缺口时，含有 Fe_3O_4 成分的包衣种片被磁性冲头吸引，冲头带着种子压入土中，冲头退回时，种子靠周围土壤的附着力来克服冲头的吸引力，使其可保留在种穴内，播后不覆盖土壤，以利于出苗。

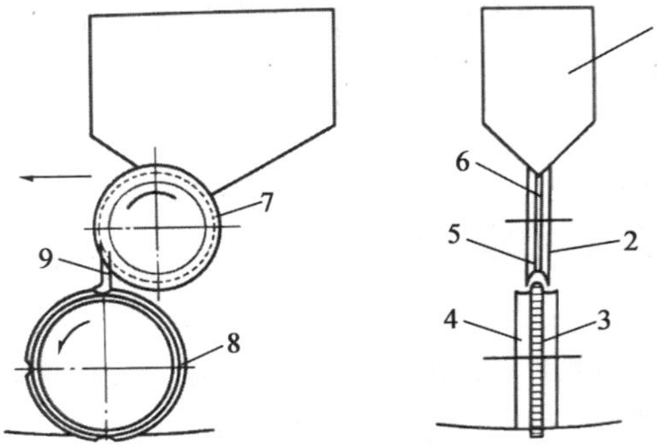

1.种子箱　2.右锥体　3.播种盘　4.限深环
5.左锥体　6.饼片槽　7.定向锥
8.饼片槽口　9.饼片滑道

图 6-10　饼片播种机结构示意图

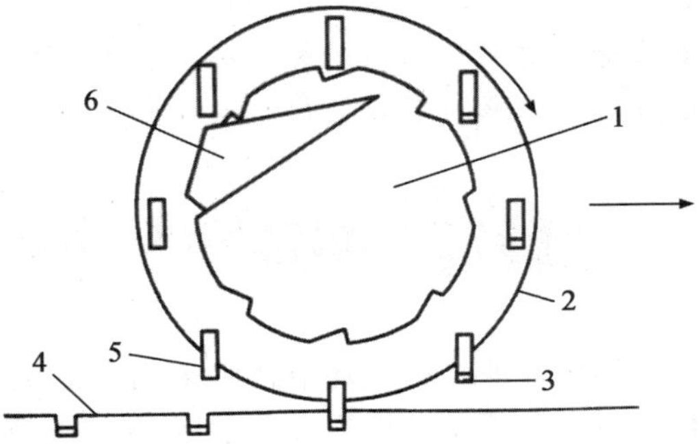

1.排种轮　2.冲穴轮　3.饼片种子
4.地面　5.磁性冲头　6.种子箱

图 6-11　冲穴播种机结构示意图

(三)吸嘴式气力播种机

吸嘴式气力播种机适用于营养钵育苗单粒点播。图 6-12 是一种制钵播种联合作业机的播种装置，它由吸嘴、压板、排种板、盛种盘和吸气装置等组成。吸嘴为吸种部件，它的内部有孔道与吸气道相通，端部有吸气口，用于吸附种子，里边装有顶针，平时顶针被吸入吸气口内，当压板下压顶针时，顶针由吸气口伸出将种子排出。其工作过程如下：吸嘴Ⅰ和Ⅱ直立时，压板压下，顶针由吸种口伸出，吸嘴Ⅰ吸附的种子落到电木板上，种子以自重落入营养钵块的种穴内。在电木板右移时吸嘴Ⅱ将种子吸附，转入下方的吸嘴Ⅰ自盛种管内又吸附1粒种子。当再转到上方直立位置时，重复上述工作过程。

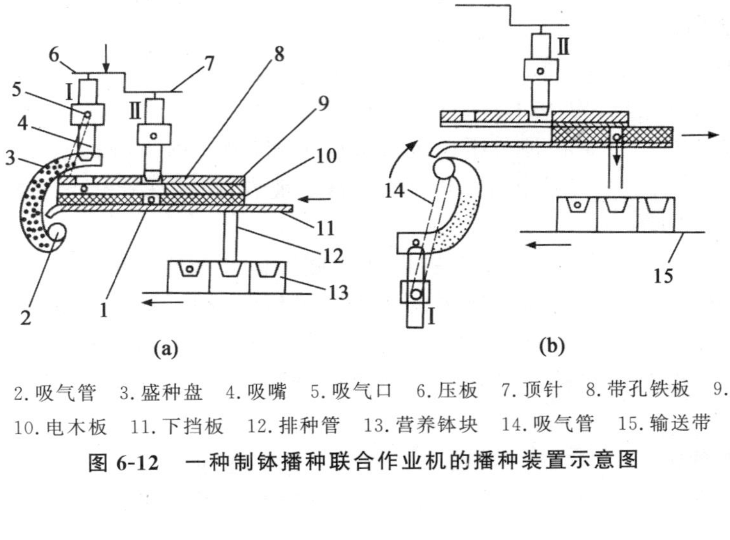

1.种子　2.吸气管　3.盛种盘　4.吸嘴　5.吸气口　6.压板　7.顶针　8.带孔铁板　9.斜槽板
10.电木板　11.下挡板　12.排种管　13.营养钵块　14.吸气管　15.输送带

图 6-12　一种制钵播种联合作业机的播种装置示意图

(四)板式育苗播种机

板式育苗播种机适用于营养钵和育苗盘的单粒播种,生产效率比较高,但要求种子饱满、清洁、发芽率高,不能进行一穴多粒播种。板式育苗播种机如图 6-13 所示,由带孔的吸种板、吸气装置、漏种板、输种管、育苗盘等机构组成。工作时,种子被快速地撒在吸种板上,吸种板上的吸孔在负压的作用下,将种子吸住,多余的种子流回吸种板的下面。当吸种板转动到漏种板处时,通过控制装置,切断真空吸力,种子自吸种板的孔落下并通过漏种板孔和下方的输种管,落入育苗盘上相对应的营养钵块上,然后覆土和灌水,将种盘送入催芽室。该装置可配置各种尺寸的吸种板,以适应各种类型的种子和育苗盘。

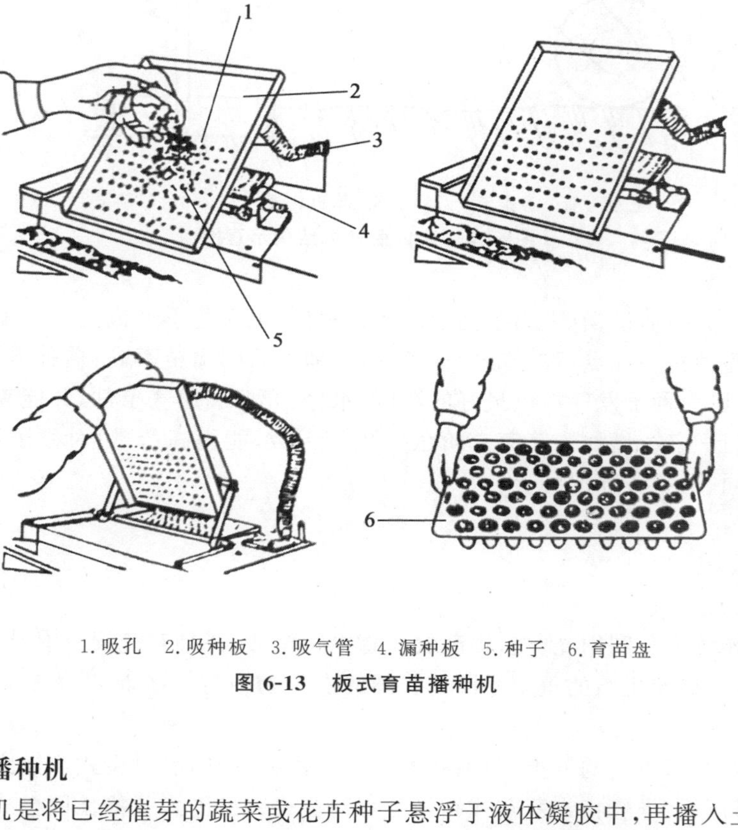

1.吸孔　2.吸种板　3.吸气管　4.漏种板　5.种子　6.育苗盘

图 6-13　板式育苗播种机

(五)液体播种机

液体播种机是将已经催芽的蔬菜或花卉种子悬浮于液体凝胶中,再播入土壤中的机具。此播种方法可广泛用于菠菜、胡萝卜、茼蒿、芹菜、番茄、莴苣等的苗床播种。英国在 20 世纪 60 年代初期开始研究液体播种法,应用于胡萝卜、莴苣和芹菜等蔬菜的栽培上,取得了良好的效果。1977 年液体播种的机械化设备就已开始投入市场。目前,液体播种法已经推广到西欧、美国和日本等地,我国还尚未应用此项技术。

液体播种法的主要技术和设备包括种子催芽方法和设备、催芽种子的贮存设备、凝胶介质的选择、发芽种子与未发芽种子的分离及液体播种机等。因此,应用液体播种要有相应的全套设备。图 6-14 为一种液体播种机的结构示意图,它把催芽的种子均匀地悬浮在凝胶中以后,种子在凝胶中处于静止状态,只要均匀地排出凝胶,就能实现精密播种了。为了排出含有催芽种子的凝胶,液体播种机采用了特殊的排种机构——蠕动泵。蠕动泵主要由软导管和滚子组成,滚子在转动时周期性地挤压软导管,从而不断地排出含有催芽种子的凝胶,改变滚子的转速，就可以调节液体播种机的播种量，但种子的比例不能太高，否则凝胶就不能流动。

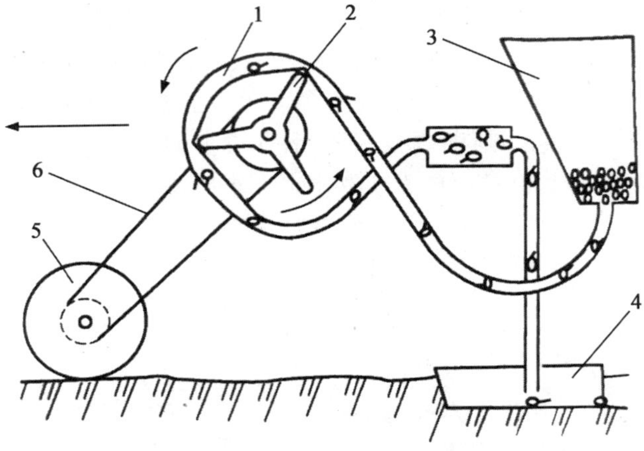

1.软导管　2.滚子　3.种子箱　4.开沟器　5.地轮　6.链条

图 6-14　液体播种机结构示意图

液体播种机为条播机，有人力手推的液体播种机，也有与小型拖拉机相配套的多行液体播种机。液体播种机的优点：种子的发芽条件好，播种后的出苗率高；播种前，种子在催芽设备内集中催芽，可为种子发芽提供最好的温度、水分、光照和通气条件，并能克服种子的休眠问题，出苗迅速且一致，增加了蔬菜有价值的生育天数，能提高产量；对种子尺寸要求不严，能播种大小不同、形状各异的种子。

二、移栽机械

育苗移栽能够充分利用光、热，提高农作物复种指数，并且对气候具有补偿功能，使作物提前生长，是实现稳定供给的重要手段。我国的农作物中有60%的蔬菜都是采用育苗移栽的方式种植的。

按照持苗及植苗机构的分类，目前我国主要有钳夹式(圆盘钳夹式和链条钳夹式)、导苗管式(导管推落苗式、导管指带落苗式和导管直落苗式)、吊篮式及挠性圆盘式等移栽机。栽植机构形式不同，工作性能也不同，适合栽植的农作物也有区别。

(一)钳夹式移栽机

钳夹式移栽机主要优点是结构简单，株距和栽植深度稳定，株距准确，栽植后秧苗的直立度较好；缺点是钳夹容易伤苗，栽植频率低，株距调整困难，栽植速度偏高时易出现漏栽现象。代表机型有山西省运城农机所研制的2ZMB-2型钵苗移栽机、黑龙江农垦科学院研制的2Z-2型钳夹式移栽机和黑龙江八五二耕作机械厂研制2YZ型移栽机(图6-15)。这种移栽机依靠人工将钵体苗喂入安装在转动轮上的钳夹上，钵体苗被夹持并随着转动，到达苗沟时钳夹张开，钵体苗栽植到土壤中。钳夹式移栽机主要由钳夹式栽植部件、开沟器、覆土镇压轮、传动机构及机架等组成，适合移栽裸体苗及钵体苗。

图 6-15　钳夹式移栽机

(二)链夹式移栽机

链夹式移栽机的典型代表是农业农村部南京农机化研究所、南通富来威农业装备有限公司等单位研发的 2ZY-2 型链夹式移栽机(图 6-16)。该机与中马力拖拉机配套,能一次完成开沟、移栽、覆土等工序,可用于移栽油菜、棉花、烟草、蔬菜等农作物的裸苗和带土苗移栽。该机对秧苗适用性广、使用方便、工作可靠、效率高。移栽机主要工作部件有链夹式移栽器、开沟器、压密覆土轮、传动装置和机架。链夹式栽植具有株距准确、根苗的直力度较好和喂苗、送苗稳定的优点,但生产率低,易伤苗,栽植速度快时容易出现漏栽的现象。其作业行数为 2 行,配套动力是中马力轮式拖拉机,行距 40 cm 左右可调,株距为 23～80 cm,12 挡变换,栽植深度为 4～10 cm,可调,立苗率高达 90%以上。

图 6-16　2ZY-2 型链夹式移栽机

(三)导苗管式移栽机

导苗管式钵体苗栽植机是种较新型的钵苗栽植机械,其上有一个垂直或倾斜地将钵体苗送入开沟器的导苗管。根据钵体苗沿管进入苗沟的形式不同,这种栽植机又分为推落苗式、指带落苗式和直落苗式 3 种。国内典型代表是中国农业大学研制的 2ZDF 型半自动导苗管式移栽机、山东泰安国泰拖拉机厂生产的 2ZM 型移栽机、山东天鹅棉业机械股份有限公司生产的 2ZS-P 系列开模半自动移栽机和 2ZS-K2 系列半自动移栽机(图 6-17)。其优点为适应性好,能够和

图 6-17　2ZS-K2 型导苗管半自动移栽机

目前农村普遍使用的小四轮拖拉机配套使用，组成双行移栽机；价格低，农民更易接受；适合移栽多种作物，如棉花、玉米、烟叶、油菜等，裸苗和钵体苗都能移栽。其工作部件有喂入器、导苗管、扶苗器、开沟器和覆土镇压轮等。工作时由人工分苗后，将秧苗投入到喂入器的喂入筒内，当喂入筒转到导苗管上方时，喂入筒下面的活门打开，秧苗依靠重力下落到导苗管内，再通过倾斜的导苗管将秧苗引入到开沟器开出的苗沟内，在栅条式扶苗器的扶持下，秧苗呈直立状态，然后在开沟器和覆土镇压轮之间形成的覆土流作用下，进行覆土、镇压，完成栽植过程。栽植过程中，秧苗在导苗管式移栽内的运动是自由的，不易伤苗。与钳夹式钵苗栽植机相比，导苗管式移栽机具有较高的作业速度，生产率较高；在导苗管倾角和增加扶苗机构装置的情况下，可以保证较好的立苗率、株距均匀性和深度稳定性；但这种移栽机的喂入机构结构相对复杂一些，制造成本较高。

(四)吊杯式育苗移栽机械

吊杯式钵体苗栽植机是一种适用于钵体尺寸较大的钵体苗的栽植机械。这种栽植机尤其适用于地膜覆盖后的打孔栽植作业。目前广泛使用的有意大利切克基·马格利公司生产的 Wolf 栽植机和艾德沃思农机厂生产的 PERDU 栽植机。这种栽植机的优点是钵苗在栽植过程中不受任何冲击，特别适合根系不太发达而且易碎的钵苗；其缺点是结构相对复杂，喂苗速度不能过高，否则漏栽率增加。国产的代表机型有莱阳农学院研制的 2YZ-40 型吊篮式钵体苗移栽机和黑龙江八五〇农场研制的 2ZB-6 型钵苗移栽机。主要工作部件有吊篮式移栽器、偏心轮、V 形覆土带、滑刀式开沟器。工作时人工将钵体苗放入旋转到上方的吊篮或移栽器内，移栽器随偏心圆盘转到最低位置时，固定滑道使移栽器下部打开，钵体苗落入沟中，然后覆盖。图 6-18 为 2ZQ 多功能系列秧苗移栽机，该机采用联动控制装置带动投苗机器挖穴、施肥、栽苗、注水、镇压、封掩等功能同时实现，并且无伤苗现象发生，确保了秧苗移栽的质量和存活率。图 6-19 为吊杯式钵体苗栽植机，该机型结构新颖、适用范围广、性能可靠、操作灵活，并且能够完全弥补人工移栽过程中深浅不一、株距不一、生产率低等缺点。

图 6-18　2ZQ 多功能系列秧苗移栽机

图 6-19　吊杯式钵体苗栽植机

任务三　设施植保设备

设施内农作物独特的栽培环境使蔬菜生长期更易于发生病虫害，其主要原因是：光照不足，作物本身对病虫害的抵抗力降低；独有的高温高湿密闭环境以及重茬种植，加上天敌的减少，为病虫害萌发、侵染、繁殖提供了适宜的气候条件和越冬场所。设施内病虫害发生、蔓延迅速，比大田露地生产来得更猛。目前设施栽培中，使用化学农药依然是控制病虫害最有效的手段之一。

由于环境较为封闭，传统的大容量喷雾技术反而容易增加棚室的湿度，不利于病虫害的防治。特别是在阴雨天，温室不能通风换气的情况下，更易诱发病虫害的进一步发生，这就使得大容量喷雾技术在设施栽培中受到很大的限制。此外，对在棚内操作施药机械的人员来讲，这样的工作环境也会危害身体健康。目前，发达国家在农作物病虫害防治中已广泛采用细雾低容量或超低容量喷雾技术、气流辅助喷洒技术取代大容量喷洒，在达到相同防治效果的同时，还能大幅度提高农药利用率并降低污染。用常规的施药方法和机具已经不能满足无公害作物和绿色作物的生产要求，应采取适应性更广的施药技术体系。

一、常用植保机械施药技术

在设施农作物生产中，常用施药技术主要包括叶面喷雾技术、喷粉技术和烟雾技术等。

(一)喷雾技术

喷雾技术是设施农业生产中最重要的农药施用方法，常用的喷雾方法有常量喷雾、低容量喷雾和超低容量喷雾。手动喷雾器是一种常量喷雾设备，在我国大田种植和设施种植中都应用广泛。随着技术的进步，细雾低容量、超低容量及气流辅助喷洒技术在设施农业栽培中越来越受到重视并且被广泛应用。常用的超低容量施药机具种类按照工作原理分，有离心式和气液双流体雾化方式，如手持离心式超低容量喷雾器、电动离心式喷雾机等，气液二相流超低容量喷雾机、吹雾机、静电喷雾机等。按照作业方式分，有移动式和固定式。智能型喷雾机器人也已在农业生产中得到应用。

(二)喷粉技术

喷粉法就是在温室、大棚等密闭空间里喷洒具有一定细度和分散度的粉尘剂，使粉尘颗粒在空间扩散、飞翔、飘浮形成飘尘，并能在空间中飘浮相当长的时间，因而能在作物植株冠层中很好地扩散、穿透，产生比较均匀的沉积分布，粉粒在作物上的沉积率高达70%以上。喷粉法的优点是工效高、省水省工省时、农药有效利用率高、不增加棚室湿度、防治效果好，但不可在露地使用，也不宜在作物苗期使用。常用的喷粉器械有手动喷粉器和机动喷粉机2类，工作原理都是由人力或动力驱动风机产生强大的气流用以吹送粉药剂，手动喷粉器适于在棚室内使用，其基本类型有胸挂横摇式和立摇式等。

(三)烟雾技术

烟雾技术是指把农药分散成烟雾状态的各种施药技术的总称。烟是固态微粒在空气中的分散状态，其共同特征是粒度细，在空气扰动或有风的情况下，烟雾微粒很难沉降。针对这个特性，烟雾施药技术比较适于在相对密闭的温室内使用，如硫黄电热熏蒸技术、热烟雾技术和常温烟雾技术等。热烟雾机和常温烟雾机是典型的烟雾施药机具。

二、设施农业植保机械的种类及使用

(一)常温烟雾机

常温烟雾机是利用压缩空气或高速气流,在常温下使药液雾化成“烟雾”的机具。主要用于大棚温室内作物的病虫害防治,进行封闭性施药。其具有省水、省药、雾量分布均匀、穿透性强等特点。作业时人机分离操作,安全可靠,雾滴分布密度高,能使作物各部位均匀受药,具有较好的防治效果。

1. 常温烟雾机的结构组成

以3YC-50型常温烟雾机为例(图6-20),其主要由空气压缩机、气液雾化机喷射部件、药液箱、轴流风机、电气柜和升降架等组成。喷雾作业时,喷射部件安装在升降架上,放置在棚室内,装有空压机、电气柜的动力机组设置在棚室外,操作者在室外通过控制系统进行操作,无须进入棚内。控制喷雾的方式有人工控制式和自动控制式,后者有电机驱动式和汽油机-发电机组成式两种。

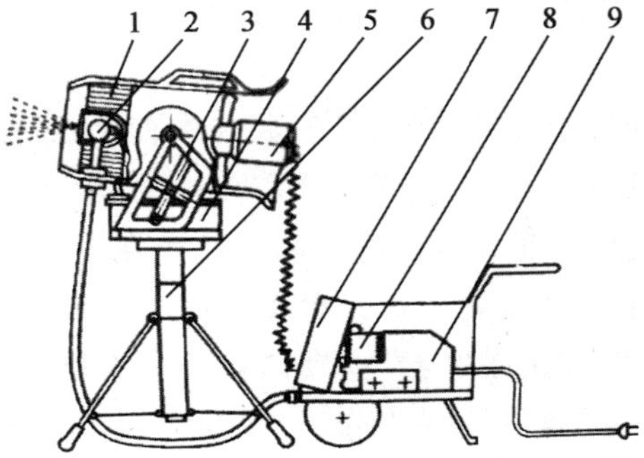

1. 喷筒及导流栅　2. 气液雾化喷头　3. 支架　4. 药液箱　5. 轴流风机
6. 升降架　7. 电气柜　8. 电动机　9. 空气压缩机

图6-20　3YC-50型常温烟雾机

2. 3YC-50型常温烟雾机性能参数

表6-4　3YC-50型常温烟雾机主要性能参数

项目	性能参数
整机净重	65 kg
压缩空气压力	0.15～0.2 MPa
功率/电压	1.6 kW/220 V
平均雾滴直径	15～20 μm
适用棚室面积	333～667 m^2
药箱容量	6 L
喷雾容量	50～70 mL/min
施药液量	2～4 L/667 m^2
作业效率	667 m^2/h

3. 使用注意事项

（1）施药前准备　作业以傍晚、日落前为宜，气温超过 30℃或大风时应避免作业。检查棚室无破损和漏气缝隙，防止烟雾逸出。使用前用清水试喷，同时检查各连接、密封处有无松脱、渗漏现象。按照说明书要求检查调整工作压力和喷量，计算出每个棚室的喷洒时间。

（2）施药作业　空气压缩机组应放置在棚室外平稳、干燥处，喷雾系统及支架置于棚室内中线处，根据作物高度调节喷口离地 1 m 左右，仰角 2°～3°。喷出的雾不可直接喷到作物或棚顶、棚壁上，在喷雾方向 1～5 m 范围内的作物上应盖上塑料布，防止粗大雾滴落下时造成污染和药害；启动空气压缩机，压缩气流搅拌药液箱内药液 2～3 min，再开始喷雾。喷雾时操作者无须进入棚室，应在室外监视机具的运转情况，发现故障应该立即停机排风；严格控制喷洒时间，到时关机。关机时，先关空压机，5 min 后再关闭风机，最后停机。穿戴口罩、防护服进入棚内取出喷洒部件，关闭棚室门，密闭 3～6 h 后才可以开棚。

（3）施药后机具清洗与存放　作业完将机具从棚内取出后，先将吸液管拔离药箱，置于清水瓶内用水喷雾 5 min，以冲洗喷头、喷道，然后用拇指压住喷头孔，使高压气流反冲芯孔和吸液管，吹净水液。用专用容器收集残液，然后清洗机具；按照说明书要求定期检查空压机油位是否够，清洗空气滤清器海绵等。应将机具存放在干燥通风的机库内，避免露天存放或与农药、酸碱等腐蚀性物质放在一起。

（二）热烟雾机

热烟雾机利用热能将药液雾化成均匀细小的烟雾微粒，能在空间弥漫扩散，呈悬浮状态，对密闭空间内杀灭飞虫和消毒处理特别有效。它具有施药液量少、防效好、不用水等优点，在林业上主要用于森林、人工防护林的病虫害防治，在农业上适用于果园及棚室内病虫害防治。

1. 热烟雾机的结构组成

热烟雾机按照移动方式可分为手提式、手推式、肩挂式、背负式和担架式等等。按照工作原理可分为脉冲式、废弃舍热式、增压燃烧式等多种形式。目前常见的是脉冲式烟雾机，由脉冲喷气发动机和供药系统组成。脉冲喷气发动机由燃烧室、喷管、冷却装置、供油系统、点火系统和启动系统等组成。供药系统由增压单向阀、开关、药管、药箱、喷雾嘴及接头等构成（图 6-21）。

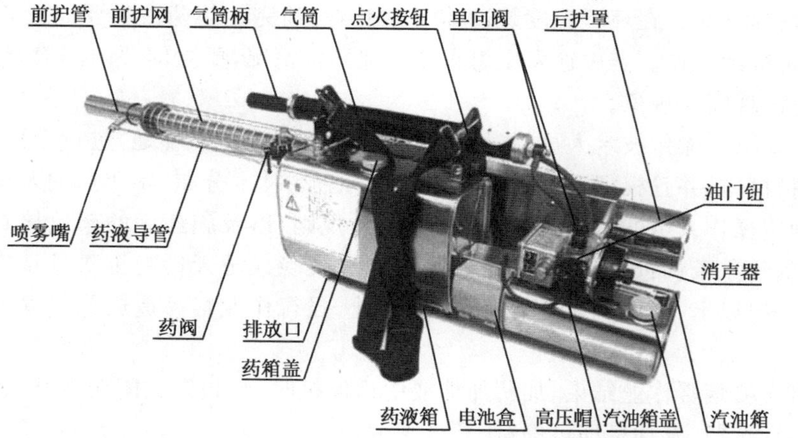

图 6-21　热烟雾机结构组成

2. TF-35 热烟雾机性能参数

主要机型有 6HY18/20 烟雾机，隆瑞牌 TS-35A 型烟雾机，德国金枪 TF-35 系列，林达弯管式 HTM-30 等。以德国金枪 TF-35 系列为例，其性能参数如表 6-5 所示。

表 6-5 德国金枪 TF-35 系列的主要性能参数

项目	性能参数
整机净重	8.9 kg
油箱重量	1.2 L
耗油量	1.5 L/h
喷烟量	8～42 L/h
处理效率	2 500～105 000 m^3/h
药箱容量	5.7 L
供电电池	4×1.5 V
烟雾微粒	0.5～50 μm
外形尺寸(长×宽×高)	137.5 cm×27 cm×34 cm
室内平距可达	40 m

3. 使用注意事项

(1)启动前准备　严格按照使用说明书要求操作，检查、紧固管路、电路和喷嘴等连接部分。装入有效电池组，注意正负极。燃油箱中加入合格干净的汽油，拧紧油箱盖。关闭药液开关，将搅拌均匀并且经过过滤的药液加入药液箱，旋紧药箱盖。药液不宜装太满，应留出约 1 L 的充压空间。

(2)启动方法　将机器置于平整干燥的地方，附近不得有易燃易爆物品；用打气筒打气，使汽油充满喷油嘴并进入油管中；打开电源接通电路，操作打气筒，使发动机发出连续爆炸的声音后，关闭电源停止打气，同时细调油针手轮，至发动机发出清脆且频率均匀稳定的声音，即可开始喷烟作业。

(3)喷烟作业　将启动的机器背起，一手握住提柄，一手全部打开药液开关(不要半开)，数秒钟后即可喷烟雾。在环境温度超过 30℃时作业，喷完一箱药液后要停止 5 min，让机器充分冷却后再继续工作。若中途发生熄火或其他异常情况，要立即关闭药液开关，然后做停机处理，以免出现喷火现象。

(4)作业要求　操作技术人员、指挥人员等应提前到达防治场地，进行全面查看，提前做好必要的防护措施，并且根据病虫害发生的面积、地形、林木分布、常年风向及最近的气象预报等因素，确定操作人员的行走方向、路线和操作规则，以及施药后的药效检查等。适宜热烟雾机作业的气象条件：风力小于 3 级，阴天白天、夜晚或晴天傍晚至次日日出前后。晴天白天或风力 3 级以上、下雨天，均不适宜喷烟作业，强行作业容易造成飘移危害或防治效果显著降低。

(5)停机　喷烟雾作业结束、加药加油或中途停机时，必须先关闭药液开关，后关闭油门开关，揿压油针按钮，发动机即可停机。

(6)安全使用　作业过程中，手和衣服不可触及燃烧室和外部冷却管，以免烧伤或烧坏。

工作时不能让喷口离目标太近，以免损伤目标，更不可让喷口及燃烧室外部冷却管接近易燃物，防止引发火灾。在工作中用完汽油时，必须停机 5 min 以上再加油，否则会发生燃烧事故。在密闭式空间喷热烟雾，喷量不要过大(每立方米不得超过 3 mL)，不能有明火，不要开动室内电源开关，防止引起着火。

长时间不用时，用汽油清洗化油器内油污，倒净油箱、药箱剩余物，用柴油清洗油箱和输药管道，并擦去机器表面油污和灰尘，然后取出电池，加塑胶薄膜罩或放入包装箱内，置清洁干燥处存放。

烟雾技术中所使用的油剂多为有机溶剂，如果在温室大棚内采用热烟雾技术，建议采用植物油为溶剂配制油剂，避免对作物产生药害。

(三)静电喷雾机

静电喷雾机利用高压静电在喷头与作物之间建立一种静电场，农药液体流经喷头并被雾化后，通过不同方式充上电荷，形成群体荷电雾滴。然后在静电场力和其他外力联合作用下，雾滴定向运动而吸附在作物各个部位，从而具有包抄效应、尖端效应、穿透效应，以及对靶标植物覆盖均匀，沉积量高等特点。雾滴荷电方法主要有电晕式充电、接触式充电、感应式充电 3 种。机型主要有手持式、背负式和推车式。

1. 静电喷雾机的结构组成

气力雾化感应荷电喷头是静电喷雾机的核心部件。如图 6-22 所示，喷头座的中央为药液管，周围为气管。喷头是由导电的金属材料制成，它是接地的或和大地电位接通，从而使液流保持或接近于大地电位。在雾滴形成区所形成的雾流，其雾滴由静电感应而带电，并被气流带动吹出喷头。喷头壳体由绝缘材料制成。高压直流电源的作用是将低压输入变换成高压输出，电压可在几伏到几千伏的范围内调节。高压电源是一个微型电子电路，其中包括振荡器，使低压直流电源变换为交流输出；变压器将振荡器的低压交流变换为高压交流输出；整流器将变压器的高压交流输出变换为直流电；调节器用来调节高压交流输出电压，高压电源通过高压引线接到电极上。该喷头适用于任何液体、溶液、纯液或可湿性粉剂悬浮液、良导性液体或不良导性液体。在同一台机具上，可以装许多这样的喷头，各个喷头可以有单独高压电源，也可以许多喷头共用一个高压电源。

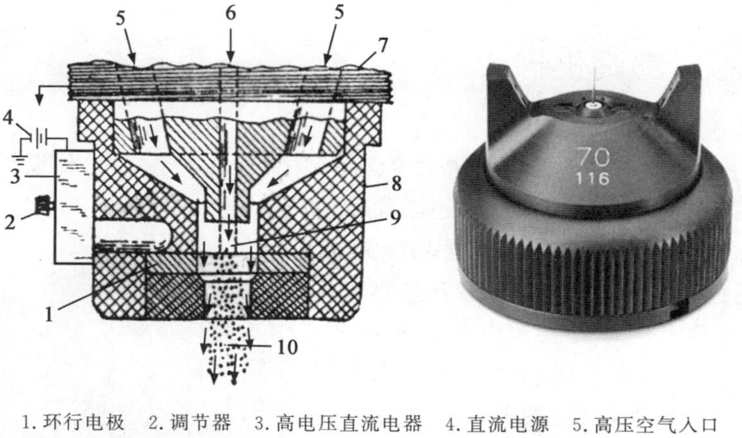

1. 环行电极　2. 调节器　3. 高电压直流电器　4. 直流电源　5. 高压空气入口
6. 高压液体入口　7. 喷头座　8. 壳体　9. 雾滴形成区　10. 雾流

图 6-22　气力雾化感应荷电喷头

2. ESSMBP2.5/4.0 静电喷雾机性能参数

以美国 ESS 公司生产的 ESSMBP2.5/4.0 静电喷雾机为例(图 6-23),其采用嵌入式环状电极进行感应式充电,药液箱容量 9.5 L 或 15 L,9 V 锂电池供电,静电电压 1.4 kV,外接空气压力 0.28 MPa,雾滴粒径 40 μm,喷头距离作物顶端 60～70 μm,喷施射程≤15.2 m。

图 6-23 美国 ESSMBP2.5 静电喷雾机

3. 使用注意事项

(1)使用前给蓄电池充电　避免用危险方式操作充电,以免触电。充电时首先将充电器的连接头与喷雾器连接好,然后再将充电器的插头与电源插座连接好,确保使用的电源电压为稳定电压 220 V,如果电压波动变化大,将有可能损坏充电器。前 3 次使用,充电时间要在 12 h 左右,以后充电时间保持在 5～7 h,时间不宜过长,如果充电时间过长导致电池发热,会减少电池的活性液,降低电池容量,影响电池的使用时间。

(2)试喷检测　检查各连接部位是否有漏药现象,如果存在跑、冒、滴、漏现象,请连接校正或更换密封垫,防止药液伤害身体或给农作物造成药害。检查喷雾是否均匀、连续,如果药泵压力不稳定,可能会出现间断喷雾或者出药不细、呈水柱状,这时可能是滤网、管道、喷头等被杂质堵塞住,或者是由于电池电量不足。

(3)喷雾作业　不能喷洒非水溶性粉剂或浓度太高的药剂(因为容易堵塞单向阀和单向阀阀座之间的配合面,导致机器的压力下降或者堵塞出水口),当处于静电喷雾状态时不需要对喷淋农作物上下部反复喷洒。相对湿度较大的环境会影响静电的效果,不宜进行静电喷雾。当处于静电喷雾状态时,要保持桶身外壁干燥严禁触摸喷头和药液,接地线保持接地,关机后将喷头和地面接触一下以消除残余静电,往桶内添加农药时,要关闭静电。

(4)使用后的清洗　施药完毕后,要将未喷洒完的药液倒入专门的容器内,然后向机器的药箱内加入一部分清水,让机器自动运转 1～2 min,这样可以自动清洗管道和泵体,避免机器受到药液的腐蚀,提升机器的使用寿命,清洗完机器后,一定要切断机器的电源开关。

任务四　卷帘机械

日光温室在寒冷冬季必须在透明物上覆盖保温材料,通常是草帘、保温被等。根据作物对温度的需要,在日照比较强的时候,还必须及时将保温帘卷起。由于卷帘工作时间性强,劳动强度大,棚上作业还有一定的危险性,故很有必要实现机械化。常见的卷帘机有人工和电动 2 种形式。图 6-24 为人力卷帘机,它在保温被的下端横向固定一根铁管作为卷帘轴,在轴的两端安装卷帘机构。通过摇转绕线轮,钢索牵引卷帘轮转动,即可实现卷帘作业。铺放时松开在保温被内的放帘线,

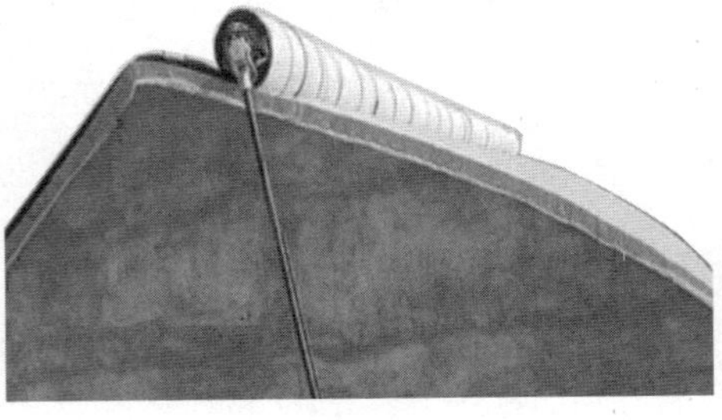

图 6-24 人力卷帘机

即可实现放帘。

电动卷帘机的形式很多，电动卷帘机棚顶上固定安装卷帘机构，该机构由电机、减速机构和卷帘轴等组成。在屋面上横向固定安装一根卷帘轴。在保温帘的下端横向固定一根与帘宽相等的钢管，在保温被下纵向铺放几根拉绳，绳的一端固定在后屋面上，另一端固定在卷帘轴上，并缠绕在保温被上。当需要卷帘时，启动电机使卷帘轴转动，拉绳在卷帘轴上缠绕，牵引保温帘上升，完成卷帘动作。

一、常见设施卷帘机的种类

（一）手摇卷帘机

手摇卷帘机属于人力卷帘机械，主要用于保温被的卷放。卷帘机主要以缠绕式为主，在保温被的下端横向固定一根铁管作为卷帘轴，在轴的两端安装卷帘轮，用以缠绕牵引索。卷帘机安装在两端侧墙。卷帘时，用手扶卷帘轮缠绕数圈，然后摇转绕线轮，通过钢索牵引卷帘轮转动，即可实现卷帘。铺放时将绕线轮固定端松开，用手牵引缠绕在保温被内的放帘线，即可将保温被铺放好。

（二）电动卷帘机

电动卷帘机主要分为后墙固定式卷帘机、撑杆式卷帘机和侧悬浮动式卷帘机 3 种。

1. 后墙固定式卷帘机

后墙固定式卷帘机也叫后卷轴式卷帘机。该机构由电机、减速机和卷帘轴等组成。卷帘轴安装在棚顶后屋面上的一排“人”字形支架上，电机、减速机一般安装在温室的中部，与卷帘轴相连接。在草苫的下端横向固定一根与草苫总覆盖面长度相等的钢管。在草苫下横向铺放数根拉绳，线的上端固定在后屋面上，下端从草苫上绕回屋顶，固定到卷帘轴上。卷帘时，卷帘轴转动，将拉绳缠绕到卷帘轴上，牵引草苫卷上升，完成卷帘。放苫时电机反转，利用大棚的坡度，草苫的重量并配以人力拉放，往下滚放草苫。

(1)后墙固定式卷帘机的主要优点

①卷帘机主体结构简单，固定支架可以自己购买三角铁焊接，安装简便，相对于撑杆式大棚卷帘机造价低。

②因其机箱在后墙上，放落草苫或保温被后，棚面无障碍物阻隔，故使用一幅塑料薄膜作“浮膜”即可，并且可连通草苫或保温被一起拉放。

(2)后墙固定式卷帘机的主要缺点

①该卷帘机属于早期模拟人工卷放草苫而设计的卷帘机，运行条件要求比较高，要求温室屋面保持一定的坡度，以利于草苫自动下滚展放，温室的高宽比例增大，土地利用率降低。

②该类型卷帘机所需拉绳较多，并且均在草苫或保温被之上，在其使用过程中，一旦卷入操作人员的衣服，或被拉绳缠住手指，往往造成人身事故，安全隐患较大。

③由于每条绳子受力不均，使用一段时间后，会松紧不一，需要经常调整绳子的松紧，且差不多每年都要更换一次拉绳，费用增加，管理也比较麻烦。

④该类型卷帘机的支架埋设在大棚的后屋面上，时间久了对屋面破坏性较大，或因雨水浸湿后墙而易造成坍塌。

2. 撑杆式卷帘机

撑杆式卷帘机也叫屈伸臂式大棚卷帘机、棚面自走式大棚卷帘机。该卷帘机采用机械手的原理，利用卷帘机的动力上下自由卷放草苫。电机与减速机一起沿屋面滚动运行。电机正转时，卷帘轴卷起覆盖物，电机反转时放下草苫（图 6-25a）。由于该卷帘机的主机在棚顶上沿固定轨道（草苫）上下滚动，故也称为滑轨式卷帘机。

撑杆式卷帘机安装简单，草苫卷放效果不受大棚坡度大小的限制，使用起来安全方便，总体成本比较适宜，较受欢迎，应用规模较大。

(1)撑杆式卷帘机的主要优点

①安全可靠　可以手持倒顺开关，远距离操作，避免了后墙固定式卷帘机拉绳缠绕手指、衣服等安全问题。

②工作效率高　例如一个长 72 m 的大棚，需要上幅宽 1.4 m 的草苫 57 床，用人工拉、放草苫，每天需 1.5～2 h，而用这种卷帘机，拉、放各需 7 min 和 4 min。

③安装拆卸方便　卷帘机卷杆由法兰盘连接，一般每段长为 6 m，在不适用时可随时拆卸。

④无刹车隐患　卷帘机采用了电磁刹车，具有刹车缓冲性能，即便遇到雨雪天气或突然断电等特殊情况，也能保证安全。

(2)撑杆式卷帘机的主要缺点

①造价稍微高，一般在 38～50 元/m。

②操作不当时，容易拉断苫子，磨破棚膜。

3. 侧悬浮动式卷帘机

侧悬浮动式卷帘机由电机和减速机组成。卷帘机悬挂在大棚一侧的固定杆上，动力输出端通过万向节、传动轴与卷帘轴相连，随电机转动，动力传动轴随帘卷浮动旋转，完成卷帘工作。铺放时，电机反向转动即可（图 6-25b）。侧悬浮动式卷帘机主要用于保温被的卷放。

a. 撑杆式卷帘机结构图

b. 侧悬浮动式卷帘机

图 6-25　设施卷帘机

二、设施卷帘机的使用与维护

(一)卷帘机的安装

1.后墙固定式大棚卷帘机的安装

(1)安装前应认真阅读产品使用手册，按照产品使用手册的要求做好机器安装前的准备，在距后墙适当距离等间距竖起立柱。

(2)根据棚长确定横杆强度和长度；焊接连接活动结、法兰盘、卷轴轴齿。

(3)将电机固定在主机的电机固定支架上，安装皮带并调好松紧。

(4)以大棚中间位置的后墙顶为机械固定点，加固固定架，安装好减速机、电机，并连接好电机接地保护，安装轴承架，使各轴承架在同一条直线上且同心。

(5)减速机输出轴与卷轴连接，从中间向两边依次连接卷轴。

(6)将有足够长度的草帘从中央向两边依次放下，预卷几圈后下边对齐，草帘成“品”字形，每条帘下铺一条卷帘绳，一端固定在后墙后面竖起的立柱上，另一端绕过大棚下端预卷几圈后的草帘，上面连接卷轴轴齿处。

(7)调整卷帘绳长度、松紧，保证卷帘卷放时运动、受力一致。

(8)连接卷放开关及电源。

2.撑杆式卷帘机的安装

(1)安装前应认真阅读产品使用说明书，按照说明书的要求做好机器安装前的准备。在大棚前正中适当位置处挖坑埋设地桩，地桩埋设要牢固。

(2)根据棚长确定横杆强度和长度；焊接连接活动结、法兰盘、卷轴轴齿。

(3)将电机固定在主机的电机固定支架上，安装皮带并调好松紧。

(4)将有足够长度的草帘从中央向两边依次放下，下边对齐，每条帘下铺一条卷帘绳，一端固定在棚顶。

(5)以活结和销轴连接支撑杆，立起并连接地桩。

(6)将支撑杆与主机连接，铺好横杆备连。

(7)从中间向两边连接卷轴，将帘下绳子固定到轴齿上，将减速机输出轴与卷轴连接。

(8)调整绳子长度、松紧，保证卷帘卷放时运动、受力一致。

(9)连接卷放开关及电源。

(二)卷帘机的调试

(1)安装结束后，要进行一次全面检查，对主机、支撑杆要一一进行检查，检查无误后方可进行运行调试工作。

(2)第 1 次送电运行，约上卷 1 m，看草苫调直状况，若苫帘不直可视具体情况分析原因，采取调直措施。本次运行，无论草苫直与不直都要将机器退到初始位，试运行的目的，一是促使草苫滚实，二是对机器进行轻度磨合。

(3)第 2 次送电运行，约上卷 2/3 处，目的仍是促使草苫进一步滚实和对机器进行中度磨合。然后，再次将机器退回到初始位。

(4)第 3 次送电前，应仔细检查主机部分是否有明显的温度升高现象，若主机温度不超过环境温度，且未发现机器有异声、异味，可进行第 3 次送电运行至机器到位。此试验过程主要目的是看机器部件是否齐全，配套是否合理；看机器运转是否正常；检查安装是否正确到位，有无漏项，有无安全隐患；看草苫卷起是否齐整、平直，是否有跑偏现象。若发现有上述现象则应继续调整，直至达到符合实用要求为止。注意草苫要同步卷放，可保证机器性能和延长草苫的使用寿命。

（三）卷帘机的维护

（1）使用期间，各连接部位螺丝松动，应及时紧固；焊接处断裂、开焊，应及时更换或修复；立杆倾斜、卷轴弯曲，应及时校正；草帘走偏，应及时进行调整。后墙固定式卷帘机在使用过程中要经常对卷苫绳子进行调整，保持绳子长短、松紧一致，草苫松紧一致。

（2）运行过程中如发现故障，应先停机再做处理。

（3）电动机及电源部分应注意防水，防止漏电。

（4）在电动机控制开关附近安装闸刀开关，草帘卷到位后应及时关机，拉下闸刀，切断电源。

（5）雪天工作时，应及时清扫草帘上的积雪，避免负荷过重。

（6）如遇停电，要先切断电源，再将手摇把插入把孔，人工摇动卷帘。

（7）主机的传动部分（如减速机、传动轴承等）每年要添加一次润滑油。

（8）每年对部件涂一遍防锈漆。

任务五　铺膜播种机

地膜覆盖播种技术是解决我国干旱、半干旱地区农作物生长期缺水问题的关键性栽培技术措施之一，同时也是设施农业中常用的技术手段，它具有以下几方面的优点：

（1）地膜覆盖后能够有效地阻隔土壤水分向大气散失，具有明显的保墒作用。

（2）增加地膜覆盖层，阳光透过地膜使土壤获得辐射热，地表温度升高，提高下层土壤温度，并把热量保存在土壤内，提高地温和延长播种期。

（3）地膜覆盖减轻了风雨对土壤的表面侵蚀，使土壤结构免遭自然破坏，而保持良好的状态。

（4）地膜覆盖可改善土壤环境，使土壤疏松透气，提高养分利用率，对作物根系的生长有明显的促进作用。

（5）地膜覆盖可抑制杂草生长，减少病虫害。

铺膜播种机械主要是由铺膜机和播种机有机结合在一起的复式作业机具，它能一次完成平整土地、施肥、铺膜、打孔播种、覆土等多项作业。由于铺膜播种具有保湿、保墒、节水、抑制杂草、增产增效等作用，在我国得到了广泛的推广应用。

铺膜播种机按铺膜、播种的先后顺序分为先播种后铺膜（膜下播）和先铺膜后打孔播种（膜上播）2 种形式。先播种后铺膜保温效果更好，铺膜播种机结构也较简单，出苗后用人工打孔放苗；先铺膜后播种的铺膜播种机一般采用鸭嘴式滚筒播种器在已铺好的膜上打孔播种，也有用直插式鸭嘴播种器打孔播种的。

图 6-26 为采用先铺膜后播种工艺的鸭嘴式铺膜机。该机每个播种单体配置 2 行开沟、播种、施肥等工作部件，并设有塑料薄膜卷和相应的展膜、压膜装置。作业时，化肥由排肥器送入输肥管，经施肥开沟器施在种行的一侧，覆土器将地表干土及土块推出种床外，并填平肥料沟，同时开出 2 条压膜小沟，由镇压辊将种床压平。塑料薄膜经展膜辊铺至种床上，由压膜辊将其横向拉紧，并使膜边压入两侧的小沟内，由覆土圆盘在膜边盖土。播种部分采用膜上打孔穴播，工作过程是种子箱内种子经输种管进入穴播滚筒的种子分配箱，随穴播滚筒一起转动的取种圆盘通过种子分配箱时，从侧面接受种子进入取种盘的倾斜型孔，并经挡盘卸种后进入种道，随穴播滚筒转动而落入鸭嘴端部。当鸭嘴穿膜打孔达到下死点时，凸轮打开活动的鸭嘴，使种子落入穴孔，鸭嘴出土后由弹簧使活动的鸭嘴关闭。此时，后覆土圆盘翻起的碎土，一小部分经锥形滤网进入覆土推送器，横向推送覆盖在穴孔上，剩余的大部分碎土压在膜边上，压紧已经铺好的地膜。

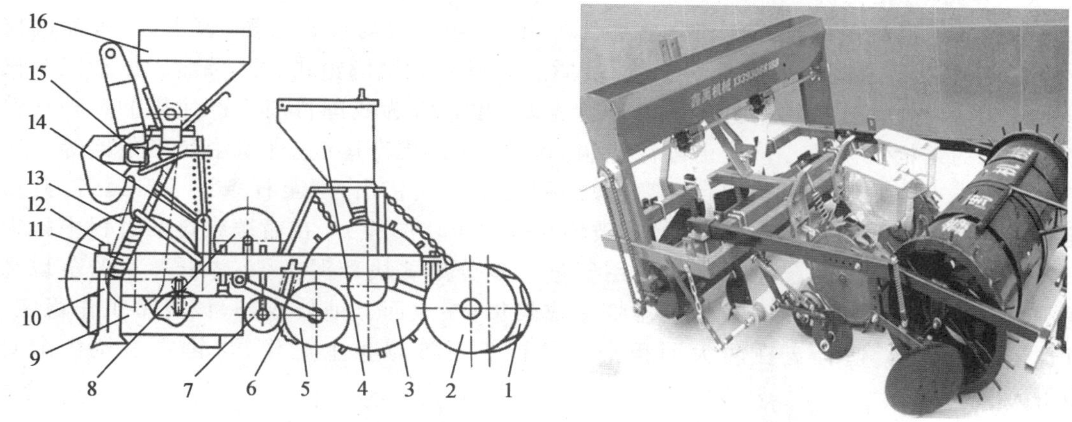

1. 覆土推送器　2. 后覆土圆盘　3. 穴播器　4. 种子箱　5. 前覆土圆盘　6. 压膜辊　7. 展膜辊　8. 膜辊　9. 平土器及镇压辊　10. 开沟器　11. 输肥管　12. 地轮　13. 传动链　14. 副梁及四连杆机构　15. 机架　16. 肥料箱

图 6-26　鸭嘴式铺膜机

任务六　采收机械设备

设施内可种植的农作物种类繁多，但大多数的生产周期都较短，田间管理程序较复杂，其中多种作物是一次播种分多次收获，而且多数是以鲜嫩的幼叶、多汁的果实为采收对象，加上设施栽培条件下的作业空间所限，这些特点从技术上造成了设施内农作物采收机械化困难。

从设施内农作物收获机械应用的总体情况来看，茄果类蔬菜如加工番茄、辣椒等在美国、意大利等国已有大型的收获机械应用，我国新疆地区也已引进此类机械，国产的机械产品也陆续问世，但是这些大型的收获机械显然不适宜在设施栽培的条件下使用，叶菜类蔬菜在设施栽培中虽然也有较大面积，但叶菜有序收获难题还没有突破，所以叶菜类蔬菜的机械化收获技术在我国还几乎是空白。下面将以种植面积大、收获机械化程度最高的马铃薯、胡萝卜、大蒜、洋葱等土下果实类蔬菜为例进行介绍。

一、典型马铃薯收获机械

马铃薯收获的过程:收获前灭秧处理—挖掘—分离—铺条—捡拾—清洗(去除茎叶)—分级—装运。收获前2～4周,需对马铃薯进行灭秧处理,一般割秧或压秧后再喷洒化学制剂,灭秧的目的主要是促进薯秧死亡,加快块茎的成熟速度,使薯皮老化、表皮变硬,机械收获时减少破损,去除马铃薯茎叶,可避免收获机械作业过程中出现缠绕、壅土、分离不清等现象,便于机械收获。根据收获过程完成的程度,马铃薯收获机械可分为挖掘机和联合收获机2个基本类型。

(一)马铃薯挖掘机

马铃薯挖掘机由挖掘部件和分离部件等组成,能完成马铃薯挖掘、薯土分离、铺放作业等工序,根据挖掘部件形式及分离部件结构的不同,有抛掷轮式、升运链式、振动式等机型。目前国内外马铃薯挖掘机多采用升运链式,图6-27为我国目前生产使用的一种马铃薯挖掘机的结构示意图。该机由限深轮、挖掘铲、杆条式升运链、抖动轮和集条器等工作部件组成。工作时,挖掘铲将马铃薯薯块连同土壤一同铲出,送至杆条第一升运链,升运链的杆条可随着抖动轮上下抖动,增强破碎和分离土块的能力,在输送或抖动过程中把大部分泥土从杆条间筛落。第二升运链用于进一步分离薯块和泥土,并降低薯块的落地高度,把薯块送到机器后部,通过集条器将薯块聚集,在地面上铺放成条,该机型工作稳定,但升运链易磨损,适合于在较大面积平坦的沙土或沙壤土上工作,与轮式拖拉机配套使用。

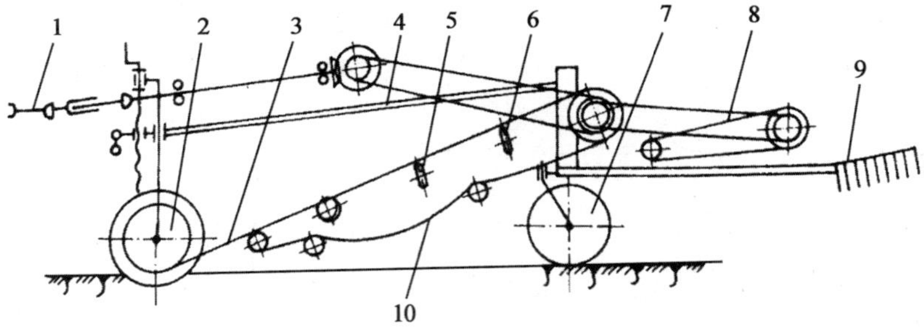

1.传动轴　2.限深轮　3.挖掘铲　4.机架　5.抖动轮　6.抖动输送链条　7.地轮　8.第二升运链条　9.集条器　10.第一升运链条

图6-27　马铃薯挖掘机结构示意图

(二)马铃薯联合收获机

联合收获机能一次完成挖掘薯块、分离土壤、石块、茎叶、杂草、人工分拣、自行集果装车等功能。各国生产的马铃薯联合收获机的工作过程大致相同,如日本生产的主要为单行履带自走式联合收获机,行走与输送链无级变速,发动机为水冷4冲程柴油机。日本Toyo Noki公司生产的马铃薯联合收获机型和作业过程如图6-28所示。

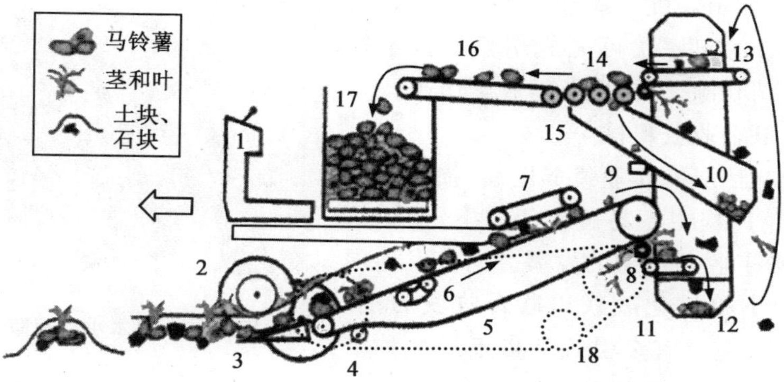

1.驾驶座 2.仿形轮 3.挖掘铲 4.圆盘刀 5.薯土分离输送链 6.振动装置 7.小薯块分离输送链 8.第一摘茎叶辊 9.茎叶导向器 10.小薯储果箱 11.缓冲输送带 12.转筒式升运器 13.前进方向输送带 14.第二摘茎叶辊 15.小薯块分选辊 16.人工分拣台 17.薯箱 18.橡胶履带

图 6-28 日本自走式马铃薯联合收获机工作示意图

该机器工作时,依靠仿形轮控制挖掘铲的入土深度,被挖掘铲掘起的块根和土块送至升运链条进行分离。在升运链条的下方设有强制抖动机构,以强化升运链条的破碎土块及分离性能,将细小的夹杂物和泥土等筛落。在升运链的上升末端,在导向器的作用下,茎叶与杂草通过第一摘茎叶辊摘除并排除机外,同时薯块下落到缓冲输送带输送至转筒式升运器,而后被升运到前进方向,输送带继续向前运送,经过第二摘茎叶辊和小薯块分选辊,残留的茎叶和杂草再次被摘除并排除机外,形状较小的薯块则落入小薯果储藏箱。薯块分离茎叶和小薯块后,通过人工分拣平台,靠人工分拣出夹杂在薯块中的大杂物和石块。薯块经过人工分拣后,输送并装入薯箱(或卸入拖车)。该机型适合于马铃薯、甘薯、芋头、短根胡萝卜的机械化收获,收获过程中需要 1 人驾驶操控,2～3 人进行分拣土块、茎叶等其他杂物。

二、典型胡萝卜收获机械

胡萝卜收获机械包括胡萝卜分段式收获机和胡萝卜联合收获机,其中分段式收获机结构简单、需多次配合作业完成胡萝卜的采收,而胡萝卜联合收获机一次作业便能完成胡萝卜的采收。

(一)胡萝卜分段收获机械

胡萝卜分段收获机通常由挖掘铲、限深轮、条式升运链、抖动轮和铺条器等部件组成,可完成胡萝卜的挖掘、输送、果土分离、成条铺放等工序。作业时,挖掘铲将胡萝卜及土壤一并挖起,由条式升运链向上输送,在输送过程中升运链随着抖动轮上下振动,使附着在胡萝卜表面的土块破碎并分离,从链条间隙中落下,胡萝卜被送到后部落入铺条器,被成条铺放,便于后续作业,该机型畦作、垄作皆宜,可与轮式拖拉机配套使用,多采用悬挂方式,加拿大、丹麦、韩国等国这种机型比较成熟。国内典型机型有江苏省农机具开发应用中心研制的 4KU-130/150A 型升运链式茎类作物收获机和河北邯郸禾伟泰农业开发有限公司生产的 4SG-700S/880G 型多功能根茎类收获机等,但该类机型需预先留出机耕道或安装前行开道装置。

另外,日本久保田农机株式会社生产的小型胡萝卜收获机(图 6-29),一次可完成胡萝卜扶禾挖掘、夹持输送、禾苗切除、侧向成条铺放等作业。

图 6-29　日本小型胡萝卜收获机

(二)胡萝卜联合收获机械

联合收获机械因具有作业集成度高、损失率低等优势,且在作业过程中不易碰伤胡萝卜,便于长期贮藏,成为胡萝卜收获机械的发展方向。发达国家和地区的胡萝卜机械化收获以联合收获为主。胡萝卜联合收获机主要有牵引式和自走式 2 种结构形式。

1. 牵引式胡萝卜联合收获机械

牵引式胡萝卜联合收获机多采用液压控制,技术先进,外形庞大,结构复杂,价格昂贵,配套功率一般在 60 kW 以上,适合畦作、大面积收获时使用。如比利时迪沃夫公司生产的牵引式胡萝卜联合收获机械(图 6-30),收获部件多采用侧向配置,收获行数 1～3 行不等,其 P3K、P3B 型及 GK 系列、ZB 系列都配有自动提运装置,需要和装载运输车辆配合作业,工作效率较高。

图 6-30　迪沃夫胡萝卜联合收获机

2. 自走式胡萝卜联合收获机械

该种机型可一次完成胡萝卜扶禾挖掘、夹持输送、土块分离、去须、切秧、秧草抛离、集果等功能。该机具有结构紧凑、配套动力较小(一般在 9～30 kW,收获行数 1～2 行),适合垄作、小块区域收获,目前日本和我国台湾等地区普遍使用该机型。如日本久保田农机株式会社生产的乘坐型自走式胡萝卜联合收获机(图 6-31),配套动力 9 kW,收获行数 1 行,行走速度 0.8 m/s,整机重量 900 kg,机后可再乘坐 1 人,进行分拣装箱作业。

图 6-31　乘坐型自走式胡萝卜联合收获机

此外,还有日本金子农机公司生产的 KCTR-

600 箱装型和 KCTR-600B 袋装型胡萝卜收获机、台湾康朗牌胡萝卜联合收获机、台湾嘉义大学研制的一畦两行胡萝卜联合收获机等，都是自走式胡萝卜联合收获机械的代表机型。

三、典型大蒜收获机械

西班牙、法国采用大蒜联合收获作业模式，生产有 1、2、4 行系列的打捆式和切秧式大蒜联合收获机，美国采用分段收获作业模式，生产有大蒜挖掘铺条机和捡拾联合收获机等。

（一）打捆式和切秧式大蒜联合收获机械

打捆式和切秧式大蒜联合收获机采用牵引式结构。其工作原理为：首先大蒜秧由分禾器导入夹持皮带，同时挖掘铲入土将大蒜根部挖松，大蒜由夹持皮带夹持送至打捆机构，大蒜在夹持输送过程中，拍土器对大蒜根部进行清土，当打捆器中的蒜秧收集到一定数量时，打捆器把蒜秧打捆并运送到横向输送带上，然后人工按动横向输送带开关把蒜捆输送到后侧。切秧式大蒜联合收获机的蒜秧夹持输送、大蒜的挖掘、清土作业与打捆式收获机相似，大蒜被夹持输送至切秧机构，把蒜秧切掉后，大蒜头掉到横向输送链上，横向输送到吨袋内，吨袋由拖杆支撑，配备工作人员在捡拾工作台上对横向输送的蒜头进行人工清选。

（二）大蒜捡拾联合收获机械

美国 TopAir 公司生产的 GL2400 型两行大蒜捡拾联合收获机，该机与挖掘铺条机配套使用。其工作原理为：首先利用捡拾铲和拨轮把铺放成条的大蒜从地上捡拾到分离输送链上，在分离输送链的运送过程中把一部分土清除，然后把大蒜送入清洗机，利用风机把杂物清除，经过清理的大蒜再送至人工捡拾平台进一步进行清理，大蒜清洗完毕后由输送器送至跟随的运输车上。该机动力由拖拉机后驱动轴驱动，控制由液压系统控制，生产效率较高，缺点是收获作业过程中带秧作业，清理后大蒜秧过长。

（三）半喂入自走式大蒜联合收获机械

半喂入自走式大蒜联合收获机是农业农村部南京农业机械化研究所研发的国内首台大蒜联合收获机，其主要由履带底盘、分禾装置、扶禾装置、挖掘装置、清土装置、链式夹持输送装置、对齐切秧系统、清选系统、集果系统等组成（图 6-32）。机具前进时，分禾扶禾装置将作业幅宽内的蒜秧分开扶起，挖掘铲将大蒜根须铲断并松土，夹持链夹紧蒜秧并拔起向后输送，其间夹持链前段拍土板拍打清土，然后对齐装置将蒜头拉伸至同一高度后，圆盘割刀将蒜秧切断，蒜头落入刮板输送带，升运至振动（柔性）格栅清选筛，蒜秧继续由夹持链夹持后移至抛草链抛落。该机果秧分离机构采用模块化设计，通过对其快速更换亦可收获花生、胡萝卜等根茎类作物。该机关键部件及主要特点：①采用履带式行走装置，复杂地形的通过性好，操作简单灵活；②左侧前置式收获作业，视野宽广；③蒜果复式夹持自动排序对齐蒜苗分离机构，有效地解决了留梗整齐度、提高分离效率、降低伤蒜率；④主输送链采用双链夹拔，单链对齐输送、切秧，双链输出，单链排秧；⑤夹持链尾部安装圆盘锯齿形割刀，由小型直流减速电机驱动，提高了切秧成功率。

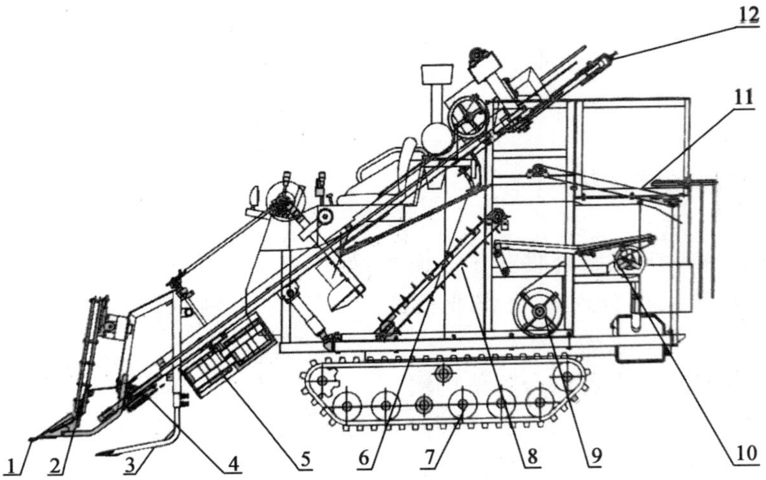

1.分禾器 2.扶禾器 3.松土铲 4.夹持输送链 5.清土机构 6.对齐切秧装置 7.底盘 8.输送带 9.风机 10.清选筛 11.茎蔓输送带 12 茎蔓抛送链

图 6-32 大蒜联合收获机结构图

复习思考题

1.为什么要进行土壤消毒？根据你的了解，土壤消毒机械有哪些种类？

2.简述微耕机的主要类型。

3.分析蔬菜水果采收过程中实现机械化的主要技术难点。

4.以增加农民收入为目标，结合当地实际情况，选择一种主要蔬菜或水果作为收获物，从农艺和农机两个方面考虑，提出实现机械化采收的设想。

Project 7

项目七

设施农业病虫害

任务一　设施农业的病虫害发生特点及防治对策
任务二　设施农业中常见的病虫害及防治技术

设施农业为农作物提供适宜环境的同时，也为病虫害的发生提供了有利条件。在设施农业中，由于有害生物周年存活，病害的发生和流行相对频繁，并成为露地蔬菜和大田作物的外来侵染源，导致病虫害基数增多、为害加重，且温室等农业设施中的温度适宜，一些害虫增殖比露地更加猖獗，会对农作物造成不可逆的伤害，使得设施农业损失惨重。因此控制病虫害发生对设施农业生产尤为重要，本项目主要介绍设施农业中常见的病虫害及防治技术。

任务一　设施农业的病虫害发生特点及防治对策

一、设施农业的病虫害发生特点

(一)设施农业有利于病虫害的发生

由于设施农业是人为构建的封闭环境，在有保护设施的条件下，棚室内温度相对较高，病虫害可周年发生，冬季不能在露地越冬的病虫可以在棚室内安全越冬，为病虫提供了合适的越冬场所，这就增加了棚室内病虫害的发生概率。此外，设施棚室内具有温度高、湿度大、通气性差的小气候特点，这些小气候条件有利于病虫害的发生，能使病虫繁殖速度加快，如灰霉病、霜霉病、叶霉病、白粉病、晚疫病等靠气流传播的病害在棚室内发生都较严重；粉虱、蓟马、蚜虫、叶螨等小型害虫在高温、高湿的生态条件下，其生活周期大大缩短，导致世代重叠严重，蔓延速度加快，为害加重。

(二)土传流行病虫害逐年加重

因设施棚室自身的空间比较狭小，且相应的耕作面积也相对较小，所要种植的品种单一化，在多样性上存在欠缺，且具有较高的单作率，一些多年种植的作物不能够很好地进行轮作换茬，加之农户的种植经验单一，作物设施种植技术相对薄弱，专业理论知识比较欠缺造成轮作不合理等原因，导致设施内轮作倒茬困难，常年连作，使土壤中病虫的生存寄主源源不断，土传病原菌和害虫在土壤中大量积累，容易造成流行，因此，造成土传流行病害逐年加重。如疫病、根腐病、枯萎病、青枯病等已成为设施生产中的重要病害。

(三)次要病虫害和新发病虫害上升为主要病虫害

随着种植结构的调整，设施农业面积和品种都在不断增加，这给一些次要病虫害发生提供了有利条件，导致短期内次要病虫害爆发成灾，并逐渐演替成为主要病虫害。如蓟马、二斑叶螨、茶黄螨、烟粉虱等害虫除了为害番茄、茄子、黄瓜、辣椒等蔬菜，也为害设施花卉。病害方面，辣(甜)椒疫病及根腐病现在已经逐渐成为辣椒栽培中最严重的病害，之前发病率相对较低的芹菜枯萎病在近几年的发生面积也不断扩大，因丁香假单胞杆菌造成的细菌性斑点病目前也成了设施蔬菜栽培中的严重病害。

(四)生理性病害普遍发生

设施蔬菜的生理性病害逐年增加，究其原因主要表现在两个方面。一是低温、寡照，特别是地温低所引发的生理性病害。由于地温相对较低，使农作物的发根量相对较少，造成扎根浅及根系老化，在根系活性上也相对较低，生理功能失调致使各种生理性病害的发生，严重时还会烂根、死根，导致作物死亡，如蔬菜苗期的沤根病。二是绝大多数的温室管理者采取错误的管理方法，恶化了设施栽培的生态环境。在温室栽培中，大部分管理人员采用传统的大田管理手段，施用速效化学肥料与灌溉追肥，很少进行土壤的中耕松土，致使土壤板结及土壤盐渍化。恶劣的土壤环境会严重抑制作物根系生理活性与正常的呼吸作用，导致养分吸收能力差，必然诱发多种缺素症等病害，直接影响农产品的产量和品质，如黄瓜化瓜、畸形瓜和苦味瓜及低温冷害等，常常造成惨重的农业损失。

(五)设施栽培引种带来新的病虫害

由于早熟栽培的需要，在引进许多新的蔬菜、花卉和苗木的同时，也随之带入了一些新的病虫害。如美洲斑潜蝇，自 1993 年底首次在中国发现以来，已成为防治的难题，为害茄科、豆科、瓜类等多种蔬菜作物，造成了巨大的损失，成为潜在的危险性害虫。番茄溃疡病是一种毁灭性病害，自 1985 年在北京发现后，已相继在内蒙古、山西、河北、黑龙江、吉林、辽宁、天津等地发生，发病严重的地块番茄减产达 25%～75%。

二、设施农业病虫害防治对策

(一)加强设施农业病虫害监测工作

准确监测农作物病虫害发生动态，是制订防治方案的重要依据。要根据当地病虫害发生的特点，对常年发生的重大病虫害，开展定时、定点调查工作，及时准确把握发生动态；对偶发性病虫，要定期进行普查，了解发生情况，为准确预测当地的病虫害发生动态提供科学依据，同时要及时发布病虫害的情报和防治技术意见，以指导农业生产。

(二)做好植物检疫工作

植物检疫属于控制预防检疫性病虫的重要措施之一，该项工作主要由检验检疫部门来完成。要强化作物种子与产品等的调运检疫工作，应防范危险性病虫害的蔓延，不得引入带有病虫的植物种子，避免新病源和虫源的引入和蔓延。

(三)加强育苗室和营养土消毒

1. 育苗室消毒

在蔬菜定植前应清除上茬作物的残枝、落叶和杂草，深翻土地，选择晴天密闭棚室，使用硫黄粉进行熏蒸，并连续高温闷棚一周以上，使中午最高气温达到 50℃以上，可有效杀死棚内的病原菌。

2. 营养土消毒

(1)大水浸泡　有条件的地方，可利用设施棚室内作物休闲的季节，进行长时间的土壤浸泡，能显著地消灭土壤中有害杂菌与病虫。

(2)夏季高温闷棚　温室大棚在高温季节晴天的上午，土壤翻耕浇水后，密闭棚膜，使棚内温度高达 70℃以上。闷棚时间一般掌握在 15～20 d，1 个月更好。

(3)改善土壤环境　保护地夏季空闲季节可去除棚膜，通过灌溉或利用雨水洗盐，可有效遏制青枯病等细菌性病害的发生。

(四)农业防治

1. 选用优良抗性品种

优良的抗虫、抗病品种是设施农业中对抗病虫害的重要手段之一。优质品种的选择既减少了因病虫害受到的减产损失，也避免了大量农药的使用，使得蔬菜更加健康、绿色。因此，在设施农业生产中应优先选择优良的农作物品种，注重农作物的抗病虫性能，让农作物拥有更多的发展优势。

2. 培育无病虫的壮苗

苗圃内应避免混栽，防止病虫相互传染，可采用穴盘、营养钵、营养液等育苗。育苗应选用无病虫、发芽率高的种子，并进行种子处理，加强苗期管理，及时防治病虫。

3. 合理作物布局与轮作倒茬

在保护地四周，注意选种保护地内作物上易发生的病虫的非寄生性植物。如设施内黄瓜、番茄等作物上易发生温室白粉虱，四周应选种白菜、韭菜、葱蒜等蔬菜或大豆、玉米等大田作物，就可阻断温室白粉虱的蔓延，减少其为害发生。目前，设施内常年种植高产高效的黄瓜、番茄、茄子、辣椒等蔬菜，多年连作引起土传性病害严重发生，枯萎病、疫霉病、黄萎病等为害越来越重，若能坚持轮作 3～5 年，病害的发生程度也能大大减轻。因此，在生产上进行合理的作物布局，在设施内坚持轮作倒茬，是进行病虫害防治的一项重要措施。

4. 及时消除病残体

作物病虫多数在设施棚室内的残株、落叶、杂草或土壤中越冬、越夏或栖息，因此，在播种和定植前，要结合整地清理病株残体，铲除田间及四周杂草，消除病虫中间寄主。在作物生长期，对已发病的植株残体、烂叶及各种废弃物要清理干净，并带到棚外烧毁或深埋；收获后要及时清理田园，减少病虫害侵染源。

(五)物理防治

1. 覆盖防虫网

育苗、定植前在温室大棚通风口选用 40～60 目的防虫网进行覆盖，如育苗时虫量大，可在育苗温室内的苗床上再覆盖一层防虫网。

2. 高温闷棚

夏季休茬期，封闭棚室上下风口，密闭棚室，天气晴朗情况下连续闷棚 10～15 d，在强光照射下，使大棚内迅速升温至 60～70℃，利用太阳的高温进行棚室内消毒，达到杀灭棚室内的病菌及粉虱、蚜虫、蓟马等小型害虫和虫卵的目的，同时还可以改良土壤。

3. 果实类蔬菜套袋

科学套袋后，由于袋体的机械阻隔作用，避免或减少了病原菌对瓜(果)的侵染，能有效控制黄瓜、番茄和西葫芦的灰霉病、黄瓜菌核病、茄子褐腐病和绵疫病的发生。黄瓜开花前，西葫芦授粉的 1～2 d，番茄蘸花后 7～10 d，茄子“瞪眼期”为套袋的最佳时期。

4. 利用害虫趋光性、趋色性进行防治

播种后，在棚室内悬挂黄板，每亩悬挂 20 cm×25 cm 黄板 80～100 块，高度离植株顶部 15～20 cm，可有效诱杀烟粉虱、蚜虫、斑潜蝇等害虫。如发现黄板黏度下降或黄板已粘满虫子，要及时更换黄板。将黄板换成蓝板可诱杀蓟马。另外，在棚内悬挂银灰色膜可驱避蚜虫。

(六)生物防治

1. 保护或利用害虫天敌

设施农作物生长在封闭环境当中，为以虫治虫的生物防治方式提供了有利条件，可最大限度释放天敌昆虫以起到害虫控制的作用，降低农药使用率。寄生性天敌如用丽蚜小蜂预防温室白粉虱，用赤眼蜂防治菜青虫与棉铃虫等；捕食性天敌如瓢虫、草蛉及猎蝽等，可以在蚜虫防治及叶蝉防治等害虫治理过程中发挥重要控制作用。

2. 大力推广生物农药

借助细菌及病毒等生物制剂与技术进行病虫害防治是现阶段比较常见的高效技术。例如，运用苏云金芽孢杆菌(Bt)进行蔬菜的害虫防治，运用阿维菌素进行小菜蛾与斑潜蝇等的防治。

(七)化学防治

1. 正确选择农药

禁止在设施蔬菜等农作物上使用国家明令禁止使用的剧毒、高毒、高残留农药，合理选择安全、高效、低毒、低残留的化学农药防治病虫，做到长效与短效农药、保护性杀菌剂与内吸治疗剂轮换交替使用。

2. 掌握对症下药

正确识别病虫害，选择适宜药剂，多种病虫同时发生可混合用药，如 Bt 制剂与有机磷、阿维菌素、菊酯类农药混用，既能降低化学农药用量，又能扩大杀虫谱，尤其与击倒力较强的农药混用，既能提高 Bt 制剂前期防效，又能延长持效期。另外，要注意药物的混配禁忌，混用时不应让有效成分发生化学变化，影响其有效成分分解。多数杀菌剂和杀虫剂是不能添加叶面肥的，因为叶面肥中的金属元素往往会与农药发生反应，只要混加后就会出现浑浊、沉淀、变清、不溶解等现象，轻则农药失效，重则作物受害。铜制剂不能和抗生素类杀菌剂混配，也不能和福美类药剂混配。

3. 掌握适期用药

一般防治害虫在产卵盛期至 3 龄前用药，病害在发病前或发病初期用药最好。并结合设施内面积和小气候特点，掌握农药用量和使用浓度，按计量要求施药，避免盲目用药和任意加大用药量，克服长期单一用药，坚持轮换用药以防病虫产生抗药性。

4. 采用新型喷雾技术

科学选用高效植保机械，倡导使用静电喷雾器，采用低容量或超低容量喷雾技术，使用烟雾剂及粉剂等高效剂型。喷药要求均匀，雾点要细，以喷湿不滴为度，提高农药利用率，减少农药使用量和田间相对湿度，提高防治效果。

任务二　设施农业中常见的病虫害及防治技术

一、设施育苗过程中常见的病虫害及防治技术

(一)猝倒病

猝倒病俗称“倒苗”“霉根”“小脚瘟”等，是设施蔬菜苗期重要的病害之一，各地冬季育苗棚室发生较多，发病严重时可引起成片死苗，延误农时。病菌寄主范围很广，可为害茄子、番茄、辣椒、黄瓜、甘蓝、芹菜、洋葱、菜豆、莴苣等多种蔬菜幼苗。

1. 症状识别

幼苗未出土或出土后均可发病。出土前染病，引起子叶、幼根及幼茎变褐腐烂，即为烂

种或烂芽。病害开始往往仅个别幼苗发病，条件适合时以这些病株为中心，迅速向四周扩展蔓延，形成一块一块的病区。出土后幼苗发病，幼茎基部发生水渍状暗色斑，继而绕茎扩展，逐渐缢缩成细线状，使幼苗地上部因失去支撑能力而倒伏，幼苗倒地死亡时子叶尚未凋萎，仍为绿色。苗床湿度大时，在病苗或其附近床面上常密生白色棉絮状菌丝。

2. 发病规律

猝倒病主要由鞭毛菌亚门瓜果腐霉属真菌侵染所致，刺腐霉属及疫霉属的一些生理小种也能引起发病。病菌以卵孢子随病残体在土壤中越冬，可营腐生生活。条件适宜时卵孢子萌发，产生芽管，直接侵入幼芽，或芽管顶端膨大后形成孢子囊，以游动孢子借雨水或灌溉水传播到幼苗上，从茎基部侵入。湿度大时，病苗上产生的孢子囊和游动孢子进行再侵染。病菌喜 34℃高温（30～36℃），但土温 15～20℃时繁殖最快，在 8～9℃低温条件下也可生长，故当苗床温度低，幼苗生长缓慢，再遇高湿，则感病期延长，特别是在局部有滴水时，最易发病而成为发病中心。如苗期遇连续阴雨雾天，光照不足，冷风吹入或雨雪水滴入苗床中，苗床保温差，均易发生病害，故早春苗床温度低、湿度大时利于发病。当幼苗皮层木栓化后，真叶长出，则逐步进入抗病阶段。此外，播种过密，分苗、间苗不及时，幼苗徒长，放风、灌水不适宜，造成苗床闷湿或温差较大，也易得猝倒病。

3. 防治方法

(1)苗床选择　宜选择 3 年以上未种过茄果类蔬菜、地势高燥、排水方便、土质肥沃、背风向阳的田块作苗床。播种前苗床土应充分翻晒，施足基肥。

(2)做好苗床土壤消毒　每平方米苗床施用 25%甲霜灵可湿性粉剂 9 g 加 70%代森锰锌可湿性粉剂 1 g 兑细干土 5 kg 拌匀，施药前先把苗床底水打好，且一次浇透，水下渗后先将 1/3 充分拌匀的药土撒在畦面上，播后再把其余的 2/3 药土覆盖在种子上。也可用福尔马林消毒床土，方法是每平方米床土用 40%甲醛（福尔马林）30 mL，兑水 60～100 倍喷洒，然后用塑料膜将床土表面盖严，闷 4～5 d 后除去覆盖物，耙松放气 2 周以上进行播种。

(3)种子消毒　种子播种前干种子用 25%甲霜灵粉剂加 70%代森锰锌（9∶1）1 500～2 000 倍液拌种，以种子表面湿润为宜，用药量是种子重量的 0.4%，浸种 15～30 min，浸后清水冲洗 2～3 次，晒干或催芽播种。

(4)加强苗床管理　合理控制苗床内的温湿度，温度应控制在 20～30℃，低温保持在 16℃以上，苗床四周开好深沟，以利于排水、降低地下水位；苗床湿度过大时，可撒上一层干细土吸湿；肥水要小水、小肥轻浇，同时注重适时、适度通风换气。加强调查，及时拔除病苗、死苗，并集中深埋或烧毁。

(5)药剂防治　发病初期及时用药，7～10 d 喷药 1 次，连喷 2～3 次，具体视病情发展而定。药剂可选用 3 亿 CFU/g 哈茨木霉菌可湿性粉剂 100～166.7 g/亩，或 10 亿 CFU/g 多黏类芽孢杆菌 1 000 倍液，或 75%百菌清可湿性粉剂 600 倍液，或 50%立枯净可湿性粉剂 1 000 倍液等进行喷雾防治。

(二)立枯病

立枯病俗名“死苗”，寄主范围广，除茄科、瓜类蔬菜外，一些豆科、十字花科的蔬菜也容易受害，已知有 160 多种植物可被侵染。各地四季育苗和各种类型苗床均可发生，老苗床较为常见。育苗期间阴雨天气多、光照少的年份发病严重，发病严重时常造成秧苗成片死亡，给生产带来一定损失。

1. 症状识别

立枯病主要为害幼苗茎基部或地下根部，初为椭圆形或不规则暗褐色病斑，具同心轮纹及淡褐色蛛丝状霉，但有时并不明显，菌丝能结成大小不等的褐色菌核是本病与猝倒病（病部产生白色絮状物）区别的重要特征。病苗早期白天萎蔫，夜间恢复，病部逐渐凹陷、缢缩，有的渐变为黑褐色，当病斑扩大绕茎一周时作物逐渐干枯死亡，但病苗直立而不倒伏，故称为立枯病。

2. 发病规律

立枯病由半知菌亚门立枯丝核菌侵染所致。该菌不产生孢子，主要以菌丝体传播繁殖。病菌以菌丝和菌核在土壤或寄主病残体上越冬，腐生性较强，可在土壤中存活2～3年。混有病残体的未腐熟的堆肥，以及在其他寄主植物上越冬的菌丝体和菌核，均可成为病菌的初侵染源。病菌通过雨水、流水、沾有带菌土壤的农具以及带菌的堆肥传播，从幼苗茎基部或根部伤口侵入，也可穿透寄主表皮直接侵入。病菌喜高温、高湿环境，发病最适宜的温度条件为20～24℃。刚出土的幼苗及大苗均能受害，一般多在育苗中后期发生。阴雨多湿、土壤过黏、重茬时发病重。播种过密、间苗不及时、温度过高易诱发本病。年度间，育苗期间阴雨天气多的年份发病重。

3. 防治方法

与猝倒病的防治方法相同（详见本书第258页）。

（三）菜苗灰霉病

菜苗灰霉病是随着设施农业蔬菜棚室的发展而快速流行起来的冬、春蔬菜的常发性重要病害，全国各地均有发生。其为害程度与天气和苗棚管理水平密切相关，轻者局部死苗，重者整棚毁苗。此病可为害番茄、茄子、黄瓜、青椒、莴苣、甘蓝、生菜、芹菜、菠菜、茴香等近20种菜苗，严重影响冬春季节的蔬菜生产。

1. 症状识别

病菌多从幼苗子叶、下部真叶或结露的叶缘及衰老的叶片开始侵染。子叶感病开始褪绿发黄，逐渐变褐坏死至腐烂，高湿时表面生有灰霉。真叶病斑多呈“V”形，灰褐色，边缘有深浅相间的轮纹，病健交界分明，后期产生灰霉。幼茎多在叶柄基部出现不规则水浸斑，很快变软腐烂，缢缩或折倒，最后病苗腐烂枯萎而死。

2. 发病规律

此病由半知菌亚门灰葡萄孢菌侵染所致。病菌以菌核、菌丝体或分生孢子梗在土壤中的病残体上越冬。翌年条件适宜时产生分生孢子，分生孢子通过气流、雨水及农事操作传播，从寄主伤口或衰老器官侵入致病。病菌喜温暖、高湿环境，发病最适气候条件为温度20～28℃，相对湿度95%以上。棚内低温高湿、地势低洼、多年连作、密度过大、植株徒长、光照不足、棚室内施用未腐熟有机肥或施氮肥过多的田块发病重。早春低温、寡照、阴雨天气多的年份发生严重。

3. 防治方法

（1）种子处理　选用抗病良种，严把育苗关；种子臭氧灭菌处理，在育苗下籽前，用臭氧水浸泡种子40～60 min。

（2）加强设施棚室管理　用大剂量臭氧气体对空棚进行灭菌处理；合理密植，防止种植过密，影响光照；适当控制浇水、及时通风换气，降低棚内湿度。

(3)清除病源　定植前要清除温室内残茬及枯枝败叶，然后深耕翻地。育苗应选用无病新床土，注意不要在病区温室取土育苗或分苗，以防幼苗感染病菌；发病后应及时拔除病苗，并带出田间集中深埋或烧毁。拉秧后及时清洁棚室，并注意农事操作卫生，以防传染。

(4)药剂防治　发病初期及时用药，每隔 7～10 d 喷 1 次，连喷 2～3 次，具体视病情发展而定。药剂可选用 50%腐霉利可湿性粉剂 1 500 倍液，或 50%扑海因悬浮剂 1 000 倍液，或 50%农利灵可湿性粉剂 1 500 倍液，或 40%施佳乐悬浮剂 800 倍液，或 20%蓝潮悬浮剂 800～1 000 倍液，或每亩标准大棚每次用 45%百菌清烟剂 250 g。

(四)根腐病

根腐病是菜苗常见的病害之一，主要为害黄瓜、番茄、菜豆等多种蔬菜，各菜区均有发生。以沿用旧苗床或老式育苗地发生较多，春季多雨、梅雨期间多雨的年份发病严重，发病严重时常造成局部或成片死苗。

1. 症状识别

幼苗根部和茎的土表以下部分是主要受害部位。初染病部位水渍状，渐变为浅褐色至深褐色腐烂，不缢缩。维管束变褐色但不向上发展。后期病部腐烂，仅留丝状维管束。豆类幼苗染病，初为红褐色斑，随病情发展，病部深褐色、纵裂或根茎髓部腐烂、变空。初发病时菜苗似缺水状，中午萎蔫，早晚还能恢复，几日后随病情发展萎蔫不能恢复而枯死。

2. 发病规律

根腐病由镰孢霉真菌侵染所致。病菌以厚垣孢子和菌丝体在土壤中越冬，也可在土壤中营腐生生活而存活 5～6 年。在苗床内传播载体主要是带菌的土壤、肥料、农具和水等，一般种子不带菌。病菌从寄主的伤口侵入，分生孢子再借风、雨传播。高温、高湿是此病发生、流行的关键。此外，病害发生与栽培管理密切相关，苗床连茬、地面积水、施用未腐熟的肥料、地下害虫多、农事活动造成伤根的地块发病较重。

3. 防治方法

防治方法除参照猝倒病的防治方法(详见本书 258 页)外，根据该病害发生特点，还可采取以下防治措施：

(1)加强苗床管理　不大水漫灌，注意松土保墒，增强床土的通透性。同时适当缩短蹲苗期，做好地下害虫防治工作，减少根部伤口。

(2)苗床消毒及施药防治　苗床消毒可用溴甲烷，用量为 50 g/m^2。于发病初期施药防治时，用 10%双效灵水剂 200～300 倍液，或 50%多菌灵可湿性粉 400 倍液，或 50%敌克松可湿性粉剂 800 倍液喷洒苗床。

(五)沤根

菜苗沤根，又称“糊根”“锈根”，是蔬菜育苗期常见病害，发生比较普遍。轻者零星发病，重病地块成片死苗。几乎所有菜苗均能受害，瓜类和早春育苗地的苗床发生较重。

1. 症状识别

幼苗出土后，长期不发新根，不定根少或无，也无根毛，根皮发锈后腐烂，地上部表现为萎蔫，叶片边缘逐渐发黄、皱缩，逐渐导致整株死亡，病株容易从土中拔起，严重时成片干枯，似缺素状。沤根苗不长霉状物，这是其与猝倒病和立枯病的不同之处。

2. 发病规律

沤根是一种生理性病害，可分为低温沤根和高温沤根 2 种。地温低于 12℃及持续低温时间较长，再加上浇水过多或遇连续阴雨天气，幼苗出现萎蔫，生长发育受阻，萎蔫持续时间长就会发生低温沤根。夏季高温大雨、排水不良，苗期大水漫灌，土壤高温高湿或土壤中含有大量未腐熟的有机物，造成土壤透气性不良，根系呼吸困难进而窒息，以致根坏死，地上部萎蔫引起高温沤根。

3. 防治方法

与猝倒病的防治方法相同。

(六)蛴螬

蛴螬是鞘翅目金龟甲总科幼虫的总称，别名白地蚕、土白蚕、地狗子、蛭虫、杂拉虫等，种类繁多，按其食性可分为植食性、粪食性、腐食性3类，在国内农田中已知的有100多种。蛴螬在蔬菜上主要为害豆科、茄科和部分十字花科等作物的种子及幼苗嫩茎，尤其喜食刚播种的种子、根、块茎以及幼苗，造成植株枯黄而死，此外，其造成的伤口还可诱发病害，因此是为害严重的世界性地下害虫。

1. 形态特征

蛴螬虫体肥大，较一般虫类大，体型弯曲呈"C"形，多为白色，少数为黄白色。头部褐色，上颚显著，腹部肿胀。体壁较柔软多皱，体表疏生细毛。头大而圆，多为黄褐色，生有左右对称的刚毛，不同种刚毛数量不同，如华北大黑鳃金龟的幼虫为3对刚毛，黄褐丽金龟幼虫为5对刚毛。蛴螬具胸足3对，一般后足较长。腹部10节，第10节称为臀节，臀节上生有刺毛。

2. 生活习性

蛴螬1～2年1代，幼虫和成虫在土中越冬，成虫即金龟子，白天藏在土中，晚上8—9时进行取食等活动。蛴螬有假死和负趋光性，并对未腐熟的粪肥有趋性，喜欢生活在甘蔗、木薯、番薯等肥根类植物种植地。幼虫蛴螬始终在地下活动，与土壤温湿度关系密切。当10 cm土温达5℃时开始上升土表，13～18℃时活动最盛，23℃以上则往深土中移动，至秋季土温下降到其活动适宜范围时，再移向土壤上层。棚室蔬菜多在春、秋季苗期受害重，尤其是施用未腐熟肥料的地块。新菜区前茬种植豆类、花生、薯类及玉米时，由于虫源多，新建的设施棚室蛴螬为害严重。

3. 防治方法

(1)农业防治　清除设施棚室杂草，冬前棚内适时耕翻土地，使部分成、幼虫风干、冻死或被天敌捕食、机械杀伤，水旱轮作或适时灌水杀灭幼虫。

(2)物理防治

①人工捕杀　施有机肥前应筛出其中的蛴螬。发现菜苗被害可挖出根际附近的幼虫。利用成虫的假死性，在其停落的作物上捕捉或震落捕杀。

②成虫诱杀　在5—7月份成虫盛发期，可用东方红电子灭蛾灯或黑光灯诱杀。

(3)生物防治　利用茶色食虫虻、金龟子黑土蜂、白僵菌等天敌生物和药剂进行防治。

(4)土壤处理　在播种或菜苗移栽前，可用22%吡虫·辛硫磷乳油450～600 g/亩，兑沙20 kg均匀配成毒土，行间开沟撒施，或用2%高效氯氰菊酯颗粒剂2.5～3.5 kg/亩沟施或穴施，施后及时覆土。

(5)化学防治　在蛴螬发生较重的苗床和棚室，于幼虫盛发高峰期，可选用48%乐斯本乳油1 000倍液，或52.25%农地乐乳油1 500倍液，50%辛硫磷乳油1 200倍液等灌根防治，每穴灌150～250 mL，可杀死根际附近的幼虫；也可选用3%地正丹颗粒剂或3%护地净颗粒剂 3.0～4.0 kg/亩在近根际条施或穴施；也可在设施棚室内采用灭杀性熏蒸剂熏蒸。施药时宜选择傍晚进行，有利于提高防效。

(七)种蝇

种蝇又名灰地种蝇、菜蛆、根蛆、地蛆，属双翅目花蝇科，为寡食性害虫，以幼虫在土壤中，主要为害瓜类、豆类、茄果类、菠菜、葱蒜类及十字花科蔬菜。幼虫可取食种子、胚乳或子叶，引起种芽畸形、腐烂而不能出苗；钻食蔬菜根部，引起根茎腐烂或全株枯死；还可钻破幼苗地下部分的表皮，蛀食根茎内部组织，被害部缢缩凹陷，呈萎蔫状，严重时造成幼苗死亡，将死苗拔出，剥开被害部皮层，可见白色小蛆或被蛆蛀空的痕迹。

1.形态特征

(1)成虫　体长 4～6 mm，雄稍小。雄蝇暗褐色，后足腿节外下方生有一列稀疏长毛，腹部扁平；雌蝇黄褐色，胸、腹背面无斑纹；雌、雄蝇前翅基背毛与盾间沟后背中毛大致相等。

(2)卵　乳白色，长椭圆形，稍弯，长约 1 mm，表面具网状纹。

(3)幼虫　前端细后端较粗呈蛆形，老熟时体长 7～8 mm，乳白而稍带浅黄色，尾节具肉质突起 7 对，1～2 对等高，5～6 对等长。

(4)蛹　长约 7 mm，椭圆形，红褐或黄褐色，尾端可见 6～7 对突起。

2.生活习性

种蝇喜白天活动，幼虫多在表土下或幼茎内活动。以滞育蛹及少量幼虫在土中越冬，成虫在温室里也可越冬，翌年 4—6 月份越冬蛹羽化为成虫。种蝇在 25℃以上时，完成 1 代需 19 d，春季均温 17℃时需 42 d，秋季均温 12～13℃时则需 51.6 d，35℃以上时 70%的卵不能孵化，幼虫、蛹死亡，故夏季种蝇少见。成虫以晴天白天 9—15 时最活泼，晚上不活动，刮风和阴雨天活动减少，对未腐熟的粪肥有明显的趋性，交尾大多在上午 9—10 时进行。卵产在蔬菜幼苗根部附近潮湿的土壤里或寄主蔬菜的根部，每头雌虫平均产卵 20.5 粒。孵化的幼虫食害种子的胚乳，也可蛀入菜苗根、茎内取食，常常群集为害，引起腐烂发臭，叶片枯黄，植株逐渐凋萎，甚至成片死亡。幼虫有强烈的背光性和趋腐性，喜潮湿，常在土面下活动，且能转主为害。老熟幼虫在被害株周围的土中化蛹。种蝇在各地均以第一代种群数量最多、为害严重。

3.防治方法

(1)农业防治　苗床和棚室施用充分腐熟的有机肥，以防成虫产卵。提倡快速育苗方法，如地热线、营养钵育苗等，瓜类、豆类和茄果类蔬菜在播种前先进行浸种催芽，使出苗早、齐、匀，以减轻蛆害。

(2)成虫产卵高峰及地蛆孵化盛期可采用糖醋液诱杀成虫　诱剂配方：糖 1 份、醋 1 份、水 2.5 份，加少量辛硫磷拌匀。诱蝇器用大碗，先放少量锯末，然后倒入诱剂加盖，每天在成蝇活动时开盖，及时检查诱杀数量，并注意添补诱杀剂，当诱器内成虫数量突增或雌雄比近 1∶1 时，即为成虫盛期，应立即防治。

(3)药剂防治　可在各代成虫的羽化高峰期喷药，药剂可选用 2.5%溴氰菊酯乳油 1 500～2 000 倍液，或 60%灭蝇胺水分散粒剂 20～25 g/亩，或 1.8%阿维菌素水乳剂 40～80 mg/亩，或 16%高氯·杀虫单水乳剂 750～1 125 倍液等喷雾。杀灭地下幼虫可用 5%紫丹颗粒剂 1.5～3.0 kg/亩，或 3%护地净颗粒剂 3.0～4.0 kg/亩，或 3%地正丹颗粒剂 3.0～4.0 kg/亩在近根际条施或点施；也可选用 25%马拉·辛硫磷乳油 750～1 000 mL/亩，浇灌或喷淋。狠治第一代和第五代，控制第二代，并采取雨前突击用药的方法，以确保防治效果。

(八)蝼蛄

蝼蛄俗名拉拉蛄、地拉蛄、天蝼、土狗等，属直翅目蝼蛄科，是一种多食性害虫。成虫和若虫都在土中咬食各种蔬菜的种子和已萌发的幼芽，在床土中钻出一条条隆起的隧道，使幼根部与土壤分离，或咬断幼苗地下根茎，作物被害部呈乱麻状，使植株凋萎死亡，延误农时。我国菜田发生较重的是东方蝼蛄和华北蝼蛄。

1. 形态特征

(1)东方蝼蛄

成虫：雄成虫体长 30 mm，雌成虫体长 33 mm，体浅茶褐色，前胸背板中央有一凹陷明显的暗红色长心脏形斑。前翅短，后翅长，腹部末端近纺锤形。前足为开掘足，腿节内侧外缘较直，缺刻不明显，后足胫节脊侧内缘有 3～4 个刺，腹末具 1 对尾须。

若虫：若虫初孵时乳白色，老熟时体色接近成虫，体长 24～28 mm。

卵：椭圆形，长约 2.8 mm，初产时黄白色，有光泽，渐变黄褐色，最后变为暗紫色。

(2)华北蝼蛄

成虫：雌成虫体长 45～50 mm，雄成虫体长 39～45 mm，体黄褐至暗褐色，前胸背板中央有一心脏形红色斑点，后足胫节背侧内缘有刺 1 个或消失，腹部近圆筒形，背面黑褐色，腹面黄褐色，有 1 对尾须。

若虫：形似成虫，体较小，初孵时体乳白色，二龄以后变为黄褐色，五六龄后基本与成虫同色。

卵：椭圆形，初产时长 1.6～1.8 mm，宽 1.1～1.3 mm，为黄白色，后变黄褐色；孵化前长 2.4～2.8 mm，宽 1.5～1.7 mm，呈深灰色。

2. 生活习性

两种蝼蛄的活动规律较为相似，即当春天气温达 8℃时开始活动，秋季低于 8℃时则停止活动，春季随气温上升为害逐渐加重，地温升至 10～13℃时在地表下形成长条隧道为害幼苗；地温升至 20℃以上时则活动频繁、进入交尾产卵期；地温降至 25℃以下时成虫、若虫开始大量取食积累营养准备越冬，秋播作物受害严重。土壤中大量施用未腐熟的厩肥、堆肥，易导致蝼蛄发生，受害较重。当 10～20 cm 深处土温在 16～20℃、含水量 22%～27% 时，有利于蝼蛄活动；含水量低于 15% 时，其活动减弱，所以春、秋有 2 个为害高峰，在雨后和灌溉后常为害加重。2 种蝼蛄成虫都有趋光性和喜湿性，对半煮熟的谷子、炒香的麦麸、豆饼及有机肥有趋性，昼伏夜出，夜间 21—23 时活动最旺。

3. 防治方法

(1)农业防治　清除设施棚室内杂草，并集中销毁，以消灭成虫和幼虫；施用充分腐熟的农家肥。

(2)物理防治　利用成虫的趋性，用黑光灯或糖醋酒液诱杀越冬成虫。

(3)药剂防治　栽前苗床土壤处理，可用 10%二嗪农颗粒 2～3 kg/亩，与 15～30 kg 细土混匀后洒于床土上、播种沟或移栽穴内，消灭表土层幼虫和卵块；在 1～2 龄幼虫盛发高峰期，可选用 48%乐斯本乳油 1 000 倍液，或 5.7%天王百树乳油 1 500～2 000 倍液，或 52.25%农地乐乳油 1 500 倍液等地面喷雾防治；也可用 3%护地净颗粒剂 3.0～4.0 kg/亩，或 3%地正丹颗粒剂 3.0～4.0 kg/亩在近根际条施或点施。

二、设施农业中常见的病害及防治技术

（一）番茄晚疫病

番茄晚疫病又称番茄疫病，是番茄栽培中重要的流行病害，保护地、露地均可发生，但主要为害保护地番茄。随着设施农业的发展，温室大棚等保护地面积迅速增加，为病菌越冬越夏和病害周年发生提供了良好的环境，疫病流行为害逐渐加重。发病严重时造成茎部腐烂、植株萎蔫和果实变褐，影响产量，常减产 20%～30%，严重时可导致毁棚绝产。

1. 症状识别

幼苗期、成株期均可发病，为害叶、茎、果，但以成株期的叶片和青果受害较重。幼苗感病时出现暗绿色水浸状病斑，由叶片向主茎发展，使叶柄和茎变细呈黑褐色并腐烂折倒，全株萎蔫，湿度大时病部产生白色霉层。成株期叶片染病多从下部叶片的叶尖或叶缘开始，形成暗绿色水浸状的圆形或不规则形边缘不明显的病斑，扩大后呈褐色。湿度大时叶背病健交界处出现白霉（病菌孢子囊及孢囊梗），干燥时病部干枯，脆而易破裂。茎部病斑最初呈黑色凹陷，后变黑褐色而腐烂，易引起主茎病部以上枝叶萎蔫。青果染病，病斑呈油浸状暗绿色，后变黑褐色，稍凹陷，病部较硬，病斑表面粗糙，边缘呈明显的云纹状，湿度大时长出白霉，迅速腐烂。

2. 发病规律

此病由鞭毛菌亚门的致病疫霉菌侵染所致，此菌只为害番茄和马铃薯，且对番茄的致病力强。病菌主要以菌丝体在保护地栽培的番茄及田间自生的番茄、马铃薯上越冬，有时以厚垣孢子在落入土中的病残体上越冬。雨水将病菌从地面溅到番茄植株上，形成中心病株，病菌的菌丝体在寄主细胞间或细胞内扩展蔓延，经 3～4 d 潜育，病部长出菌丝和孢子囊。孢子囊通过气流传播，直接侵入或从植株伤口、气孔侵入，继而产生孢子囊进行多次重复侵染，引起该病流行。病菌喜温暖、高湿环境，发病最适气候条件为温度 18～25℃，相对湿度 95% 以上。番茄的感病生育期是成株期至结果期。多年连作、偏施氮肥、底肥不足、通风不良、浇水过多、密度过大的田块发病较重。年度间，早春多雨、或梅雨多雨的年份发病重，晚秋连续阴雨天气多的年份发病重。

3. 防治方法

（1）农业防治　选用抗病品种如中蔬 5 号、强丰、佳粉、中杂 4 号等品种；与非茄科蔬菜实行 3 年以上轮作；适当控制浇水，设施棚室内浇灌后适时通风；合理密植，及时整枝，改善通风透光条件；及时清除中心病叶或病株。

（2）药剂防治　发现中心病株后及时施药。药剂可选用 20%噻菌酮悬浮剂 75～100 g/亩，或 20%二氯异氰尿酸钠 300～400 倍液，或 4%嘧啶核苷类抗生素水剂 400 倍液，或 29%戊唑·嘧菌酯悬浮剂 30～40 mL/亩，或 36%霜脲·百菌清可湿性粉剂 100～117 g/亩，或 50%噁酮·霜脲氰水分散粒剂 30～40 g/亩等，兑水喷雾防治。

（二）番茄早疫病

番茄早疫病又称轮纹斑病，是番茄栽培中的常见病害之一，分布广泛，各地温室、大棚栽培番茄全年均可发生，但以春播番茄为重。此病原寄主范围广泛，除为害番茄外，还可为害茄子、辣椒等茄科蔬菜作物和马铃薯。

1. 症状识别

番茄早疫病主要为害叶片，也可为害幼苗、茎和果实。幼苗染病，在茎基部产生暗褐色病斑，稍凹陷，有轮纹。成株期叶片被害，多从植株下部叶片向上发展，初呈水浸状暗绿色病斑，扩大后呈圆形或不规则形的轮纹斑，边缘多具浅绿色或黄色的晕环，中部呈同心轮纹，潮湿时病斑上长出黑色霉层，严重时叶片脱落。茎部染病，病斑多在分枝处及叶柄基部，呈褐色至深褐色不规则圆形或椭圆形病斑，凹陷，具同心轮纹，有时龟裂，严重时造成断枝。青果受害，多始于花萼附近，初为椭圆形或不规则形褐色或黑色斑，凹陷，后期果实开裂，病部较硬，密生黑色霉层。叶柄、果柄染病，病斑灰褐色，长椭圆形，稍凹陷。

2. 发病规律

此病由真菌半知菌亚门茄链格孢菌侵染所致。病菌主要以菌丝体和分生孢子在病残体及种子上越冬，翌年产生新的分生孢子。分生孢子通过气流、灌溉水及农事操作进行传播，从气孔、伤口或表皮侵入发病。侵入后经 4～6 d 即产生大量的分生孢子进行再侵染。病菌喜高温高湿环境，发病最适气候条件为温度 26～28℃，相对湿度 70%以上。番茄在设施温室内的感病期为苗期。多年连作、排水不畅、通风不良、过于郁闭、空气湿度大的棚室发病较重。

3. 防治方法

(1)农业防治　施足充分腐熟的有机肥，灌水追肥要及时；选择抗病品种；和非茄科蔬菜进行 3 年以上轮作，合理密植；加强棚室管理，及时通风换气，调节好棚室内温湿度，特别是早春番茄定植初期，闷棚时间不宜过长，以防止棚室内湿度过大、温度过高。

(2)药剂防治　在发病初期温室大棚内可选用 45% 百菌清烟剂或 10% 腐霉利烟剂熏蒸；也可进行喷药保护，药剂可选用 25%阿米西达悬浮剂 1 000～1 500 倍液，或 60%锰锌・福美双可湿性粉剂 2 250～3 750 倍液，或 4%嘧啶核苷类抗生素水剂 400 倍液，或 20%二氯异氰尿酸钠 300～400 倍液，或 50%扑海因悬浮剂 1 000 倍液等，喷雾防治。

(三)番茄叶霉病

番茄叶霉病是温室和塑料棚番茄的重要病害。该病流行速度快，常常短期在棚室内爆发成灾。此病只为害番茄，发病严重时造成叶片干枯、果实硬化凹陷，影响产量与品质，损失可达 50%～80%。

1. 症状识别

番茄叶霉病主要为害叶片，严重时也为害茎、果、花。叶片被害，多从植株下部叶片开始发病，逐渐向上蔓延；发病初期叶片正面为淡黄色，边缘不明显，叶背出现不规则或椭圆形淡黄或淡绿色的褪绿病斑，初生白色霉层，后变成灰褐色或黑褐色绒状霉层；严重时病叶干枯卷曲，甚至引起全株叶片卷曲而死亡。果实染病，从蒂部向四周扩展，果面形成黑色或不规则形斑块，硬化凹陷。

2. 发病规律

此病由真菌半知菌亚门褐孢霉侵染所致。病菌主要以菌丝体或菌丝块在病株残体内越冬，也可以分生孢子附着在种子或以菌丝体在种皮内越冬。翌年环境条件适宜时，产生分生孢子，借气流传播，从叶背的气孔侵入，还可从萼片、花梗等部分侵入，并进入子房，潜伏在种皮上。病菌喜高温、高湿环境，发病最适气候条件为温度 20～25℃，相对湿度 95%以上。番茄的感病生育期是开花结果期。多年连作、排水不畅、通风不良、过于郁闭、空气湿度大的棚室内发病较重。

3.防治方法

(1)农业防治　和非茄科作物进行3年以上轮作,以降低土壤中菌源基数;加强棚室管理,及时通风,适当控制浇水,浇水后及时通风降湿;及时整枝打杈,摘除病叶,以利于通风透光;实施配方施肥,避免氮肥过多,适当增施磷、钾肥。

(2)种子消毒　播前种子用52℃温水或1%高锰酸浸种30 min。

(3)高温闷棚　选择晴天中午,采取2 h左右的30～33℃高温处理,然后及时通风降温,对病原菌有较好的控制作用。

(4)药剂防治　在发病初期每亩标准大棚每次用45%百菌清烟剂250 g,或15%抑霉唑烟剂200～300 g防治;也可进行喷雾防治,着重喷洒叶片背面,每隔7～10 d喷1次,连喷1～3次,具体视病情发展而定,药剂可选用10%多抗霉素可湿性粉剂120～140 g/亩,或50%扑海因悬浮剂1 000倍液,或80%甲基硫菌灵可湿性粉剂60～80 g/亩,或2%春雷霉素水剂140～175 g/亩等。

(四)番茄脐腐病

番茄脐腐病,又称蒂腐病、黑膏药,各地温室栽培的番茄常有发生,发病严重时常造成果实黑斑、腐烂,造成减产或影响到果实的市场价值。

1.症状识别

该病主要为害果实。果实被害,初在幼果脐部出现水浸状暗绿色,后逐渐扩大成圆形凹陷,并逐渐变褐,变黑,黑色斑块圆形,质硬,一般从第一、第二果穗开始发生,若遇潮湿环境,病果上有时有墨绿色或粉红色霉状物(腐生菌),常易与灰霉病和菌核病相混淆,如果植株无病叶,病果的病健交界明显,则为脐腐病;若病健交界处有轮纹状黑霉或病健交界不明显,且质较软,植株上有明显的病叶,则应考虑为真菌病害所致。

2.发病规律

此病是由水分供应失调、缺钙、缺硼等原因而引起的生理性病害。一般在第一果穗坐果之后,植株处于生育旺盛阶段,此时若棚室内遇干旱(为预防灰霉病或菌核病的发生,采取降湿栽培措施),叶片蒸腾消耗大量水分,导致果实,特别是脐部的水分被叶片夺走时,造成果实内部水分失调,果实的生长发育受阻,形成脐腐。也因偏施氮肥,造成植株氮营养过剩,植株生长过旺,使番茄不能从土壤中吸收足够的钙和硼,致使脐部细胞生理紊乱,失去控制水分的能力而引起脐腐病。此病喜高温、干旱环境。番茄的感病生育期是坐果后1个月 。偏施氮肥、土壤有机质少、土壤干燥、土壤含盐量高的棚室内发病重。

3.防治方法

(1)选用抗病品种　番茄果皮光滑、果实较尖的品种较抗病,在易发生脐腐病的地区可选用。

(2)保证水分需求　浇足定根水,保证花期及结果初期有足够的水分供应;在果实膨大后,应注意适当给水;采用地膜覆盖,保持土壤湿润;在育苗或定植时要将长势相同的放在同一区域,以防个别植株过大而缺水,引起脐腐病;使用遮阳网覆盖,减少植株水分过分的蒸腾,也对防治此病有利。

(3)增施有机肥　特别是基肥,应尽量多施农家厩肥或腐熟的堆肥,增强土壤保水能力。

(4)喷施叶面肥　坐果后30 d内及时补钙,可喷施1%过磷酸钙或0.1%氯化钙或

0.1%硝酸钙，每隔15 d喷1次，连喷2次。

（五）番茄、茄子、青椒菌核病

菌核病主要为害辣椒、茄子、番茄，也为害黄瓜、豇豆、蚕豆、豌豆、马铃薯、胡萝卜、菠菜、芹菜、甘蓝等多种蔬菜，是设施温室和大棚蔬菜的重要病害。病菌的菌核在棚室内可存活多年，因此温室和固定大棚中菌核可逐年积累，发病严重时常造成茎、叶枯死，甚至整株枯死，直接影响产量。

1. 症状识别

菌核病主要为害茎、叶、花和果实，苗期和成株期均可感病。幼苗茎基部最易受害，病斑初为褐色水浸状，后变深色，迅速在茎基部长出一圈白色霉层并可见黑色颗粒，此为菌核，病部缢缩，易折断，使苗立枯状死。叶染病，初呈水浸状斑，扩大后呈褐色近圆形斑，病部软腐，并产生白色絮状菌丝，干燥时表皮易破裂。花染病，呈水渍状湿腐，后褐色，易脱落。果实染病，发病初始时在幼果脐部或向阳部分产生水浸状腐烂，扩展后稍凹陷，果表病部长出白色棉絮状菌丝及形成黑色粒状菌核。

2. 发病规律

此病由真菌子囊菌亚门真菌核盘菌侵染所致。病菌主要以菌核在土壤中及混杂在种子中越冬或越夏，在环境条件适宜时，菌核萌发产生子囊盘，子囊盘散放出的子囊孢子借气流传播蔓延，穿过寄主表皮角质层直接侵入，引起初次侵染。病菌通过病、健株间的接触，进行多次再侵染，加重危害。菌核于适宜的干燥土壤中可存活3年以上，浸在水中约存活1个月。病菌喜温暖潮湿的环境，发病最适宜的条件为温度20～25℃，相对湿度85%以上。最适感病生育期为成株期至结果中后期。地势低洼、排水不良、种植过密、棚内通风透光差及多年连作等的田块发病重。

3. 防治方法

（1）农业防治　清除混杂在种子中的菌核；和水生蔬菜等实行轮作；及时清除病叶、病株、病果，带出棚外集中烧毁或深埋；培育无病壮苗；采用地膜覆盖栽培；及时调控棚内光、温、水、气。

（2）床土消毒　撒施多菌灵药土：用50%多菌灵粉剂10 g/m^2，与干细土10～15 kg拌匀撒施于苗床上。

（3）药剂防治　发病初期开始喷药，每隔7～10 d喷1次，连喷2～3次。药剂可选50%腐霉利可湿性粉剂1 000倍液，或40%多·福可湿性粉剂320～400倍液，或50%菌核·福美双可湿性粉剂130～180 g/亩，或40%多·酮可湿性粉剂100～140 g/亩，或50%扑海因悬浮剂1 000倍液等，喷雾防治。

（六）辣（甜）椒疫病

辣（甜）椒疫病是春季设施温棚辣（甜）椒栽培的毁灭性病害，各菜区均有发生。该病除了为害辣椒外，在黄瓜、冬瓜、苦瓜、西瓜、南瓜、番茄等蔬菜上也为害较重，流行年份造成的减产轻则15%～30%，严重的50%以上，甚至绝收。早春温暖多雨年份危害严重。发病严重时造成植株凋萎，辣椒成片死亡。

1. 症状识别

该病主要为害茎、叶和果实，苗期、成株期均可发生。苗期发病，主要为害根茎，使根茎组织腐烂、病部缢缩，幼苗倒伏，引起湿腐，枯萎死亡。叶片染病，多从叶缘开始侵染，病斑较大，近圆形或不定形，初始水渍状，边缘黄绿色至暗绿色，中央暗褐色，迅速扩大使叶片部分或大部分软腐或枯死，干燥后病斑变成淡褐色，叶片脱落。茎秆染病，初为水渍状条形斑，后迅速环绕表皮扩展，形成褐色或黑褐色不规则条斑，皮层软化腐烂，病部以上枝叶迅速凋萎，而且易从病部折断。田间湿度大时，病部产生白色霉层（孢子囊梗及孢子囊）。果实染病始于蒂部，先出现水浸状斑点，暗绿色，后病斑扩展，果皮变褐软腐，果实多脱落或失水变成僵果，残留在枝上。

2.发病规律

此病由真菌鞭毛菌亚门辣椒疫霉菌侵染所致。病菌以卵孢子和厚垣孢子在病残体、土壤和种子上越冬。翌年环境条件适宜时，孢子萌发产生孢子囊，借雨水反溅和气流传播至寄主基部或近地面的果实上，从表皮直接侵入引起初次侵染。发病期间在病部（特别是在病果上）产生孢子囊进行再侵染。病菌喜高温、高湿环境，发病最适宜气候条件为温度25～30℃，相对湿度85%以上。辣（甜）椒疫病的感病生育期为坐果期。连作、漫灌、地势低洼、雨后积水、排水不畅、种植过密、棚内通风不良、棚膜内结露多的田块发病重。

3.防治方法

（1）农业防治　选用抗耐病品种；与非茄科、葫芦科蔬菜等轮作3年以上；加强田间管理，合理密植，科学施肥；及时通风，防止湿度过大；控制浇水，浇水宜在晴天上午进行；及时拔除病株，并清除出棚室集中深埋或烧毁。

（2）苗床消毒　用25%瑞毒霉可湿性粉剂或75%百菌清可湿性粉剂按8 g/m^{2}加10～15 kg细土拌匀，将1/3药土施入床内，播后将剩余2/3药土覆盖。

（3）药剂防治　在发病初期可使用45%百菌清烟剂，每次250 g/亩熏蒸，也可进行喷药保护，每隔7～10 d喷1次，连喷2～3次，具体视病情发展而定。药剂可选用53%烯酰·代森联水分散粒剂94～106 g/亩，或58%锰锌·甲霜灵可湿性粉剂150～188 g/亩，或40%疫霉灵可湿性粉剂250倍液，或烯酰·嘧菌酯水分散粒剂15～25 g/亩，或50%烯酰吗啉可湿性粉剂33～73 g/亩，或16.8%霜霉·辛菌胺水剂119～190 g/亩，或75%烯酰·丙森锌水分散粒剂60～100 g/亩，或75%百菌清可湿性粉剂600倍液等。

（七）辣（甜）椒炭疽病

辣（甜）椒炭疽病在各菜区普遍发生，是设施温室和大棚的一种常见多发病害。发病严重时果实褐色、腐烂，使商品失去食用价值，直接影响产量，损失可达50%以上。本病除为害青（甜）椒外，也为害番茄、茄子及十字花科蔬菜等多种蔬菜。

1.症状识别

辣（甜）椒炭疽病主要为害果实，也能为害叶片和果梗。叶片染病，初为褪绿色水浸状斑点，逐渐变为褐色，中间淡灰色，病斑上轮生小黑点（病菌的分生孢子盘）。果柄染病，产生不规则的褐色凹陷斑，干燥时易破裂。果实染病，出现水浸状黄褐色圆斑或不规则斑，表面有隆起的同心轮纹，并生有许多黑色小点，潮湿时病斑表面溢出红色黏稠物，果实上的病斑易干缩成膜状，有的破裂。

2.发病规律

该病由真菌半知菌亚门辣椒炭疽病菌和辣椒丛刺盘孢菌侵染所致。病菌以拟菌核在田间病残体上越冬，也可以菌丝体和分生孢子在种子上越冬。条件适宜时产生分生孢子，借雨水反溅或气流传播至寄主植物，经寄主伤口侵入，引起初次侵染，继而在病斑上长出分生孢子，引起再侵染。病菌喜高温、高湿环境，发病最适宜气候条件为温度 25～30℃，相对湿度 85%以上。感病生育期在结果中后期。种植密度大、地势低洼、排水不良、施肥不当、氮肥过多、棚室内高温多湿、通风不良的田块发病重；年度间，梅雨期间高温多雨、夏季高温多雨的年份发病重。

3. 防治方法

(1)农业防治　选用抗病品种；加强田间管理，合理密植，配方施肥，棚室适时通风，避免高温高湿，注意排水，及时清除病叶、病果及残体，实行与非茄果类蔬菜 2～3 年轮作。

(2)种子处理　用凉水预浸 1～2 h，然后用 55℃温水浸 10 min，再放入冷水中冷却后催芽播种。也可先将种子在冷水中浸 10～12 h，再用 1%硫酸铜浸种 5 min，或用 50%多菌灵可湿性粉剂 500 倍液浸 1 h，捞出后用草木灰或少量石灰中和酸性，再进行播种。

(3)药剂防治　在发病初期开始喷药保护，每隔 7～10 d 喷 1 次，连喷 2～3 次，具体视病情发展而定。药剂可选用 60%甲硫・抑菌脲可湿性粉剂 40～60 g/亩，或 70%咪鲜・丙森锌可湿性粉剂 90～120 g/亩，或 40%腈菌唑水分散粒剂 4 000～4 800 倍液，或 46%氢氧化铜水分散粒剂 1 500～2 000 倍液，或 75%百菌清可湿性粉剂 600 倍液，或 60%咪唑・代森联水分散粒剂 1 000～2 000 倍液，或 50%炭疽福美可湿性粉剂 300～400 倍液，或 45%咪鲜胺微乳剂 750～1 000 倍液，喷雾防治。

(八)茄子黄萎病

茄子黄萎病，又称半边疯、黑心病、凋萎病，是大棚春栽茄子的重要病害。近年来随着春棚茄子面积的增加，该病有发生越来越早的趋势，损失也相应加重。发病严重时常造成植株枯萎，甚至绝收，直接影响产量，对茄子生产危害极大。

1. 症状识别

该病主要为害根、茎部，苗期、成株期均可发病。一般在茄子坐果后开始表现症状，多自下而上或从一边向全株发展。初期叶片边缘及叶脉间变黄，逐渐发展至叶片半边或整张叶片变黄。发病初期，病叶在晴天中午前后表现萎蔫，早晚可以恢复正常，随着病情发生，以后病叶萎蔫后不再恢复，病叶色泽由黄变褐，有时叶缘向上卷曲，萎蔫下垂或脱落，严重时病株叶片脱光仅留茎秆。剖视病茎和病根等部，可见维管束变褐色。病株着生的果实变小，质硬，纵切病株上成熟的果实，其维管束也呈黑褐色。

2. 发病规律

此病由真菌半知菌亚门大丽花轮枝孢侵染所致。病菌以休眠菌丝体、厚垣孢子和微型菌核随病残体在土壤中越冬，一般在土壤中可存活 6～8 年。翌年环境条件适宜时，病菌从茄根部伤口或直接从幼根的表皮及根毛侵入，引起发病。后病菌在维管束内不断扩展、繁殖，并扩展到枝叶，该病在当年不再进行重复侵染。病菌喜温暖、潮湿的环境，发病最适宜气候条件为温度 25～28℃，相对湿度 60%～85%。感病生育期为坐果期至采收中后期。地势低洼、施用未腐熟的有机肥、灌水不当、定植过早、定植过深、起苗带土少、伤根多及连作的田块发病重。年度间，春末夏初或梅雨期间多雨的年份发病重。

3. 防治方法

(1)农业防治　选用抗病品种，如吉茄 1 号、辽茄 3 号、齐茄 1 号等品种；与非茄科作物实行 4 年以上轮作；发现病株，及时清除病株及其周围土壤，并带出田外集中处理。

(2)种子处理　播种前种子用 0.2%的 50%多菌灵可湿性粉剂浸种 1 h，或用 55℃温水浸种 15 min，移入冷水中冷却后催芽播种。

(3)嫁接防病 用野茄 2 号、苏茄 1 号、野生水茄、毒茄或红茄作砧木，栽培茄作接穗，采用劈接或插接法嫁接，效果显著。

(4)药剂防治 茄子移栽时进行第一次施药，主要在发病初期进行灌根治疗，每穴药液量为 250 mL，每隔 7～10 d 灌根 1 次，连续使用 3～4 次，具体视病情发展而定。药剂可选用 1%申嗪霉素悬浮剂 500～1 000 倍液，50%多菌灵可湿性粉剂 500 倍液，或 1.2%辛菌胺醋酸盐水剂 200～300 倍液，或 10 亿 CFU/g 多黏类芽孢杆菌可湿性粉剂 3 000 倍液，或 6%春雷霉素可湿性粉剂 300～500 倍液等。

(九)黄瓜白粉病

黄瓜白粉病在全国各地均有发生，设施温室和大棚内尤其最易发生此病，且发病后病情发展迅速，对黄瓜产量威胁很大。近年来，由于白粉病产生了一定抗药性，而且一年四季均可发病，给防治带来一定难度。此外，该病还能为害西葫芦、南瓜、甜瓜、冬瓜、西瓜和丝瓜等多种葫芦科作物。

1. 症状识别

苗期至收获期均可染病，主要为害叶片，叶柄和茎次之，一般不侵染果实。叶片染病，初始在叶片背面或正面产生白色粉状小圆斑，后逐渐扩大为不规则、边缘不明显的白粉状霉斑(即病菌的分生孢子梗和分生孢子)。随着病情发展，病斑连接成片，布满整张叶片，受害部分叶片表现褪绿和变黄，发病后期病斑上产生许多黑褐色的小黑点(即病菌的闭囊壳)，最后白色粉状霉层老熟，变成灰白色。发病严重时，病叶组织变为黄褐色而枯死。高湿条件下，病菌也可侵染瓜茎和花器，产生白色粉斑，症状与叶片类似，病斑较小。

2. 发病规律

此病由真菌子囊菌亚门单丝壳白粉菌和二孢白粉菌侵染所致。北方地区病菌以闭囊壳随病残体在地上或花房月季花或保护地瓜类作物上越冬，南方地区以菌丝体或分生孢子在寄主上越冬越夏。翌年条件适宜时，分生孢子萌发借助气流或雨水传播到寄主叶片上，5 d 后形成白色菌丝状病斑，7 d 成熟，形成分生孢子飞散传播，进行再侵染。田间流行适温在 16～25℃，相对湿度 80%以上。设施棚室内栽培黄瓜因通风不良、栽培密度过高、氮肥施用过多、田块低洼而发病较重。

3. 防治方法

(1)因地制宜选用耐病品种 如津研 2 号、4 号，津优 10 号、30 号，宝扬 5 号，中农 8 号，鲁黄 1 号等品种。

(2)加强田间管理 合理密植；开沟排水；及时摘除病叶、老叶，加强通风透光，以增强植株长势；增施磷钾肥，提高抗病力。

(3)药剂防治 在发病初期，温室大棚内可选用 45%百菌清烟剂或 20%一熏灵烟剂在傍晚闭棚后熏蒸防治；也可选用 10%戊菌唑乳油 2 000～3 000 倍液，或 30%氟环唑悬浮剂 1 600～2 300 倍液，或 5%己唑醇悬浮剂 800～1 000 倍液，或 12%腈菌·三唑酮乳油 25～30 g/亩，或 5%高渗腈菌唑乳油 1 500 倍液，或 30%嘧菌酯可湿性粉剂 28～35 g/亩等，在发病中心及周围重点喷施，每隔 7～10 d 喷 1 次，连喷 2～3 次。

(十)黄瓜细菌性角斑病

黄瓜细菌性角斑病是设施黄瓜生产上普遍发生的病害，近年来发生逐渐加重。该病在黄瓜苗期至成株期均可发生，重病棚的病叶率可达70%，对黄瓜产量和品质有明显影响。该病也可为害葫芦、甜瓜、西葫芦和丝瓜等果菜。

1. 症状识别

此病主要为害叶片，也能为害叶柄、茎蔓和卷须。苗期至成株期均可染病。苗期染病，在子叶产生圆形水渍状凹陷病斑，后变黄褐色，逐渐干枯。叶片染病，往往初生几十个针头状水渍状小斑点，后逐渐扩大，呈淡黄色或灰白色，因受叶脉限制，病斑成为多角形，最后病斑成为淡黄色至黄褐色，潮湿时，叶片背面产生乳白色黏液状菌脓，干燥后形成白痕，病斑质地脆，易形成穿孔。瓜条染病，出现水渍状圆形小病斑，严重时连片成不规则形，高湿条件下产生白色半透明乳状的菌脓，引起瓜条局部腐烂。病菌可以侵入种子，使种子带菌。茎蔓、叶柄和卷须染病，初现水渍状小斑，后扩大成短条状，黄褐色，高湿条件下产生大量乳白色的菌脓，严重时病部出现纵向裂口，空气干燥时病部有白痕。

2. 发病规律

该病由细菌丁香假单胞杆菌黄瓜角斑致病变种侵染所致。病原菌随病残体在土壤中或以带菌种子越冬，为翌年初侵染菌源。种子上的病菌在种皮和种子内部可存活1～2年，播种后直接侵染子叶，病菌在细胞间繁殖，借雨水反溅、棚顶水珠下落、昆虫等传播蔓延，从寄主自然孔口和伤口侵入，经7～10 d潜育后出现病斑，潮湿时产生菌脓。病菌喜温暖潮湿的环境，发病适温在18～28℃，相对湿度80%以上，黄瓜最易感病生育期是开花坐果期至采收盛期。

3. 防治方法

(1)选用耐病品种　如津优20号、津优30号、中农8号、中农13号、津早3号等。

(2)加强田间管理　与非瓜类作物轮作2年以上，清洁田园，生长期间和收获后及时清除病叶和病残体深埋。深翻土层，加速病残体的分解，减少初侵染菌源。

(3)种子消毒　用55℃温汤浸种20 min，捞出晾干后催芽播种。

(4)药剂防治　在发病初期及时喷药防治，药剂可选用77%可杀得可湿性粉剂800倍液，或77%氢氧化铜可湿性粉剂400～600倍液，或14%络氨铜水剂600倍液，或2%春雷霉素水剂600倍液，或50%代森铵水剂1 000倍液，或72%农用链霉素可湿性粉剂4 000倍液，或20%噻菌酮悬浮剂300～500倍液等喷雾，每隔5～7 d喷1次，连喷3～4次。

(十一)西葫芦病毒病

西葫芦病毒病又称花叶病，各地普遍发生，是设施大棚春夏季栽培西葫芦的主要病害。该病常造成30%～40%减产，且果实质量低劣，甚至提早败秧毁种。除西葫芦外，还为害南瓜、笋瓜、甜瓜、西瓜、冬瓜等瓜类蔬菜。

1. 症状识别

西葫芦植株感染病毒病后，上部叶片沿叶脉失绿，并出现黄绿斑点，逐渐全株黄化，叶片皱缩向下卷曲，节间缩短，植株矮化。枯死植株后期花冠扭曲畸形，大部分不能结瓜或瓜小而畸形。苗期4～5片叶时开始发病，新叶表现明脉，有褪色斑点，继而花叶有深绿色疱斑，重病株顶叶畸形鸡爪状，病株矮化，不结瓜或瓜表面有环状斑或绿色斑驳，皱缩、畸形，果实表面出现与原品种不一致的色斑。

2. 发病规律

此病由黄瓜花叶病毒和甜瓜花叶病毒等多种病毒单独或复合侵染所致。黄瓜花叶病毒和甜瓜花叶病毒均可在宿根性杂草、菠菜、芹菜等寄主上越冬，翌年通过汁液摩擦和蚜虫传毒侵染发病，种子也可携带病毒。高温干旱有利于有翅蚜迁飞，发病重；露地育苗、苗期管理粗放、缺水、肥水不足、光照强、杂草多的地块发病重。矮生西葫芦较易感病，蔓生西葫芦抗病性强。

3. 防治方法

(1)农业防治　选用花叶西葫芦、早青一代等较耐病毒病品种；实行3～5年轮作；加强肥水管理，避免缺水、脱肥而造成早衰。

(2)种子消毒　可用10%磷酸三钠溶液浸种20～30 min，或用1%高锰酸钾溶液浸种30 min，用清水冲洗干净后再催芽播种。

(3)及时防治蚜虫　蚜虫是传染病毒病的重要媒介，应在其点片发生期及时防治，具体方法参照“桃蚜”的防治方法(详见本书第277页、第278页)。

(4)药剂防治　在发病始见期或发病前开始防治，病毒抑制剂和生长促进剂配合施用防效更佳，生长促进剂可选用叶绿壮浓缩叶面肥3 000～4 000倍液等，病毒抑制剂可选用0.5%氨基寡糖素水剂160～230 g/亩倍液，或1%香菇多糖水剂83～125 mL/亩，或8%宁南霉素水剂75～104 mL/亩等，每隔7～10 d喷1次，连喷2～3次，注意交替用药。

(十二)菜豆细菌性疫病

菜豆细菌性疫病又称火烧病、叶烧病，是菜豆的常见病害，除为害菜豆外，还可侵染豇豆、扁豆、绿豆等其他豆科作物。

1. 症状识别

在菜豆苗期和成株期均可染病，可为害叶片、茎蔓、豆荚和种子，以叶片为主。幼苗期，染病子叶产生红褐色溃疡斑，幼茎产生红褐色油浸状斑，绕茎一周后幼苗易折断而枯死。成株期，被害叶片、叶尖和叶缘初呈暗绿色油渍状小斑点，像开水烫状，后扩大成不规则灰褐色的斑块，病斑周围具黄绿色晕圈，中部薄纸状，半透明，干燥时易脆破。严重时病斑相连布满整片叶，似火烧状，使全叶卷曲枯死，但不易脱落。潮湿时，叶片腐烂变黑，病斑上分泌出淡黄色黏液状菌脓，嫩叶扭曲畸形。茎上病斑呈长条状红褐色溃疡，中央略凹陷，绕茎一周后上部茎叶萎蔫枯死。豆荚上病斑多不规则或略圆形，红褐色至褐色，严重时豆荚萎缩。被侵染种子皱缩，产生黑色凹陷斑，脐部溢出淡黄色黏液状菌脓。

2. 发病规律

此病由细菌油菜黄单胞菌菜豆致病变种侵染所致。病菌主要在种子内潜伏越冬，可存活2～3年，也可随病残体在田间土壤中越冬。播种带毒种子、幼苗即可染病，并产生菌脓借雨水反溅传播进行再侵染，也可通过昆虫、农事操作等传播至寄主植物上，从寄主表皮的气孔、水孔或伤口侵入，经潜育后发病并在植株内蔓延，进行多次重复再侵染。病菌喜高温高湿的环境，适宜发病的温度范围15～38℃，田间发病最适温度24～32℃，相对湿度85%以上。菜豆生育期均可感病，发病潜育期5～15 d。设施棚室内通风不良、温度高、湿度大易发此病。

3. 防治方法

(1)农业防治　选用无病种子；与葱蒜类蔬菜等非豆类作物轮作2年以上；加强通风，避免高温高湿环境；增施腐熟有机肥，促进植株健壮生长，提高抗病性。

(2)种子消毒　用50℃温水浸种15 min再播种，或用种子重量0.3%的58%甲霜灵锰锌可湿性粉剂或50%敌克松拌种。

(3)药剂防治　发病初期可选用8%苯甲·中生可湿性粉剂1 500～2 000倍液，或77%可杀得可湿性粉剂500～600倍液，或75%百菌清可湿性粉剂500～600倍液，或0.2 g/kg农用链霉素500倍液，或20%噻菌酮悬浮剂300～500倍液等喷雾防治，每隔7 d喷1次，连喷3～4次。

(十三)芹菜斑枯病

芹菜斑枯病又叫晚疫病、叶枯病，俗称“火龙病”，是冬春季设施棚室芹菜的重要病害，发生普遍而且严重，对芹菜产量和品质影响很大，而且此病在贮藏运输期间还能继续为害，降低产品食用价值。

1.症状识别

芹菜斑枯病主要为害叶片，也能为害叶柄和茎。一般老叶先发病，后向新叶发展。我国主要有大斑型和小斑型2种。大斑型初发病时，叶片产生淡褐色油渍状小斑点，后逐渐扩散，中央开始坏死，后期可扩展到3～10 mm，多散生，边缘明显，外缘深褐色，中央褐色，散生黑色小粒点。小斑型大小0.5～2 mm，常多个病斑融合，边缘明显，中央呈黄白色或灰白色，边缘聚生许多黑色小粒点，病斑外常具有黄色晕圈。叶柄或茎受害时，产生油渍状长圆形暗褐色稍凹陷病斑，中央密生黑色小点。

2.发病规律

大斑型斑枯病菌为半知菌亚门芹菜小壳针孢，小斑型斑枯病菌为半知菌亚门芹菜大壳针孢。病菌主要以菌丝体在种皮内或病残体上越冬，能存活1年以上。播种带菌种子，出苗后即染病，产出分生孢子，在育苗畦内传播蔓延。在病残体上越冬的病原菌，遇适宜温湿度条件，产出分生孢子器和分生孢子，借风或雨水飞溅将孢子传到芹菜上。遇有水滴存在，孢子萌发产出芽管，经气孔或直接穿透表皮侵入植株，经8 d潜育，病部又产出分生孢子进行再侵染。病菌在冷凉天气下发育迅速，高湿条件下也易发生，发生的适宜温度为20～25℃，相对湿度为85%以上。芹菜最适感病生育期在成株期至采收期，发病潜育期5～10 d。

3.防治方法

(1)种子处理　选用无病种子，晒种杀死种皮上的病菌，播前用48℃温汤浸种30 min后晾干播种。

(2)茬口轮作　重发病田块，提倡与其他蔬菜隔年轮作。

(3)加强栽培管理　适当密植，适时放风排湿，合理灌溉，开好排水沟系，降低田间湿度和地下水位，施肥以腐熟农家肥为主，增施磷钾肥，增强植株抗病性。

(4)清洁田园　发病初及时摘除病叶、脚叶、拔除病残体，收获后及时清洁田园，将病残体带出田外销毁，并深翻土壤，加速病残体的腐烂分解。

(5)药剂防治　在发病初期开始喷药，以后每隔7～10 d喷药1次，连喷2～3次。药剂选用36%甲基硫菌灵悬浮剂1 300倍液，或33.5%喹啉酮悬浮剂1 000～2 000倍液，或40%戊唑·嘧菌酯悬浮剂2 000～3 000倍液，或25%丙环唑水剂1 000～1 500倍液，或75%百菌清可湿性粉剂600倍液，或50%多菌灵可湿性粉剂800倍液等。另外，设施棚室内在发病初期可用25%一熏灵烟熏剂进行闷棚熏蒸或喷撒5%百菌清粉尘剂，每次用药量为1 kg/亩。

（十四）草莓灰霉病

草莓灰霉病是设施大棚草莓发生最普遍、危害最严重的病害，其直接为害花器和果实，发生严重时，产量损失在50%以上。

1.症状识别

该病主要为害花器和果实，也为害叶片、叶柄、花柄等。花器发病时，花萼呈针眼大水渍状的小斑点，后扩展成近圆形或不规则形病斑，逐渐延伸到子房及幼果，最后幼果形成水渍状病斑，潮湿时迅速软腐，产生灰褐霉层。果实发病多在青果上，开始是果顶呈水渍状病斑，后发展成褐色病斑，湿度大时病果湿软腐烂，空气干燥时病果呈干腐状。叶片发病始于叶基，呈水渍状小斑点，后向外扩展成圆形、半圆形、近圆形或不规则灰褐色大病斑，最后蔓延到全叶，叶片腐烂、枯死，病部常产生灰褐色霉状物，发病后期易引起早期落叶。

2.发病规律

该病由半知菌亚门灰葡萄孢属真菌侵染所致，病原菌主要以分生孢子、菌丝体或菌核在病残体和土壤中越冬。环境条件适宜时，菌核萌发产生分生孢子梗及分生孢子；分生孢子借助气流、棚室内水汽和露水进行传播。分生孢子萌发的最适温度为13～25℃；抗旱能力较强，但萌发时对湿度要求很高，在水中最易萌发，相对湿度低于95%不萌发，因此温暖湿润的环境有利于发病。大棚连作、田块病残物多，草莓发病早且重；偏施氮肥，草莓生长旺盛，叶面大而嫩绿易患灰霉病；过度密植，栽培垄过低，植株基部老叶多，以及垄土积水，棚内通气不良都会导致发病严重。

3.防治方法

（1）农业防治　选用优良抗病品种，如红福、硕丰等；水旱轮作，或与十字花科蔬菜、豆类轮作；收获后彻底清理病残体；生长期及时摘除病叶、病果、老叶，带出棚外深埋；连作大棚可利用夏季高温消毒土壤；采用高垄地膜覆盖栽培。

（2）药剂防治　在草莓匍匐茎分株繁苗期及时拔除弱苗、病苗，并用药剂预防2～3次；定植后要重点对发病中心株及周围植株进行防治，防治药剂可选用25%啶菌噁唑（菌思奇）乳油每公顷750～900 mL，或50%扑海因800倍液，或50%速克灵可湿性粉剂1 000倍液，或40%甲基托布津可湿性粉剂800倍液兑水喷雾，注意轮换交替用药。

（十五）草莓白粉病

草莓白粉病是草莓生产中的主要病害，特别是设施棚室等保护地草莓白粉病发生更严重，严重影响草莓的产量、品质和经济效益。

1.症状识别

该病主要为害叶片和果实。叶片发病初期在叶背面长出薄薄的白色菌丝，后期菌丝密集成粉状层，病原菌逐渐蔓延扩展，严重时叶片正面也滋生菌丝。随病情加重，叶缘逐渐向上卷起呈汤匙状，叶片上发生大小不等的暗色污斑，后期病斑呈红褐色，叶缘开始萎缩，最终整个叶片焦枯死亡。果实后期受害时，果面裹有一层白粉，着色缓慢，果实失去光泽并硬化，严重时整个果实如同一个白粉球，完全不能食用。

2.发病规律

该病病原为子囊菌亚门白粉菌目白粉菌科羽衣草单囊壳真菌。病菌以闭囊壳、菌丝体或分生孢子等随病残体留在地上或在活着的草莓老叶上越冬，依靠带病的草莓苗等繁殖材料进行中远距离传播。其发生发展主要与温度和相对湿度有关，发生的适温为20℃左右，空气湿度为80%～100%，往往在经历较高的相对湿度以后出现发病高峰，遮光可加速孢子的形成。设施棚室内，白粉病的流行主要取决于湿度和植株的长势，湿度大利于病菌流行。当高温干旱与高温高湿交替出现，又有大量白粉菌菌原时，易大流行。

3. 防治方法

（1）农业防治　选用抗病品种，如杜克拉、图得拉、哈尼等品种抗性较好；清理棚室内的上茬草莓植株和各种杂草后再定植；合理控制氮肥用量，防止烧苗及旺长，多施磷、钾肥，合理密植；合理进行水肥管理；利用风口调节棚室内温湿度，增加温室草莓的通风透光性。

（2）药剂防治　发病前温室大棚内可采用硫黄熏蒸技术进行预防，在温室内每100 m^2安装1台熏蒸器，熏蒸器内盛20 g含量99%的硫黄粉，在傍晚盖苫后开始加热熏蒸，隔日1次，每次4 h。发病初期，可选用23%氨基·嘧菌酯悬浮剂65～98 g/亩，或40%腈菌唑可湿性粉剂28～35 g/亩，或10%戊菌唑乳油2 000～3 000倍液，或30%氟环唑悬浮剂1 600～2 300倍液等，兑水喷雾，施药时注意不同的药剂交替使用。

（十六）草莓蛇眼病

草莓蛇眼病又称草莓白斑病，在草莓栽培区广泛发生。

1. 症状识别

该病主要为害叶片。多从下部老叶开始发病，逐步向上发展。发病初期在叶片上出现许多大小不等的近圆形、紫红色小斑，似蛇眼状。以后中央斑点转变成灰白至灰褐色并形成大斑点，有时还有紫红色轮纹。湿度高时，病斑表面产生白色粉状霉层，即病菌分生孢子梗和分生孢子。后期在病斑上可产生出许多小黑点，即病菌子囊座。严重发生时，叶片上病斑密布，短时间内发病叶就会坏死枯焦。

2. 发病规律

此病由真菌半知菌亚门柱隔孢属杜拉柱隔孢侵染所致。病菌以病斑上的菌丝或分生孢子越冬，有的可产生菌核或子囊壳越冬，主要通过病苗和表土上的菌核进行传播为害。病菌喜潮湿的环境，最适温度为18～22℃，低于7℃或高于23℃不利于发病。设施棚室内连作、排水不良、管理粗放、湿度大、植株生长衰弱时发病重。

3. 防治方法

（1）农业防治　避免同一块地连续栽种草莓，一般2～3年要轮换栽种地，并且要无病先防；摘除老叶、枯叶，改善设施棚室内的通风透光条件；采收后及时清洁棚室，将残、病叶集中销毁；定植时清理草莓植株，淘汰病株。

（2）药剂防治　苗期可用代森锰锌、甲基托布津、多菌灵等喷洒预防白粉病发生；发病初期可用77%硫酸铜钙可湿性粉剂600～800倍液，或50%代锰戊唑醇可湿性粉剂1 000～2 000倍液，或50%抑菌脲可湿性粉剂1 000～1 500倍液，或70%丙森嘧菌酯水分散粒剂1 000～1 500倍液等喷雾防治。

（十七）草莓青枯病

草莓青枯病是草莓生产中，尤其是育苗期的主要病害之一，该病系细菌性维管束组织病害。青枯病菌寄主范围广泛，除草莓外，还为害番茄、茄子、辣椒及大豆、花生等100多种植物，以茄科作物最易感病。

1. 症状识别

草莓青枯病主要发生在定植初期。发病初期，草莓植株下位叶1～2片凋萎脱落，叶柄变为紫红色，植株发育不良，随着病情加重，部分叶片突然失水，绿色未变而萎蔫，叶片下垂似烫伤状。该病在设施棚室栽培中主要为害茎部，初呈铁锈色，逐渐向茎内扩展，先呈褐色，后变为棕色，最后变为黑色，将病株由根茎部横切，导管变褐，湿度高时可挤出乳白色菌液，能嗅到酸臭气味。

2. 发病规律

此病由细菌青枯假单胞杆菌侵染所致。病原以孢子在土壤、草莓茎部裂缝中越冬，成为翌年侵染源。在浇水、下雨、大雾等条件下传播，设施温棚内则以苗期移栽携带病菌和其他传播途径引发病害。适宜发病温度为22℃以上，气温、湿度、地温越高发病越严重。15℃以下时病菌活力逐渐下降，10℃以下时病菌处于休眠状态，湿度小于40%不传播。温度越高，湿度越大，发病就越快。设施棚室内在果实露白至上色期，温度在22～28℃、湿度80%以上时，分生孢子发育快，侵染迅速。

3. 防治方法

(1)农业防治　实行水旱轮作，避免与茄科作物轮作；育苗前整平土地，高畦栽培；在浇水或大雨后及时排除积水，发现病株及时清除、烧掉或深埋，清除病株周围的土壤；适当控制浇水量，设施棚室内经常通风换气，连阴天也应适当短时间通气调节；加强肥水管理，适当增施氮肥和钾肥，施用充分腐熟的有机肥或草木灰，调节土壤pH。

(2)药剂防治　育苗前用20%土菌净500倍液，或99.3%高锰酸钾1 000倍液喷洒棚室土壤；大棚栽培地在覆黑地膜前，用3%广枯灵500倍液加72%农用链霉素2 000倍液灌根，开花前用3%广枯灵800倍液加72%农用链霉素2 000倍液灌根，草莓露白至上色时或在浇水前，用3%广枯灵500倍液加72%农用链霉素2 000倍液灌根。

三、设施农业中常见的害虫及防治技术

(一)温室白粉虱

温室白粉虱俗名小白蛾，属同翅目粉虱科。其寄主主要有黄瓜、菜豆、茄子、番茄、青椒、甘蓝、甜瓜、西瓜、花椰菜、白菜、油菜、萝卜、莴苣、魔芋、芹菜等各种蔬菜及花卉等200余种。成虫和若虫吸食植物汁液，被害叶片褪绿、变黄、萎蔫，甚至全株枯死。此外，由于其繁殖力强，繁殖速度快，种群数量庞大，群聚为害，并分泌大量蜜液，严重污染叶片和果实，往往引起煤污病的大发生，使蔬菜失去商品价值。

1. 形态特征

温室白粉虱成虫体长1～1.5 mm，淡黄色。翅面覆盖白蜡粉，停息时双翅在体上合成屋脊状如蛾类，翅端半圆状，遮住整个腹部，翅脉简单，沿翅外缘有一排小颗粒。卵长约0.2 mm，侧面观长椭圆形，基部有卵柄。初产淡绿色，覆有蜡粉，而后渐变褐色，孵化前呈黑色。1龄若虫体长0.29～0.51 mm，长椭圆形，淡绿色或黄绿色，足和触角退化，紧贴在叶片上营固着生活；4龄若虫又称伪蛹，体长0.7～0.8 mm，椭圆形，初期体扁平，逐渐加厚呈蛋糕状，中央略高，黄褐色，体背有长短不齐的蜡丝，体侧有刺。

2. 生活习性

温室白粉虱1年可生10余代，以各虫态在设施棚室越冬并继续为害。白粉虱的种群数量，由春至秋持续发展，到秋季数量达到高峰，集中为害瓜类、豆类和茄果类蔬菜。繁殖适温

18～25℃，成虫有趋嫩性、群集性及趋黄性，营有性生殖或孤雌生殖，卵多散产于叶片上。各虫态的发育受温度因素的影响较大，抗寒力弱。

3.防治方法

(1)农业防治　设施棚室内种植白粉虱不喜好的芹菜、韭菜等较耐低温的作物，可从越冬环节上切断其自然生活史；避免与黄瓜、菜豆、番茄混栽。

(2)物理防治　可利用温室白粉虱的趋黄性，可在温室内设置黄板诱杀成虫。防治方法：在发生初期，将黄板涂机油等黏性剂，均匀悬挂于植株上方，黄板底部与植株顶端相平，或略高于植株顶端。当白粉虱粘满板面时，需及时涂油，7～10 d 重涂 1 次。

(3)生物防治　可利用丽蚜小蜂、草蛉等控制白粉虱危害。

(4)药剂防治　在白粉虱种群密度较低时及时用药，必须连用几次方能控制虫害。药剂可选用 10%扑虱灵乳油(对粉虱有特效)，或 25%灭螨猛乳油 1 000 倍液，或 20%康福多浓可溶剂 4 000 倍液，或 2.5%天王星乳油 3 000 倍液，或 2.5%功夫乳油 3 000 倍液，或 20%灭扫利乳油 2 000 倍液等，连续喷雾施用，均有较好效果。

(二)桃蚜

桃蚜又名烟蚜，俗称腻虫、蜜虫等，属同翅目蚜科。桃蚜是广食性害虫，寄主植物达 350 种以上。在设施棚室中主要为害白菜、甘蓝、萝卜、芥菜、芸薹、芜菁、甜椒、辣椒、菠菜等多种作物。桃蚜生活周期短、繁殖量大、除刺吸植物体内汁液，还可分泌蜜露，引起煤污病，影响植物正常生长。此外，桃蚜还能传播多种植物病毒，往往造成更加严重的后果。

1.形态特征

(1)无翅孤雌蚜　体长 2.6 mm，宽约 1 mm。体淡色，头部深色，体表粗糙，但背中域光滑，第 7、8 腹节有网纹。额瘤显著，中额瘤微隆。触角长约 2 mm，有毛 16～22 根。腹管长筒形，端部黑色。尾片黑褐色，圆锥形，近端部 1/3 收缩，有曲毛 6～7 根。

(2)有翅孤雌蚜　头、胸黑色，腹部淡色。触角第 3 节有小圆形次生感觉圈 9～11 个。腹部第 4～6 节背中融合为一块大斑，第 2～6 节各有大型缘斑，第 8 节背中有一对突起。

(3)有翅雄蚜　体长 1.3～1.9 mm，体色深绿、灰黄、暗红或红褐色，头胸部黑色。

(4)卵　椭圆形，长 0.5～0.7 mm，初为橙黄色，后变成漆黑色而有光泽。

2.生活习性

桃蚜每年发生 10～40 代，世代重叠严重。桃蚜属乔迁式蚜虫，有季节性的寄主转移习性，在晚秋或冬季可产生性蚜，性蚜交配、产卵，在蔷薇科植物枝条的芽腋、分枝或枝梢的裂缝里越冬，或以卵在贮藏的大白菜上越冬，还可以无翅胎生雌蚜在风障地菠菜接近地面的主根上越冬，越冬卵翌年 3—4 月份孵化，在越冬寄主上繁殖几代后再产生有翅蚜迁回蔬菜田为害。桃蚜有翅型和无翅型的发育起点温度分别为 4.5℃和 3.9℃，自出生至羽化为成蚜的有效积温分别为 133.0℃·d 和 119.8℃·d。种群在 16～24℃范围内数量增长最快。

3.防治方法

(1)农业防治　蔬菜收获后及时清理设施棚室内残株败叶，铲除杂草；大棚温室周围种植玉米屏障，可阻止蚜虫迁入。

(2)物理防治　利用蚜虫对银灰色有负趋性的原理，在大棚周围挂银灰色薄膜条(10～15 cm 宽)，每亩用膜 1.5 kg，可驱避蚜虫，也可用银灰色遮阳网、防虫网覆盖栽培；利用蚜虫对黄色有较强趋性的原理，在棚室内悬挂黄板进行诱杀。

(3)药剂防治　药剂可选用4.5%高效氯氟氰菊酯水乳剂50～80 mL/亩，或20%烯啶·噻虫啉水分散粒剂10～20 g/亩，或10%蚜虱净可湿性粉剂2 000～2 500倍液，或40%烯啶·吡蚜酮水分散粒剂10～15 g/亩，或10%啶虫脒微乳剂5 000～8 000倍液，或8%阿维·吡虫啉悬浮剂15～18 mg/亩，或50%抗蚜威可湿性粉剂10～18 g/亩，或1.5%苦参碱可溶液剂30～40 g/亩等喷雾。

(三)茶黄螨

茶黄螨属蛛形纲蜱螨目跗线螨科，是为害蔬菜较重的害螨之一，食性极杂，寄主植物广泛，主要为害黄瓜、茄子、辣椒、马铃薯、番茄、瓜类、豆类、芹菜、木耳菜、萝卜等蔬菜。茶黄螨主要以成螨和幼螨集中在蔬菜幼嫩部分刺吸为害，受害叶片背面呈灰褐或黄褐色，油渍状，叶片边缘向下卷曲；受害嫩茎、嫩枝变为黄褐色，扭曲变形，严重时植株顶部干枯；果实受害时，果皮变黄褐色。生产中有时把上述症状误认为生理病害或病毒病害，失去防治良机而造成更大损失。

1.形态特征

(1)雌成螨　长约0.21 mm，体躯阔卵形，体分节不明显，淡黄至黄绿色，半透明有光泽。足4对，沿背中线有1白色条纹，腹部末端平截。

(2)雄成螨　雄成螨体长约0.19 mm，雌螨体长约0.21 mm，半透明，体躯近六角形，淡黄至黄绿色，腹末有锥台形尾吸盘，足4对，雄螨足较长且粗壮，雌螨足较纤细。

(3)卵　长约0.1 mm，椭圆形，灰白色、半透明，卵面有6排纵向排列的泡状突起，底面平整光滑。

(4)若螨　长椭圆形，长约0.15 mm，半透明，棱形。若螨处于静止的生长阶段，被幼螨的表皮所包围。

2.生活习性

设施棚室内栽培时茶黄螨可周年发生，但冬季为害轻，世代重叠，若3月上中旬初见，4—6月份可见为害严重。成螨通常在土缝、冬季蔬菜及杂草根部越冬。成、幼螨集中在寄主幼芽、嫩叶、花、幼果等幼嫩部位刺吸汁液，尤其是尚未展开的芽、叶和花器。茶黄螨主要靠爬行、风力、农事操作等传播蔓延。幼螨喜温暖潮湿的环境条件。成螨较活跃，且有雄螨负雌螨向植株上部幼嫩部位转移的习性。卵多产在嫩叶背面、果实凹陷处及嫩芽上，经2～3 d孵化，幼(若)螨期各2～3 d。雌螨以两性生殖为主，也可营孤雌生殖。茶黄螨为喜温性害虫，最适气候条件为温度16～27℃，相对湿度45%～90%。

3.防治方法

(1)农业防治　做好冬季设施棚室内害螨的防治工作，压低越冬虫口基数；清除田间残株落叶及杂草；培育无虫苗，定植前做好检查和防治工作。

(2)药剂防治　在点片发生期及时防治，防治药剂可选用40%炔螨特微乳剂1 000～1 500倍液，或10%阿维·唑螨酯悬浮剂4 000～5 000倍液，或20.8%阿维·四螨嗪悬浮剂1 500～2 000倍液，或45%哒螨灵悬浮剂5 000～7 000倍液，或5%噻螨酮可湿性粉剂1 000～1 500倍液，或20%丁氟螨酯悬浮剂1 500～2 500倍液，或43%联苯肼酯悬浮剂2 000～3 000倍液，或21%阿维·三唑锡悬浮剂2 000～3 000倍液等，喷雾防治。重点喷洒植株上部嫩叶背面、嫩茎、花器、生长点及幼果等部位，并注意交替轮换用药。

(四)红蜘蛛

红蜘蛛又名棉红蜘蛛、截形叶螨,属蛛形纲前气门目叶螨科,主要为害茄科、葫芦科、百合科等多种蔬菜作物。若螨和成螨群聚叶背吸取汁液,使叶片呈灰白色或枯黄色细斑,严重时叶片干枯脱落,影响生长,缩短结果期,造成减产。

1. 形态特征

(1)成螨　雌体长 0.5 mm,体宽 0.3 mm;深红色,椭圆形,颚体及足白色,体侧具黑斑。雄体长 0.35 mm,体宽 0.2 mm;阳具柄部宽大,末端向背面弯曲形成一微小端锤,背缘平截状,末端 1/3 处具一凹陷,端锤内角钝圆,外角尖削。

(2)幼螨　近圆形,有足 3 对。越冬代幼螨红色,非越冬代幼螨黄色,体两侧有黑斑。

(3)若螨　有足 4 对,体侧有明显的块状色素。

(4)卵　圆球形,光滑,越冬卵红色,非越冬卵淡黄色。

2. 生活习性

红蜘蛛每年生 10～20 代。越冬虫态随地区不同而异,多以雌成螨、幼螨和卵在土缝、树皮和杂草根部过冬,越冬场所大多在秋后寄主附近。翌年早春气温高于 10℃时,越冬成螨开始大量繁殖,4 月中下旬至 5 月初陆续向作物上转移为害。在植株上先为害下部叶片,后向上蔓延,繁殖数量多及大发生时,常在叶或茎、枝的端部群聚成团,滚落地面被风刮走而扩散蔓延。1 头雌螨可产卵百余粒,成螨和若螨靠爬行或吐丝下垂在植株间蔓延为害。

3. 防治方法

(1)加强虫情检查　田间出现受害株时,有 2%～5%叶片出现叶螨,每片叶上有 2～3 头时,应进行挑治,及时摘除虫叶烧毁,把叶螨控制在点片发生阶段,做好“查、抹、摘、治”。

(2)农业防治　清除田间枯枝落叶和杂草,并耕整土地,以消灭越冬害虫;遇气温高或干旱,要及时灌溉,增施磷钾肥,促进植株生长,抑制害螨增殖。

(3)生物防治　利用天敌,如利用食螨瓢虫、七星瓢虫、异色瓢虫、食螨瘿蚊、小花蝽、中结草蛉等控制螨害。

(4)药剂防治　可在成、若螨始盛期进行药剂防治,防治药剂同茶黄螨。

(五)菜蛾

菜蛾又名小菜蛾,俗称二头尖、小青虫等,属鳞翅目菜蛾科,是世界性迁飞害虫,全国各省均有分布,主要为害甘蓝、花椰菜、白菜、萝卜、油菜、芥菜等十字花科蔬菜。随着设施农业的迅速发展,菜蛾迅速发展成为主要害虫,严重发生的年份如防治不力,可造成毁灭性灾害。

1. 形态特征

(1)成虫　体长 6～7 mm,翅展 12～15 mm,翅狭长,头部黄白色,胸、腹部灰褐色,前翅前半部浅褐色,后翅银灰色,前翅缘毛长,翘起如鸡尾。触角丝状,褐色有白纹,静止时向前伸。雌虫较雄虫肥大,腹部末端圆筒状,雄虫腹末圆锥形,抱握器微张开。

(2)卵　扁平,椭圆形,散产,多产于叶背近叶脉处,有时叶面也有,长约 0.5 mm,宽约 0.3 mm,初产时淡黄色,有光泽,卵壳表面光滑。

(3)幼虫　初孵幼虫深褐色,体长 0.5～2.5 mm,后变黄绿色,老熟幼虫体长 10～12 mm,体上生稀疏长而黑的刚毛,纺锤形,臀足向后伸长,体节明显,腹部第 4～5 节膨大,雄虫可见一对睾丸。头部黄褐色,前胸背板上有淡褐色无毛的小点组成两个“U”形纹。

(4)蛹　长 5～8 mm,纺锤形,黄绿至灰褐色,肛门周缘有钩刺 3 对,腹末有小钩 4 对。

外被丝茧极薄如网，两端通透。

2. 生活习性

菜蛾年发生代次由南向北为 4～22 代不等，成虫寿命 11～28 d，成虫期较长，因此有明显的世代重叠现象。幼虫、蛹、成虫等各种虫态均可越冬、越夏、无滞育现象。成虫具趋光性，对黄色敏感，产卵有较强的寄主选择性，趋向于在甘蓝、花椰菜、白菜等作物上产卵。多产于叶背近叶脉处或叶面凹陷处，叶柄上极少，每雌年均可产 100～300 粒卵，卵期为 3～11 d。初孵幼虫潜叶取食叶肉，残留叶面表皮，使叶片产生透明的斑块，俗称“开天窗”，2 龄后在叶面为害，前 3 龄食量少，4 龄为暴食期，占总食量的 78%左右，可将叶片吃穿成孔洞或缺刻，虫口密度高时，可将叶肉全部吃光，只剩叶柄和叶脉。幼虫期 5～27 d，老熟幼虫在被害叶面或枯叶、枯草上吐丝作茧，在茧内化蛹，蛹期 3～12 d。菜蛾的发育适温为 20～30℃，在 2 个盛发期内完成 1 代，约 20 d。

3. 防治方法

(1)农业防治　合理布局，避免十字花科蔬菜周年连作；对苗田加强管理，及时防治；收获后，要及时处理残株败叶，可消灭大量虫源。

(2)物理防治　菜蛾有趋光性，在虫发生期，可放置黑光灯诱杀小菜蛾，以减少虫源。

(3)生物防治　采用细菌杀虫剂，如 Bt 乳剂 600 倍液可使菜蛾幼虫感病致死。

(4)性引诱剂诱杀成虫　在成虫发生期，利用菜蛾性诱剂诱杀成虫，每亩地放置诱捕器 2～3 只。

(5)药剂防治　在低龄幼虫盛期用药剂防治，药剂可选用 8 000 IU/μL 苏云金杆菌悬浮剂 100～150 mg/亩，或 400 亿 CFU/g 球孢白僵菌可湿性粉剂 25～30 mg/亩，或 2%甲氨基阿维菌素苯甲酸盐微乳剂 5～7 mL/亩，或 30 亿 PIB/mL 核型多交体病毒悬浮剂 20～30 mg/亩，或 40%杀铃脲悬浮剂 14.4～18 mg/亩，或 12%甲威·灭幼脲悬浮剂 10～15 mL/亩，或 0.5%苦参碱水剂 60～90 mL/亩，或 100 亿/mL 短隐杆菌悬浮剂 800～1 000 倍液等，兑水喷雾。

(六)野蛞蝓

野蛞蝓属软体动物门腹足纲柄眼目蛞蝓科，别名蜒蚰螺、鼻涕虫、旱螺等，主要分布在我国中南部及长江流域地区，主要为害设施棚室和露地蔬菜、草莓、果树、花卉等多种植物。受害作物叶片被刮食，造成缺刻或孔洞，甚至被成片吃光，并被排泄的粪便污染，致大量腐生菌侵入而使菜叶腐烂。

1. 形态特征

(1)成虫　长梭形，柔软，光滑而无外壳，体表暗黑色或暗灰色，黄白色或灰红色。有的有不明显暗带或斑点。爬行时体长可达 30 mm 以上，腹面具爬行足，爬过的地方留有白色且具有光亮的黏液。触角 2 对，位于头前端，能伸缩，其中短的一对为前触角，有感觉作用，长的一对为后触角，端部有眼。生殖孔在右侧前触角基部后方约 3 mm 处。呼吸孔在体右侧前方，其上有细小的色线环绕。口腔内有角质齿舌，体背前具外套膜，为体长的 1/3，边缘卷起，其内有退化的贝壳(即盾板)，上有明显的同心圆线，即生长线。同心圆线中心在外套膜后端偏右。

(2)卵　椭圆形，韧而富有弹性，直径约 2.5 mm，白色透明，近孵化时色变深。

(3)若虫　初孵幼虫体长2～3 mm，淡褐色似成虫。

2. 生活习性

野蛞蝓以成体或幼体在作物根部湿土下越冬。5—7月份在田间大量出现，入夏气温升高，活动减弱，秋季气温凉爽后又活动为害。完成一个世代约250 d，5—7月份产卵，卵期16～17 d，从孵化到性成熟约55 d，产卵期可长达160 d。野蛞蝓雌雄同体，异体受精，也可同体受精繁殖。卵产于湿度大、隐蔽的土缝中，每隔1～2 d产1次，1～32粒。每处产卵10粒左右，平均产卵量为400余粒。野蛞蝓怕光，强日照下2～3 h即死亡，喜在黄昏后或阴天外出觅食，晚上22—23时达高峰，清晨之前又陆续潜入土中或隐蔽处，耐饥力强。阴暗潮湿的环境易于大发生，当气温11.5～18.5℃、土壤含水量为70%～80%时，对其生长发育最为有利。

3. 防治方法

(1)农业防治　清洁田园、清除杂草及砖石块；换茬田块及时中耕深翻；开好沟系降低地下水位；在野蛞蝓产卵高峰期及雨后抓紧锄草松土，使卵暴露于土表，受晒而死亡。

(2)物理防治　晚上用菜叶等堆成小堆诱集，次日捕捉并集中杀死；田间撒施石灰10 g/m^2。

(3)药剂防治　为害初期，可用6%密达杀螺颗粒剂，每亩用药0.5～0.6 kg，拌细沙5～10 kg，均匀撒施；为害高峰期可选用70%杀螺胺可湿性粉剂43～57 g/亩，或74%速灭·硫酸铜可湿性粉剂280～330 g/亩等，兑水喷雾。

(七)小绿叶蝉

小绿叶蝉属同翅目叶蝉科，为害范围广，主要以成虫、若虫吸取叶片汁液，被害叶初现黄白色斑点，后逐渐扩展成片。可为害桃、葡萄、杏、李、樱桃、梅、茄子、菜豆、十字花科蔬菜、马铃薯、甜菜等露地和保护地的果树和蔬菜。

1. 形态识别

(1)成虫　体长3～4 mm，淡黄绿至绿色，头部向前突出，头冠长度短于两复眼间宽，复眼灰褐色至深褐色，无单眼。前胸背板及小盾片淡鲜绿色，二者以及头部常有白色斑点。前翅近透明，淡黄白色，周缘具淡绿色细边，前缘区的白色蜡区明显或消失，翅端部的第一、二分脉在基部明显分离，并向端部伸出。后翅透明、膜质。各足胫节端部以下淡青绿色，色泽鲜明，爪为褐色。腹部背板较腹板的黄色或黄绿色深，末端淡青绿色。

(2)卵　白色，长椭圆形，长约0.6 mm，宽约0.15 mm，头端略大，香蕉形，略弯曲，浅黄绿色。

(3)若虫　体长2.5～3.5 mm，形态与成虫相似。复眼由赤色渐转灰褐色，足爪褐色，头冠及腹部各节生有白色细毛，翅芽随着蜕皮而增大。

2. 生活习性

小绿叶蝉每年生4～6代，完成1个世代需40～50 d，因发生期不整齐而世代重叠。以成虫在落叶、杂草或低矮绿色植物中越冬，翌春桃、李、杏发芽后出蛰，飞到树上刺吸汁液，经取食后交尾产卵，卵多产在新梢或叶片主脉里。成、若虫喜白天活动，在叶背刺吸汁液或栖息。成虫善跳，可借风力扩散。卵期5～20 d，若虫期10～20 d，非越冬成虫寿命30 d；旬均温15～25℃适于其生长发育，28℃以上及连续阴雨天气时虫口密度下降。

3. 防治方法

(1)农业防治　成虫出蛰前清除落叶及杂草，减少越冬虫源。

(2)药剂防治　在越冬代成虫迁入后及各代若虫孵化盛期及时喷洒20%叶蝉散(灭扑威)乳油800倍液，或20%菊马乳油2 000倍液，或2.5%敌杀死或功夫乳油，或50%抗蚜威超微可湿性粉剂3 000～4 000倍液，或10%吡虫啉可湿性粉剂2 500倍液，或20%扑虱灵乳油1 000倍液，或40%杀扑磷乳油1 500倍液等喷雾防治，注意交替轮换用药。

(八)烟蓟马

烟蓟马是缨翅目蓟马科昆虫，又称棉蓟马、葱蓟马。全国广泛分布，设施农业环境条件有利于蓟马发生为害，可为害葡萄、李、梅、柑橘、草莓、菠萝、烟草、棉花和葱、洋葱、大蒜等百合科蔬菜以及葫芦科、茄科蔬菜等。由于其繁殖速度快，若不及时防治，会造成灾害性后果，严重影响植株的生长及果实的品质。

1. 形态识别

(1)成虫　体长1～1.3 mm，体宽为体长的1/4，淡褐色。复眼红紫色，单眼3个，呈三角形排列。触角7节，黄褐色，第2节色较浓，第3～6节有锥状感觉器。前胸与头等长，背板上有短而密的鬃。翅淡黄色，细长，翅脉黑色。前翅后缘的缨毛细长色淡；后翅前缘有长的鬃毛，后缘的缨毛细长色淡。腹部圆形，末端较小。

(2)卵　长0.1～0.3 mm，初期肾形，乳白色；后期卵圆形，黄白色，可见红色眼点。

(3)若虫　形似成虫，淡黄色，无翅；眼暗红色；触角6节；腹部细长，分为10节。

(4)蛹　伪蛹，形似若虫，不取食，但可活动，触角披在头上，有明显的翅芽。

2. 生活习性

烟蓟马成虫活跃，能飞善跳，扩散快，怕阳光，白天喜在隐蔽处为害，夜间或阴天在叶面上为害。雌虫以产卵器刺入叶内产卵，1次产1粒，每头雌虫一生可产卵数十粒到近百粒。此外，雌虫还可孤雌生殖。卵期6～7 d，初孵幼虫群集为害，以后即分散。3～4龄为前蛹，前蛹期1～2 d，蛹期4～7 d，整个蛹期在土中度过。温度适宜时，完成一个世代约需20 d。烟蓟马在温暖、干旱的气候条件下发生严重。蓟马喜欢温暖、干旱的天气，其适温为23～28℃，相对湿度40%～70%，雨季到来时，虫口减少。

3. 防治方法

(1)农业防治　冬春清除设施棚室内杂草和枯枝残叶，集中烧毁或深埋，消灭越冬成虫和若虫，以减少虫源；加强肥水管理，促使植株生长健壮，增强抗性。

(3)物理防治　蓟马发生时，利用蓟马趋蓝色的习性，在设施棚室内设置蓝色粘板，诱杀成虫和若虫。

(4)药剂防治　蓟马为害期可进行喷药防治，药剂可选用5%阿维·啶虫脒微乳剂15～20 mL/亩，或10%吡虫啉可湿性粉剂2 000倍液，或2.5%氟氯氰菊酯乳油200倍液，或1.8%阿维菌素乳油3 000倍液，或25%噻虫嗪水分散粒剂8～15 g/亩，或5%多杀霉素悬浮剂40～50 mL/亩等兑水喷雾，连喷2～3次。

复习思考题

1. 设施农业病虫害发生的特点有哪些？
2. 针对设施农业病虫害发生的特点，请列举出设施农业病虫害的防治技术。
3. 列举 8 种设施农业中常见的病害，并分别给出相应的防治措施。
4. 列举 5 种设施农业中常见的害虫，并分别给出相应的防治措施。

Project 8

项目八

蔬菜设施栽培技术

任务一　大果型番茄设施栽培技术
任务二　圣女果设施栽培技术
任务三　辣椒设施栽培技术
任务四　茄子设施栽培技术
任务五　黄瓜设施栽培技术
任务六　结球甘蓝设施栽培技术
任务七　大白菜设施栽培技术
任务八　西葫芦设施栽培技术

任务一　大果型番茄设施栽培技术

番茄又称西红柿、洋柿子，为茄科番茄属一年生或多年生草本植物，原产于南美洲西部的秘鲁、厄瓜多尔。公元16世纪，番茄作为观赏植物传入欧洲，17～18世纪传入中国。大果型番茄富含胡萝卜素、维生素C和B族维生素，可用于鲜食和炒食，还可加工成番茄酱、番茄罐头等，深受消费者的喜爱。大果型番茄的生长适应范围广，全世界范围均有栽培，其中大面积进行设施栽培的以欧美、中国和日本为主，我国南北方均有栽培。

图8-1　大果型番茄设施栽培

一、植物学特征

根系发达，可深达地面150 cm，根系主要分布在20～30 cm的土层内。植株高60～200 cm，全株被黏质腺毛。茎为半直立性或半蔓性，易倒伏，多分枝，茎节上易生不定根。奇数羽状复叶或羽状深裂，互生，叶长10～40 cm，小叶极不规则，大小不等，常5～9枚，卵形或长圆形，长5～7 cm，先端渐尖，边缘有不规则锯齿或裂片，基部歪斜，有小柄。花为两性花，黄色，复总状花序，花冠黄色，辐射状，5～7裂；雄蕊5～7，着生于筒部，花丝短，花药半聚合状，或呈一锥体绕于雌蕊，子房2室至多室，柱头头状。果实为浆果，扁球状或近球状，肉质而多汁，橘黄色或粉红色，光滑。种子扁平、肾形，表面有灰白色茸毛，呈灰褐色或黄褐色，千粒重为2.7～3.3 g，种子寿命3～5年。花期4—5月份，果期5—6月份。

二、生态习性

（一）温度

番茄喜温暖环境，最适生长的气温为20～25℃，不同生育时期对温度的要求不同。种子发芽温度以不低于12℃为宜，最适温度为28～30℃。开花期白天最适温度为20～30℃，夜间为15～20℃。结果期白天最适温度为25～28℃，夜间温度为16～20℃，适宜地温20～22℃。

（二）光照

番茄喜阳光充足的环境，在设施栽培中，30 000～35 000 lx的光照度能够保证番茄正常生长发育。光照不足时，茎叶细长，叶色浅，叶片变薄，花质变劣，常引起落花。强光一般不会造成伤害，如果伴随高温干旱，则会引起卷叶、坐果率低或果面灼伤。大果型番茄对光周期要求不严，但以每天光照时数14～16 h为宜。

（三）土壤

番茄对土壤条件要求不严，最好选择疏松肥沃、土层深厚、水源丰富、排灌方便的壤土，土壤 pH 6～7 为宜，过酸或过碱的土壤均应进行改良，在微酸性的土壤中，幼苗生长缓慢，但植株长大后生长良好，品质也较好。

（四）水肥

番茄属半耐旱作物，空气相对湿度 50%～60% 为宜，空气湿度过高不仅阻碍正常授粉，还容易引发病害。土壤湿度要求为田间持水量的 60%～80%。

番茄的结果期长，产量高，需要提供充足的养分。生育前期需要较多的氮肥、适量的磷肥和少量的钾肥，后期需增施磷钾肥，以提高植株的抗性，改善果实品质。此外，番茄生长期间缺钙易引发果实生理性障碍。

三、类型和品种

目前四川地区主栽的大果型番茄类型和品种主要有：

（1）高球型　红色居多，单果重 300 g，籽少，汁水多，肉质软，如合作 903。

（2）圆球型　粉红色居多，单果重 300 g，籽少，汁水多，肉质软，耐运输。如金棚一号、浙粉系列。

（3）适合保护地栽培的类型　单果重 200 g 以上，果肉较硬、果皮较厚韧、不易裂果，畸形果少。耐寒，耐弱光，高抗灰霉病、脐腐病、病毒病，早熟，丰产。如以色列西红柿 189、以色列西红柿 516、托马雷斯、博纳、倍盈等。

四、育苗

种子用清水浸泡 6～8 h，用 1% 高锰酸钾浸种 15 min，清水冲洗干净，用干净湿润的毛巾包裹，20℃ 恒温 1～2 h 后，再放到 25℃ 恒温恒湿培养箱中至 50% 的种子露白即可播种。也可不进行浸种催芽而直播干种子。

苗床育苗：播种前先准备好育苗床，育苗地要背风向阳，床底铺黏重土（保水），平整后铺上约 5 cm 厚营养土，营养土要求疏松肥沃，可用充分腐熟的牛粪、过筛干塘泥、细河沙（4∶4∶2）配制，然后浇透水预湿，预湿可结合 600 倍多菌灵进行消毒并盖膜，24 h 后即可播种，播种要均匀，播后覆 1 cm 厚混少许草木灰的河沙。

穴盘育苗基质采用“壮苗一号”蔬菜育苗专用营养土，使用后种子出苗齐、快，根系生长良好，苗株健壮。

五、嫁接

（一）砧木

番茄嫁接常用的砧木品种为依托、国王，通常砧木播种时间为 11 月中下旬至翌年 1 月上旬，在生产中砧木的播种时间比接穗早 3～4 d。

（二）嫁接方法

1. 插接法

当砧木长到 3 片真叶、接穗长到 1～2 片真叶时（气温 20～25℃ 为宜）即可进行嫁接。先把砧木在第一片真叶以上部位水平剪断，在剪口部位用细竹签（竹签粗细应与接穗茎粗细相仿）插一个 3 mm 深略有倾斜的小孔，接穗小苗用刀片切去根系（嫁接前需对刀片、竹签等嫁接工具进行消毒），再将插穗子叶下部削成 2.5 mm 长的楔形切口，把接穗插入砧木的小孔中。嫁接必须在遮阴棚中进行。完成嫁接后的幼苗要在苗床中保温、保湿、遮阴培育才能很好地愈合伤口，提高成活率。

2. 靠接法

当砧木长到 3～4 片真叶、接穗长到 3 片真叶时进行嫁接。两者都在苗床上撒播，嫁接时连根带土挖出来。挑选砧木和接穗茎粗细相近的小苗进行嫁接。嫁接时在小苗的第一和第二片真叶之间斜削切口，砧木从上往下切，接穗从下向上切，切口长 4～5 mm，深达茎粗的一半左右，然后把两者切口插合在一起，用特制的嫁接夹固定或用塑料布条包扎后用曲别针固定，最后把嫁接好的两株小苗同栽在一个营养钵中，5～6 d 即可成活，10 d 后若接穗生长正常即可把接穗苗从接口下方 1 cm 处切断，只保留砧木的根供给接穗水分和营养。

3. 劈接法

当砧木长到 5～6 片真叶时，保留 2 片真叶，用嫁接刀水平切除上部，在茎的切口处向下切 1～1.5 cm 深的切口，再取接穗上部保留 2～3 片真叶，切除上部后削成楔形，使接穗切口与砧木切口相适，最后将接穗插入砧木切口，对齐后用嫁接夹固定即可。

（三）嫁接苗管理

嫁接后的幼苗必须在小拱棚内保湿培育。嫁接后 5～6 d 内必须完全遮阴，并保持气温 20～25℃，空气湿度 95%以上，湿度不够时需进行喷雾保湿。嫁接 7 d 后可适当通风并逐渐增加光照。嫁接苗的接口愈合需 8～10 d。砧木萌发的叶或小枝应及时掰除，以后按常规方法管理即可。

（四）苗期管理

1. 假植

在拿到已经嫁接好的种苗以后，可选用规格为 10 cm×10 cm 的营养杯翻杯，营养土应选用肥沃的细土与腐熟的有机肥渣按 5∶1 的比例混匀、筛细，然后加水，使土壤做到握能成团、摔则能散，然后再进行装杯。将幼苗移栽至营养杯，每株浇 800 倍多菌灵溶液作为定根水，栽好后的营养杯应排成 1 m 宽的苗床，然后盖好大棚。

2. 越冬管理

（1）炼苗　苗返青后一般在 11 月底加盖大棚，在苗成活、走根后，就进行炼苗。炼苗方法应根据幼苗长势而定，若长势好，气温高（小棚内温度 20℃以上），应全部揭开小棚和大棚两头进行通风炼苗，打开大棚时两头应挂上 60 cm 高的裙膜，裙膜必须接触地面，以防止冷风直接吹伤两头的苗。炼苗时如遇阴天应少通风、晴天多通风、雨天不通风，做到苗子健壮、整齐、不徒长。

（2）保苗　在 1 月份要进行保苗（保温），这一时期是育苗的关键时期，如果温度过低，长时间冷冻，就可能冻坏叶片引起幼苗死亡；温度过高，造成幼苗生长过快，则不利于抗寒越冬。炼苗的好坏决定了幼苗抗寒能力的强弱。应做到小棚内不得长期低于 5℃，但如果天气晴朗也要进行通风炼苗。

（3）促根　为了提早上市，在 1 月中下旬可进行促根提苗。主要有以下 2 种方法：

①电热线促根法　将营养杯放在电热线上，1 根 1 000 W 的电热线约放 3 000 株苗，经

10～15 d，苗长出新根，外界气温回升即可定植，若遇天气较冷也可延迟几天再移栽。

②酒糟促根法　先把发酵的酒糟铺成 1.2 m 宽、15 cm 厚，在酒糟上面铺一层干稻草，然后把营养杯放在稻草上面，经 15 d 苗长出新根，外界气温回升即可定植，若遇天气较冷也可延迟几天再移栽。

六、整地做畦

施基肥结合整地做畦在定植前 7～10 d 进行。每亩均匀撒施腐熟优质有机肥 1 000 kg、钾肥 20 kg、过磷酸钙 30 kg、尿素 10～13 kg、优质 15-15-15 氮磷钾复合肥 45 kg，将各种肥料一次性均匀撒于大田中，再翻耕、耙细，使肥料一次性均匀的混于土中。也可施成 3 沟肥，在厢面上开 3 条浅沟，中间的沟较宽，将肥料施入沟中后盖土。采用深沟高畦，包沟 1.3 m 开厢，厢面做到细、平即可。

七、定植

春秋两季均可定植，但在四川地区以春提前栽培为主。选择健壮无病害幼苗在晴天下午定植。当设施内 10 cm 深的地温稳定在 9℃，番茄幼苗有 4～6 片叶子时，即可进行定植。四川地区一般在 2 月中下旬至 3 月中旬定植，4 月初开始开花。每畦种 2 行，株距 45 cm，行距 80 cm，每亩种 2 200 株。营养杯苗应轻压营养杯底部，使其秧苗和营养土自然脱落，不能弄散土团，栽后不能用手去压，只需用细土盖严方格即可，不能栽得过深，育苗钵内的营养土应略高于厢面，定植时嫁接口要高出地面 3 cm 左右，然后进行地膜覆盖，在地膜上撕一小口子引出苗。引苗时，不能弄伤小苗，引出时在根部周围压少许细土。然后压上地膜两边，并在地膜上浇少量的水，以利于保湿。嫁接苗一般都具有强大的根系，植株长势旺，定植密度应适当小于实生苗。

八、田间管理

(一)光温调节

(1)缓苗期　闭棚升温，在高温高湿条件下促进缓苗。温度超过 30℃时可覆盖遮阳网降温。

(2)缓苗后　白天温度保持在 20～25℃，夜间温度保持在 13～17℃。

(3)“四段变温管理”　即上午 25～28℃，促进植株的光合作用；下午光合作物减弱，则调整为 20～25℃；前半夜 15～20℃，促进同化物运输；后半夜 10～12℃，抑制呼吸消耗。

(二)水肥管理

番茄在采收时应灌水和追肥。灌水应视土壤干湿和气温高低而定，土壤干时才灌水，采用沟灌，不可漫灌，每个沟里的水以不上厢为宜。每亩追施农家肥 2 000～2 500 kg 和硫酸钾型复合肥 20 kg。施用时，可在厢面中间撕开地膜，在 4 株番茄中间挖 1 个穴，把农家肥和硫酸钾型复合肥施在穴里即可，施后注意浇水。

(三)植株调整

(1)单干整枝主要栽培模式　除主干以外,所有侧枝全部摘除,留 3～4 穗果,在最后 1 个花序前留 2 片叶摘心。

(2)多穗单干整枝　每株留 8～9 穗果,2～3 穗成熟后,上部 8～9 穗已开花,即可摘心。摘心时花序前留 2 片叶,打杈去老叶,减少养分消耗。为降低植株高度,生长期间可喷施 2 次矮壮素。

(3)连续换头整枝　头 3 穗采用单干整枝,其余侧枝全部打掉,以免影响通风透光。第一穗果开始采收时,植株中上部选留 1 个健壮侧枝作结果枝,采用单干整枝再留 3 穗果。当第 4 穗果开始采收时,再按上述方法留枝作结果枝,上留 3 穗果摘心,其余侧枝留 1 片叶摘心。

(4)保花保果　生产中常用的保花保果措施有:①生长调节剂处理,施 25～50 mg/L 的番茄灵(对氯苯氧乙酸)或 20～30 mg/L 的番茄丰产剂 2 号;②雄蜂授粉,不仅可以增加 15%～35%的产量,还可以改善果实品质,一方面解决了激素残留问题,另一方面使得番茄果实含糖量提高,口感好,果型匀整,商品果率提高。

(5)疏花疏果　大果型品种每穗留果 3～4 个,其余的果均疏掉。第一次在每一穗花大部分开放时,疏掉畸形花和开放较晚的小花;第二次在坐果后,把发育不整齐,形状不标准的果疏掉。

九、采收

在生产上为了提早错峰采收番茄,增加番茄的经济价值,通常采用 0.3%～0.4%的乙烯涂抹已经充分膨大的即将进入转色期的番茄果实。四川地区一般于 4 月下旬至 6 月底采收,过早采收不利于后期产量形成,需要留足供植株生长的营养叶片。有限生长型大番茄大棚栽培全年每亩可采收 5 000～7 000 kg;无限生长型大番茄大棚栽培全年每亩可采收 10 000～12 000 kg。

任务二　圣女果设施栽培技术

圣女果又称小西红柿、小番茄果、樱桃番茄等,为茄科番茄属一年生草本植物。它既可以作为水果,也可以作为蔬菜食用,富含维生素,其维生素含量是普通番茄的 1 倍以上,味清甜,口感好,营养价值高且风味独特,深受消费者的喜爱。圣女果具有生津止渴、健胃消食、清热解毒、凉血平肝、补血养血和增进食欲的功效。可治口渴、食欲不振等症,增强人体抵抗力、延缓衰老等,还可当作美容水果,具有减少皱纹的作用。圣女果原产美洲的安第斯山地带、秘鲁、厄瓜多尔、玻利维亚等地,在我国一年四季均有栽培,主产于海南、广东、福建、四川等省。

图 8-2　圣女果设施栽培

一、植物学特征

圣女果根系发达，再生能力强，侧根发生多，大部分分布于土表 30 cm 的土层内。蔓生型，株高可达 2 m 以上，茎节间长，较软，易倒伏。叶为奇数羽状复叶，小叶多而细，茎叶上有腺毛。果实直径 1～3 cm，色泽鲜艳，有红、黄、绿等果色，单果重一般为 10～30 g，果实以圆球形为主。种子比普通番茄小，心形，密被茸毛，千粒重 1.2～1.5 g，由于种子较小，初生的一对子叶和几片真叶要略微小于普通番茄。

二、生态习性

（一）温度

圣女果喜温，不耐寒冷和炎热气候。不同生育时期对温度的要求不同：种子发芽适温为 28～30℃，最低发芽温度为 12℃；幼苗期白天适宜温度为 20～25℃，夜间为 10～15℃；开花期对温度反应较敏感，尤其在开花前 5～9 d、开花当天及开花后 2～3 d 对温度要求更为严格，白天适宜温度为 20～28℃，夜间为 15～20℃，低于 15℃或高于 35℃都不利于花的正常发育及开花，不仅会引起植株生长缓慢，还会引起落花落果；果实发育期白天适宜温度为 24～28℃，夜间为 16～20℃，昼夜温差保持在 8～10℃。

（二）光照

圣女果喜光照，若长期阴雨容易造成落花落果以及疫病的发生。光饱和点为 70 000 lx，光照度下降，光合作用显著下降。栽培中 30 000～35 000 lx 以上的光照度才能维持其正常生长发育。

（三）土壤

圣女果适应性广，一般土壤均可。但以肥沃的砂壤土、壤土种植最佳。

（四）水肥

圣女果属半耐旱性蔬菜。在空气相对湿度 45%～50%的条件下，幼苗生长较快。湿度过高，容易引起徒长和产生病害，因而在第 1 花序着果前的幼苗期，应适当控制水分。土壤水分过多，造成大量落花。第 1 花序果实膨大后及盛果期要大量浇水，以满足生长发育的需要。圣女果进入盛果期时，应增施钾肥。

三、类型和品种

目前市场上圣女果品种繁多，但品质差异很大。较受欢迎的有台湾农友公司的圣女、龙女、千禧、绝色绯娜及美味樱桃番茄等品种。

四、育苗及嫁接

参考大果型番茄设施栽培中的育苗及嫁接技术。

五、整地做畦

在大棚内清理前茬，翻耕整地施肥，施基肥结合整地做畦，在定植前 7～10 d 进行。每亩均匀撒施腐熟优质有机肥 1 000 kg、硝酸钾 20～25 kg、过磷酸钙 30 kg、尿素 10～13 kg、优质 15-15-15 氮磷钾复合肥 45 kg，或肥分相等的其他有机肥，深翻后晒土，土层深翻 30 cm。肥土混合均匀，整平耙细。

圣女果定植畦有高畦、平畦、沟畦和垄畦 4 种。四川地区多采用深沟高畦栽培，一般畦宽 130～170 cm，其中沟宽 30～50 cm。畦(垄)向以南北为好，这样植株接受光照较均匀。

六、定植

当设施内 10 cm 深的地温稳定在 9℃时，圣女果幼苗长至 4～5 片真叶时即可移栽。四川地区一般在 2 月中下旬至 3 月中旬定植，宜在阴天或傍晚进行。定植前 7 d 浇足定植水，定植深度与子叶处相平，对徒长苗进行卧栽。每畦种 2 行，株距 30～40 cm，行距 80 cm，每亩种 2 500 株。浇适量定根水，适当遮光 1～2 d。

七、田间管理

(一)水肥管理

定植后 7～10 d，番茄已经缓苗，灌 1 次缓苗水；番茄植株有 40%～50%已经开花时浇 1 次催花水；番茄开始坐果时灌 1 次催果水。其余时间根据土壤墒情进行浇水。

若土壤肥力不足，定植前应施 1 次肥，在离番茄根部 10 cm 左右的地方穴施，每株施 10 g 左右的复合肥。

(二)搭架绑蔓(吊蔓)

为防止番茄倒伏，需进行搭架绑蔓处理。绑蔓的位置要在第一花序下 1～2 叶处。绑蔓时应使花序与架材成不同的方向，切勿把花序挤在茎与架之间，避免影响果实发育。为预防因烈日暴晒导致果实日灼病，尽可能把花序绑在支架的内侧。在番茄藤蔓生长长度致使其快要倒伏时，应进行第二次绑蔓，方法与第一次相同。当植株长到约 40 cm 高时进行吊蔓处理，用尼龙绳从植株基部开始，绕主干以螺旋的方式向上缠绕，最后将尼龙绳固定。吊蔓时注意尼龙绳不要拉的过紧，以免影响植株的发育。之后随着植株的生长，还需要进一步缠绕固定。

(三)打杈

为了避免侧枝、侧芽对养分的浪费，田间管理过程中，需时刻关注番茄的生长状况，及时去掉侧枝、侧芽。打杈工作是经常性的，时间不固定。在打杈过程中为了避免断口不齐，伤口愈合困难，要用枝剪进行去除，尽量避免用手掐断。

(四)摘心

在植株长至 130 cm 左右时开始打顶、去尖。打顶、去尖能够阻止番茄植株的顶端发育，使叶片中制造的大部分营养物质往果实中运输，有利于果实的生长发育，能增加产量。

(五)保花

为防止落花落果，可于花期用 10～20 mg/kg 的 2,4-D 药液浸花或涂花，或用 20～30 mg/kg 的番茄灵喷花。植株生长中后期，下部的老叶也可适当摘除，以减少养分消耗，改善通风透光；无限生长型品种在 4～5 穗果后要及时打顶，以提高坐果率，促进果实成熟。

(六)打叶

打叶是指打掉底部的老叶。随着番茄苗的生长，枝叶越加繁茂，影响通风与光合作用。所以在第一次绑蔓后应进行第一次打叶。当番茄生长到中后期，再进行 1 次集中打叶。平时根据番茄叶片生长状况进行多次打叶。

八、采收

适时采果。番茄成熟有绿熟、转色、成熟、完熟 4 个时期。

(一)绿熟期

果实已充分长大，经过一段时间的后熟，果实即可着色。如果需要贮存保鲜或长途运输的可在此期采收，运输时不易破损，但是影响果实品质

(二)转色期

果实顶部着色，果实的 1/4～1/3 变红。采收后 1～2 d 可全部着色。运输出售可在此期采摘，品质相对较好。

(三)成熟期

果实已呈现特有色泽、风味，营养价值最高。可作为水果生食，不适合贮藏运输，仅适合本地销售，或者精包装后长途运输销售。采摘时，注意轻摘轻放，最好不带果蒂。

(四)完熟期

果肉已变软，含糖量最高，只适合做番茄酱或采种。

任务三 辣椒设施栽培技术

辣椒又称菜椒、牛角椒、灯笼椒、长辣椒，为茄科辣椒属一年生或多年生草本植物，原产中美洲和南美洲的热带地区，直到明代末期才传入我国。由于辣椒适应性广，全国各地均有种植。辣椒不仅可以食用，还可以观赏。辣椒可炒食，可加工成干辣椒、辣椒粉、辣椒酱、辣椒油等，是重要的调味品。辣椒的果实因果皮含有辣椒素而有辣味，能增进食欲。辣椒中维生素C的含量在蔬菜中居首位。

图 8-3 辣椒的设施栽培

一、植物学特征

辣椒主根不发达，根系较多，再生力强。茎直立，基部木质化，较坚韧。单叶互生，长4～13 cm，宽1.5～4 cm，卵圆形，全缘，先端渐尖，叶面光滑，微具光泽。雌雄同株，合瓣，花小，白色或浅紫色，花瓣6片，基部合生，大多数单生于枝杈叶腋上，也有簇生于枝稍顶端。浆果，果皮光亮，果皮和胎座组织往往分离形成空隙，具2～4个心室，果实形状依品种而异，有灯笼形、牛角形、羊角形、指形、线形、圆锥形、樱桃形等，嫩果为青绿色或黄色，成熟后为深红色或橙黄色。种子扁平微皱，淡黄白色，千粒重5.0～6.0 g；花期5—6月份，果期6—7月份。

二、生态习性

(一)温度

辣椒喜温不耐寒，又忌高温暴晒。种子发芽适温25～32℃，幼苗对温度的要求较高，白天温度为25～28℃，夜间温度为18～20℃，苗期抗性差，不耐低温，需注意保温防寒。开花结果期适宜温度白天为25～28℃，夜间为15～20℃。若温度超过35℃，则容易造成辣椒落花落果。

(二)光照

辣椒喜光，但也较耐阴，对光照要求不严格，光饱和点约为30 000 lx，补偿点为1 500 lx。光照充足，幼苗节间短、茎粗壮、叶片肥厚、颜色浓绿、根系发达、抗逆性强、不易感病。光照不足，往往造成植株徒长，茎瘦长、叶片薄、花蕾果实发育不良，容易出现落花、落果、落叶现象。光照过强对辣椒生长也不利，当光照度超过光饱和点30 000 lx时，易引起叶片生长发育受阻，气孔关闭，光合作用反而下降甚至造成叶片灼伤。

(三)土壤

辣椒根系需氧量高，以土层深厚、排水良好，土质疏松、通透性好、pH 6.2～8.5的土壤为宜，切忌低洼地栽培。

(四)水肥

辣椒的单株需水量不多，但因其根系不发达，需经常浇水，以满足辣椒对水分的需求。辣椒既不耐干旱也不耐洪涝，干旱时易诱发病毒病，淹水数小时后，植株就容易萎蔫死亡。80%的空气相对湿度很适宜，若湿度过低，容易降低坐果率，若湿度过高，容易引发病害。在气温和地温适宜的条件下，辣椒花芽分化和坐果对土壤水分的要求以田间持水量的55%为宜。

辣椒需肥量大，不耐贫瘠，但又不喜肥沃，因此在设施栽培中，施肥应遵循少量多次的原则。

三、类型和品种

四川常种品种有丽香、九香、朱燕、朱嫣。

四、辣椒育苗

九香等辣椒的耐热性较好，可以在盛夏季节正常生长，播种期为10月份至翌年2月下旬。育苗时先催芽再播种，将种子置于50℃的热水中，不断搅拌至水温到30℃左右，继续浸泡8 h，然后于25～28℃的环境中催芽，7 d左右即可出芽。种子出芽后，播种到穴盘中。穴盘采用70孔穴盘，装“壮苗二号”蔬菜育苗专用营养土育苗，3～4 d后即可出苗。

五、整地做畦

施基肥结合整地做畦，在定植前7～15 d进行。由于九香等辣椒产量高，栽培期长，尤其在越夏栽培时生长期长达7～8个月，因此在整地时必须施足基肥以保证肥力。如果采用在畦面覆盖银黑双色地膜的方式栽培，每亩均匀撒施优质15-15-15氮磷钾复合肥50 kg，再加过磷酸钙30 kg、腐熟的堆厩肥约3 000 kg。

土地深耕后按行距1.5 m开沟后再作高畦，畦向以南北走向为原则。畦面覆盖采用银黑双色地膜(表面银色、里面黑色)最佳，既可以防止雨水冲刷土壤导致土壤板结，又抑制土壤水分蒸发，同时利用银色反光避蚜的原理，减少蚜虫传播病毒病。此外还可以提高土温，防止杂草滋生。若无银黑双色地膜，也可用普通地膜。

六、定植

春秋两季均可定植，在四川地区以春提早栽培为主。选择健壮无病害幼苗在晴天下午定植。定植时采用“品”字形方式定植，按1.5 m开厢(包沟)，每厢定植2行，株距40～50 cm，每穴定植1株，每亩定植1 800～2 200株为宜，种植深度以厢面与辣椒子叶下面相平为宜，定植后及时浇定根水。

七、田间管理

（一）光温调节

通常定植后 7 d 内关闭大棚，避免通风，保持大棚内高温、高湿的环境条件来促进缓苗。缓苗后日温保持在 25～30℃，若大棚内温度高于 30℃时，及时通风，若大棚内温度低于 25℃时，关闭大棚，提高温度。缓苗后夜温保持在 18～20℃，最低温度不能低于 15℃。

（二）水肥管理

定植成活后每星期在植株边灌叶绿精 1 000 倍液 1 次；进入开花结果期后，增加叶面喷施开花精 1 000 倍液 2～3 次，每次间隔 4～6 d；根部追肥，每亩施用优质 15-15-15 氮磷钾复合肥 10 kg 在植株周围；第二次追肥约在第一次追肥后 20 d，以 15-15-15 的复合肥 15 kg，采用先打孔再放入肥的方法施在畦肩，然后培土，并灌 1 次水；第三次追肥在第二次追肥后约 20 d 进行，以 5 kg 硫酸铵加上 2 kg 氯化钾配合施用。以后追肥次数和用量，可根据植株生育结果情形酌量增减。

（三）植株调整

大棚辣椒个别品种长势旺盛，为避免辣椒倒伏，在生产上，可采用尼龙绳吊秧。为了保证辣椒植株间通风透光，需对辣椒进行摘除老叶和抹芽。摘除老叶主要是指将辣椒基部老、黄、病叶及时摘除。抹芽主要是指将辣椒首花以下的侧芽尽早抹去。摘除老叶和抹芽应在晴天进行，有利于伤口的愈合，减少病虫害的感染。

（四）剪枝再生

随着辣椒进入生殖生长阶段，气温升高，光照时数延长，辣椒的结果部位上移，辣椒表现出生长缓慢现象。为了使辣椒继续开花结果，增加产量，可剪去侧枝，即剪掉“四母斗”结果部位下端的侧枝，加强肥水管理，促进新枝发生，增加结果量。

（五）保花保果

在生产中，辣椒落花落果现象很常见，通常落花率可达 40%～45%，落果率可达 10%～15%。为此，在辣椒生产中，需要保花保果。

常用的保花保果方法：①提升栽培技术，选择辣椒壮苗，适时移栽，合理密植，加强温、光、肥、水的管理；②使用生长激素保花，可用 40～45 mg/L 防落素喷花。

八、采收

应适当早采对椒、门椒，避免植株徒长。辣椒果肉变硬、果皮发亮后即可采收。采收时，注意轻采轻放，避免碰伤碰断辣椒枝条。如采青椒，宜在果形已长大尚未转色之前采收。如采收过早则辣味较低，也易萎软；如采红椒，则可待转红时采收；如供加工原料，则宜在完全红熟后采收。

任务四　茄子设施栽培技术

茄子为茄科茄属一年生草本植物。原产印度，直到公元4～5世纪才被传入中国。茄子的营养丰富，含有蛋白质、脂肪、碳水化合物、维生素以及钙、磷、铁等多种营养成分。其中维生素P的含量很高，每100 g茄子中就含维生素P 750 mg，茄子还含磷、钙、钾等微量元素和胆碱、胡卢巴碱、水苏碱、龙葵碱等多种生物碱。紫色茄子中维生素含量特别高，可抑制消化道肿瘤细胞的增殖。同时茄子纤维中所含的维生素C和皂草甙，具有降低胆固醇的功效。茄子所含的B族维生素对痛经、慢性胃炎及肾炎水肿等也有一定的辅助治疗作用。茄子的适应性极广，世界各地均有栽培，其中以亚洲栽培面积居多，我国全国各地均有栽培。

图8-4　茄子设施栽培技术

一、植物学特征

茄子根系发达，木质化早。茎直立，高达70～100 cm，粗壮，木质化，假二叉分枝。单叶互生，椭圆形或长椭圆形，叶缘呈大波状，长15～40 cm，深绿色或紫绿色，叶面较粗糙，有茸毛，叶脉及叶柄有刺毛。雌雄同株，两性花，紫色或淡紫色，偶有白色，单生，也有2～3朵簇生，花萼由5～8个萼片组成，萼片内着生蓝紫色或淡紫色的花瓣，花瓣基部合生连成筒状，雄蕊着生在花冠的基部内，由5～8个筒状花药排列成一圈组成。浆果，圆形、细长形、卵圆形等。种子扁平肾形，光滑，黄色，千粒重为3.5～5 g。

二、生态习性

(一)温度

茄子喜温、耐热。对温度的要求较高，种子发芽适温为25～30℃，植株生长发育适温白天28～32℃，夜间18～25℃。温度低于20℃，植株生长缓慢，授粉、受精及果实发育受阻。15℃以下出现落花落果，10℃以下植株新陈代谢紊乱，甚至停止生长。35℃以上高温会使植株呼吸加快，养分消耗多，果实生长缓慢，甚至产生僵果。

(二)光照

茄子喜光，对光照时长和光照度均有要求。当光照时长和光照度合适，植株才能生长旺盛，提早开花。光饱和点为40 000 lx，光补偿点为2 000 lx，光照弱或光照时数短，光合作用能力降低，植株长势弱，花的质量降低(短柱花增多)，果实着色不良。

(三)土壤

茄子对土壤适应性较广，适宜土壤pH为6.8～7.3。但在疏松肥沃、富含有机质、保水保肥强、排水良好的砂壤土中生长最好。

(四)水肥

茄子需水量大但不耐涝,适宜的土壤湿度为田间持水量的70%~80%,空气相对湿度超过80%易引发病害。茄子门茄坐住以前需水量较小,盛果期需水量大,采收后期需水少。茄子需肥量大,尤以氮肥最多,其次是钾肥和磷肥。

三、类型和品种

按熟性早晚分为早熟种、中熟种、晚熟种;按颜色分为紫茄、红茄、白茄和绿茄;按果形分圆茄、长茄和卵茄。

宜选用抗病性好、产量高、耐低温、耐弱光、植株长势好的品种。生产中常选用的品种为华夏娇子、黑墨长、黑墨霸、丰盛娇王。

四、育苗

育苗时先催芽再播种,将种子置于55℃的热水中,不断搅拌至室温,继续浸泡10~12 h,不断搓洗种子,将黏液洗掉。浸种后,将种子放于干净湿布中,放于28℃的恒温培养箱中催芽。茄子育苗一般选用50孔穴盘。

五、整地做畦

选用前茬未种植茄果类蔬菜的地块,施基肥结合整地做畦在定植前30~45 d进行。每亩均匀撒施腐熟优质有机肥3 000 kg或商品有机肥500~1 000 kg和蔬菜专用复合肥50 kg,土层深翻30 cm,晒土,培肥土壤。采用深沟高畦栽培,包沟1.4~1.6 m,沟宽0.3~0.4 m。

六、定植

春秋两季均可定植,四川地区以春提早栽培为主,选择健壮无病害幼苗在晴天下午定植。茄子喜温,当设施内10 cm深的地温稳定在12℃时,气温稳定在10℃时,可对茄子进行定植。四川地区塑料大棚加地膜一般在3月上旬定植。每畦种2行,株距50~60 cm,行距50 cm,每亩种1 600株,定植不宜太深,以子叶节与畦面持平即可。定植后浇足定根水。早春移栽后注意闭棚保湿前3 d湿度保持在90%左右,温度18~25℃。

七、田间管理

(一)温度管理

茄子春提早栽培,需对茄子进行保温防寒。大棚栽培,定植后3~4 d内关闭大棚,增加大棚内的温度，缓苗后，打开大棚，视天气温度情况，适量通风，白天温度保持在25～30℃，夜间温度保持在15～18℃。秋季栽培，最好在畦面覆盖稻草，以保温、减少水分流失。

当大棚温度高于30℃时，应揭开小棚；如大棚温度在32℃以上，也应打开大棚棚门两头通风，并视其温度控制通风口大小；下午气温低于25℃就应关闭大棚，盖上里面的小棚。

(二)水肥管理

茄子在采收时应灌水和追肥。灌水应视其土壤干湿和气温高低而定，土壤干时才灌水，采用沟灌，不可漫灌，每个沟里的水以不上厢为宜。

整个生长期施肥原则是前期施氮肥和磷肥，后期施氮肥和钾肥，氮肥不足会造成花发育不良，短柱花增多，影响产量。一般每生产1 000 kg茄子，需吸收氮肥3.0～4.0 kg、磷肥0.7～1.0 kg、钾肥4.0～6.6 kg。每亩追施农家肥2 000～2 500 kg和尿素20 kg。施用时，可在厢面中间撕开地膜，在4株茄子中间挖1穴，把农家肥和尿素兑水施在穴里即可。注意施肥时浓度不能太大，以免烧根。

(三)植株调整

茄子第一朵花下面留一个芽其余应全部摘除，以后均一分为二，到4个枝为止，以后侧芽全部摘除，只留4个枝。在茄子株高40 cm时，应揭掉小棚。

茄子在门茄长大时，揭开大棚之前就应搭架，以固定茄子和利于通风。架型一般有“人”字架和立架两种，但主要以立架为主。搭架方法：每隔1.5～2 m立一个约1 m高的立柱，在距地面30 cm处捆一横杆，在杆外侧将每1株茄子都绑1个枝在横杆上，注意不能绑得太紧，茄子在长高后可沿着横杆向上移。在茄子生长中后期，最低气温在15℃以上时，就应该揭掉大棚棚膜。

(四)保花

浸花液的配制：500 g水＋2 g速克灵＋8滴防落素(25 000 mg/kg)＋1/30 g赤霉酸。

浸花方法：在上午露水干后，温度不高于30℃时进行。将盛开的花朵全部(一直到花柄)浸入对好的水中1 s即可，最好每天进行，也可隔天1次，不能重复浸上次已浸过的花。在处理花时，要根据苗子的长势，弱苗上的花不处理，还应将其摘掉。

八、采收

4—10月份均可进行茄子的采收，在适宜温度条件下，早熟茄子品种一般开花后25 d开始采收。茄子果实的采收可根据宿留萼片与果实相连部位的白色环状带(俗称“茄眼睛”)的宽窄来判断，若环状带宽，表示果实生长快，果实嫩；若环状带不明显，表示果实生长转慢，要及时采收。采收时间最好是早晨，其次是下午或傍晚，若中午采收，产品含水量低、品质差。采收时最好用剪刀采收以防止折断枝条或拉掉果柄。

任务五　黄瓜设施栽培技术

黄瓜又名青瓜、王瓜，为葫芦科甜瓜属一年生蔓生或攀缘草本植物。黄瓜以嫩果供食，营养丰富，每 100 g 果实中含碳水化合物 1.6～2.4 g、蛋白质 0.4～0.8 g、钙 10～19 mg、磷 16～58 mg、铁 0.2～0.3 mg、维生素 C 4～16 mg。黄瓜既可以生食，也可熟食，还可以加工，产量高，在蔬菜供应中占有重要的地位。黄瓜原产东南亚热带地区，在我国已有 2 000 多年的栽培历史，南北方均可栽培。

图 8-5　设施黄瓜栽培

一、植物学特征

黄瓜根系不发达。茎蔓性，中空，4 棱或 5 棱，上具有刚毛，无限生长型，易折断，苗期节间短，直立，5～6 片真叶后开始伸长，呈蔓性。单叶互生，呈五角形，长有刺毛，掌状浅裂，两面均有刺毛。多为单性花，雌雄同株，腋生，雄花花萼绿色有刺毛，花冠为黄色，花萼与花冠均为钟状，5 裂；雌花为合生雌蕊，侧膜胎座，花柱短，柱头 3 裂。瓠果，筒形至长棒状，果面平滑或具棱、瘤、刺，嫩果绿色或深绿色，少数为淡黄色或白色，果熟后黄白色或棕褐色，一般每果有种子 100～300 粒。种子扁平，长椭圆形，黄白色，千粒重 20～45 g。

二、生态习性

(一)温度

黄瓜喜温暖，不耐高温、寒冷。一般白天 22～32℃、夜间 15～18℃生长最好；最适宜地温为 20～25℃，最低为 15℃左右，最适宜的昼夜温差 10～15℃。黄瓜在 35℃的高温下光合作用不良，45℃出现高温障碍，－2～0℃条件下黄瓜会受冻害而死，如果低温炼苗，可承受 3℃的低温。

(二)光照

黄瓜喜光，但对弱光也有一定的适应性。光饱和点为 55 000～60 000 lx，最适光照度为 40 000～60 000 lx，光补偿点为 2 000 lx。黄瓜对日照长短的要求因品种而异，一般华南型品种对短日照较为敏感，属短日照植物；华北型品种对日照的长短要求不严格，属日中性植物，但 8～11 h 的短日照能促进黄瓜雌花的分化和形成。

(三)土壤

黄瓜根系浅，根群弱，喜湿而不耐涝、喜肥而不耐肥，适宜在疏松透气、保水保肥、有机质含量高、排水良好的土壤中生长。pH 为 5.5～7.2 的土壤均可种植黄瓜，pH 6.5 的土壤最佳。

(四)水肥

黄瓜根系吸水能力弱而叶片蒸腾量大,因此具有喜湿怕涝,不耐干旱,需水量高的特点,要求具有较高的土壤湿度和空气湿度。适宜的土壤湿度为田间持水量的80%~90%,苗期60%~70%,成株80%~90%,结果期80%~90%。黄瓜根系需氧量较高,所以也怕涝,如果土壤湿度过大,温度又低时,容易发生沤根。空气相对湿度以白天80%、夜间90%为宜。在较低的空气湿度条件下,植株的生长及果实的发育均会受到影响,但空气湿度过大对生长和发育也不利。

三、类型和品种

四川地区常种品种:南燕、蜜燕、碧燕。

四、育苗

黄瓜须根不甚发达,且苗期较短,通常用直播,但也可育苗移栽。黄瓜种子一般先催芽再播种,催芽适温25~30℃。播种前先浸种4 h,然后用湿布轻轻包裹催芽,待幼芽透出种壳(高温期约经一昼夜),即可播种到田间或育苗钵。

育苗栽培时,以穴盘育苗较为方便,在定植时可以避免根部损伤至最少限度。播种后经12 d(高温期)或20 d(低温期),具真叶3~4片时定植。

五、整地做畦

定植前15~25 d施基肥、整地做畦。每亩均匀撒施腐熟有机肥5 000~1 000 kg,复合肥2 000 kg,硫酸铵30 kg,过磷酸钙60 kg,氯化钾20 kg。土层深翻25~35 cm,晒土,培肥土壤。采用起垄或高畦栽培。

六、定植

当设施内10 cm深的地温稳定在12℃、气温稳定在10℃时即可对黄瓜进行定植,四川地区塑料大棚加地膜一般在3月上旬定植。按80 cm和60 cm的大小行距起垄或做高畦,株距35~45 cm进行定植,每亩定植2 200株左右,定植后覆地膜。定植不宜太深,以子叶节与畦面持平即可。定植后浇足定根水,早春移栽注意闭棚保湿,前3 d空气相对湿度保持在90%左右,温度控制在18~25℃。

七、田间管理

(一)温湿度管理

定植后5~7 d为缓苗期,需保温保湿,白天适宜温度28~32℃,夜间适宜温度16~20℃,一般不通风,提高设施内温度,促进黄瓜生根。

缓苗后至坐瓜前，白天温度保持在25～28℃，夜间温度保持在13～15℃，最低温度控制在10℃以上。结果期白天温度保持在25～30℃，夜间温度保持在13～18℃。白天温度高时要及时通风降温，夜间适时关棚保温。

（二）水肥管理

黄瓜喜湿喜肥，但由于黄瓜根系在土壤中分布较浅，吸收能力较弱，对土壤肥料浓度过高反应敏感，在施肥上应采取低浓度、多次施肥的方法。

早春茬黄瓜在浇足定植水的情况下，结瓜期以前不再浇水。4月中旬进入结瓜期以后，外界气温逐渐升高，应经常保持土壤湿润，每4～5 d浇水1次，并结合浇水追肥，追肥应遵循少施勤施的原则，每亩追施尿素或磷酸二铵10 kg左右，应在晴天上午进行，以便中午放风排湿。追肥还应氮、磷、钾配合施用，追2次氮肥，再追1次复合肥，每亩追施复合肥15 kg或过磷酸钙25 kg。另外，还可结合打药进行叶面追肥。

黄瓜生长盛期应增施二氧化碳气肥，可增产20%～25%，还可提高黄瓜品质，增强植株的抗性。通常在定植后30 d以及开始结果期进行二氧化碳施肥，应在日出后30 min至通风换气前2～3 h内进行，晴天浓度为800～1 500 μL/L，阴天浓度为500～1 000 μL/L。

（三）植株调整

1. 吊蔓

通常在黄瓜顶部的拱架上南北向挂一道铁丝，将塑料绳的一端系在铁丝上，另一端系在黄瓜的茎基部上，黄瓜6片叶左右不能直立生长时缠绕在吊绳上，缠绕工作应经常进行，以防止茎蔓下垂。为了受光均匀，缠蔓时应使龙头处在南低北高的一条斜线上，个别长势强的植株应弯曲缠在吊绳上。

2. 摘卷须和雄花

在缠蔓时，应摘除卷须、雄花，同时，黄瓜植株上萌发的侧枝也应及时摘除，以减少养分消耗。

3. 落蔓和打老叶

日光温室的越冬茬和冬春茬黄瓜生长期长，有时茎蔓可长达6 m以上，一般生长过程中需要进行2次落蔓，落蔓是为了不影响植株生长，可采用增加塑料吊绳长度的方法，即当植株顶端将要接触棚顶时，将塑料吊绳上端解开并增加长度，然后把吊绳及瓜秧下落后重新系上即可。落叶前应摘除植株下部的老叶和病叶，以减少营养消耗和病害传播。

4. 整枝、摘心、摘果

黄瓜应适时整枝，以增强通风透光，促进结果，减少病害。小黄瓜品种即在侧蔓上雌花上方留1叶摘心；大黄瓜品种在主蔓第4节以内所发生的侧枝均应及早摘除，第5节以上所发生的侧枝在雌花上方留1叶摘心。

八、采收

采收小黄瓜，在果长18～22 cm，果粗2.3～2.5 cm，果重70～100 g时为宜，即在高温期开花后3～5 d，低温期5～8 d为适收期。采瓜时宜一手握住果肩部，另一手用刀子割下，轻轻放入容器，尽量保持瓜刺和果粉的完整，勿使果皮损伤，采收小黄瓜在盛收期宜每天采收1次。

采收大黄瓜，宜在果差不多已充分长大，但尚未转色变黄时采收。一般 2～3 d 采收 1 次。采收黄瓜，宜在上午露水干后采收。

任务六　结球甘蓝设施栽培技术

结球甘蓝简称甘蓝，又称包心菜、莲花白、卷心菜、包包白、圆白菜、洋白菜、椰菜等，为十字花科芸薹属两年生植物。营养丰富，每 100 g 圆白菜所含的营养如下：蛋白质 1.50 g、脂肪 0.1 g、碳水化合物 3.2 g、膳食纤维 0.8 g、维生素 A 20 mg、胡萝卜素 120 mg、硫胺素 0.04 mg、核黄素 0.05 mg、烟酸 0.60 mg、维生素 C 31 mg、维生素 E 0.76 mg、钙 50 mg、磷 31 mg、钠 57.5 mg、镁 11 mg、铁 0.7 mg、锌 0.38 mg、硒 0.49 mg、铜 0.05 mg、锰 0.15 mg、钾 124 mg。食用结球甘蓝在抗癌、改善胃溃疡、改善血糖、血脂等均有良好的效果。结球甘蓝原产地中海沿岸，我国各地均有栽培，是我国东北、西北、华北等地区春、夏、秋季的主要蔬菜之一。

图 8-6　结球甘蓝设施栽培

一、植物学特征

结球甘蓝为直根系。茎短缩，分为内、外短缩茎，外短缩茎着生莲座状叶，内短缩茎着生球叶，一年生茎肉质，无分枝，二年生茎有分枝。叶片包括子叶、基生叶、幼苗叶、莲座状叶和球叶，叶片深绿至绿色，叶面光滑，叶肉肥厚，叶面有粉状蜡质。总状花序顶生或腋生，花大，萼片 4，黄绿色，光滑无毛，基部成囊状，花瓣 4，乳黄色，瓣片为宽椭圆状卵形或长椭圆形，先端钝圆，基部具细长爪，雄蕊 6；雌蕊 1，子房圆柱形，花柱略细，柱头膨大，具喙。长角果圆柱形，长 6～9 cm，具短喙。种子圆球形，红褐色或黑褐色。花期 4—5 月份，果期 5—6 月份。

二、生态习性

(一)温度

结球甘蓝喜温暖和冷凉气候，生长期最适温为 15～25℃。对寒冷和高温也有一定的忍耐能力，种子发芽的最低温度为 2～3℃，具 6～8 片叶的健壮幼苗能耐较长时间 −2～−1℃低温，经过低温锻炼的幼苗可耐极短时间 −10～−8℃的严寒；幼苗也能适应 25～30℃的高温。莲座叶可在 7～25℃下生长，结球期最适温为 13～20℃。

(二)光照

结球甘蓝喜光，光饱和点为 30 000～50 000 lx。在苗期和莲座期要求较强的光照，苗期光照不足，幼苗表现为高脚苗，莲座期表现为基部叶萎黄，结球延迟。在结球期，一般要求日照较短和弱光。

(三)土壤

栽培土壤以疏松、肥沃的砂壤土为宜,黏壤土也可种植,pH 为 5.5～6.5 的中性及微酸性土壤最佳。

(四)水肥

结球甘蓝根系浅,不耐干旱,对土壤水分要求严格。适宜的土壤相对湿度为 70%～80%,适宜的空气相对湿度为 80%～90%。

结球甘蓝是喜肥和耐肥的作物,在幼苗期和莲座期需氮肥多,结球期需磷、钾肥多。若氮肥多,且配合的磷、钾肥适当,则净菜率高。

三、类型和品种

四川地区常用品种为南峰、夏丰、绿峰。

四、育苗

一般采用育苗床直播或穴盘育苗,先将育苗基质"壮苗二号"湿润后,装到 72 或 128 孔穴盘内,然后每穴播 1～2 粒种子,深度约为 0.5 cm。播后覆上介质并浇透水,然后将穴盘均匀地摆放在事先准备好的架子上或厢面上(厢面上最好覆盖地膜)。低温季节注意保温,高温季节注意降温、保湿。一般低温期 3～7 d 即可发芽,而高温期 2～4 d 即可发芽。

五、整地做畦

施基肥结合整地做畦在定植前 7～15 d 进行。每亩均匀撒施腐熟优质堆肥 1 000～2 000 kg 或鸡粪 200 kg,并配合复合肥 50 kg、过磷酸钙 50 kg,也可在种植畦中间开沟条施。厢宽(包沟)1 m,"丁"字形栽 2 行。厢面平整,夏秋栽培,厢面中间略凸,呈龟背形,忌开低平宽厢(每厢栽 3 行或 4 行)。

六、定植

春秋两季均可定植,选择健壮无病害、真叶有 3～4 片的幼苗在晴天下午定植。根据种植季节以及品种的差异,具体的定植密度详见表 8-1。

表 8-1 不同品种结球甘蓝在不同季节的定植密度

品种	春季		秋季	
	株行距/cm	株数/亩	株行距/cm	株数/亩
南峰	45×45	3 700	45×45	3 200
夏丰	45×40	4 000	45×45	3 500
绿峰	45×40	4 000	45×45	3 500
旭光	45×40	3 700	45×45	3 500

七、田间管理

结球甘蓝对肥水要求不高，一般缓苗后需追肥，追肥分 3 次进行。第 1 次在定植后 7～10 d 浇 1 次 200 倍液的尿素水或稀薄的粪肥，以利生根和叶片快速生长；第 2 次是在莲座期的时候施用，每亩追施 50～60 kg 复合肥于植株旁或条施于行间，并结合灌水；第 3 次是在球叶发育旺盛时（结球期）施用，每亩施用 40 kg 复合肥加 20 kg 尿素条施于行间或结合灌水直接施于沟底。

八、采收

结球后球质稍紧实即可采收，可确保提高商品价值。注意把握适收期，特别下雨之前，要及时采收，否则会产生裂球。结球甘蓝因耐热、耐雨，在春季菜采收后于 7 月中下旬播种，国庆节前采收；或者等早稻收获后，8 月份播种，10 月份至 11 月底采收。

任务七　大白菜设施栽培技术

大白菜又称结球白菜、黄芽白或包心白，为十字花科芸薹属二年生草本植物。叶球品质柔软，每 100 g 产品含水量为 94～96 g、碳水化合物 1.7 g、蛋白质 0.9 g，还含有矿物盐、维生素及纤维素等多种营养物质。中医认为白菜其性微寒无毒，经常食用具有养胃生津、除烦解渴、利尿通便、清热解毒的功效。大白菜产量高，供应期长，耐贮运，是广大消费者所喜食的一种蔬菜。可供炒食、煮食、凉拌、做馅等，是中国特产蔬菜之一，各地普遍栽培，但主产区在长江以北，种植面积占秋播蔬菜面积的 30%～50%。

图 8-7　大白菜设施栽培

一、植物学特征

大白菜为直根系，根系发达，主根上生有两列侧根，侧根发达。茎分为营养茎和花茎，营养茎为短缩茎，直径为 4～8 cm，茎顶平坦，越近顶端越短，所有球叶和外叶均生长在短缩茎上。基生叶长椭圆形，具羽状网状脉，叶表面有毛或无毛，叶缘锯齿状，有明显的叶柄，无叶翅，无托叶；莲座状叶着生于短茎中部，互生，叶片肥大，深绿色，倒披针形至阔倒卵圆形；球叶着生于短缩茎顶端，互生；茎生叶着生于花茎和花枝上的绿色同化叶，互生，较小，无叶柄，叶片基部直接抱茎而生，叶片表面光滑，平展，有蜡粉，叶缘锯齿少。总状花序，花托上有蜜腺，花鲜黄色。长角果，细长圆筒形，长 3～5 cm，1 支花序上可着生荚果 50～70 个。种子圆球形，微扁，红褐色至褐色，种子直径 1.3～1.5 mm，千粒重约为 2～4 g。

二、生态习性

(一)温度

大白菜属半耐寒性蔬菜，喜温暖湿润环境，5～30℃均可生长，生长适温为 12～22℃，高于 30℃时则不能适应。在 10℃以下生长缓慢，5℃以下停止生长。短期 −2～0℃受冻后尚能恢复，−5～−2℃以下则易受冻害。大白菜的生长期还要求一定的积温，积温与大白菜的品种、熟性以及原产地的条件相关。一般早熟品种年积温为 1 200～1 400℃，中熟品种为 1 300～1 700℃，晚熟品种为 1 800～2 000℃。

(二)光照

大白菜要求中等强度的光照，10 000～15 000 lx 的光照度便能够促进大白菜的生长。光强对叶片发育影响大，光照充足时，促进叶片的生长，叶面积较大。在营养生长期内，平均每天日照时数不少于 7～8 h，生长良好。莲座期需要较长的光照时间，若光照不足 8 h 会影响莲座叶的生长发育。

(三)土壤

以疏松、肥沃、排灌良好、pH 为 6.5～7.0 的砂壤土为好。土壤肥力与大白菜的高产、优质密切相关，肥力高的土壤有机质含量 2%以上，土壤微生物活动旺盛，能提供充足的水分、氧气和营养，有利于优质高产。

(四)水肥

大白菜生长期间需水量较大，适宜的土壤湿度为 80%～90%，适宜的空气相对湿度为 65%～80%。苗期需保持土壤湿润；莲座期叶面积迅速增大，需水量也大大增加；结球期是需水量最多的时期，必须保证土壤有充足的水分，但结球后期要适当控制水分，以防止裂球，提高叶球的耐贮藏性。

大白菜对氮肥最为敏感，氮肥缺乏时，生长缓慢，叶色变浅，叶球不充实。但氮肥过多而磷、钾肥不足时，叶大而薄，结球不紧实，风味品质、抗病性及耐贮藏性均有所下降。大白菜生长发育过程中不可缺少钙肥，当不良环境条件造成生理性缺钙时，易发生干烧心病，严重影响大白菜的叶球质量。生长盛期缺硼也会引起结球不良。

三、类型和品种

四川地区常种的品种为玉冠、新春。

四、育苗

春大白菜 3 月下旬至 4 月中旬进行播种。一般采用育苗床直播或穴盘育苗，先将育苗基质“壮苗一号”湿润后，装到 104 孔或 128 孔的穴盘内，每穴播 1～2 粒种子，深度约为 0.5 cm。播后覆上基质并浇透水，然后将穴盘均匀地摆放在事先准备好的架子上或厢面上(厢面上最好覆盖地膜)。低温季节注意保温，高温季节注意降温、保湿。一般低温期 3～7 d

即可发芽，而高温期 2～4 d 即可出芽。

五、整地做畦

大白菜根系比较浅、对土壤水分和养料要求高，整地要做到深耕细耙，做到土壤疏松、田块平整、肥力均匀等。施基肥结合整地做畦在定植前 7～15 d 进行。每亩均匀撒施厩肥 1 500～2 000 kg 或堆肥 3 000～4 000 kg，并配合复合肥 50 kg、过磷酸钙 40 kg 全园撒施。基肥于最后一次耕地时施下，结合耕耙过程，使其与土壤混合均匀。也可在种植畦中间开沟进行条施。栽培大白菜一般都采用高畦栽培形式，以利于通风、灌排水及根系发育。一般畦面宽 0.8 m～1.0 m，沟宽 0.3～0.4 m，沟深 0.2～0.3 m。畦面要平整，中间略凸。

六、定植

待苗长到真叶 6～7 片时，即可定植到地里。利用穴盘育苗的，待根盘满孔穴即可定植，定植前几个小时先浇少水，以利取苗。定植一般在傍晚或阴天为宜，定植后浇透水。不同品种的种植密度不同，详见表 8-2。

表 8-2　不同品种大白菜在不同季节的种植密度

品种	春季		秋季	
	株行距/cm	种植密度/(株/亩)	株行距/cm	种植密度/(株/亩)
新春	(45～50)×40	3 500～4 000	(45～50)×35	3 800～4 500
玉冠	(45～50)×40	3 500～4 000	(45～50)×35	3 800～4 500

七、田间管理

(一)水分管理

大白菜不耐旱，特别是结球时需要充足水分。一般结合追肥灌水，每次灌水后须排除沟内余水，防止浸泡时间过长，发生沤根现象，园土控制在“见干见湿”，即达到沟内不积水，畦面不现水，而根系不缺水。在收获前 10 d 停止灌水，以免叶球含水量过多，不耐贮藏。

(二)追肥管理

追肥分 3 次进行。第 1 次在定植后约 7～10 d 浇一次 200 倍液的尿素水或稀薄的粪肥做“发棵肥”，以利于生根和叶片快速生长；第 2 次是在莲座期的时候施用，一般用复合肥每亩约 50～60 kg 结合灌水穴施于植株旁或开沟条施于行间；第 3 次是在球叶发育旺盛期(结球期)施用，每亩条施复合肥 30 kg 加尿素 20 kg 于行间或结合灌水直接施于沟底。

八、采收

叶球紧实后即可采收，晚熟品种为了延长供应，应束叶防止叶球受冻，束叶也利于叶球紧实和软化。

任务八 西葫芦设施栽培技术

西葫芦又称美洲西葫芦、角瓜、蔓瓜、白瓜等，为葫芦科南瓜属一年生蔓生藤本植物。西葫芦含有较多维生素C、葡萄糖等营养物质，具有除烦止渴、润肺止咳、清热利尿、消肿散结等功效。西葫芦的钙含量极高，每100 g可食部分(鲜重)含钙22～29 mg。西葫芦以采摘嫩果供菜用。原产于北美洲南部，世界各地均有分布。中国于19世纪中叶开始从欧洲引入栽培，在我国东北、华北、西北各省普遍栽培，是目前冬春季设施栽培的主要蔬菜种类之一。

图8-8 西葫芦设施栽培

一、植物学特征

西葫芦根系强大。茎蔓生或丛状矮生，茎蔓短，节间密，茎五棱多刺。单叶互生，叶大型，掌状深裂，叶面粗糙多刺，无托叶，叶柄直立中空，粗糙多刺，近叶脉处有银白色花斑。雌雄同株，花单性，单生于叶腋，鲜黄或橙黄色，雄花花冠钟状5裂，其尖端向外侧反卷，花萼基部形成花被筒，花梗细长，雌花子房下位，3～5室，花梗短粗。瓠果，圆筒形、椭圆形和长圆柱形等多种，以长筒形居多，嫩瓜皮色有白色、白绿、金黄、深绿、墨绿或白绿相间，老熟瓜的皮色有白色、乳白色、黄色、橘红或黄绿相间，每果有种子300～400粒。种子为白色或淡黄色，长卵形，种皮光滑。

二、生态习性

(一)温度

西葫芦喜温耐热。生长适宜温度18～32℃，11℃以下的低温或40℃以上的高温会引起植株停止生长。种子萌发期适宜温度为25～30℃；幼苗期和抽蔓期白天适宜温度为25～32℃，夜间适宜温度为13～15℃；开花期白天适宜温度为25～27℃，夜间适宜温度为15～18℃。

(二)光照

西葫芦属短日照植物,短日照条件下有利于雌花分化,长日照条件下有利于雄花分化。光饱和点为 45 000 lx,光补偿点为 1 500 lx。生产中需保证 40 000 lx 以上的光照度,光照不足将引起化瓜。

(三)土壤

西葫芦对土壤要求不严格,黏土、壤土、砂壤土均可栽培,设施栽培中以肥沃、土层深厚、微酸性或中性的砂壤土为好,土壤 pH 5.5～6.8 为宜。

(四)水肥

西葫芦耐旱,但由于叶片大、蒸腾作用旺盛,故需水量大,生育期应保持土壤湿度,开花期降低空气湿度,防止授粉不良造成落花、落果。结果期需水较多,应适当多浇水,保持土壤湿润。

西葫芦结果期需肥量最高,在生长发育期内对矿质元素的吸收量以钾肥最多,氮肥次之,磷肥最少。

三、类型和品种

西葫芦设施栽培应选择长势强、早熟、耐低温的矮生型品种,如早青、早玉、纤手、香蕉西葫芦等。

四、育苗

(一)浸种催芽

将种子放在 55℃热水中烫种 15 min,并不断搅拌,待水温自然下降到 30℃时继续浸泡 6～8 h,然后捞出种子,放入 10%的磷酸三钠或 1%的高锰酸钾溶液中浸泡 20～30 min,冲洗干净后用干净的湿布包好(布不能太湿),放置在 28～30℃的恒温恒湿培养中催芽,约 48 h 后露白(芽长 1～3 mm)时即可播种。

(二)播种及育苗管理

把出芽的种子播到 10 cm×10 cm 的营养钵中,每钵装 1 粒种子,胚根朝下将种子植入营养土中。播种后用 50%多菌灵 1 500 倍液浇透苗床,再覆盖 1 层细土后平铺一层地膜保湿。随后搭 1 层 80～100 cm 高的小拱棚升温催苗,播种后白天温度保持在 30℃、夜间温度保持在 15℃以上,3 d 左右即可出齐苗。出苗后要及时通风控温,出苗到定植期间,白天温度保持在 22～30℃、夜间温度保持在 12～16℃。当苗 2 叶 1 心时用 0.3%磷酸二氢钾和 72%普力克 400 倍液喷雾,以增强抗性防猝倒病。苗期要控制浇水,以防止徒长。幼苗长到 5 叶时即可定植,此时苗龄约 35 d。

五、整地做畦

每亩均匀撒施腐熟优质有机肥 1 500 kg、含硫复合肥 20 kg、硫酸钾 10 kg、钙镁磷肥 15 kg,深翻 30～40 cm 后晒土。采用深沟高畦栽培,按 100 cm 和 80 cm 的大小行开沟,在相邻的两个窄行上做成高畦或高垄，保证土壤细碎，畦面平齐，并覆盖地膜。

六、定植

当设施内 10 cm 深的地温稳定在 8～12℃时，夜间气温高于 5～8℃时即可定植。四川地区一般在 2 月下旬至 3 月中旬定植。定植时每个高畦定植 2 行，高垄 1 行，株距 50～60 cm，即一畦双行栽植，每亩栽 1 600 株。

七、田间管理

(一)光温调节

西葫芦幼苗处于缓苗期时，注意保温保湿，当设施内温度低于 30℃时不适宜通风换气。缓苗后，可适当通风换气。西葫芦营养生长阶段，由于外界气温较低，不适合较大通风量。当西葫芦进入盛果期后，白天温度应保持在 20～25℃，夜间温度应保持在 14～16℃，若温度过高，容易诱发病害，比如病毒病和白粉病，并使植株提早进入衰老阶段。

(二)水肥管理

西葫芦喜湿但又怕涝，故要保持土壤湿润又要加强水分控制。浇水过多易造成植株徒长、茎蔓长得过旺过快、叶片长得过大，造成棚内郁闭，最终导致减产。追肥可根据枝蔓生长情况而定，一般在瓜坐稳后和第一瓜采收后追肥，主要是果实膨大期施用，以速效肥为主，每次施尿素 8～10 kg/亩、硫酸钾复合肥 10～15 kg/亩，在行间开穴施用或在株间打孔施用，施后注意覆土并及时浇水。

八、采收

西葫芦一般在定植后 30～40 d 便可采收。根瓜从雌花开放至采收约需 14 d，其后随着气温渐高，生长速度加快，开花至采收的时间也逐渐缩短。

根瓜应适当提早采摘，以防止坠秧。西葫芦主要以嫩瓜为商品，一般在幼瓜长到 200～400 g 时即可采收，以确保商品瓜品质，减轻植株负担，促进后期植株生长和果实膨大。采收宜在上午进行，早上采收果实不仅含水量大、光泽度好，而且温度低、水分蒸发量小，有利于减少上市或长途运输过程中的损耗。由于嫩瓜瓜皮鲜嫩，易于损伤而影响外观，降低商品价值，采收后嫩瓜最好用纸或薄膜包裹，以防运输过程中发热或受冻。

复习思考题

1. 番茄设施生产上易发生连作障碍，应该如何预防？
2. 茄果类蔬菜设施栽培如何提高坐果率？
3. 大白菜、球茎甘蓝设施栽培有哪些技术要点？
4. 圣女果设施栽培与大果型番茄设施栽培技术有何异同？
5. 瓜类蔬菜在设施栽培中具有哪些共性？

Project 9

项目九

特种蔬菜设施栽培技术

任务一　费菜设施栽培技术
任务二　紫背天葵设施栽培技术
任务三　番杏设施栽培技术
任务四　落葵设施栽培技术
任务五　佛手瓜设施栽培技术

任务一　费菜设施栽培技术

费菜又称三七、救心菜、土人参、养心草、止血草，为景天科景天属多年生宿根草本植物。费菜原属野生，药食兼用，后经驯化，现多为人工栽培，是一种特稀保健蔬菜。费菜的嫩叶和嫩茎含水量高，可供食用，其口感嫩滑，风味独特，是21世纪餐桌新宠。其中含有丰富的蛋白质、脂肪、碳水化合物、粗纤维、胡萝卜素、B族维生素、维生素C和烟酸、钙、磷、铁等多种人体需要的物质。可加工成保健食品、药品、茶饮料等产品，对心脏病、肝病、高血压有奇特的疗效。费菜适应性广，在四川、湖北、江西、安徽、浙江、江苏、青海、宁夏、甘肃、内蒙古、河南、山西、陕西、河北、山东、辽宁、吉林、黑龙江等地均有分布。

一、植物学特征

费菜为多年生肉质草本，植株高20～50 cm。茎粗壮。叶互生，叶表蜡质层较厚，广卵形至狭倒披针形，边缘有不整齐的锯齿，长5～8 cm，宽1.5～2 cm，厚0.1 cm，先端渐尖，基部窄楔形，边缘锯钝齿。聚伞花序顶生，分枝平展；花密生；萼片5，披针长短不一；花瓣5，黄色椭圆状披针形；雄蕊10枚；心皮5，基部合生，膏葖果放射状排列；种子平滑，边缘有宽翅。花期6—7月份，果期8—9月份。

二、生态习性

(一)温度

费菜喜温暖湿润环境，15～35℃均可生长，最适合生长的气温为18～25℃，相对湿度控制在65%～75%。耐寒性较强，气温在0℃以上不会受冻。

(二)光照

费菜适应性强，喜光，也能耐半阴，在17 000～44 000 lx的光强更能够促使新生芽的萌发、伸长，加快其生长速度，能保持优美的株形。当光照强度低于556 lx或高于78 000 lx时费菜生长将受到抑制。

(三)土壤

费菜适应性和抗性较强，对土壤要求较低。忌选盐碱、黏重土壤田块，最好选择水源丰富、排灌方便、土层深厚、疏松肥沃、光照充足的砂壤土、壤土。

(四)水肥

费菜对土壤肥力要求不严，尽管费菜耐旱性很强，但充足的水分供应有利于茎叶生长、提高产量和改进品质。

三、类型和品种

目前有2个品种，费菜（*Sedum aizoon*）和堪察加费菜（*Sedum kamtschaticum*），堪察加费菜为目前种植面积较大的品种，福建种植较多。

四、费菜扩繁

（一）种子繁殖

费菜的种子繁殖一般在4月下旬至5月中旬进行，每亩用种量50 g，育苗床面积80 m^2。苗床1.5 m×20 m，先在整好的苗床上浇透水，趁湿均匀撒种子，然后覆细土0.5 cm，搭塑料拱棚保温保湿，苗期白天气温达到35℃时要进行通风降温，一般15～20 d出齐苗，当苗高5 cm时，结合中耕除草间去瘦弱苗，保持苗间距2～3 cm，并注重适量浇水，经常保持地表湿润。一般15～20 d出齐苗，120 d左右即可移栽定植。

（二）压条繁殖

费菜压条繁殖的优点是操作简单，成活率高，无须育苗，投产快。压条繁殖以春、秋两季最佳。具体做法如下：将生长6个月以上的费菜基部培土，培土高度为植株高度的1/4。浇水保湿，20～25 d后生根，剪离母体直接进行移栽。

（三）扦插繁殖

扦插繁殖具有操作简单、繁殖速度快、育苗成本低的优点。费菜扦插极易生根，在实际的田间生产中可直接定植去掉基部叶片的茎段，也可扦插于苗床育苗再进行移栽。为减小大田前期管理成本，最好选择苗床扦插育苗。

于3—4月份或8—9月份，选取费菜中上部纤维化程度较低的嫩茎，至少3节，带或不带茎尖均可，去掉基部叶片，在浓度0.02‰的萘乙酸溶液中浸泡15～20 min，或在浓度为0.15‰～0.3‰的吲哚丁酸溶液中浸泡15～20 min，扦插入土，深3～4 cm，及时浇水保湿，25℃条件下从扦插至生根成活仅需要8～10 d。

五、整地做畦

施基肥结合整地做畦在定植前7～15 d进行。每亩均匀撒施腐熟优质有机肥3 000～4 000 kg、15-15-15平衡复合肥50 kg、过磷酸钙40 kg、尿素10～15 kg，土层深翻30 cm。采用深沟高畦，包沟1.5 m，沟宽约0.4 m。保证土壤细碎，畦面平齐。覆盖厚度0.01～0.02 mm以上的黑色地膜，前期防草效果较好，封行后可撤去地膜。

六、定植

春、秋两季均可定植，选择健壮无病害幼苗在晴天下午定植。扦插苗扦插20～30 d可进行大田定植，定植前1 d苗床浇透水，起苗移栽后及时浇定根水。压条繁殖幼苗从新根下0.5 cm处剪离母体进行移栽，一般每畦可栽4行。株距为20 cm，行距25 cm，平均每亩可栽

7 000 株。早春移栽后注意闭棚保湿，前 3 d 湿度保持在 90%左右，温度 18～25℃。

七、田间管理

(一)光温调节

早春注意扣棚保温，晴天中午适当通风，如遇连阴天气可每隔 1 d 短时间通风。外界气温升至 15℃以上时，晴天中午通风 3 h，阴天中午通风 2 h，夜间注意及时闭棚保温；7—8 月份气温较高时，中棚栽培可撤去棚膜保证通风，悬挂防虫网防成虫迁入棚内产卵，同时挂遮阳网遮光降温。大棚可设置内遮阳，同时可进行长时间通风，注意风口设置防虫网。11 月份至翌年 1 月份可进行双层覆盖，内设小拱棚，可保证冬菜供应。

(二)水肥管理

费菜对肥水要求不高，一般缓苗后每亩追施 15-15-15 三元复合肥 10 kg，采收期每采收一茬追施复合肥 15 kg，越冬或返青前每亩施腐熟厩肥 2 000 kg 或复合肥 50 kg。浇水一般结合施肥进行，连续高温可适当进行浇水降温，一般遵循“见干见湿”的原则。

八、采收

4—10 月份均可进行费菜的采收，过早采收不利于后期产量形成，需要留足供植株生长的营养叶片。或利用拱棚进行遮阴处理，以提升鲜叶食用品质。植株茎长至 15～20 cm 时可进行第一次采收，一般选在无露的晴天早上进行，所采收费菜幼嫩茎叶留 20 片叶子为宜。7—8 月份温度较高，幼嫩部位纤维化程度较高，采收茎尖带 12～14 片叶子即可，全年可采收 3 000～3 500 kg/亩。

任务二　紫背天葵设施栽培技术

紫背天葵别名血皮菜、红凤菜、红背菜、红玉菜、观音菜等，为菊科秋海棠属宿根多年生草本植物。其食用部分为带叶嫩梢，富含铁素、维生素 A、黄酮类化合物及酶催化剂锰元素。紫背天葵生熟食俱佳，可凉拌、做汤，也可炒食，柔嫩滑爽，风味别具一格，是一种集营养保健与特殊风味为一体的高档蔬菜。紫背天葵原产于我国四川、广东、广西、海南、福建、台湾等地，尤以四川、台湾地区栽培较多。

一、植物学特征

紫背天葵全株肉质，直根系，根粗壮，侧根多，较发达，再生能力较强。茎直立，矮生，一般株高 30～60 cm，但常年不采收留种的，株高有时也可以达到 60～100 cm，开展度 40～50 cm。茎分枝性强，绿色，节部带紫红色，直立或半直立，有细棱，茎下部叶有柄、上部叶无柄。单叶互生，叶面及叶背表面覆蜡质，有光泽。幼叶两面均被柔茸毛，叶肉较肥厚，叶脉明显，在叶背突起宽披针形至长卵圆形，叶长 6～10 cm，叶宽 4～6 cm，先端渐尖，基部下延，边缘有浅锯齿，叶面深绿色，略带紫色，平滑有光泽，叶背紫红色，有独特土腥味。10—12月份开花，顶生或腋生头状花序，花序梗远高于茎顶，在花梗上呈伞状排列，花黄色或红色，为两性管状花。果实为瘦果，矩圆形，稍扁，有纵线条，被微毛，在长江流域几乎不结实。

二、生态习性

(一)温度

紫背天葵抗逆性极强，适应性广，耐热、对温度要求不严。生长适宜温度为20～25℃，但在32～35℃高温下也能正常生长，10℃条件下生长停滞，只能忍耐3～5℃的低温。不耐寒，怕霜冻。要求较湿润的空气湿度。

(二)光照

紫背天葵对光照要求不高，较耐阴，但光照不足则生长细弱，光照条件较好时更易高产优质。在夏季高温干旱条件下不易死亡。

(三)土壤

紫背天葵对土壤要求不严，较耐瘠薄，生产上应选择排水良好、疏松肥沃、有机质丰富、保水保肥能力强、灌溉良好的黄壤、砂壤、红壤土均可种植，适宜pH为6.5～7.5。

(四)水肥

紫背天葵极耐贫瘠，对土壤肥力要求不严，但充足的水分供应有利于茎叶生长、提高产量和改进品质，保证土壤见干见湿即可。

三、类型和品种

根据植株茎叶颜色差别，紫背天葵又分为紫茎红背叶种和紫茎绿背叶种2大类。

(一)紫茎红背叶种

紫茎红背叶种的天葵叶背、茎及新芽叶片均为紫红色，随着茎的成熟，渐变成绿色。按照叶片大小，紫茎红背叶种天葵可分为小叶种天葵和大叶种天葵。小叶种叶片小，黏液少，节间长，较耐寒冷，适于冬季较为冷凉的区域栽培；大叶种叶大而细长，先端尖，黏液多，节间较长。

(二)紫茎绿背叶种

紫茎绿背叶种的天葵茎下部呈浅紫红色，节间短，分枝性少，叶小、椭圆形、先端渐尖，叶面及叶背深绿色，有短茸毛，黏液少，口感差，但较耐高温、干旱。

四、紫背天葵扩繁

(一)种子繁殖

采种栽培时，当花朵上吐出白絮时应立即采收种子，风干后保存。长江流域一般在春季终霜后(3月中下旬至4月上旬)播种，播后8～10 d幼苗即可出土，30 d左右苗高12～15 cm时移栽至大田。利用种子繁殖繁育出的幼苗几乎不带病毒，可实现种株更新复壮，但长江流域气候条件下几乎不产生种子。

(二)扦插繁殖

紫背天葵在生产上通常采用扦插育苗，周年均可进行扦插，但以春(2—3月份)、秋(9—10月份)两季扦插成活率高且生长快。扦插繁殖时不能选过嫩或过老的枝条作插穗，应选择具有一定成熟度(稍木质化)的健壮枝条，截取长6～8 cm的顶芽或茎节，每段带3～5片叶，将基部的1～2节叶片去掉，蘸生根液，带叶倾斜扦插于已浇透水的苗床中，埋入深度为插条的1/2～2/3，育苗床采用平畦，畦土要求疏松肥沃，育苗床可用清洁的细砂土2份，草炭1份混合均匀后铺垫，也可用细碎疏松的一般土壤做床，不宜施肥。扦插后苗床应经常浇水保墒，并扣小棚使空气湿度达80%，温度达25～30℃，相对湿度80%～90%，成活前中午光照强度过大时采用遮阳网覆盖。扦插密度为株距6～10 cm，行距20 cm。2周后即可成活，温度保持在20～25℃，待植株新生2片叶子后即可移栽。

五、整地施基肥

在大棚内清理前茬，耕翻整地施肥，施基肥结合整地做畦，在定植前7～15 d进行。每亩均匀撒施腐熟优质有机肥3 000～5 000 kg，15-15-15氮磷钾复合肥20 kg，过磷酸钙20 kg，土层深翻30 cm。肥土混合均匀，整平耙细。

六、定植

紫背天葵根系形成后即可带土移植，一般6 m宽的大棚筑6畦。畦宽60 cm、高10 cm，畦沟宽40 cm，畦中间摆放1根滴管带，用于灌水施肥，然后覆盖厚度0.01～0.02 mm的地膜并准备定植。在高畦两侧定植2行紫背天葵，株距30～40 cm，每亩约定植3 300～4 400株，定植后浇足定根水。保持大棚温度在25～30℃、湿度80%～90%，保证幼苗初期顺利生长。如果在高温季节定植，移栽后5～7 d要使用遮阳网，以防强烈的太阳光。

七、田间管理

(一)光温调节

(1)冬、春季管理　紫背天葵性喜温暖，耐热畏寒，怕霜冻。缓苗期间应闭棚保温促进幼苗成活。生长期大棚温度保持在20～25℃，晴好天气揭膜通风换气，最高棚内温不超过30℃。晴天中午长时间通风，通风时间为中午11—14时，阴天中午可进行短时间通风，通风时间一般在中午12时左右，夜间及时关闭风口保温。必要时可内设小拱棚，进行双层覆盖，保证夜间温度在10℃以上。

(2)夏、秋季管理　此期要做到防高温、防暴雨、防病虫。棚顶及棚前沿各拉一道防虫网，盛夏及早秋可在棚膜上再加盖1层遮阳网并保持长时间通风。遮阳网在每天10时布置，16时拉开。

(二)水肥管理

虽然紫背天葵的耐旱性很强，但夏秋季节充足的水分供应，有利于茎叶生长，提高产量，改进品质。一般每次追肥后都应及时灌水，遇旱也应灌水，保持土壤经常处于湿润状态。但灌水量不宜太大，以“见干见湿”为宜，深冬及早春低温季节，掌握不旱不浇、浇小水的原则。

定植缓苗后应追施1次提苗肥，一般亩随水追施尿素5～7 kg。进入采收期植株生长量大，追肥每采收1次结合浇水进行，每亩追施稀粪水100 kg或每次每亩施用优质氮磷钾复合肥20～25 kg，以促进天葵多发枝，遇到雨季要注意及时排水防涝，封垄前及时中耕除草。

八、采收

在长江流域，紫背天葵大棚种植一般一次栽植可连续采收利用2～3年。当植株高度达30 cm，嫩梢10 cm以上时可采摘，第1次采摘留基部3片叶，以利于多发枝条。每个叶腋又可长出一个新梢，采摘越多长出的分枝越多。采收时保留基部1～2片叶即可。在肥水及温湿度管理条件较好的情况下通常每7～10 d可采收1次。大棚栽培可四季采收，实现周年供应，但春、秋两季生长旺盛，采收的间隔期变短。紫背天葵采收不宜太早，以促进植株发棵，从而达到提高总产的目的。开始采收时收获部分要小于10 cm，为母株多积累营养和促进发新枝。中后期植株生长旺盛，采收15～20 cm的嫩梢。每亩每次采收的产量一般在400～500 kg，年产量可达6 000～7 000 kg。

任务三　番杏设施栽培技术

番杏别名新西兰菠菜、洋菠菜、夏菠菜等，为番杏科番杏属一年生半蔓性草本植物。全株可入药，味甘、微辛，性平，具有清热解毒、利尿消肿等功效，常食番杏对肠炎、败血病、肾病等患者具有较好的缓解病痛的作用，能疗疮红肿、风热目赤、解蛇毒等，并有抗癌作用，属于保健蔬菜的范畴。原产澳大利亚、东南亚及智利等地，在亚洲、美洲、欧洲都有分布，主要在热带、温带栽培。我国番杏在1941年前后开始引入种植，适应性强，栽培也较容易，目前南京和江西等地区均有种植并实现了周年生产，有效缓解了冬、夏两季叶菜生产的不足。番杏以肥厚多汁嫩茎和嫩叶为食，可以炒食、做汤和凉拌，口感与菠菜极其相似。由于茎叶中含有单宁，烹调时可用开水烫漂，去除涩味，另外可适当用湿淀粉勾芡，使之滑嫩，口感更佳。

一、植物学特征

番杏根系发达，耐旱能力较强、耐涝能力较差。生长健壮，茎横切面呈圆形，表皮绿色，初期直立生长，后期匍匐生长，可达数米，分枝性强。叶片互生，肥厚，形状近似三角卵形，全缘，绿色，多茸毛且叶面密布银色细粉。花较小，腋生，黄色，不具花瓣，花被钟状、4裂。果实为坚果，菱角形，一般为4～5个棱，成熟后为褐色。正常生长的单果含5～8粒种子。种子为黑褐色，表面有棱，在棱的顶端长有细刺，千粒重80～100 g。

二、生态习性

(一)温度

番杏对温度的适应范围很广，喜温，耐热和耐寒能力较强，但地上部分不耐霜冻。适宜的萌发温度为25～28℃，苗期生长的适宜温度为20～25℃，在温度为30℃时可以正常生长，在夏季高温条件下仍能正常生长。可短时间耐受2～3℃的低温。在较温暖的地区能露地安全越冬而成为多年生植物。

(二)光照

番杏属长日照作物，春播后，于夏季开花结实。对光照要求不严，强光或较弱光照条件下均可生长，苗期给予充足的光照有利于壮苗的形成。

(三)土壤

番杏喜肥沃的壤土或砂壤土，一般选择疏松透气、保水保肥能力较强的地块。保证土壤肥沃、疏松、湿润。

(四)水肥

番杏喜湿润的土壤环境，耐旱，但生产上过分干旱会严重影响生长、降低产量和品质。同时不耐涝，忌积水，故多雨时要及时排涝，而干旱时要常浇水保湿，较耐盐碱，对氮、钾肥要求较高，苗期应注意氮、磷、钾肥的合理施用。

三、播种育苗

有直播与育苗2种方式。直播根系发达，适应性较强，抗病力也强。但前茬作物收获晚，不能适时播种，或者种子发率低，为增加设施大棚利用率，可进行育苗移栽。

(一)直播

番杏种子吸水困难，发芽时间长，播种前应浸种24 h，(有条件的可在25～30℃的条件下催芽，使大部分种子裂开后再播种)。播种方式一般为穴播，株距40 cm，行距50 cm，每穴1～2个种子(果实)。播种量为1.5 kg/亩，播种深度为1.5～2 cm，播后及时浇水，保持土壤湿润以利于出苗。

(二)育苗

为提早上市，实现蔬菜淡季上市供应，可在大棚内进行育苗。塑料拱棚栽培的，可在2—3月份进行播种育苗，播种前7～10 d浸种催芽。因为番杏种子发芽率相对较低，可选用土床育苗的方式。育苗床床土可用田园土和有机肥配制，比例为3∶1，床土厚度约10 cm，用平耙将苗床整平后浇透水再进行播种，播种量为0.5 g/m^2，播后覆土1.5～2 cm，保持棚内温度在25℃左右，棚内温度较低时可加盖小拱棚进行保温。当幼苗2叶1心时进行分苗，苗距约6～8 cm，分苗后必须浇水，叶片晾干后可覆1层过筛的细土。缓苗后降低室内温度，昼温20℃，夜温15℃。苗期生长缓慢，尽量不要浇水。当幼苗长至5～6片真叶时适当进行蹲苗和定植。

四、整地做畦

整地前先施入基肥。一般每亩均匀撒施3 000～4 000 kg有机肥或50 kg复合肥，并施入尿素10 kg、过磷酸钙40 kg，土壤深翻20～30 cm，耕碎后将土块耙平做成畦面，畦面宽130～150 cm，沟宽35～40 cm，沟深20～25 cm，以备定植。

五、定植

幼苗苗龄为40～50 d时，可进行定植移栽，在畦面按行距50 cm，株距30 cm挖定植穴。选择在晴天傍晚或者阴天定植，定植时选用健壮的大小一致的苗，取苗时尽量带土护根，对细弱的小苗应剔除或单独分开定植。幼苗定植完成后浇定根水，定植后生长初期应注意保温。

六、田间管理

(一)光温调节

幼苗初期白天保持棚内温度25℃左右，夜间15℃以上。齐苗后，再覆0.5 cm厚的过筛细土弥缝保墒，同时降低棚内温度，昼温保持在20～22℃，夜温12～15℃。定植前适当降温炼苗，白天温度保持在20℃左右，夜间温度保持在10℃以上。苗期生长缓慢，尽量不要浇水。

(1)冬、春季管理　番杏虽然适应性强，但地上部分不耐霜冻，缓苗期间适当保温。温度不低于15℃，晴天中午揭膜通风换气，阴天中午减少通风时间。

(2)夏、秋季管理　此期要做到防高温、防暴雨、盛夏及早秋可在棚膜上再加盖一层遮阳网并保持长时间通风，遮阳网在每天10时布置，16时拉开，以减少番杏茎叶纤维化，增加商品性。

(二)水肥管理

番杏生长期需氮、钾肥较多，除在定植前施足基肥，还应进行多次追肥，以提高产量。一般从定植至采收，要根据生长势追施适量尿素和氯化钾，在每次采收前每亩追施尿素10～15 kg、氯化钾5～10 kg或腐熟的人粪尿1 500 kg，随水冲入。番杏以嫩茎、叶为产品，缺水时叶片变硬，生长期要经常浇水，保持土壤见干见湿。雨季要及时排水防涝，以免烂根。前期要注意中耕除草，植株封行后要随时拔除杂草，免中耕。

七、采收

番杏的生长期长，1次种植可多次采收。当植株长至20～30 cm时应及时采收嫩茎叶。番杏在生长过程中，几乎每节叶腋都生花蕾，采收时要将花蕾除去，并剪掉细弱枝，保留粗壮新枝，保证营养生长，促进植株粗壮、叶片肥大。若采收过晚，不仅叶片老化、粗纤维增多，影响品质，而且叶片发黄，失去营养价值。一般10～15 d采收1次，可连续采收5～6个月，采收后及时上市。每亩产量 3 000～5 000 kg。

任务四　落葵设施栽培技术

落葵，又名木耳菜、豆腐菜、软浆叶、藤菜、胭脂菜等，属落葵科落葵属一年生蔓生草本植物。以嫩叶、嫩茎或幼苗供食用。落葵营养丰富，富含蛋白质、碳水化合物、矿物质和多种维生素，营养价值很高，虽然其性寒，味甘微酸、冷滑，脾胃虚寒的病人忌食，但落葵具有清热、解毒、凉血的功效，常用于痢疾、便秘、便血、小便短涩等症的辅助治疗，外敷可治痈毒，经常食用有降压益肝、清血滑肠、防治便秘和润泽皮肤、美容等功效。其质地柔滑多汁、清香爽口，风味独特，可炒食、凉拌、涮火锅和做汤，是一种药食两用的保健蔬菜。落葵原产中国和印度，非洲、美洲也有栽培，我国南北方均有栽培。在长江流域是夏季替代小白菜、填补伏缺的理想蔬菜。

一、植物学特征

落葵根系比较发达，分布范围广，扎根较深，主根不明显，侧根多而密。茎圆，肉质、光滑，蔓生，绝大部分品种缠绕生长，可生长至 4 m，分枝性强，土表湿润时容易发生不定根。茎秆呈现绿色、淡紫色或紫红色，质地柔嫩多汁，生长较快，节间短。单叶互生，近圆或长卵圆形，叶端急钝尖或渐尖，全缘，无托叶，绿色或叶脉及叶缘紫红色，叶面光滑，有光泽，肉质肥厚，有侧脉 4～5 对，叶柄长 1.0～3.5 cm。花腋生，穗状花序，两性花，小花无梗，萼片 5 枚，白色或紫红色，雄蕊 5 枚，着生于花被筒上萼管口处，与萼片对生，花柱 3 枚，基部合生。果实圆形或椭圆形，浆果，初期为绿色，老熟时呈紫红色，含紫红色汁液，内含种子 1 枚。种子卵圆形或球形，种皮紫黑色或褐色，千粒重约 25 g，种子寿命一般为 5 年。

二、生态习性

(一)温度

落葵喜高温高湿环境，不耐旱，不耐寒，遇霜害则枯死，属于耐热性蔬菜。种子 15℃以下不发芽，发芽适温为 25～28℃，当温度低于 20℃时，植株生长缓慢，10℃以下生长停滞，霜冻天气则地上部分枯死，生长适温 25～30℃。高温持续在 35℃以上时，只要土壤湿度大，依然可以正常生长。

(二)光照

落葵喜充足的光照，稍耐阴。长日照条件有利于营养生长，短日照条件有利于促进花芽分化、开花结籽。但如果长期遮阴易徒长，茎变细长，叶片变薄，产量和品质下降。

(三)土壤

落葵适应性强，对土壤要求不严，在高产栽培中应选择排水良好、疏松肥沃、有机质丰富、保水保肥能力强、灌溉良好的砂壤土，适宜 pH 为 5.6～6.8。

(四)水肥

落葵主要将幼嫩的茎叶作为产品器官,生长期长,采收次数多,需肥量较大。在栽培过程中应重施氮肥,适当补充磷肥和钾肥。为提高产品质量,还应多施充分腐熟的粪肥或者有机肥。

三、类型和品种

落葵有红花落葵、白花落葵及黑花落葵等,菜用栽培主要是前 2 种。

(一)红花落葵

红花落葵茎淡紫色至粉红色或绿色,叶片较大,叶长与宽近乎相等,侧枝基部几片叶较窄长,叶基部心脏形,开红花。常用栽培品种有红梗落葵、青梗落葵、广叶落葵。

(1)红梗落葵　植株缠绕蔓生,茎圆形、肉质、淡紫色至粉红色。

(2)青梗落葵　又称青梗木耳菜,茎蔓圆形,肉质绿色,为赤色落葵的变种,在我国栽培历史悠久,栽培也较普遍。

(3)广叶落葵　又称大叶落葵、阔叶落葵。叶片长 10～19 cm,宽 10.0～16.5 cm,该类落葵品种较多,如江口大叶落葵、贵阳大叶落葵等。

(二)白花落葵

白花落葵又叫白落葵、细叶落葵。茎淡绿色,叶片绿色、卵圆形至长卵圆披针形,基部圆或渐尖,顶端尖或微钝尖,边缘稍呈波浪状。其叶最小,平均长 2.5～3 cm,宽 1.5～2 cm。穗状花序,花梗较长,花白色、疏生。白花落葵主要采收嫩梢食用。

四、整地施基肥

对酸性较强的土壤,播种前每亩可用 40 kg 生石灰对大棚内部土壤进行土壤消毒,2～3 d 后,每亩均匀施入有机肥 2 000～3 000 kg、优质 15-15-15 氮磷钾复合肥 30 kg,土壤深翻 30 cm 后耙地,保证土地平整,土壤细碎。

五、播种育苗

采用日光温室可实现周年栽培,大棚内部可以实现春提前和秋延后栽培,保证蔬菜淡季供应。长江中下游地区一般以春播为主,可在 4 月中旬至 8 月进行。直播或育苗均可。直播行距为 50～60 cm、株距为 13～17 cm,或行、株距均为 20～25 cm,每穴播种 3～5 粒,播前先用温水浸种 1～2 d,播深 1.5～2 cm。因为落葵种皮较厚,吸水能力较差,育苗播种前应进行 1～2 d 浸种,并用手搓洗残留在种皮上的果肉,浸种后在 25～30℃下保湿催芽。待种子露白时可进行播种,播种时,将苗床整平,按 6 cm 左右行距条播,播后轻轻覆土 2 cm,然后将苗床淋透水分,最后盖膜增温保湿。每 1 m^2 苗床用种量 10～12 g。播种完成后扣紧棚膜进行保温,防止受冻,待幼苗出土时及时撤去地膜,适时蹲苗。

六、定植

待落葵长至5片叶后即可带土移植，定植幼苗的大棚，可提前10 d进行扣棚保温，定植时棚内土温需稳定保持在15℃以上，为防止积水，大棚内部可设高畦，畦面宽为1.2～1.3 m，畦沟宽20～30 cm，采收嫩梢的，定植株距为20 cm、行距为20～25 cm，每亩定植8 000～10 000株，定植后浇足定根水。保持大棚温度在25～30℃、湿度80%～90%，保证幼苗初期正常生长。

七、田间管理

(一)光温调节

定植后缓苗活棵前，紧扣大棚，不进行通风，以提高地温和气温。缓苗后，晴天中午若棚内温度过高，可逐渐通风换气，但夜间外界气温仍较低，应注意保温。4月中旬可逐渐加强通风，至5月上旬可揭棚膜，实行露地栽培。

(二)水肥管理

落葵喜潮湿环境，需要小水勤浇，早春温度较低，7～10 d浇1次水，夏天温度较高，可3～4 d浇1次水，保证落葵水分供应，防止茎叶因缺水纤维化加重，商品性变差。定植缓苗后，每亩追施硫酸铵20 kg、复合肥15 kg。以后每采收1次，都要追肥1次，每亩施尿素10 kg。最好是上午追肥、下午淋水，这样不会造成肥害。

(三)植株调整

采收幼嫩茎叶为主的落葵苗高35 cm时可进行第一次采收，留基部3～4叶，将上部嫩梢掐下，为防止侧枝过多耗费营养，应选留2个强壮侧芽成梢，其余抹去；第二次应采收侧枝上的嫩梢，同时选留3～4个健壮侧芽成梢，生长旺盛期可选留5～8个侧芽成梢；中后期要及时去掉花蕾。这样有利于叶片肥大、梢肥茎壮、品质提高，且能缩短收获期的间隔时间，提高产量。

八、采收

主食嫩梢的，一般用刀割或剪刀剪，以13～20 cm为宜，一般收割头梢后，7～10 d采收1次。注意采收时留桩要矮，在新梢基部只需保留1～2个腋芽供其继续生长即可，新梢及时采摘，避免长藤老化，以保持其商品性和食用价值。

任务五　佛手瓜设施栽培技术

佛手瓜又名菜肴梨、合掌瓜、拳头瓜等，为葫芦科佛手瓜属多年生攀缘性草本植物。温带地区生产中多作一年生栽培。现在云南、福建、浙江及四川等省种植较为普遍。近年山东、河南等北方省区引种成功。佛手瓜产量高、管理简便、营养丰富，是低热量、低钠、高钾食品。据测定,每 100 g 果实中含蛋白质 0.9 g、碳水化合物 7.7 g、维生素 C 22 mg。其凉拌、炒食、做汤皆可。

一、植物学特征

佛手瓜侧根长而粗,一年生侧根可长至 2 m,根系分布范围广,吸收肥水能力强,耐旱。茎攀缘或人工架生,有棱沟,主蔓可长达 10 m。叶柄纤细,无毛,长 5~15 cm;叶片膜质,互生,近圆形,中间的裂片较大,侧面的较小,先端渐尖,边缘有小细齿,基部心形,弯缺较深,近圆形;上面深绿色,稍粗糙,背面淡绿色,有短柔毛,以脉上较密。卷须粗壮,有棱沟,无毛,3~5 歧,叶片与卷须对生。雌雄同株;雄花 10~30 朵生于总花梗上部成总状花序,花序轴稍粗壮,无毛;花萼筒短,裂片展开,近无毛;花冠辐状,分裂到基部,裂片卵状披针形;雄蕊 3,花丝合生,花药分离,药室折曲;雌花单生,花冠与花萼同雄花;子房倒卵形,具 5 棱,有疏毛,1 室,具 1 枚下垂生的胚珠。瓠果淡绿色,倒卵形,有稀疏短硬毛,上部有 5 条纵沟,单瓜重 250~500 g,具 1 枚种子。种子大型,卵形,压扁状;花期 7—9 月份,果期 8—10 月份。当种子剥离果实后,极易失水干瘪而丧失生活力,故种子不能晒干贮存,一般均以整个种瓜为繁殖材料。种子无休眠期,成熟后如不及时采收,种子在瓜中就会很快萌发。这一现象称"胎萌",是佛手瓜的一大特点。

二、生态习性

(一)温度

佛手瓜喜温暖而雨水分布均匀的气候,发芽适温为 15~20℃,生长最适温度为 20~25℃,开花结果适温为 15~20℃。

(二)光照

佛手瓜属短日照作物,在具有一定的营养生长量后,在秋季短日照条件下,开始生殖生长。月均为 22℃左右,月日照时数 170 h,即可满足佛手瓜开花结果的要求。

(三)土壤

佛手瓜适应性强,对土壤要求不严,以中性砂壤土和壤土、黏壤土最适合。

(四)水肥

佛手瓜对水分需量大,开花结果期土壤水分不足时,开花少、落花多,坐果率低,瓜也小。

三、种瓜的选择与越冬贮藏

种瓜需选择个头肥壮、重量 300 g 左右、表皮光滑润薄、蜡质多、微黄色、茸毛不明显、芽眼微微突起、无伤疤破损、充分成熟的瓜做种瓜。将种瓜于 11 月下旬放在 5~7℃的室内保存,具体方法是用箩筐装沙贮藏,即用箩筐装 1 层沙,放 1 层瓜,不留空隙,箩筐顶端覆盖 10~15 cm 的沙即可。若数量大可在室内建沙池贮藏,在整个贮藏期自始至终不能浇水,必须用干沙或干煤灰贮藏覆盖,不能用农家肥和田园土贮藏覆盖。

四、直播或扦插育苗

(一)直播

佛手瓜在温带地区只能作一年生生产,需整瓜播种育苗。先将种瓜置于15～20℃环境条件下催芽,7 d左右瓜缝开裂,幼芽露出果实,而后选择芽好的种瓜直接播种于口径为20 cm的营养钵中。瓜上覆土5 cm,幼苗出土前,一般不浇水。出苗后白天保持20～25℃,夜间10～12℃。并注意保持较好的通风和光照条件。苗期生长需要的营养来自果实本身,不可施用人粪尿肥,适当控水控温蹲苗。定植前7 d加强通风炼苗。

(二)扦插育苗

将种瓜提前育苗,培育出用于切段扦插的健壮秧蔓。在有温室的地方,可于11—12月份育苗,延长育苗期可使幼苗多发枝、发壮枝。于3月上中旬将幼苗秧蔓剪断,每一切段含2～3个节。将切段茎部置于500 mg/L的萘乙酸溶液中浸泡5～10 min,取出插于育苗营养土或蛭石、珍珠岩、过筛炉渣等轻质基质内,保温保湿促其生根。据试验,采用此法扦插成活率达80%以上。

五、定植

佛手瓜断霜后,当幼苗长出3～4片真叶即可定植。大棚生产可于3月上中旬定植,定植时,穴要大而深,约1 m见方,1 m深。将挖出的土再填入穴内1/3,每穴施腐熟优质厩肥或有机肥200～250 kg,并与穴土充分混合均匀,其上再铺盖20 cm的土壤,用脚踩实。定植时土坨与地面平齐,及时浇水,促其缓苗。定植密度:若采用种瓜育苗,大苗定植,每亩可栽20～30株;用切段扦插的小苗生产,密度可适当加大,行距3～4 m,株距2 m,每亩栽80～120株。

六、田间管理

(一)光温调节

定植后及时扣棚保温,减少通风,晴天中午棚内温度较高时可及时掀开棚膜进行放风,下午16时后及时闭棚保温。缓苗后定期浇水,水量不宜大,以地表湿润为宜。成活后至坐果前,白天保持温度在25℃左右,夜温不得低于15℃。夏季注意给大棚盖上银灰色遮阳网,保持侧帘常开,在晴天的傍晚浇水,增加空气湿度和降低土温。

(二)水肥管理

定植后1个月内主要做好幼苗的覆盖增温,促进生长发育。此期间不追肥,只浇小水。根系迅速发育期,要多中耕松土,促进根系发育。越夏期应勤浇水,保持土壤湿润,增加空气湿度。在瓜蔓上架时追施1次上架肥,每株穴施15-15-15复合肥1 kg,在开花盛期和结果盛期结合浇水各追施1次花果肥,每株穴施15-15-15复合肥1 kg,叶面喷施1～2次0.2%的尿素+0.3%的磷酸二氢钾溶液。

(三)搭架、引蔓与整枝

当瓜蔓长到 40 cm 左右时就要搭架让佛手瓜的卷须勾卷引其叶蔓攀架。定植后至植株旺盛生长阶段,地上茎伸长较慢,茎基部的侧枝分生较快,易成丛生状,影响茎蔓延长和上架。故前期要及时抹除茎基部的侧芽,每株只保留 2～3 个子蔓。上架后,不再打侧枝,任其生长,但应注意调整茎蔓伸展方向,使其分布均匀,通风透光。

七、采收

佛手瓜开花后 50 d 左右即可采收,结果较集中,对茎蔓生长影响较大。要及时采摘,利于后茬瓜的生长发育,以提高产量。一般每株可采瓜 200～600 个,产量 3 000～5 000 kg/亩。

复习思考题

1. 简述费菜繁殖方式及相应的设施栽培技术要点。
2. 简述大棚栽培紫背天葵冬春和夏秋管理中光温调节的关键技术。
3. 简述番杏设施生产中缓苗期管理技术。
4. 简述落葵设施生产技术要点。
5. 简述佛手瓜设施生产中的育苗及缓苗期管理技术。

Project 10

项目十

花卉设施栽培技术

任务一　切花月季设施栽培技术
任务二　切花金鱼草设施栽培技术
任务三　切花麦秆菊设施栽培技术
任务四　切花紫罗兰设施栽培技术
任务五　切花洋桔梗设施栽培技术
任务六　切花百合设施栽培技术
任务七　切花小苍兰设施栽培技术
任务八　切花芍药设施栽培技术

任务一　切花月季设施栽培技术

切花月季是月季中一类非常适合作为切花栽培的品种的统称。月季是蔷薇科蔷薇属的一种带刺的灌木植物，原产我国华北以及日本和朝鲜。切花月季市场消费潜力大，需求旺盛，主要销售给花店、花市、婚庆公司、个人等。我国江苏、河南、云南、安徽、浙江、上海等省市，均有切花月季生产基地。

一、植物学特征

月季为直立灌木，高可达 2 m；茎粗壮，丛生；小枝密被茸毛，并有针刺和腺毛，有直立或弯曲、淡黄色的皮刺，皮刺外被茸毛。小叶 5～9，连叶柄长 5～13 cm；小叶片椭圆形或椭圆状倒卵形，长 1.5～4.5 cm，宽 1～2.5 cm，先端急尖或圆钝，基部圆形或宽楔形，边缘有尖锐锯齿，上面深绿色，无毛，叶脉下陷，有褶皱，下面灰绿色，中脉突起，网脉明显，密被茸毛和腺毛，有时腺毛不明显；叶柄和叶轴密被茸毛和腺毛；托叶大部贴生于叶柄，离生部分卵形，边缘有带腺锯齿，下面被茸毛。花单生于叶腋，或数朵簇生，苞片卵形，边缘有腺毛，外被茸毛；花梗长 5～22.5 mm，密被茸毛和腺毛；花直径 4～5.5 cm；萼片卵状披针形，先端尾状渐尖，常有羽状裂片而扩展成叶状，上面有稀疏柔毛，下面密被柔毛和腺毛；花瓣倒卵形，重瓣至半重瓣，芳香，紫红色至白色；花柱离生，被毛，稍伸出萼筒口外，比雄蕊短很多。果扁球形，直径 2～2.5 cm，砖红色，肉质，平滑，萼片宿存。花期 5—6 月份，果期 8—9 月份。

二、生态习性

(一)温度

月季喜温暖湿润，怕炎热和严寒的气候。适合的生长湿度是 75%～80%，湿度过高会造成黑斑病和白粉病，湿度太低叶片和花朵都会生长得非常畸形。生长适温白天 20～27℃，夜间 15～22℃。在 5℃左右也能缓慢生长，超过 30℃或低于 5℃生长不良，处于半休眠状态。

(二)光照

切花月季喜阳光充足的环境，不耐荫蔽，一天至少需 5 h 左右的直射光照，否则花枝软弱，徒长，开花不良，花色不艳。

(三)土壤

以疏松肥沃、排水良好、富含有机质、土层深厚的中性偏酸土壤为佳，土壤层 40 cm 以上，pH 5.5～6.5；定植时 EC 值宜在 0.6 mS/cm 以下，采花期宜在 1.0 mS/cm 以下。

(四)水肥

喜肥，以有机肥为主，化肥为辅，微量元素配合使用。耐干旱、忌积水，空气污染会妨碍切花生长发育。

三、类型和品种

切花月季主要有杂种香水月季、聚花月季类、壮花月季等，品种非常丰富，而且每年世界上都会培育出很多新品种的月季，比较经典的品种有蜜桃雪山、雪山、糖果雪山、诱惑、多头香槟、阿班斯、紫皇后、黑魔术、法兰西、维西利亚等。在选择品种时可根据当地的气候条件和市场需求，选择夏秋季耐炎热、冬春季耐低温、抗病丰产的品种，合理安排花型、花色的比例。

四、繁殖

以无性繁殖为主，可采用扦插和嫁接法进行繁殖。

(一)扦插繁殖

1. 插条的准备

一般应选择生长良好、发育健壮且无病虫害的半木质化枝条作为插条。插条粗度以各品种标准花枝的粗度为宜，每个插条保留 2～4 个饱满芽，保留上端 2 枚小叶，剪除其余的叶片和叶柄，上剪口在最上芽上方 0.5 cm，下剪口在最下芽下方 1 cm 以内斜剪，随采随插。

2. 扦插与管理

扦插基质应进行消毒处理。为增加生根量和提高成活率，扦插前可用促进生根的化学药剂处理插条。将插条的 1/3～1/2 插入基质中，温度保持在 20～28℃。原则上相对湿度生根前保持在 80%～90%，生根后降至 40%～50%；基质持水量生根前保持在 70%～80%，生根后降至 40%～60%。扦插过程中注意防治灰霉病、霜霉病及白粉病，防除蚜虫和红蜘蛛。

(二)嫁接繁殖

1. 砧木

砧木有扦插砧木和实生砧木 2 种类型。选用与接穗有良好的亲和力、适应当地环境条件且抗逆性强的砧木，如无刺多花蔷薇系列、月季花或狗蔷薇等。

2. 嫁接方法

嫁接分为芽接和枝接 2 种，芽接包括“T”形芽接、门式芽接等；枝接在休眠季节进行，宜采用切接。实生砧的嫁接部位要在分枝以下尽可能低的部位，以减少砧木萌蘖的机会。

3. 接穗采集

选择品种特征典型、无病虫害、生长健壮的植株采集接穗。芽接宜选用花后生长 10 d 以上的枝条中段的腋芽作为接芽；枝接以落叶后充分休眠的枝条为接穗。

4. 接穗处理

用于芽接的接穗宜选用已开花的花枝，去除叶片和皮刺，保留叶柄。用于枝接的接穗宜选用发育充实的休眠枝条，去除叶片和皮刺，直接用于嫁接。如需储藏，可将接穗杀菌后用湿沙沙藏，温度保持在 5～10℃。

5. 嫁接苗管理

嫁接后 30 d 检查成活状况。嫁接成活后，扦插砧及时去除萌蘖；实生砧在接芽上方 1 cm 处剪砧，及时去除砧木萌蘖。

五、栽培管理

(一)整地及施基肥

整成畦面宽 1 m,畦高 40～50 cm,畦沟宽 40～50 cm,四周环田沟深 60～80 cm,保证排灌畅通。每亩施腐熟饼肥 500 kg 和过磷酸钙 10 kg,或肥分相等的其他有机肥。

(二)定植

定植时间宜在 3—5 月份,一般定植后 6 个月开始产花。每畦种 2 行,株距 20～30 cm,行距 40～50 cm,每亩种 2 000～4 000 株。定植时应将植株的根系向四周散开,嫁接口应高于表土 1～2 cm。

(三)定植后管理

在温室内有代表性地选择 3～5 个点放置温湿度计,每天定时记录温湿度和光照度,作为光强和温湿度调控的依据。当大棚内温度高于 28℃时,应及时采取通风、遮阴等降温措施;冬季需根据天气情况实施防寒措施,保温、保湿,以提高切花月季的产量和质量;空气相对湿度控制在 75%～80%;光照度宜为 25 000～50 000 lx;采用清洁的水源,淋足定根水,定植后保持土壤湿润;茎叶生长期适当加施氮肥,进入产花期加施磷、钾肥,氮、磷、钾三者的比例在生长期应为 3∶1∶1,采花期应为 1∶1∶1,适当补充微量元素,或多施肥分全面的有机肥,速效化肥每 10～15 d 施 1 次,缓效有机肥每 45～60 d 施 1 次,结合灌溉适量均衡施肥,叶面施肥有较好的辅助作用,产花期叶面喷施 0.2%～0.4%的磷酸二氢钾溶液。

(四)修剪

非产花期随时剪除枯枝、病虫枝、砧木枝、交错密生枝、盲枝、残花、侧花蕾等,一般栽培切花月季都有 4～7 个主枝。产花期选具有生产合格切花能力的枝条,在枝条基部向上第 3 个或第 4 个且向外的腋芽上方 0.5～3 cm 处剪断,剪口以芽为上方,向下倾斜,剪口以下的腋芽将发育成花枝,待修剪枝条的腋芽萌发出的花枝长约 30 cm 时,再修剪 1/3 或 1/4,如此循环进行,则获得连续产花的效果,且植株能保持较好的长势。每次收花均在花枝基部第 3 个节芽上方 0.5～3 cm 处落剪,让以下的腋芽发育成下一批花枝。

(五)采花

采花时间:红色和粉红色系列品种一般在第一片花瓣向外展时采收;黄色系列品种应略早些;白色系列品种则应在第三片花瓣向外松展时采收。花枝剪下后 20 min 内应插入盛有保鲜液的容器中。

任务二　切花金鱼草设施栽培技术

金鱼草又名龙口花、龙头花、洋彩雀,为玄参科金鱼草属多年生草本植物,生产上作一二年生栽培。国际上广泛将金鱼草用于盆栽、花坛、窗台、栽植槽和室内景观布置,近年来又用于切花观赏,市场开发潜力巨大。金鱼草原产地中海地区,分布区域北至摩洛哥和葡萄牙,南至法国,东至土耳其和叙利亚,现各地都有栽培。

一、植物学特征

金鱼草茎直立，株高 30～80 cm。茎中上部被腺毛，基部有时分枝。下部的叶常对生，上部的叶常互生；具短柄；叶片披针形至长圆状披针形，长 2～6 cm，无毛，先端尖，基部楔形，全缘。总状花序顶生，密被腺毛；花梗长 5～7 mm；花萼与花梗近等长，萼 5 深裂，裂片卵形，钝或急尖；花冠筒状唇形，颜色多种，有白、淡红、深红、肉色、深黄、浅黄、黄橙等色，深浅不一，亦有复色者，长 3～5 cm，基部膨大成囊状，上唇直立、宽大、2 裂，下唇 3 裂，开展外曲，在中部向上唇隆起，封闭喉部，使花冠呈假面状；雄蕊 4，二强。蒴果卵形，长约 15 mm，基部向前延伸，被腺毛，先端孔裂。

二、生态习性

(一)温度

金鱼草性喜凉爽气候，较耐寒。9 月份至翌年 3 月份生长适温为 7～10℃，3—9 月份生长适温为 13～16℃，幼苗在 5℃条件下通过春化阶段。开花适温为 15～16℃，能抵抗 −5℃以上的低温，−5℃以下则易冻死；不耐酷热。

(二)光照

金鱼草喜光，也耐半阴，但长时间半阴条件下，植株生长偏高，花序伸长，花色较淡。对光照长短反应不敏感。

(三)土壤

金鱼草喜肥沃、疏松、排水良好和富含有机质的微酸性砂壤土。

(四)水分

金鱼草对水分比较敏感，忌水涝，也怕干旱。

三、类型和品种

金鱼草有高、中、矮 3 种类型。高型品种高可达 80～100 cm；中型品种高 40～60 cm；矮型品种高 20～30 cm。此外还有重瓣种，花朵特大。切花栽培的植株高 80～100 cm，有分枝。花序长度 25 cm 以上，花冠筒状唇形。花色有粉、红、黄、白、紫与复色多种，花色鲜艳，花由花葶基部向上逐渐开放，花期长。

金鱼草切花优良品种应当属早生系，切花后能经常保持花色鲜艳，耐寒性强，“盲花”少，株高而粗，花茎硬，笔直生长。通常 12 月份开始切花，翌年 3—4 月份也能二次切花，二次切花的品质也较好，利用杂种优势的第一代杂种已成为商业切花栽培的主要品种，如早乙女(红色)、红龙(天鹅绒深红色)、先驱(深紫红色)、红姬(桃色)、乙女(鲜桃色)、绵龙、夕映(绯橙色)、王冠、黄龙(黄色)、白龙、白岭、新雪、白光龙(白色)等。

四、繁殖

金鱼草栽培以种子繁殖为主。

(一)品种选择

金鱼草栽培适宜选高型品种。

(二)播种时间

播种时间根据用花时间、品种特性及育苗环境条件而定(自播种到开花的生长周期为130～150 d)。在自然条件下秋播者3—6月份开花。在人工控制温室条件下促成栽培,7月份播种,可在12月份至翌年3月份开花;10月份播种,可在翌年2—3月份开花;1月份播种,可在5—6月份开花。

(三)基质配制

金鱼草育苗宜用育苗专用基质如腐殖质土或泥炭土。播种基质应具有保水、透气、排水良好的特性,pH为6.0～7.5。

(四)播种

金鱼草可采用机器播种或人工播种。将种子置于孔中央,使种子和基质接触良好,覆盖1层1.5 mm左右厚的粗蛭石,用塑料薄膜或无纺布覆盖,覆盖物不与基质接触。播种好的穴盘置于发芽室或平放于育苗床上发芽。

(五)播后管理

发芽适温20℃,播后7～14 d发芽,播种后重点是水分管理,浇水要均匀。幼苗出土后可掀去薄膜,使之接受光照。

五、栽培管理

(一)定植

幼苗长出4～5片真叶时即可定植。定植土壤以砂壤土为最佳,定植前要施足基肥,每100 m^2施入充分腐熟的农家肥600 kg,均匀翻入耕作层内。定植时,以15 cm×15 cm的支撑网平铺于畦面,每个网眼栽种1株,在金鱼草整个生长过程中,一般架设3层网,以防止花茎弯曲或倒伏。幼苗定植初期应适当遮阴。

(二)定植后管理

浇水必须遵循"见干见湿"的原则,应从侧面进行浇水,可向植株周围喷洒水雾,保持花枝鲜艳水润。金鱼草具有根瘤菌,本身具有固氮作用,一般情况下不用施氮肥,适量增施磷、钾肥即可。在生长期内,结合浇水每隔15 d施1次发酵的油渣水或使用"卉友"15-15-30盆花专用肥。出现花蕾时,用0.2%磷酸二氢钾溶液喷洒更佳,每次施肥前应松土除草。冬季每天进行4 h的补光,可提早开花。

温室栽培温度保持夜温15℃、昼温20～24℃,温度过低,降到2～3℃时植株虽不会受害,但花期延迟,盲花增加,切花品质下降。

(三)修剪

当金鱼草幼苗长至10 cm左右时,就可以做摘心处理,增加侧枝数量,增加花朵,每株保留 3～4 个健壮侧枝。修剪时剪去病弱枝、枯老枝和过密枝条，每次开完花后，剪去开过花的枝条，促使其萌发新枝条继续开花。用作切花品种时不宜摘心，而要剥除侧芽，使养分集中在主枝上，但随着花枝生长要及时张网，使其挺直。

(四)采切

金鱼草切花采收以花序下部第 1～2 朵小花开放时为采收适期。采收后，即去除花茎下部 1/4～1/3 的叶片，并放在清水或保鲜液中吸水。切花根据花色、株高、花穗长度分级，10～20 枝为 1 束。在 0～2℃低温条件下干贮期 3～4 d，湿贮期 7～14 d。用杀菌剂处理后，在保鲜液中低温贮藏可达 4～8 周。

任务三　切花麦秆菊设施栽培技术

麦秆菊别名贝细工、蜡菊，是菊科蜡菊属多年生草本植物，生产作一二年生栽培。原产澳大利亚，在东南亚和欧美栽培较广。干燥的花瓣呈金黄色，花色鲜艳且长久不褪。因其花干后不凋落，如蜡制成，是制作优质切花、压花、干燥花的材料，既可以单独用来做花束设计，也可以组合成多种多样、色彩丰富的麦秆菊花束，是自然界特有的天然“工艺品”。

一、植物学特征

麦秆菊株高 50～100 cm，茎直立，多分枝，全株具微毛。叶互生，长椭圆状披针形，全缘、短叶柄。头状花序生于主枝或侧枝的顶端，花冠直径 3～6 cm，总苞苞片多层，呈覆瓦状，外层椭圆形呈膜质，干燥具光泽，形似花瓣，有白、粉、橙、红、黄等色，管状花位于花盘中心，黄色。晴天花开放，雨天及夜间关闭。瘦果小棒状，或直或弯，上具四棱。花期 7—9 月份，果熟期 9—10 月份。

二、生态习性

(一)温度

麦秆菊喜欢温暖气候，最适宜的生长温度为 15～25℃，不耐寒，忌酷热。夏季气温不能高于 34℃，冬季温度低于 4℃以下时进入休眠或死亡。

(二)光照

麦秆菊喜阳光充足的环境，但春、夏、秋三季温度过高时需要在遮阴条件下养护。气温较高且阳光直射时，叶片会明显变小，枝条节间缩短，脚叶黄化、脱落，生长十分缓慢或进入半休眠的状态。在冬季，由于温度不是很高，可以照射直射光。

(三)土壤

麦秆菊在排水良好的肥沃和疏松的土壤中生长良好。

(四)水肥

麦秆菊对水分敏感，若排水不畅，植株极易萎蔫死亡。春季和秋季这两个季节是麦秆菊的生长旺季，对水肥的需求量比较大，但要求遵循“淡肥勤施、量少次多、营养齐全”的浇水施肥原则。

三、类型和品种

麦秆菊栽培品种有帝王贝细工，分高型、中型、矮型品种；有大花型、小花型之分。同属植物500余种。

四、繁殖

麦秆菊以种子繁殖为主。

(一)品种选择

栽培麦秆菊宜选择高型品种。

(二)播种时间

播种时间根据用花时间、品种特性及育苗环境条件而定(自播种到开花的生长周期为90～110 d)。春、秋都可播种，以春播为主，春播一般3—4月份在温床或温室中播种，秋播在温床或冷室中越冬。

(三)基质配制

麦秆菊育苗宜用育苗专用基质如腐殖质土或泥炭土。播种基质应具有保水、透气、排水良好的特性。

(四)播种

麦秆菊可采用机器播种或人工播种。将种子置于穴孔中央，使种子和基质接触良好，覆盖一层0.5 cm左右厚的粗蛭石或草炭土，用塑料薄膜或无纺布覆盖，覆盖物不与基质接触。播种好的穴盘置于发芽室或平放于育苗床上发芽。

(五)播后管理

麦秆菊发芽适温为15～20℃，约7 d出苗。播种后重点是水分管理，浇水要均匀，幼苗出土后要及时揭膜，并在每天上午9:30之前，或者在下午3:30之后让幼苗接受太阳光照，否则幼苗会生长得非常柔弱。

五、栽培管理

(一)定植

选向阳、适度湿润又排水良好的疏松肥沃土壤。7～8片真叶时定植，株距30～40 cm。定植时先挖好种植穴，在种植穴底部撒上一层有机肥料作为底肥(基肥)，厚度为4～6 cm，再覆上一层土并放入幼苗，以把肥料与根系分开，避免烧根。放入苗木后，回填土壤，把根系覆盖住，基部压实，浇透水。

(二)定植后管理

春、秋两季是麦秆菊的生长旺季，每周要保证施2次“花宝”，但花期前追肥次数不能太多，肥量不能过大，否则开花虽多，但花色不艳。进入梅雨季节，注意园地内积水，防止烂根。

秋天保持土壤内一定的湿度，以利于结果良好。夏季高温期麦秆菊往往进入休眠状态，对肥水要求不多，甚至要控肥控水，浇水时间尽量安排在早晨温度较低的时候进行，晚上保持叶片干燥，还要经常给植株喷雾。冬季休眠期主要是做好控肥控水工作，施肥间隔 7～10 d，浇水尽量安排在晴天中午温度较高的时候进行。每 2 个月剪掉带有老叶和黄叶的枝条，只要温度适宜，能四季开花。麦秆菊植株高，应设立支架，以防倒伏。麦秆菊根系浅，抗旱能力差，注意浇水防旱。及时打药，注意防治蚜虫、卷叶虫和地下害虫。

(三)修剪

切花栽培的麦秆菊生长到苗高 6～10 cm 时应把顶梢摘掉，保留下部的 3～4 片叶，以促使分枝。在第一次摘心 3～5 周后，可进行第二次摘心，把侧枝的顶梢摘掉，保留侧枝下面的 4 片叶。进行 2 次摘心后，株形会更加理想，开花数量也多。

(四)采切

将花在成熟季节采收后进行切割，切割时将花悬挂在室内干燥的热空气中，使水分蒸发。为了防止组织皱缩，以更好地保存其自然色泽，应尽量用热空气快速干燥。悬挂时把切花头朝下，这样在干燥过程中茎的顶端能保持刚硬。可以在铁丝或架子上悬挂切花使其干燥，不要用塑料袋，因其会阻止水分扩散，易引起发霉。

任务四　切花紫罗兰设施栽培技术

紫罗兰别名草桂花、四桃克，为十字花科紫罗兰属的一二年生或多年生草本花卉。紫罗兰花期较长，花朵茂盛，花序硕大，色彩鲜艳丰富，香气浓郁，为众多莳花者所喜爱。可用作花坛、花境的布置材料和盆栽美化居室，也是很好的切花植物。紫罗兰原产欧洲南部及地中海沿岸，目前我国南部地区广泛栽培，北方栽于庭院花坛或温室中，以供观赏。

一、植物学特征

紫罗兰株高 30～60 cm，全株被灰色星状毛，茎直立，基部稍木质化。叶片宽大，长椭圆形或倒披针形，先端圆钝。总状花序顶生和腋生，花梗粗壮，花有紫红、淡红、淡黄、白等颜色，单瓣花能结籽，重瓣花不结籽。果实为长角果，圆柱形，种子有翅。花期 3—5 月份，果熟期 6—7 月份。

二、生态习性

(一)温度

紫罗兰喜冷凉气候，能耐短期 0℃左右低温，但不耐霜冻，忌燥热。生长适温白天 15～18℃，夜间 10℃左右，花芽分化时需 5～8℃的低温周期。

(二)光照

紫罗兰花蕾形成及开花期喜充足阳光，苗期稍耐阴。

(三)土壤

紫罗兰要求 pH 为 5.0～6.5 的肥沃湿润及深厚壤土，黏重土及排水不良的地块难以生长。

(四)水分

由于紫罗兰周身具有柔毛，体内水分蒸发较少，生长期一般可少浇水，花期需适量浇水。

三、类型和品种

紫罗兰园艺品种甚多，有单瓣和重瓣 2 种品系，重瓣品系观赏价值更高，单瓣品系能结种，而重瓣品系不能。花色有粉红、深红、浅紫、深紫、纯白、淡黄、鲜黄、蓝紫等。在生产中一般使用白花、粉花和紫花等品种生产切花。

主要栽培品种有白色的艾达(Aida)、淡黄色的卡门(Carmen)、红色的弗朗西斯卡(Francesca)、紫色的阿贝拉(Arabella)和淡紫红的英卡纳(Incana)等。依株高分有高、中、矮 3 类；依花期不同分有夏紫罗兰、秋紫罗兰及冬紫罗兰等品种；依栽培习性不同分为一年生及二年生类型。

四、繁殖

紫罗兰以种子繁殖为主。

(一)品种选择

栽培紫罗兰宜选高型品种。

(二)播种时间

根据用花时间、品种特性及育苗环境条件而定。秋季播种时间一般在 8 月中旬至 10 月上旬(注意秋播的时间不能太晚，否则将影响植株的生长、越冬、开花的数量及质量)。对一年生品种，在夏季凉爽地区，一年四季均可播种，一般 1 月份播种，5 月份开花；2—3 月份播种，6 月份开花；4 月份播种，7 月份开花；5 月中旬播种，8 月份开花，因此通常要有 100～150 d 的生长期。

(三)基质配制

紫罗兰育苗宜用育苗专用基质如腐殖质土或泥炭土，pH 为 5.0～5.5。播种基质应具有保水、透气、排水良好的特性。

(四)播种

采用机器播种或人工播种。将种子置于穴孔中央，使种子和基质接触良好，播种深度 2 mm 左右，用塑料薄膜或无纺布覆盖，覆盖物不与基质接触。播种好的穴盘置于发芽室或平放于育苗床上发芽。

(五)播后管理

紫罗兰发芽适温为 15～18℃，播种后 15 d 左右即可发芽，播种后主要是水分管理，浇水要均匀。幼苗出土后可掀去薄膜，使之接受光照。

五、栽培管理

(一)定植

幼苗具有6～7片真叶时即可定植。定植时选择富含腐殖质的砂壤土作栽培基质，定植前，要施足基肥，栽种密度为50～60株/m^2，等间距穴栽。紫罗兰为直根性植物，不耐移植，因此为保证成活，移栽时要多带宿土，尽量不要伤根系。

(二)定植后管理

在生长前期保持土壤处于微潮偏干状态，气温越低，浇水越少，环境温度升高后，加大浇水量，否则植株长得较矮，会对切花品质造成影响。栽植时应施足基肥，生长前期视植株长势适当施肥。每次施肥不要太多，要薄肥勤施，否则易造成植株徒长，当植株孕蕾后，追施0.1%～0.2%磷酸二氢钾溶液，每周1次。冬季温度通过设施来调控，控制在10～30℃，越冬时温度不宜低于5℃，夏天要利用通风来降低环境温度。植株30～40 cm高时，要张网。

(三)修剪

紫罗兰通常无须摘心，但分枝性系真叶增加到10片而且生长旺盛，此时可留6～7片真叶，摘掉顶芽；发侧枝后，留上部3～4枝，其余及早摘除。

(四)采切

当花枝上1/2～2/3的小花开放时采收。采收时间以早晨或傍晚为好。从茎基部采剪，使花枝更长。每束10～20支，绑扎好后基部放入容器中充分吸水，再用包装纸或塑料薄膜包裹后，冷藏或装箱上市。切花花枝在4℃温度下可保持3～4 d，3～4 d后就应回到室温环境中。

任务五　切花洋桔梗设施栽培技术

洋桔梗又名草原龙胆、土耳其桔梗、丽钵花、德州兰铃，为龙胆科洋桔梗属多年生草本植物，作一二年生栽培，原产美国内布拉斯加州和得克萨斯州。洋桔梗株态典雅，色调清新淡雅。盆栽用于点缀居室、阳台或窗台，呈现浓厚的欧式情调，如成片摆放宾馆、音乐茶座、商厦橱窗、银行休息室和楼梯转角处，表现出高雅豪华的气氛。若剪下几枝紫色的洋桔梗为主花，配上白色百合花和柳枝，插入竹篮，中西合璧，如诗如画，令人陶醉。该花在21世纪60年代已开始做商业化的栽培，是国际上十分流行的盆花和切花种类之一。

一、植物学特征

洋桔梗株高30～100 cm。叶对生，阔椭圆形至披针形，全缘，几乎无叶柄，叶基略抱茎，叶表蓝绿色。雌雄蕊明显，苞片狭窄披针形，花瓣覆瓦状排列，花瓣有单瓣与双瓣之分。花色丰富，主要有红、粉红、淡紫、紫、白、黄以及各种不同程度镶边的复色花。根据品种不同，每个花茎可产生10～20朵花，通常单枝着花5～10朵。

二、生态习性

(一)温度

洋桔梗喜温暖、湿润的自然环境,较耐寒。生长适温为15～28℃,生长期夜间温度不低于12℃。冬季温度在5℃以下,叶丛呈莲座状,不能开花。也能短期耐0℃低温。如果生长期温度超过30℃,花期明显缩短。

(二)光照

洋桔梗喜阳光充足。长日照对洋桔梗的生长发育十分有利,有助于茎叶生长和花芽形成,一般以每天16 h光照效果最好。

(三)土壤

洋桔梗喜肥沃、疏松和排水良好的土壤,忌连作。盆栽用土必须消毒,可用高温蒸汽或棉隆处理土壤,土壤pH以6.5～7.0为宜。

(四)水分

洋桔梗对水分的要求比较严格,虽喜湿润,但不耐水湿,水分过多会造成根部病害。花蕾形成后要避免高温高湿环境,否则容易引起真菌性病害。同时,生长期供水不足,则茎叶生长细弱,并提早开花。在以色列栽培洋桔梗,采用滴灌设施,对洋桔梗的生长发育十分有利。

三、类型、品种

目前已选育出重瓣和双色品种。洋桔梗市场上流行品系主要有:早生品种如迷你、惊艳;中早生品种如波浪1、极光;中生品种如玛莉、圣剑、露西塔1、露西塔2、波浪2、优胜、可爱;中晚生品种如雪莱、露西塔3、神话、优胜、阿琳娜3;晚生品种如艺术、优胜、塞娜、阿琳娜4。

四、繁殖

洋桔梗以种子、组织培养繁殖为主,生产上常用种子繁殖。

(一)品种选择

洋桔梗品种的选择应当根据当地的生态环境条件和品种特性,选择最适宜生长的品种。不同季节也要选择不同品种,如夏季应选择中生、晚生等品种,冬季应选择早生、中早生等品种。

(二)播种时间

根据用花时间、品种特性及育苗环境条件定(自播种到开花的生长周期为120～180 d)。以9—10月份或1—2月份室内盆播为主。一般矮生盆栽洋桔梗从播种至开花需120～140 d,切花品种从播种至开花需150～180 d。

(三)基质配制

洋桔梗育苗宜用育苗专用基质如腐殖质土或泥炭土。播种基质应具有保水、透气、排水良好的特性，pH 为 6.5～7.0。

（四）播种

采用机器播种或人工播种。将种子置于孔中央，使种子和基质接触良好，洋桔梗种子细小，每克种子在 22 000～22 500 粒，且属喜光性种子，播后不覆土，只需轻压即可，用塑料薄膜或无纺布覆盖，覆盖物不与基质接触。播种好的穴盘置于发芽室或平放于育苗床上发芽。

（五）播后管理

洋桔梗种子发芽适温为 22～24℃，播后 10～14 d 发芽。播种前，盆土和容器均须严格高温消毒。播种后重点是水分管理，浇水要均匀，保持土壤湿润。幼苗出土后可掀去薄膜，使之接受光照。

五、栽培管理

（一）幼苗期管理

洋桔梗幼苗生长很慢，需谨慎管理。幼苗开始出现后，移到通风较好的位置，温度适当低一些（15～20℃），可施 100～150 mg/kg 的氮肥。这时期的关键是白天的温度不要超过 25℃，夜间温度不低于 5℃，以防止莲座（莲座是洋桔梗为了避免不良条件及低光照产生的一种正常的生理反应，一般表现为主要的生长点停止发育，植株长成丛状，不能正常发枝开花）。这时期要注意温湿度不要太高，以防止幼苗徒长及病害的发生，同时光照度不能太低。

（二）生长中后期管理

幼苗待 4～5 片真叶时，可定植于 8～15 cm 盆中，也可地栽，种植密度为株行距 12 cm×12 cm。定植时不能损伤根部，否则种苗难以恢复正常生长，移苗不宜过深。要根据品种特性，严格控制环境温度。洋桔梗对高低温非常敏感，高低温会导致其生育中后期节间缩短，出现簇生现象，降低切花质量。一般白天温度保持在 20～25℃，夜间 15～18℃，除此之外，每天光照时间要在 12 h 以上。洋桔梗属于需肥量较高的植物，不仅要求有充足的大量元素，还要求土壤中保证有较多的钙。通常在生长期每半个月施肥 1 次，交替使用 14-0-14 和 20-10-20 肥料，浓度以 100～200 mg/kg 为宜。施肥时要注意硝态氮与铵态氮的比例，通常铵态氮会让茎叶的生长速率较快，叶片会较大较软，叶色较浓，但易造成徒长，尤其是在温度过低时不宜使用。可以补充硝酸钾及硝酸钙，但在花苞形成时期，则以补充硝酸钾为主。大约在移植后 6 周作物生长到第 7 节位时，必须特别补充磷、钾肥，可以用水溶液喷施于植株上，以使茎枝粗壮不致软垂。若再继续补充氮肥，则除了茎细之外，节间长度也会伸长，造成上下节间长度不一致。花茎伸长到 50～70 cm，腋芽开始分化花芽，这时浇水切勿将水淋到花蕾上面。

（三）整形

如应用中型切花品种作盆栽观赏，在栽后 20 d 使用 0.03%～0.05%比久溶液喷洒植株 2～3 次。对分枝性强的品种可采用摘心来促使多分枝、多开花，降低株形。在切花栽培过程中，由于花茎较高，容易引起倒伏，要及时拉支撑网，每 15～20 cm 拉 1 层支撑网。

（四）采切

植株下面的花蕾有 2～3 朵开放时，在离地面 5～10 cm 处将花茎剪取，并将特小的花蕾摘除，每枝花仅保留 5～8 个花朵（蕾），5 枝 1 束进行包装。洋桔梗采收后应置于阴凉处并于

1 h 内施予预措液插水处理，预措液主要是 200 mg/kg 硫酸铝混合 50 mg/kg 次氯酸钠调配而成，具有水分供应与杀菌的功效，每 3～5 d 更换 1 次，且水质应调整为微酸性，使 pH 接近 5.0 左右。

任务六　切花百合设施栽培技术

百合又名强蜀、番韭、山丹、倒仙、重迈、中庭、摩罗、重箱、中逢花、百合蒜、大师傅蒜、蒜脑薯、夜合花等，是百合科百合属多年生草本球根植物。百合花素有“云裳仙子”之称。由于其外表高雅纯洁，天主教以百合花为玛利亚的象征；梵蒂冈以百合花象征民族独立、经济繁荣，并把它作为国花；百合的鳞茎由鳞片抱合而成，有“百年好合”“百事合意”之意，中国人自古视其为婚礼必不可少的吉祥花卉。百合花花姿雅致，叶片青翠娟秀，茎秆亭亭玉立，是名贵的切花新秀，在插花造型中可做焦点花、骨架花。该花广泛分布于中国、日本、北美和欧洲等温带地区。

一、植物学特征

百合株高 70～150 cm，茎直立，不分枝，圆柱形，常有紫色斑点，无毛，绿色，有的品种(如卷丹、沙紫百合)在地上茎的腋叶间能产生“珠芽”；有的在茎入土部分，茎节上可长出“籽球”。地下具鳞茎，鳞茎球形，淡白色，先端常开放如莲座状，由多数肉质肥厚、卵匙形的鳞片聚合而成。花着生于茎秆顶端，呈总状花序，簇生或单生，花冠较大，花筒较长，呈漏斗形喇叭状。花色因品种不同而色彩多样，多为黄色、白色、粉红、橙红，有的具紫色或黑色斑点，也有一朵花具多种颜色的，极其美丽。蒴果长卵圆形，具钝棱。种子多数，卵形，扁平。6 月上旬现蕾，7 月上旬始花，7 月中旬盛花，7 月下旬终花，果期 7—10 月份。

二、生态习性

(一)温度

百合喜温暖湿润，也较耐寒。百合的生长适温为 15～25℃，温度低于 10℃时生长缓慢，温度超过 30℃则生长不良。生长过程中，以白天温度 21～23℃、晚间温度 15～17℃最好。促成栽培的鳞茎必须通过 7～10℃低温贮藏 6 周。

(二)光照

南方一带宜栽种在遮阳半阴处，但过度荫蔽会引起花茎徒长和花蕾脱落。百合属长日照植物，每天增加光照时间 6 h，能提早开花。如果光照时间减少，则推迟开花。

(三)土壤

栽培土壤宜为肥沃、疏松和排水良好的砂壤土，土壤 pH 在 5.5～6.5 最好。在土层深厚、肥沃疏松的砂壤土中，百合鳞茎色泽洁白、肉质较厚，黏重的土壤不宜栽培百合。

(四)水肥

百合喜干燥，怕水涝，土壤湿度过高则引起鳞茎腐烂死亡。盆栽百合浇水应随植株的生长而逐渐增加，花期供水要充足，花后应减少水分，地上部分枯萎后要停止浇水。

三、类型和品种

切花百合主要表现为花梗比较长，瓶插寿命比较长，花朵较大，姿态优雅，美丽大方，花期容易调节，能够进行保护地栽培。切花百合目前主要有亚洲百合杂交系，东方百合杂交系，麝香百合杂交系，OT 百合杂交系等。亚洲百合主要特征是花朵向上，花苞中等，长 8～13 cm，没有香味，颜色以黄色、白色、粉色为主，目前主要栽培品种有阿波尔多、阿波罗、俄为依、卡狄拉克等。东方百合主要特征为花朵较直立，花苞小，长 5～10 cm，主要品种有卡萨布兰卡、流星、凝星、帕萨罗等。麝香百合又叫铁炮百合，花朵喇叭形，有特殊的麝香香味，花苞较大，一般长 10～18 cm，主要品种有格丽亚、洛丽娜、雪后、白项链、银狐等。OT 百合也叫杂交香水百合，是东方百合和喇叭类百合的杂交品种，抗性比东方百合更强，花大、花香、耐热，且高大挺拔，很适合做鲜切花。

四、繁殖

切花百合以分球繁殖为主。

(一)品种选择

根据当地的气候、土壤条件和市场变化与消费需求，选择适宜品种。目前适合做切花的百合有东方百合杂交系、麝香百合杂交系、LA 百合杂交系、OT 百合杂交系、亚洲百合杂交系等。

(二)定植时间

定植时间根据用花时间、品种特性及育苗环境条件而定。在生长适温下，亚洲系百合生长周期为 70～110 d，东方系百合生长周期为 80～140 d，麝香百合生长周期为 70～110 d。经冷藏处理的百合种球，若能满足其生长的温度要求，在一年内的任何时间均可种植。

(三)整地、基肥、消毒

做高畦，畦宽 80～120 cm，畦间距 25～40 cm，畦高 30～50 cm，保持排水畅通。基肥以有机肥为主，主要是施用完全腐熟的饼肥或动物粪肥，每亩施用 3～7 m^3。消毒可采用化学消毒、太阳能消毒和水淹法消毒。化学消毒剂有福尔马林、氯化苦、福美双、五氯硝基苯等；太阳能消毒应在日照充足、气温较高时进行，并覆盖塑料薄膜；水淹法消毒时先将土地整平，然后全部被水淹没至少 1 个月，也可以在上半年收完花后，根据下半年生产计划选用适宜的水生作物如水稻、蕹菜、西洋菜等，通过水旱轮作进行水淹消毒。

(四)栽植床基质配制

基质选择上应因地制宜，如用泥炭＋沙(8∶2)、泥炭＋蛭石(1∶1)等，也可选用炉渣、蘑菇渣、蚯蚓粪等。

(五)种球选择和消毒

亚洲系百合和麝香百合选用围径 12～14 cm 的种球，东方系百合选用围径 16～18 cm 或以上的种球为宜。种球购回后应放在 10～15℃的背阴处缓慢解冻后种植，如条件允许可先进行催芽处理，待茎生根长 0.5～1 cm 时即可种植。种植前用 50%甲基托布津 600 倍液，或 70% 百菌清 600 倍液对种球进行消毒。

(六)定植

土壤栽植时，常用沟植；基质栽植时，多采用穴植。株行距可采用 15 cm×20 cm，软枝品种可适当加大株行距。种球种植时要摆放端正，芽尖向上。秋天种植深度为 10～12 cm，冬天种植深度为 8～10 cm，对于种球围径在 18 cm 以上或易产生叶烧的品种如元帅、皇族等可适当深植 2 cm。盖土过程中不能使种球倾斜，如有倾斜，即予扶正，同时不应压得太紧，并整平畦面。种植经过催芽的种球时，覆土厚度以芽尖露出土面为准。栽植后浇水要透且均匀，透水深度在种球以下 5～6 cm。

五、栽培管理

(一)出苗前后期管理

土壤表层要保持湿润，适时浇水。确定土壤水分含量是否合适的方法是用手握住泥土，有水迹渗出而又不下滴，轻轻一抖，握紧的泥球又能散开则表示水分适宜。大棚内空气湿度一般控制在 60%～80%，且相对稳定。大棚内气温宜保持在 12～25℃，低于 12℃时，应覆盖薄膜。避免光照过强，以遮阴为主，光照度适宜范围为 5 000～1 2000 lx，并随苗增高而逐渐加大。对于麝香型百合的部分品种不需要遮阴。冬季覆盖薄膜时，应注意通风，但薄膜外温度、湿度过低时，应减少通风。

(二)生长期管理

东方百合杂交系，白天温度宜保持在 20～22℃，不宜高于 25℃，夜间温度不应低于 15℃。亚洲百合杂交系，白天温度宜保持在 20～25℃，夜间温度宜保持在 10～12℃。麝香百合杂交系，白天温度宜保持在 20～25℃，不宜高于 28℃，夜间温度不应低于 14℃。夏季生产以遮阳为主，冬季中午适当遮阳，阴天应打开遮阳网。冬季促成栽培，要补充光照时间，花序上第一个花蕾达到 0.5～1 cm 大小时开始补光，人工光照大约持续 5 周，每天保证 14～16 h 光照时间。间隔 10～15 d 土壤施肥 1 次，间隔 15 d 叶面喷施 1 次，具体方法如下：

(1)土壤施肥方法　前期每亩施尿素 3 kg＋硫酸钾 3 kg＋磷酸镁 1.5 kg，浓度为 0.5%～1.0%的液肥，后期每亩施肥硫酸钾 3 kg＋磷酸二氢钾 2 kg＋硝酸铵 1 kg，浓度为 0.5%～1.0%的液肥。

(2)叶面施肥方法　前期施 0.1% 磷酸二氢钾＋0.05% 硼酸或 0.1% 尿素＋0.1% 磷酸二氢钾，后期施 0.2% 硝酸钾＋1% 磷酸二氢钾。在株高 15～30 cm 前，应架设花网支撑植株，以防倒伏，保证切花质量。花网规格采用网眼 15 cm×15 cm、20 cm×20 cm 等，并随着植株的生长调节花网的高度。

(三)生殖期管理

蕾期的温度应比生长期略高 2～5℃，但最高不能超过 28℃，超过 28℃时应采取遮阴、通风、喷水等措施降温，夜间不低于 15℃。土壤水分保持在田间持水量的 60%，空气湿度为 40%～60%。蕾期应增加钾肥的比重，每亩施硝酸钾 3 kg＋磷酸二氢钾 2 kg＋硝酸铵 1 kg，土施间隔期为 10～15 d；叶面施肥以 0.2% 硝酸钾＋0.1% 磷酸二氢钾叶面喷施，间隔期 15 d，施肥直至切花采收前 2 周停止。光照度控制在 20 000～30 000 lx，对枝软品种要加强光照，除中午外全面光照。现蕾期间易发生叶烧病，严重时幼叶大面积变褐，水渍状，包裹幼蕾导致幼蕾腐烂，此时应人工剥开幼叶，露出幼蕾。

(四)采切

以最大的花苞已充分膨胀并着色时为采收适期，采收时如果植株够高，可考虑留下2～4片脚叶后切下，留下的叶片作为养种球用。将同品种、同花蕾数、同一枝长、同一等级的切花按每10枝1束用橡皮筋捆扎花枝基部，捆扎时花蕾端对齐，基部尽量剪齐，其长短误差不超过1～3 cm；在百合花切下30 min内，没有分级包装的，宜统一插于清水桶中，入库保存，库温保持在2～4℃。

任务七　切花小苍兰设施栽培技术

小苍兰，别名香雪兰，为鸢尾科香雪兰属多年生球根花卉，原产南非好望角一带，在国际市场上属后起之秀，其花序柔美摇曳，花色艳丽，花高雅清香似兰，是深受消费者喜爱的鲜切花之一，也是人们喜爱的冬、春季室内观赏花卉，常用盆栽或剪取花枝插瓶装点室内。

一、植物学特征

小苍兰球茎狭卵形或卵圆形，外包有薄膜质的包被，包被上有网纹及暗红色的斑点。叶剑形或条形，略弯曲，长15～40 cm，宽0.5～1.4 cm，黄绿色，中脉明显。花茎直立，上部有2～3个弯曲的分枝，下部有数枚叶；花无梗；每朵花基部有2枚膜质苞片，苞片宽卵形或卵圆形，顶端略凹或2尖头，长0.6～1 cm，宽约8 mm；花直立，淡黄色或黄绿色，有香味，直径2～3 cm；花被管喇叭形，长约4 cm，直径约1 cm，基部变细，花被裂片6，2轮排列，外轮花被裂片卵圆形或椭圆形，长1.8～2 cm，宽约6 mm，内轮较外轮花被裂片略短而狭；雄蕊3，着生于花被管上，长2～2.5 cm；花柱1，柱头6裂，子房绿色，近球形，直径约3 mm。蒴果近卵圆形，室背开裂。

二、生态习性

(一)温度

小苍兰喜温暖湿润环境，最适生长温度为15～20℃，白天温度17℃，夜间温度控制在10～13℃，高于25℃以上要休眠，0℃停止生长，－3℃出现冻害，短日照的冬季尤其需要注意。

(二)光照

小苍兰要求阳光充足，但在强光、高温的条件下易出现徒长现象。它的花芽形成是在短日照条件下完成的，花芽形成后长日照对它的开花又有促进作用。

(三)土壤

小苍兰宜于疏松、肥沃、透水性好的砂壤土上生长，基质要求无氟化物，无菌，pH为6.5～7.2。

(四)水肥

小苍兰对水分的要求较为严格，既怕潮湿，又不耐干旱。土壤含水量过多，易造成烂根；土壤缺水，生长受阻，叶色失去光泽，所以盆土要求“见干见湿”，土壤不可积水或过于干燥。小苍兰生长期要求肥水充足，每 2 周施用 1 次有机液肥，亦可适量施用复合肥。植株生根进入生长期后，每隔 1 周施肥 1 次，用 20-20-20 的复合肥即可，适宜浓度为 200 mg/kg。

三、类型和品种

目前小苍兰品种很多，各品种的休眠期长短不一。切花应选择休眠期短的品种，同时还要求花大、花瓣厚实、芳香浓郁、花期早，花茎直立、花序着花数多，植株高、生长较为一致等。主要切花品种有淡紫色的蓝姐，紫色的科特阿苏，鲜黄色的奶油杯，黄色的卡雅库，红色的快红、米歇尔，白色的优美、爻亨尼和橙色的春日等。

四、繁殖

小苍兰采用分植球茎或种子繁殖。播种多在秋季室内盆播，2 周左右发芽，实生苗需 3～4 年才能开花，故以分球繁殖为主。

(一)品种选择

根据当地的气候、土壤条件和市场变化与消费需求，选择适宜品种。

(二)栽植时间

通常 9 月上旬栽植球茎。采用不同栽植时间和相应管理措施，可实现周年供花，周年生产则需配备土壤冷却系统。温室生产时，小苍兰从种下到采收种球一般需要 110～120 d。小苍兰的种球可以在－2℃低温下长期贮存，随时可在大棚种植。植株实际生长周期取决于基质温度，一般来说，从种植球茎到开花需历时 40～50 d。可根据花卉市场需要适时栽种，长期供应鲜切花，若需春节开花，可在 12 月初盆栽；需要在“五一”节开花，则在 3 月初上盆栽植。

(三)栽植床基质配制及消毒

小苍兰宜于疏松、肥沃、透水性好的砂壤土上生长。通常用 2/3 草炭土加 1/3 细沙，或 1/2 泥炭土加 1/ 2 细沙配制的人工培养土栽植，并加入豆饼或鸡粪作基肥。土壤带菌是小苍兰感病的一个主要原因，用多菌灵与基质以 1∶500 的重量比混合后，再盖上薄膜密封 2～3 d 进行消毒。

(四)种球选择和消毒

选细长而充实的种球，一级种球重 3 g，二级种球重 1～3 g，三级种球重量小于 1 g，切花栽培选一级种球。球茎在栽植前先用 50%多菌灵 500 倍液浸泡 30 min，再用 50%的福美双 500 倍液拌种后才能种植。种球消毒前还需要进行打破休眠和冷藏处理。为了打破休眠，首先将球茎置于 30℃条件下处理 30 d，然后在 20℃条件下处理 20 d。为了促进花芽分化，在 10℃低温下处理 40 d。

(五)栽植

口径 15 cm 的花盆每盆可栽植一级种球 2 个；30 cm×60 cm 的栽培箱，每箱种植 50 个种球左右。球直立栽植，覆土以球顶与土平齐为宜。大棚地栽时要筑高畦，畦宽 1.2 m，栽植行距 20 cm，株距 10 cm。

五、栽培管理

(一)出苗前后期管理

小苍兰生长初期，要给予较充足的阳光，并要节制浇水，这样可起到蹲苗作用，避免水大或过阴造成植株生长柔弱，叶片细长，易倒伏。每 10 d 左右喷 1 次 800 倍液多菌灵或百菌清。

(二)生长期管理

当进入旺生长期时，每 10 d 施 1 次饼肥水或复合肥，并保持土壤湿润，直到开花。10 月下旬后，温度以 10℃左右为好，以后逐步升到 15℃左右，否则植株容易徒长，影响开花。小苍兰茎细弱，易倒伏，盆栽时需要设置支架支撑，地栽在植株长到 3～5 片真叶时搭架拉网，层距 20 cm 左右，共 2～3 层。

(三)生殖期管理

小苍兰抽薹现蕾期生长迅速，要保持盆土湿润和充足的阳光，可使花香色艳；开花后要控制水分。抽薹前为防止花序垂压倒伏，须用细竹或苇秆靠扎，使花茎挺立。10 月下旬入室后，若放在不同温度的室内，则可使花分批开放；如需提前开花，只要提前 1 个月将温度升高到 20℃，到时如期开放。花开放后，将温度降到 12℃左右，可大大延长花期。花谢后 1 个月，温度要逐步升高，并减少浇水，保持盆土偏干。茎叶枯黄后要停止浇水，以免引起烂球。5—6 月份植株全枯后，采收球根，进行短期晾晒，晾干后分级进行低温贮存备用。

(四)采切

植株高度通常 50～75 cm，采收的切花长度 25～35 cm。主花枝上第一朵花显色并正在开放、第二朵花开始开放之前采切，待侧花穗的花序也发育到上述标准再依次剪切。切花采收后需用保鲜剂 1-MC(1-甲基环丙烯)进行预处理，再按大、中、小分级，每 20 支或每 10 支为 1 束，将开花部分包好，装箱上市，并及时出货销售。若是需要进行短期贮藏，应将切花保存在 0.5～2℃、相对湿度 95% 的环境里，但要确保花朵本身干燥。如果需要较长时间贮藏，可把花枝插在 0.5～2℃的水中，把去离子水或质量好的自来水用柠檬酸调节到 pH 为 3.5，水中不要含氟。

任务八　切花芍药设施栽培技术

芍药别名别离草、花中宰相，为芍药科芍药属多年生草本花卉。芍药因其花形妩媚、花色艳丽，故占得形容美好容貌的"绰约"之谐音，名为"芍药"。芍药位列草本之首，被人们誉为"花仙"和"花相"，又被称为"五月花神"，因自古就作为爱情之花，现已被尊为七夕节的代表花卉。原产中国以及亚洲北部。在我国分布于江苏、东北、华北、陕西及甘肃南部，四川、贵州、安徽、山东、浙江等地的城市公园也有栽培，花瓣各色。在朝鲜、日本、蒙古及西伯利亚地区也有分布。

一、植物学特征

芍药是多年生宿根草本花卉。它的主根肉质，粗壮，纺锤形和长柱形，粗 0.6～3.5 cm，浅黄褐色或灰紫色。芽是混合芽，丛生在根颈上，肉质，水红色至浅紫红色，也有黄色的，外有鳞片保护。茎是由根部簇生的，高 50～110 cm，草本，茎基部圆柱形，上端多棱角，有的扭曲，有的直伸，向阳部分多呈紫红晕。叶为二回三出羽状复叶，长 20～24 cm，小叶有椭圆形、狭卵形、被针形等，叶端长而尖，全缘微波，叶面有黄绿色、绿色和深绿色等，叶背多粉绿色，有毛或无毛。花蕾有圆桃、平圆桃、扁圆桃、尖圆桃、长圆桃、尖桃、歪尖桃、长尖桃、扁桃等数种。外轮萼片叶状，内萼片 3 枚，有时增至 7 枚，绿色或黄绿色，有时夹有黄白条纹或紫红条纹，倒卵形、椭圆形或歪形。花一般独开在茎的顶端或近顶端叶腋处，也有一些稀有品种，是 2 花或 3 花并出的，花大，直径可达 10～20 cm。果实为蓇葖果，2～8 枚离生，呈纺锤形、椭圆形、瓶形等，光滑，有小突尖。种子黑色或黑褐色。每枚有 1～5 粒。种子呈圆形、长圆形或尖圆形。

二、生态习性

(一)温度

芍药耐寒，北方各省都可露地越冬，夏季喜欢冷凉气候。

(二)光照

芍药栽植于阳光充足的地方，生长旺盛，花多而大，如在稍阴处虽亦可开花，但生长不良。

(三)土壤

应选择地势高燥，土壤肥沃、疏松，土层深厚的壤土及砂壤土种植，选择排灌方便的地块，土壤 pH 6.5～8.0。

(四)水肥

芍药为肉质根，耐旱，一般情况下不需浇水，雨季要注意及时排水。切花的质量高低很大程度上取决于水分是否得当，如果天气特别干旱，应在花前浇水，否则花的直径变小，花瓣层次变少，颜色变浅。芍药喜肥，充足的养分是芍药切花优质高产的关键，施肥以有机肥为主，无机肥为辅，施足底肥。

三、类型和品种

选择生长高度超过 60 cm、花茎粗壮挺拔、花蕾洁净美观、生长迅速、耐运输、耐修剪、耐贮存、耐水养、抗病虫害能力强、颜色鲜亮且纯正的芍药品种。因为有早中晚开花期的差异，建设芍药切花基地，可合理布局种植，这样可以大大延长该产品供应期。目前常用品种有粉色系的桃花飞雪、粉绫红花、粉池金鱼、粉楼系金、种生粉、月照山河、少女妆、短叶锦球等；白色系的杨妃出浴、雪峰、雪原红星、雪山紫玉、冰山等；粉蓝色系的晴雯、艳阳天、菱花晨浴、蓝菊等；红色系的红茶花、山河红、柳叶红、桃花遇霜、红艳争辉、鲁红、红艳争光、艳紫向阳、擎天红、红峰等；紫色系的多叶紫 、紫凤羽、凤头紫等；墨紫色系的珠光紫、乌龙集盛等；黄色系的黄金轮 、月亮、巧玲等；复色系的春晓、奇花露霜、绚丽多彩、佛光等。

四、繁殖

芍药一般采用分株繁殖法。

(一)繁殖时间

芍药的繁殖时间为 9 月上旬至 10 月上旬。

(二)繁殖方法

将 3～4 年生母株挖出，尽量减少伤根。去掉根系附土，在阴凉通风处晾置 1～2 d。用手或利刀顺自然缝隙处劈分，一般每株可分 2～3 个子株。

(三)子株标准

子株标准为每棵子株苗有饱满芽 5～8 个，肉质根 4～6 条，肉质根长度≥20 cm。

五、栽培管理

(一)整地及施基肥

栽植前土壤要进行深翻，深度 30～50 cm。土地深翻后、整平前，每亩施用 200～250 kg 饼肥或 2 000～2 500 kg 腐熟的厩肥、40～50 kg 过磷酸钙或复合肥，同时施入 10～15 kg 30%辛硫磷颗粒剂。

(二)定植

株行距以 60 cm×80 cm 为宜，每亩栽植 1 388 株。分株时修剪根系，剪除病根、死根，用 5 000 倍阿维菌素、3 000 倍绿亨一号或 800 倍福美双等的混合液，浸泡 15～20 min，晾干后待植。定植时按株行距挖穴，穴深 30～50 cm，穴口直径为 18～25 cm，穴底略小于穴口直径。手持子株苗，使根系舒展地放于穴中，当填土至一半时，抖动并上提子株苗，使根系与土壤结合紧密，子株苗上提高度以芽尖低于地平面 1～3 cm 为宜。最后填土至穴满，填土过程中，应不断将土捣实。栽植后，在苗上封高约 20 cm 的土丘，以防寒保墒。

(三)定植后管理

栽植后封起来的土丘，于春季芍药出土约 10 cm 时，应及时扒平，平整畦面，以便于田间管理。芍药生长期内，需要勤锄地。开花前要深锄，深度可达 3～5 cm；开花后要浅锄，深度可达 1～3 cm。追肥从第二年开始，每年追肥 3 次，春分前后，每亩施用 40～50 kg 复合肥；开花后 7～10 d，每亩施用 30～40 kg 复合肥；入冬之前，每亩施用 150～200 kg 饼肥或 1 000～1 500 kg 腐熟的厩肥、40～50 kg 过磷酸钙或复合肥；芍药展叶之后，可结合病虫害防治进行叶面追肥。每 15～20 d，喷施 1 次 400 倍的磷酸二氢钾或其他叶面肥料，连喷 4～6 次。浇水提倡采用滴灌、微喷等节水灌溉措施。

(四)修剪

芍药萌芽出土 10～15 cm 时，除去生长密度过大的部分弱芽。每个花枝只保留花枝顶端的 1 个主蕾，其余侧蕾应及时摘除。为防止花枝倒伏、侧弯，保证茎挺直，可在株行两侧拉绳支缚或在发芽初期张网，随植株的生长逐渐提升网高。10 月下旬枝叶干枯后，及时清除出圃地，烧毁或深埋。

(五)采切

同一品种、同一设施地块中有个别花朵初开时才能开始采切。使用锋利的修枝剪采切，剪口应当光滑，避免压伤。采切时避开花蕾下方 10 cm 处的花茎，手持花枝下部。注意剪留母株叶片节位，在满足切花花茎长度的基础上，尽量多留叶片，至少保留 1 片叶，以保证母株的正常生长和次年持续生产。采切后，立即(不应超过 15 min)把切花放入盛有清水或保鲜液的塑料桶中，桶高与切花相同或略高于花枝 5～10 cm，桶内清水或保鲜液的高度不超过 7 cm，清水为蒸馏水或饮用型矿泉水。最后取出，每 10 枝 1 扎，稍晾后待叶面无水珠，将切花放入内置塑料袋的纸箱中，箱子抗压性一定要强，在 0～2℃的环境中贮存可达 6～8 周。

复习思考题

1. 切花月季如何进行嫁接繁殖?
2. 切花金鱼草设施栽培如何进行环境调控?
3. 切花麦秆菊如何进行设施栽培管理?
4. 切花洋桔梗设施栽培如何进行基质配制?
5. 切花百合的种球如何选择和进行消毒?
6. 切花小苍兰设施栽培技术主要有哪些?
7. 切花芍药有哪些类型和品种?

Project 11

项目十一

果树设施栽培技术

任务一 桃设施栽培技术

桃为蔷薇科桃属落叶小乔木。花可以观赏，果实多汁，可以生食或制成桃脯、罐头等，核仁也可食用。果肉为白色和黄色，桃有很多品种，一般果皮有毛。其中油桃的果皮光滑，蟠桃的果实扁盘状，碧桃用于观花，花瓣形式多样。桃原产于中国，华北、华东各省为其主要的经济栽培区，桃树栽培较为集中的地区有北京海淀区、平谷区，天津蓟州区，山东蒙阴、肥城、益都、青岛，河南商水、开封，河北抚宁、遵化、深州、临漳，陕西宝鸡、西安，甘肃天水，四川成都，辽宁大连，浙江奉化，上海南汇，江苏无锡、徐州。目前世界各地均有栽植。

一、植物学特征

桃为蔷薇科桃属落叶小乔木。株高 3～8 m，树冠宽广而平展，树皮暗红褐色，老时粗糙呈鳞片状。小枝细长，无毛，有光泽，绿色，向阳处转变成红色，具大量小皮孔；冬芽圆锥形，顶端钝，外被短柔毛，常 2～3 个簇生，中间为叶芽，两侧为花芽；叶片长圆披针形、椭圆披针形或倒卵状披针形，长 7～15 cm，宽 2～3.5 cm，先端渐尖，基部宽楔形，上面无毛，下面在脉腋间具少数短柔毛或无毛，叶边具细锯齿或粗锯齿，齿端具腺体或无腺体；叶柄粗壮，长 1～2 cm，常具 1 至数枚腺体，有时无腺体；花单生，先于叶开放；花梗极短或几无梗；萼筒钟形，被短柔毛，绿色，具红色斑点；萼片卵形至长圆形，顶端圆钝，外被短柔毛；花瓣长圆状椭圆形至宽倒卵形，粉红色，罕为白色；雄蕊约 20～30；子房被短柔毛；核果，卵形、宽椭圆形或扁圆形，外面密被短柔毛，稀无毛，腹缝明显，果梗短而深入果洼，果肉白色、浅绿白色、黄色、橙黄色或红色，核大，离核或粘核，椭圆形或近圆形，两侧扁平，顶端渐尖，表面具纵、横沟纹和孔穴；花期 3—4 月份，果熟期 6—9 月份。

二、生态习性

(一)温度

较耐寒，一般品种可耐－25～－22℃的低温。在北方地区，桃的花芽易受冻害，但不同品种的花芽抗寒力不同。花芽的抗冻能力在进入休眠前的 11 月份和结束休眠后的 3 月份最差。桃花芽萌动后的花蕾变色期受冻温度为－1.7℃。桃的根系在冬季 1—3 月份能耐－11～－10℃的低温。

桃树在冬季自然休眠阶段，要求 7.2℃以下一定低温的积累(需冷量)。只有满足其对需冷量的要求，在温度适于生长时，桃树才能正常萌芽生长和开花结果。

桃果实成熟期需要一定的高温。研究表明，桃生长期月平均温度在 18.3℃以下，则果实品质差；月平均温度达到 24.9℃，则产量高、品质好。

(二)光照

喜光，光照不足时，树体的同化产物显著减少，根系发育差，枝叶徒长；花芽分化少，质量差；落花落果严重，果实品质不良；小枝易枯死，树冠下部秃裸。因此，在保护地栽培条件下，桃树栽植的密度、整形修剪的方式应适应桃树的这一特性。

(三)水分

不耐涝,短期积水即会引起植株死亡。地下水位高、排水不良也会引起桃树根系早衰,叶片变薄,叶色变淡,同化作用降低,进而落叶、落果,致使植株死亡。桃树根系耗氧量大,如土壤含水量过大,长时间缺氧,会使根系窒息死亡。因此,桃树建园时,应选择地下水位低、排水良好的地块。

(四)土壤

喜疏松、排水良好、土层深厚的砂壤土,在黏重的土壤上易发生流胶病,在沙地上易出现线虫和根癌病。桃树在微酸或微碱性的土壤上都能栽培,适宜 pH 为 4.5～7.5。在碱性过大的土壤上生长不良,易得黄叶病。桃树忌重茬栽培,若不得已进行重茬栽培时,必须先对土壤进行处理和改良。

三、桃设施栽培技术要点

(一)桃树品种的选择

桃树设施栽培选择品种时,应选择成熟期适宜、产量高、品质优良、需冷量低(或高)的桃树。还应尽可能选花粉量大、自花授粉坐果率高的品种,并注意配置 2～3 个花期相近的授粉品种。

一般可用于设施栽培的油桃品种有:瑞光 1 号、瑞光 3 号、瑞光 5 号、早红珠、红宝石、曙光、艳光、五月火、早红霞、丹墨、早红 2 号等;用于设施栽培的普通桃品种有安农水蜜、早霞露、雨花露、庆丰、京春、霞晖 1 号、春丰、春艳、沙子早生等;蟠桃品种有早露蟠桃、新红早蟠桃、早黄蟠桃等。这些桃品种具有干性弱、生长快、成花容易、成熟早、果个大、形美色艳、品质优良的共性。

(二)栽植密度

保护地生产属集约化栽培,单位面积产量高,收获早,所以常采用高密度栽植,其目的就是第一年要在有效面积内获得足够多的枝量和花量,翌年春季获得较高的产量。以后果园郁闭至影响果树生长、结果时再进行间伐。目前生产上多采用 1 m×1.5 m、1 m×2 m、1.5 m×2 m 的株行距,具体应根据当地的气候条件、土壤肥力等确定。一般认为行距应是树高的 2 倍,光照才能充足供应。在设施跨度比较大时如 12～15 m,结果后间伐成 2 m×3 m 的株行距,树高控制在 1.5 m 左右。

(三)栽植时期

保护地桃栽植时期分秋栽、冬栽和春栽。目前生产上采用最多的是春栽,即早春桃发芽前栽植;也有采用冬栽的,即落叶后起苗定植,早春地温回升后根系即开始活动,有利于发根和对养分的吸收,缓苗时间短。

保护地栽植分以下 3 种情况:

(1)设施已建成或原蔬菜棚改种桃树,冬季可以升温,这时在苗木满足需冷量后进棚定植,1 月初栽植。桃苗从 1 月初就开始生长,比露地多生长 2～3 个月,生长量大,花芽多,翌年产量高。行间间作矮茎蔬菜、花卉等作物,或者原棚内蔬菜未收获完,把桃苗先种在容器中,等蔬菜采收完后,带土移栽。

(2)没有建造设施，只是在预建设施的位置上定植苗木，这是最普遍的，与露地栽植时间相同。

(3)把苗术栽在容器(如花盆、编织袋、塑料袋等)内，因为比较集约，常在庭院建一个简易的拱棚，比露地多生长 1 个月，待露地温度适合桃树生长时，再搬到露地定植。

(四)栽植方法

1. 挖定植沟

按设施的位置和走向，设计好定植沟，日光温室和大棚的行向均为南北向。大棚跨度较大时还要在一侧(多在第 1 行与第 2 行间)设通行道，比原行距宽 0.5～0.8 m，以便于管理。挖沟最好在秋后到封冻前进行，沟宽、深均为 60～80 cm，具体根据土壤质地和土壤肥力而定，肥力好的可小些，土壤黏重、土质较硬的可大些。因栽植行较密，需隔行挖沟，以利于堆放沟土，也可挖 1 行填 1 行，再挖第 2 行。挖时将表土放在一侧，新土放在另一侧。沟较深时，底层填入碎秸秆(麦草、稻草、杂草)，用表土压盖(大约 20 cm 厚)，上面再放腐熟的鸡粪、猪粪等有机肥约 20 cm，填入表土 20 cm，在沟中用耙或锨将粪和土翻匀，然后填土至高于沟面 10 cm，其余心土做成畦埂。灌透水，使土壤沉实，备栽。

2. 定植

选大小一致、须根多、无病虫害、芽饱满的苗木，把侧根剪平滑，在 1%的硫酸铜溶液中浸 5 min，再放到 2%石灰液中浸 2 min。如果有根癌病嫌疑时，可用 K84 生物药剂处理。按定植穴栽植，每穴内施过磷酸钙 200 g 与土混匀，有利于新根发育。种植深度以苗圃地根颈痕迹处为标准，太深则苗木长势不旺。根系要舒展，苗木要直立，做到“一提二踩三封土”，即苗木放好后封土时，向上轻提使根系舒展，再封土、踩实。灌透水后把苗木扶直封土，再踏实。如果是芽苗定植，将接芽朝向当地春季主风方向(一般芽体朝北)，否则易被风吹劈。

(五)科学管理

1. 当年苗“前促后控”

在定植后的生长季节里，精心管理是实现翌年丰产、早收益的关键。所谓“前促”是指定植后至 7 月上旬，加强土、肥、水管理和病虫害防治，促进树体迅速成形；所谓“后控”是指 7 月上旬以后，控肥、控水，利用修剪手法及生长调节剂，使其由营养生长向生殖生长转化，形成多而优的花芽。

(1)促进措施　苗本定植后，要及时检查成活情况，发现死苗应及时补栽。当新梢生长至 15 cm 左右时，每 15 d 追 1 次肥，前期以腐熟人粪尿及氮肥为主，后期以钾、磷肥为主。追肥要采取地下施入与叶面喷施相结合，地下追肥宜每次施入尿素 20～30 g/株、磷氨 20～30 g/株，叶面喷肥以 0.2%～0.3%的尿素和 0.2%～0.3%磷酸二氢钾为宜，施肥后进行浅灌水并及时松土。

(2)控势措施　进入 7 月份以后，一般不再追肥并严格控制氮肥的使用；减少用水或停止灌水；及时拉枝，开张角度缓和树势；喷施 15%的多效唑可湿性粉剂 200～300 倍液，通过以上措施缓和树势促进成花。有了理想的树势与足量的花芽，即可保证定植当年实行设施栽培。

(3)适时盖棚膜　一些需冷量低的桃品种如曙光、华光、五月火、早红株、丹墨、阿姆肯等，可在 12 月下旬至翌年 1 月上旬开始覆棚膜保温，在高寒地区还可适当提前盖膜。另外，盖棚膜的时间还应考虑设施的升温、保温性能，保温性能好的温室或有加温设备的塑料大棚在品种需冷量完成后即可盖棚，而保温性能略差的大棚，可推迟到1月中下旬盖棚。

盖棚膜前，先铺好地膜，使10 cm深的地温上升到0℃以上再盖棚膜。这样地温上升快，根部开始活动早，可及时吸收土壤中的养分，能有效地供应花期树体对养分的需求，提高坐果率。若想使桃成熟期进一步提前，可提前到12月中旬盖棚膜并及时盖草苫，白天放下草苫，晚上拉起草苫，这样可迫使桃树尽快完成休眠期，一般需10 d左右可打破休眠，此后白天拉开草苫升温，晚上盖上草苫保温，使其早萌芽、早开花、早结果、早成熟。

(4)合理调控温湿度　盖棚膜后，根据桃不同生育期对温湿度的需求，合理调节设施内温湿度是设施栽培成功的关键。盖棚膜后至开花这段时间为催芽期，此期间保温是关键，注意最高温度严禁超过25℃，若昼夜温度能保持在8～22℃，相对湿度80％左右，一般品种盖膜后25 d左右就可以开花，否则升温、保温效果差，催芽期可延长到30 d或更长。开花期是桃树对温度最敏感的时期，此期夜间温度不能低于5℃，最好维持在8～10℃，白天温度控制在18～22℃，严禁超过22℃，相对湿度保持在50％～60％。盛花期若遇天气晴好，发现高温中午应及时放风降温。

谢花后到果实膨大这一时期仍应十分重视棚内温度的管理。此间要防止白天温度过高，造成高温伤害或使新梢徒长，引起严重的生理落果。因此，白天应注意通风，一般从上午9:00打开通风窗或“扒缝”通风，下午4:00以后封闭保温，此期最高温度不超过25℃，空气湿度保持在60％～70％。临近果实成熟期(果实着色至采前)温度应保持在28℃左右，最高不超过30℃，最低15℃，空气湿度控制在60％以下。进入4月下旬，一般晚上不再加盖草苫。4月底，对不易裂果品种如曙光，即可撤去棚膜，以改善棚内光照，增加果实糖分和外观色泽，提高品质。

(5)提高坐果率　设施栽培桃，由于受条件的限制，管理上稍有疏忽便会造成坐果率降低，严重影响产量与经济利益。针对这一问题，可采取以下措施来提高坐果率：①在花期，每个棚室放蜜蜂一箱；②盛花期每天上午9:00左右人工用鸡毛掸子或毛笔进行传粉；③花期喷0.3％硼砂液＋0.3％尿素液；经过辅助授粉等措施，可使坐果率达到48.6％～65.4％。

(6)整形修剪　桃设施栽培的整形修剪，应以纺锤形修剪为主，也可采用“Y”形树形。如采用纺锤树形，在修剪过程中要保持中干优势，距地面50 cm处开始选留枝组，枝条间距20 cm左右，错落有致、螺旋上升，中干下部的枝条上每10 cm左右分布1个结果枝，上部枝直接培养为结果枝，枝条一般水平延伸，对背上旺枝及过密枝要及时疏除。果实采摘后进行1次重剪，对过密枝、重叠枝进行疏除，有空间的枝回缩至基部5～10 cm处进行更新。对树体上部要进行重疏修剪，严防“上强”，应本着上小、下大的原则，严格按照纺锤树形标准进行修剪。冬季修剪，对长枝留枝长2/3，中枝留枝长的1/2进行短截修剪，短果枝和花束状果枝不动剪。

任务二　葡萄设施栽培技术

葡萄为葡萄科葡萄属木质藤本植物。葡萄果实的营养丰富，主要含有糖类、蛋白质、脂肪、维生素、胡萝卜素、硫胺素、核黄素、食品纤维素、卵磷脂、苹果酸、柠檬酸、烟酸等有机成分，还含有钙、磷、铁、钾、钠、镁、锰等无机成分。葡萄有抗疲劳、补血、防癌、抗癌的功效；葡萄汁有助于增强肝功能，促进胆汁分泌。葡萄可生食或制葡萄干，也可酿酒，酿酒后的酒脚可提取酒石酸，根和藤入药有止呕、安胎的功效。葡萄原产亚洲西部，世界各地均有栽培，全世界约95%的葡萄集中分布在北半球。中国主要产区有安徽的萧县，新疆的吐鲁番、和田，山东的烟台，河北的张家口、宣化、昌黎，辽宁的大连、熊岳、沈阳以及河南的芦庙乡、民权、仪封等地。

一、植物学特征

葡萄植株长12～20 m。树皮长片状剥落，幼枝光滑无毛。叶互生，近圆形，长7～15 cm，宽6～14 cm，3～5裂，基部心形，两侧靠拢，边缘有粗齿。圆锥花序与叶对生，花杂性异株，小，淡黄色，花萼盘形，花瓣5，长约2 mm，早落，雄蕊5，花盘由5腺体组成，子房2室，每室有2枚胚珠。浆果，椭圆状球形或球形，被白粉。花期4—5月份，果期8—9月份。

二、生态习性

(一)温度

葡萄为喜温树种，其各个生长期对温度的要求不同。平均温度在10℃左右时开始萌发，新梢生长和花芽分化最适温度为25～30℃，开花适宜温度为20～28℃，气温低于10℃新梢不能正常生长，低于14℃将影响正常开花，果实不能正常成熟。另外，品种间稍有差异。当温度高于20℃时，果实迅速成熟，其成熟最适温度为28～32℃。果实成熟期间昼夜温差大于10℃时，果实品质良好。葡萄不同器官对低温的抵抗能力不同，发育成熟、组织充实的枝条，能耐－20℃以下的低温，休眠芽能耐－17℃的低温，欧洲品种的根系最不耐寒，在－5～－7℃时即发生冻害。

(二)光照

葡萄喜光，对光照要求较高。光照充足，有利于生长发育、开花结果和花芽分化；光照不足时，果实着色不好，品质下降。北方地区光照充足，晴天多，日照时数长(全年日照在2 700 h以上)，完全能满足葡萄对光照的要求，尤其是山地阳坡或开阔的山地，光照比较充足，果实品质好。在设施条件下，光照条件远差于露地，如管理不当，栽植密度大，留枝过多，极易造成郁闭，引起严重的光照不足。所以，光照条件应引起足够的重视，在修剪时，不要留枝太多，必要时可增设人工光源。

(三)水分

水分对葡萄植株的生长、产量和品质都有很大的影响。在葡萄生长初期，要大量合成有机物质，转化与积累养分，所以需水较多；而开花时，土壤过湿或降雨会阻碍正常受精，引起大量落花落果，所以，这一时期要适当控水；果实成熟期空气湿度过大，会引起葡萄病害滋生，引起裂果烂果，这一时期，需水量最小。葡萄虽是耐旱树种，但在干旱条件下会出现长势减弱、果实含糖量低、酸度高和枝条生长发育不良的状况，从而造成果实品质差和树体越冬困难。因此，要根据葡萄需水规律来满足葡萄对水分的要求。

三、葡萄设施栽培技术要点

(一)葡萄品种的选择

选择适于葡萄设施栽培的主要品种因设施栽培目的而异。为了提早成熟上市,必须选择极早熟、早熟品种,如早玫瑰、乍娜、紫珍香、里扎玛特、凤凰51;为了延至晚秋或冬季成熟上市,必须选择极晚熟品种或易多次结果的品种,如8611、8612、京亚、无核白鸡心、红地球等。

(二)整形修剪

1.设施内棚架葡萄的整形修剪

株距1.0 m时,常采用“两条龙(蔓)”整形方法。株距0.5 m时,采用“一条龙(蔓)”整形,方法与“两条龙”整形相同。

2.设施内篱架葡萄的整形修剪

(1)单臂直立式整形　定植当年每株选留2条强壮的新梢做结果母枝,直立引缚到架面,当新梢长到2 m左右时摘心。只留最顶端1～2个副梢,每次留3～4片叶反复摘心。冬剪时两条结果母枝均剪留1.5 m左右。第二年春季在母枝基部各选留1个强壮新梢做预备结果母枝,并疏去其上所有的花序,然后将其绑到篱架行间,母枝上其他新梢保留结果。预备母枝按上年培养母枝的方法夏剪。冬剪时,从预备母枝上将原母枝(结果后的)剪掉,用新留的母枝代替原母枝,以后各年依此法反复进行修剪和更新。

(2)单臂水平式整形　对株行距1.5 m ×1.5 m的篱架可采用此法整形。定植当年每株选留1条健壮新梢,直立向上引缚、摘心和副梢处理。冬剪时,先将每株的一年生枝顺一个方向引缚到第一道铁丝线上并呈水平状态,然后在2株交接处剪截;第二年春在每株水平枝上每隔15～20 cm选留1个结果枝,并向上稍倾斜引缚到上部铁丝上,其余芽和新梢抹去,只在第一道铁丝下部母枝上选一健壮新梢,去掉花序,留作预备母枝,并用竹竿引缚到篱架行间空间。冬剪时,将预备母枝以上的原母枝剪除,用新的预备母枝代替原母枝,以后各年依此法反复进行修剪和更新。

(3)双臂篱架水平式整形　行距2 m×2.5 m,两篱壁间距0.8 m,株距1～1.5 m的双篱架可采用此法整形。定植当年从基部引出2根强壮新梢,分别直立引缚于篱壁上,长达2 m左右时摘心,副梢留顶端2个,其余抹除。顶端副梢长0.5 m左右时再摘心,以后长出的副梢留2片叶反复摘心。冬剪时母枝留1.5～2 m剪截,除去全部副梢,将母枝分别水平引缚于篱壁的第一道铁丝线上。第二年春天萌发后,在母枝拐弯处各选留1个直立强壮新梢,疏去全部花序作预备母枝,水平部分萌发的结果枝向上引缚。冬剪时从预备母枝以上1 cm处剪截,再将预备母枝引缚于第一道铁丝线上顶替原来母枝。第三年重复上年的方法,如此年复一年,在第一道铁丝线以下的母蔓形成主干。

(三)设施葡萄的萌芽和新梢管理

由于设施内的高温、多湿、光弱等环境条件特点,对设施葡萄栽培的管理主要是保证萌芽整齐,防止新梢徒长,改善光照条件。

为打破葡萄休眠,促进萌芽和使新梢生长整齐、健壮,可采用在升温后以4～6倍石灰氮液涂抹葡萄芽眼。在新梢管理时,除对温湿度和氮肥用量要严格控制外,对树势弱的植株和品种要及早抹芽和定枝，以节约树体贮藏养分。对长势旺盛的品种和植株要适当晚抹芽和晚定枝，以缓和树势，最后达到篱架平均 20 cm 左右留 1 个新梢，棚架每平方米架面留 10～16 个新梢。

（四）设施葡萄的温度管理

温度管理是葡萄设施栽培成功的关键因素，除根据不同生育时期提供适宜的温度外，还应避免葡萄遭受高温和低温的危害。

1. 揭帘升温催芽期

葡萄从升温开始到萌芽要求超过 10℃的活动积温为 450～500℃。因此，一般加温温室从 1 月中旬左右开始上架升温，不加温日光温室从 2 月中旬左右开始揭帘升温，经 30～40 d 葡萄即可萌芽。塑料大棚因无人工加温条件，萌芽期随各地气温而不同。由于春季光照充足，设施内气温上升很快，而地温上升较慢，为防止萌芽过快和气温回寒时受冻，保证花序继续良好分化和地上部与地下部生长协调一致，升温催芽不能过急，要使温度逐渐上升，温度过高时要及时通风降温。因此，在葡萄上架揭帘升温第一周，设施内白天温度应保持 20℃左右，夜间温度保持在 10～15℃，以后逐渐提高到萌芽时白天温度保持在 28～30℃，夜间温度保持在 15～20℃。

2. 新梢生长期

这一时期新梢生长迅速，花器继续分化。因此可采取低温管理办法，以控制新梢徒长，保证花器充分分化，白天温度保持在 25～28℃，夜间温度控制在 15℃左右。

3. 浆果生长期

坐果后为促进幼果迅速生长，可适当提高温度，白天温度保持在 28～30℃，夜间温度保持在 18～20℃。此期白天设施外温度较高，内部常出现高温现象，当温度超过 35℃时要及时通风降温。当外界气温稳定在 20℃以上时，设施内白天常出现 40℃以上的高温，这时应及时揭去设施上的棚膜，使葡萄在露地生长，以改善光照和通风条件，以使一茬果良好成熟。

4. 二次果生长与成熟期

当外界气温逐渐下降到 20℃以下时，要及时扣膜保温。二次果生长肥大期，一般白天温度宜保持在 30℃左右，夜间温度保持在 15～20℃。在浆果着色成熟期，为了增加糖分积累，加大昼夜温差是必要的，可适当降低夜间温度到 7～10℃。当浆果已趋成熟、夜间温室内出现 5℃以下温度时，要及时盖草帘保温，以避免浆果受低温伤害。如只生产一茬果，应在葡萄落叶后再扣膜，使树体得到充分的抗寒锻炼。

5. 休眠期管理

设施内葡萄叶片黄化、脱落，标志着休眠期的开始。落叶 1 周后进行冬剪。此后设施上覆盖的草帘或棉被到翌年催芽前可不再揭开。在设施内部最低温度达到－15℃以下的地区，还要进行休眠期的简易防寒。

（五）设施葡萄的土壤水分和空气温度管理

由于设施中土壤水分可以人工控制，所以设施葡萄的水分管理相对比较容易，可根据葡萄生长发育不同时期的需水特点进行灌溉。另外，在设施内温度较高的条件下，湿度过大易发生徒长，应注意及时通风。

（六）设施葡萄的施肥管理

设施葡萄由于栽植密度大，第二年就大量结果。因此，营养条件要求较高。施肥应以有机肥为主，一般施肥量 3 000～5 000 kg/亩，于每年采收后的秋冬时期施入，但应控制氮肥用量。在密闭的温室里，空气中二氧化碳的浓度明显低于自然环境，不能满足葡萄光合作用的需要。为改善温室葡萄的生长环境，在温室中葡萄新梢长 15 cm 时，每天日出后 1 h 到中午，利用二氧化碳发生器释放二氧化碳，420 m^2 的温室每日补充 500～1 000 g 二氧化碳，连续 30 d，可使葡萄叶色变深，厚度增加，果实产量增加，果实的可溶性糖含量提高，成熟期一致。

任务三　杏设施栽培技术

杏为蔷薇科李属落叶乔木，株高 4～10 m。杏是重要的经济果树树种，是常见水果之一，营养极为丰富，内含较多的糖、蛋白质以及钙、磷等矿物质，另含维生素 A、维生素 C 和 B 族维生素等。杏木质地坚硬，是做家具的好材料；杏树枝条可作燃料；杏叶可做饲料。杏树原产于中国新疆，是中国最古老的栽培果树之一。华北、西北和华东地区是杏树的主栽区，少数地区为野生，在新疆伊犁一带野生成纯林或与新疆野苹果林混生，海拔可达 3 000 m。世界各地均有栽培。

一、植物学特征

杏树大，树冠开展。单叶互生，阔卵形或圆卵形，长 5～9 cm，宽 4～8 cm，先端有短尖头或渐尖，基部圆形或微心形，边缘有圆钝锯齿，两面无毛或下面主脉具疏柔毛及腋间有髯毛，深绿色，直立着生于小枝上，近叶柄顶端有 2 腺体。花单生，先叶开放，无梗或有极短梗；花萼 5 裂，裂片卵形或椭圆形，花后反折；花瓣 5，白色或稍带红色，圆形或倒卵形；雄蕊多数；子房上位，心皮 1，有短柔毛。核果卵圆形，黄白色或黄红色，常有红晕，微被短柔毛或无毛，果肉黄或橙黄色，果核表面平滑没有斑孔，扁心形，沿腹两侧各有 1 棱，核缘厚而有沟纹。种子扁圆形，味苦或甜。花期 3—4 月份，果期 5—6 月份。

二、生态习性

(一)温度

1. 低温需求量

休眠期间低温量不足，杏树的花芽没有膨大便脱落，其内部的花弯仍呈绿色，但雌蕊已枯死。休眠不足时，花芽脱落率可达到 98.1%，因而在升温之前必须保证休眠的杏树有足够的低温休眠时数，杏的低温需求量一般为 500～900 h。

2. 对低温、高温的耐受力

休眠期间杏树能抗－30℃的低温，但对气温的变化较为敏感，骤然变温，会引起花芽冻害。杏树也能耐较高的温度，在新疆哈密夏季平均最高温度 36.3℃，绝对最高温度 43.9℃，仍能正常生长。

杏花期受冻的临界温度为初花期－3.9℃、盛花期－2.2℃、坐果期－0.6℃，低温时间的长短与引起冻害的程度有一定的关系，不同品种对冻害的抗性也有差异。

3. 最适温度

花芽分化主要在高温季节完成，从开始分化到雄蕊出现，平均气温为 21.9～22.3℃；雌蕊分化的平均气温在 15.7～17.4℃；休眠期间的低温，雌蕊等花的器官仍在进一步分化；萌芽期的积温越高，开花越早，开花期平均气温应在 8℃以上，最适温度为 11～13℃；果实成熟期也需要有较高的温度，昼夜温差大有利于杏果品质的形成。

（二）光照

杏树是喜光性很强的树种。光照不足时，多败育花，落花落果严重。

（三）水分

杏树喜欢土壤湿度适中和空气干燥的条件。在新梢旺盛生长期和果实发育期土壤中严重缺水，会影响树势和果实的产量及品质。花期缺水，会缩短花期，降低花粉生活力，授粉受精不良，造成大量落花落果。

土壤水分过多或空气湿度过高也会造成早期落叶、烂根、流胶或花粉粒破裂等不良现象，从而影响生长和坐果。

（四）土壤

杏树对土壤的要求不严，但在土壤肥力高时，杏产量、品质好，连续结果能力强。杏树最忌重茬土壤。

三、杏设施栽培技术

（一）杏品种的选择

我国杏品种很多，但设施栽培应选择结果早、成熟早、产量高、品质好、需冷量低、抗病性强的品种。目前应用较多的有骆驼黄、红荷包、金太阳、凯特、玛瑙杏等，这些品种的需冷量一般在 500～800 h，同时必须配置一定比例的授粉树。

杏树设施栽培应选择休眠期对低温要求不太严格，适应性强且自花结实率高的品种，一般自然条件下 7 月上旬前成熟的品种均可进行设施促成栽培。生产上应用的品种有凯特、金太阳、大棚王、玛瑙杏、香白杏、华县大接杏、兰州大接杏、沙金红杏等。

（二）规范设施建造

栽培杏树的设施应建在土层深厚，土质肥沃，有一定排灌条件，四周开阔的地方。设施坐北朝南，偏西 5°左右，周围无高大建筑群，特别是东、南、西部要开阔，以利于冬春采光，东西长应在 50～80 m，南北跨度 6～8 m 为宜。如果采用冬暖式温室，有条件的最好能将北边靠在地埂上，以增加保温效果，减少筑墙用工。如筑墙，北墙及两边的山墙厚度应在 1 m 以上，后坡要先覆 30 cm 左右厚的作物秸秆，再在上面盖 20 cm 左右的泥，前坡底角应挖深和宽均为 50～60 cm 的防寒沟，防寒沟长与设施相当或略长，在沟内填入草木灰、锯末等隔热物，以提高保温效果。

（三）尽量定植带花大苗

由于杏树成花不及桃树容易，生产中最好栽植生长 2 年以上的带花的大苗，促进早果，缩短栽植到收获的时间，从而提高设施生产效益。

(四)配备充足的授粉树

杏树自花结实率低,栽培时应配备栽培总量30%以上的授粉树,为良好结果打好基础。生产中可选择花期相近,综合效益优良的2～3个品种混栽,以保证相互授粉。

(五)适时栽植

杏树可春栽,也可秋栽,春栽在4月份临近萌芽时进行,秋栽在10月下旬至11月土壤封冻前进行,提倡秋季丰水期栽植,以利于提高成活率。设施栽植杏树多采用过度密植的方法,以提高前期产量,可按照(1～1.5) m ×(1.5～2) m的株行距,每亩栽333～444株。在移栽时应注意保护根系,尽量缩短根系在空气中暴露的时间,栽植时肥水要充足,定植坑要大,以利于缓苗。定植穴长、宽、高均应大于60 cm,坑挖好后,每坑施入充分腐熟的有机肥25 kg左右,过磷酸钙0.5 kg左右,栽后每穴浇水20 L左右。栽后应立即覆盖黑色地膜保墒。

(六)促控结合,培养丰产树体结构

栽植当年,要注意促生分枝,增加枝量,以形成有效的结果面积,促进前期产量的提高,在整个生长期应加强管理。

1.采用纺锤形为主的整形方式

杏树设施栽培时栽植密度大,如果树形选择不当,极易出现郁闭,不利于产量的提高。除最南边一行由于受限整成开心形外,其他的应以纺锤形为主,以增加枝量,最大限度地利用光能,促进产量和质量的提高。

2.保持枝条主次分明

设施栽培空间有限,树体结构宜大枝稀、小枝密,才能发挥结果的优势,因而生产中要保持枝条主次分明,要多培养小枝。生产中要充分利用杏树芽的早熟性,采用摘心措施,促进分枝,防止光杆枝的出现,增加有效结果部位,提高结实能力。生长季根据枝的长势,综合采用摘心、拉枝开角、拿枝软化等方法,将临时性枝转化为结果枝,在扣棚前剪除无效枝,控制树体枝量,花后注意除萌,果实采收后及时进行更新修剪,回缩结过果的老枝,培养新的结果枝,以保持树体旺盛的结果能力。

3.适时控制,促进成花结果

杏树枝条年生长量大,在不加控制的情况下,枝条年生长量可达1 m以上,而设施密植栽培条件下,极易郁闭,不利于通风透光。一般应将枝的长度控制在60～70 cm,对超高部分应及时摘心。设施栽培杏树要求树体距棚膜至少应在60 cm之内,否则不利于温度调控,易发生冻害及高温危害,因此对超高部分应及时回缩。杏树多抱合生长,不利于成花,生产中应注意拉枝,由于设施栽培杏树密度较大,拉枝应及早进行,一般在枝长约30 cm时开始拉枝,通过拉枝缓势,增加枝中养分积累,多形成优势花芽。为了促进花芽形成,从7月份开始,应根据树体及枝条长势,酌情喷洒15%的多效唑,以抑制新梢生长,促进成花,一般喷洒2次即可达到效果,对于旺长的树体或新梢,可在8月份再喷1次。

4.平衡供给肥水,增加树体物质积累

肥水是设施杏树生产的物质基础,设施杏树栽植密度较大,对养分需求量大,每年基肥施用量应保证不少于4 000 kg/亩,油渣不少于300 kg/亩,过磷酸钙不少于75 kg/亩,硫酸钾不少于50 kg/亩,在定植时或每年9月份施入。

追肥应注意施用的时间,可在花前和果实膨大期进行营养补充,追肥应以氮磷钾三元复合肥为主，以平衡养分供应，防止偏施氮肥导致枝梢徒长，影响坐果率。施肥量应根据树的大小和结果多少灵活掌握，每次应控制在10～15 kg/亩。花后要控制追肥和浇水，一般在花后15 d内不应施氮肥或浇大水，在花后20 d左右，为促进果实生长可进行追肥浇水，同时进行叶面喷肥，追肥后视土壤墒情浇水，土壤水分保持在田间持水量的50%～60%，浇水应少量多次，以防止浇水量太大导致地温降低而引发落果。

5. 适期扣棚，加强环境调控

杏树在完成自然休眠后扣棚才能保证生长结果的顺利进行，否则发芽不整齐，不利于坐果。多数品种在12月中下旬扣棚较适宜，在暖冬年份或种植需冷量大的品种，应适当延迟扣棚时间，总之适当晚扣棚对设施杏树生长是有利的。扣棚后，升温应缓慢进行，以提高树体的适应性，如升温太快，则气温的升高较地温快，会出现先叶后花现象，不利于树体结果。应采用分期升温法，在扣棚的第1周白天揭去苫帘的1/3，第2周白天揭去苫帘的2/3，以后白天全部揭开，使气温逐渐升高。在树体生长结果期要根据不同时期杏树对温湿度、光照、二氧化碳的需求，细致地进行调整，严格控制温湿度，以保证生长和结果的顺利进行。不同的生长发育时期，杏树对温湿度的要求是不一样的，具体温湿度调控范围：萌芽前白天温度15～18℃，夜间温度5～7℃，相对湿度70%～80%；开花期白天温度16～20℃，夜间温度8～10℃，相对湿度50%～60%；果实发育期白天温度15～25℃，夜间温度10～15℃，相对湿度60%～70%；成熟期白天温度20～28℃，夜间温度10～15℃，相对湿度60%左右。生产中可通过揭盖苫帘、通风、加温等措施进行调节。在调控好温湿度的同时，由于设施栽培中光照不足、二氧化碳浓度低均影响生产的正常进行，要采取相应的措施进行补充。补光可用白炽灯，从发芽后开始，按每10 m悬挂一个灯泡，每天补光2～3 h，一直补光到果实采收为止。补充二氧化碳最好采用悬挂二氧化碳气袋的方法，从果实坐住后开始补充，至4月份揭膜为止。

6. 加强花果管理，提高果实品质

杏树主要靠昆虫传播花粉，设施栽培时，一般可采用设施内放蜂的方法促进授粉。通常每棚放养蜜蜂1箱或放养壁蜂100只左右，即可保证授粉的顺利完成。如果没有放蜂的条件，可用鸡毛掸子在树体上滚动授粉。

任务四 蓝莓设施栽培技术

蓝莓又名笃斯、黑豆树（大兴安岭）、都柿（大、小兴安岭，伊春）、甸果、地果、龙果、蛤塘果（吉林）、讷日苏（蒙古语）、吉厄特、吾格特（鄂伦春语）等，为杜鹃花科越橘属多年生小灌木。蓝莓果实中富含花青素，它不仅具有良好的营养保健作用，还具有防止脑神经老化、强心、抗癌、软化血管、增强人体免疫等功能。蓝莓近年来被人们视为“世界水果之王”，被联合国粮农组织列为人类五大健康食品之一，被誉为“21世纪功能性保健浆果”。蓝莓原生于北美洲与东亚，分布于朝鲜、日本、蒙古、俄罗斯、欧洲、北美洲以及中国。我国蓝莓主要在辽宁、黑龙江、吉林等地区分布，在东北的长白山及大、小兴安岭一带自然生长着许多野生的笃斯、越橘等蓝莓类植物的野生品种资源，多生长于海拔900～2 300 m的地区。

一、植物学特征

蓝莓为灌木丛树种。树高差异悬殊，兔眼蓝莓树高可达 10 m，栽培中常控制在 3 m 左右；高丛蓝莓树高一般 1～3 m；半高丛蓝莓树高 50～100 cm；矮丛蓝莓树高 30～50 cm；红豆蓝莓树高 5～25 cm；而蔓蓝莓匍匐生长，树高只有 5～15 cm。蓝莓的花为总状花序。花序大部分侧生，有时顶生。花单生或双生在叶腋间。蓝莓的花芽一般着生在枝条顶部。春季花芽先萌动 3～4 周后到盛花期。当花芽萌发后，叶芽开始生长，到盛花期时叶芽才萌发生长到其应有的长度。

蓝莓果实大小、颜色因种类而异。兔眼蓝莓、高丛蓝莓、矮丛蓝莓果实为蓝色，被有白色果粉，果实直径 0.5～2.5 cm，果实形状由圆形至扁圆形。蓝莓果实一般在开花后 2～3 个月成熟。果实中种子较多，一般每个果实中平均种子数为 65 个。

蓝莓叶片互生。高丛、半高丛蓝莓和矮丛蓝莓在入冬前落叶。叶片长度由矮丛蓝莓的 0.7～3.5 cm 到高丛蓝莓的 8 cm 不等。叶片形状最常见的是卵圆形。大部分种类叶片背面被有茸毛，有些种类的花和果实上也被有茸毛，但矮丛蓝莓叶片很少有茸毛。

二、生态习性

(一)温度

蓝莓正常开花结果一般需要 800～1 200 h 低于 7.2℃的低温。蓝莓萌芽至现蕾期间，保持白天温度 25～28℃，夜间不低于 5℃；现蕾至开花期，白天温度 25～28℃，夜间不低于 8℃；开花期白天温度 23～25℃，夜间不低于 8℃；果实膨大期白天温度 23～25℃，夜间温度 11～13℃。

(二)光照

蓝莓喜光。光照时间与花芽形成关系很大，12 h 长日照有利于蓝莓的营养生长；当植株处于 16 h 以上光照时，只进行营养生长而不能形成花芽；当光照度缩短时，花芽形成数量增加，在 8 h 的光照时间下，花芽形成数量达到最大值。每天光照时间 8 h 并保持 50～60 d，对矮丛蓝莓是必要的；当短日照日数小于 30 d 时，会产生畸形果；当短日照日数小于 35 d 时，花芽发育不正常，花序中的花朵数量减少。

(三)水分

蓝莓需水量较少，在整个生长季节，土壤含水量应保持在 60%～70%。

(四)土壤

蓝莓对土壤条件的要求比较严格。疏松、通气、湿润、有机质含量(7%～10%)高、pH 为 4.2～5.5 的砂壤土或壤土为最好。在黏重、板结、干旱、有机质含量过低的土壤上栽培，必须进行土壤改良，否则很难成功。

三、蓝莓品种

(一)矮丛品种

矮丛品种树体矮小，高 30～50 cm。耐寒性强，在－40℃低温地区可以栽培。对栽培管理技术要求简单，极适宜于在东北高寒山区大面积商业化栽培，产量约 500 kg/亩。

主要代表品种为中熟种的美登(Blomidon)和芬蒂(Fundy)，均为加拿大品种。

(二)半高丛品种

半高丛品种由高丛和矮丛蓝莓杂交获得，树高 50～100 cm。果实大，品质好，树体相对较矮，抗寒力强，一般可抗－35℃低温，适应北方寒冷地区栽培。

主要代表品种为早熟、中熟种的北陆(Northland)、北村(Northcountry)以及晚熟种的北蓝(Northblue)。

(三)高丛品种

高丛品种包括南高丛蓝莓和北高丛蓝莓 2 大类。南高丛蓝莓喜湿润、温暖气候条件，适于中国黄河以南地区如华中、华南地区栽培；北高丛蓝莓喜冷凉气候，抗寒力较强，有些品种可抵抗－30℃低温，适于中国北方沿海湿润地区及寒地栽培。此品种群果实较大，品质佳，鲜食口感好。可以作鲜果市场销售品种栽培，也可以作加工或庭院自用品种栽培。

(1)南高丛品种　主要代表品种有中熟种的夏普蓝(Sharpblue)、薄雾(Misty)和早熟种奥尼尔(O'Neal)。

(2)北高丛品种　主要代表品种有晚熟种的康维尔(Coville)、达柔(Darrow)和中熟种蓝丰(Bluecrop)。

(四)兔眼蓝莓

兔眼蓝莓树体高大、寿命长、抗湿热、对土壤条件要求不严，且抗旱。但抗寒能力差，－27℃低温可使许多品种受冻。适应于中国长江流域以南的华南等地区的丘陵地带栽培。向南方发展时要考虑栽培地区是否能满足 450～850 h 低于 7.2℃的冷温需要量；向北发展时要考虑花期霜害及冬季冻害。

主要代表品种有晚熟种的巴尔德温(Baldwin)、粉蓝(Powderblue)和中熟或晚熟种的园蓝(Gardenblue)。

四、蓝莓设施栽培技术

(一)设施建造

结合园地特点，因地制宜选择不同的设施结构，可以使用普通大棚、连栋温室、节能日光温室等设施栽培蓝莓。普通大棚、连栋温室采用南北走向，节能日光温室采用东西走向。

(二)品种选择

为保证蓝莓的品质与产量，设施栽培蓝莓应以北高丛蓝莓为主，每座温室或大棚内安排 2～3 个品种，以利于相互授粉。适合设施栽培的品种有北陆、北蓝、布里吉塔、蓝丰等。

(三)定植

秋季休眠期进行定植，采用二年生大苗，定植深度 15～20 cm。采用南北行向起垄栽植，垄底宽 50 cm，垄顶宽 30 cm，垄高 30 cm。株距为 50 cm，并使相邻行植株交错排列，行距采用大小行，大行距为 2.0 m，小行距为 1.0 m，大小行距间隔排列。蓝莓定植后的前 2 年采用常规管理，不进行覆膜，以促进植株的生长。

(四)定植后管理

1. 温湿度调控

当日平均气温低于10℃后，每天10:00以后对棚体进行覆盖，太阳落山后打开全部通风孔，采用风机强制通风降温，使棚内温度尽快降到0℃，并保持棚内温度低于0℃，50 d后，棚体开始升温，升温后棚内覆盖黑色地膜。

蓝莓萌芽至现蕾期间，保持白天温度控制在25～28℃，夜间不低于5℃；现蕾至开花期，白天温度控制在25～28℃，夜间不低于8℃；开花期白天温度控制在23～25℃，夜间不低于8℃，空气相对湿度控制在40%～60%；果实膨大期白天温度控制在23～25℃，夜间温度控制在11～13℃。

2. 光照管理

12 h长日照有利于蓝莓的营养生长，而花芽分化则需要在8 h以内的短日照条件下进行，因此自7月下旬开始，每天16:00使用双层遮阳网对棚体进行遮阳，降低棚内光照度，第2天8:00以后再打开遮阳设备，让阳光射入棚内。

充足的光照度是花芽大量分化、提高果品质量的重要条件。为增加光照度，在生长季节要及时进行疏枝，打通光路，让树体得到充足的光照，以提高果品质量并促进花芽分化。

3. 肥水管理

生长季节用杂草、作物秸秆、松针等覆盖栽培垄，既能减少杂草生长，又能增加土壤有机质含量，降低土壤pH。

基肥在每年9月中旬施入，可施有机肥4 000 kg/亩，在树冠投影下方单侧开沟施入，每年更换施入方向。在花期喷施0.3%硼砂1次，在果实膨大期施入复合肥10 kg/亩，果实着色期喷施0.5%磷酸二氢钾1次。

蓝莓需水量较少，为方便控制土壤及棚内湿度，应该采用膜下滴灌技术。在秋季人工降温前进行1次全园漫灌。

4. 整形修剪

蓝莓幼树除了树形需要外，尽量不进行修剪，以利于促进生长，扩大树冠，各主枝尽量垂直于行向，与相邻行交错分布，以便充分利用空间。成年树以控制结果部位外移为主，疏除病、弱枝，以增强通风透光。果实采收后要及时进行夏季修剪，疏除过密枝，增加通风透光，促进花芽分化。

五、果实采收

蓝莓应选择在9成熟左右采收，分批采摘，采摘时要轻摘、轻放。一般在上午8:00以前采完。采摘后进行分级，然后放入模具包装盒内，进行低温冷链运输。果品如果需要贮藏，最好进行气调冷藏，也可放入保鲜袋中在1℃左右条件下冷藏。

任务五　樱桃设施栽培技术

樱桃为蔷薇科李属落叶乔木，株高2～6 m。果实外表色泽鲜艳、晶莹美丽、红如玛瑙，黄如凝脂，富含糖、蛋白质、维生素及钙、铁、磷、钾等多种元素，可作为水果食用。樱桃全身皆可入药，鲜果具有发汗、益气、祛风、透疹的功效，适用于四肢麻木和风湿性腰腿病的食疗。樱桃性热，味甘，具有益气、健脾、和胃、祛风湿的功效。樱桃主要分布在美国、加拿大、智利、澳洲、欧洲等地，中国黑龙江、吉林、辽宁、山东、安徽、江苏、浙江、河南、甘肃、陕西、四川等地均有栽培。

一、植物学特征

樱桃树皮灰白色，小枝灰褐色，嫩枝绿色，无毛或被疏柔毛。冬芽卵形，无毛。叶片卵形或长圆状卵形，长 5～12 cm，宽 3～5 cm，先端渐尖或尾状渐尖，基部圆形，边有尖锐重锯齿，齿端有小腺体，上面暗绿色，近无毛，下面淡绿色，沿脉或脉间有稀疏柔毛，侧脉 9～11 对；叶柄长 0.7～1.5 cm，被疏柔毛，先端有 1 或 2 个大腺体；托叶早落，披针形，有羽裂腺齿。花序伞房状或近伞形，有花 3～6 朵，先叶开放；总苞倒卵状椭圆形，褐色，长约 5 mm，宽约 3 mm，边有腺齿；花梗长 0.8～1.9 cm，被疏柔毛；萼筒钟状，长 3～6 mm，宽 2～3 mm，外面被疏柔毛，萼片三角卵圆形或卵状长圆形，先端急尖或钝，边缘全缘，长为萼筒的一半或过半；花瓣白色，卵圆形，先端下凹或二裂；雄蕊 30～35 枚，栽培者可达 50 枚；花柱与雄蕊近等长，无毛。核果近球形，红色，直径 0.9～1.3 cm。花期 3—4 月份，果期 5—6 月份。

二、生态习性

(一)温度

樱桃喜温、不耐严寒、不耐高温。樱桃适合在年平均气温 10～12℃以上的地区栽培，一年中要求日均气温 10℃以上的时间在 150～200 d。冬季发生冻害的临界温度－20～－23℃，开花期为－2.1～－1.1℃。萌芽期适宜温度在 10℃左右，开花期的适宜温度为 15℃左右，果实成熟期的适宜温度为 20℃左右。

(二)光照

樱桃喜光，樱桃园必须建立在光照条件良好的阳坡或半阳坡，同时采取适宜的栽植密度和整形修剪，使其通风透光良好。光照充足时，树体健壮，果枝寿命长，花芽充实，坐果率高，果实成熟早，着色好，糖度高，酸味少。光照不足时，树冠外围梢易徒长，冠内枝条衰弱、枯死，果枝寿命缩短，结果部位外移，花芽发育不良，坐果少，果实成熟晚，品质差。

(三)水分

樱桃对水分十分敏感，既不抗旱也不耐涝。涝洼地，地下水位高，树体生长不良，果实成熟期间空气湿度大会造成裂果。

(四)土壤

樱桃不耐瘠薄，耐盐碱能力差。最适宜在土层深厚、土质疏松、通气良好、保水性较强的砂壤土或壤土上栽培，适宜土壤 pH 为 6.0～7.5。

三、樱桃品种选择

樱桃品种很多，常见的优良品种有早红宝石、岱红、乌梅极早、抉择、红灯、美早、维佳、庄园、红蜜、胜利、宇宙、佐藤锦、理想、兰伯特、优系宾库、佐藤锦优系、拉宾斯、艳阳、红丰等，可根据当地环境条件与品种特性加以选优栽培。

四、樱桃设施栽培技术

加强果园管理，增强树势，增施有机肥，合理修剪，改善风光通透条件，及时排水。冬季清除落叶，剪除病梢集中烧毁，重视其主要病虫害防治。加强管理，多施有机肥料，增强树势，提高抗病力，涂药保护伤口，防止冻害。樱桃根系分布较浅，在生长历程中，常易受旱害、风害和冻害，定植后需逐年扩穴深翻土壤，加深根系的分布。樱桃花果生长期早而短，施肥应以采后肥及冬前基肥为主，促进花芽分化，增加树体的贮藏营养。在开花结果期进行适当追肥和根外追肥，对提高着果率和促进枝叶生长有明显的效果。想要栽活、种好樱桃，就一定要做好建园、定植和其后的管理工作。

(一)定植建园

设施栽培樱桃应选择背风向阳、土层深厚、土质肥沃、排灌配套的砂壤土地建园，而且建园植树密度也应适当加大。若以莱阳矮樱桃做砧木，则一般行株距为(2～3) m ×(1～2) m，且可因品种、树形和地理等有所不同。

(二)温湿度调控

设施樱桃从萌芽到采收的不同物候期对温度的要求是不同的。一般可分为以下几个时期：

(1)扣棚至发芽前　此期植株处在复苏过程，白天温度应控制在 18～20℃，夜间温度应控制在 5～6℃，对加温大棚，升温要循序渐进、缓慢提升，以利花器官的正常发育。

(2)发芽至开花期　植株对环境条件的要求越来越严格，白天温度应控制在 20～22℃，夜间温度应控制在 6～7℃。甜樱桃花粉萌发受精的适宜温度为 18～20℃，温度过高或过低均不利于授粉受精。

(3)落花至果实肥大期　落花期白天温度应控制在 20～22℃，夜间温度应控制在 7～8℃，果实肥大期白天温度应控制在 22～25℃，夜间温度应控制在 10～12℃。

(4)果实着色至采收期　白天温度不高于 25℃，夜间温度应控制在 12～15℃，昼夜温差 10℃以上，温度高于 25℃则应通风降温。

土壤湿度可通过灌水来调节，发芽期 20～40 cm 处泥土以手握成团、一压就散为宜。果实膨大期和着色期，一次浇水过多易引起裂果，裂果主要发生在果实转白期至开始上色期，此时防止土壤忽干忽湿，保持土壤相对湿润是关键。干旱时需要浇水，应小水勤浇，严禁大水漫灌。谢花后至采果前，叶面喷施 2～3 次 200 倍的氨基酸钙，能够增加果肉硬度，以减轻裂果。发芽期空气湿度不宜太低，要向树体喷水，防止高温。开花期，空气湿度过高时花粉易散，并且易感花腐病；湿度过低，则柱头干燥，不利于受精过程进行，空气湿度应控制在 50%左右。

(三)肥水管理

樱桃属于浅根系树种，根系呼吸旺盛，所以要尽量满足根系生长所需的水、肥、气、热等条件。每个生长季最少要中耕 4～5 次，以 5～10 cm 深度为宜。采收后要浅翻，促进根系更新生长。施基肥应在晚夏或早秋进行，肥料以有机肥为主，加施适量的钙、镁、磷肥。栽植施肥后，还要注重追肥和叶面喷肥。全年追肥 3 次，叶面喷肥 3～4 次。萌芽前追氮肥或复合肥，膨大期及采果后各追 1 次磷钾肥，每次施 20～30 kg/亩；萌芽前喷 1 次 2%～4% 的尿素液，花前喷 0.2%的硼砂液，着色期喷 0.3%的磷酸二氢钾溶液；采摘果实后每株补施尿素 0.3 kg、磷肥 0.3 kg、钾肥 0.8 kg；秋施优质厩肥。施后浇水要结合天气，旱则小水常浇，涝则积极排水，保持根际土表见干见湿。

(四)整形修剪

1. 树形

拱圆大棚的边行或日光温室的南边行，可采用无主干的丛状形，从地面直接分生出主枝 3～5 个；棚中部则以纺锤形为宜。

2. 修剪

樱桃修剪以自然纺锤形为主，主干高 40～60 cm，中心干上配备单轴延长的主枝 6～10 个，角度开张几乎成水平，上面着生大量结果枝组。修剪时要及时落头开心以控制树高。整形时，定植当年留 50 cm 定干，定干后从抽生的长枝中选留长势健壮、方位好的作为主枝，在生长季节拉成水平角。第二年冬剪时中心干延长枝留 40～60 cm 短截。生长季开张主枝角度，对主枝背上的强旺枝摘心。冬剪时对竞争枝和背上枝要疏除或短截，其余的斜生枝、中庸枝可缓放或轻剪。第三年对中心干留 50 cm 摘心，生长季继续开张角度，背上枝和内膛旺长枝摘心，培养成结果枝组。

不同生长期修剪的方法不同：

(1)生长期修剪　主要在新梢生长期和果实采收后进行。前者主要是抑制新梢旺长，促进分枝，对内膛发出旺梢及时摘心控长，培养成枝组，以后对结果后的临时性主枝和副侧枝及早回缩更新，改造成枝组，过密时疏除。

(2)采果后的修剪　主要是疏密枝，保证树体通风透光，均衡树势，促进花芽分化。对二年生枝在腋芽处短截，待结果后再从基部疏除。

(3)休眠期修剪　幼树期宜适当短截，以促分枝，增加花束状果枝及叶丛枝，结果后应适当回缩，维持树体长势，提高结果能力。

复习思考题

1. 我国发展设施果树栽培的优势与不足有哪些？
2. 设施果树在管理上的关键性技术环节有哪些？
3. 设施果树栽培管理中调节光照、温度、水分的技术措施主要有哪些？

Project 12

项目十二

食用菌设施栽培技术

- 任务一　平菇设施栽培技术
- 任务二　香菇设施栽培技术
- 任务三　金针菇设施栽培技术
- 任务四　羊肚菌设施栽培技术

任务一 平菇设施栽培技术

平菇物美价廉，适应性较强，500 g 棉籽壳可生产约 4.5 kg 的平菇。平菇的设施栽培简化了平菇的栽培过程，能提高产量及延长栽培时间，同时其操作简便、成本投入少、见效快。

一、菌种制备

(一)制备母种

将 200 g 洗净去皮去芽眼的马铃薯切成小块，加水 1 L，煮 30 min。将过滤后的滤液加琼脂 20 g 煮沸溶化，再加水至 1 L，加蔗糖 20 g 搅拌，趁热分装入试管中，约装试管长的 1/4，塞上棉塞，用高压锅灭菌 40 min，灭菌后将试管趁热摆成斜面，凝固后放入 37℃的培养箱中培养，3 d 内无杂菌出现即可接种使用。取一黄豆粒大的菌丝体向上放在试管斜面培养基的中部，放入 25℃培养箱中培养，7 d 左右菌丝体长满试管后即可使用。

(二)制备栽培种

培养基的配方有很多，可根据情况选择。现介绍 2 种培养基的制作：一是用锯末 7.8 kg、麦麸皮或米糠 2 kg、白糖 0.1 kg、石膏粉 0.1 kg、水 11～14 kg，先将锯末、麦麸、石膏拌匀，然后加入糖水拌匀，培养基含水量以手捏料指缝间有水渗出即可。二是用小麦 10 kg、硫酸钙 50 g、石膏 150 g。将麦粒洗净后用凉水浸泡 12 h，之后煮熟麦粒，滴干水后加碳酸钙和石膏混拌均匀，含水量以手捏料指缝间有水渗出为准。用玉米粒代替小麦也可，但凉水浸泡的时间应长些。将配好的培养料装入 750 mL 玻璃瓶内，松紧适度，均匀一致。装好后在中央扎 1 个孔，孔要直通瓶底(麦粒、玉米粒不用打孔)。将瓶口周围擦洗干净，塞上棉塞，用压力锅灭菌 2 h。待玻璃瓶冷却后即可接种，接原种时取一小块母种放入瓶内培养料上即可。接种栽培时要取一块稍大的原种放入培养瓶内，一般 1 瓶原种可接 60～80 瓶栽培种。

二、设施栽培

场地的设置为半地下室温棚式，既可保温又可增湿。方向为坐北朝南，东西长 50～60 m，宽 20 m，中间有竹木支柱，上盖塑料膜及草苫等覆盖物。栽培季节及菌种多为春、秋两季栽培，当日均气温在 20℃左右时，即开始栽培。菌种量约占料的 1/20～1/10，可选广温型或低温型、菌丝生命力强的菌种，菌龄在 40 d 左右，生长速度较快。

平菇栽培设施的建造会由于栽培季节的不同而表现出一些差异。冬季出菇需要结合实际情况采用半地下室温室进行栽培；如果选择的出菇时间是夏季，就需要应用钢架大棚来进行栽培。需要注意的是，无论建造的是菇房还是菇棚，都需要保证场地远离工矿企业，以及避免受到畜禽养殖的污染。

(一)菇房建造

菇房的下部采用泥或砖石进行砌墙，并且在上部用瓦片、薄膜或者草帘等材料覆盖。大多数的温室菇房都是坐北朝南，并且在东西方向会适当延长。向下挖深度为 50～70 cm，在南北方向的宽度约为 8 m，而东西方向的距离则达到 10～30 m。所挖出的土能够砌成高 1～1.5 m、宽 70～80 cm 的前后墙以及 2.5 m 左右脊高的山墙。在前后墙上每隔 2 m 留出一个直径为 0.4 m 的通风口，并且在东西山墙留出一个 0.8 m×1.6 m 的门，在脊顶结合实际情况留出 2～3 个 0.6 m× 0.6 m 的活动窗。后坡上用麦草或者玉米秆来覆盖，厚度为 0.3～0.5 m。对于前坡面用竹竿拱起，用草甸以及薄膜进行覆盖。在砌墙体时可结合实际情况应用空心砖或者砖石，内外墙的结构可以控制在 12～24 cm，且内部会用保温材料进行填充。

(二)菇棚建造

在对菇棚进行建造的过程中，应选择竹木或者钢架作为骨架材料，并且用草帘或者薄膜在外部进行严密覆盖，每建造 1 亩菇棚所需的材料与数量如表 12-1 所示。

表 12-1　菇棚建造所需材料及数量

材料	镀锌钢管	镀锌连接膜	固定器	压顶簧	压膜簧	压膜槽	地毛绳	草帘
数量/m	200	100	200	400	200	100	100	120

菇棚朝向均以东西方向为主，并且尽可能地使建造位置处于背风、向阳之处，南北的宽度控制在 6～7 m，东西方向的长度则为 40～50 m，棚顶中心的高度为 3 m 左右，肩高为 1.5 m 左右。

三、栽培管理

(一)菌丝体阶段的管理

3～5 d 检查 1 次菌丝生长状态，如透气性差的消毒后用空管在畦上扎几个透气眼。在遮光状态下生长，棚内温度控制在 20～25℃，湿度在 60%～70%，后期要有一定量的通风，加快菌丝的生长速度。当菌丝发白布满菌床，并有黄白色水珠在塑料膜上时，标志菌丝阶段的结束，即将要进入子实体阶段。菌丝体阶段约 30～40 d。

(二)子实体阶段的管理

当进入子实体阶段，即料面不断加厚。可在棚内用甲醛＋高锰酸钾熏蒸，或用 2%敌敌畏及时消灭菇蝇等害虫。顶棚的草苫白天可撤去 3～4 h，增加光线的刺激，棚内湿度保持为 85%～90%左右，温度可下降 0～2℃。加强通风，每浇 1 次水通风 20 min，以防畸形菇的出现。通过多方面来诱导子实体的形成，当有桑葚状的子实体出现，继续保持湿度，每天向地面及阳畦底部浇水，增加湿度，采取“细、少、勤”的原则，通风 1 次。当子实体成形后，可对着菇体喷水保持相对湿度 90%左右。

(三)生长期管理

(1)降温　将长满袋的菌丝体由 28℃降至 20℃以下，进行变温培养，增加昼夜温差，一般温差要控制在适宜温度的上下 5℃左右，能刺激子实体分化，提高产量。

(2)控制湿度　菇房的相对湿度要保持在 90%左右，在出菇前多喷水，保持料面湿润，出菇期轻喷水，以免菇体呈水浸状，影响产量。

(3)注意通风换气　出菇期要保持菇房内空气新鲜，同时要注意温湿度的变化。

(4)避免黑暗和强光直接照射　散射光有利于出菇和菇体完整。强光下菇体颜色较深，弱光下一般颜色较浅。

(四)浇水

一年中一般要浇好 4 次水，即芽前水、花后水、果实迅速膨大期前浇水及封冻水。

(五)出菇管理

当菌丝长满袋后即进入出菇管理阶段。将菌袋码成出菇墙，菇墙高度为 4～5 袋。此阶段主要解决好通风、降温、调湿工作，每天向料袋及地面喷洒干净凉水 2～3 次，并始终保持袋口报纸湿润。待幼菇顶起报纸时，即取掉报纸。每天早晚继续给袋墙喷凉水，并保持地面潮湿，幼菇长出后要加大通风量，同时增加喷水次数，确保通风与增湿两不误，促进幼菇生长。

四、病虫害防治

病虫害应以防为主，通过做好栽培场地消毒，加强日常管理，减少病虫害发生概率。在栽培前，对屋舍进行全面杀虫杀菌处理。修好门窗，安装纱窗，防止害虫迁入。将房前屋后杂物及菌糠全部清理干净，破坏杂菌及害虫滋生的环境。发菌期可采用杀虫剂喷洒，以防害虫通过微孔进入袋内咬食菌丝。出菇期禁止使用任何农药。

五、采收及采后管理

菇现蕾后 3～4 d 即可采收，每潮菇采后，都要及时清理料面，去除死菇、黄菇和烂根。三潮菇后，料袋因失水过多，此时应及时补水或脱袋下田覆土出菇。

任务二　香菇设施栽培技术

香菇，又名香蕈、冬菇，属真菌门担子菌纲伞菌目口磨科香菇属，是驰名中外的食用菌和药用菌，其人工栽培的产量仅次于双孢菇。新鲜香菇清香可口，烘干后风味别具一格，不但营养丰富，而且有防病治病的功能，经常食用，对肝炎、肝硬化、心脏病有一定疗效，并能降低胆固醇。全世界约有 100 个国家和地区进行香菇栽培，主要产区集中在亚洲。我国是栽培香菇最早的国家，20 世纪 90 年代以前，香菇的生产栽培主要局限于南方各省，椴木栽培，产量很低；20 世纪 90 年代以后，袋料栽培获得成功，香菇生产进入了一个新的阶段。袋栽香菇所用原料广泛，农作物秸秆如玉米芯、麦秸等均可利用，技术容易掌握，生产工艺简单、产量高，多采用室和山洞、塑料大棚进行代料栽培。

一、香菇栽培模式

统一采用覆土袋栽香菇模式，该模式栽培香菇，具有菇形佳、产量高、高温易出菇、管理省工等优点，是目前最先进的反季节覆土袋栽香菇的方法，盛产优质夏秋菇，经济效益很好。

二、菌株选择与季节安排

(一)菌株选择

菌株应选择抗逆性强的中温型与中温偏高型品种。

(二)栽培季节安排

反季节覆土袋栽香菇于9月份制母种,10月份制原种,11月下旬至12月上旬制栽培种,翌年1月底至2月上旬制作菌袋。

三、菇场准备

(一)菇棚搭建选场

海拔较高、环境干净、夏季凉爽、周围有竹木的山沟均可。水源充足、水质干净(最好是泉水)、土质疏松、排灌容易、无白蚁、方正大块的晚稻田更好。且要交通方便,搭荫棚材料易得,在收购鲜菇或离加工处较近的地方建棚。

(二)整畦

畦宽1.4 m,畦沟0.5 m,畦高0.2 m,要求全场畦面在同一水平。

(三)搭棚

一般每两畦立一排柱于畦沟边,柱高2.7 m,其中埋地0.5 m,棚内高2.2 m。再用竹尾、竹片、细木棍、竹枝等纵横架密,上面覆盖杉枝、芒萁、茅草等(如果覆盖遮阳网则更佳),遮阴度为"三阳七阴"或"二阳八阴"。棚四周可围密些(夏季南北面可稀疏些),棚外围可栽长藤蔓的豆、果、瓜等经济作物,以利于遮阳和增收。

(四)菇场消毒

在菇场棚内地面喷洒80%敌敌畏乳油800倍液、高锰酸钾600倍液各1次,以便防治地下害虫和杀菌,待喷洒药液渗入后撒一层石灰粉作害虫防治剂和土壤消毒剂。

四、培养料配制

(一)主料

能够用于香菇代料栽培的原料有木屑、棉籽皮、棉柴、玉米秸(玉米芯)、麦秸、豆秸、花生壳等。作物秸秆如玉米秸含粗纤维28.7%、粗蛋白2%、粗脂肪0.7%、粗灰分26%、还含有丰富的碳和氮;棉柴粉含纤维素42%、粗蛋白4.9%、粗脂肪0.6%、灰分4.6%,都是栽培香菇的好原料。主料应选择当年新鲜干燥、无霉变的农作物秸秆及棉柴。为防霉变,应存放在通风干燥处,防止雨淋受潮,且使用前要在太阳下暴晒2~3 d。

(二)辅料

培养料中除主料外,还应加入一些营养物质较丰富的辅料,如麸皮、玉米粉、蔗糖、石膏粉、过磷酸钙、尿素等。

(三)培养料配方

配方1:玉米秸(芯)50%、杂木屑23%、麸皮23%、蔗糖1%、硫酸镁0.5%、石膏粉2%、尿素 0.5%。

配方 2：麦秸 82.7%、麸皮 10%、玉米粉 5%、过磷酸钙 1%、尿素 0.3%、石膏粉 1%。

配料前，培养料要暴晒 2～3 d，以降低含水量，然后用粉碎机把主料粉碎，最好通过 2～3 目筛，以防块状物及其他杂物刺破塑料袋。按照配方的要求和比例，称好主料和辅料，放在水泥地面上搅拌均匀，然后将溶解的糖及其他微量元素连水一起混入料中，搅拌均匀。拌料时应计算好水分添加量，一般含水量为 55%～60%，有条件的地方可采用水分测定仪检测，感观测定标准为拌料后用手紧握培养料，指缝间有水溢出但不下滴，一般能手握成团落地即散为宜，如太湿，不可再加干料，应摊开让水分自然蒸发至适度。培养料酸碱度可用 pH 试纸测定，一只手紧握培养料，然后蘸取指缝间水分，与对照标准板比色，查出相应 pH，培养料 pH 以 5～6 为宜，但灭菌后 pH 会下降，因此，灭菌前培养料 pH 以 6.5 左右为宜，偏碱时应加 1% 盐酸溶液，偏酸时用 2%石灰水调节。

五、菌袋制作

(一)装袋灭菌

选用(15～16) cm×(53～57) cm×(0.04～0.03) cm 的低压聚乙烯塑料袋，把培养料配制好，装入袋内，扎好口，在料袋的适当位置上扎一个孔，然后套上外袋，外袋袋口用活结扎好后入锅灭菌。从拌料装袋到灭菌力求在 6 h 之内完成。常压灭菌要求尽快升到 100℃以上，保持 12 h。

(二)接种

接种前，将接种箱或无菌室按无菌操作规程做好准备。经过灭菌后的菌袋，待料温降至 28℃以下时，在经过消毒的接种室内，脱下外袋按常规法进行打穴接种，注意灭菌前扎的孔也应接入菌种，接种后套上外袋，扎好菌袋口。

(三)发菌管理

接种后的菌袋应及时移入温度为 25～27℃ 的发菌室内排放发菌。待菌丝长到直径 10 cm 左右时，解开袋口，以代替刺孔通气。当菌丝进一步生长后，再脱去外袋进行刺孔等常规管理。

六、出菇管理

(一)调温

反季节以覆土袋栽香菇生产夏秋菇，重点是夏季的降温工作，例如适当加厚荫棚覆盖物，最好在荫棚外围栽种长藤蔓植物，降温增氧，让冷水在畦沟中畅流，适当增加浇水次数。

(二)调湿

菌筒覆土后，畦沟应保持一定的水位，菌筒含水量大时，水位宜低些，菌筒含水量小时，水位宜高些(不能浸到菌筒)。菌筒较干时，可将畦沟中的清水直接浇到菌筒上，一般每天浇 1 次，夏季晴天可多浇些，雨天可少浇或不浇，有时还可排干畦沟的水，进行干湿交替的管理，特别是不能使菌筒长期过湿，以免烂筒和感染杂菌。

(三)调气

覆盖薄膜不盖严，仅为挡雨，应确保通风，高温高湿季节更应保持强通风，才能防止菌筒霉烂，延长出菇期，提高产量和质量。

(四)调光

最适宜出菇的光照条件是“三阳七阴”，但夏季为降温可调至“二阳八阴”。

七、采收及采后管理

按常规采收头潮菇，采收后，喷1次石灰水，在22～25℃的条件下养菌5～7 d后，再按常规进行管理，可收4～5次潮菇。

任务三　金针菇设施栽培技术

金针菇别名金菇、朴菇、冻菌等，因子实体颜色不同有黄色金针菇和白色金针菇之分，该菇菇盖小、柄丝长，质地脆嫩、软润滑爽，风味独特，子实体中赖氨酸和精氨酸含量丰富，有促进儿童智力发育和增强中老年人记忆力的功能，被称为“增智菇”。更为可贵的是，金针菇中含有一种叫“金菇素”的活性物质，有很强的抗癌活性，抑癌率高达80%以上，被医学界认为是很有开发前景的一种抗癌新药。金针菇属低温型菌类，可利用低温库房进行周年栽培，经济效益好。

一、低温库建造

(一)库体

库体建造可利用现有民房改造，也可新建。通常使用面积为25 m^2 聚苯乙烯泡沫板，或双墙中间夹保温材料，如膨胀珍珠岩、稻壳等，以库高3 m为宜。南、北两面墙分别在上下左右四角装上排气扇，在使用制冷机时，排气扇两侧需用隔热板密封。

(二)制冷机

设备选择以经济、实用、便于维修保养为主，要求在−5℃至室温之间可任意调温、快速降温、自动控温，精度±1℃，库内温差低于2℃。面积为25 m^2 的库房，可使用制冷量为4 000 kcal/h的傻瓜型制冷设备，完全可以保证金针菇在高温季节正常出菇。

(三)菇架

库房内设菇架，菇架床面100 cm×180 cm，高250 cm，分6层，层距45 cm，最底层离地面10 cm。25 m^2 的库房可放置8个菇架，一共可摆放18 cm×33 cm的栽培袋7 000袋，一次可投料3 000 kg。

二、栽培时间

一般要避免在天气炎热时出菇，每年栽培3次。第1次3月初接种，此时气温较低，发菌时加温，出菇时可降温，“五一”节前后采菇。第2次8月初接种，此时气温较高，需降温发菌、降温出菇，10月前后采菇。第3次10月底接种，正常栽培，春节之前采收。

三、培养材料

(一)材料准备

1. 塑料袋

常用塑料袋规格是宽15～18 cm，长35～45 cm，厚度0.035～0.05 mm，每袋装干料400～450 g。低压蒸汽灭菌选用聚乙烯袋为好，高压蒸汽灭菌用聚丙烯袋为好。

2. 塑料颈环

塑料颈环的规格是内径3 cm、长3 cm，塑料颈环的上下口要光滑，以防扎破塑料袋。

(二)培养材料

培养材料有麸皮、棉籽壳等。

(三)培养材料配制及装袋方法

选用新鲜无变质棉籽壳为主要材料，一般用棉籽壳83%、麦麸15%、石膏1.3%、磷酸二氢钾0.5%、硫酸镁0.22%、多菌灵0.52%；或棉籽壳87%、麦麸11%、石灰2%。配制好的培养材料要加水搅拌，使含水量达到65%，培养材料配制好后，手工装袋。塑料袋要轻拿轻放，以防刺破袋子，边装边压实，不能一次装料至袋口再压实，这样容易造成上实下松，导致袋子凹凸不平。每袋装料的长度为25 cm，留15 cm空着，以便出菇时撑起以代替纸筒。套上颈环后把空余的部分向下反套，用尖头木棒打孔，最后把棉花塞塞上。

四、灭菌和接种

(一)灭菌

塑料袋常压灭菌时，等温度升到10℃后开始计时，维持10～12 h；利用高压灭菌锅灭菌时，等压力升至到0.4个标准大气压，再打开放气阀，把锅内空气排干净，然后将气压升到1.5 kg/cm^2 并开始计时，维持2 h。

(二)接种

用菌丝体培养塑料袋接菌，严格按无菌操作程序进行，每瓶菌接种55～60袋，接种后及时把袋移入培养室内培养。在金针菇菌丝培养阶段，要科学利用自然气温进行培养，9—10月份若气温偏高时，晚上打开窗户散热，白天应闭窗以防止热气进入。另外培养室的光线要暗，门窗要用黑色物遮光，要保证室内环境较暗，此环境下，金针菇的菌丝发满全袋需要40～45 d。

五、出菇管理

(一)开袋催蕾

开袋时，将袋口撑开，反卷，使袋口高于料面不超过5 cm。用喷雾器向料面喷少量水雾，每个床面用地膜覆盖袋口，在地面喷水增湿，保证室内空气相对湿度在85%～92%，室内温度控制在15℃左右，每天揭开地膜通风2 h。白天降温时，净化器需开启，夜间气温降至15℃以下时可排风换气。一般经过1周后，料面即出现密密麻麻的菇蕾。

(二)出菇管理

现蕾后，揭开地膜，净化器需经常开启，保证室内空气流动，室温控制在5～7℃，以减慢金针菇的生长，促进菇柄质地坚实，培养整齐健壮的子实体。经过1周左右，菇蕾长成像火柴棒的子实体，这时拉直袋口，重新盖上地膜。生长期的室内温度控制在7～15℃。降温时净化器要经常开启，如外界气温适宜，可经常排风换气。每天揭膜通风2次，每次1 h。通过以上管理，保证袋中氧气和二氧化碳的浓度比适宜，促进菇柄生长，而抑制菌盖生长，培育出柄长盖小的优质金针菇。

六、采收及采收后管理

(一)采菇

袋栽的金针菇从接种到采收需要60 d。当金针菇柄长至15～17 cm，菌盖1～2 cm时即可采收。采收前3 d应停止洒水，打开披盖的薄膜，自然通风以除去菇体上的凝结水，获得优质商品菇。

(二)采收后管理

采收后，先清理料面上的死菇和残基，然后再进行补水。补水后及时通风1～2次，因补水以后表面湿度大，会影响深层菌丝呼吸及恢复。菌袋排放之前用搔菌药将表面菌皮搔破除去，露出新菌丝，按出菇的要求管理，一般可采收3～4茬菇。

七、病虫害防治

在金针菇病虫害的防治上，应坚持预防为主的原则。

(一)主要病害

为害金针菇的主要病害有真菌、霉菌和细菌。应严格检查种源，防止从菌种中带入病菌；在拌料时加入0.2%的多菌灵，以抑制杂菌；菇房要远离畜舍和堆肥，并注意搞好周边的环境卫生；菇房进料前必须先进行蒸、熏、消毒灭菌，做好预防；灭菌要彻底，培养料加入适量石灰，以避免造成酸性环境；培养室要有通风设施，要保持空气相对湿度不能过大。

(二)主要害虫

为害金针菇的主要害虫有蚊类、蝇、跳虫、螨类。应保持菇房周边干净和卫生，做到无垃圾、弃物、积水、残菇等，远离牲畜圈舍和鸡舍。菇房要定期消灭虫卵源，喷洒杀虫剂；门窗安装细窗纱，防止菇蛹飞入室内；用食用菌专用杀虫灯诱杀成虫，也可用布条吸湿药剂，挂在菇房驱虫。

任务四　羊肚菌设施栽培技术

羊肚菌菌盖表面凹凸不平，形状像羊肚，有些地方也称作羊蘑、羊肚蘑等，属于子囊菌门盘菌纲盘菌目羊肚菌科。羊肚菌子实体易受到温度、光照、海拔及其他地理和气候环境条件影响，从颜色到形态差异很大，因此羊肚菌属具体所包含的种至今没有定论。

羊肚菌味道鲜美、营养丰富，含有抗肿瘤、抗病毒等多种活性物质，因其独特的食用价值和药用价值，在食品加工及医疗保健行业领域都有非常广阔的应用前景，市场认可度和商品价值都较高，市场需求量也很大。我国是羊肚菌的主要输出国之一，目前市场上流通的主要为野生羊肚菌，因过度采集导致野生羊肚菌资源大量流失。通过羊肚菌人工栽培，增加羊肚菌市场流通量，就能有效地减少市场对野生羊肚菌资源的需求，从而避免野生资源被过度采摘，实现野生资源的可持续利用。但是人工栽培羊肚菌困难重重，出菇不稳定、产量低和重现性差是目前羊肚菌人工栽培的主要难题。影响羊肚菌高产稳产的原因有很多，如光照、温度、湿度、空气、土壤酸碱性、土壤化学成分和微生物结构等都有可能影响羊肚菌的产量和稳定性。当前大面积推广种植的品种主要有梯纹羊肚菌和六妹羊肚菌 2 个品系。

一、种植环境

（一）播种时间

栽培季节上，海拔高于 600 m 以上地方可以提前到 10 月底播种，海拔低的地方 11 月初至 11 月中旬播种，最高气温要低于 20℃；栽培场地宜选水田、旱田、荒地等，最好选择水田，其病虫害少、可以连作。

（二）温湿度

羊肚菌属低温高湿型真菌，3—5 月份雨后多发生，8—9 月份也偶有发生。生长期长，除需较低气温外，还要有较大温差，以刺激菌丝体分化。菌丝生长温度为 21～24℃；子实体形成与发育温度为 4.4～16℃，空气相对湿度为 65%～85%。为此，栽培时间应在 11—12 月份。

（三）光照

微弱的散射光有利于羊肚菌子实体的生长发育，忌强烈的直射光。

（四）土壤

土壤 pH 宜为 6.5～7.5，中性或微碱性有利于羊肚菌生长。羊肚菌常生长在石灰岩或白垩土中。在腐殖土、黑或黄色壤土、沙质混合土中均能生长。人工栽培羊肚菌的土壤要求肥沃、透气性好，并且易于保湿。为避免羊肚菌受涝害而造成损失，要采用畦作的方式进行栽培。

（五）空气

在暗处及过厚的落叶层中，羊肚菌很少发生。充足的氧气对羊肚菌的生长发育是必不可少的。

二、栽培料配方

（1）木屑 75%、麸皮 20%、磷肥 1%、石膏 1%、腐殖土 3%。

（2）棉籽壳 75%、麸皮 20%、石膏 1%、石灰 1%、腐殖土 3%。

（3）玉米芯 40%（粉碎）、木屑 20%、豆壳 15%、麸皮 20%、磷肥 1%、石膏 1%、糖 1%、草

木灰 2%。

(一)熟料脱袋栽培

按料水比 1∶1.3 拌好料后堆积发酵 20 d。采用 17 cm×23 cm 聚丙烯或聚乙烯塑料袋装料，每袋装料 500～600 g，在 100℃条件下灭菌 8 h，即可接入菌种。采用两头接种法，封好袋口，置于 22～25℃下培养 30 d，菌丝可长满袋。菌丝满袋后 5～6 d，即可栽培。

(二)室内脱袋栽培

菇房消毒后，先在每层床面上铺塑料薄膜，其上覆盖 3 cm 厚的腐殖土，拍平后将脱去塑料袋的菌棒逐个排列在床上，床面可排 17 cm×23 cm 的塑料菌袋 40 个/m^2。排完菌棒后轻喷水 1 次即覆土 3～5 cm，表面盖 2 cm 厚的竹叶或阔叶树落叶，保持土壤湿润，1 个月后可长出子实体。南方地区 3 月 10 日至 4 月 20 日出菇最佳。

(三)室外脱袋栽培

选择光照为三分阳、七分阴的林地做畦。畦宽 1 m，深 15～20 cm。

整好畦后喷水或轻浇水 1 次，用 10%石灰水杀灭畦内害虫和杂菌。脱袋排菌棒和出菇管理方法与室内栽培相同，只是底层可不铺塑料薄膜。注意畦内温度变化，防止阳光直射。

三、栽培技术

目前羊肚菌的栽培方式主要有大田栽培、林下仿野生栽培、菇棚设施化栽培、人工室内栽培，其中以人工菇棚设施化栽培为主。

人工栽培羊肚菌的土壤要求肥沃，透气性好，并且易于保湿。为避免羊肚菌受涝害而造成损失，要采用畦作的方式进行栽培。先用松土机把耕地进行翻松，翻松深度在 20 cm 以上，翻松后划线确定畦面宽度和畦沟宽度，然后用挖沟机挖畦沟。一般畦面宽 100 cm，畦沟宽 30 cm，把羊肚菌栽培在畦面上，畦沟作为排水沟可起到防涝的作用。每个畦面挖 2 道种植沟，种植沟与种植沟之间的距离是 50 cm，沟深 6～10 cm，沟宽 20 cm 左右。

四、菇棚建造

羊肚菌菇棚可采用平棚或拱棚。平棚的优点是成本低，空气流动性好，便于田间操作，缺点是只适应面积大，而且平坦的地块，遮光效果不够；而拱棚的优点是建造方便，可根据地形地势建造在不规则、不平整的地块，缺点是建造成本较高，田间管理没有平棚方便。本书着重介绍平棚栽培羊肚菌。

(一)平棚的建造

平棚的棚顶平整，棚内面积大，搭建平棚需要用钻孔机钻孔，每隔 3～5 m 钻 1 个孔，孔深 0.5 m，钻完孔后插上长为 2.5 m 的竹竿，竹竿露出地面 2 m 左右。插好的竹竿要求整齐，尽量横纵都在一条直线上。为了固定住竹竿，使平棚更稳固，还要用锤子把竹竿底部的土夯实，每个竹竿的顶端都有相互垂直的小孔，用托膜线把横纵的竹竿连接成一个整体，再铺上遮光率为 75%的遮阳网。铺遮阳网必须充分展开，操作时一定要把遮阳网拉展、拉直，用塑料扎带把遮阳网固定在托膜线上。搭建时候要注意控制力度，用力过大容易拉坏遮阳网。

(二)棚内设施

羊肚菌喜欢湿润的土壤环境，菌丝体在土壤相对含水量为50%～70%的土壤环境下均能生长。为了控制土壤湿度，还要架设好喷灌设施，喷灌设施密度要大一些，喷头雾化效果要好，不产生强水流，浇水时不冲刷土壤。有了遮阳网和喷灌设施的平棚，还不能完全适应羊肚菌的生长，当春天羊肚菌子实体出土后，平棚内光的强度对羊肚菌来说依然较高，不适宜羊肚菌子实体的生长，为了给羊肚菌子实体出土后降低光照，还需要在建好的平棚内撒一些小麦种，小麦比羊肚菌子实体萌发的早，而且植株比较高，能起到给羊肚菌进一步遮阴的作用。小麦播撒密度不能太大，以免影响羊肚菌子实体的生长，按2 kg/亩播撒麦种即可，这里的小麦只起到给羊肚菌遮阴的作用，并不收获。

五、出菇期管理

(一)温度控制

由于春季昼夜温差大，有利于促进子实体的生长，不仅如此，早春的气温适宜，降水量多，更是为羊肚菌的子实体萌发生长提供了良好的条件。羊肚菌子实体在10～18℃内均能生长，最适宜的生长温度为12～15℃，温度低于10℃或者高于18℃时羊肚菌子实体的生长放缓。在平棚内生长的羊肚菌子实体由于空气流通好，出土较快。

(二)光照控制

光线对子实体的形成有一定的促进作用，特别是子实体的发育阶段，光线起到重要作用，子实体生长发育期间，适度的散射光是生产优质羊肚菌必不可少的条件，羊肚菌子实体有向光性，往往是朝光线方向弯曲生长。而冬季播种的小麦长势要大大快于羊肚菌子实体，随着气温的升高小麦就可以给羊肚菌子实体遮阴降温了。

(三)土壤含水量的控制

出菇阶段要求土壤相对含水量控制在50%～70%，这样羊肚菌才能顺利生长。除了土壤湿度外，菇棚内也要保持湿润的环境，空气相对湿度在85%～90%时对出菇最有利。在管理上注意控制2个极限湿度，一是空气相对湿度不低于70%，若空气湿度低，由于羊肚菌子实体中间是空的，而且重量轻，皮薄，容易发生干裂，造成子实体停止生长，为此，要保持湿润环境，每天喷雾1～2次，喷水时要让水雾散发滴落到地面。二是空气相对湿度不超过90%，空气相对湿度过大会造成子实体缺氧，总之喷水的要求是少量多次。

(四)催菇

春季气温回升到6～10℃时，增加散射光照射，增加昼夜温差，补充水分，进行催菇。有效的原基似豆芽粗细、浅白色、细嫩脆弱，须做好保育工作，防止原基夭折。

(五)出菇管理

子实体形成与发育温度为8～18℃，空气相对湿度75%～85%。出菇时需适当加大土壤及空气湿度，保持土壤湿度65%～75%，不能积水，并勤通风换气。早春温湿度适宜，子实体会生长良好。如早春遇干旱，必须适时补水，补水时可将水放进水沟内，让土壤自然吸收，也可用喷带喷雾，增湿效果更好。

六、采收与加工

(一)采收

羊肚菌从菇蕾到形成子实体约需 15 d,一般子实体七成熟时采收,采大留小。采收时要细心,沿着羊肚菌的柄部轻轻一掰即可,切勿伤到旁边的小菇。鲜菇采下后,采用塑料筐盛装,不要用大箩筐或麻袋、塑料袋盛装,以免使其挤压或通气不良,造成变形变色,影响产品质量。

(二)加工

新鲜羊肚菌采下后,要立即晒干或烘干。烘干时注意控制烘烤温度,开始 40℃,然后慢慢升高,最高不要超过 60℃。烘好后,干品有一股特殊的浓郁香味,注意密封保存。

复习思考题

1. 简述平菇设施栽培技术要点。
2. 香菇的栽培设施有哪些?
3. 羊肚菌设施栽培技术要点主要有哪些?
4. 金针菇设施栽培所需要的主要设备有哪些?

参考文献

[1] 蔡冬雷,王敏敏.大棚紫背天葵高产栽培技术[J].上海蔬菜,2013(5):38
[2] 车苏容,郭素华,竺叶青.养心草的本草考证及闽产品种的调查研究[J].康复学报,2016,15(4):38-39
[3] 陈国文.设施农业发展与蔬菜病虫害的有效防治探究[J].南方农业,2018,12(11):35-37
[4] 陈燕,蒋德俊.葡萄设施栽培极早熟丰产技术[J].河北果树,2017(6):14
[5] 程冬玲,林性粹.园艺设施内的水分调控[J].西北园艺(果树),2001(1):21-22
[6] 程斐,孙朝晖,赵玉国,等.芦苇末有机栽培基质的基本理化性能分析[J].南京农业大学学报,2001,24(3):19-22
[7] 崔加坤,孟凡志.费菜的特征特性及栽培技术[J].安徽农学通报,2010,16(14):146
[8] 邓秀新,彭抒昂.柑橘学[M].北京:中国农业出版社,2013
[9] 丁文玲,郭敬华,贾志忠.设施农业发展与蔬菜病虫害防治策略[J].农技服务,2017,34(16):45.
[10] 董红霞.绿色蔬菜生产技术[M].北京:中国农业大学出版社,2010
[11] 董伟,殷小东,李技林,等.百合商品切花生产技术规程[J].中国林学院学报,2003,23(5):107-110
[12] 法比安·克莱施摩尔,马尔特·克伦伯格.史春树,译.多国试水“垂直农场”[J].环境与生活,2012(7):43-46
[13] 高俊平,赵梁军,赵五,等.中华人民共和国林业行业标准　切花月季生产技术规程[S].国家林业局发布,2010:4-6
[14] 高丽红,别之龙.无土栽培学[M].北京:中国农业大学出版社,2017
[15] 高平霞,张国林.防虫网棚马铃薯脱毒种薯原种扩繁技术要点[J].种子科技,2011,29(10):31-32
[16] 郭世荣,孙锦.设施育苗技术[M].北京:化学工业出版社,2013
[17] 黑银秀,刘君,章俊军,等.防虫网覆盖应用技术[J].中国植保导刊,2013,33(6):77-79
[18] 候明生,黄俊斌.农业植物病理学[M].2版.科学出版社,2016
[19] 胡洁艳.电热温床的制作与铺设[J].新农业,2011,(11):42-43
[20] 胡繁荣.蔬菜生产技术南方本[M].北京:中国农业出版社,2012
[21] 华小平,徐军,葛徐芳,等.鲜切花生产实用技术与花卉知识[M].南京:东南大学出版社,2009
[22] 江涛.防虫网的选择与使用[J].植物医生,2011,24(6):53-54
[23] 孔祥义,许如意,李劲松,等.防虫网覆盖技术应用研究进展[J].中国植保导刊,2007,27(8):12-14
[24] Kozai T. Role of plant factory with artificial light in urban life[C]//中国园艺学会,中国农业工程学会.2013 第三届中国·寿光国际设施园艺高层学术论坛论文集.2013:2-12

[25] 李东坡，武志杰，梁成华，等. 设施土壤生态环境特点与设控[J]. 生态学杂志，2004，23(5)：192-197
[26] 李东星，田真，王浚峰，等. 植物工厂营养液循环再利用装备的研究应用[J]. 农业工程，2011，1(1)：46-51
[27] 李建明. 设施农业概论[M]. 北京：化学工业出版社，2010
[28] 李宁静，赵永生，朱映峰. 浅谈设施农业病虫害监测与防治[J]. 新疆农业科技，2010(4)：38
[29] 李鹏，张玺玲，张建国，等. 垂直农场的概念形成与技术支撑体系研究[J]. 世界农业，2016(5)：48-52
[30] 李式军. 设施园艺学[M]. 北京：中国农业出版社，2002
[31] 李志强. 设施园艺[M]. 北京：高等教育出版社，2006
[32] 刘光华，覃新导. 以垂直农业方式发展高效现代生态农业[J]. 广东农工商职业技术学院学报，2013，29(1)：1-3
[33] 刘金虎. 设施农业在农业生产和发展中的重要作用[J]. 天津农林科技，2002(6)：27-28
[34] 刘文科. 植物工厂的定义与分类方法辨析[J]. 照明工程学报，2016，27(5)：83-85
[35] 刘文科，杨其长. 人工光在植物工厂中的应用[J]. 照明工程学报，2014，25(4)：50-54
[36] 刘星，常义，张征. 蔬菜遮阳网覆盖的作用、方式和栽培技术[J]. 长江蔬菜，2017(19)：39-40
[37] 刘志福. 冀西北番杏简易栽培技术[J]. 现代农村科技，2015(4)：20
[38] 芦磊，李德鑫，崔晓海，等. 设施农业在农业结构调整中的作用[J]. 农机化研究，2009(12)：247-249
[39] 罗孟德，贾鹤鸣，赵文科，等. 微型植物工厂雾培控制系统设计[J]. 应用技术，2017(6)：94-98
[40] 吕复兵，邝禹州，潘翠玲，等. 切花月季的品种选择与栽培技术[J]. 广东农业科学，2009(7)：83-84
[41] 吕佩珂，苏慧兰，尚春明. 茄果类蔬菜病虫害诊治原色图鉴[M]. 化学工业出版社，2017
[42] 吕艳. 数字植物工厂技术正式步入家庭生活[J]. 农业工程技术，2010(12)：58-59
[43] 芒莱什罕·艾萨. 设施农业病虫害监测与防治技术[J]. 中国园艺文摘，2015，31(2)：223-224
[44] 孟凡丽. 设施葡萄优质高效栽培技术[M]. 北京：化学工业出版社，2017
[45] 潘玖琴. 南京大棚早熟辣椒套种佛手瓜高效栽培模式[J]. 长江蔬菜，2013(17)：33-34
[46] 乔晓军，余礼根，张云鹤，等. 设施蔬菜病虫害绿色防控系统研制与初步应用[J]. 农业工程技术，2017，37(31)：29-31
[47] 单飞. 设施农业病虫害的防治方法[J]. 吉林农业，2016(10)：90
[48] 商守海，周增产，卜云龙，等. JPWZ-1 型微型植物工厂的研制[J]. 农业工程，2012，2(1)：44-47
[49] 设施栽培技术课程建设团队. 设施栽培技术[M]. 北京：中国农业出版社，2010
[50] 史永祥. 设施农业土传病虫害的绿色防控技术[J]. 现代农业，2018(2)：37
[51] 苏安. 温室园艺中湿帘降温系统的应用[J]. 北京农业，2016(2)：86

[52] 苏志能，洪燕南，陈大华. 微型植物工厂集装箱模式的评述和探讨[J]. 中国照明电器，2018(8)：12-16
[53] 孙阳，白浩然，初留珠，等. 基于物联网植物工厂监控系统的设计[J]. 农机化研究，2018(2)：197-201
[54] 谭丽，何永梅. 防虫网在蔬菜生产上的应用[J]. 农村实用技术，2017(10)：37-40
[55] 田佳灵，刘轶婷，刘厚诚. 光环境对蔬菜品质的影响[J]. 中国照明电器，2016(12)：27-32
[56] 田蕾，郝少莉，王丽娜，等. 垂直农场模式初探及其启示[J]. 北京农业，2015(28)：179-180
[57] 王多辉，毛罕平，谢明岗. 植物工厂自动控制系统软件设计[J]. 江苏理工大学学报，1997，18(4)：7-11
[58] 王国平，冯明祥. 大棚果树病虫害防治[M]. 北京：金盾出版社，2001
[59] 王海波. 刘凤之. 图解设施葡萄早熟栽培技术[M]. 北京：中国农业出版社，2017
[60] 王红梅，贺甲魁，常运涛. 桂林地区厚皮甜瓜塑料大棚＋防虫网隔离杂交制种技术[J]. 长江蔬菜，2009(1)：20-22
[61] 汪李平. 长江流域塑料大棚长江流域塑料大棚落葵栽培技术[J]. 长江蔬菜，2018(20)：16-19
[62] 汪李平，杨静. 大棚紫背天葵栽培技术[J]. 长江蔬菜，2018(2)：16-19
[63] 王金昌. 世界最大的花卉拍卖市场——荷兰阿尔斯梅尔花卉拍卖市场[J]. 农村研究，1998，(2)：56-58
[64] 王久兴，宋士清. 无土栽培[M]. 北京：科学出版社，2016
[65] 王君，杨其长，魏灵玲，等. 人工光植物工厂风机和空调协同降温节能效果[J]. 农业工程学报，2013，29(3)：177-183
[66] 王巧梅，贺志军，陈晓波，等. 陕北佛手瓜设施栽培技术[J]. 西北园艺(综合)，2012，(5)：29-30
[67] 王玉宝. 设施葡萄扣棚后管理[J]. 西北园艺(果树)，2017(1)：23
[68] 韦武青，马志，宋青. 小白菜不育系应用防虫网熊蜂制种效果初探[J]. 中国瓜菜，2011，24(2)：29-31
[69] 闻婧. LED 红蓝光波峰及 R/B 对密闭植物工厂作物的影响[D]. 北京：中国农业科学院，2009
[70] 吴振东. 设施农业发展与蔬菜病虫害防治策略研究[J]. 山西农经，2019(12)：96
[71] 肖远金. 电热温床的设置方法[J]. 农村新技术，2010(3)：31-32
[72] 谢小玉. 设施农艺学[M]. 重庆：西南大学出版社，2010
[73] 辛敏，仝宇欣，杨其长，等. 利用室外冷源空气的植物工厂降温节能效果分析[J]. 中国农业气象，2015，36(3)：287-295
[74] 许东. 植物工厂优点与历史发展[J]. 新农业，2017(7)：43
[75] 许书利. 设施农业发展与蔬菜病虫害防治策略[J]. 农业与技术，2016，36(20)：40
[76] 闫杰，罗庆熙，陈碧华. 园艺设施内湿度环境的调控[J]. 长江蔬菜，2004(9)：36-39
[77] 严泽湘. 菇菌反季节栽培新技术[M]. 北京：化学工业出版社，2016
[78] 杨其长. 植物工厂的发展策略[J]. 科技导报，2014，32(10)：20-24

[79] 杨其长. 植物工厂现状与发展战略[J]. 农业工程技术，2016，36(10)：9-12
[80] 杨其长，张成波. 植物工厂概论[M]. 北京：中国农业科学技术出版社，2005
[81] 杨宇，邓正春，吴平安，等. 番杏富硒生产关键技术[J]. 作物研究，2013，11(5)：485-486
[82] 于强波. 设施蓝莓优质丰产栽培技术[M]. 北京：化学工业出版社，2017
[83] 于宗俭，李春波. 太阳温床的建造与使用[J]. 农民致富之友，2009(3)：22
[84] 翟洪民. 设施果树病虫害农业及生态防治措施[J]. 河北果树，2011(4)：34-35
[85] 张丹. 设施蔬菜病虫害发生特点及绿色防控技术[J]. 中国瓜菜，2017，30(4)：55-57
[86] 张福墁. 设施园艺学[M]. 北京：中国农业大学出版社，2000
[87] 张慧，丁锦宏. 基于 PLC 的植物工厂环境监控系统设计[J]. 机械工程与自动化，2015(6)：151-155
[88] 张凯. 地膜覆盖的作用[J]. 现代农业，2016(2)：28
[89] 张留江，李荣博，刘蕴贤. 设施农业发展与蔬菜病虫害防治策略[J]. 天津农业科学，2010，16(2)：149-151
[90] 张乃明. 设施农业理论与实践[M]. 北京：化学工业出版社，2006
[91] 张庆霞，金伊洙. 设施园艺[M]. 北京：化学工业出版社，2009
[92] 张少平，赖正锋，吴水金，等. 药食同源植物紫背天葵研究现状与展望[J]. 中国农学通报，2014，30(4)：58-61
[93] 张新院. 利用夏季防虫网室快繁脱毒甘薯苗技术要点[J]. 河北农业，2003(5)：12
[94] 张彦平. 设施园艺[M]. 北京：中国农业出版社，2002
[95] 张彦萍. 设施园艺[M]. 2 版. 北京：中国农业出版社，2008
[96] 赵海军，赵飞. 山东省地方标准芍药切花生产技术规程[S]. 山东省质量技术监督局，2005：1-3
[97] 赵祥云，刘建斌，王树栋，等. 中华人民共和国林业行业标准切花百合生产技术规程[S]. 国家林业局，2010：1-3
[98] 种高军. 新型保健类蔬菜——费菜的栽培及繁殖[J]. 中国园艺文摘，2009，25(9)：111-112
[99] 周淑荣，董昕瑜，包秀芳. 落葵栽培管理[J]. 特种经济动植物，2014，17(8)：45-48.
[100] 周晚来，刘文科，闻婧，等. 短期连续光照下设施生菜品质指标变化及其关联性分析[J]. 中国生态农业学报，2011，19 (6)：1319-1323
[101] 周颖. 植物工厂——流水线生产生菜[J]. 阅读，2018，(38)：4-5
[102] 邹志荣. 园艺设施学[M]. 北京：中国农业出版社，2002
[103] 朱国仁. 塑料棚温室蔬菜病虫害防治 [M]. 2 版. 北京：金盾出版社，2008
[104] 朱兰宝，周琳. 食用菌优质高效栽培技术问答[M]. 北京：金盾出版社，2010
[105] 朱小青，杨柳青，曾红，等. 不同光照强度对费菜形态和生理特性的影响[J]. 中南林业科技大学学报，2015(6)：98-102
[106] 朱增改，田平素，陈彦龙，等. 设施农业发展与蔬菜病虫害无公害防治对策[J]. 中国植保导刊，2006(3)：17-18